本书获得第六届国家图书奖提名奖

新编21世纪社会学系列教材

人类学通论

第四版

The General Theory of Anthropology

主　编　庄孔韶

中国人民大学出版社
·北京·

主编简介

庄孔韶，我国第一位民族学（人类学）博士。1990—1992 年在华盛顿大学人类学系完成弗里茨博士后研究工作，回国任中央民族大学民族学系主任兼民族学与人类学研究所所长，2003—2011 年创建中国人民大学人类学研究所，2010 年赴浙江大学新建人类学研究所，2018 年起任云南大学“魁阁学者”，教育部人文社会科学重点研究基地云南大学西南边疆少数民族研究中心教授。代表作为林耀华《金翼》的学术性续本《银翅》（中英文版）。

内容简介

《人类学通论（第四版）》吸收借鉴了国内外最新的人类学研究成果，阐明了人类学的理论架构及其内涵，同时分章对人类学各分支学科领域、研究主题及研究进展等进行了详细论述与介绍。本书各章作者均为国内各地人类学学科领军人物，他们学识渊博，善于将不同章节知识导向进一步延伸性探讨，是学生未来选择人类学研究兴趣的好助手。此次修订主要在各章增补了新的学术信息与成果，补充了中外文阅读书目，相信对于引导学生加深在人类学理论与方法上的理解具有一定的帮助。

前　言

由本人主编的《人类学通论》最近从山西教育出版社转移版权至中国人民大学出版社。在这之前，这本教科书对中国高等院校的人类学教学与科研起到了重要作用，在2003年又荣膺“国家图书奖提名奖”，借此对各章撰稿人和山西教育出版社及其责编们再次表示衷心的感谢。

应该说，这本人类学教科书撰稿人都是中国人类学界的各地领军人，学识渊博又各有所长，因此这本书的编写特点是希望他们不要过于拘泥，而是展示各章作者自己的专长，并对不同章节撰写的丰富的人类学分支学科的研究方向加以提示，故这是一本更偏于学术与提示研究方向的研修性教科书，或者说，这本《人类学通论》更适于大学高年级和研究生的教学之需；而笔者主编的另一本教科书《人类学概论》（同样由中国人民大学出版社出版）则强调概念明晰和言简意赅，更适于大学本科生的教学之需。《人类学通论》的篇幅较长，多达二十四章，意在方便老师根据研究生的兴趣而有所挑选；《人类学概论》则明显注意到适合大学学期周期。值得提及的是，此次《人类学通论》人大版承蒙各章原作者更新，并有人类学新人参与其间，参与修订和补遗，相信会使原有的一版大为增色。还有，这次《人类学通论》也增加了第二编《影视作品》，挑选了六部电影，获得了电影版权，包括国际知名电影人的作品，因有了新的人类学电影组合，大大有利于学生对相关章节人类学知识的理解。此外，另一本课外读本《人类学经典导读》（庄孔韶主编，中国人民大学出版社，2008）也是为《通论》和《概论》编纂的，以方便老师们的课堂教学和指导课外阅读。

此次在联系各位学者修订《人类学通论》之时，学者们的热心与认真令人感动。当然，因工作繁忙和时间紧迫，在统编新稿过程中，难免有错失之处，多请各位撰稿人海涵为盼。的确，笔者还要感谢新参加统编修订工作的张猷猷博士、方静文博士、张锐博士、杨青青博士、生龙曲珍博士、王剑利博士候选人等，以及慷慨提供人类学电影个人作品（包括新版和修订版）的 Judith MacDougal（澳大利亚）、川濑慈（日本）、孙增田、贾丁、雷亮中等导演，他们为中国人类学教科书的视觉革新，以及诚挚地为人类学第一线课堂教学服务，贡献了他们的心血和聪明才智。

2014 年 10 月 11 日

庄孔韶谨记于杭州

导　言

（一）

从近代史上看，在中国人走出国门学习的西洋科技新学以及其他人文社会学科中，人类学是较晚传来的一门学问。很遗憾，人类学在中国发展的坎坷命运限制了它的传播。即使到了新世纪的今天，人类学的学科位置还时而处在不适当的变动之中；中国的综合性大学设置人类学系的寥寥无几，仍然有相当比例的国人不太了解人类学知识。

人类学是研究人性与文化的学问，无论从人本的出发点，还是从对不同地理区域的族群生活方式的理解考虑，人类学都处在探索人类与国民未来发展的基础理念的重心之中。它的一些理念与原则可以构成一种潜在的知识储备于心中，提高全体国民的素养，建议人性与文化未来转换的方向，随时发挥对人类社会有益的作用；这门知识可以提供关于国民认同的知识原则，增强人民的自信力，以及提供不同民族之间的友好交往之道。今日人类学也包括应用的项目，但它首先提供的是认识人、族群、文化、社会的理论和方法。

说到人类学的研究，一些课题的研究可以使人类学学者进入纯学术的境界，而另一些课题则不然，学者可以在深入调研并做出学术结论之后提出自己的主张，所以人类学相当符合中国古今文人“经世致用”的思想，也是一门现代社会行动的学科。显然，田野中的新鲜空气和人类学者经常的设问与质疑态度，决定了人类学应是一门生气勃勃的学问。

现代人都非常羡慕读书做学问的美好人生经历，然而人类学自从诞生之日起就推崇到田野中去汲取知识的方法。这门学科的特点之一就是要求人类学学者在一个调查研究点上度过不少于一个年度周期的田野生活，凭借人类学的文化透镜参与观察、撰写与展示文化。因此，它的知识构建过程不是从书本到书本，而是经过田野工作回到书斋，再把得自生活的新鲜知识写进书本。

人类学学者要有好的身体，能够背起行囊走南闯北。不仅如此，你要理解自身的世界，也要欣赏他人的生活。以平和的态度、平等的目光，去接触也许是完全未知的社区生活方式，相信不同族群人民生活方式的意义，以及他们信仰的真诚。在这个基础上，你可以到田野中去了。你还要经历行程和处世中的困难和挫折，经历跨文化造成的思想震荡。然而，一个相同或不同时空中的别一番的世界，会因人性与文化的对比色彩带给你追索人类新知的无限情怀。

值此教育部首次核准编写《人类学通论》大学教科书之际，本书主编和全体撰写人员向大学和各界读者介绍人类学这门知识，希望研究生、大学生通过阅读这本书，能把人类学的理念传播给全国各地的朋友；做学问的方法和内容不同，大概正是这门学问的魅力所在，所以我们欣赏青年学人在阅读时的兴趣，衷心邀请你加入我们的人类学学人队伍。

（二）

从人类学的学科领域看，它的核心分支涉及体质人类学、语言人类学、考古人类学和社会-文化人类学（民族学）四大部分，前三部分由于国别或地理区域学术传统之不同而各有合与分，但中国的传统则至少使体质、语言和考古的研究特化了，在这三个分支对人的生物/文化性、语言的文化本质以及关注古/今与物/人关系的研究中，人类学的理论影响依然强有力地保持着。这也正是人类学基本原则长久存在的例证之一。

在美国，人们偏于使用文化人类学的称谓；而英国习惯使用社会人类学；这门学科传到中国至今，用文化人类学的人偏多。实际上，如果摒弃国别区域差异，这门学问最具涵摄性的称谓以人类学为宜。因此，我们这部教科书使用的名称是《人类学通论》。

百余年来，从人类学的基本原则的阐述，到人类学原则向多领域的渗透，反映了这门学问发展的多种机会和多重成果。我们征引的最新资料还包含多种发展中的人类学交叉学科、传统的和新兴的理论构架、变迁中的分析方法、文化区域研究之重建、职业与教学生涯以及学术论辩的进程等。总之，人类学所涵盖的内容是非常广泛的，从文化的生物性基础、人的演化历程到文化的起源、往昔文化的遗存以及现代人类的种种文化实践。然而，人类学的基本原则一直没有改变，它的所有交叉学科的发展都是丰富和发展人类学的某一方面或某些方面。

我们在介绍人类学理论架构及其内涵时，采纳了三个面向的解说。一是介绍文化的概念及其解释，包括文化的中国古典含义以及西文 culture 的人类学内容，以便找到中西不同思维的交接点，从而使读者渐渐进入人类学的文化诠释系统中去。除了在第一章做这种解说外，在读者进行了大量阅读之后，第十九章重提文化的内涵，提供了“文化的环程”的另一种文化解说。二是试图重新整理以往中外教科书中常见的理论述说模式。本书第二章改换成寻找理性-进化论时期、实证-结构论时期和理解-相对论时期三大阶段的理论演化轨迹，并告诉读者上述理论轨迹中一直包含着的人性与文化、个体与群体以及科学与人文的持久论争，这涉及人类学对文化本质和学科性质的解释问题，应该说相当重要。三是关于人类学理论的时空轨迹与今日急遽社会变迁中的研究特征，留待本书最后一章讨论。

体质/生物人类学是人类学连接自然科学的手臂，我们透过这一分支，研究人的体质特征，特别是人类进化和变异的过程与机制。第三章告诉我们人类变异是遗传、环境和文化互动的结果，因此它们之间的相互关系是我们所关注的。显然，采纳生物-文化整体观是人类学研究的一个适宜的观点。

人类学对“经济”一词有与经济学不同的理解。第四章谈到生产、交换、分配、消费、市场等成为人类学家研究的内容时，不是试图将经济独立出来加以研究，而是从人类本性与社会、历史、文化等整体以及某些具体的角度来思考问题。有人参与的生态系统显然涉及人的生物性基础、文化与生存环境三者之间的关系，究竟是环境具有决定的意义，还是文化具有决定的意义呢？我们可以在第五章寻找进一步研讨的兴趣点。人类学家对物质文化的诠释被认为是知性上的努力。第六章告诉读者物质是一种形态语言，表现为一定的形态和空间维度；它有独立的历史渊源和发展变化，表现为一定的风格特征和时间维度；它还是文化的载体，表现为具体或抽象的文化内涵。

第七章介绍了语言的本质、语言与文化的关系、语言的分析和分类的基本方法，提醒人类学学者认识到掌握语言、语言研究的知识与方法，对了解一个民族与社会的至关重要的意义。对于与语言人类学有着引申的和密切的关系的认知人类学当如何看待呢？认知人类学是研究人类社会、文化、实践与人类思想之间的互动和结构关系的一门学问。人类的认知总是处在复杂的社会文化环境中，因此，群体的认知属性不能完全从个人的认知属性推知，也就是说群体认知和个人认知有很大差别。第八章总结了认知人类学的学术成就，即对文化表象进行了详细而可靠的描述，在文化和心理功能之间搭起了一座桥梁。人类的心理受文化表象的影响，人类的认知也反作用于文化表象。和人类学的语言、认知研究相联系的还有人类学的心理研究。第九章提供了两大研究范畴：文化与人格和文化与自我。前者提供了了解人类人格的另一条途径，能够与心理学和精神病学在跨学科的合作中进行对话，可以更好地认识一个群体的基本人格处于何种结构性力量的制约之中，并怎样影响到了结构，更能够展现出人类行为的变异性。为了了解某一群体对特定的情境的反应，必须了解文化、价值观及态度，而后者强调在不同的文化中，自我的概念存在着差异。然而，自我也不是一个静态的概念，自我是在社会互动中不断加以定义的。自我的形成和发展是与个体所处的环境中有意义的他人、物质和对象、观念、信仰和价值几方面的内容互动的结果，即在互动的过程中，自我的结构也会发生相应的变化。

田野工作是人类学家获取资料的最基本的途径。参加不少于一个年度周期（例如一个农业周期或一个牧业周期等）的实地调查工作是人类学研究必要的和一贯的规矩，因为短期研究难以做到对一个地方族群的缜密的观察。社区参与观察和社区调查不能完全依赖译员，人类学学者在到达田野工作点之前已经为能够使用某一地方族群语言做了训练和准备。第十章提供了田野工作的一些原则、方法、经验与技巧，对初学者来说是非常必要的知识。

婚姻、家庭和亲属制度是人类学自产生以来研究的传统主题之一。它不仅顾及该形态与制度的共时/多样性，还要考察其历时/演化的特点。婚姻是建立在性关系上的社会契约，或者说是法律或制度确定的性的结合。亲属关系不是简单地对应于生物学意义上的遗传关系和性关系，而是人类文化中行为规范的一种创造。第十一章还进一步提供了家庭的分类、地方性变体、家庭的演化以及地域与家庭、亲属群体的相互关联等重要知识。紧接着的一个相关术语是族群。族群是人们在交往互动和参照对比过程中自认为和被认为具有共同的起源和世系，从而具有某些共同的文化特征的人群范畴。第十二章告诉读者，族籍仅仅是人们对于自己的出身和世系所做的文化解释，然而，人们的族籍又基本上是根据其父或其母的族籍来认领的。人们清楚地看到，民族内婚和族籍通婚是维持族籍稳定和导致族籍变化的重要变量。族群认同经常是通过追溯设想的世系、起源来伸延的自我肯定，因此我们有必要关注这一认同的象征的、情感的、原生的或非理性的意义。

致力于对“非国家”“非政府”的人类政治组织和政治行为进行研究，就是政治人类学的特点。第十三章指出，社会控制和比较法律的观察是紧密相关的，人类学家对风俗习惯与习惯法的社会控制意义的重视程度不亚于成文法。现在的进一步的研究方向是对中国本土的相关制度与政治行为的深入研究，以及关于今日全球化对主导经济、社会运行的制度与组织的影响的研究。

第十四章介绍了人类宗教信仰的类别，又从每一种宗教信仰的宗教师、信众、神祇、仪式和象征等层面分析了宗教的内涵与特征。人类学始终通过比较宗教民族志，以及逐步在从“进化论”“功能论”到“象征论”等理论演化过程中寻求改善对宗教信仰的文化诠释，尤其强调对某一信仰发生的场景、过程和意义进行综合探索，来加深对人类的思维、认知、幻想、寄托以及所伴生的信仰行为方式的深度理解。第十五章不仅介绍了美国教育人类学的文化研究特点，还特别介绍了欧洲教育人类学的人本研究，二者相辅相成的学术理念告诉读者中国教育研究兼收并蓄外来理论的现代社会发展意义，从而使人类学学者在中国教育的历程中，能够提供他们特有的学术观察。

历史人类学是新兴的、成长中的分支学科，本书第十六章特别加以介绍。人类学发现的事实是：历史无可挽回，但历史的陈述不会被垄断。那些在合宜的条件下，凭借其在时空中被动员，而得以存在于当下地方人群之中的信息，就是人类学意义上的历史遗产。人类学家不是简单地重复历史学家的考证过程并依次连接民族志的写作，而是以人类学的文化的透镜从那些书面的和口传的陈述中寻找人类组织方式的信息。这种信息包括：人类学对待历史，应集中于形成宇宙论秩序的表象，以图重构一般；对历史文献做批判性阅读并发现其内在矛盾，发现在文化认同生成过程中所包含的和所排斥的力量，以及发现存在于那里的文化变迁的方向和轨迹。

女性主义人类学认为，要想纠正人类学与民族志写作中的男性意识偏见，使人类学成为真正研究完整的人（包括男人和女人）的学问，还必须考虑到两性关系与社会性别的研究、女性社会地位的研究、反思性民族志——女性主义民族志建立的可能性等问题。在第十七章读者还可以看到近年来重要的理论研究内容，如涉及男女关系的自然-文化、家内-公共二元分析模式的质疑，以及关于唯本论者与构成论者两大阵营的理论之争等，这使我们可以看到女性文化在男女双重视角下交错观察的学术前景。

自然界这个系统中有生命体，也存在反生命的力量；人类是一种生命体，疾病就是一种不可轻视的反生命因素。由此，人与疾病的关系就成了医学人类学的重要研究内容之一。不论是人格化的医学体系、自然论医学体系，还是综合论医学体系所代表的医学文化，都有自己的病患观，也有与之对应的医疗保健理论与方法论。第十八章还进一步介绍了在治疗过程中所有参与者对病患和治疗的理解，这一解释模式直接影响医生、患者和亲属等参与者对病患和医疗的理解与行动。

到目前为止，人类认识自身的表达主要使用文字与图像两类“重构思想”的方式。世纪之交的人们正在反省人类学撰写所经历的传送、解释、对话和多音位的文化表现的改善过程，以及当代人在撰写中遇到的各种困扰性因素。第十九章还介绍了自20世纪80年代开始的“写文化”的争论，这一争论旨在对民族志写作进行反思，指出文化描述的建构及其人为性质，然而这种反思最终是为了通过人类学家应该描述什么、如何描述和为什么要描述的问题来寻找人类学写作的建设性因素。文化写作中的人类学诗学是第二十章的新意之一。文学的诗学在人类学中被引申为该学科理论和实践对话的一个组成部分，民族诗学（特别是口传的研究）是首先被关注的；文学界和人类学界具有共同兴趣的“文学人类学”

已经在学科互动中兴起；发展汲取了诗的品质的人类学的新的叙述类型，是为了经历他人的体验、借助隐喻的效力，达到深层认识人类自身的目的。艺术的文化表现带着话语的转换，使得行动和思想更有意义。然而，艺术同样关乎族群意识、商业市场原则和性别政治等。它并不是单纯地反映社会现实，而是创造政治行为的重要活动。第二十一章讨论人类学的图像研究。它包括静态照片的利用与分析，也包括动态的民族志电影的拍摄和制作。显然，人类学影片必须遵循人类学的原则，应是在参与观察的基础上拍摄。本章提供的一个思想是：人类一直过分依赖文字而导致怀疑和低估自身形象地传达抽象观念的能力；而实际上人类还有其他的转化方式来理解文化，就是影视人类学通过镜头和显影来建构、展示与深化对文化的另一种理解。现代图像媒体的迅猛发展已经使人们对文字和图像两种表现的不可替代性留有深刻的印象。

人类学家认为都市化并非更多的人居住在城市，而应该是城市与非城市地区之间来往和联系日益增多的过程。城乡文化交流之后，产生了一种整合的社会理想，既含有乡村文明的成分，又含有城市文明的成分，这种现象叫作“乡村城市化”。第二十二章告诉我们，城市具有文化整合的机制。城市的文化角色既能通过传递来保存文化体系，又是意识形态变迁的源泉。在所有的城市中，因族群卷入的政治经济结构所致，其关联性的文化研究从来都是不可缺少的。第二十三章讨论人类学的应用观。目前，几乎所有的人类学家都希望能把人类学对人、文化和社会的知识转化成解决人类社会问题的行动。不过，由于存在两种不同的策略，即价值中立的策略和价值介入的策略，因而出现了促进社区自愿性的变迁和人类学家与人民共同策划的变迁的不同态度。

本书的第二十四章前半部分旨在介绍全球化背景下的文化研究特点。“全球化”虽然表现为以经济为中介，但其前所未有的规模则与政治相关。因此，全球化与本土化仅仅是一种对应关系，人类学家还须面对诸如社会运动的全球化、全球化与竞争、全球化与地方文化等重要现象与情境。文化在空间上是流动的，在时间上不仅仅是被继承的，更是被创造的。因此，研究文化的过程，即文化的继承、文化的冲撞、文化的变迁。总之，文化的再生产和再创造，与研究文化的结构或文化的语法以及文化的“传统”有着同样重要的意义。受后现代主义影响最为明显的领域除了文化研究，还有情感人类学——这是基于西方的学科知识在积累到一定程度之后所关注和思考的问题，故本书并未将之作为一个独立的分支学科和知识体系进行引介，而是提醒中国师生面对这一新的研究视角不应只是单纯地移植，而是需要在田野中思考国学理念对中国大地的持久影响。

本书共分两编，总章节达到二十四章之多，可以作为大学人类学研究生的教材，任课教师可根据各校生源的不同需求予以章节选择，不必受本书编目和章节的限制。每个章节后面的书目对扩展阅读是极为重要的。一些由非人类学专业考入人类学专业方向的研究生，详细阅读本书所有章节及所涉及的人类学各分支学科，对于他们较快地通晓人类学的广泛领域和选择研究兴趣有一定的帮助，这也是这本教材编写的初衷之一。

（三）

为了编写这本教科书，我们邀请了全国各地的人类学知名教授参加撰写，希望他们在提供这门学科的来龙去脉、理论架构、分支学科与重要论述时，能够贡献他们的研究理念。现在我们提供的这本费时两年而成的《人类学通论》，的确包含了他们每一个人的心血。读者会看到他们介绍了这门学科从发生时期直到新世纪初的最新理论与研究成果，不仅是来自北美和欧洲学者的，也包括我国学者自己的。

本人衷心感谢《人类学通论》第一版及修订版的撰稿人。他们分别来自中央民族大学、清华大学、中国社会科学院、中国人民大学、中南民族学院、中山大学和厦门大学等。以下是第三版各章执笔者一览：

导言　庄孔韶
第一章　潘守永、兰林友、张海洋
第二章　张海洋
第三章　张海洋
第四章　张小军
第五章　杨圣敏、良警宇、李永祥
第六章　潘守永、雷虹霁
第七章　包智明、雅森·吾守尔
第八章　纳日碧力戈
第九章　王建民
第十章　祁庆富、黄剑波
第十一章　胡鸿保、周燕
第十二章　潘蛟
第十三章　方静文
第十四章　孙秋云、兰林友
第十五章　滕星、马茜
第十六章　庄孔韶、王甘
第十七章　周泓、丁宏、潘杰、杨青青
第十八章　张有春
第十九章　庄孔韶、张有春（兼本书图表编辑）、徐鲁亚
第二十章　庄孔韶、张有春、王建民、范晓君
第二十一章　庄孔韶
第二十二章　周大鸣
第二十三章　石奕龙
第二十四章　翁乃群、景军、张猷猷

本书在撰写期间还得到同行和各界专家的许多帮助和支持。美国耶鲁大学人类学系的萧凤霞教授（Helen Siu）热情地提供了她的最新研究成果，华盛顿大学人类学系的郝瑞教授（Stevan Harrell）很早就答应可以引用他关于民族志撰写的体会，密歇根大学妇女研究中心的伍呷博士寄来了女性研究的大量最新资料，新疆师范大学的地木拉提教授介绍了一些精彩的研究个案。提供个人见解、经验和建议的还有北京大学蔡华博士、麻国庆博士，中山大学周大鸣博士，中国社会科学院雅森·吾守尔博士、罗红光博士，清华大学郭

于华博士，北京师范大学刘铁梁教授，云南大学王筑生教授、尹绍亭教授、杨慧教授，中国协和医科大学吴东颖博士，新疆师范大学崔延虎教授，中央民族大学金雅声教授、白薇教授、刘淑欣教授、蓝旭博士、李冬立博士候选人、青觉副教授、丁汀教授、侯红蕊研究员、田宏亮博士、段伟菊博士、肖亮中硕士、刘华琴博士。周泓博士对第三校稿各章节做了细致校订，参加部分章节校订的还有胡鸿保博士、张小军博士、张海洋博士、徐鲁亚博士、龚黔兰博士，参加第四校的有雷亮中、杨志伟、富晓星、黄爱丽、王克力、程炜、张伟民、张庆宁、梁宏玲和郭丽香十位博士硕士研究生，谨致谢忱。

希望大学生、研究生和各界读者对《人类学通论》提出宝贵意见，以便改进。

庄孔韶

2015 年 1 月 8 日于北京

目　录

第一编

第二编　影视作品

第一编

第一章 绪论——人类学的学科属性与内容

第一节 人类学是什么

人类学（anthropology）是全面研究人及其文化的学科。从词源上考证，“anthropology”一词，源自古希腊文“anthropos”（人或与人有关的）和“logys”（学问或研究）。前者是词根，后者是词尾，二者结合，意思是“与人有关的研究”或“研究人的学问”。

“人类学”由古希腊文这一含义发展到今天，经历了长久的演化过程。其间，人类学的内涵和意指也发生了变化。拉丁文“人类学”一词出现于16世纪初期，德国学者用它泛指人体解剖学和人体生物学。与其他学科相比，人类学是一门比较年轻的学科，因为在哥伦布发现新大陆以前，大部分的欧洲学者都对异民族及其文化缺少兴趣，也很少思考或对其他不同的生活方式进行系统的研究。[①]

人类学成为一门学科，与英国人类学家泰勒（E. B. Tylor）的积极推动有密切的关系。他从19世纪60年代开始从事人类学的调查研究，1883年正式接受了牛津大学的聘书和世界上第一个学术意义上的人类学家头衔。另一位对人类学发生起关键作用的是美国人类学家博厄斯（Franz Boas）。如果说泰勒提供了人类学理性主义的思想和研究方法，那么博厄斯的历史论刚好是反理性主义。人类学（及其相近或相关学科）最先发生在欧洲，然后传播到世界各地，现在仍以欧美等国家和地区的人类学研究最为发达。人类学在发展过程中形成了不同的传统，不同国家和地区所使用的词汇和对“人类学”的界说也不完全一致。在以英美为主的国家，人类学指研究人类体质及文化的综合性学科，强调既要研究人类的生物属性，也要研究人类的文化属性，二者结合才能体现人类学的整体性。在以德、法和俄罗斯等为代表的欧洲其他国家中，人类学仅指前者，即有关人类体质研究的部分；有关文化研究的部分，则被称为“民族学”（ethnology）。他们大多认为，人类学和民族学并不是谁隶属于谁的学科，而是两个并列的独立学科。在英美，民族学只是人类学的一个分支，有时也被称为文化人类学或社会人类学。

这种学科名称和内涵上的差异是不同国家的学术传统使然，并不代表谁比谁更优越或

① 哈奇．人与文化的理论．哈尔滨：黑龙江教育出版社，1988：2.

更先进。这种两个名称交叉并存使用的局面，虽会带来一些交流上的麻烦，但学界内部基本上可以清楚地加以区分，只是稍稍有些不便。所以，国际学界为了统合这两种不同的传统，成立了国际人类学与民族学联合会。

“ethnology”一词在中国始见于 1903 年，最初译为“民种学”。1926 年，蔡元培先生将其译作“民族学”，故学界一般认为蔡氏是中国民族学的创始人之一。[①] 显然，他所介绍的是欧陆传统的民族学，这个传统在新中国成立初期按“苏联模式”办学时被作为主导思想。

有意思的是，英美和欧陆两种不同的学术传统先后都传入了我国，各有影响。很多学者早就注意到 1949 年前我国的学术机构里这两种不同的传统交错并存的状况，并指出了它们在区域分布上的南、北差异，称它们为人类学的“南派”和“北派”。[②]

20 世纪 80 年代以来，人类学和民族学虽得到恢复和重建，但全国各地的研究和教学机构采用的分科标准仍未能达成一致。国家关于人类学学科属性划分的不确定性，使人类学的地位在我国长期处于摇摆不定的局面。

随着国际交流和交往的增加，上述“人类学”与“民族学”在名称和属性上的差别有渐趋一致的倾向。1954 年，联合国教科文组织在一份有关高等教育中“社会科学”设置的研究报告中指出，民族学、文化人类学和社会人类学在研究对象和研究范围上大致相同，人们易于接受包含了“民族学”和“民族志”（ethnography）的“人类学”这一名称。[③] 为了简便起见，本书即采用统含了民族学、民族志等在内的“人类学”的观点。

学科名称的争执虽很重要，却不是最本质的方面，要清楚了解人类学的学科属性，必须从它的研究内容和范围入手。实际上，人类学家致力于探索人类的各种各样的问题，如：人类是在什么时间、什么地点、以什么方式以及为什么在地球上出现？自那时以来怎么样和为什么一直不断地变化？为什么今天地球上的人类在外表、体态和文化上如此千差万别？为什么有的人群以农业为生，而有的人群则有发达的畜牧业？人类的社会组织和婚姻形态何以千差万别？一些民族喜欢的食物为什么另一些民族却极为反感？如此等等。人类学家对人类所有的问题都感兴趣。

当然，将人类学定义为“研究人的学科”，这个定义并不完整，因为其他学科，如社会学、心理学、政治学、经济学、历史学、生理学，甚至哲学、文学等都是研究“人”或“人类的行为”的学科，它们的历史也都比人类学更长久，它们不是人类学的分支，而是各自独立的学科。[④] 许多教科书也表明了相同或者类似的看法。所以，还必须讲出人类学与它们的区别和联系。通常认为，这些学科所研究的只是人类或其行为的某一方面，而人类学则关注人类及其文化的整体。

---

① 王建民．中国民族学史：上卷．昆明：云南教育出版社，1997.

② 唐美君．人类学在中国 人类与文化．台大考古人类学会刊，1976（7）．李亦园．民族志学与社会人类学：台湾的人类学研究与发展//乔健．人类学、社会学在中国的发展．香港：香港中文大学出版社，1998. 张海洋．中国人类学民族学界的南北特色//和䶮，张山．中国民族历史与文化．北京：中央民族学院出版社，1988：208－219.

③ UNESCO. The University of Social Sciences. Paris，1954.

④ Ember C R，Ember M. What is Anthropology? //Anthropology. 7th Edition. Englewood Cliffis，New Jersey：A Simon & Schuster Company，1993.

第二节　人类学的领域与学科关系

人类学有不同的传统，在不同的国家或地区其发展轨迹也不尽一致。在北美，人类学包括了四个分支学科：体质人类学（biological or physical anthropology）、语言学（linguistics or anthropological linguistics）、考古学（archaeology）和民族学（ethnology）或文化人类学（cultural anthropology）。文化人类学，广义上指后三个学科，狭义上仅指民族学。如前所述，在欧洲一些国家，人类学侧重于体质和人性的研究，与民族学是两门各不相同的独立学科，但这个传统影响的范围并不广。另外，在英国，通常将本学科称为社会人类学（social anthropology），也有人将“社会”和“文化”联合起来，称为社会-文化人类学（social-cultural anthropology）。

在我国，由于受到欧陆、北美和苏联等不同学术背景以及中国学界内外关系的影响，学科名称和术语的使用一直未能统一。在国家学科分类目录（包括教育部高等学校本科专业设置、学位委员会授予硕士博士学位的学科专业设置和国家技术监督局制定的国家标准学科分类）中，人类学、民族学有时甚至没有稳定的学科地位，“人类学”一度被划归“生物学”，“文化人类学”被放在“民族学”的括注内。几个国家标准相互出入甚大，不利于学科建设。至于将“民族学”理解为“民族研究”“少数民族学”，或将研究汉人社会的“民族学”拉入“社会学”之内，都是事出有因。“民族学在祖国大陆得到恢复之后，事实上使用了民族学和文化人类学两个名称。然而，由于外部原因——苏联模式的民族学和美国、英国的社会-文化人类学的学术体系同时存在并发生影响，及内部原因——学术机构和团体的归属不同，得到的资源有差异，再加上利益的层层分割，人类学和民族学同样处于学术定位较为模糊的尴尬境地。”① 甚至，20 世纪 80 年代多次出版的《新英汉辞典》中仍将“ethnology”（民族学）翻译为“人种学”，将“ethnography”（民族志）翻译为“人种志”，这是对本学科不了解造成的。

下面，具体介绍人类学及其分支学科的基本情况。

体质人类学探讨人类文化的生物学基础。包括两类问题：一是关于人的出现及其进化，称为古人类学（human paleontology or paleo anthropology）；二是关于现代人类的生物性差异（human variation）。人类起源和演化或进化研究（evolutionary studies）致力于探寻人类是何时、何处出现的，怎么样和为什么会进化，并通过收集、分析人类及相关动物化石遗物告诉我们人类远祖何时直立行走、经过了哪些演化阶段。在化石的研究上除了形态学的分析外，还采用多种技术手段，如对骨骼或牙齿的遗传物质 DNA 的研究就使用了高科技手段。除了化石，人类学家还研究灵长类动物（primates），如黑猩猩等，以辅助对化石证据的解释，这类研究叫灵长类学（primatology）。在我国，这类研究主要集中在古脊椎动物和古人类的学科名目之下。

对于人类存在差异性、多样性的原因，有多方面的解释，包括可观察的内容（如身高、肤色、毛发等）和不可观察的内容（如血型、遗传基因、特殊疾病等）。此外，对个

---

① 王建民．中国民族学史：下卷．昆明：云南教育出版社，1997：447－448．

体的差异性也有研究。其他如：人类与环境的关系是什么？为什么因纽特人（Inuit）有超常的耐寒能力，而赤道人则如此耐热？黑色是抵抗阳光的保护色吗？不同人群为什么有高矮胖瘦的差别？诸如此类都是学者们致力于探讨的问题。

考古学也称考古人类学（anthropological archaeology，即人类学的考古学），是通过人类的遗物和遗迹研究过去文化的方法。这些遗物和遗迹通称为遗存，分为自然遗存（natural remains）和文化遗存（cultural remains），其中，考古学以人类活动遗留下来的文化遗存为主要研究对象。和人类学家一样，考古学家也总是通过研究某一特定时空的社会和文化来理解整个人类的社会和文化现象。因此，在理论上考古学家和人类学家享有共同的传统，兴趣有颇多一致之处，如社会与环境的互动关系、人类和文化的演化等。一句话，考古学家对人类学所关心的所有问题都有兴趣，因为其目标是相同的，都是试图全面构拟某一族群及其文化。

在欧洲，由于考古学是在研究欧洲和近东的古典考古学的基础上发展起来的，一般称为古典考古学（classical archaeology），因此，其与历史学有着非常密切的关系，被认为是历史学的组成部分。考古学研究的文化遗存中有许多是艺术品或建筑，有时考古学和艺术史、建筑史并存于同一系科内。在北美，由于考古学的发展是与重建印第安人史前文化相关的，因此，考古学一开始就是人类学对印第安人进行整体研究的一部分。印第安社会是无文字记载的社会，所以在恢复以往历史方面，考古学发挥了重要作用。不过，在考古学发展的早期，考古学家对年代学、文化序列、器物形态更有兴趣，常常用迁徙、传播、借用等来解释所观察到的不同文化的相同、相似或者差异等现象。约在 20 世纪 30 年代，考古学被重新定位，被认为应该寻找支配人类行为的规则，即人类文化形成与进步的一般法则。[①] 如决定农业起源的规律，就是考古学家一再探寻的重要问题，这是一场在世界不同地区、不同时间内发生的革命。一个理论认为，农业的出现是人口压力造成的文化适应，当人口发展到攫取性经济无法支持时，稳定的食物来源成为大的问题，正是这种需求导致了农业的产生。[②] 城市聚落的起源和出现是又一个经典问题，城市革命被认为是人类历史上继农业革命之后的又一次大飞跃。20 世纪 60 年代，出现了新考古学（new archaeology），提出“作为人类学的考古学”的观点，主张考古学家必须首先是人类学家。

考古学有两个组成部分：史前考古学（prehistory archaeology）和历史考古学（history archaeology）。前者主要研究文字系统出现之前的社会，其与史前史有密切的关系。除了利用物质遗存建构史前社会生活外，史前考古学家还研究当代人群，以资与过去的生活相比较。就人类的全部经验而言，狩猎和采集经济占有绝对的比重，因此通过研究现存狩猎、采集族群便可获得对这种生活方式的“主位”经验，以此达到对远古祖先的“主位”研究。由于文字书写系统约出现于青铜时代（bronze age），故史前考古学实际上就等同于石器时代考古学，它分为两个阶段：旧石器时代考古（paleolithic age）和新石器时代考古（neolithic age）。历史考古学集中在有文字记载以来的社会，不仅是对历史记载的补充和修正，更是探索日常生活的一种方法，所以，正如有的学者所说的：考古学是一种综合研

---

① 丹尼尔．考古学一百五十年．北京：文物出版社，1987.

② Boserup E. Population and Technological Change. Chicago：University of Chicago Press，1981.

究，其目的既是为了历史，也是为了科学。[①]

为了了解文化的多样性，以及为什么不同地区的文化或者相同或者不同，考古学家从人类活动过的遗址上收集了大量的物质遗存，他们可以据此提出或回答各种各样的问题。遗憾的是，考古学所面对的是不能说话的“死的”材料，而且这些资料常常是不完整的，所以它不可避免是一门遗憾的学科，不可避免地要借用其他学科的理论和方法，特别是民族志的资料和研究方法。从这个意义上说，考古学确实是人类学不可分割的一部分。

语言学也称语言人类学（linguistic anthropology），是研究语言与文化相互关系的学科。作为一门学科，语言学的历史比人类学的历史更为悠久，这两门学科发生关系约始于人类学田野工作的开始时期，因为人类学家在田野工作中需要借助语言学家的帮助来研究非书面语言。和其他语言学不同，语言人类学对非书面语言的历史、结构、语言符号的意义等有浓厚的兴趣。和体质人类学一样，其兴趣点是历史时段上语言的变化和当前的各种变异。研究历史上语言变化的，被称为历史语言学（historical linguistics）。由于书写历史的时间很短（约 5 000 年），所以对语言关系（同源或者异源）的研究主要靠言语的田野研究。所有的言语都只有在被使用时才有意义，一旦成为“死”语言，语言学就无能为力了，所以，历史语言学的研究是从对当代语言的研究开始的。研究现代语言的差异，特别是语言构成上的差别的，被称为结构或描述语言学（structural or descriptive linguistics）。研究语言在实际中如何运用，即语言与社会事实，如阶级、族群、年龄、性别等的关系的，被称为社会语言学（sociolinguistics）。由于语言现象首先是文化现象，所以，语言人类学的所有分支都对语言与文化的关系给予关注，如人们如何利用语言进行交往，信仰与价值如何影响语言，反过来语言又如何影响人们思考，等等。

民族学是研究近现代人类（族群）及其文化的学科。“民族学”一词源自希腊文，ethnos 含有种族（race）、人（man or people）的意思。它关注人们的思想与行为方式，以及由此带来的人们在诸如习俗、亲属制度、宗教、政治经济体制、美术、音乐等方面的异同。民族学还研究文化动态，即各种文化是如何发展变化的，以及一种文化内部信仰与习俗的互动关系。所以，民族学与考古学的研究兴趣是比较一致的，所不同的是，传统上民族学主要以研究异文化（other culture）为主，而考古学不必如此。另外，考古学研究的是过去的人群和文化，其不能直接被观察到，只能通过人们遗留下来的遗迹与遗物加以研究；而民族学的研究是可以直接进行的，一般通过民族志（ethnography）的方法获取资料。民族志的这种研究被称为人类学田野研究（fieldwork），研究者通常花上一年左右的时间生活在某个民族之中，以获取充分的观察和体验，在此基础上撰述翔实的民族志资料。民族志研究的过程不仅是观察和访谈（interview）的过程，更主要的是获得“局内”观点的过程，即体会主位（etic）、客位（emic）的关系。人类学的观察与一般的观察是不同的，它是一种参与观察（participant observation）。

由于文化人类学或社会人类学的主要内容是民族学，所以也将“民族学”等同于

---

① 炊格尔．时间与传统．北京：三联书店，1991.

“文化人类学”或“社会人类学”。[1] 民族学最核心的观念是“文化”。“文化”是什么？这是一个既容易而又不容易回答的问题。对于人类学家而言，“文化”可以有多种不同的层次和含义。迄今为止，人类学家给“文化”下的定义已有数百种之多。如果把文化定义为人们在与环境的关系中习得的思想和行为，那么文化包含了三个方面的内涵：行为的、认知的和物质的。文化也可分为可观察的和不可观察的。可观察的文化包括物质文化或技术文化、社群文化或伦理文化及表达文化或精神文化，不可观察的文化即文化的语法。[2] 这些都是人类学家要研究的。综上所述，人类学的领域可以概括如下：

人类学（anthropology）
- 体质人类学（physical anthropology）
- 考古学（archaeology）
- 民族学（ethnology）
  - 或文化人类学（cultural anthropology）
  - 或社会人类学（social anthropology）
- 语言学（linguistics）

虽然人类学是包含多个学科内容的综合性学科，但习惯上所说的人类学（及人类学家）都是指文化/社会人类学而言的，考古学和语言学则不用这样的称呼。

对人类学学科范围和内涵的认识还可以通过不同的角度。1996 年出版的《文化人类学百科全书》（*Encyclopedia of Cultural Anthropology*，由耶鲁大学“人类关系领域档案”主持编写）就为我们提供了一个审视人类学的较佳视角。这部四卷本的大书，由全球 300 多位学者撰写而成，共收入 340 个条目。从这些条目来看，文化人类学包括了如下 9 个方面的内容：

（1）主要分支领域，如影视人类学（visual anthropology）、医学人类学（medical anthropology）、经济人类学（economical anthropology）、政治人类学（political anthropology）、都市人类学（urban anthropology）、教育人类学（educational anthropology）等。

（2）理论构架和主要概念，如人本主义、文化进化、精神分析、深度解释和文化唯物主义等。

（3）资料搜集与分析方法，如跨文化研究、话语分析、民族志、网络系统分析和统计分析等。

（4）人类学研究的一些特殊话题，如舞蹈、婚姻、亲属制度、命名制度等。

（5）已被人类学研究发现和验证了的关于人类文化和行为的特殊理论，包括联盟理论（alliance theory）、掠夺理论（optimal theory）和继嗣理论（descent theory）等。

（6）人类学田野研究一直关注的文化区域和亚文化区域。

（7）文化人类学近年的主要论争，如米德-弗里曼论战（the Mead-Freeman controversy）、野甘薯问题（the wild yam question）等。

（8）文化人类学职业生涯方面的内容，包括主要的组织机构、人类学家的职业生涯以及人类学教学实践活动等。

---

① Howand M. The Field of Anthropology//Contemporary Cultural Anthropology. 4th Edition. New York：Harper Collins College Publishers，1993.

② 李亦园．人类的视野．上海：上海文艺出版社，1996：100－105.

（9）与文化人类学密切相关的语言学、体质人类学和考古学的论题，包括上述各领域的田野调查、语言、人口-生态与文化资源管理等。①

由此可知，人类学所涵盖的内容是非常广泛的，包括从人类的生物性、演化历程到文化的起源、过去文化的遗存以及现代人类的种种文化行为等。因此，人类学从学科属性到研究方法涉及生物科学、人文社会学科等不同学科领域。特别是一些与其他学科交叉后发展出来的分支学科正迅速发展，学科壁垒和专业局限正被打破，所以单纯根据研究对象和研究方法来界定人类学的难度大大增加了。但人类学不会因此而失去其作为一个独立学科的自主性和独特性，人类学的基本原则也没有发生根本的改变。所有交叉或分支学科的发展都只是丰富和发展了人类学的某一方面或某些方面。

对于这一点，从考察人类学与其他相关学科的关系入手，也能得到同样的认识。例如，人类起源和进化的研究必须借助生物学、生态学、解剖学以及遗传学等学科的知识。但前者和后者之间绝不是简单的等同关系。又如，考古学的研究也常常用到物理学、化学、分子生物学等方法，如考古测年的方法、动物考古学的研究等。当然，人类学家或考古学家不必亲自从事这些方面的研究，而通常交由相关学科的专门学者来完成。人类学的分支学科与其相关的学科有密切的关系，如生态人类学会用到地理学和生态学的知识，医学人类学会用到医学的知识，影视人类学会用到影视制作的技术，等等。

人类学的研究由于主要集中在对文化和社会现象的研究上，所以在诸如婚姻、家庭、亲属制度、经济生活、政治制度、法律规范以及风俗习惯、社会交往等的研究题目上，都会与其他社会科学如社会学、经济学、政治学、法学等发生交叉和渗透，在研究的对象、方法和观念上相互影响。

一般认为，人类学有相当的人文学科倾向，特别是在涉及价值体系、伦理观念、宗教信仰、艺术创作、符号或象征系统等议题时，人类学着重追求情感与意义的世界。此时，人文学科的其他领域都与人类学发生了关系。

第三节　人类学的研究方法

在所有社会和人文学科中，人类学发展到今天已经成为最为多样（diverse）和不定（eclectic）的学科之一。事实上，在那些训练有素而自称或被称为人类学家的人中，既包括了把自己的使命定位为科学发现和验证人类文化与社会的理论家，也包括了把自己的任务看作丰富人类知识经验的理论家，以及努力用自己的研究成果使研究对象生活得更好的实践者，等等。

人类学家之间对文化发展和社会进化的看法也不尽一致。如有人认为物质基础是最重要的，而另一些人则强调思想观念、象征，以及它们抽离物质基础的相对独立性，等等。前者以莱斯利·A. 怀特（Leslie A. White）和朱利安·斯图尔德（Julian Steward）所主张的文化唯物论为代表，后者以克劳德·列维-斯特劳斯（Claude Levi-Strauss）和克利福

① Levinson D，Ember M. Encyclopedia of Cultural Anthropology. New York：Human Relations Area Files，1996.

德·格尔茨（Clifford Geertz）的认知与符号体系为代表。从人类学研究所涵盖的内容、提出的问题、涉及的主题，以及被公认为既可以规范本学科又可以使之区别于如社会学、社会心理学等其他学科的核心概念上看，人类学是多面孔的。

跨文化的研究视角（cross cultural perspective）号召从跨文化的视角来研究人类的文化和行为，整体性视角（the holistic perspective）是对某一文化进行全貌性的深入研究，民族志田野工作（ethnographic field work）则以长时段的实地研究为基础，建立本学科的基本知识框架。这是人类学最基本的三个概念，也是人类学的主要研究方法。由此衍生出下列数个重要论题：普同论（universalism）、全貌论（holism）、整合论（integration）、适应论（adaptation）、文化相对论（cultural relativism）等。①

一、普同论

现代人类学的基础之一就是关于人类的普同性认知，即世界上现存所有的人类都是同一种属，任何人群都不比其他人群更为进化。无论是纳瓦荷人（Navajo）、大洋洲土著还是欧洲大陆贵族等，都是同一种属。人类学家对所有的人群都感兴趣，无论他们生活在繁华的都市，还是居住在偏僻的乡村。一句话，所有的人群——活着的或者已经消失的——都是平等的，都是人类学的研究对象，每一群体都能告诉我们关于人类生存状况的重要信息，其中最重要的就是人们如何利用文化而生存。诚然，因为不同群体在事实上常常是不平等的（在人类历史上也曾存在过“种族灭绝”和“殖民主义”现象，这是人类的耻辱），所以，通常情况下弱小的群体更为人类学家所关注。

二、全貌论

全貌论又称全貌观。我们知道，经济学研究生产、交换和消费，政治学研究社会秩序、冲突、权力与权威等，都是研究人类生活的某一个或某几个方面。而人类学则试图给出一个全貌的观点，并且给出一个“局内的”观察。例如，要了解一个社会的经济和政治组织，人类学家要知道这个社会的宗教、婚姻及继嗣制度，甚至它的语言、技术、艺术、儿童养育及自然环境等方面的知识。所谓全貌观就是从社会的、文化的角度和生物的、生理的角度分析问题，既关注现时的问题，也观照历史的因素。总之，把人类及其所赖以生存的社会当作一个整体来研究。过去，单个的人类学家尝试全貌式的研究，所以在田野中，人类学家既做体质的测量，又做社会组织的调查与分析。现在，情况已发生了很大的变化，每个个人都有所专长，或者从事体质研究，或者从事文化研究，“全能的”人类学家是很不容易的。但人类学并没有放弃全貌观的努力，国内外一些大学和研究所的人类学家正在与相邻学科的学者真诚合作和共享资源，训练学生时也都有通盘考虑，以求学术研究兼顾和实现全貌论的长久实践。

---

① Howard M. Anthropology Themes//Contemporary Cultural Anthropology. 4th Edition. New York：Harper Collins College Publishers，1993：2－6.

三、整合论

对人类学家而言，事物之间都是相互联系的。整合论强调从社会整体（社会及自然环境）看待事物，要把它放在自然和社会的环境中加以考察。这样才能达到不仅知其然，更知其所以然，不仅能看到事物的表面现象，更能看到事物的内在联系。正因为如此，许多研究集中在小规模的社会（small-scale society）中进行。在这样的社会里，亲属制度、政治、经济以及社会生活的其他方面都是密切相联系的。与传统不同，现代人类学也研究复杂的大型社会（large-scale society）。[①]

四、适应论

人类与其他动物一样受周围环境的影响和制约。一是自然环境，如气候、降雨量、植被、动植物资源等；二是社会环境，如该社会的人文传统、与其他群体的互动关系等。海洋和沙漠地带的人群就发展出各不相同的生计方式，农耕和畜牧生计方式的差异主要是环境影响的结果。适应包括两个方面：一是体质的适应，如身材、肤色等体质特征；二是文化的适应，如服饰、食物的加工方式、医疗体系等。生态人类学对此非常重视，提出了诸如文化适应性（cultural adaptation）、环境压力（environmental pressures）、人口压力（population pressures）、适应能力（adaptive strategy）、资源的利用与开发（exploitation）等概念。

五、文化相对论

文化相对论也称文化相对主义。除了科学研究的目的以外，人类学家还致力于不同文化之间的相互理解。人们总是以自己的喜好和习惯来理解其他的文化，根据自己文化的价值观念和传统做判断，这就是所谓的“民族中心主义”（ethnocentrism）。民族中心主义的极端就是“文化沙文主义”（cultural chauvinism）——认为自己所奉习俗、信仰永远优于别人的习俗和信仰，并以己之文化坐标来规范他人的行为。民族中心主义是所有人类社会的一个特征，我们每个人都是从孩提时代起就学习如何思考和行事的，在宗教仪式中、在学校里、在电视上、在运动项目上、在晚会上、在家里……我们的行为总是按照“正确、真实、适当”的方式进行，我们还要考虑自己的行为与社会阶层、身份以及所处的场合是否相符合。这种“先在的”民族中心主义能给人们以安全感、满意感和荣誉感，是社会归属感和自我认同（self-identity）的依据。要克服民族中心主义的局限，必须接受文化相对主义的理念，即每一种文化都有其独创性和充分价值，一切文化的价值都是相对的，是平等的。我们主张抛弃民族中心主义，尊重每一种文化的独特价值。一种行为在一种文化中是“合适的”，在其他文化中则未必同样合适。如，“姑舅表优先婚”曾在很多地方和民族当中流行，这种突出舅权的做法令其他社会的人们深感不解。又如，一些民族流行“夸富宴”，他们将一年或多年的积蓄一次性消费干净，这种做法至今为当地民俗所鼓励，同时人类学家也发现，“夸富宴”是当地调节其社会关系的重要手段。

---

① Kutsche P. Field Ethnography: A Manual for Doing Cultural Anthropology. New Jersey: Prentice Hall, Inc., 1998.

文化相对主义的理念，并不意味着放弃批评而赞成或接受某一特殊人群的所思所为，而是意味着将文化行为放入具体的历史、环境和社会中加以评估。

上述概念和术语是在人类学的发展过程中不断总结出来的，与此紧密相关的是“异文化研究”。人类学的前身是传教士、探险者和航海家对异族生活的记述（以所谓的奇风异俗为主），由之发展出来的“异文化研究”是最为常见的人类学。上述人类学的研究方法也与之相对应。如今，“本文化”（my culture）和“异文化”的严格界限已发生了变化，所以，人类学研究正在走出“山野”。①

第四节　文化的概念及其解释

一、文化的古典含义

无论是在日常生活中，还是在人文社会学科研究中，“文化”都是最为常用的词之一。文化究竟是什么？自19世纪中叶出现文化概念以来，尽管人类学各学派的主要代表人物大都曾各自给文化下过定义，也对文化的内涵和外延做了大量的探讨，并做出了不同的界定，但是，在专业领域，至今仍然没有一个被普遍认可的文化概念。

因此，要想对文化概念有一种确切的理解，必须首先从词源上探究文化概念原有的含义。也就是说，先从文化的本土理解切入，再来考察西方文化人类学中的文化概念及其解释。

从词源上看，汉语的“文化”一词是由“文”和“化”两个汉字构成的，并且，“文”“化”两字连用，进而组合成的“文化”一词，远比“文”“化”两个汉字的出现要晚。显然，要想探寻“文化”一词的原义，就必须首先探讨“文”和“化”两个汉字的本义及其衍生的含义。

首先考察“文”字的含义。在先秦文献中，经常可以见到“文”字。“文”的本义指色彩交错的图形，或纹理、花纹。如《周易·系辞下》：“物相杂，故曰文。”“文不当，故吉凶生焉。”又如《礼记·乐记》：“五色成文则不乱。”《说文解字》释义道：“文，错画也，象交文。”均指各色交错的图形。《左传·隐公元年》：“仲子生而有文在其手。”《尚书·顾命》：“缀纯，文贝仍几。”则指花纹、纹理。

从纹理含义的“文”，又衍生出许多意思，诸如语言文字及其相关的各种象征符号。《尚书·序》中说，伏羲画八卦，造书契，“由是文籍生焉”。《左传·昭公元年》也说：“干文，皿虫为蛊。”进而从语言文字的含义引申开来，具体指文物典籍、礼乐制度等。《论语·子罕》载：“子畏于匡，曰：‘文王既没，文不在兹乎！天之将丧斯文也，后死者不得与于斯文也；天之未丧斯文也，匡人其如予何！’”朱熹注曰：“道之显者谓之文，盖礼乐制度之谓。”

从“五色成文”，还引申出装饰、修养等意，与“质”“实”相对。如《尚书·舜典》有“经纬天地曰文”之句，《论语·雍也》则有“质胜文则野，文胜质则史，文质彬彬，

① 翁乃群．山野研究与走出山野：对中国社会文化人类学的反思．广西民族学院学报，1997（3）．

然后君子"之语。又从装饰、修养之意，引申出审美、道德修养的含义，用以指人的美、善、道德教化，以及文章、辞采，与"野"对举，或与武事对举。《礼记·乐记》中即有"礼减而进，以进为文"之句，郑玄注云："文犹美也，善也。"

至于"化"字，化，变也。故"化"字的本义为变易、生成、造化。如《礼记·乐记》："和，故百物皆化。"《周易·系辞下》："男女构精，万物化生。"《黄帝内经·素问·五常政大论》："化不可代，时不可违。"又如《礼记·中庸》："可以赞天地之化育。"《礼记·学记》："就贤体远，足以动众，未足以化民。"这些"化"字，即指"造化"。

在汉语中，将"文"与"化"两字组合使用，大概最早见于战国末年出现的《周易·贲卦·彖辞》："贲亨，柔来而文刚，故亨。分刚上而文柔，故小利有悠往，天文也；文明以止，人文也。观乎天文，以察时变；观乎人文，以化成天下。"显而易见，将"人文"与"以化成天下"相连，已清楚体现出"以文教化"的思想。

西汉之后，"文"和"化"两个汉字组合成"文化"一词，但其含义与现在人类学中的文化概念不同，是指同"武功"相对的"文治"与"教化"。如西汉刘向的《说苑·指武》："凡武之兴，为不服也，文化不改，然后加诛。"《昭明文选》所载晋人束广微《补亡诗·由仪》："文化内揖，武功外悠。"南齐王融《曲水诗序》："设神理以景俗，敷文化以柔远。"《南齐书》载王俭《策命齐王》曰："裁之以武风，绥之以文化。"这些合成词"文化"，都指与"武功"相对的"以文教化"之意。①

不难看出，不仅"文"和"化"两个汉字在长远的历史发展过程中具有多重含义，而且，作为"文"和"化"两个汉字合成词的"文化"同样具有丰富的内涵，甚至还具有多种歧义。毫无疑问，了解"文"与"化"的多种含义及其歧义，有助于理解"文化"的基本含义，尤其有助于理解人类学中的重要概念——文化。

然而，必须指出，西方语境中的文化概念与中国语境中的文化含义相当不同。就语言演变历程来说，如刘禾正确指出的，根据高名凯和刘正埮的研究，"文化"这一复合词经历了从西文经日语返回汉语的历程，即日语借用古汉语原有的"文化"一词来"意译"西方词语"culture"，这一日语词"文化（ぶんか）"后来又返回汉语之中，可是意义完全变了。这就是说，汉语"文化"的现代含义源出于日语的汉字复合词"文化"，汉语的"文化"与英语的"culture"之间的对等关系是通过借用日语汉字"文化"的方式确立的。因此，现代意义的"文化"自然不能简单地等同于它们在古汉语中的对应词。②

二、文化的概念及其解释

在英文中，最初"文化"（culture）一词源自拉丁文（colo），即耕耘之意。它不仅指耕耘土壤，而且指照料土地，饲养动物；通常意味着照料人们的生活，如穿衣、装饰身体、照料和关心朋友及家庭、敬神；还意味着居住在城镇或城区，以及培养正确的道德与心智。因而，其最初的用法并不暗示抽象的道德品质与现实生活和社会活动有任何分离。但同时，耕耘的古典隐喻确也暗示了文化与自然的区分。文化因强调过去与现在、个人与

① 冯天瑜．中国文化史断想．武汉：华中理工大学出版社，1989：1-8. 田秉锷．中国文化走向论．成都：四川人民出版社，1995：8-10.

② 刘禾．跨语际实践：文学、民族文化与被译介的现代性．北京：三联书店，2002：46-47.

个人、可见的与不可见的、主体与客体，便也界定着没有文字社会的生活世界。

然而，在中世纪晚期的欧洲，“文化”开始指所谓道德完美与心智或艺术成就。从18世纪中期开始，德国作家用该词指人类社会与历史时，几乎都是指欧洲资产阶级想象的与体力工人、农民、所谓野蛮人相区分的优雅的心理和精神能力。在18世纪和19世纪的欧洲，诸如“德意志文化”或“希腊古典文化”这样的社会区分暗示了一种认识论的分野。这种意义上的文化已成为一种复数形式（集合名词）。文化逐渐被用来指与社会用途和物质手段世界截然相对的真实精神观念领域，而这一领域又是通过对内向性（inwardness）的理想主义崇拜而得以实现的。1871年，英国人类学家泰勒提出了著名的文化定义（具体内容见后文）。尽管泰勒借用了德国传统的文化这个术语，但是他同克莱姆（Gustav Klemm）一样，是以明显的中性方式来界定文化的，文化被认为是所有人类的明显特质，只不过程度不同而已。不过，“文化”一词仍然保留了轻蔑和历史的意味，如同在他之前的克莱姆和赫德（Herder）一样，泰勒的任务无非是根据科学的理性进展与技术对自然的控制来追溯社会发展的进步阶段而已。① 19世纪末20世纪初，“文化”一词包括了更为复杂和相互重叠的意义与内涵。20世纪初，“文化”已成为人类学最核心的概念。但是，人类学中的“文化”的用法只是其广泛内容的一小部分。

1952年，美国人类学家A. L. 克虏伯（A. L. Kroeber）和克莱德·克拉克洪（Clyde Kluckhohn）对文化概念进行专门探讨，著有《文化：关于概念和定义的探讨》，梳理了从泰勒提出文化定义的1871年到1951年的80年间有关文化定义的各种文献，共收集到文化定义多达164个。② 但时至今日，关于什么是文化的争论和研究仍在继续，尚没有一个完全被大家接受的定义。本部分将从人类学的角度，首先讨论文化的概念，然后根据人类学理论的发展过程，概要介绍人类学各流派的代表人物是如何界定和理解文化的。

（一）文化的定义

在日常用语中，一提起文化，大多数人可能会用来指“高雅文化”的一些类型，如莎士比亚的戏剧和贝多芬的交响乐等。然而，人类学家是在更广泛的意义上使用“文化”一词的，用来指人类社会所有习得的、共享的观念和行为。泰勒提出的文化定义，就囊括了人类经历的各个方面：“文化……是一个复合的整体，它包括知识、信仰、艺术、道德、法律、风俗以及作为社会成员的人所获得的其他任何能力和习惯。”③

从这一经典的定义中可以看出，文化涉及了人类活动的众多方面，包括计划、规则、专门技能、设计和生活策略。显然，19世纪的这一文化定义中的有些内容，是今天许多人类学家不会接受的。

美国人类学家威廉·A. 哈维兰（William A. Haviland）认为文化不是可见的行为，

---

① Birth K K. Things as They are: New Directions in Phenomenological Anthropology. Bloomington: Indiana University Press, 1996: Introduction. Winthrop R H. Dictionary of Concepts in Cultural Anthropology. Westport: Greenwood Press, 1991: 51-52.

② Kroeber A L, Kluckhohn C. Culture: A Critical Review of Definitions. Papers of the Peabody Museum of American Archaeology and Ethnology, 1952 (47).

③ Tylor E B. Primitive Culture. Harper & Row, 1958: 1.

而是人们用来解释经验和导致行为，并为行为所反映的价值观念和信仰。因此，一个可为人们所接受的现代文化定义应是："文化是一系列规则或标准，当社会成员按其行动时，所产生的行为属于社会成员认为合适和可以接受的范畴之中。"① 而美国文化人类学家卡罗尔·R. 恩伯（Carol R. Ember）和梅尔文·恩伯（Melvin Ember）则认为："文化指生活中不胜枚举的方方面面。对大多数人类学家而言，文化囊括了习得的，使一个特定社会或民族具有特征的行为、信仰、态度、价值观念以及理念。"②

由此可见，人类学家界定的文化，是一种集体概念的文化，并没有超出泰勒界定的文化定义。目前，许多人类学家愿意接受的文化概念是："一个特定社会中代代相传的一种共享的生活方式，这种生活方式包括技术、价值观念、信仰以及规范。"③ 虽然不同的人类学家对文化有着不同的界定，但一般都认为文化具有如下特点：（1）文化是共享的；（2）文化是习得的；（3）文化是整合的；（4）文化是以象征符号为基础的；（5）文化是适应性的；（6）文化是变迁的。④

就文化的构成而言，学者们同样存在着不同的看法。根据何晓明的概括，如今大致存在四种观点，即物质文化与精神文化的"两分说"，物质、制度、精神的"三层次说"，物质、制度、风俗习惯、思想与价值的"四层次说"，以及物质、社会关系、精神、艺术、语言符号、风俗习惯的"六大系统说"。⑤ 最简单的分类倾向于将文化划分为物质文化和与它对应的非物质文化。

我们再看一看人类学各流派的主要代表人物是如何解释文化的。

（二）对文化的解释

自泰勒首先提出明确而综合的文化定义以来，围绕着如何解释文化现象，如何进行研究，在人类学中逐渐形成了一些文化人类学的思想流派。最早形成的文化人类学理论，就是在 19 世纪末出现的文化进化论。

文化进化论的主要代表人物有泰勒、摩尔根（Lewis Henry Morgan）、斯宾塞（Herbert Spencer）、弗雷泽（James Ceorge Frazer）。他们认为，人类的社会文化同生物进化一样，也是由简单到复杂、由低级阶段向高级阶段逐渐发展的，全人类所有的文化都要经历这种循序渐进的发展阶段，而文化发展的根本原因就在于人类心理的一致性。泰勒就坚决认为："文化是从简单到复杂不断演化的，所有的社会都经过三个基本发展阶段：从蒙昧到野蛮再到文明。"⑥ 摩尔根在著名的《古代社会》一书中，根据技术成就，明确将人类文化的进化划分为蒙昧、野蛮和文明三个阶段，并进一步把蒙昧阶段和野蛮阶段分别细分为低级、中级、高级三个阶段。从而构成排列整齐的七个文化发展阶段。

---

① Haviland W A. Cultural Anthropology. Orlando，Florida：Harcourt，1993：30.

② Ember C R，Ember M. Anthropology：A Brief Introduction. Englewood Cliffs，New Jersey：Prentice Hall，Inc.，1992：143.

③ Scupin R. Cultural Anthropology：A Global Perspective. Englewood Cliffs，New Jersey：Prentice Hall，Inc.，1992：46.

④ 同①30－39.

⑤ 何晓明．绪论//张岱年，方克立．中国文化概论．北京：北京师范大学出版社，1994：4－6.

⑥ 恩伯 C，恩伯 M. 文化的变异．沈阳：辽宁人民出版社，1988：53.

文化传播论者反对用进化的观点解释人类的社会文化现象，认为人类文化的类似性可以用文化传播的概念来阐明，每一种文化现象都是在某一个地点一次产生的，一旦产生后，就开始向各个地方传播。他们深信，由于人天生缺乏创造力，所以，人们愿意从其他社会中借取文化。

文化传播学派大致可以分为德奥文化传播学派和英国文化传播学派。德奥文化传播学派的代表人物是格雷布纳（Fritz Graebner）和施密特神父（Wilhelm Schmidt）。他们用形的标准、量的标准、连续标准、亲缘关系程度标准，并用表示空间的“文化圈”和表示时空的“文化层”概念研究文化要素之间的关系。英国文化传播学派的代表人物是史密斯（G. Elliot Smith）、佩里（William J. Perry）和里弗斯（William Hallam Rivers）。该学派认为人天生缺乏创造力，所有文化都是从一个中心传播开来的，以至于他们坚信“泛埃及论”。

20 世纪初，在批评文化进化论和文化传播论的过程中，在美国形成了以博厄斯为首的历史特殊论。这一学派以实证论和经验论为哲学基础，反对文化进化论关于人类社会文化发展的阶段论，反对文化传播论关于传播是人类文化发展规律的论点，尤其反对埃及中心说。因此，该学派在文化人类学中独树一帜，且阵营强大。在博厄斯周围，聚集了众多优秀人才，如克虏伯、韦士勒、戈登威塞、罗维（R. Lowie）、雷丁、赫斯科维茨（Melville J. Herskovits）、本尼迪克特（Ruth Benedict）、米德（Margaret Mead）等。

博厄斯将文化定义为“包括一社区中所有社会习惯、个人对其生活的社会习惯的反应，及由此而决定的人类活动”①。因此，文化人类学的一般任务就是研究社会生活现象的全部总和，就是用人类学调查资料来重新恢复某个民族的历史发展面貌，即重构历史。因为在他们看来，每一个民族文化都有其自身的特殊历史，所以，只能根据每个民族的特点来研究文化。但由于文化现象太复杂，而文化现象越复杂，它们的规律就越具有特殊性，因此，想建立一个适用于任何地方、任何事例，并能解释过去与预测未来的概括性结论是徒劳的。② 不妨在有限的地理区域内，进行对自然环境、周边文化以及文化各方面的相互关系的研究，尽可能多地搜集文化资料，而不是急于做理论概括。

20 世纪 20 年代初，英国出现了以马林诺夫斯基（Bronislaw Malinowski）和拉德克利夫-布朗（Arthur R. Radcliffe-Brown）为代表的文化功能论，他们向以往的各派文化理论发起挑战。这一学派认为，文化人类学的主要任务是将文化作为一个有机整体来考察，了解这个有机整体中各个组成部分对整体所做的贡献及其相互间的关系。马林诺夫斯基认为，在一个社会中，所有文化特质都是为满足人的需要服务的，换句话说，“一种特质的功能，就在于满足该群体成员的基本需要或次生需要”③。这些基本需要大致有三种层次，即生物需要、工具需要以及整合需要。④

拉德克利夫-布朗也用功能的观点解释文化，认为社会生活的各方面都是密切相关的，研究任何一个方面时，都必须研究它与其他各方面的关系。但与马林诺夫斯基不同的是，

---

① Boas F. Anthropology//Seligman E R A. Encyclopedia of the Social Sciences. New York：The Macmillan，1930：79.

② 庄锡昌，孙志民．文化人类学的理论构架．杭州：浙江人民出版社，1988：62.

③ 恩伯 C，恩伯 M. 文化的变异．沈阳：辽宁人民出版社，1988：60.

④ Haviland W A. Cultural Anthropology. Orlando，Florida：Harcourt，1993：40.

由于拉德克利夫-布朗深受法国社会学家涂尔干（Émile Durkheim）的影响，强调对社会关系结构的研究，故他的功能理论又被称为结构-功能论。

马林诺夫斯基和拉德克利夫-布朗都十分重视人类学的田野工作，从而开创了一种全新的人类学研究方法——参与观察（participant observation）。参与观察所做的田野工作成为社会-文化人类学的标志。① 如果说有过一场“马林诺夫斯基革命”的话，那是因为马林诺夫斯基改变了人类学中理论与民族志的相互关系。尽管马林诺夫斯基本人在“事实”与“理论”之间的相互关系方面，时常处于一种矛盾状态，但实践的结果是将理论运用于田野之中。相对而言，马林诺夫斯基更善于做田野工作，而拉德克利夫-布朗则精于理论提炼。正如库伯所言：“马林诺夫斯基的遗产是方法论的，而不是‘理论’的。”②

大概应了中国的那句老话：三十年河东，三十年河西。20 世纪 30 年代起，莱斯利·A. 怀特一直坚持文化进化学说，特别是摩尔根的学说，同时又提出了与 19 世纪古典进化论不同的进化学说，很快被学界称为新进化论。除怀特外，新进化论的代表人物还有朱利安·斯图尔德、V. 戈登·柴尔德（V. Gordon Childe）、马歇尔·萨林斯（Marshall Sahlins）、艾尔曼·塞维斯（Elman Service）。

怀特认为，文化是由技术、社会、意识形态三大体系构成的。其中技术体系决定社会和意识形态体系。在怀特看来，衡量文化进化阶段的唯一而又最合适的指标就是每人每年所能够获得的能量，而先进的技术能使人类控制更多的能量，从而导致文化扩展和变迁。用公式表示，就是 $E\times T\rightarrow C$（E 指 Energy，T 指 Technology，C 指 Culture）。文化就是人们为了生存下去而适应自然界的一种机制。由于把获得能量和利用能量的技术视为关系到文化能达到何种复杂程度的重要因素，所以，怀特的这个以消耗能量为主的文化论亦被称为技术决定文化论。③ 斯图尔德将古典进化论称为单线进化论，将怀特的进化论称为普遍进化论，而把自己的进化论称为多线进化论。由于他重视生态环境对文化的影响，所以，他的学说又被称为文化生态学。

萨林斯和塞维斯通过承认有两种进化——特殊进化和一般进化，而将怀特和斯图尔德的观点调和起来，一般进化就是怀特的普遍进化，而特殊进化就是多线进化。其中，塞维斯根据社会组织的复杂程度，将文化进化划分为五个阶段，即队群（band）、部落（tribe）、酋邦（chiefdom）、国家（state）以及工业社会。现在这一划分法已被人类学界普遍采纳。

在 20 世纪 30 年代，在美国还兴起了心理人类学派。一些美国人类学家推敲弗洛伊德的精神分析学的内涵，着手探讨文化与人格的问题，认为文化塑造了各民族的基本人格，各民族的文化差异正是由基本人格的不同造成的，因此，基本人格决定着各民族的文化命运。该学派的代表人物主要有萨丕尔（Edward Sapir）、林顿（Ralph Linton）、卡迪纳尔（Abram Kardinar）、本尼迪克特、米德、杜波伊丝（Cora Dubois）。其中，最主要的人物是林顿和卡迪纳尔。

---

① Kuper A. Anthropology and Anthropologists：The Modern British School. London：Routedge & Kegan Paul，1983：72.

② 同①205.

③ 庄锡昌，孙志民．文化人类学的理论构架．杭州：浙江人民出版社，1988：103－104.

林顿在《人格的文化背景》一书中，阐述了个人与文化的关系。他认为，任何人都必须是一个社会成员，在社会结构中占据特定的地位、身份，并扮演特定的角色，所以，这个人同时也是文化的享有者、传递者、修正者和发明者。他还认为，人类环境是由一群有组织的个人所组成的，这就是社会；而该群体的生活方式的特征就是文化。因为，个人行为模式的形成，甚至于内心深处的情绪反应，都是个人与人类环境互动的结果。①

在林顿看来，文化是指任何社会的全部生活方式，而不只是被社会公认为更高雅的那部分生活方式。这样，当用文化来指我们的生活方式时，它与弹钢琴和读但丁的诗没有任何关系。他是这样界定文化的："一个文化乃是习得的行为及行为结果之综合体，此行为结果之组成要素，由某一特殊文化的成员所共享并传递。"②

在第二次世界大战期间及其稍后一段时间，文化与人格这一研究方法，被广泛运用到对复杂社会的研究中来。其中本尼迪克特的文化模式论、米德的文化与个性的研究最为著名。

如果说第二次世界大战期间及其以后一段时间，在西方人类学界主要流行文化与人格的研究的话，那么，在20世纪50年代末开始兴起认知人类学和文化相对论的研究。这两种学说，都强调从本民族的角度看待各自的认知体系和文化。认知人类学（cognitive anthropology）又称民族科学（ethnoscience）、民族语义学（ethno semantics）、民族志语义学（ethnographic semantics）。主要代表人物为美国人类学家古迪纳夫（Ward H. Goodenough）、劳恩斯伯里（F. G. Lounsbury）、弗雷克（C. O. Frake）、华莱士（A. F. C. Wallace）等。

古迪纳夫首先提出了作为认知人类学理论基础的明确的文化概念，认为："所谓某个社会的文化，就是其成员明确认识的，相互关联的，为进行解释而形成的各种各样的模式。"③ 换句话说，文化就是某个社会的分类体系。由于深受萨丕尔-沃尔夫假说（the Sapir-Whorf Hypothesis），即文化模塑着民族思维的假设的影响，并采用雅各布森（Roman Jakobson）的结构语言学的方法，认知人类学试图探究每个民族的分类体系，因而，认知人类学又被称为"民间分类学"（folk taxonomy）。

从研究视角或研究者的立场来看，认知人类学借用派克（K. L. Pike）语言学中的两个概念，即etic（源于phonetic，语音）和emic（源于phonemic，音位），来区分两种研究立场。简单而言，etic（客位）立场就是站在局外人的立场来看待所研究的文化，emic（主位）立场则是站在局内人的立场来对待所研究的文化。因此，认知人类学本质上是一种文化分析的方法论。

文化相对论思想，在历史特殊论的代表人物博厄斯、克虏伯等人的思想中早有体现，但将这一思想系统化、理论化的则是博厄斯的学生赫斯科维茨。其主要观点是：文化是特定社会中人们行为、习惯和思维模式的总和，每一个民族都有其世代相传的价值观。由于每一种文化都是一个独立的体系，不同文化的传统和价值体系是无法比较的，而只能相对来看，所以，对每一种文化都只能按照其自身的标准和价值观念来进行判断。正因

① 林顿．人格的文化背景．桂林：广西师范大学出版社，2007：16.

② 同①31.

③ 庄锡昌，孙志民．文化人类学的理论构架．杭州：浙江人民出版社，1988：223.

为承认每一种文化都有独特的性质和充分的价值，赫斯科维茨否认了欧美评价体系的绝对意义。

进入20世纪50年代末，人类学中主要存在三大范式，即英国的结构-功能主义、美国的文化与心理人类学以及美国的进化主义人类学。不过，其中有的范式的影响正在消失，于是便步入了一个人类学思潮异彩纷呈的时代。根据奥特纳（Sherry Ortner）的概括，60年代是象征人类学、文化生态学、结构主义的时代，70年代是结构马克思主义和政治经济学的时代，80年代则是实践论的时代。①

首先，结构主义是20世纪60年代形成的新范式，也可以说是20世纪形成的唯一真正的原创社会科学范式。主要代表人物是列维-斯特劳斯。他主要通过研究亲属关系、神话、图腾制度、文化符号现象等，探究人类所共有的能够跨越时空的思维模式，或者说，他试图建立普遍的文化“语法”。列维-斯特劳斯将文化视为潜在心理结构的表层表征（surface representation），心理结构则受一个群体的自然和社会环境及其历史的影响。因此，尽管文化与文化之间可能有着相当大的差异，但在所有地方，引起这些不同的人类思维结构都是相同的。② 因而，在他看来，结构并非具体的事物和现象，而是潜在的系统，或者说是普遍的心理过程法则。这样，他的理论抱负正如法国人类学家斯皮尔伯（Dan Sperber）所言：“试图在深入挖掘文化特殊性意涵的同时，建构出一种人类知识的统一体。”③

就列维-斯特劳斯的学术渊源而言，他受到多种思潮和学科的影响，如法国社会学派、结构-功能论、结构语言学、符号学等。但他的哲学自传《忧郁的热带》（*Tristes Tropiques*）一书所谈的“三个情人”则是：地质学、马克思主义和弗洛伊德的精神分析学。正因为有着广阔的理论视野，他才能够在普遍意义上讨论人类思维的运作过程，从而在各种纷繁复杂的经验事实背后，确立一种普遍的思维结构。他的结构主义理论对英国社会人类学和结构马克思主义有较大的影响。

如果说结构主义试图寻找一种普遍文化语法的话，那么，受到弗洛伊德精神分析学和列维-斯特劳斯结构人类学影响的象征人类学则“将文化视为一种象征体系”④。象征人类学（symbolic anthropology）又被称为解释人类学（interpretive anthropology）或文化阐释学（cultural hermeneutics），主要代表人物是克利福德·格尔茨、大卫·施奈德（David Schneider）、维克多·特纳（Victor Turner）。芝加哥大学的格尔茨主要受到韦伯（Max Weber）的影响，而康奈尔大学的特纳则受到涂尔干的影响。并且，格尔茨明显代表了主要关注“文化”运行的早期美国人类学的转型，而特纳则代表了关注“社会”运行的早期英国人类学的转型。⑤

作为韦伯社会学的解释与美国文化人类学中博厄斯的文化相对论传统的集大成者，格尔茨在界定文化和进行文化研究时，都采用一种阐释学的观点。这是因为人类文化的基本特点是象征性的和解释性的，而且作为文化研究的人类学也可以说是解释性的。因

---

① Ortner S B. Theory in Anthropology since the Sixties. Comparative Studied in Society and History，1984（26）.

② Haviland. Cultural Anthropology. Orlando，Florida：Harcourt，1993：215.

③ 斯特罗克．结构主义以来：从列维-斯特劳斯到德里达．沈阳：辽宁教育出版社，1998：2.

④ Knauft B M. Genealogies for the Present in Cultural Anthropology. New York：Routledge，1996：10.

⑤ 同①.

此，他将文化界定为："是指从历史沿袭下来的、体现于象征符号中的意义模式，是由象征符号表达的传承概念体系，人们以此达到沟通、延存和发展他的对生活的知识和态度。"①

因为在格尔茨看来，文化并不是锁定在人们头脑中的东西，而是体现在公共象征符号之中的东西，而所谓象征符号就是社会成员得以相互之间，或与后代以及与人类学家进行交流的世界观、价值取向、民族精神等符号。不过，象征符号研究本身不是目的，而是透过这一研究，洞察象征符号是如何模塑社会行为者看待、感受、思索这个世界的，换言之，象征符号是如何运作"文化"的载体的。因此，用格尔茨自己的话说："文化的分析不是一种探索规律的实验科学，而是一种探索意义的阐释性科学。"②

结构马克思主义（structural Marxism）是二战以后对人类学影响较大的一个学派，形成于20世纪60年代末和70年代初。主要代表人物是阿尔杜塞（Althusser）、巴利巴尔（Balibar）、戈德利尔（Godelier）、特莱（Terray）、弗里德曼（Friedman）、萨林斯。结构马克思主义者认为，社会文化发展的决定力量不在于自然环境或技术，而在于社会关系结构。但他们所称的"社会关系"概念又不同于英国社会人类学传统研究的社会关系的表层组织——世系群（lineage）、氏族（clan）、半族（moieties）等，这些被社会人类学家视为实在的社会组织，在结构马克思主义者看来，只不过是反映了不对称的生产关系。他们强调从社会再生产关系角度探究社会与文化，注意亲属制度、继嗣、婚姻、交换、家庭组织等，将其放在政治和经济关系中加以考虑。

结构马克思主义也存在一些问题，主要是将文化缩小为"意识形态"，从而将文化概念与特定的社会关系结构联结起来，这一做法太偏颇。而主要根据神秘化看待文化或意识形态的倾向，使得大多数这一学派的文化或意识形态研究有了一种功能主义的味道，并且是一种非历史的研究。但因结构马克思主义有着一种全新的批评修辞手段，在其风行之日很有吸引力。③

与结构马克思主义不同，以沃勒斯坦（Immanuel Wallerstein）、弗兰克（Gunder Frank）、哈特（Hart）、沃尔夫（Eric Wolf）等为代表的政治经济学派，注重更大范围的政治、经济研究以及资本主义世界体系和国家对不同社区或地区的渗透及其后果。如果说，20世纪60年代的文化生态学通常研究相对"原始"的社会，认为重要的外部力量是自然环境，那么70年代的政治经济学派则一般研究"农民"，认为重要的外部力量是国家和资本主义世界体系。

就理论层次而言，政治经济学派比文化生态学派更愿意将文化或象征符号话题融入他们的探究之中，尤其关注在政治或经济斗争的范畴中象征符号在阶级或群体认同形成过程中的作用。此外，他们还强调历史的作用。

其缺陷也是十分明显的。政治经济学派太强调经济因素，如工资、市场、现金网络、经济剥削、欠发达等，而对权力关系、统治、操纵、控制等关注不够。一句话，正如奥特纳所言："换句话说，政治经济学不够政治。"④

---

① Geertz. The Interpretation of Cultures//Selected Essays. New York：Basic Backs，1973：89.
② 格尔茨．文化的解释．上海：上海人民出版社，1999：5.
③ Ortner S B. Theory in Anthropology since the Sixties. Comparative Studied in Society and History，1984（26）.
④ 同③.

就政治经济学的理论模式而言，以资本主义为中心的世界观点是可质疑的，至少对人类学家来讲更是如此，而认为资本主义世界体系渗透到了世界的各个角落，也不完全符合现实。尽管有着这些不足，但政治经济学派的影响并不局限于 20 世纪 70 年代，在 80 年代以后仍很活跃。

随着布迪厄（Pierre Bourdieu）《实践理论大纲》一书的英译本于 1978 年出版，20 世纪 70 年代末 80 年代初，人类学界开始出现实践理论（practice theory），主要代表人物有英国社会理论家吉登斯（Anthony Giddens）、法国人类学家布迪厄、美国人类学家奥特纳和萨林斯。其中，前两位是纯粹的书斋学者，而后两位则是实践理论的身体力行者。

实践理论者所理解的实践是任何人所做的事情，即人类行为的所有形式，但偏重于从政治角度来理解。他们认为，体系（system）对人类行为和事件形式具有强大的甚至是“决定性”的作用，但他们的关切点却是：体系是如何生产的？过去曾有过什么样的变迁？将来又会有怎样的变迁？正如吉登斯所认为的，实践研究并非体系或结构研究的一种对立替代模式，而是一种必要的补充。①

实践理论寻求解释人类行为与体系之间的关系，即体系对实践的影响和实践对体系的影响。换句话说，体系如何塑造实践，而实践又如何塑造体系？因此，实践理论研究都是围绕这样的问题展开的：社会与文化本身是如何由人类的意识与行为生产和再生产的？

在理论构架上，萨林斯将法国结构主义、美国象征人类学以及法国历史年刊学派熔于一炉，而布迪厄的实践理论则将列维-斯特劳斯结构主义的客体论、萨特与梅洛-庞蒂的法国存在主义现象学的主体论以及阿尔杜塞的结构马克思主义铸成一体。因此，在许多方面，实践理论为文化人类学提供了一种十分具有原创性的表述，即将韦伯、马克思、涂尔干的研究视角综合成社会研究和理论分析的整合策略的一种尝试。②

进入 20 世纪 90 年代以来，人类学步入了一个新的发展时期，开始了普遍反思的阶段。以克利福德（James Clifford）、马尔库斯（George Marcus）、费彻尔（Michael Fischer）、陶西格（Michael Taussing）、布恩（James Boon）等为首的后现代主义人类学家对以往的人类学文本和知识加以评论，并致力于创建新的文本和话语形式。

克利福德将马林诺夫斯基坚持的范式描写为“科学的参与观察者”模式。根据后现代主义批评家的说法，马林诺夫斯基和埃文思-普里查德（Evans-Pritchard）所做的民族志被视为一种科学研究。民族志学家只是记录这一行为。克利福德批评的另一种研究方式是格尔茨所用的解释模式。与“客观”模式不同，解释模式专注于从社会成员的观点来理解象征符号。通过与研究对象的神入（empathy），好像研究者自己已从背景中消失了。

鉴于以往研究模式存在的各种缺陷，后现代主义人类学家建议民族志学家在进行研究和文化撰写时，采用一种对话模式（a dialogical model），不应远离其研究对象，而应置身于同研究对象的对话之中。因而，理想的后现代主义民族志应是民族志学家与研究对象之

---

① Ortner S B. Theory in Anthropology since the Sixties. Comparative Studied in Society and History，1984（26）.

② Knauft B M. Genealogies for the Present in Cultural Anthropology. New York：Routledge，1996：34，107-110.

间对话的重构。[①] 必须指出，尽管有后现代主义人类学家在批评过去的范式，倡导创建新的研究范式，但在 20 世纪 90 年代的人类学界，各种流派异常活跃，大致可以划分为唯物主义、社会结构、象征人类学范式，反思、后马克思主义以及文化研究范式。并且它们都与三种主要范式遗产，即马克思的、涂尔干的、韦伯的谱系有着某种联系。[②]

在新世纪，英语学术圈人类学理论研究的视野也形成了数种转向，如"本体论转向"[③]"情感转向"[④]"民族志理论转向"[⑤]，以及奥特纳称之为"黑暗人类学"（dark anthropology）的转向，这一转向以批判、抗争和行动主义为其新方向。[⑥]

前述文化概念，是人类学百余年探索的产物。我们看待文化，还要注意它的时代性、地域性、学科性和阶层性。在时代性上，文化概念从前没有今天重要，其内容也在变迁。在地域性上，中国传统的文化观不同于西方和现代的文化观。中国经典文献中的"文化"原指文明状态或开化标准。经书中的"文明以止，人文也。观乎天文，以察时变；观乎人文，以化成天下"，史书中与"武功"相对的"文化"，都有化成或教养之意。现代民众在言谈中则把它说成教育水平：某人有文化或没文化，文化高或文化低。在学科性上，人类学把文化理解为人文活动的复合整体，而其他学科把它看成社会制度结构之上的坐标观念或取向。至于文化的阶层性，雷德菲尔德（Robert Redfield）区分过同一种文化体系中的精英文化大传统与民间文化小传统。大传统是指受社会统治或精英层推崇并反映在文献典籍中的礼乐制度及其传统；小传统则指流行在民间的信仰、俚俗或艺术文学，也就是中国上古三代精英层"采风"的对象。[⑦] 中国《诗经》有风、雅、颂三类，反映的就是这种区分。这提示我们在小社区田野工作中，要注意大小传统的并存、互动和交流。精英文化大传统可以随社会变迁而流入民间。例如，西方高雅文化中的古典音乐、绘画甚至科学，在启蒙运动时期曾是贵族豢养文人在沙龙演示的宠物；法国大革命后，它慢慢变成中产阶级的时尚；到了 20 世纪晚期，它又变成了市民大众的自娱自乐。民间文化小传统也可以随权势升迁或为统治者所利用而升成大传统，如一些民间传说人物被尊为先知、教主、人文始祖等。

我们把作为人类学研究对象的文化简单定义如下：文化是人们在生活中实践与传承的思维、行为和组织的方式及其产品。作为一个有机有序而又能动变迁的复合整体，文化之于寻常百姓如同水之于鱼，是一种日用而不知的存在。即使对专业研究者而言，它也易于感知但难以把握。为了认知和操作方便，我们参考哈里斯（Marin Harris）在《文化唯物主义》（1989 年）一书中抽象出的它的静态模型（见图 1－1）。

---

① Ember C R，Ember M. Anthropology：A Brief Introduction. Englewood Cliffs，New Jersey：Prentice Hall，Inc.，1992：408.

② Knauft B M. Genealogies for the Present in Cultural Anthropology. New York：Routledge，1996：32－33.

③ Holbraad M，Pedsrsen M A. The Ontological Turn：An Anthropological Exposition. Cambridge：Cambridge University Press，2017. Ingold T. Anthropology and/as Education. Oxon：Routledge，2018.

④ Mankekar P. Unsettling India：Affect，Temporality，Transnationality. NC：Duke University Press，2015.

⑤ Col G D，Graeber D. Foreword：The Return of Ethnographic Theory. Journal of Ethnographic Theory，2011，1 (1).

⑥ Ortner S B. Dark Anthropology and Its Other：Theory since the Eighties. Journal of Ethnographic Theory，2016，6 (1).

⑦ Redfield R. The Little Community and Peasant Society and Culture. Chicago：University of Chicago Press，1960.

客位结构（经验观察）			主位意识（意义解释）	
外显的结构体系	上层结构：	意识形态（宗教、神话、科学、哲学、艺术及仪式）	本土内容	符号及意义体系
		世界体系（含国际体系和全球化进程）	本土认识	
		政治组织形式（从村镇到国家，含司法和武装力量）	本土形式	
	中层结构：	社会组织形式（从家族到民族，含传承和制裁制度）	本土制度	
		经济生产方式（组织、分配和消费方式）	本土实践	
		人口再生产方式（婚姻、家庭和亲属关系）	本土习俗	
	基础结构：	环境、技术、人口及三者互动关系	本土知识	
		自然生态和文化生存体系（含历史）		

图 1-1　文化体系的静态抽象模型

看待这个模型时应该注意：第一，它是我们认识文化的理念工具，也是人类学研究的目标体系。第二，作为复合整体，它的三个层次紧密相关互动。第三，左栏的客位结构适用学科术语描写，右栏的主位意识和体验适用当地语言表述。第四，它是抽象模型而不是文化清单，更不是作为文化地图的民族志。我们对文化概念和模型的知晓也不是对具体文化的知晓。第五，关于语言在文化模型中的地位，我们做如下理解：抽象的语言弥漫于整个模型之中，具体的语言处于右栏的符号及意义体系中。第六，文化概念本身具有抽象单数与具体复数两个义项。

参考书目

布迪厄，华康德．实践与反思：反思社会学导引．北京：中央编译出版社，1998.

格尔茨．文化的解释．上海：上海人民出版社，1999.

哈里斯．文化唯物主义．北京：华夏出版社，1989.

哈奇．人与文化的理论．哈尔滨：黑龙江教育出版社，1988.

科塔克．人类学：人类多样性的探索．北京：中国人民大学出版社，2012.

穆尔．人类学家的文化见解．北京：商务印书馆，2009.

斯特罗克．结构主义以来：从列维-斯特劳斯到德里达．沈阳：辽宁教育出版社，1998.

王建民．中国民族学史．昆明：云南教育出版社，1997.

庄孔韶．人类学概论．2 版．北京：中国人民大学出版社，2015.

庄孔韶．人类学经典导读．北京：中国人民大学出版社，2008.

Boas F. Anthropology//Seligman E R A. Encyclopedia of the Social Sciences. New York：The Macmillan，1930.

Ember C R，Ember M. Anthropology. 7th Edition. Englewood，Cliffis：A Simon & Schuster Company，1993.

Holbraad M，Pedsrsen M A. The Ontological Turn：An Anthropological Exposition. Cambridge：Cambridge University Press，2017.

Ingold T. Anthropology and/as Education. Oxon：Routledge，2018.

Kottak C P. Anthropology：The Exploration of Human Diversity. New York：McGraw-Hill，Inc.，2002.

Kutsche P. Field Ethnography：A Manual for Doing Cultural Anthropology. New

Jersey：Prentice Hall，Inc.，1998.

Levinson D，Ember M. Encyclopedia of Cultural Anthropology. New York：Human Relations Area Files，1996.

Mankekar P. Unsettling India：Affect，Temporality，Transnationality. NC：Duke University Press，2015.

Ortner S B. Dark Anthropology and Its Other：Theory since the Eighties. Journal of Ethnographic Theory，2016，6（1）.

第二章

文化理论轨迹

人类学是通过研究文化来理解人性的学科，或通过研究时空和结构中的异文化来理解人类共性（human commonality）、自性（self-identity）和他性（otherness，or other's identity）的学科。人性是人类的永恒问题。苏格拉底教诲人们"了解你自己"，中国古人讲"人贵有自知之明""知人则哲"，都反映了这种关注。"文化"是自西方文艺复兴后，特别是自康德以来的百余年间（1770—1890）得到充分阐释的概念。本章简单介绍人类学的文化理论轨迹，使读者接触文化理论的诸多角度。这些角度反映出文化本身的丰富内涵，也反映出本学科前辈探索人性和文化的不懈努力。

人类学是一门现代学科。现代学科的确立有如下标志：（1）世界上出现了新的研究对象和解释该对象的需求；（2）解释该对象因果序列或性质自成一格；（3）用于描述和解释该对象的事实材料自成其类；（4）形成收集、分类、分析与概括事实材料的特殊角度、方法和概念术语；（5）建成培养专业人员的机构和为同行提供导向的刊物与学会；（6）从业人员作为知识传播者在学术中心或公共教育体系中受到尊重。以此衡量，人类学确立于19世纪中叶的西方社会。其标志首先是文化，特别是异域文化，成为西方学界探讨人性的主要参照物。其次是1839年巴黎、1841年伦敦、1842年纽约建立的各国民族学会和1859年巴黎、1863年伦敦、1869年柏林、1870年维也纳、1873年斯德哥尔摩、1879年华盛顿建立的各国人类学会，还有各大学对这门学科的相继接纳。[①] 从中国来看，它对应的是鸦片战争、火烧圆明园和中国开始洋务运动的年代。洋务运动期间，中国的严复和日本的伊藤博文都曾在英国格林尼治海军学院名列前茅，但由于形格势禁，两人回国后的命运大不相同，这也是文化和社会差异使然。[②]

人类学产生于19世纪中叶的西方社会，是因为那里首先具备了社会条件。西方于1300—1500年开始向现代社会转型，其标志有文艺复兴、海外扩张和世俗国家主权理念的产生。这种转型因下列事件而加速：1500—1570年的宗教改革重新定义了人与上帝的关系；1540—1660年的科学革命确立了新的宇宙体系和科学方法，即不带价值偏见的直接观察、理论概括和实践检验；1715—1770年的启蒙运动总结和伸张了科学精神、理性思考和进步理念，奠定了现代意识形态。启蒙运动还触发了美国独立（1776年）和法国

① 本节史料参见：Chambers M，et al. The Western Experience：Vol. II：The Early Modern Period. New York：Alfred A. Knopf，Inc.，1987. Voget F W. History of Anthropology//David L，Ember M. Encyclopedia of Cultural Anthropology. New York：Henry Holt and Company，1996. 并见王庆仁关于20世纪中期以前的西方民族学理论的相关成果。

② 这部分内容得到了中央民族大学陈连开教授的指导，笔者在此表示感谢。

大革命（1789 年），并且是 19 世纪出现的自由主义、民族主义和社会主义思潮的直接根源。在此背景下的西方扩张导致异域人文资料的大量积累和解释这些资料的迫切需求。

启蒙哲学崇尚个人自由和社会进步。进化生物学主张物竞天择、适者生存。人类学分别从这两个源头继承了人文传统和科学精神，至今仍是以人文为体、科学为用的学科。进化时期的学者当时要建立一门无所不包的“人的科学”，所以它的开放性也一直较大：在发展出一套独特的方法论，即用田野工作收集资料、用比较研究法处理和分析资料、用生物文化整体论和文化相对论指导资料收集与分析的同时，也注意不断从自然科学和哲学、社会学、语言学及心理学中借鉴理论成果。这使得人类学的理论库比别的学科丰富。此外，人类学研究人类文化，而它本身又是人类文化的组成部分。人类文化持续变迁，人类学也随之变化，这种对象与学科共变的现象也增加了学习的难度。为了便于叙述，本章以母体范式为线条，把人类学的文化理论演进历程分为如下三个时期：理性-进化论时期（1850—1890 年）、实证-结构论时期（1890—1970 年）和理解-相对论时期（1970 年至今）。

这里的范式指科学共同体在特定时期里共同信奉的理念和仿效的原则、主题及范例。[①] 母体范式指同一时期内各学派研究的共同母题和主导理论取向。它不表示各学派有整齐划一的认同，也不排除每个学派自有具体范式。这里的学派概指按照相同原理、方法与信条从事研究和发表作品的学者群，而不涉及学者的门派出身。由于学科史是个连续统一体，而母体范式是人为的划分，所以不同时期的母体范式也会有叠压现象，例如马文·哈里斯的文化唯物主义出现在 20 世纪 70 年代后期，但其母体范式仍是实证-结构论。这些现象还要靠读者在学习中善加体认。

第一节　理性-进化论时期（1850—1890 年）

人类学正规学科史上的第一个母体范式是理性-进化论。其形成与达尔文（Charles Darwin）1859 年提出的生物进化论有直接关系。马雷特（Robert R. Marett）在《人类学》（1912 年）一书中即称：“人类学是达尔文的孩子，达尔文的学说使人类学成为可能。”[②] 但深究之下，达尔文的理论只是为当时已经流行的关于人类社会持续进步的理念提供了生物学证据。早在 1852 年，斯宾塞就已在《进化的假说》中将社会类比为生物有机体，并提出了社会单线进化的思想。当斯宾塞还是孩童时，孔德（Auguste Comte）就受启蒙哲学家思想的启发，在 6 卷本的《实证哲学教程》（1830—1842 年）中提出了人类理智发展的三阶段说：“我们的每一种观点，每一个知识部门，都先后经过三个不同的理论阶段：神学阶段，又名虚构阶段；玄学阶段，又名抽象阶段；科学阶段，又名实证阶段。”对应于这三个阶段的人类社会组织有军事、法律与工业三种形式，政治组织则有神权、王权与共和三种政体。[③] 同时，德国文化史学家克莱姆也在《人类文化通史》（1847 年）中列出了人类社会野性、开化、自由三阶段进化序列。孔德的思想源于杜尔哥、孔多塞、圣

---

① Kuhn T. The Structure of Scientific Revolution. Chicago：University of Chicago Press，1970.

② 黄淑娉，龚佩华．文化人类学理论方法研究．广州：广东高等教育出版社，1996：17.

③ 于海．西方社会思想史．上海：复旦大学出版社，1993：189.

西门和孟德斯鸠等启蒙哲学门徒。克莱姆的思想源头则是启蒙运动的导师伏尔泰。[①] 此外，苏格兰启蒙哲学家大卫·休谟、亚当·弗格森（Adam Ferguson）和亚当·斯密也都是著名的社会进步论者。其中弗格森早在1767年就在《文明社会史论》中提出了人类社会经过了蒙昧、野蛮、文明三阶段的说法。源于古希腊时代的关于早期人类经历狩猎、畜牧、农耕阶段的进化假说也在此时由于启蒙哲学家的倡导而得以流行。[②] 弗格森还认为，人类学与心理学、政治学、经济学和社会学的母体是启蒙时期的道德哲学，而民族学、考古学和体质人类学的母体则是自宗教改革以来形成的自然史或博物学。沃勒斯坦在《开放社会科学》中认为，后来的学科分化都是科学战胜神学进而逼退哲学的结果。

启蒙哲学提倡理性、进步、自然、利益和秩序。理性就是崇尚怀疑和批评以破除盲目崇拜；进步就是相信人类意识和社会的不断进化和完善；自然就是崇尚天然真实和天赋人权；利益就是相信公益与私利相互为用，个人追求与社会公德并行不悖；秩序就是主张在牛顿万有引力定律的基础上构建世界体系，进至天下大同。这些概念固然有欧洲中心论色彩，但其精髓则是针对基督教神权而伸张世俗人权，以及关于人性普同的假设。这个假设使单线的进步阶梯论顺理成章。初创时期的人类学接受了这些理念，并用达尔文的生物进化论加以充实。人们因此称其为古典进化学派。古典进化学派中最有影响的人类学者是英国的泰勒、美国的摩尔根。[③]

进化人类学相信人类和世界都遵从自然、外在和既定的进步规律。事物通过不断的分化组合，沿着从简单到复杂、从低级到高级、从同质不整合（机械团结）到异质整合（有机团结）的方向发展。进化人类学家要根据日益增多的民族学资料，参照生物和地质学家的自然史来虚构人类文化史，历史地探讨人类社会和文化事物的起源和过程，特别是宗教、法律、财产、家庭和国家的起源及进程。他们从人类心性中探求进步规律的源头，形成了“三个一致”的母体范式：

（1）人类追求进步的心智和本质一致；

（2）社会文化进化的路线和阶段一致；

（3）社会文化与自然界的发展规律一致。

泰勒对学科的贡献是：确立了人类学这门“文化的科学，在本质上是改革者的科学”的声望和地位；提出了著名的“复合整体”的文化定义，及学科的研究方法，如比较法、遗存法和统计法等。在学科史上，他与弗雷泽一起被称为书斋人类学家。两者的另一个共同点是注重原始宗教，并从心理学角度将其解释为万物有灵论。

摩尔根的贡献在于他亲身考察美洲土著居民，并曾用通讯问卷方式收集海外民族学资料。他还为学科贡献了三部名著：1851年的《易洛魁联盟》是第一部现代民族志；1871年的《人类家庭的血亲和姻亲制度》是系统比较社会制度形态的开山之作；1877年的《古代社会》更是学科史上的里程碑。《古代社会》涉及生计方式、物质文化、社会组织和制度结构层次，其所列蒙昧、野蛮、文明三阶段图式也更为宏大严谨。因此，它一出版就

---

① 瑟维斯（塞维斯）. 人类学百年争论（1860—1960）. 昆明：云南大学出版社，1997：286.

② Adams W Y. The Philosophical Roots of Anthropology. CSLI Publications, Stanford University, 1998：23－25，33，54.

③ 黄淑娉，龚佩华. 文化人类学理论方法研究. 广州：广东高等教育出版社，1996. 夏建中. 文化人类学理论学派. 北京：中国人民大学出版社，1997.

引起了马克思的关注。马克思以老病之躯详细摘抄此书并补充欧洲古代史和俄国土地制度等资料，表现出要据此撰写一部人类社会发展史的意图。1883 年马克思逝世后，恩格斯立即执行他的遗愿，数月内就写成简明扼要的《家庭、私有制和国家的起源》（1884 年）。此后再版的《共产党宣言》中关于“阶级斗争”的提法也据此做了修改，可见进化人类学对马克思主义的影响之深。进化人类学留给我们的学术遗产包括：

第一，坚持了自然与社会一致的世界统一观和自然科学方法适用于人类社会文化研究的科学统一观。这在当时有进步意义。基督教神学曾称人类由上帝按自己的形象创造，异教徒是迷途的羔羊、野蛮人是退化的异类。进化人类学颠倒了这个程序，把原始人奉为当代人的活祖先，以此伸张了人类整体观并为人类平等和普世人权提供了依据。

第二，在文化史研究的旗帜下结成了史前史、古生物学、体质人类学、语言学、人类学和民族学的联盟，共同探讨人性、文化、人与自然和人与人的关系。这一时期的人类学还以自然史为楷模，广泛收集世界各地的基本制度和物质文化标本，建立起堪与自然史博物馆相媲美的人类学和民族学博物馆体系。

第三，它的许多基本结论，如人性普同、制度进化、技术积累、社会变迁等，至今仍是学科深层共识。学术界对古典进化学派的批评非难，主要不是针对其结论，而是针对其得出这些结论的方法。

第四，进化人类学在方法论上确有缺陷：它关于起源的很多命题属于思辨范畴；它的材料基础不够坚实且取舍失之简单；它有“历时排列共时文化现象”，即任意拆分文化特质组装宏观图式和过分追求通则而不顾文化整体的倾向；它在论述文化主题时，往往因经验资料不足而借助逻辑推理，或者降格以求，到生物和心理等经验层次去寻求支持。后来学者对这种化简论方法诟病甚多。

理性-进化人类学的全球整体观与帝国主义瓜分全球的意图之间有无关联？这是知识社会学问题。学者作为社会成员，其思想和选题都受社会场域影响。中世纪欧洲没有人类起源问题，也没有《物种起源》问世，那是因为《圣经》上已经把这些讲得一清二楚。学者的选题和结论能否为社会所接受，更与时代精神有关。《物种起源》发表在 1859 年时尚且受到保守宗教人士的抵制，放到布鲁诺（Giordano Bruno）的时代，只能遭“焚书坑儒”之厄，哪有大行其道的机会？据此分析，实证-结构论的母体范式也与帝国主义列强瓜分世界完毕，开始关注本国社会稳定和加强对殖民地的统治有关。推论下来，理解-相对论对权威的消解、对理性的质疑、对行动主体和实践过程的关注，又何尝不与近现代的市场经济需求、市民社会的强大和民族国家理念让位于全球化的意识形态有关？我们对此固然要有反思意识，但也不能因噎废食，放弃对学科基本理论、基本技能和基本规范的认同。人类学确有被应用和应用失当的可能，因此它更强调以保护研究对象为核心的职业伦理法典（moral code）。人类学家承认文化也有战争和集体暴力等阴暗面，承认地区和民族之间的文化差别也是社会系统的潜在断层线，承认随着经济文化互动的加深，民族和地方认同意识可能增强。但作为记录和解释文化多样性的学科，人类学毕竟有助于沟通人类的跨文化理解，有助于预见和防止冲突，理解冲突发生的原因，减轻冲突的后果和修复被冲突破坏的国际和族际关系。即使这些都不能实现，它也能通过理解和反思，使人类记取各种盲目行动的人文代价。总之，人类学自产生以来的最大认同就是人文价值和人类福祉。

第二节　实证-结构论时期（1890—1970年）

实证-结构人类学重视探讨社会文化的结构体系和平衡机制。它是对前期注重起源的进化人类学母体范式的继承和充实。这与理解-相对论人类学对前两个时期人类学母体范式的反思和否定形成对照。实证-结构人类学的母体范式略如下述。

（1）本体论的超有机体假说：认为社会文化是与自然现象不同的超有机体。这个超有机体本身具有结构，因而仍有机制、规律和通则可循。通则存在于社会文化本身而不必化简到心理和生物学层次。

（2）认识论的经验主义：强调直接经验和感性资料在认识中的作用，认为知识的真理性取决于观察和检验。

（3）方法论的科学主义：承认文化科学知识体系应以自然科学为楷模，尽量采用科学的观察和比较方法。

（4）研究者的价值中立：力主不对研究对象和结果做价值判断，只关心研究对象是什么而不管它应是什么。

（5）研究的应用取向：坚信科学研究是为了预测，预测是为了操作，社会和文化科学都是为了改造世界。①

这个母体范式的构成要素是启蒙运动的理性哲学加自然科学方法。它追求一种难以企及的科学境界。科学境界难以企及，是因为作为人类学的研究对象的人不同于作为自然科学的研究对象的物。研究人的学科至少受到三个特点的挑战，即主客共变、互变和价值介入。

主客共变是说研究者和研究对象都是人，是人就不免受社会文化的制约，也会因条件变化而变化。这种持续共变使主客体都难以“定格”，也难以一次性地认识和被认识。主客互变是共变的另一种形式：人类学讲究实地调查，直接接触研究对象。但人是有情之物且有日久生情的倾向。研究者与研究对象相互理解越多，就越会吸收对方的特点而改变自身的特点和认同。这样互变的结果是主客之间你中有我，我中有你，最终会影响描述和分析的客观性。价值介入是说人都是寻求意义的动物。客观世界本身并没有意义。但包括研究者在内的人都不会去做没有意义的事，也不能认识对自己没有意义的现象。可见客观事物和现象的意义最终来源于我们的判断，而判断意义就是用价值尺度来做取舍。

这是所有以人为研究对象的学科的困境。面对这个困境而不放弃探索的努力，正是人类学的魅力所在。现在我们知道，人的研究除了扎扎实实地收集数据和持续不断地理解、阐释与交流之外，实在没有更好的办法。但在19世纪末叶自然科学大行其道的时候，我们的前辈对人类科学寄予了更高的期望。他们认为自然科学与人类科学只有程度上的差别，没有本质上的不同，因此提出了理想化的实证-结构论母体范式并且义无反顾地进行了尝试和检验。以下为避免重复，我们只讲这个母体范式下各个理论学派的特点和思想承接脉络，不再刻意标示具体人物、事件和年代。

---

① 于海．西方社会思想史．上海：复旦大学出版社，1993：186－187．

一、文化传播论

基于社会进步论的文化进化论来源于启蒙运动的道德哲学。文化传播论则来源于科学革命以来的自然史、地理学和博物馆学。传播论者都信奉进化论且构建文化史，都把异民族文化看成时间上的他者，故其范式与进化论接近而与结构论较远。但传播论认为人类的发明和创造有限，不可能到处重复，所以它把文化进化看成是不同民族与社会相互采借技术、经济、观念、宗教和艺术形式的结果。因此，它注重研究文化事物在空间分布上体现的时间过程。它拒绝心性一致假说，强调用实证资料来确定文化特质的起源和传播途径，以此解释文化相似性和差异性的成因。这使它成为文化进化论与结构论之间的过渡环节。

威廉·亚当斯（William Y. Adams）在《人类学的哲学根源》[①] 中把传播论作为文化相对的源头之一，归因于德国理想主义（唯心论）哲学，包括始于康德、终于黑格尔的古典哲学（历史普同论），也包括从赫德尔（Gottfried Herder）到文德尔班（Wilhelm Windelband）的文化相对论（历史特殊论）哲学。但文化传播学派的直接导师则是德国地理学家拉策尔（F. Ratzel）。拉策尔远受文化理论奠基人赫德尔，近受母权论倡导者巴斯蒂安（Adolf Bastian）的影响。他的著作包括两卷本的《人类地理学》和三卷本的《民族学》（英译《人类历史》）。他坚信人的迁徙导致文化接触和文化传播。此后英国的里弗斯、史密斯和佩里，德国的弗罗贝纽斯（Leo Frobenius）、格雷布纳和施密特神父，美国的威斯勒（Clark Wissler）、克虏伯和哥登威塞（A. Goldenweiser），分别代表传播学派在英国、德奥和美国的三个变体，即英国的埃及中心论、德奥的文化圈理论和美国的文化区理论。[②]

英国传播论承袭进化论，把全球和全人类作为整体对象。里弗斯原是进化学派的干将，但在19—20世纪之交的西方民族学大调查中转而强调对文化传播现象的研究。他的两个后继者——史密斯和佩里把他的文化传播论带向极端而形成泛埃及中心说。这个理论认为，人类文明和文化制度要素的起源地最终都可追溯到古埃及。不含有埃及因素的文化是退化的文化。我们从中可以看到《圣经》神学的影响。

德国的文化圈学派是传播学派的正宗。它继承德国唯心论哲学和人文地理学传统，注重通过物质文化形态的比较来构拟区域（而不是全球）文化的传播过程，从而总结其中反映出的民族精神。它的工作范式是文化圈（kulturkreis）理论，即认为文化或文明具有区域性，每个区域自有文化的创造和变迁中心。中心文化向外传播扩散，犹如入水的石头激起的波纹。文化圈理论有空间和时间两个角度。空间角度注重文化特质的分布动态。一个文化圈内的文化特质分为中心和边缘。由于中心区文化容易变迁创新，所以边缘区的文化比中心区古老。如果文化特质的分布在边缘发生中断和变化，就说明另一个文化区对它产生了影响。时间角度则注重文化特质的叠压关系，即共处于一个文化中的不同特质在时间上的顺序是后来居上，构成地层分布那样的文化层。文化传播的强度和信度取决于“形”和“量”这两个标准。这种理论特别适用于考古学文化的区、系、类型的确定和博物馆中

---

① Adams W Y. The Philosophical Roots of Anthropology. CSLI Publications：Stanford University，1998.

② 同①323－324.

的文化展示，对于研究文化制度和艺术形式也有启发性。它与中国周代人相信“礼失求诸野”(《汉书·艺文志》)，强调到民间采风的实践异曲同工。但在19世纪国际政治格局中，德国的这种多中心的假说也与作为次等强国的德奥同英法争夺区域优势有关。

美国的文化区理论是在北美印第安文化研究（印第安学）中对德奥文化圈理论的改进。它更强调细腻的经验操作，把考察空间缩得更小，把文化要素分得更细，对文化的整体关联性也更加强调。例如，它把单一文化事项称为特质（trait），如某种工具；服务于同一功能的特质构成一个丛结（complex），如用于畜牧的诸种工具；关系紧密的不同丛结构成一个文化类型（type），如畜牧型文化；文化类型沿文化带分布（畜牧文化带），相关的文化带又构成文化区。这种操作程序克服了早期进化和传播论者任意拆分文化散件组装理论大国式的弊端，也有助于形成细致入微的民族志描述，因此更接近实证-结构论。[①]

传播学派再次确认文化是人类学的对象，并提出了收集文化材料的系统方法。它肯定了田野工作是人类学资料收集的主导方式。它开列的标准文化特质清单为系统收集跨文化资料提供了依据。它对包括发明和适应在内的文化过程提出了实证解释。它积累下大量翔实的文化地理资料，为后人进行跨文化比较（如1995年达到百万页的人类关系区域档案HRAF和列维-斯特劳斯的结构分析）留下宝贵的数据。它还开创了注重本土概念的民族志的先河。在传播学派的努力下，真正意义上的民族志开始成型。后来，它又为马林诺夫斯基的参与观察所完善。苏联民族学在20世纪50年代提出的经济文化类型和历史民族区理论也与传播学派，特别是与美国文化区学派有重要关联。传播论自20世纪20年代开始受到英国社会结构论的挑战。20世纪30年代，美国的文化模式（形貌论）也加入了挑战者的阵营。这两个挑战者都认定社会文化是超有机整体，有其自身的结构或形貌。文化研究者必须考虑文化自身的主体和能动性，即承认社会文化有选择、拒斥及整合文化外来要素的能力。相比之下，传播论那种以分散特质及其机械组合来解释文化或构建文化史的做法就显得不科学和不可取了。

二、历史特殊论

历史特殊论学派又称历史文化学派、文化批评学派或博厄斯学派。博厄斯是这一学派的总导师。作为德裔移民，他把狄尔泰、文德尔班和李凯尔特代表的德国巴登学派的历史特殊论哲学和自然科学传统引进美国，又在美国已有的印第安学基础上将体质人类学、考古学、语言学和民族学组装起来，并在其中注入了他个人的如下信念：尊重个人个性而不轻信机构权力的自由主义，要求对具体资料进行深入检验并对理论归纳持高度怀疑态度的经验主义，主张用每个社会自身的标准来评价其文化和制度的文化相对主义，承认人类学研究的所有主题都是诸多历史力量相互作用之结果的（非决定论）折中主义，即历史特殊论。它的精髓是以文化与个人关系为本体，以经验论和实证论为方法，以文化相对论为原则来构建各个民族和族群的文化史。它反对进化论和传播论的思辨归纳和简单攀附比较，反对欧洲中心论和种族偏见，力主对有限范围内的具体文化做详细精确的描述和记录。它认为只有具体的事物才是历史的，只有历史的事物才是可靠的。它深信科学的工作就是观

---

① 黄淑娉，龚佩华．文化人类学理论方法研究．广州：广东高等教育出版社，1996：174－188．芮逸夫．云五社会科学大辞典·人类学．北京：商务印书馆，1972．

察现象和收集资料，只要资料完备，一个个文化的整体机制就能得到显现，这就是历史特殊论。

历史特殊论是德国人文哲学加自然科学经验主义的产物（详见下节）。美国院校出身的第一代人类学家多为德国移民后裔。他们既熟谙文化圈理论和人文哲学，又有研究北美文化区的经历（见上文）。历史特殊论认为每个社会和每种文化都各有独特经历。经历不同，社会文化的性质就不同。既然各种文化都特殊和不可通约，我们就不能生硬地用通则来“齐”它们。在进化论那里，文化是通过历时排列而求出的单数概念。到了历史特殊论这里，文化是各有特点的并列复数概念。复数文化加上历史特殊论就等于文化相对论。既然每种文化都因其自身经历而有独特价值，那我们用自己的标准把自己放在进化大图式的文明一端，或者说认为一种文化比另一种文化更文明，就不是科学，而是自我中心论和种族主义。这是历史特殊论批判单线进化论的理由。

在自然科学所向披靡的年代，历史特殊论起到了伸张文化特性、抢救濒危文化的作用，并且对美国人的自由主义观点产生了深远影响。但它也有两种局限：一是长于解构批判现成理论而短于建构完善的新理论；二是厚古薄今的文化史应用性较差。这两点不符合强调现实关联和实用主义的时代精神。因此在 20 世纪 30 年代，它分别受到两股潮流的冲击：一是来自英国的结构功能论；二是博厄斯学派内部产生的文化整合论（模式论、形貌论）。从此，文化人类学中的三分支中形成了考古学关注文化史，语言学关注美洲深层结构，而民族学关注当代文化变迁和海外民族研究的分工倾向。体质人类学也日益从人体测量学转向人类学生物学。可以说到了 20 世纪 30 年代，适合做文化史研究的美国式四分支人类学已经出现裂痕。

裂痕的根源是 20 世纪 30 年代西方陷入的经济危机和社会动荡。德国法西斯主义、美国罗斯福新政和苏联共产主义提出不同的救世方案，使人类学家不能作壁上观。在此背景下，拉德克利夫-布朗从英国带来的结构功能论以其关注现实、适合应用的特点，吸引了美国部分民族学家向社会学转移，形成了美国社会学芝加哥学派。这一派中最突出的学者是雷德菲尔德。他在墨西哥印第安人村落铁珀兹特兰（Tepoztlan）的田野工作，揭示出现实社会中没有纯粹的传统文化社区。每个少数民族社区都与现代国家和城市有着多重联系，同时又保持着传统文化的一些内容。雷德菲尔德把前者称为民间文化小传统，把后者称为精英文化大传统。后来，他又通过对几个村落大小传统不同含量的比较，揭示了从纯粹乡村到真正城市的过渡情况。雷德菲尔德的大小传统并立的观点与德国社会学前辈滕尼斯（F. Tönnies）区分的礼俗社区与法理社会（gemeinschaft and gesellschaft）极其接近，而滕尼斯的观点又与德国启蒙哲学家赫德尔关于民族与民族精神（volk and volksgeist）的区分密切相关。[①] 如此看来，芝加哥学派虽然始于对博厄斯学派的反叛，但最终还是回到了有进化含义的历史特殊论。芝加哥学派的影响也曾延伸到中国。20 世纪 30 年代，吴文藻教授主持燕京大学社会学系，强调研究乡土中国，引进的就是这一学派的范式。1936 年，吴先生还特别邀请拉德克利夫-布朗来华讲学，促成了社会学和民族学中国功能学派的形成。

---

① Adams W Y. The Philosophical Roots of Anthropology. CSLI Publications：Stanford University，1998：323 - 324.

产生于博厄斯内部的文化整合论（模式论、形貌论）则是年轻学者出于对学科状况的不满而从相邻学科吸收灵感的产物。它的主要论点是：一种文化是一套内部要素相互关联的价值母体，一套理解和组织人们活动的方式。这个价值母体有其自性（identity），对于外来的文化特质有选择、驯化和整合的能力。整合是这里的关键概念，它强调一种文化中的各个要素相互关联，而且整体大于部分之和。整合的形式就是该文化的形貌或模式。这种理论还得到了 1912 年风行于世的德国格式塔（Gestalt）心理学的支持。格式塔心理学认为整体大于部分之和，因此不能通过研究部分来认识整体，对整体性质的把握只能通过自上而下地分析其内部成分的功能。[①] 这种演绎式的认识程序与博厄斯的经验归纳论相悖，但由于它给强调多元的历史特殊论提供了支持，况且本尼迪克特、米德和萨丕尔都是博厄斯钟爱的学生，所以博厄斯对之有所容忍。我们从他给《文化模式》写的序言中可看出这种矛盾心理。

把文化模式论用于解释人与文化的关系，就形成了文化人格理论。人性由文化形塑而不是由生物铸就。人是文化的产物和缩影。文化是大写的人格。教养的作用大于天性。这些都是博厄斯创建的人类学信条。既然每种文化都有其主导气质和母体价值，它就能造成该文化中人的主导人格类型。这种德国式的文化论吸引了卡迪纳（A. Cardiner）等心理学家带着弗洛伊德心理学前来加盟，形成国民心理学和远距离文化研究的方法。二战后出版的本尼迪克特的《菊与刀》是其代表作。文化人格理论的缺陷是把文化物质的生态条件看得太轻，好像文化是不受自然和外界影响的物自体；它用典型文化概括所有成员的人格，而文化却在社会上分布不均，所以也有失准之处。对此，R. 林顿的解释是：社会中的文化有两个层次，理想模式是社会的角色期待或核心结构，真实模式是个人的行为选择或表层结构。二战以后，文化人格理论发展成以许烺光、怀廷为代表的心理人类学，现演变成认知人类学。

早期的历史特殊论者，特别是 R. 罗维对进化论学说和产生于美国本土的摩尔根学说竭尽挖苦之能事。这引起一位年轻人的不平之鸣。他就是心理学和人类学双料博士莱斯利 · A. 怀特。1927 年，怀特开始钻研摩尔根的遗作并一心为这位人类学的先驱翻案。他不仅编辑了摩尔根的信件、日记和著作，还在《文化的进化》（1959 年）中提出了新进化论。他在书中为文化进化提供了一个能量标准：文化进化的客观尺度是开发资源的技术能力，即资源 E 乘以技术 T 等于生产力 P。一种文化利用资源的能力越大，其进化程度也就越高。这就不仅给文化通则找到一条科学依据，而且为 V. 戈登 · 柴尔德和朱利安 · 斯图尔德的文化生态学和多线进化论、艾尔曼 · 塞维斯和马歇尔 · 萨林斯的普遍进化与特殊进化并行论、马文 · 哈里斯的文化唯物论提供了操作依据。新进化论的关键词是适应，也就是把文化体系之外的自然和社会环境当成独立变量来考察其影响。塞维斯和萨林斯在强调文化对环境的适应时，还通过总结人类社会政治组织的队群、部落、酋邦和国家四个类型而伸张了进化论。这些成就现在都进入了政治人类学的视野。

怀特的另一个贡献是在《象征：人类行为的起源和基础》（1940 年）一书中提出文化符号论。文化在他眼中是一种自我决定的本体，所以他主张设立一门“文化学”（culturology）学科。他的这一想法可能与他本人到中国讲学（燕京大学社会学系，1936 年）时结识 1920 年就在中国提倡文化学的黄文山有关。怀特在《文化科学》中多次提及黄文山。

---

① 简明不列颠百科全书．北京：中国大百科全书出版社，1986.

他俩在20世纪30—40年代曾经书信“往还无虚日”。可见中国20世纪30—40年代的人类学和社会学曾逼近国际水准。[①] 美国历史特殊论学派留给我们的学术遗产包括方法上的文化区理论、区域年代假说、语言决定论假说、文化决定论、整合论、模式论、平等观、理想类型与实际行为、人性、文化与环境互动等，还有一大批分支学科。

三、结构功能论

结构功能论形成于20世纪20年代的英国。它首先是英国人类学自身“进化”的结果。经过19—20世纪之交的科学考察浪潮的洗礼，古典进化学派在英国发生分化：里弗斯转向传播论，弗雷泽坚持进化论，他们的学生马林诺夫斯基和拉德克利夫-布朗则分别从法国和德国借来涂尔干的社会本体论和冯特的民俗心理学，结合各自在太平洋岛屿和非洲大陆的调查实践，提出了结构功能论。与进化论和传播论相比，结构功能论有如下创新：它把进化论和传播论中的历时因果关系转换成共时函数关系，把不同文化之间的要素比较变成各种文化体系之间的结构比较，把现存文化中的“化石”或“遗存”看成仍在文化体系中发挥功能的活制度。这三个论点的假设前提是：任何具体的社会文化都是有机、自动、自足的功能整体。整体之内的任何部件，都要挂靠在其对整体的功能上才能认识。因此，整体才是跨文化比较的合法单位。结构功能论认为，只有通过这种整体的、科学的比较，我们才能求得人类社会文化发展的统一规律。结构功能学派的特点如下：第一，以结构功能观点研究社会文化；第二，对田野工作、调查方法和叙述手段的强调；第三，开放式的研讨班教学和质量优异的民族志专著；第四，对现实应用的强调；第五，共同体成员之间的强烈认同（包括长幼有序、亲如家人的气氛）。这些特点使英国社会人类学在20世纪20—50年代主导了欧洲人类学界，并与美国的历史特殊论学派分庭抗礼。

但结构功能论内部也有历时的变迁：1924—1938年是马林诺夫斯基的经验功能论的主导时期。它以马林诺夫斯基为主帅，大本营在伦敦经济学院，田野工作在太平洋诸岛，研究主题是生活史（包括家庭、经济和巫术），承接的是弗雷泽和韦斯特马克（Edward Westermark）的课题，关键概念是文化的制度和功能，相关学科是心理学和经济学，强调的是文化制度对人的生物和心理需求的满足。1939—1955年是拉德克利夫-布朗的理性结构论的主导时期。它以拉德克利夫-布朗为主帅，重心在牛津大学，田野工作在非洲大陆，研究主题是亲属和政治制度，承接的是摩尔根、梅因（H. Maine）、里弗斯的课题，关键词是社会与结构，相关学科是社会学和政治学，强调的是社会结构的平衡和人与文化对结构的适应。[②]

这些变化反映出结构功能论的两位导师对学科对象和方法的不同理解，也表明田野工作场地对理论范式的不同要求：岛屿诸文化规模小，界限清，便于观察，可以不借助模型而直观描述；大陆诸文化规模较大，结构复杂且相互纠结，必须借助理论模型来确定操作范围。研究场地决定理论取向，这也是主客互变的一个实例。类似的例子还有利奇（E.

---

① 王建民．中国民族学史．昆明：云南教育出版社，1997．宋蜀华，白振声．民族学理论与方法．北京：中央民族大学出版社，1998：138.

② Kuper A. Anthropology and Anthropologists：The Modern British School. London：Routledge and Kegan Paul，1983：97.

R. Leach）研究景颇人、巴特（Fredrik Barth）研究印度北部阿富汗人（the Pathan）而得出的民族认同随场景而变动的结论。综合比较，马林诺夫斯基的文化功能论属于经验直观型，类同于哲学上的唯名论。它认为事实就是真实本体，功能就是文化真谛，把握真谛只需直接观察事实的各方面（如“文化表格”中的三因子和八方面[①]的功能）。拉德克利夫-布朗的社会结构论则属于理性抽象型，类同于哲学上的唯实论。它认为经验事实只是表象，背后还有作为抽象结构的真实本体，功能不是真谛而只是通向结构的路标。两相对照，可以看出一个悖论：欧陆出身的马林诺夫斯基热衷于英伦的经验哲学，而英伦出身的拉德克利夫-布朗则热衷于欧陆的理性哲学。

结构功能论强调的共时研究和应用导向拓宽了人类学的领地。它表明人类学的真正研究对象不是文献文物和遗俗中的玄理奥义，而是寻常百姓的日用常行。它把人类学从书斋带到田野，从历史带到现实，从对文化史的构建带到对社会生活的直接观察和详细描述。它确立了田野工作的典范，并把人类学应用于对复杂社会的研究，从而开创了“人文世界，到处都是田野”[②]的先河。这一学派对中国的影响见于林耀华的《金翼》和费孝通的《江村经济》等著作。

四、社会决定论

社会决定论在此处指社会本体论，参见《中国大百科全书·社会学》“社会唯实论”条。

奠基于19—20世纪之交的法国社会学年刊学派（L’Ecole de I’Annee Sociologique）与美国的历史特殊论学派旗鼓相当，略早于英国的结构功能学派，也是后者的正宗思想源头。这一学派的总导师是哲学家、教育家和社会学家涂尔干。他与马克思和韦伯同为构筑西方当代社会学理论大厦的三巨匠之一。[③] 弗洛伊德亦是此类人物。涂尔干的社会决定论思想可以通过斯宾塞、孔德而向前追溯到苏格兰启蒙哲学家亚当·弗格森。继亚里士多德之后，弗格森第一个强调人是社会动物，而且只能通过社会来认识。他强烈批判霍布斯和洛克关于原始社会无序无制度的假设，率先提出社会与个人一样古老、私有制与社会一样古老、口舌（语言）对人而言与手脚同样重要、不研究群体就无法了解个体等社会决定论命题。他还先于摩尔根提出人类社会经过蒙昧、野蛮、文明三阶段的假说。[④] 在巴黎高等师范学校学哲学出身的涂尔干全面继承了弗格森的这些思想，但更强调研究方法的实证化、规范化和操作化。1897年前，他研究过社会分工、原始分类、互惠互报、乱伦禁忌、轻生自杀、宗教礼仪等经验现象。1898年，他创建《社会学年刊》，并开出1/4版面讨论民族学问题，名曰比较社会学。《社会学年刊》推广了“神圣/凡俗”“外在/内化”“机械团结/有机团结”“二元对立”“原始分类”“图腾原理”“集体意识”“集体表象”等社会决定论概念，并形成了影响深远的法国社会学年刊学派。

---

① 吴文藻．论文化表格//吴文藻．吴文藻人类学社会学研究文集．北京：民族出版社，1990.

② 费孝通．继往开来，发展中国人类学//荣仕星，徐杰舜．人类学本土化在中国．南宁：广西人民出版社，1998：12-14.

③ 莫利斯．宗教人类学．北京：今日中国出版社，1992：28-29.

④ Adams W Y. The Philosophical Roots of Anthropology. CSLI Publications：Stanford University，1998：25-26.

针对古典进化学派“心理一致”的普遍假设，社会学年刊学派提出了社会决定论范式：第一，社会事实自成其类，只能用先在的其他社会事实来解释而不能化简到心理和生物层次；第二，社会先在、外在和独立于个体并大于个体之和，因而能对个体形成强制；第三，社会的强制力来源于无形而有力的集体意识和集体表象，而以“神圣/凡俗”分类为基础的宗教则是社会的核心形式；第四，人们对自然界的分类依据社会文化分类，社会文化分类则依据二元对立原理；第五，上述所有社会现象都有现实功能，因而可以用科学方法进行实证研究。

社会学年刊学派不仅为学科提供了一系列分析概念，而且对人类思维和经济活动的特点做了成功论证。这个学派把社会学与民族学视为互通的学科。它的社会定义是“个体外部的一切行动、思想和感觉（acting，thinking and feeling）的方式”。这与泰勒的文化定义，即个人习得的“能力和习惯的复合整体”相似。其间的差别只是：泰勒的“文化”侧重于个体获得，最终通向个体心理和生理学，如后来的马林诺夫斯基的功能论。涂尔干的“社会”则侧重于“外在”的集体表象，坚持的是社会学本位和社会本体论，如后来的拉德克利夫-布朗的结构功能论。社会学年刊学派对当代人类学的影响及于英国结构功能学派和列维-斯特劳斯的结构人类学，也及于布迪厄的实践相对论。

实证-结构论时期是人类学的黄金时代。现代人类学的知识主体、认同基础和学科经典多形成于这个时期。但这些成就都是在西方对世界的支配达于顶点的巨大阴影下取得的。源于西方的两次世界大战和一次冷战造成数千万人伏尸流血，也使这一时期的学术成就黯然蒙尘。随着二战之后国际形势的变化，人类学迎来反思和范式转型的时代。转型之前的1945—1960年是过渡期。过渡期的人类学分为东、西方两个阵营。两个阵营的人类学范式都有进化论和结构论折中的特点。它们的研究成果延伸到转型期以后，影响则超出学科之外，形成今日人类学的理论深层。

东方阵营以苏联为代表。俄罗斯的特殊地理位置和历史经历使苏联继承了东、西罗马帝国的两套遗产。这使它的学术具有独特的思辨力量。帝俄时期的人类学发展与德奥学派接近，两者都产生于地理学并遵行传播论范式。十月革命后，苏联也按欧洲大陆传统，把人类学等同于体质人类学，归在生物学门下，把文化人类学称为民族（志）学，归在历史学门下。民族（志）学以历史唯物主义为指导思想，以人类文化史构建和社会形态排序为主要任务，同时也为历史学提供史前材料。在社会科学的名义下，它的范式是以冲突论为基础的进化论加结构论，具有改造社会的应用导向。[①] 苏联民族学的研究内容主要包括原始社会史、经济文化类型和历史民族区、人类婚姻史、民族过程和民族共同体的概念分类等。它的前期代表人物是托尔斯托夫、托卡列夫、列文、切博克萨罗夫，后期则有勃罗姆列伊等。这一学派中的切博克萨罗夫、克留科夫（刘克甫）、列舍托夫、李福清等人与中国学术界有密切联系。前者于20世纪50年代在中国做过民族学专家，后三者则做过留学生。总体来看，苏联学者在政治体制的有限空间内，提出了很多学术创见。其中以勃罗姆

① 贾东海，孙振玉．世界民族学史．银川：宁夏人民出版社，1995：109－126，342－366．列文，切博克萨罗夫．经济文化类型和历史民族区//民族问题译丛（民族学专辑）．北京：民族出版社，1956．托尔斯托夫，等．普通民族学概论．北京：科学出版社，1960．

列伊用新马克思主义观点对民族过程和民族分类的研究成就最大。[①] 它们的学术水准曾得到格尔纳（Ernest Gellner）的高度评价（“Soviet and Western Anthropology,” 1980）。中国对苏联民族学的发展一直较为关注[②]，20 世纪 50 年代曾经有过密切交流与合作。这个传统值得发扬。

西方阵营在过渡期内兴起了文化生态学、新进化论、心理人类学、跨文化研究、马克思主义人类学和结构人类学。它们都是用结构论时期的成果对进化论时期的理论假说做验证。人类学在实证-结构论时期积累了大量资料。过渡期内的西方人类学用结构论时期的材料验证古典进化论时期的假说，得出许多解释文化变迁动态的理论模型，如怀特的新进化论、柴尔德的物质文化进化论、斯图尔德的文化生态学和多线进化论、塞维斯与萨林斯的普遍与特殊进化并行论，还有默多克（G. P. Murdock）概括的人类家庭和亲属图式等。这些模型都比结构论有更强的解释力，也比古典进化论更有科学性。[③]

西方马克思主义人类学是用历史唯物论的观点解释人类学问题的尝试。它内部又分政治经济学派和结构马克思主义两个派别。政治经济人类学的代表人物和著作有沃勒斯坦的《现代世界体系》（1974 年）、沃尔夫的《欧洲与没有历史的人民》（1982 年）。这些著作研究 1500 年以来的经济全球化过程，强调全球经济发展对各地各民族的影响，尤其是核心区与边缘区的冲突和不平衡。它把人类学与全球化进程和世界历史联系起来，证明人类学不仅能研究小社区，而且能解释大棋局。同时，它也证伪了实证-结构论时期所认为的民族志对象是孤立实体，可以进行整体描述的假设。这使后来的民族志描述更依赖理论导向，更注重小专题的大关联，而不再汲汲于百科全书式民族志的撰写。结构马克思主义人类学用涂尔干的社会结构论结合马克思的经济基础决定论，提出侧重生产方式和意识形态功能分析的角度，旨在为人类学提供一套普遍适用的分析概念。[④] 列维-斯特劳斯的结构人类学更是雄心勃勃的创新。

列维-斯特劳斯原来学习哲学，后因读了罗维的《初民社会》而转入人类学。他的学术思想来源复杂，最为直接的是语言学，特别是索绪尔（Ferdinand de Saussure）的言语和语言、能指与所指之分和雅各布森语义之间的二元对立构成区别性特征的理论。1935—1948 年，他在美洲从事研究多年，深受美国文化人类学影响。有感于文化现象之复杂多变和难以把握，他想抽取潜存于复杂经验现象深处的简单和有限的结构模型来以静制动和以简驭繁。他认为科学的用途在于预测，而要素简单、关联紧密的结构模型是预测的最有效工具。这本来不算创新——所有的结构论者都把“社会”或“文化”看作复杂的人类行为的简单结构，所有的科学结论也都旨在解释和预测。列维-斯特劳斯的独创在于：他不是向社会事实或社会关系，而是向人类的心智去求取在普遍性、确定性和价值无涉性等方面堪与科学定律相媲美的“结构”。他为此提出如下创见：

第一，人无序不立，人类皆有分类的天性，原始人与现代人都是分类的动物。

第二，分类就是创造秩序，就是按二元对立规则或两分法找寻事物之间的区别性

---

① 白振声．马克思主义民族学//宋蜀华，白振声．民族学理论与方法．北京：中央民族大学出版社，1998：79－127.

② 林耀华．原始社会史．北京：中华书局，1984.

③ 夏建中．文化人类学理论学派．北京：中国人民大学出版社，1997：189－249.

④ 黄淑娉，龚佩华．文化人类学理论方法研究．广州：广东高等教育出版社，1996：344－364.

特征。

第三，作为分类结果的秩序要用符号表达，因此文化是象征符号体系。

第四，符号体系反映人类的意识结构，意识结构可以抽象成结构模型。

第五，结构模型有深浅两个层次。与经验现象同构的浅层结构模型是机械模型，拉德克利夫-布朗的社会结构也是如此。真正的深层结构模型不为意识所及，异于和少于经验现象且与价值无涉，所以它最能反映人类的普同心性。

这些论点使列维-斯特劳斯对庞杂的人类亲属关系做出了简洁的分析结论：它们都是通过界定八元四组关键亲属——夫妻、兄妹、父子、舅甥——的二元对立关系，以戒除乱伦和鼓励外婚。他以此确认了社会学年刊学派的一个经典命题：人类社会文化的本质就是交换。语言是交换信息，政治是交换权利，经济是交换物品，婚姻是交换男女。通过交换，人性得以展现，社会得以形成。受到亲属研究成功范例的鼓舞，他又向更深层的无意识领域探险，进行规模庞大的跨文化神话结构分析。其结果虽然不明不白，却也差强人意地显示出各地人类反省自己源于自然而成于文化的矛盾心理。[①]

列维-斯特劳斯的贡献是，把美国式的文化人类学介绍到欧洲，加强了学科的整合性。他澄清了亲属的基本结构。他借助结构语言学为神话分析提供了一个范式。他的成果支持了乔姆斯基（Noam Chomsky）的一个假说：人类婴儿的大脑不是一张白纸，而是有先在认知和分类模式的装置。学术界对结构人类学的结论虽有保留，但都承认其构想奇异，方法新颖，是学科史上最艳丽的思维之花和追求科学理想的最远探险。后来源于心理人类学的象征人类学和认知人类学都以较为微观的人文方式循着他的路向前继续探索。[②]

第三节　理解-相对论时期（1970 年至今）

经过漫长而富有成果的过渡期，人类学在 20 世纪 70 年代实现了母体范式转换。此前的人类学是个范围广阔、追求实证的综合学科。在“人的研究”这把大伞下面，学者们研究天差地别的问题。他们虽因传承和见解不同而分成不同学派，但都认同于一个学科并以科学实证论相互砥砺。而到了 20 世纪 70 年代以后，人类学内部的许多研究领域或以对象或以方法为名打出分支人类学的旗号，甚至不再关心母学科的研究主题和进展状况，酿成了人类学的认同危机。[③] 在母体范式上，以自然科学为圭臬的实证-结构论也让位于以人文价值为关怀的理解-相对论。学术主流从对社会文化结构法则的追求转向对研究对象行动意义的探索。本章对转型后纷繁的人类学内容无力进行全面介绍，只能概要分析造成这次转型的社会、思想和哲学背景，为读者追踪学科前沿刊物和著作提供参考角度。

（1）社会背景。这次学术转型首先是对 1945—1970 年世界深刻变化的回应。这些变化中的荦荦大者包括：第一，社会主义形成阵营并与资本主义阵营对垒，从而使新兴国家

---

① 黄淑娉，龚佩华．文化人类学理论方法研究．广州：广东高等教育出版社，1996：240－282. 夏建中．文化人类学理论学派．北京：中国人民大学出版社，1997：254－287.

② D'Andrade R. The Development of Cognitive Anthropology. Cambridge：Cambridge University Press，1995. 王铭铭．想象的异邦：社会与文化人类学散论．上海：上海人民出版社，1998：223－243.

③ Orther S B. Theory in Anthropology since the Sixties. Comparative Studies in Society and History，1984（26）.

组成的第三世界地位突出；第二，发达国家进入社会均富和大众消费时代，人们由追求生存和安全转向追求意义和价值；第三，始于1960年的信息和交通技术革命使世界呈现出空前的现代性，人员、信息、形象和观念在全球范围内的高速流动使跨文化接触成为常态，从而使生活基本性质更加难以把握，信息时代改变了人们的时空观念，也使生活状态高度紧张，使以现代化为依据的权威定义和单向话语受到质疑；第四，高等教育的普及使原先认为读过大学就算进入精英阶层的人们地位失重，产生革命意识，广泛参与社会运动，在民权、反战和妇女解放等运动的推动下，西方学者借助马克思主义展开对自身社会的反思和批判，酿成后现代主义思潮。

(2) 社会思潮。作为一种哲学和社会思潮，后现代主义既指对启蒙运动现代性的延续，又指对科学和理性至上论的批判。启蒙运动要用科学、理性和知识破除迷信、愚昧和贫困。它主张决裂过去以追求未来。后现代主义认为这种替天行道的玄话语和玄叙事（metanarrative）宏论，包括从摩尔根到弗雷泽和列维-斯特劳斯的理论，都有为国家权威和制度暴力张目之嫌，因而要对之进行揭露和矫正。现代主义提倡为了共同目标而求同存异；后现代主义则主张暴露矛盾，让人们知道生活本身的矛盾性并学会在矛盾中生活。现代主义认为真理具有客观性、唯一性和永恒性；后现代主义则认为真理充满多元性、主体性、文化相对性和缘起性空性。现代主义标榜科学价值中立；后现代主义则揭示人类活动都与价值关联，主张用知识社会学加以分析。现代主义提倡知识就是力量，想通了就干；后现代主义则揭示知识多为权力构建之物，要三思而后行，且要边干边反思。现代主义把一切以人民、国家、社会为名而发动的社会运动都打上惊叹号以示鼓动；后现代主义则把这些吁求都打上引号以示质疑。科学史学家托马斯·库恩（Thomas S. Kuhn）在《科学革命的结构》（1970年）中提出的知识社会学例证也起到为后现代主义推波助澜的作用。人类学史上则有两位大师的思想与后现代主义直接有关：源于德国历史主义的博厄斯的文化相对论与源于启蒙运动的实证哲学家涂尔干的社会决定论。前者为后现代主义提供了动力，后者则为之提供了靶子。

(3) 哲学源头。后现代主义的启示主要来自德国的唯心论哲学。赫德尔、康德、尼采和叔本华是其源头。1883年，狄尔泰在《精神科学导论》中更明确地提出自然科学与人文科学的区分，认为后者与人的生命体验有关，无法客观化，因而只能以理解为怀。文德尔班和李凯尔特区分了旨在总结普遍规律的通则化（nomothetic）方法与旨在描述个别事实的个性化（ideographic）方法：前者强调单数的普遍、重复、共相、预测和价值无涉；后者强调复数的特殊、唯一、殊相、理解和价值关联。从通则化角度观察，经验现实体现为自然；从个性化角度观察，经验现实体现为历史。譬如从通则化角度看泰山，我们看到的就是其地质构成、绝对高度、植被情况等。泰山在这个角度上与其他山脉相比，可谓微不足道。反之，从个性化角度看泰山，就能看到上述要素组合出来的个性化特点，再把它的相对高度、它的碑文题刻以及封禅祭天等人文活动关联起来，它就不仅有其他山脉所没有的个性，而且是当之无愧的“五岳之尊”。正是对主体生命的意义世界、对主体的独特性、对主体与客体的价值关联性和心灵的原创性的尊重，使德国近代哲学家提出了人文现象自成一类的主张。它导致了滕尼斯的本质意志与选择意志（即礼俗社区与法理社会）之分、韦伯的理解社会学、博厄斯的历史特殊论和文化相对论，也导致了人类学对胡塞尔现象学，福柯、德里达的后结构主义（解构主义），以及萨义德的后殖民主义文学批评的吸收。这股强大思潮与20世纪70年代的人类学家的思想相激荡，酿成了学科史上最大的一次范式革命。此后的人类学就进入了“专门化和多元化”时期。我们勉强概括这一时期的理解-相对论母体范式如下：

（1）人是行动的意志主体，即按文化形态和社会结构规定的意义行事，也因其意图而改变文化和社会；

（2）文化为行动提供导向和意义体系，我们可以通过考察人的认知、符号和行动来理解文化；

（3）理解是心灵活动，易受环境条件影响，所以我们对异文化的理解要尽量采用本土眼光和主位术语；

（4）人类学对异文化的理解可能深厚但不可能精准，我们的描述和解释也有误导人或被人误解的可能；

（5）因此我们要不断反思自己的立场和作品，注意自身文化与对象文化及其他文化的关联和互动。

这个范式的最大信息是人类学要把文化研究的侧重点从科学转向人文。这种学术范式虽然突兀，却也别开生面。它把对行动意义的体验和选择权下放给芸芸众生，把社会实践看成人格人性对结构规律、失落权威、文化霸权和符号暴力的反抗。它把争取思想解放、个性自由的战场从长老、领袖、宫廷、议会和公共场所引回到每个人的身边、身上和心灵深处，从而把争取解放的任务赋予每一个人的每一项行动选择。它同时强调反抗霸权与精确描述和深刻思考并行不悖，认识结构局限与关怀行动意义相辅相成。

人类学为什么从对结构规律的关注转到对主体行动意义、象征符号、文化反思、新民族志和性别的研究上来？答案还是西方社会的时代背景和现实生活，特别是人们对自然科学局限性的深刻认识。20世纪70年代以后的西方人看到了人类解决物质需求的前景，却看不到解决精神需求的希望。人类能够靠科学技术生产出超过自身需求的产品，以至于一些人可以耗费巨资去登天揽月、编织天网、运动减肥、销毁假冒产品以致污染环境或到互联网上去制造垃圾信息，但却不能靠科学和理性来分配自己生产出来的东西，使全体人类都过上丰足生活，以致世界上还大有衣不蔽体、食不果腹甚至无家可归者。可见人的需求实在不能完全靠科学技术和物质手段来满足。物质是作为人的必要条件，但伦理和精神才是充分条件。现代社会人类的物质需求有望满足，精神需求就成了人们的关注焦点。人类学把人文关怀提上研究日程适当其时。文化符号虽不是坚甲利兵，却也能生人杀人，人类学把象征符号作为研究对象顺理成章。进入现代的人类在百年间就经历了两次世界大战和一次冷战，人类学提出文化反思是理所固然。交通和信息革命为女性和弱势群体平等参与社会生产提供了技术前提，而社会上依然有性别和民族歧视存在，人类学提出社会性别研究的命题是势所必至。第二次世界大战之后殖民体系瓦解，前殖民地人民成了当地主人且有了表述本民族文化的知识分子，民族志写作当然也要打破人类学家的一言堂。总之，理解-相对论范式提出的研究命题都有其现实根源，而不是空穴来风。

奥特纳1984年总结实证-结构论人类学传承到20世纪60年代的范式有三：讲自然的文化生态学，讲制度的结构人类学和讲符号的象征人类学。20世纪70年代是由政治经济学和结构马克思主义主导的注重反思和批判的年代。她预测20世纪80年代是实践人类学的年代。这是当时（1984年）的趋势。现在时间进入21世纪，我们在中国感受到的人类学又有哪些发展？

我们认为，人类学在过去百余年里建立起了一座严整的知识大厦。它由三个体系组成：一是目标体系，包括学科定义和前一章讲述的文化；二是工具体系，即学科架构和本章简述的内容；三是应用体系，见本书第二十四章等。我们至少要掌握这个大厦的前两部分，才能理解和讨论它的当前发展。关于工具体系，我们建议把美国式的人类学想象成一个人的躯干。它以哲学（含心理学）为头颅，以社会学和历史学为臂膀，以生物学和生态学为下肢。关于作为对象体系的文化，我们建议把英国社会人类学的四个分支——婚姻家庭与亲属研究、经济人类学、政治人类学和仪式与信仰研究（宗教人类学）作为它的关键架构。

在此基础上，我们略去文学、诗学、体育、旅游、影视等分支，把人类学主流自 1970 年至今的发展概括为“三学两论两研究”。它们都是主流人类学内部的方法或目标取向，而不是严格意义上的分支学科。“三学”指象征人类学、认知人类学和反思人类学。“两论”指哈里斯的文化唯物论和布迪厄的实践相对论。“两研究”指与女权运动相关的社会性别（gender）研究和与文化冲突及全球化进程相关的族群性和民族主义研究。

一、象征人类学

象征人类学来自社会人类学内部的范式变革。它把文化看成由人定义和操作的符号体系，而不是像结构功能论那样看成带有本体性的制度结构。这在埃文思-普里查德的晚年著作，在利奇的《缅甸高地的政治制度》（1954 年），特别是在利奇对列维-斯特劳斯结构人类学的宣扬和他自己对象征体系的分析中已见端倪。他们的晚辈玛丽·道格拉斯（Mary Douglas）和维克多·特纳借重涂尔干原始分类的圣俗对立逻辑和列维-斯特劳斯的二元对立思想，将其发展成强调分类、仪式和象征的社会整合作用的象征人类学。道格拉斯解释了分类逻辑对人们行为的重要意义（人无序不立）。特纳提出象征符号不仅是意义载体，而且直接参与或促成社会行动。这一派里的美国人类学家大卫·施奈德则提出了象征的结构组织和核心符号等问题，因而更接近列维-斯特劳斯的深层结构。但他们都比列维-斯特劳斯更强调社会行动者对象征符号的操作，即将象征符号作为社会整合的意识形态工具。

格尔茨虽然属于象征人类学阵营，但他的思想却是韦伯的理解社会学、赫斯科维茨的文化相对论和怀特的文化符号论。格尔茨针对列维-斯特劳斯，主张文化的作用和传承机制都不在内心而在外界的象征符号和风范（ethos）。文化就是社会行动者利用象征符号为自己制造的意义和组织的逻辑。象征符号规定人们如何理解和看待世界。符号的灵魂是它代表的意义。这个意义只为行动中的人所知，而行动中的人又随时随地赋予旧符号以新意义，所以人类学家对文化符号只能尽力理解并做深度解释和描绘。人类学家的工作实质就是倾听研究对象的解释，再用自己的作品（民族志）向读者解释这种解释。[①] 这也是格尔茨后来对象征人类学的概括。

二、认知人类学

结构功能人类学把文化看成制度，象征人类学把文化看成符号，而认知人类学则把文

---

① 格尔茨．文化的解释．上海：上海人民出版社，1999.

化看成知识，即研究对象的本土知识。确切地讲，认知人类学不是文化理论，而是一种指导田野工作的操作方法。这种方法的理论阐释就是象征人类学。这一学派的源头众多，包括心理人类学传统、结构语言学方法、结构人类学理论和新民族志中的主位知识（民族科学）。它注意研究不同文化的分类方法和特点，包括认知图式和细微事物区别性特征的确定。作为操作方法，人们对它的作用见仁见智：普同论者认为它有助于在跨文化比较中寻找人类文化的普同表现（如颜色词和时间观念研究）。相对论者认为它有助于验证文化相对论，特别是有助于验证萨丕尔-沃尔夫假说。萨丕尔-沃尔夫假说又称语言决定论，是历史特殊论中的一个语言学命题。它有强弱两个版本：强版本是语言决定思维，弱版本是语言影响思维。现在强版本受到质疑，但弱版本仍然流行并且是认知人类学的操作依据之一。[①] 我们认为认知人类学在医学人类学和民族植物学中适用性较大（详见第十八章）。

三、反思人类学

20 世纪 80 年代横空出世的反思人类学代表着后现代思潮在人类学中的最强表现。它参照萨义德的后殖民主义文学批评，实际上是反思西方人类学家在田野工作、描写文化和民族志表述中出现的过失，尝试以主位和多元手法撰写民族志以矫正人类学家号称能够避免，而实际上难以避免的文化偏见。它的基本假定是：所有真理都是文化构建，因此都是相对的。每一种民族志描述都不可能不受描述者的文化价值、个人偏好甚至民族和阶级偏见的影响。人类学在做描述和比较分析时要反思，在阅读民族志作品时也要注意剥离撰写者的性别、阶级和其他内在偏见。保守者认为反思人类学搅乱了人类学的阵脚。进取者则认为它把人类学推向更大的市场，使之更深地卷入传播媒体和大众文化。我们认为反思人类学，即作为文化批评的人类学对于影视、旅游、文化展示等潮流具有针砭作用（参见第十九章和第二十一章）。[②]

四、文化唯物论

马文·哈里斯自称他的文化唯物论是历史唯物论、新进化论和文化生态学的综合。在综合中，他把文化发展的动力归结为基础结构中的环境、技术与人口之间的内在不平衡，从而把历史唯物论中的生产力决定论和阶级冲突论修正成了基础结构决定论。这一解释避免了心理人类学注重文化模式、忽视基础结构和文化生态学视文化为被动适应系统的弱点。这一理论的另一个贡献是对语言学家派克在 20 世纪 50 年代提出的文化研究的主位与客位观点加以强调，指出两者在认识文化中具有互补性。从本质上看，它是对前期实证-结构论的强化。

五、实践相对论

我们把布迪厄的实践理论称为实践相对论。它是在涂尔干社会决定论的前提下为理

---

① Scupin R，et al. Anthropology：A Global Perspective. New Jersey：River，1998：256 - 258.

② 马尔库斯，等．作为文化批评的人类学．北京：三联书店，1998.

解现代人行为提供的答案，因而在学理上与象征人类学中的行动、过程、中介（agency）理论相承接。它的命题揭穿了文化资本和符号暴力的生产与繁衍机制及它们弥漫的广度（无所不在）和对人濡染的深度（躯体化），从而提示人们自觉地承担在实践中反抗和颠覆它的使命。它是实践论，因为它处处涉及政治、经济和文化资源的分配和运用。它是相对论，因为它承认每个人所处的权力场域不同，所以批判、反思和反抗的任务与方式也有所不同。它是决定论，因为它借用马克思的分析方法，处处讲社会条件对人类行为的形塑作用。不同的是，它把马克思主义的经济和物质决定论换成了文化和符号决定论。

六、社会性别研究

社会性别研究与女权人类学密切相关。20 世纪 70 年代，与其将人类学的社会性别研究称为“性别人类学”，不如称为“女性人类学”。[①] 它伴随妇女解放和女权运动而兴起，但提出的命题却超出了自然性别范畴。人是两性双态动物，男女差别明显，这是生物学事实。人类的大部分活动男女都能从事，而且现代技术大大便于妇女在所有领域里与男性竞争，这是社会事实。但人类社会却普遍存在性别分工：前农业时代是男渔猎女采集，农业时代是男耕女织，现代社会也还流行男主外女主内的观念。这是什么道理？人类学要对此提出解释。这些解释不仅有助于人类的思想解放，而且有助于我们加深对婚后居住规则、继嗣规则和财产继承规则等人类学传统课题的理解。总之，社会性别研究注重的不是男女两性的生物差别，而是基于这种差别的文化角色差别。通过这些研究，我们还能理解文化对人类行为的深刻影响。此外，社会性别研究也为我们审视社会上强势群体对弱势群体的定位和态度，例如主流文化对少数民族文化的展示和修正，提供了新视野（参见本书第十七章）。

七、族群性和民族主义研究

族群性和民族主义研究与近几十年来升温的文化冲突和全球化进程有关。它目前是人类学与社会学、政治学相配合而取得重大理论成果的领域。它的最大成就是破解了民族原生论、民族与文化重合论、民族同文同种同祖宗论等种种神话，指出族群和民族在本质上都是缘起性空的场景性存在，且有政治操作上的工具性。虽然目前它还只能这样解释世界而不能向人们预期的那样改造世界，虽然世界上频繁发生的文化冲突似乎处处对它形成嘲讽，但它揭示的道理还是有力地颠覆了在这一问题上的诸多成见。人们毕竟无法计算没有发生的事情，所以也就无法估量族群性和民族主义研究的理论成果在无形之中化解了多少冲突，避免了多少流血，营造了多少安宁。在此前提下，我们只能说在日益开放的社会里揭示民族现象的本质终将有利于人类的跨文化理解，继续发挥其人文化成的作用（详见本书第十二章）。

百余年来的人类学就是这样探讨了文化研究中的种种可能角度。这些角度貌似相互抵触，其实未必相互排斥。人毕竟是世界上最复杂的动物，人类行为和文化也是最复杂的社

---

① Candea M. Schools and Styles of Anthropological Theory. London: Routledge, 2018: 195.

会现象。迄今为止，人类学还不能从复杂现象中得出简单结论。这不是学科无能，而是社会文化现象确实不同于自然事物，需要我们有更严谨的方法和更开放的态度。

第四节　论争与共识

综上所述，我们看到人类学自产生以来一直在文化本质和学科性质上存在论争。这些论争中有三组问题具有根本性。

第一，文化与人性（culture versus nature）之争，又称天性与教养（nature versus nurture）之争。天性论又称文化工具箱论（culture as a toolkit）。它把文化看成人的创造和设计，认为文化是对人类生物性的延伸和弥补，为的是增强人类生存和生殖的能力与福祉。它认为文化是人类适应环境以求生存而发现、发明和发展的方式。在为这一论点辩护时，学者们多援引自然生态、饮食男女等基本的生产和生活实例。文化论者批评这种简化论把属于更高层次的社会文化问题拉到生物或个体心理等较低层次上来解答。文化论者认为，文化自成其类且自有特性。它不仅与人的生物性无关，而且还是人区别于其他动物的标志。他们援引的实例多为艺术、诗歌、神话、科学等创造性内容。对文化的这两种假设可以使双方在同一问题上的看法大相径庭。例如，讲到基本的经济需求，天性论者会说经济是人类满足需求的手段，文化论者则说需求要由文化定义而且会随社会发展而水涨船高；讲到健康，天性论者说人类维持健康是为了减少病痛，文化论者则说是为了在社会和精神领域里确认其生存的意义、尊严和地位；讲到人类社会的父系继嗣制度，天性论者说这是人类为了在生产和生殖活动中调节相互关系以及人与资源的关系，文化论者则说这是为了在无序和无意义的世界中确定秩序和意义。人类学过去多天性论者，而今天多文化论者。

第二，个体与群体（individual versus community）之争。影响文化的到底是个体行动还是社会结构？文化研究的对象到底应该是个体还是群体？个体论者认为个体是意志、责任和行动的主体，个体按个人的追求和程序来改变规则并改造世界。群体论者认为个体只是现存结构体系和社会关系中的客体。离开结构体系，个体连自己是谁都无从定义，更谈不上行动选择。个体论者强调个人自由，群体论者强调群体对个体的定义和定位。个体论者把中介作为研究重点，注重个体的欲求和满足这些欲求的选择、决定及对文化资源的操控。他们指责群体论者编造超机体神话，并认为社区、社会和文化等都不过是个体实现其目的的概念工具，它们不能离开个体的认识和活动而显示其存在。自然环境、社会结构和文化场域等条件也都是个体选择和决策的导向与参照体系。生活中的真正演员是个体，而环境条件只是舞台。群体论者则认为社会结构和文化场域是社会活动的导演，个体仅是演员或道具。个体从出生之日起就被置于社会结构和文化场域的限制之内。他不能离开结构场域来显示其存在和认同，不能违反群体如家庭或社会的意愿而选择其信仰和行动，也不能摆脱集体表象、社会权威和政治制度对他的强制。因此，个体行动自由只是一种幻象。历史唯物主义、英国的结构论和美国的文化整合论、法国的社会学年刊学派都持群体论观点，并认为只有庸俗唯物论和心理论者才持个体论观点。

第三，科学与人文（science versus humanities）之争。科学论者认为科学方法是通向更高级的知识之路，因此注重由科学共同体明确定义的程序和方法的认同。他们强调规则规范，重视对理论假说的检验和知识的历时积累。他们把知识的价值定位于通过决策或操作来改造世界的效能，认为这样的知识比基于内省的知识更为可靠。人文论者阵容复杂，难以定义，但都强调人类行动的意义和对意义的理解。通向意义和理解的道路非止一端，观点、信仰和忠诚都是不可忽视的方面。他们还认为探索人文意义的知识未必是积累，今天的知识也未必就比古代思想家的知识更为高明。科学家自以为他们的通则化知识比通过内省、灵感、沉思和阐释等人文途径所得的知识价值更高，其实他们是在买椟还珠，得到了概念公式却失去了知识真谛。早期人类学家、当今的文化生态学和其他强调因果解释的学者多是科学主义者，而热衷于文化批判和对具体文化的详细连贯与多层次阐释的学者则多是人文论者。塞维斯于1985年做出的人类学中的科学与人文两个“偶族”（moieties）的对比系列如下：

A组 科学结构论	B组 人文意义论
自然科学	人文学科
决定论	自由意志论
进化论	相对论
社会结构	文化体系
普遍论	特殊论
比较方法	整体论方法
环境论	心智论
有机体（普同）类比	语言（独特）类比①

学术论争当然不是如此清晰的截然两分。但借助这个模型，我们容易看出学术争论中的不同理论取向和分析角度。这些论争都既有事实基础又与信念有关，因此很难用增加事实证据的方式来止息。值得欣慰的倒是人类学并没有因为论争而瓦解。这说明学科深层还是存在如下共识：

一是承认和尊重文化多样性，包括尊重不同民族的文化价值观。尽管人类学家在面对溺婴、虐待妇孺等文化实践时不能无动于衷，但他们不主张用强力迫使人们放弃文化习俗，因为那可能适得其反地导致民族灭绝。试想，1999年春季北约对南斯拉夫的空袭，打的就是人权、人道的旗号，但如果南斯拉夫拒绝让步，这样的人道又将造成什么结局？

二是承认文化是个人认同的组成部分。人类学家的人权观包括个人有权选择其文化认同。一个人生于家庭，通过教育和社会化而获得个性。每个人的自我结构中都包含着他的文化体系、价值判断、行为期待和解释方式。剥夺了这些内容，个体人格就会遭到破坏。个人当然可以根据场域和追求来修正其文化取向，不能由别人越俎代庖。

三是承认文化的整体性。文化信仰和实践不是以特质或特征，而是以整合关联的形式存在，一个要素的变动可能引起整体的相应变动。别的学科研究文化的单个方面，人类学则把被其他学科分解的文化作为一个整合体系看待。文化整合观的另一个表现在于学科内部——各种理论虽有分歧，但可以相互为用。

---

① 瑟维斯（塞维斯）. 人类学百年争论（1860—1960）. 昆明：云南大学出版社，1997：362.

综上所述，我们简短概括人类学对人性和文化认识的矛盾状况：文化相对，伦理互通；历史特殊，人性普同。这也预示了人类学的未来取向：它将继续探讨人、社会与文化的互动，继续回答社会现实问题，继续对不断消失的物质文化进行抢救性记录和研究，继续探讨人文关怀课题。总而言之，它将继续古代和现代文明中的智者一直在从事的人类事业。

参考书目

布迪厄，华康德．实践与反思：反思社会学导引．北京：中央编译出版社，1998.

陈永龄，王晓义．20 世纪前期的中国民族学//民族学研究：第一辑．北京：民族出版社，1981.

弗雷德里克，等．人类学的四大传统：英国、德国、法国和美国的人类学．北京：商务印书馆，2008.

福克斯．重新把握人类学．昆明：云南大学出版社，1994.

赫茨菲尔德．人类学：文化和社会领域中的理论实践．修订版．北京：华夏出版社，2013.

黄淑娉，龚佩华．文化人类学理论方法研究．广州：广东高等教育出版社，1996.

列维-斯特劳斯．结构人类学：第一卷．上海：上海译文出版社，1995.

列维-斯特劳斯．结构人类学：第二卷．上海：上海译文出版社，1999.

马林诺斯基（马林诺夫斯基）．科学的文化理论．北京：中央民族大学出版社，1999.

米德．萨摩亚人的成年．杭州：浙江人民出版社，1988.

摩尔根．古代社会．北京：商务印书馆，1977.

瑟维斯（塞维斯）．人类学百年争论（1860—1960）．昆明：云南大学出版社，1997.

山西大学中国社会史研究中心．中国社会史研究的理论与方法．北京：北京大学出版社，2011.

夏建中．文化人类学理论学派．北京：中国人民大学出版社，1997.

中国社会科学杂志社．人类学的趋势．北京：社会科学文献出版社，2000.

庄孔韶．人类学经典导读．北京：中国人民大学出版社，2008.

Adams W Y. The Philosophical Roots of Anthropology. CSLI Publications：Stanford University，1998.

Candea M. Schools and Styles of Anthropological Theory. London：Routledge，2018.

Clifford J，Marcus G E. Writing Culture：The Poetics and Politics of Ethnography. Berkeley：University of California Press，1986.

Goodenough W H. Culture//David L，Ember M. Encyclopedia of Cultural Anthropology. New York：Henry Holt and Company，1996.

Johnson A. Ethnology//David L，Ember M. Encyclopedia of Cultural Anthropology. New York：Henry Holt and Company，1996.

Kottak C P. Cultural Anthropology. 10th Edition. New York：McGraw-Hill，Inc.，2004.

Marcus E，Cushman D. Ethnographies as Texts. Annual Review of Anthropology，1982（11）.

Ortner S. Theory in Anthropology since the Sixties. Comparative Studies of Society and History，1984（26）.

Rappaport R. Pigs for the Ancestors：Ritual in the Ecology of a New Guinea People. Long Grove：Waveland Press，1968.

Rapport N. Social and Culture Anthropology：The Key Concepts. 3rd Edition. London：Routledge，2014.

Steward J. Theory of Culture Change：The Methodology of Multilinear Evolution. Urbana：University of Illinois Press，1955.

Voget F W. History of Anthropology//David L，Ember M. Encyclopedia of Cultural Anthropology. New York：Henry Holt and Company，1996.

第三章
体质人类学

第一节　什么是体质人类学

体质人类学是人类学联结自然科学的手臂。它帮助我们理解其他学科在人类研究方面取得的进展。现代遗传学有向克隆人体的方向进展的趋势，并且一直在用转基因方式创造新物种。这些技术的原理和后果是什么？它会给人类行为和人类社会带来哪些影响？又比如，中国实行计划生育已经30多年，一代独生子女正在长大成人。独生子女对中国的婚姻家庭和亲属关系意味着什么？大量老龄人口对人类的未来生活又有什么后果？这些都要我们用生物-文化整体论（bio-cultural holism）来考察和探讨对策。

体质人类学研究人的生物性与文化性，研究人类文化的生物学基础，关注人类如何获得现在的形态和行为。除了这些“究天人之际”的问题之外，它也探讨实际问题：人的理性在多大程度上可靠？黑人为什么黑，黑有什么后果？这些与人的审美标准、贫富差别、社会地位、生活环境有什么关系？等等。体质人类学的应用范围也很广泛，从艺术审美到刑侦破案，从身体舒适到化妆整容，都在我们的关注之列。当然，对文化人类学而言，它的最大效用还是加深我们对文化的生物学基础的理解。

体质人类学使我们对关乎人类命运的社会文化现象，做出理性的判断和有远见的对策，使我们更自觉地理解别人和自己，更冷静地面对人类的成就和局限，更理性地处理人与环境的关系，更自觉地制定符合人心人性和人类长远利益的社会政策。

针对人的双重性，人类学首先分出体质和文化两大支。文化人类学研究人类的社会组织和文化行为。体质人类学或生物人类学（physical anthropology / biological anthropology）则研究人的体质特征，特别是人类的进化和变异的过程与机制，以及人的体质与文化的关系。

人类的体质与文化密不可分。如果不是双足直立行走，不是单胎生育，没有如此漫长的婴幼期和衰老期，人类的组织和行为就不会是现在的样子。同理，如果没有物质文化、生计技术、社会组织、互惠愿望和语言能力等文化机制，人类也就难发展出这样的体质特征。因此，威廉·德兰（William H. Durham）说人类的基因与文化是并行进化（co-evolution of human gene and culture）的。[①] 人类是文化的创造者，也是文化的创造

① Durham W H. Coevolution: Genes, Culture & Human Diversity. Palo Alto: Stanford University Press, 1991.

物。文化人类学与体质人类学相辅相成，正如人的灵与肉密不可分。

中国的人类学从西方引进。西方学术略分英美与欧洲大陆两套体系。英美把体质人类学作为人类学四分支之一，而欧洲大陆则偏于人的体质和生物性研究。例如，苏联的罗金斯基和列文 1988 年所著《人类学》开宗明义就讲："人类学是自然科学的一个分支，它研究人体组织和人种的起源与进化。"①

体质人类学是人类学中研究人类的进化和变异，旨在理解人类共性和文化的生物学基础的分支。它由如下五个方面构成：

第一，人体形态学（含解剖、生理、生化和人体测量），考察人体结构和形态，包括人体特征与其他动物特征的比较。

第二，生物进化论（含生物、古生物、遗传学和文化研究等），考察人类在自然界的位置、人类的进化及变异的机制、遗传与文化的互动关系及其结果。

第三，灵长类学（含社会生物学和生态学），研究人类的近亲——灵长类动物的生存环境、行为、习性、能力和潜力，构拟人类早期状况，明确人与动物的区别和联系。

第四，古人类学（即人类起源学），综合地质、生物和古人类等学科资料，考察人类起源与发展的过程和阶段，确定古人类资料在生物分类体系中的归属。

第五，人种学（民族人类学），考察当代人类差异的分布和适应机制，包括人类种群的变异程度和原因，识别和批判各种形式的种族主义和种族偏见。

体质人类学也研究文化。它认为文化是人类的思维和行为的方式及其产品。这些方式和产品在认知层次上体现为表达生活意义的象征符号体系。

这样定义的文化有两重含义：一是抽象的单数含义。它是相对于天文的人文，是人类区别于自然的所有行为及其产品。它适用于自然科学或人类普同现象（human universal），也适用于体质人类学。二是具体的复数含义。它是不同民族或社会的文化，是相对于彼时彼地人文的此时此地人文。它适用于历史和人文学科，也适用于文化相对论。

单数抽象的文化不适用于文化相对论。它强调人性的普同。这层意义上的文化在经验世界里有两条边界：一是相对于人文的天文和自然；二是相对于成年的婴儿赤子。我们说婴儿赤子天真自然，是说他还没有受到文化濡染或被社会化。但婴儿赤子也是文化的产物。他不是随机出生，而是按一定社会文化关系（如婚姻关系）出生。他的性状，包括漫长的婴幼期和巨大的学习能力，也是由文化所伴随的长期进化的产物。

体质人类学使我们既看到人的能力和潜力，又看到人的局限。就能力而言，人类已能生产出超过自己需要的物质产品，甚至能克服地球引力而登天揽月。就潜力而言，人类的学习能力和文化创造性近乎无限。就局限而言，人类还没有处理好相互间的关系，没有表现出应付未来问题的远见，这说明人类在认识世界和认识自身方面还任重道远。

第二节 人体的观察层次

从微观层次上看，人的机体也是个宏大和复杂的世界，里面也有说不完的故事。让我

① 罗金斯基，等．人类学．北京：警官教育出版社，1993：6.

们从细胞说起。成人体内的细胞（cell）数以万亿计（1 000 billion[①]，一说 30 trillion）。它是人体的基本构成单位。细胞分体质（somatic）和种质（sex / gametes）两类。体质细胞与生俱来。它的繁殖方式是有丝分裂，即原样复制。如同全息摄影中的像素，每个体质细胞都含有我们身体的全套遗传信息。所谓克隆（clone），就是选定一个体质细胞，取出储存遗传信息的细胞核，将其植入一个去了核的受精卵。这样孵化成的个体就跟贡献体细胞的个体不爽毫厘，至少在遗传材料上如此。

种质细胞与体质细胞不同，它有潜伏期，要到性成熟时才形成和释放（即精子和卵子）。它的繁殖方式是减数分裂，即由精母或卵母细胞把自身的遗传信息（23 对染色体）减成 23 条染色体。这样，受精卵的染色体数目才能重新凑成 23 对。最后，它只参与子代身体特质的构建而不影响亲代的身体特质。

细胞内部又可分出四个层次：

第一个层次是包含着 23 对染色体的细胞核（nucleus）。

第二个层次是细胞核内的染色体（chromosome），即存储遗传信息的 DNA（脱氧核糖核酸）长链。DNA 长链的形状犹如盘旋的梯子，称双螺旋链（double helix）。染色体在细胞核中成对出现（称为同源染色体）。同源染色体分别来自我们的父方和母方。

第三个层次是位于 DNA 长链上控制身体特质形成的基因（gene）。基因是有指令意义的 DNA 的片段，也是基本的遗传密码单位。成人体内的基因数以万计。它们指令体内营养物质（各种氨基酸）合成各种蛋白质，形成身体特质。同源染色体上成对的基因叫等位基因（allel）。等位基因的存在意味着每个人身上的遗传信息都是两套，而形成人体外观的则只是其中的一套。这套基因多为显性（dominant），它构成我们的表现型（phenotype）。没参与表现型构建的等位基因则为隐性（recessive）。它与显性等位基因一起构成人体的遗传型（genotype），并以同等效力参与遗传。一个物种只要有生命和肯生育，基因就会不破不碎不老不死永远年轻地遗传和复制自己。世界万物多元多态，人类生生不息，但究其所为，都是在给基因打工。

第四个层次是构成 DNA 长链的四种碱基（base）：腺嘌呤（adenine，A）、鸟嘌呤（guanine，G）、胸腺嘧啶（thymine，T）和细胞核嘧啶（cytosine，C）。每种碱基与磷酸盐（phosphate，P）和五碳糖（sugar，S）结成的基座构成一种核苷酸（nucleotides）分子。这些分子按规则结成 DNA 长链：嘌呤与嘧啶结成长链和横梁（由氢键衔接），附着其后的基座则与其他基座结成长链的两条竖柱。由于 A 只结对 T（或 T 结对 A），G 只结对 C（或 C 结对 G），又由于结对的碱基纵向排列有序，每三个构成一种氨基酸的合成指令（如 AAA 合成赖氨酸，GAG 合成谷氨酸），所以 DNA 长链就成了供核糖核酸（RNA）抄录与复印的遗传密码和构建身体各种特质的可靠模板。[②]

细胞繁殖时，氢键打开，长链分成两条单束，如同解开的拉链。打开后的两个单束上的碱基序列暴露。游离的核苷酸分子就按规则来填补单束碱基对面的空位，从而重新形成双束链。这样，原先的双螺旋链就变成两条，同一个细胞变成同样的两个。人体就此发育

① Nelson H, et al. Essentials of Physical Anthropology. New York: Holt, Rinehart and Winston, Inc., 1994: 32.

② 氨基酸密码表参见：方宗熙，江乃萼．生物学基础知识．北京：中国青年出版社，1981：95. 汪子春，等．世界生物学史．长春：吉林教育出版社，1997：329.

和繁衍。

细胞之外的人体可分成四个层次：组织（tissue）→器官（organ）→系统（system）→机体（organism）。细胞按不同原理结成不同的组织，如皮肉毛发和指甲。不同组织形成不同器官，如四肢、五脏、六腑、七窍。功能相同的器官结成系统，如生殖、排泄、神经、感觉、循环、运动、呼吸、消化、泌尿和内分泌。系统整合成机体，就成了有知觉、有欲望和能运动的生命。这是总体大于部分之和的典型例证。

人类的生命更为特殊。它多出了文化或精神一层。文化在持久性和复杂性及适应性等方面都堪与基因媲美，两者的持久也都超过机体。由于文化不能离开人类群体而存在，所以我们的故事也要超越个体。

机体之上的生物学单位是种群（population）。种群是一个经常在内部交换遗传物质，形成相对封闭的基因库（gene pool）的群体，或者说是内婚群体。它包括时间、空间或文化隔离群体（如民族和宗教），也包括社会隔离群体（如等级、宗教）。种群之上的单位是物种（species）。物种是内部成员可以交媾而生育健康和有生育能力的子代的最大群体。超过此限，动物之间或者不能交媾生育（如老鼠与鲸鱼），或者虽能如此，但其子代不再能生育健康和有生育能力的子代（如马与驴）。

上述观察层次中，最基本的是细胞（基因）、人体和物种。细胞和物种是生物学现象，人体是生物与文化相结合的现象。形象地讲，人体是基因的载体，也是文化的载体。

第三节 生物进化机制

上述知识来源于400年前开始的人类知识革命。知识革命形成了一套积累和检验知识的科学方法。科学证明了宇宙是运动而非静止的。这就颠覆了中世纪天主教神学关于上帝创世、物种不变的信条，从而为启蒙运动和工业革命奠定了思想基础。

启蒙运动的理性和进步理念，包括马尔萨斯（Thomas Malthus）的生存竞争理念，是达尔文自然选择理论的思想基础。达尔文用科学方法证实了进化中的自然选择机制。孟德尔（Gregor Mendel）用实验方法弄清了遗传和变异机制。这两块知识的结合，就构成了我们今天解释生物进化机制的综合进化理论。

达尔文于1859年在《物种起源》一书中提出如下原理：第一，所有物种生育子代的能力都大于食物增长速度，即生育能力大于养育能力；第二，所有物种的个体都有变异，同一物种中没有完全相同的个体，即同种个体独特；第三，由于要生存的个体多于能生存的个体，所以会有生存竞争；第四，在竞争中，有适应性变异特质的个体得到更多的生存机会，即最适者生存；第五，适者有更多机会通过生殖把特质传给子代，即受到自然选择；第六，在漫长的地质年代中，成功的变异世代积累，导致新物种产生并实现进化。

这一理论简洁有力，但它不能解释变异的由来，因而采用了接近拉马克（Lamarck）获得性遗传的说法。获得性遗传见于拉马克的《动物哲学》（1809年）。它认为生物具有增加结构复杂性的倾向。经常使用或不使用身体的某一部分会引起该部分的发达或退化。这些获得的性状可以积累和遗传。这就是用进废退、需求产生器官的理论。

后人用剪切老鼠尾巴等方法进行实验，对犹太男人环切包皮和中国妇女裹脚等事例进行观察，证明生物种质具有连续性，获得性状不遗传。① 这样，达尔文的进化论就还缺少一个解释变异的基础。

孟德尔在达尔文一筹莫展之处做出了突破。1856 年，他开始进行杂交实验和统计。他从 22 个豌豆品种中选出 7 个对照性状——植株高矮、种粒圆皱、种皮黄绿等，并坚持分别统计每一个对照性状。例如，为了考察种粒圆皱的变化，他先用圆粒纯系（R）与皱粒纯系（r）进行杂交授粉。这样得出的子一代均为圆粒（没有皱粒）。种下子一代任其自花授粉，得到的子二代有圆有皱（圆 5 754，皱 1 850，比例为 2.96∶1），比例接近 3∶1。其他对照性状的比例也都接近 3∶1。孟德尔称圆粒为显性，皱粒为隐性。再种下子二代并分别统计子三代，其中有一半按 3∶1 的比例产生圆、皱粒，有 1/4 只产圆粒，还有 1/4 只产皱粒，即 1∶2∶1。由于产生 3∶1 比例的种子行为与子一代表现相同，孟德尔确认这是两个亲代的杂合子 Rr 或 rR 的产物。产生 1/4 纯圆或纯皱子代的种子，则是两个纯系亲代的纯合子 rr 或 RR。这使他得出三个结论：

第一，遗传因子的显、隐性和比例关系。杂种的子一代产生亲代性状的比例为 3∶1。设豌豆 Rr 的基因型是圆 R 与皱 r 杂合。子一代开花授粉时，Rr 分离成配子 R、r。它与其他配子的组合概率为 RR、Rr、rR 和 rr。设 R 为圆粒显性，r 为皱粒隐性，则圆、皱粒表现型之比为 3∶1。而其基因型的杂合与纯合间的比例则是 1∶2∶1。孟德尔据此得出分离律和独立分配律。

第二，分离律（principle of segregation）控制一个特质的基因成对分布（等位基因）。产生配子时，每个基因独立复制自身并分别参与遗传和重组。这一规律适用于单基因控制的特质。目前已知人类机体有 4 000 个特质受单基因控制，其中以 ABO 血型系统为典型。ABO 是第 9 号染色体上指令形成红血细胞表面抗原（antigen）的遗传代码（基因）。这样的抗原每人得到两份（等位基因）。其中 A 和 B 并列显性（codominance），O 是隐性。这样，人体血型的遗传型和表现型就如表 3－1 所示：

表 3－1　人体血型的遗传型和表现型

遗传型	红血细胞表面抗原	表现型
AA，AO	A	A
BB，BO	B	B
AB	AB	AB
OO	无	O

第三，独立分配律（principle of independent assortment）控制一个特质的等位基因在分离或重组时不影响控制其他特质的等位基因的分离和重组。这一规律适用于对不同单基因特质的对比研究。

三个发现表明一个事实：生物的变异来自遗传。遗传中，控制个体性状的基因不破不碎，各行其道。1865 年，孟德尔在 8 年实验的基础上公布成果并于次年发表《植物杂交实验》一文。但当时的科学界没有理解他的工作的意义。直到 1900 年，荷兰、奥地利和德国的三个科学家分别重新发现了他 35 年前的贡献，才共同给予他高度评价，承认他的成

① Nelson H，et al. Essentials of Physical Anthropology. New York：Holt，Rinehart and Winston，Inc.，1994：16－26. 汪子春，等．世界生物学史．长春：吉林教育出版社，1997：289－291.

就是构成现代遗传学的基石。1937年，杜布赞斯基（Theodusius Dobzhansky）在《遗传学与生物起源》一书中把它与进化论和遗传学整合成一体。朱利安·赫胥黎（Julian Huxley）称之为综合进化论。① 综合进化论认为进化是包括两个阶段的过程。

（1）变异：不同个体得到不同的遗传材料，形成不同的表现型。

（2）选择：不同个体在繁育方面表现出差别。

综合进化论总结变异的根源和形式如下。

重组（recombination）：包括性细胞生成时的遗传物质重组（同源染色体分离之前的联合）及两性基因在形成受精卵时的重组。这是物种不增加新基因而实现变异的形式，其过程如同洗牌。洗牌之后的牌张虽然一样，但人们抓到的每一手牌型都有不同。设想人类遗传这副牌有10万多张，它的可能组合就近乎无限。人类因此而能生出各不相同的个体（同卵孪生除外）。

突变（mutation）：突变是遗传密码在复制和传递时发生的意外错误。它能增加种群基因库中的遗传物质。突变的外因是环境条件（如X射线等）对遗传信息的储存和复制机制的干扰。内因则是DNA本身的复制错误。这些错误多为中性，但也有些对人体有害，如镰形红血细胞。正常人的红血细胞是扁圆形，由四条含有146个氨基酸单位的多肽链组成。镰形红血细胞的出现，是因为贝塔链等6号位上指定合成GAG（谷氨酸）的信息，被复制成了GUG（缬氨酸）。这1/146×4的改变（点突变）就影响到了红血细胞的功能。在缺氧状态下（如运动量加大时），这种细胞由扁圆形变成新月形，因而携氧量降低，导致包括大脑在内的人体重要器官因缺氧而不能正常工作，甚至致人死亡。

基因流动（genetic flow or migration）：指遗传物质加入或离开某一种群基因库（即内婚群体）的后果。学术界以前称此为迁徙，因为基因总要由迁徙的个体携带。现在交通发达，物畅其流，短期度假和跨国输血的情况并不少见，所以改称流动。基因流动的结果是使一个种群中的一些遗传物质增加或流失。

基因漂变（genetic drift）：指前述原因之外的偶然小变动导致的种群基因库内容变化。漂变的种群规模一般较小，因而能使偶然的小变动影响整个种群。例如，如果携带特定基因（如黑眼种群中少有的蓝眼）的个体偶然地从种群中消失，该种群就失去了该种基因。又如，某个新种群的一小群祖先携带特定基因，也容易造成该种基因在种群中广泛传播。②

上述遗传变异为自然选择提供原料。变异发生在代与代之间。选择的单位是个体。进化的单位是种群。变异没有方向性，选择和进化也仅有相对于环境的暂时方向性。由于环境变化方向不定，所以进化的方向也不固定。例如英国曼彻斯特附近桦树林中的黑白两色胡椒蛾的比例，就随环境的变迁而变动。

学术界目前承认进化有两个层次：一是种群层次上的微观进化，主要指种群基因库的等位基因频率在短时期内（如两代人之间）的变化。二是更高层次（物种）在较长时段中的宏观进化。对于后者，学术界又有两种理解：一是渐进累积（gradualism），二是间断平衡（punctuated equilibrium）。渐进累积论将生物进化和新种发生视为渐进积累过程，例如把从猿

① 汪子春，等．世界生物学史．长春：吉林教育出版社，1997：289－291.

② Relethford J H. The Human Species: An Introduction to Biological Anthropology. 2nd Edition. Brown: Mayfield Publishing Company, 1994.

到人的进化看成连续无间的链条。间断平衡论则将这一过程理解为长期稳定与短期骤变的交替。我们认为间断平衡论能更好地解释古人类化石和人类遗传学资料上的历时间断和缺环（missing link）现象，同时也与突变和选择的原理兼容。①

第四节 人类在自然界的位置

人类对世界的认识始于分类。② 各地各时代的人都对所在的世界有所分类。最早试图对所有生物进行系统分类的人是古希腊的亚里士多德。他最先提出了生殖标准和属（genus）、种（species）等概念。③ 这一成就直到 16 世纪地理大发现之后，才被欧洲学者超过。

地理大发现向欧洲人展示了一个比《圣经·创世记》内容丰富千百倍的世界，基督教也因而发展出自然神学。它兴盛于从约翰·雷（John Rey）发表《上帝在创世中的智慧》（1691年）到达尔文发表《物种起源》这 170 年间。自然神学家相信，人类研究大自然这部上帝"公开的手稿"，有利于印证《圣经》中关于上帝的信息，进而理解上帝创世的伟大匠心。受到这样的激励，许多青年人离开经院去研究自然史和采集动植物标本。④ 大量的标本产生了分类和命名的需要，英国的约翰·雷和瑞典的林奈（Carl Linnaeus）从中脱颖而出。

雷和林奈都是上帝创世和物种不变的信仰者，都认为给动植物命名是继承亚当未竟的事业，但又都以自己的分类学体系为生物进化论的发展做出了贡献。雷的贡献不亚于林奈，但由于他坚持用英语而不用拉丁语写作，所以他名落林奈之下。

林奈在 1735 年出版《自然体系》（*System Nature*）一书。他把植物和动物放入一个体系，并按形态相似程度分出种、属、目、纲和界等不同级别。他把人与猿、猴放在灵长目下，又把灵长目与其他有毛、热血并以乳汁哺育幼崽的动物分在哺乳纲。哺乳纲都有脊椎并与鱼、鸟共有其他一些体质结构，所以就都被他分在脊椎亚门下。他用欧洲大陆通用的拉丁语为每个物种命名，并用双名制（binomial nomenclature）来强调类属关系。例如，人属是 Homo，那么能人就是 Homo habilis，直立人是 Homo erectus，智人是 Homo sapiens，等等。这成为后世公认的动植物命名准则。一套国际性命名体系适应了生物科学发展的需要，而拉丁语作为一种书面语言则有特殊的稳定性。

今天的学术界沿用林奈的分类法，并用它来反映生物进化过程，但两者所用的原理不同。林奈用的是形态相似（analogy）原理，今人则用系统发生学（homology）原理。两者的区别表现在对大猿（大猩猩、黑猩猩、猩猩和长臂猿）与人的分类中。按形态相似标准，人与大猿是两个不同类型。但按系统发生原理，结果则是：（1）亚洲猩猩（orangutan）和长臂猿（gibbon）；（2）人类、黑猩猩（chimpanzee）和大猩猩（gorilla）。这是因

---

① Nelson H, et al. Essentials of Physical Anthropology. New York: Holt, Rinehart and Winston, Inc., 1994: 124-125.

② D'Andrade R. The Development of Cognitive Anthropology. Cambridge: Cambridge University Press, 1995.

③ 玛格纳．生命科学史．武汉：华中工学院出版社，1985：39-45. 罗金斯基，等．人类学．北京：警官教育出版社，1993：3.

④ 玛格纳．生命科学史．武汉：华中工学院出版社，1985：460-463.

为我们知道亚洲猩猩从祖猿中分离后，人类和黑猩猩及大猩猩的祖先又在非洲生活了很久。[①] 系统发生学原理表明人类在自然界的位置如表 3-2 所示。

表 3-2　　人类在自然界中的位置

分类体系	动物特点	成员种类
动物界（Kingdom Animalia）	能运动且用嘴进食	所有动物
脊索门（Phylum Chordata）	背部有索状中枢神经贯穿	软体脊索和昆虫类
脊椎亚门（Subphylum Vertebrata）	体侧对称，有脊椎、头骨、肋骨、肢骨	哺乳类、鸟类、鱼类、爬行类
哺乳纲（Class Mammalia）	恒温，哺乳育仔	灵长类及其他有毛热血类
灵长目（Order Primates）	树居，四肢灵活抓握，脑及视觉发达	人形动物及猿猴，如树懒
人形亚目（Suborder Anthropoidea）	有社会组织，白日活动，有学习智力	类人动物及两大陆猴类
类人超科（Superfamily Hominoidea）	无尾，能直立地肩臂攀缘	人形动物，含大猿等
人科（Family Hominidae）	居地面；双足直立，脑量大，用工具	人及南方古猿
人属（Genus Homo）	手巧，造工具，用火，靠文化适应环境	能人/直立人/智人
智人种（Species Sapiens）	大脑、小脸、有先进文化和音节语言	早期智人/现代智人
现代智人种（Homo Sapiens Sapiens）		现生各人种

资料来源：根据 Harviland W A. Human Evolution and Prehistory. New York：Holt，Rinehart and Winston，Inc.，1994：81 及其他资料综合编制。

静态位置反映动态关系。上表显示出人与其他动物在起源、形态和能力等方面的联系。在起源上，人是动物界的一种，与高等灵长类是近亲。在形态上，人去于禽兽几希，或仅有程度上的差别。我们的身体特质，动物多少都有，大猿更多。黑猩猩和大猩猩的蛋白质结构和 DNA 顺序，98%～99%与我们相同。[②] 我们也不是唯一双足行走的动物，鸟类如企鹅也是。在能力上，我们能做的动作其他动物多少也能做。但人是哺乳动物中唯一直立行走，拥有适应直立行走的骨架和神经结构的。人的双手灵活，能做技术、美术和艺术。人类还自认为是最美的动物之一。

人的行为特点更为鲜明。所有物种都用本能来适应环境，人类则用文化。其他动物都以固定方式筑巢和进食，人类的建筑和食物制作却多种多样，而且执行相同任务时使用的工具和道具也不同。例如吃饭，中国人用筷子，西方人用刀叉，南亚人则直接用手。社会关系方面，人类的婚姻、居住、亲属模式、对待长幼的态度以及两性间的行为规范也多有不同，其他动物的行为可塑性则小得多。同种动物的特定类别（如年龄或性别）在行为上基本相似。灵长类动物的行为较为复杂，野外黑猩猩的行为多样性、家养黑猩猩的情感和学习能力，都使今人大开眼界。但毕竟没有哪种动物表现出人类群体这样的多样性。

---

① Relethford J H. The Human Species：An Introduction to Biological Anthropology. 2nd Edition. Brown：Mayfield Publishing Company，1994：235-237.

② Harviland W A. Human Evolution and Prehistory. New York：Holt，Rinehart and Winston，Inc.，1994：235.

运用语言符号的能力，更是人类的独特之处。黑猩猩使用信号语言的能力固然令人惊叹，但比人类还是大为逊色，况且动物在人类帮助下取得的成绩与人类自制符号并赋予其意义的能力也不能等量齐观。这一切都使人类独树一帜，也使人类成了自然环境的最大污染和破坏者。

第五节 人类进化的过程和阶段

人的独特能力是漫长进化过程的结果。漫长的过程当然要涉及漫长的时间。古人类学因而注重地质学。地质学表明，宇宙生成于150亿至200亿年前，地球起源于46亿年前。此后的地史年龄分为代（era）、纪（period）、世（epoch）三个单位。其中46亿至15亿年前的地球属于太古代（Archean），原核细胞出现在35亿年前。在15亿至6亿年前的元古代（Proterozoic），地表形成，原始藻类菌类和无脊椎动物出现。在5.70亿至2.48亿年前的古生代（Paleozoic），泛古大陆生成，无脊椎动物多灭绝，昆虫和爬行动物兴起。2.48亿至6 500万年前的中生代（Mesozoic）是爬行动物时代，地球暖湿，始祖鸟、裸子植物和恐龙先兴后衰，哺乳和灵长类动物兴起。6 500万年前开始的新生代（Cenozoic），是人类起源和进化的时代。

设想全部地球史为24个小时，1分钟300万年，1秒钟5万年，则地球起源于一天的午夜0点，生命起源于5：45，脊椎动物起源于21：02，哺乳动物起源于22：45，灵长类动物起源于23：37，类人动物可能起源于23：56，南方古猿起源于23：58，能人可能起源于23：59：20，直立人起源于23：59：24，早期智人起源于23：59：55，现代智人起源于午夜前的最后1秒钟。① 人类及其直系祖先经过的主要进化阶段如表3-3所示。

表3-3 人类进化阶段

进化阶段	类人猿	南方古猿	能人	直立人	早期智人	现代智人（含今人）
生存年代（万年前）	2 300～700	400～100	200～160	180～20	25～4	5至今
地域分布	亚非欧洲	非洲	非洲	非亚欧洲	欧亚非洲	非欧亚及澳、美洲
典型种名	西瓦古猿、森林古猿、原康修尔猿	阿法（露西）	1470	KNM-WT15000	尼人	山顶洞人、克罗马农人
平均脑量（cm^3）	—	440～520	约631	约1 020	约1 250	约1 350
进化成就	人科祖先	直立行走	石器工具	用火	建筑及丧葬	艺术及精制石器

注：此表据Nelson H，et al. Essentials of Physical Anthropology. New York：Holt，Rinehart and Winston，Inc.，1994：190-284编制。该书第205页列现代猿类平均脑量：黑猩猩394cm^3，大猩猩506cm^3，猩猩411cm^3。吴汝康《古人类学》第69页列出拉玛古猿（Ramapithecus）在距今1 400万～700万年前，时段在西瓦古猿内，从略。

① 吴汝康．古人类学．北京：文物出版社，1989：19，69.

表中的类人猿（hominoid）今已灭绝，其化石主要有三种：非洲原康修尔猿（Proconsul africanus，2 300 万年至 1 400 万年前）、欧洲森林古猿（Dryopithecus，1 300 万年至 1 100 万年前）和亚洲西瓦古猿（Sivapithecus，1 600 万年至 700 万年前）。它们分布广泛，数量众多，体形比猴类略大，生存在2 300万年至 700 万年前，是后来的猿科和人科动物（hominid）的共同祖先。

人科动物有别于人类（human）。它包括南方古猿和人，没有性别、时间和优劣之分。人科目前有两属：南猿属（Genus Australopithecus）和人属（Genus Homo）。南猿是人科的早期成员，今已灭绝。目前根据化石识别出的种类有五：阿法种（A. afarensis）、非洲种（A. africanus）、埃塞种（A. aethiopicus）、鲍氏种（A. boisei）和粗壮种（A. robustus）。学术界对这五种南猿还有另外两种看法：一种认为埃塞、鲍氏和粗壮三种粗壮型南猿是另外一属（Paranthropus），不在作为人类直系祖先的南猿属（纤细型）之内。它们可能另有起源，或是在与阿法种分道扬镳后灭绝。另一种意见认为所有南猿都是一种，粗壮与纤细两者间的体形差别是雌雄两态性（sexual dimorphism）的表现。① 我们暂且持南猿的一属五种之说。

人属动物目前包括能人（H. habilis）、直立人（H. erectus）和智人（H. sapiens）三种。人科动物种属内容如图 3 - 1 所示。

人科

南猿属					人属		
阿法种	非洲种	埃塞种	鲍氏种	粗壮种	未定种	能人	直立人	智人

图 3 - 1　人科动物种属

资料来源：吴汝康．古人类学．北京：文物出版社，1989：121. Nelson H，et al. Essentials of Physical Anthropology. New York：Holt，Rinehart and Winston，Inc.，1994：214 - 225.

大约 4 万至 3.5 万年前，原始猴类起源于非洲，后来随大陆漂移分布新旧两大陆。人科的远祖可能是 3.7 万至 2.25 万年前生活在北非法尤姆（Fayum）地区的阿辟猿（Apidium）和埃及猿（Aegyptopithecus）。两者均为小体型林居动物。2 300 万年前，类人猿继之而起。400 万年前，类人猿进化出南猿。南猿已能直立行走，但上肢较长（类猿）。南猿中的阿法种后来分化出两支，粗壮的一支（埃塞、鲍氏和粗壮种）后来灭绝。纤细的一支（以露西为代表）于 2.5 万至 1.6 万年前进化出能制造工具的人属未定种（Homo，species indeterminate）或者就是早期能人。② 南猿纤细型中以汤恩（Taung）男孩为代表的非洲种可能是南猿属与人属之间的过渡阶段，也可能是后来灭绝的旁支。

对照 20 世纪 50 年代人科-属-种的分类，图 3 - 1 中的人科两属九种是个巨大进展。这主要得益于近四五十年来在非洲发现的新材料。由于非洲的南猿、能人和直立人系列清

---

① Nelson H，et al. Essential of Physical Anthropology. St. Paul：West Publishing Company，1999：223 - 224.

② 人属未定种概念自 20 世纪 90 年代中期流行，至今材料不断。例如，1999 年 4 月 25 日出刊的《自然》杂志宣布，早在约 250 万年前，南猿阿法种露西的后裔“加希”就在埃塞俄比亚东北部哈达尔地区使用石制工具从羚羊下颌骨等处切割肉片。我们认为“加希”目前虽暂归南猿属，但因其制造工具，亦应归人属未定种。若依工具制造衡量，180 万年前的人属未定种均可归属能人。

楚，年代早于世界各地，所以学术界目前认为人类起源于非洲，后来分布到世界各地。①这种“走出非洲”（out of Africa）之说，主要指直立人阶段的事实。但近年也有学者根据对人类线粒体DNA的研究，提出现代人类25万年前起源于非洲。这就是“夏娃”或“伊甸园”假说。它暗示早期智人也曾“走出非洲”。近年非洲的晚期智人材料又显示，现代人（晚期智人）的祖先在5万年前可能还曾第三次“走出非洲”。②后两种假说有待新材料验证。

早期智人与晚期直立人、晚期智人与早期智人并存过很长时间。我们的这些祖先当时曾如何相处，旧种是被新种替代还是两者有所融合，这是当前学术界的热门话题。人们对此的答案纷纭不一，但都耐人寻味。③

南猿到早期智人这350多万年间，人科留下的遗迹只有少量足印、零散化石和粗糙石器。通过这些材料，我们略知它们直立行走，杂食，体形和脑量增大，额叶伸展，颅顶隆起，吻部和眉脊收缩。除此以外的行为信息，我们借助灵长类学，即对人类的表亲——现生灵长类的研究来做推导。

灵长类学用社会生态学（socioecology）等方法研究灵长类的群体规模、觅食行为和饮食内容，用社会生物学（sociobiology）研究灵长类的群体关系、交流行为和学习潜力，揭示出如下事实。

它们在体质上接近人类。它们的“手脚”的五指（趾）有甲而无爪，有抓握能力；颈后有锁骨（上肢灵活），能暂时直立；齿式组合适应杂食。它们的视觉强而嗅觉弱，吻部收缩，大脑嗅觉区退化。它们白天活动，双目视线交叉，有立体视觉，大脑的视觉区域扩大且更为发达。它们的成年雄性与群体有较稳定的关系。它们的社会行为包括下述特点：

（1）生育。灵长类采用少生精育（k-selected）方式。它们的雌性间竞争和依赖雄性，使雄性更加垄断雌性，亲子之间的关系也更紧密。它们的群体具有习得的等级支配关系及其他行为，所以梳理毛发和抚摸都成为重要行为。

（2）交流。灵长类用体态、声音、气息、面部表情和眼神表达情绪，用示威或故意毁坏东西表达愤怒。

（3）学习和创新。灵长类用水清除食物表面的泥沙，用两块石头夹碎坚果，用修整过的草叶或树枝吊食白蚁，用嚼过的树叶纤维蘸吸树洞里的水，用树叶清理身体，用树枝或草棍剔牙，甚至能在需要出现之前就准备这些“工具”。这些能力还能在群体中传播，而且它们的行为方式也有地方差别。

（4）认知。灵长类能够学习人类教授的信号语言，如哑语，能够以此与人交流，与同伴交流，也能将这些信号传授给同伴。④

人类与灵长类分享上述所有特点。这说明两者有生物连续性（biological continuity）。

---

① 按此模型，则中国元谋人距今173万年的测定或年代有误，或归属直立人未妥。

② Nelson H, et al. Essential of Physical Anthropology. St. Paul: West Publishing Company, 1999: 271-273.

③ 多数观点以现代人性推断当时情况，认为旧种遭遇新种的命运不佳。但亦有相反意见。美联社称，葡萄牙考古学会主任齐良根据对2.5万年前一具儿童遗骸的研究，认为能人与现代智人在距今3万年前的伊比利亚半岛相遇并融合，使孩童身上兼有两者性状。

④ 同②154-178.

我们喜爱阳光，迷恋花草，乐于群处，嗜欲甜食，不愿与陌生人长时间对视。这是我们从灵长类祖先那里继承下来的习性。人类当然有高于其他灵长类的能力。例如，灵长类动物一般不能理解自己给同类造成的痛苦和伤害，人类却有同情心，有体验和想象自己行为后果的能力。这是人类“参天地之化育”的基础，也是我们爱护动物、保护环境及和谐相处的理由。

第六节　生存环境与人类变异

上述知识使我们能解释人类个体与群体之间差异的由来和含义。我们目前确知人类变异是遗传、环境和文化互动的结果。我们难以确知的是三种因素各自发生作用的相对强度。但我们知道，过分强调或忽略任何一个因素都能导致谬误。

在遗传方面，人是生物物种之一，肯定要受先天因素制约。尽管独生子女的父母多相信后天教育的成效，但多子女的父母都能看到不同的孩子在性格、爱好和智力等方面有所差别。因此，我们承认遗传因素对人的表现型，甚至对人格人性和行为表现都有影响。但因为人不是纯粹的生物学存在，我们也有理由坚决反对单纯的生物或遗传决定论。

在环境方面，人体对于温度、湿度、海拔高度、饮食成分和营养等因素，都既有敏感反应，又有极大的适应力。设想一对同卵孪生儿女自幼被分开哺养，一个长在沿海富裕城市之家，饱食暖衣并受到充分教育，一个长在山区贫困农户，饥寒交迫且无缘读书，那么当他们人到中年时，我们会看到他们判若两人。同理，平原湿热地区出生的婴儿如果在高原干寒地区长大，会对高寒环境更为适应。伯格曼定理（Bergman's Rule）和艾伦定理（Allen's Rule）讲的就是环境影响体型的例证。根据伯格曼定理：同种的两个个体中，小个体更利于散热，因而更适应热带气候。因此，同一物种的热带个体会比寒带个体纤细。艾伦定理进一步指出：寒冷地区的动物肢体比炎热地区的动物肢体（特别是肢体末梢，如手指和脚趾）粗短。反之，炎热地区动物的肢体则比寒冷地区瘦长。验之以观察，我们看到这两条定理也适用于人，特别是成人。[①] 例如，中国南方人的肢体多比北方人纤细，而北方或西北地区的人体末梢一般比南方人短粗。考虑到这是对选择压力的适应，我们甚至可以说它有遗传意义。人类的许多遗传特质，如不同血型、奶糖酶缺乏、镰形红血细胞等，也都能在环境和选择压力中找到答案。

遗传与环境互动的例子之一是肤色。影响人类肤色的内在因素有血红素、黄色素和黑色素三种。其中黑色素最为重要。它吸收阳光中的过量紫外线，保护皮肤细胞不生癌变。这在强日光地带是一种有利变异或有利选择要素（正常人体暴露在强日光下也有增加黑色素释放的适应机制）。但随着人类向北迁徙，日光减弱而服装加厚，紫外线摄入受到阻碍，深肤色的好处就不复存在。反之，寒冷潮湿气候造成另一种选择压力，即维生素D缺乏。维生素D能帮助骨骼发育和矿化。它的产生源于阳光中的紫外线与人体中的类胆固醇物质的互动。高纬度下的弱阳光和厚衣物已经妨碍紫外线的摄入，如果肤色再深，就会雪上加

---

① Relethford J H. The Human Species：An Introduction to Biological Anthropology. 2nd Edition. Brown：Mayfield Publishing Company，1994：428－440.

霜，导致维生素D缺乏，严重者身体佝偻（罗圈腿），影响生育的能力和机会。即使在现代环境下，英国的印度人和美国北方的黑人还是易患佝偻。[①] 由此可见，阴冷气候下的浅淡肤色就是一种有利变异。

社会文化影响人体特征和行为表现的事例更是不胜枚举。最明显的莫过于教育和生活经历对人的面目、习性、价值和行为的影响，以及在体育、民俗、战术、组织等方面表现出来的行为特征上的差别，其中体质差别、人性与文化交织的整体性研究十分重要。[②] 德国学者伍勒（Von Karl Weule）致力于早期德国博物馆学研究、东非研究和体育人类学研究等。他在《体育民族学》（*Ethnologie des Sports*）中陈述了他的研究的两个要点：一是追踪体育文化的起源，二是把体育看作文化的一部分。[③] 中国古人认为“性相近、习相远”，西方哲人培根认为“凡有所学皆成性格”，讲的都是社会文化对于人格人性形成的重要作用。文化行为还能影响到遗传。人在择偶方面的倾向性，肯定能直接影响遗传和繁育成功。此外，社会文化甚至也能通过影响环境而影响到遗传特质。例如疟疾的起因，就与文化发展导致人类定居有关。疟疾的选择压力，又使镰形红血细胞成为一种适应性特质，因为它导致的体内缺氧能抑制疟原虫在人体内的存活。凡此种种，皆说明社会文化的影响之大。无怪乎很多人认为人类的行为差别在很大程度上是社会文化作用于普同人性使然。

这种观点有其道理。社会文化毕竟较之遗传和环境更容易操作。把人类差别的原因归于社会文化，就等于增加了改进的可能性和可操作性。作为人文论者，我们支持这种观点。但作为科学论者，我们知道造成人类差别的原因至为复杂，因此还是认为生物文化整体论较为稳妥。现在就让我们用所学知识来考察种族观念。

人善于分类，或者必须通过分类才能认识世界。自然和文化选择造成不同地域的人群在表现型上的差别，这种差别便被用于人群类别划分。由于肤色是最显明的可观察特质，所以它也最早被用作划分标准。公元前14世纪，古埃及就把人分成四种：埃及红人，南方黑人，北方白人，东方黄人。《圣经·创世记》也有类似暗示：洪水之后，诺亚的三个儿子闪（Shem）、含（Ham）和雅弗（Japheth）走出方舟分布各地。这里的“Ham”就是黑的意思。[④] 知识革命以来，一直有学者力图从科学上划分人类种族。但具有讽刺意味的是，一般人谈到种族，从来都主要依照直观或传统。时至今日，我们讨论的种族，也还是地理大发现之前欧亚两洲的白种人，非洲、大洋洲和南亚的黑种人，以及亚美两洲的黄种人。[⑤]

人类学知识昌明以前，种族还被用来指称民族、语言、宗教，甚至世系和党派等群体。这些用法被收入辞书，更使谬误相沿不辍。例如，中国学人今天仍多译民族学（ethnology）为人种学。综上所述，我们敢说种族没有科学定义。它是一种民间分类学范畴，

---

① Nelson H，et al. Essentials of physical Anthropology. St. Paul：West Publishing Company，1999：72－86.

② 庄孔韶．何谓足球的人类学研究：一个中德足球哲学实践的对比观察．开放时代，2018（1）．

③ Weule V K. Ethnologie des Sports//Bogeng G A E. Geschichte des Sports aller Volker und Zeiten. Leipzig，1925.

④ Scupin R，Decorse C R. Anthropology，A Global Perspective. 3rd Edition. New Jersey：Prentice Hall，Inc.，1998：120－121.

⑤ Nelson H，et al. Essentials of Physical Anthropology. St. Paul：West Publishing Company，1999：72－75. 林耀华．民族学通论．修订本．北京：中央民族大学出版社，1997：第二章．

是按表现型特质（如肤色、脸型、鼻形、毛发、眼睛颜色等）组合来划分人类群体的方案，或是按常识对统一的智人种所做的分类。种族划分的最大难题是，无论采用何种指标，同种族之内的个体差异都超过不同种族间的平均差异。

20世纪70年代以来，“种族”一词在西方社会和人文研究中变得敏感，有些声名狼藉。西方体质人类学也转而研究与生态环境相关的种群单一特质的渐变性分布（clinal distribution）。渐变研究的结果表明两点：第一，单一特质从核心区到边缘区的分布强度确有不同；第二，不同的单一特质并不按照人们常识中的种族聚类。这进一步说明种族观念之无根。

但由于人类群体间的差别确实存在，不同群体的财富、地位和权势又与这些差别不无关联，人们要对此做出解释并赋予意义，所以在西方，特别是美国，一直有心理学家和教育家用智商（intelligence Quotient，IQ）测验等方法考察人类“种族”群体之间的智力差别。有些心理学者相信人类的智力表现有70%～75%与遗传因素有关。①

智商测验原是法国心理学家比奈（Alfred Binet ）在1905年发明的综合测试智力的方法。稍经文化背景调整后，它被广泛用于人的能力和潜力测试，特别用于测验重要行业和关键岗位的人选。人类学家对此虽有保留但无强烈非议。但也有些人把智商测验方法用于种族研究，例如，赫尔斯坦（Richard Herrnstein）和莫雷（Charles Murray）1994年出版的《正态曲线——美国生活中的智力与阶级结构》一书，就言之凿凿地说美国欧裔人的IQ分数平均是100，亚裔是103，非裔则是90。人类学家对这种研究及其结果提出强烈质疑。因为：第一，人的智力表现受社会文化影响，用一套标准测验不同阶层和文化中的人，结论难免偏颇；第二，所有种族类型都是渐变过渡类型，三大种族（或三洲后裔）的划分不能反映这种连续过渡状态；第三，文化濡染程度深浅足以影响智商测试结果。例如过去50年间，在美国的波兰和中国移民的智商都提高了20多分。这说明随着移民时间延长，人的智力表现也在改进。②

人类学家坚决反对把人的财富、地位、名望和表现与人的“种族”挂钩并以此作为歧视性对待的理由，因为这就是种族主义。关于种族主义和我们对种族主义的批判，可参见林耀华主编的《民族学通论》第二章。

总之，当今人类是单一物种并有共同起源。人类不同种族的个体婚配不影响生育和生活能力。种族是观念现实，不是生物学现实；是社会文化分类，不是生物学分类。人类主要靠文化而不是躯体来适应环境，所以遍及全球的多达60亿的人类没有生殖隔离。这说明人类掌握和运用文化的能力是普同的。这是目前国际学术主流的共识。③

---

① Relethford J H. The Human Species：An Introduction to Biological Anthropology. 2nd Edition. Brown：Mayfield Publishing Company，1994：181. Nelson H，et al. Essentials of Physical Anthropology. St. Paul：West Publishing Company，1999：84.

② Scupin R，Decorse C R. Anthropology，A Global Perspective. 3rd Edition. New Jersey：Prentice Hall，Inc.，1998：132－133. Nelson H，et al. Essentials of Physical Anthropology. St. Paul：West Publishing Company，1999：84－85. Relethford J H. The Human Species：An Introduction to Biological Anthropology. 2nd Edition. Brown：Mayfield Publishing Company，1994：57－58，179－184.

③ 国际人类学和民族学联合会．关于种族的声明．都市人类学会通讯，1995（9）．

参考书目

阿西摩夫．人体和思维．北京：科学出版社，1979.

道金斯．自私的基因．长春：吉林人民出版社，1998.

杜靖．中国体质人类学史研究．北京：知识产权出版社，2013.

饶远，陈斌．体育人类学．昆明：云南大学出版社，2005.

托马塞洛．人类思维的自然史．北京：北京师范大学出版社，2017.

张实．体质人类学．昆明：云南大学出版社，2003.

朱泓．体质人类学．长春：吉林大学出版社，1993.

Durham W H. Goevolution，Genes，Culture and Human Diversity. Palo Alto：Stanford University，1991.

Harviland W A. Human Evolution and Prehistory. New York：Holt，Rinehart and Winston，Inc.，1994.

Jurmain R，et al. Introduction to Physical Anthropology. Belmont：West Wadsworth，1997.

Klein R G. The Human Career：Human Biological and Cultural Origins. Chicago and London：The University of Chicago Press，1989.

Nelson H，et al. Essentials of Physical Anthropology. St. Paul：West Publishing Company，1999.

Relethford J H. The Human Species：An Introduction to Biological Anthropology. 2nd Edition. Brown：Mayfield Publishing Company，1994.

Scupin R，Decorse C R. Anthropology：A Global Perspective. 3rd Edition. New Jersey：Prentice Hall，Inc.，1998.

第四章

经济人类学

经济人类学是人类学中与经济学对话的部分。①在人类学中，有许多研究都涉及人们的经济生活。经济人类学描述人们生产、分配和消费的方式，以及这些系统如何组织、运作并与其他系统发生联系；人们如何根据这些系统来行事并做出决定，他们的行动怎样受系统的影响。经济人类学还建立理论来描述分配决定的过程、它们的制度脉络和影响；经济制度的运作和动力，它们如何影响人们以及人们的行动如何影响它们的经济制度。②但是，人类学家对“经济”有与经济学家不同的理解，这是一个贯穿经济人类学的焦点问题。本章围绕对上述问题的回答，简要介绍经济人类学的主要研究内容和理论脉络。

第一节　生产、交换和消费

早期人类学家涉及初民社会的经济生活，主要局限于生产技术和工艺文化方面。随着人类经济活动的不断发展，人类学家对经济活动的认识也日益深化，生产、交换、分配、消费、市场等遂成为人类学家探讨的内容。不过，人类学家与经济学家的研究角度是不同的，他们对经济现象的理论探讨，从个人的心理动机直到广泛的文化、社会关系和制度。

一、生产

马林诺夫斯基于1915年到新几内亚的特罗布里恩德岛（Trobriand Island）进行研究。他发现，一个家户生产的薯芋大概有一半要通过一种叫作巫里古卜（Urigubu）的仪式分给丈夫的姊妹家和其他的女性近亲。送给别人的薯芋越多，质量越好，他所得到的声誉越高。在亚氏族之间和村落之间，甚至还竞争送薯芋以争取荣誉。特罗布里恩德人的最引人注目的薯芋不是用来食用，被展示出来的价值最高的薯芋，尤其是领袖摆出来的，会成为声誉和权力的象征。③如果纯粹从经济学的角度，我们完全无法理解上述行为，虽然它是一种生产活动，但是目的之一不是交换和使用，而是作为通过仪式去获得声誉和地位的权力象征。

---

① Wilk R R. Economics and Cultures in Foundations of Economic Anthropology. Boulder：Westview Press，1996：32.

② Levinson D，Ember M. Encyclopedia of Cultural Anthropology：Vol. 2. New York：Henry Holt and Company，Inc.，1996：367.

③ Malinovski B. Argonault of the Western Pacific. New York：Dutton & Co.，1992.

在一些人类学家看来，生产只有从生产方式的角度才能了解。例如部落社会的生产方式为世系群的生产方式（lineage mode of production），世系的亲属群体为生产组织，同时还可能兼具其他的功能，如防御和战争。三类生产方式的学术观点，在 20 世纪 70 年代形成。

（一）法国的生产方式论

结构马克思主义者梅拉索（Claude Meillassoux）通过描述非洲古罗族（Guro）世系群的生产方式，分析从传统生产方式转移到商业化农业之新生产方式的过程，发现资本主义的自由经济概念不适用于对前资本主义社会的分析。在其“经济人”的错误前提中，忽略了在一个亲族社会，个人的身份和地位很大程度上是天生注定的，因此，对社会关系的可能选择受到极大的限制。① 另一位结构马克思主义者戈德利尔认为：物品的生产方式在生产、分配和消费等特定组合中扮演最重要的角色。② 就亲属制度和生产方式的关系而言，他认为两者之间没有直接的一致性。在一个等级或阶级社会中，亲属制度无法作为一种承担其他社会关系和生产关系的上层建筑，而要嵌套在其他重要的社会关系之中，这些社会关系直接对应于生产方式。在印度，种姓制度原则上要求个人在本种姓中婚配，每一个婚姻、每一个新家庭的建立都要直接贡献于种姓制度的再生产。然而有的家庭属于婆罗门（种姓制度之第一种姓），有的是武士，还有的是农人，他们中有穷有富，所有这些不同的职责、地位和财富等级明显不是从亲属制度中产生的。而在资本主义生产中，工业的生产关系和过程亦有别于亲属制度和家庭的直接再生产。③

（二）美国文化唯物主义的生产方式论

马歇尔·萨林斯的著作《石器时期的经济学》（*Stone Age Economics*），被认为是美国经济人类学界最重要的著作之一。他在方法上倾向所谓的“结构的实质论”，认为经济制度是一种社会的功能。不管这个社会的成员的物质需要是否能够得到满足，它都提供社会资源以维持社会关系和社会结构。④ 萨林斯曾经研究小型社会中以家庭为中心的生产方式，他称之为家户式的生产方式（domestic mode of production）。他发现一个令人费解的现象：大半的部落社会从技术上本来可以达到较高的生产量，但是以家户为单位的生产量远低于这个水平。⑤ 人们的生产目的不是像经济学所解释的那样是获取最大利益，他们对这种低水平的经济水平的满足感，反映出经济行为也是一种社会的和文化的行为，其中暗含了社会的和文化上的满足尺度。

---

① Meillassoux C. From Reproduction to Production：A Marxist Approach to Economic Anthropology. Economy and Sociery，1972（1）.

② Godelier M. System，Structure and Contradiction in Das Kapital，Introduction to Structuralism. New York：Basic Books，1970.

③ Godelier M. Levi-Strauss，Marx and After? H. K. New Asia College，The Chinese University of Hong Kong，1990：31-32.

④ Sahlins M. Stone Ages Economics. Chicago：Alding Publishing Company，1972.

⑤ 同④.

（三）英国的生产方式论

英国比较注重对经济人类学和第三世界发展的研究，检讨在 20 世纪 70 年代盛行的“依附理论”[dependence theory，由安德烈·弗兰克（Andre Frank）等提出]。这就涉及对发达资本主义国家与发展中国家的不平等关系的讨论，朗诺曼（Norman Long）、卡翰（Joel Kahn）等从不同角度对依附理论提出了批评。第二节会对此有比较详细的介绍。

二、交换和分配

马林诺夫斯基在特罗布里恩德的研究中，发现了十分有趣迷人的名为库拉圈（kula ring）的交换制度。库拉圈交换的物品有两种，合称为瓦乙古阿（vaygua）。它们是没有实用价值但具有象征价值的物品，其中每种物品沿一个方向在岛内循环交换。顺时针循环的、由红色贝壳做成的长项链叫索巫拉瓦（soulava）；逆时针循环的，由白色贝壳做成的臂镯叫母瓦利（mwali）。库拉圈的交换伴随着巫术和仪式，只在男人之间进行。项链和臂镯的好坏背后，联结着权力、信任、声誉和地位。马林诺夫斯基曾经举例描述西纳克塔村海外库拉交易的策略和原则：

> 假设我这个西纳克塔的男人拥有一对大贝臂镯。从旦特卡托群岛来的多布族海外远航队到了我的村子。在吹过一阵海螺后，我拿着那对大贝臂镯去送给我的海外库拉伙伴，一面说着下面这段话：“这是个发加（vaga，见面礼），请你到适当的时候，回送我一条大项链！”第二年我去造访海外库拉伙伴的村子时，如果他有一条等值的项链，就当作约蒂勒（yotile，回礼）送给我；如果他还没有等值的项链，就送我一件较小的项链作为巴锡（basi，中礼），并且会公开宣布与我的初礼并不相称。这表示他以后还得再送我主礼，这个巴锡只是送给我作为征信之用；这么一来，我又得赠送小型的贝臂镯。他最后一定得送我主礼，才算完成这笔交易。这个最后的礼物和巴锡大不相同，叫作库杜（kudu，终礼）。
>
> ……如果我这个住在西纳克塔的人，恰好拥有一对非比寻常的臂镯，它的名声会远播四方；别忘了每件一流的臂镯或项链，都有自己的名字和历史，因为它们沿着库拉圈流通，所以其声名人人皆知；它们每在一个地区出现时，都会造成轰动。我有了这对名镯以后，我的所有库拉伙伴，不分海内外，都会抢着想得到它们，特别精明的家伙，就会送给我波卡拉（pokala，奉礼）或卡里布图（kalibutu，诱礼），以图能弄到手……①

库拉圈虽然用于交换，但不是用于经济学意义上的交换，它联系到社会的等级制度，证明着人们的势力和名声。人们通过库拉圈来达到他们的目的，因此，库拉圈的存在已经被注入了政治的和文化的含义。

法国人类学家莫斯（Marcel Mauss）在《礼物》一书中，提出了一个基本问题：在初民或古代社会里，根据什么原则，赠品必须获得回报？在所给予的东西里面有什么力量驱

---

① Malinovski B. Argonauts of the Western Pacific. New York：Dutton & Co.，1992：99 - 100.

使接受者去回报呢?[①] 他发现，在西萨摩亚和新西兰，这种回报的神秘力量是豪（Hau），好像美拉尼西亚的马那（Mana）。豪常常附在森林中的猎物或有价值的东西中，从一个人送给另一个人。豪总是想回到其源出地，而这只能通过用来交换原赠品的某种东西作为运载的中介。如果不回赠或回报，就可能出现严重的后果，包括受赠者的死亡。豪因此是“赠品之灵”，它驱使人们必须对赠品给予回报。[②] 莫斯认为，在初民社会，“礼物”并非在人们之间做简单的传递。一件礼物显示了送礼者和受礼者之间的关系。礼物表达、联结和创造了社会关系，具有超出礼物的物质价值以外的价值。礼物所建立的关系是互惠（reciprocity）的，包括对称的互惠和不对称的互惠。而在经济学意义上的交易，强调的是交换的物品价值而不是双方的社会关系。

博兰尼（Karl Polanyi）将人类的交换归纳为三类方式：互惠式、再分配式（redistribution）和市场式（market）。互惠式交换不经过市场，也不是一种行政上供给的分配；再分配式交换表现为产品先自下而上到行政部门，再自上而下由行政部门分配给人们；市场式交换根据供需关系所确定的市场价格来进行。[③] 这三者不仅是交换形式，更是人类经济的整合方式。

维娜（Annette Weiner）在20世纪20年代研究了马林诺夫斯基的田野地点特罗布里恩德岛，并引出对马林诺夫斯基的诸多批评。她发现妇女在过往的研究中完全被忽略了，例如，萨嘉礼（sagali）是一种伴随某些仪式或宴会进行再分配的制度，地方领袖在萨嘉礼中送出他得到的奉礼等东西，以获得荣誉和地位的巩固。当一个妇女所在的亚氏族有人去世时，她和亚氏族的妇女会在丧葬的萨嘉礼中，献出大量的女用草裙和香蕉叶。这个典礼在小村的中央举行，妇女为中心人物。[④] 维娜发现，特罗布里恩德岛的男女都有一条主要的交换通道，这条主要通道又由侧径导向库拉圈交换和其他的交换循环。有地位的人凭借这些途径获得更多的权力和财富。这些交换的体系网络十分复杂，不是简单的互惠式交换就可以说明的。

在中国社会的人类学研究中，阎云翔以他生活过多年的黑龙江下岬村为研究对象。他通过对农民礼单的分析，提出了一些不同于上述学者的看法。例如，在许多社会，礼物总是地位高者的向下赠予，但是在下岬村，礼物是由社会地位较低的人送给社会地位较高的人，这一结果有悖于经典人类学的观点。[⑤] 这种反向的礼物流动，恰恰说明了礼物交换是中国社会关系的表达，村民期待的回报不是体现在礼物上，而是体现在社会生活中的其他方面，例如在需要的时候，干部可以帮他一把。阎云翔还以“关系”“人情”“面子”等本土概念来阐释中国社会的礼物交换，并将其联系到当代的社会经济（如商品化的市场经

---

① Mauss M. The Gift：The Form and Reason for Exchange in Archaic Societies. New York：W. W. Norton & Co.，Inc.，1967：1.

② 同①8-9.

③ Polanyi K，Arensberg C，Pearson H. The Economy as Instituted Process，Trade and Market in the Early Empires：Economies in History and Theory. New York：The Free Press，1957.

④ Weiner A. Women of Value，Men of Renown，New Perspective in Trubriand Exchange. Austin：University of Texas Press，1976.

⑤ Yan Y. Flow of Gifts：Reciprocity and Social Networks in a Chinese Village. Palo Alto：Stanford University Press，1996：14-21.

济）和政治生活（如资源、权力等再分配的国家体系）中。[①]

三、消费

消费在经济学中是物质商品的生产、分配和消费链中的一环。经济学家从消费是满足人们需要的观点出发，认为消费需求是生产的动因，是在生产和分配之前的环节。经济人类学家则有不同的看法，他们试图在一个更广泛的社会和文化背景中理解消费。

一个著名例子是夸求图印第安人（Kwakiutl Indians）的夸富宴（potlatch）。[②] 夸求图印第安人居住于英属哥伦比亚的温哥华岛，由于海陆资源极其丰富，他们的物质生活很容易满足。或许因此，他们更热心追求社会地位，夸富宴就是这种追求的表达手段。夸富宴的“消费”是不同地位者的财富竞争，通常发生在权力身份需要更替的时候，以财产的多寡来决定胜负。在夸富宴仪式上，主人除了当众展现他的财富或者毁坏他的财富外，还要举行盛大的宴会和赠予，作为参加者新地位产生的见证。在夸富宴中，财产的积累和消费观念不是按照物质商品的供需关系，而是一个几乎无限制的要求。这个要求不是物质商品本身的生产和消费的满足，而是非物质的声望和社会地位。

20 世纪 90 年代，华生（James Watson）等人研究中国和东亚地区的麦当劳，理解所谓的全球化和消费主义。[③] 麦当劳本来是美国的街头大众快餐，它成功进入其他国家和地区，仅在北京的分店就多达 60 多家，一时成为西方现代文化的象征。在 1995 年北京世界妇女大会期间，一个参加会议的美国妇女砸烂了怀柔麦当劳门前的塑像，抗议这种殖民文化。但是这种所谓的殖民文化后面，却是一部分国人对西方文化主动追逐的消费文化观，反映了他们对西方和西方文化霸权的理解。1999 年，英国枢密院就曾支持百慕大议会的一项特别法案，禁止麦当劳在百慕大营业。百慕大是英国残余殖民地之一，也是富翁的聚居地和旅游胜地。早在 1996 年，前百慕大总理斯旺认为，游客可能会喜欢吃汉堡包，于是准许麦当劳在该岛开业，结果遭到百慕大议会其他党派的反对。斯旺下台后，成立一家公司，坚持要卖汉堡包。他控告百慕大政府阻拦汉堡包业，在高等法院胜诉，可是，在上诉庭败诉。如今，英国枢密院维持上诉庭的结果。这后面，既有地方集团的经济利益，也包含了文化上的传统和冲突。娜鲁茨缇（Susanna Narotzky）认为：由于权力是生产和再生产的社会关系的一个部分，因此必须考虑在资本主义世界体系中，地方社会不平等的政治和经济关系的大背景。“从这个观点来说，商品是带有思想的物品，消费是表达文化范畴的手段。在一个社会场域中，消费的循环活动产生了一个信息体系，在其中，商品和服务是可见的社会关系符号。”[④]

一些人类学家把消费联系到产生差异（distinction）的过程，这一思想即是：消费具有不仅对物质资源也对象征资源做不同分配的功能。因此，消费也强烈联系到认同的建构。阿普杜莱（A. Appadural）意识到改变文化脉络的商品正在世界范围内的许多社会循

---

① Yan Y. Flow of Gifts：Reciprocity and Social Networks in a Chinese Village. Palo Alto：Stanford University Press，1996：14 - 21.

② Boas F. Kuakiutl Ethnography. Chicago：University of Chicago Press.

③ Waston J. Golded Arches East：MacDonald's in East Asia. Palo Alto：Stanford University Press，1997.

④ Narotzky S. New Directions in Economic Anthropology. London and Chicago：Pluto Press，1997：106.

环。[①] 除了麦当劳，许多所谓的各类名牌产品、影视产品、家用电器、网络产品、妇女化妆品和其他妇女用品、药品等，都是改变文化和生产文化的消费品。消费这些产品，也在消费并生产着文化、身份和权力，将自己划入某一类人，而与他类人相区别。同时，人们还不知不觉地进入了当今全球资本主义的支配之中，使人们增加了与世界的联系。在米勒（D. Miller）眼中，消费因此是复合的文化建构和认同创造的过程。[②] 西敏思（Sidney Mintz）的《甜与权力：糖在近代历史上的地位》，从政治经济的观点研究了加勒比岛的糖生产。他由此追溯了欧洲糖的消费，并且把它与资本主义的发展和扩展联系起来。在一个相当长的时间里，糖维持着一个控制生产和市场的有权阶级。同时，糖（与茶和咖啡）作为18世纪和19世纪中的工人阶级的代用营养品，也急剧减少了创造和再生产大都市无产阶级的成本。他认为，烟草、糖和茶是在资本主义中第一次表达了如下复杂思想的物品：人们通过不同的消费可能变成不同的人。[③]

第二节　地区经济与全球化

一、地区经济与乡民研究

地区经济与乡民研究有着密切的联系。沃尔夫的《乡民社会》曾经系统地探讨了乡民社会和乡民经济。他一开始就定义乡民（peasants）社会是介于原始部落与工业文明之间的社会。他们居于世界的“低度开发”地区。[④] 雷德菲尔德关于小传统（乡民社会）和大传统（都市文明）的简单二分，没有触及乡民社会的要点所在。沃尔夫认为，说乡民社会是“传统的”，乡民受传统束缚，毫不“现代”，是一种离谱的、仅仅停留在表象上的描述，对理解乡民社会于事无补。我们需要了解的是传统为何持续，以及人们为何固守传统和传统社会变迁的动态原因，而不是将乡民社会定位为都市文明的被动状态来进行静态的描述。

就中国社会而言，西方学者的乡民概念并不完全适用于描述中国的农民，特别是当代农民。原因之一是乡民并非简单的经济或者经济行为的概念，还涉及具体的社会政治和文化。费孝通的《江村经济》，运用功能分析的方法，以一个本土研究者的眼光，对江苏吴江县开弦弓村的农民生活做了描述，其中包括生产、劳作方式、贸易、缫丝业、互助会等涉及经济生活的方面。[⑤] 林耀华的《金翼》，以小说的体裁，对闽东黄村的农民生活特别是与家族有关的店铺生意、大米交换等经济活动进行了细致的人类学分析。[⑥]

在中国，“农民”的概念与国家制度如户籍制度等有密切关系，即使完全脱离了农业生产，居住在市镇之中，其身份可能还是农业户口下的农民。因此，对于中国乡民经济人类学的研究，

---

① Appadural A. The Social Life of Things：Commodities in Cultural Perspective. Cambridge：Cambridge University Press，1986.

② Miller D. Consumption as the Vanguard of History：A Polemic by Way of an Introduction. Acknowledging Consumption. London：Routledge，1995：31－34.

③ Mintz S. Sweetness and Power：The Place of Sugar in Modern History. New York：Penguin，1985：185.

④ 沃尔夫．乡民社会．台北：巨流图书公司，1983：序言．

⑤ 费孝通．江村经济．北京：中华书局，1987.

⑥ 林耀华．金翼．北京：三联书店，1989.

更加需要跳出单纯的经济分析。在《理解中国乡村内卷化的机制》一文中，张小军就福建阳村经济改革中的内卷化现象进行了讨论。内卷化（involution）是克利福德·格尔茨在《农业内卷化》一书中系统运用的概念，用来描述印度尼西亚爪哇地区一种生态稳定性、内向性、人口快速增长、高密度的耕作，但缺少有效技术方法和工业因子引入的传统农业经济的再置。[①] 它是不同于演进（evolution）和革命（revolution）的社会演化机制。杜赞奇（Prasenjit Duara）和萧凤霞（Helen Siu）曾经分别讨论了中国民国时期和经济改革中的国家内卷化（state involution）。[②] 在此基础上，张小军提出了文化内卷化（cultural involution）的概念，即文化参与的社会复制和精致地规定各种秩序，并指出农业、国家和文化的共同内卷产生的乡村内卷化，如何影响了阳村个体户和私营经济的发展。[③]

地方经济的研究涉及地方市场，市场机制是地方经济制度的重要方面。在加勒比海地区的海地，西敏思描述了以妇女为主的市场商人现象。海地在当时有大约 6.5 万名市场商人，其中约 5 万是妇女，参与市场中买卖的乡民大多也是妇女。她们将产品带到集市，卖给市场商人，市场商人可以在不同集市间转运各种产品，根据供需差距图利。这种市场经营中建立了一种优惠的交易关系，称为波来提克（pratic），双方固定地以较低的价格和融资条件互相交易。因此，存在一种讲人情的关系和相互的义务感。每个市场商人都希望尽可能多地建立波来提克关系，以保障货品的供销。[④]

在中国地方社会市场的研究中，最著名的是施坚雅（G. William Skinner）的市场模型。[⑤] 他在修正中心地理论（central place theory）的基础上，针对晚清中国提出了一个区域体系的等级结构模式。其基本结构像是一个六角形的蜂窝状，在经济等级中，中心地的等级划分是依据城市的功能强弱。例如四川经济区部分，集镇的贸易体系可见图 4－1 和图 4－2。施坚雅关心的是晚清帝国空间结构中的城市地位和区域中的城市化，指出在中心城市和与其联结的地方体系内，并行着两个等级结构，一个是行政管理的官僚集团，体现了法定的官僚政治结构；另一个是经贸民间体系，反映了社会自然的结构，包括市场及贸易体系、民间政治活动，以及由退职官吏、乡绅豪商所操纵的特殊社会群体。这两个等级结构并不重合，较低级别的首府是官方行政机构与非官方社会管理组织之间的结合点。施坚雅对区域体系的分析透过了地域、城市体系、资源分布和自然地理特征，对行政等级结构的分析注意到建制和管辖区域。他强调在非行政管理中心，士绅起着重要作用。施坚雅的市场模式后来受到一些批评，但是多数批评没有跳出施坚雅的分析方法和套路，只是与他争辩具体观点；另有一些批评误解他只重经济和地理的分析。实际上，施坚雅并未放弃政治制度等方面的分析，也有宏观历史的叙述，其最主要问题是简单化的功能要素分析方法，忽略了活生生的文化和地方社会具体的历史时空过程，因而使分析停留在泛化浅层，无法深入理解区域社会的市场机制和动力过程。

---

① Geertz C. Agricultural Involution. Berkeley：University of California Press，1963.

② Duara P. State Involution：A Study of Local Finances in North China. 1911－1935. Comparative Study of Society and History，29（1）. Siu H. Socialist Peddlers and Princes in a Chinese Market Town. American Ethnology，1987，16（2）.

③ 张小军．理解中国乡村内卷化的机制．二十一世纪，1998（2）.

④ 基辛．当代文化人类学．台北：巨流图书公司，1981.

⑤ 施坚雅．中国农村的市场和社会结构．北京：中国社会科学出版社，1993.

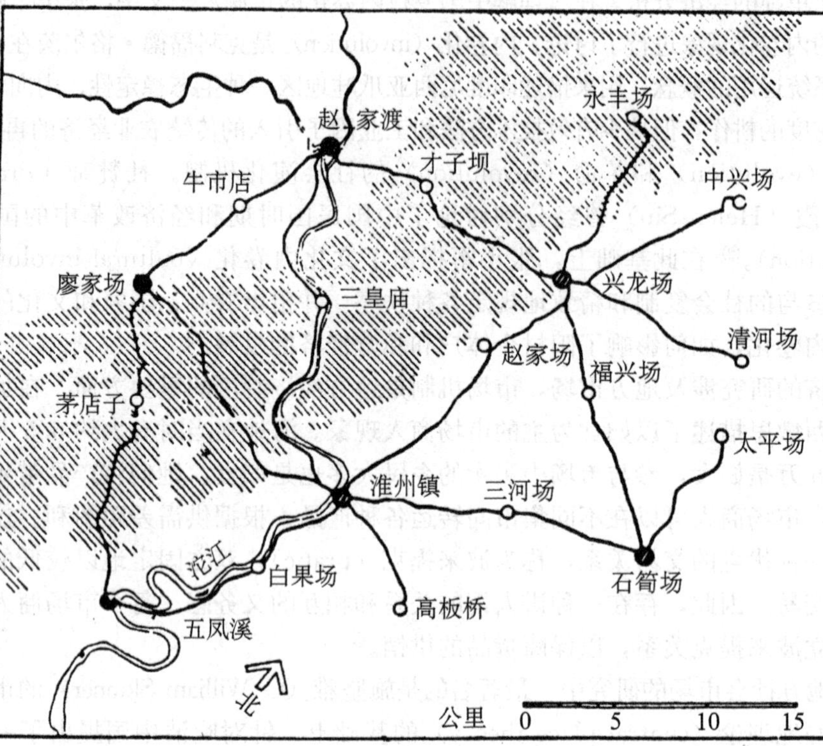

图 4-1　四川经济区集镇贸易体系

二、经济和文化全球化

全球化概念的核心是资本主义的全球化，其渊源可以上溯到从二战后到 20 世纪 60 年代盛行的现代化理论，随后依次是依赖理论和世界体系论。这些理论的重点，是在经济上以资本主义经济体系为中心，来讨论所谓的现代化、未开放国家对发达国家的依赖以及资本主义经济的世界体系。20 世纪 60 年代东亚经济的起飞和亚洲四小龙的出现，对以西方为中心的现代化理论提出挑战，东亚的现代化被称为世界第二现代化之路。但是，资本主义经济体系的主导地位并没有改变，四小龙只是加入这个体系的成功范例。

依赖理论产生于 20 世纪 60 年代，桑托斯（Dos Santos）认为，依赖是个制约的情境，在这个状况下，某些国家的经济受到另一些国家的发展和扩张的制约，依赖国的扩张和自立仅为优势国扩张的反映。[①] 安德烈·弗兰克则将“低度发展的发展”视为依赖理论的基本假设。他认为低度发展地区的经济是一种核心与边缘结构的整合，低度发展并不是过去曾有过的现象，发达国家在其未开发时期并未出现低度发展的阶段。目前的低度发展国家的发展停滞状态，主要缘于与资本主义世界体系结构建立的依赖关系，因此唯有摆脱其对已发展国家的过分依赖，其经济才有起飞的可能。[②]

---

① 桑托斯．依赖结构的分析//萧新煌．低度发展与发展．台北：巨流图书公司，1985：171－182.

② 弗兰克．低度发展的发展：依赖理论的基本假设//萧新煌．低度发展与发展．台北：巨流图书公司，1985：157－169.

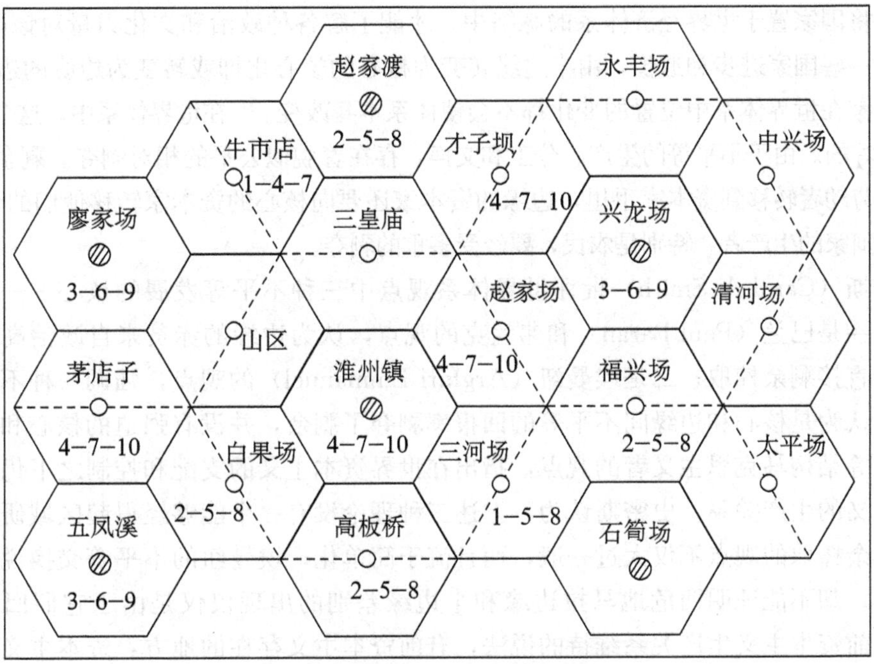

图 4-2　四川经济区等级结构模式

图4-1、图4-2图例：
——基层市场区域边界　○ 基层集镇
----中间市场区域边界　⊘ 较高层次中心地
——连接基层市场和中间市场的道路　\\\\\\\ 海拔500米以上的山区

英国的生产方式论对依赖理论进行了批评。朗诺曼以秘鲁为例，分析第三世界乡村经济与外部经济之间的联系，批评弗兰克的结构依赖模式。他认为这一理论源于现代化理论，忽略了未开发地区的研究。其主要弱点在于立论的基础是资本主义的市场经济，以此将核心和边缘的关系垂直化，忽略了非资本主义与资本主义水平共存的情形。发达国家的殖民主义和帝国主义并非边缘国家变迁的主要力量，边缘国家也不是单纯的依赖者。边缘国家有自己的社会文化。① 卡翰用“新殖民主义”的概念，指出未开发国家的贫穷和低生产力，并非由于资本主义的入侵，而是新殖民主义的渗入。低开发社会是小商品生产和新殖民主义两种社会关系融合的结果，它导致前资本主义生产方式仍然存在且资本主义未完全渗入。②

沃勒斯坦在对过往资本主义世界体系的观点进行反思的基础上，提出他的世界体系论。认为资本主义的世界经济体系基本上是以经济为实体而包含着世界性的区域分工，各地区都履行着不同的经济角色。也就是说，在资本主义之下，很自然就会产生出世界体系内的“核心”“半边缘”“边缘”三种等级。因为国家小于经济整体，因此政治应被视为经济分工的反

① Long N，Dependency S. Modes of Production and Economic Brokerage Gir Rural Peru. Beyond the Sociology of Development-Economic and Society in Latin America and Africa. London and Boston：Routledge & Kegan Paul，1975.

② Kahn J. Marxist Anthropology and Peasant Economics：A Study of The Social Structure of Under Development//Clammer J. The New Economic Anthropology. New York：ST. Martin's Press，1978.

映。只有将国家置于世界经济体系的脉络中，才能了解各种政治和文化力量对该国的影响。虽然会有一些国家进步和退步，由半边缘转变为核心的核心化抑或转变为边缘的边缘化，但是任何国家在世界体系中位置的变化都不会使体系本身改变。[①] 在世界体系中，这个体系的本质是不平等的。由于不平等的生产、分工和交换，存在着貌似公平的相对剥夺。剩余价值不是简单地从劳动者转移到资本家手里，边缘的资本家还要向核心的资本家转移他们的剩余价值，因此边缘国家的生产者，特别是农民，要经受多重的剥夺。

史密斯（Carol A. Smith）批评世界体系观点中三种不平等发展的核心——边缘之结构理论。一是巴兰（Paul Baran）和弗兰克的观点，认为边缘的赤贫来自政治高压和经济垄断下的直接剩余榨取；二是埃曼纽（Arghiri Emmanuel）的观点，强调一种不平等交换的理论，认为是核心和边缘间不平等的回报率剥夺了剩余，并没有强迫的核心和垄断；三是梅拉索等结构马克思主义者的观点，指出在世界资本主义的支配和控制之下仍然维持着前资本主义的生产关系。史密斯认为，上述三种理论没有一个能够经得起区域研究的仔细观察：剩余榨取的观点不仅太过一般，而且流于简单化；埃曼纽的不平等交换说虽然好于其他理论，却不能证明西危地马拉边缘和半边缘差别的出现仅仅是由于它们回报率的不同；至于前资本主义生产关系维持的说法，有前资本主义存在的地方，资本主义本来就较少发展，再者，无法说明前资本主义为什么维持，虽然可以从功能角度解释资本主义需要前资本主义的廉价劳力，但是资本主义也要扩大市场和要求解构前资本主义。[②]

弗兰克于 1998 年发表了著名的新世界体系观点。[③] 他通过对 15—19 世纪全球经济的分析，特别是白银的流动，认为早在所谓的资本主义世界体系于 19 世纪产生之前，已经存在着一个以亚洲为中心的世界经济体系。至少到 1800 年为止，亚洲，尤其是中国一直在世界经济中居于支配地位。中国堪称“中央之国”。后来西方资本主义世界经济体系的形成和发展，是站在亚洲的肩膀上实现的。这一观点挑战了前述几种理论的欧洲中心说，也检讨了他自己的依赖理论，从一种更宽广的视野来理解世界经济中心的转移和全球化，抛开了“资本主义”“社会主义”一类概念的束缚。

20 世纪 80 年代以来的全球化的讨论，已经不仅重在经济方面，在人类学中，还特别关注与经济活动相关的文化全球化。阿普杜莱讨论全球文化经济（global cultural economy）时认为：当今全球互动中的中心问题是文化同质化和文化异质化之间的张力。新的全球文化经济必须被理解为一种复合的、重叠的、分裂的秩序，它不可能再被按照核心-边缘的模式来理解。当前全球经济的复杂性，与某些经济、文化和政治之间的基本断裂有关，对此我们几乎没有形成理论。文化的全球化不等于文化的同质化，而是全球化涉及使用同质化的各种手段（军备、广告技术、语言的霸权、服装的样式等），它们被吸收到地方政治和文化经济之中，只有国家主权等这类异质话语才被留在国家。在此，国家扮演了

---

① 沃勒斯坦．当前对世界不平等的争论//萧新煌．低度发展与发展．台北：巨流图书公司，1985：303－317．沃勒斯坦．世界体系分析：理论与诠释的问题//萧新煌．低度发展与发展．台北：巨流图书公司，1985：319－334．

② Smith C A. Regional Analysis in World-System Perspective：A Critique of Three Structural Theories of Uneven Development//Ortiz S. Economic Anthropology：Topics and Theories. Lanham：University Press of America，1983.

③ 弗兰克．白银资本：重视经济全球化中的东方．北京：中央编译出版社，2008.

一个日益重要的微妙角色，成为通过商品、符号、口号、风格等形式而使差异性保留下来的公断人。[①]

华生等人通过对东亚的香港、北京、东京、台北等城市的麦当劳的研究，来理解全球化、跨民族主义、消费主义和地方化。麦当劳是文化全球化中一个跨民族主义的有趣典型，它消除了民族的界限，并成为一种普遍的儿童消费，而这些是全球化中的地方化。这种地方化暗示了地方文化的改变。[②] 没有一成不变的文化系统，麦当劳作为现代生活的标准化形式，一方面带有其侵略性、革命性和分裂性的特点，另一方面也参与到地方文化甚至家庭文化的重新整合之中。这样的情形，用核心-边缘模式同样是无法解释的，因为任何地方文化都可以理解为一种文化的核心，尽管它们可能不是资本主义经济中的核心。麦当劳的侵入也要通过改变自己来适应当地，换句话说，它已经不是原来意义上的麦当劳。就全球化中的地方化而言，是麦当劳被整合进地方文化，而不是地方文化被麦当劳整合。

无论如何，近半个世纪从现代化理论到今天全球化的探讨，始终没有离开资本主义经济这个中心话题，并已扩展到文化和政治的全球化等方面，它留给我们许多有待思考的问题，对这些问题的继续思考，也蕴含着宏观经济人类学的未来走向和话题。

第三节　经济人类学理论简介

一、博兰尼和经济人类学理论体系的产生

现代经济人类学有一个尚未成形的理论体系和理论脉络，这个理论体系的雏形与一个重要人物有关，他就是卡尔·博兰尼。博兰尼生于匈牙利一个富有家庭，他的父亲是犹太人，以建筑铁路致富，他的俄籍母亲是一个坚强的知识分子。在他家由母亲办起文化沙龙，该沙龙甚至成为战前布达佩斯的一个知识中心。博兰尼辗转过多个国家，其最主要的著作是《巨变：当代政治、经济的起源》（1957 年）和与他人合编的《早期帝国的贸易与市场》（1957 年）等。布洛克（Fred Block）和索莫斯（Margaret R. Somers）对博兰尼的观点有一个很清晰的归纳。[③]

（一）反对“经济人”和“理性人”的观点

博兰尼认为早期社会，经济是具体嵌入在社会关系之中的。在一些文化中，它可能是亲属制度的一部分，在另一些文化中，宗教制度可能组织起经济活动。因此，经济作为保证人类生计的安排，处于宗教、政治等其他的社会安排之下。与亚当·斯密认为早期社会

---

① Appadural A. Disjuncture and Difference in the Global Cultural Economy，Global Culture. London：SAGE Publications Ltd.，1990：295－310.

② Watson J. Golden Arches East：McDonald's in East Asia. Palo Alto：Stanford University Press，1997.

③ 布洛克，索莫斯．超越唯经济论的谬误：卡尔·博兰尼的整体性社会科学//博兰尼．巨变：当代政治、经济的起源（导论）．台北：远流出版事业有限公司，1989：1－55.

是个人的经济自利不同，博兰尼强调只有在19世纪的自律市场（self-regulating markets）中，经济自利才是主导的原则。博兰尼早年争论的对象如海耶克（F. A. Hayek）等人，是现代市场论的思想偶像，而博兰尼指出了自律市场这个思想的基本错误和矛盾。

博兰尼曾定义了两种意义的"经济"：一是形式上的（formal）意义，经济的意义是最有效地使用有限资源获取和满足特定目的的过程。在方法上，它强调个体自利的行为动机和个人利益最大化，这意味着理性的决定。二是实质上的（substantive）意义，即一种在人与环境的互动中设置的满足物质需求的过程。它强调文化和社会系统对个体选择的限定。这个区分就是经济人类学的基本争论，即形式论（formalism）和实质论（substantivism）的辩论。[①] 博兰尼认为，早期社会只能用实质论解释，它不是自利的经济。19世纪的自律市场由经济自利主导，而在现代资本主义中两者归为一体。19世纪的自律市场只是一个注定失败的乌托邦试验，因为纯粹的人类一经放纵贪欲，将使竞争毫无节制。无节制的市场将使社会濒临解体，危及环境和人类。

（二）市场社会的本质

博兰尼区别社会中有市场和市场社会。市场并不是资本主义的专利，在前资本主义社会中，也有市场，但是受到有系统的管制，因此市场只是从属的角色。直到这些管制被取消，土地、劳力和货币都商品化的19世纪，市场社会才会出现。市场社会原则的扩展联系到世界资本主义经济，博兰尼认识到市场国际环境对特定国家内部发展具有重要影响，甚至沃勒斯坦也承认博兰尼是其世界体系理论的主要启发者之一。

（三）社会阶级的内涵，是文化的而不是经济的

由于博兰尼不接受自利是人唯一的推动力量，因此反对用经济利益来界定阶级。他曾经引用米德的话："人类奋斗的目标是由文化决定的，而不是受文化以外的条件（如缺少食物引起的身体反应）决定的。"[②] 所以，在英国乡间定居的乡民在工业革命中沦为商品和贱民，原因不是经济上的剥削，而是他们文化上的瓦解。所谓的文化瓦解，来自新的技术、知识、权力和财富，这些加速了社会的流动、个人的迁移、家庭的沉浮、团体的分化，以及新的领导形式、生活方式和价值取向的形成等。它具有比经济剥削更为重要的影响。

形式论和实质论的争论产生了一个问题：经济人类学的理论究竟怎样定位？在众说纷纭中，韦尔克（Richard R. Wilk）认为：经济人类学作为探讨人类本性的专业即人类学的一个部分，直接联系到人们的日常生活和生计。重要的是要记住：经济人类学不能由边界来界定或定义，也不是研究主题和学者的罗列。经济人类学中的多数争论可以概括为三个方面，即经济人类学家是视人类存在为基本的社会、道德还是自利的存在。正是各种不同

---

① Polanyi K, Arensberg C, Pearson H. The Economy as Instituted Process, Trade and Market in the Early Empires: Economies in History and Theory. New York: The Free Press, 1957. Wilk R R. Economics and Cultures in Foundations of Economic Anthropology. Boulder: Westview Press, 1996: 3-11.

② 博兰尼．巨变：当代政治、经济的起源（导论）．台北：远流出版事业有限公司，1989：259-266.

的人类存在的本质，引起了各种分歧的“经济”模式。[①] 在探讨人类本性而不是“经济”的意义上，可以从上述三个方面来理解经济人类学的理论架构。因为篇幅所限，这里只做一个十分概括的描述。

二、经济人类学的理论定位

(一) 自利的经济

经济学在亚当·斯密的时代和后来的 19 世纪，大都接受人类本质上是自私的观点。这一观点认为：人们之间彼此帮助是由于“启蒙的自利”（enlightened self-interest）。根据微观经济学的统治观点，自利（self-interesting）的经济模式关心的是个人行为。自启蒙运动开始，自利的理性个人或“经济人”已经成为社会科学的特色。现代经济已经“软化”了经济人的自私说，强调自利的个人不是必然地要物质利益的最大化（maximizing），而是要最大化一种个人内在的东西，包括爱、安全等。自利模式区别于其他观点的关键是：个人是分析的基本单元。

多数人类学家都不赞同自利是基本的人类动机的思想，但“软化的”自私说却是许多功能主义人类学家，包括一些生态和经济人类学家的基础。博兰尼认为：经济学的基本模型和短缺、极大化等概念只适用于 19 世纪市场交换的体系。它无法解释部落的初民经济。不过形式论的观点则坚持认为：极大化和经济学模式也可以说明初民社会和乡民社会的运作。一个自利的个人正在做的事情可能是非自私地为了他人，而事实上，这个人仍然是为了他自己的满足。有些自利模式假定人们除了自利之外还有其他的动机，但是自利总是首要的。一个人做好事如帮助别人或捐款赈济，是因为他要使他人产生一种好的印象。社会变迁理论试图说明正是个人最大化的原则引起人们形成社会群体来解决现实经济问题，换句话说，人们形成理性契约的群体，是因为他们理性地、正确地认识到在一起要好于单个。[②] 在社会科学中风靡一时的理性选择理论（rational choice theory），其基本依据之一也是自利经济的观点。这一理论受到众多批评，例如，布迪厄就以习性（habitus）的概念批评个人理性选择的局限，强调一种历史的、文化的、动态的、有意识和无意识的先验图式（schema）习得系统的建构和作用。在这个意义上，人们不是理性地选择，而是出于习性地选择。[③]

(二) 社会和政治的经济

在孔德和涂尔干的社会学中，人类是自然的社会动物。人类的合作和牺牲是由于他们的社会本性（social nature）。人们常常觉得他们自己是能做决定的唯一个体，但是当人们融入群体后，他们乐意为他们的家庭、氏族、部落和民族战斗乃至死亡。人类本性的社会理论关心人们形成群体和运用权力的方式，这形成了通常所说的政治经济学的基础。社会的个人认同一个群体，为集体的利益所驱动。这一理论假设人们是“结合物”，他们想要

① Wilk R R. Economics and Cultures in Foundations of Economic Anthropology. Boulder：Westview Press，1996：XV.

② 同①74.

③ Bourdieu P. Outline of a Theory of Practice. Cambridge：Cambridge University Press，1977.

做些事情，而一旦做了，就要放弃一些他们的权利并将群体的利益作为自己的利益。要理解他们的行为，就要研究群体的行为规范（norm），而不是个人的自利。涂尔干不认为人类天生是社会性的，在威尔逊（E. O. Wilson）看来，人类是通过自然选择而成为社会的。

在人类学中，不断有人讨论社会的人类存在。1947 年，雷德菲尔德提出俗民社会（folk society），在那里，人们如此强烈地认同他们的氏族和村落，以至于不设想他们自己的利益可能是与群体不同的。1988 年，斯特拉森（Marilyn Strathern）在《礼物的性别》中指出，在许多美拉尼西亚社会中，甚至没有一个人是分离的个体。妇女被认为是亲属群体的扩展，她们能够独立行事的观念在那里是不可思议的。[①] 在极端的人类行为的社会理论下，个体的人类动机是不存在的。人们可以认为个体有自己的决定和想法，但这只不过是一个固执己见的错觉。一些较弱的社会理论则允许人们有不同程度的自主和个体性，但这只是次要的方面。

当今经济人类学的基本问题之一是个人和群体认同之间的紧张状态的张力。多数人类在家庭中成长，在家庭中得到基本的训练，因而共享和认同为一个群体的成员，这种能力属于非常基本的、自然的种类特性。社会而不是个人因此成为基本的分析单位。戈德利尔曾研究高地新几内亚的巴鲁亚人（Baluya），这是一个约有 1 500 人的历史文化群体。他们生产盐片用作贸易。该研究的主要论点是：在这个无阶级的社会中，不存在经济权力和政治权力之间的关系。一些巴鲁亚人通过盐的贸易、栽培花木和狩猎而富有，但是他们不可能使他们的财富变为权力而成为酋长。政治权力的获得是通过战争中的成功、巫术和仪式的控制，尤其是对亲属关系的操纵而实现的。亲属关系是巴鲁亚人社会中所有权力差异的真正基础。基于男人能够掌控产出他们多数权力的宗教，通过世系规则和婚姻交换，权力被男人用来支配女人。其整体社会是通过神圣的仪式和观念来凝聚和维持的，它约束人们形成统一社会以克服困难。[②] 不难看到：在巴鲁亚人脱离经济的政治中，还包含着宗教文化的力量。

（三）道德和文化经济

涂尔干强调社会群体涵盖（encompassing）的本性。他认为人类处于群体的压力下，渴望去符合群体，畏惧群体的影响。另一位社会学家韦伯认为个人的道德创造力具有比社会压力更大的效力。他认为，所有的人当在特定的处境和地区成长时，都会学会一套道德训诫。他们的社会合作能力，是那种道德的重要影响的产品。他的《新教伦理与资本主义精神》便是这一观点的代表作。人类学家的他们以“文化作为一种习得的和共享的行为体系”的观点，趋向于借用涂尔干和韦伯两者的观点。

道德经济又可称为文化经济（cultural economics）。道德的个人动机是文化上特殊的信仰体系和价值所形成的。道德的人类存在说“相信”人们的行动总是由正确和错误的思想指引的。人们内化文化的价值体系，成为文化人。在人类学中，许多经典人类学家的研究中都有文化经济的内容，例如，马林诺夫斯基研究的库拉仪式中的巫术、博厄斯研究的

---

① Strathem M. The Gender of the Gift. Berkeley：University of California Press，1988.

② Godelier M. The Making of Great Men. Cambridge：Cambridge University Press，1986.

夸求图人的夸富宴、莫斯关于赠品的研究、本尼迪克特的文化模式和文化构型、格尔茨对印度尼西亚爪哇和巴厘岛的研究特别是农业内卷化和《小贩与王子》（1963 年）的研究、萨林斯著名的《石器时代的经济学》，以及斯科特的《农民的道义经济》（1976 年）等。有多种道德理论考察每一文化的语言和分类的体系，通过分类事物和现象而成群体，在这个过程中，是文化定义了一些事物为不纯洁的和危险的，又分类其他的事物为神圣的和善良的。玛丽·道格拉斯在她的《洁净与危险》（1966 年）中强调，最危险与最不纯洁的物体和动物通常是不适应文化范畴的，是诸如既不是鱼也不是家禽的含糊不清、令人费解的东西。道德、思想和行为因而是由每一种文化通过语言、符号象征和范畴来定义的。[①] 人类学家花费了大量时间和精力谈论不同文化的宗教世界观，总是认为人们的道德观直接影响他们的选择和行为。罗萨尔多（Renado Rosaldo）举例说，如果不追溯菲律宾依龙告特（Ilongot）人的宇宙观及其对他们动机的影响，我们不可能理解他们之间的猎头行为。[②] 华尔街精英给人们的印象似乎就是攫取金钱、采取各种手段获取经济利益，何柔宛则深入他们的日常生活世界，向我们展示了这些身处高强度工作氛围的专业人士并没有认识到频繁交易和猖獗的员工清算是他们自己的“地方性文化”，炒作、刺激等成了他们的生活常态，不安全性成了他们的经常体验，他们身上的“精英”社会标签成了他们生活不自觉的原动力。[③] 现代社会是一个丧失了传统文化道德和伦理的社会，充斥着道德自私。这里的道德自私不等同于自利，因为前者是文化的，后者是个人的。

人类本性比上述三种经济人类学的描述和思考要更加复杂和易变。我们相对单独考察三者，是为了认识上的需要，但是实际上它们常常是混合的，具有共同的基础。这就好像我们单独考察社会的政治、经济和文化一样，实际上它们是密不可分的一体。人类学家对经济的理解正是基于此：它不是试图将经济独立出来加以研究，而是从人类本性与社会、历史、文化等整体和具体的角度来思考它。

参考书目

费孝通．江村经济．北京：中华书局，1987.

弗兰克．白银资本：重视经济全球化中的东方．北京：中央编译出版社，2008.

何柔宛．清算：华尔街的日常生活．上海：华东师范大学出版社，2018.

基辛．当代文化人类学．台北：巨流图书公司，1981.

林耀华．金翼．北京：三联书店，1989.

萨林斯．石器时代经济学．北京：三联书店，2009.

施坚雅．中国农村的市场和社会结构．北京：中国社会科学出版社，1993.

沃尔夫．乡民社会．台北：巨流图书公司，1983.

张小军．让“经济”有灵魂：文化经济学思想之旅．北京：清华大学出版社，2014.

Oritz S. Economic Anthropology：Topics and Theories. Lanham：University Press of

---

① Douglas M. Purity and Danger. London：Routledge and Kegan Paul，1966.

② Rosaldo M. Knowledge and Power，Ilongot Notions of Self and Social Life. Cambridge：Cambridge University Press，1980.

③ 何柔宛．清算：华尔街的日常生活．上海：华东师范大学出版社，2018.

America，1983.

Polanyi K，Arensberg C，Pearson H. Trade and Market in the Early Empires：Economic in History and Theory. New York：The Free Press，1957.

Scott J. The Moral Economy of the Peasant Rebellion & Subsistence in Southeast Asia. New Haven：Yale University Press，1976.

Susanna N. New Directions in Economic Anthropology. London and Chicago：Pluto Press，1997.

Watson J. Golden Arches East：McDonald's in East Asia. Palo Alto：Stanford University Press，1997.

Wilk R R. Economics and Cultures：Foundations of Economic Anthropology. Boulder：Westview Press，1996.

Yan Y. Flow of Gifts：Reciprocity and Social Networks in a Chinese Village. Palo Alto：Stanford University Press，1996.

第五章 生态人类学

第一节　生态人类学的概念

“生态人类学”一名，据知是由美国的维达（Andrew P. Vayda）和拉帕帕特（Roy A. Rappaport）于1968年最早使用的。[①] 从学术史上来讲，它由“人类生态学”到“文化生态学”发展而来。

“生态学”（ecology）一词源于希腊文“oikos”（为居住之意）。该术语由生物学家海克尔（Ernst Haeckel）于1870年创用，原意是指“生物的聚集”（biotic assemblages）。生态学是研究生物与环境间相互关系的科学，在这里，环境不仅包括生物生存地域的物理环境和化学环境，而且包括与其共存的其他生物。生物和一定的环境构成一个生态学的单元。生态学的最终目的是运用整体观的方法，研究一个有生命的系统在一定的环境条件下，如何表现生命的形态和功能。比如说，研究土壤动物的环境生物学时，人们考虑它们生活的土壤的温度、湿度和酸碱度等因素，但更重要的是从土壤的整体性去考虑，因为土壤是无机物和有机物的复合体，包括种种物理因素、化学因素和生物因素，人们观察在这种土壤条件下动物的生存状态和演化。例如，土壤温度的季节性变化与昼夜变化，往往引起土壤中一些动物的垂直迁移。土壤植被类型决定了在它上面生活的各种动物种类。动物的存在和活动，又对土壤产生影响。这类考虑与观察，就构成土壤动物的环境生物学的主要内容。

而原本在一个小环境中的动植物种群的生态系统，由于人类的干预而形成不同于以往的有人类学参与的动植物种群生态系统，由此形成了自然界与人类种群合流的科学研究，即来自科学界的人类生态学。[②]

20世纪50年代以后，人类学者开始对生态学的研究视角发生兴趣。这种研究趋向的增强，一方面与人类学中文化价值与模式以及结构主义解释的缺陷受到的普遍反思和质疑有关，另一方面与环境污染威胁到人类的生存，人类生态环境问题日益突出的现实密切相关。人类对自然环境有永久性的依赖，生态系统日益受到破坏，使人们需要懂得

---

① Vayda A P，Rappaport A. Ecology，Cultural and Non-cultural//Clifton J S. Introduction to Cultural Anthropology. Boston：Houghton-Mifflin，1968.

② 雷默特．生态学．北京：科学出版社，1988.

更多的、长期以来人类成功利用环境的知识，并采用生态学的方法，汇集关于人口、劳动输入、资源权利和消费的资料。而且，将生态学的观点应用于人类学，也是对人类学过去偏重以文化解释文化的方法的矫正。在学术史上，有人认为："综合研究人类生活的人类学，大致可分为以研究社会、文化为主的文化人类学和以研究社会、生态学为主的生态人类学。"① 也有人认为，20 世纪以来，人类学有三个主要的研究角度：观念的研究（ideological approach），社会结构的研究（social structural approach），生态的研究（ecological approach）。② 因此有的学者认为，生态学已变成人类学中最关键、最重要的观念。

生态人类学研究人类与环境之间的关系。在这里，环境既包括自然环境（物理、化学和生物环境），也包括人造环境（人类的社会文化环境）。在研究中，一些人类学者习惯用文化生态学来指代生态人类学，其实两者的概念不尽相同。文化生态学是生态人类学研究的一个部分，侧重研究人类的社会文化特质与环境间的关系。而除此之外，生态人类学还关注人类的生物特质与环境之间的关系。由于人们认为人类之所以为人类，在于文化的高度发展，人类与其他动物最重要的不同之处在于人类适应其环境时会有文化面貌的调整，文化较少受遗传和生物本能的限制，因此，大多数学者径称生态人类学为文化生态学。

生态人类学和文化生态学这两种不同称谓的使用还反映了学者们对人类进行生态学研究的不同取向，尤其表现在贬抑或重视人类文化的独特性之上。强调人类文化为生物行为表现的学者认为，人是生物的一种，可以完全用研究生物生态学的理论和方法来研究人类。人类和其他生物同样具有行为，人类文化包括在人类行为之内，只是人类行为的表现而已。他们主张研究"食物网"（food web）和"能量的流动"（energy flow），从某一社区人们所消耗的食物入手，研究该社区人口和其他生物甚至其他社区人口之间的关系。因此，从事这一研究的学者必须有营养学、植物学、动物学等相关专业的知识和训练。这一派以维达、拉帕帕特以及理查德·李（Richard Lee）等人为主。以文化生态学指代生态人类学，或者将生态人类学等同于文化生态学的学者强调人类文化有异于其他生物的独特性。他们除了主张采用一般生态学中的生态系统、区位、生态人口、适应、自然选择等观念分析人类社会之外，还主张使用一些仅仅适用于人类的观念和方法来分析人类生态系统中的独特现象。这一派以斯图尔德、内亭（Robert MaC. Netting）、沃尔夫、贝内特（John W. Bennett）等人为主。

在研究内容方面，有的学者将生态人类学的主要研究内容总结为："人类对环境的生理与形态的适应，人口与生态环境之间的关系，营养结构与人类体质状况，资源的合理开发与充分利用，以及从不同人类群体的谋生手段出发，探讨自然资源开发与生态系统循环的关系，生态和文化的相互渗透和影响，揭示生态系统的运行规律和寻求保护生态平衡的正确方法，等等。"③

---

① 田中二郎．生态人类学．民族译丛，1987（3）．

② 谢继昌．文化生态学：文化人类学中的生态研究//李亦园．文化人类学选读．台北：食货出版社，1980．内亭．文化生态学与生态人类学．民族译丛，1985（3）．

③ 宋蜀华．中国民族学理论探索与实践．北京：中央民族大学出版社，1999：72．

第二节 生态人类学的理论

从20世纪初到现在，人类学的生态研究可简单分为两大类：一为决定论（determinism），二为互动观点（interactional views）。①

决定论有两种极端的观点：一为环境决定论（environmental determinism）观点，二为文化决定论（cultural determinism）观点。前者认为地理环境因素决定性地造就了人类及其文化，后者的看法则完全相反。

互动观点认为文化与环境之间是一种对话（dialogue）关系，文化和环境的重要程度因时因地而有所不同，有时文化显得比较重要，有时环境显得比较重要，有许多互动观点的概念界于环境决定论和文化决定论两个极端之间。有的学者对决定论和互动论观点之间的关系用图表的形式予以介绍。从图5-1中可以看出，环境论（environmentalism）的观点比较接近于环境决定论的一端，可能论（possibilism）比较接近于文化决定论的一端，在环境论和可能论之间还有民族志生态学（ethnographic-ecology）、文化生态学（cultural ecology）和系统生态学（systematic ecology）。人类地理学（anthropogeography）的观点则属于环境决定论。

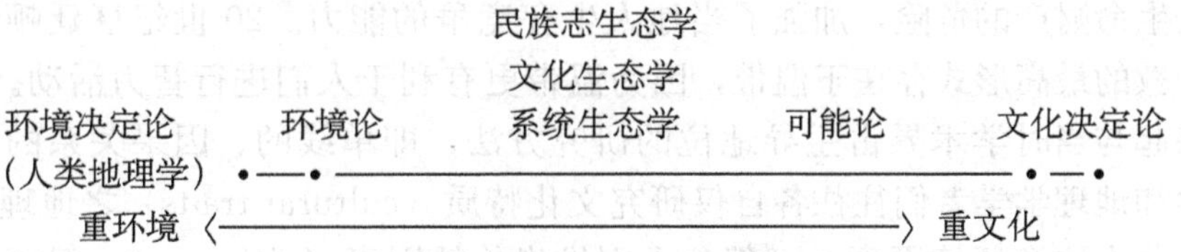

图5-1 人类学中之不同生态研究

资料来源：谢继昌．文化生态学：文化人类学中的生态研究//李亦园．文化人类学选读．台北：食货出版社，1980：64.

随着时代的发展，过程生态学、历史生态学、政治生态学等方法被相继提出，而环境人类学研究则被视为传统生态人类学发展的一种新趋势。20世纪80年代，美国生态人类学家本杰明·奥拉维（Benjamin S. Orlove）把生态人类学的发展分成三个阶段，即以朱利安·斯图尔特和莱斯利·A. 怀特的研究为代表的第一个阶段、被称为"新功能主义"和"新进化论阶段"的第二个阶段、被称为"过程生态人类学"的第三个阶段，并认为每个阶段都是对前一阶段研究的回应。②

一、环境决定论

环境决定论是指"文化形式的外观及进化，主要是由环境的影响所造成的"③。环境决定论在人类学术发展史中曾盛行一时。例如被称为希腊"医学之父"的希波克拉底（Hip-

① 谢继昌．文化生态学：文化人类学中的生态研究//李亦园．文化人类学选读．台北：食货出版社，1980：63.

② Orlove B S. Ecological Anthropology. Annual Review of Anthropology，1980（9）.

③ 芮逸夫．云五社会科学大辞典·人类学．北京：商务印书馆，1972：294.

pocrates）所提出的体液论（humour theory）就是早期颇有影响的一种著名的环境决定论观点。[①] 他认为人体中有四种体液——黄色的胆汁、黑色的胆汁、黏液和血液，分别代表了火、土、水和血。四种体液相对比例的变化会影响人们的体质与个性、疾病与健康。体液的“平衡”（balance）状况取决于气候条件，因此人体的形态和个性因所处地域之差异而不同。生活于热带的人们情绪躁动，因为气候炎热、缺少水分而生性冷酷懒惰、短小精悍、寿命不长。环境决定论的观点之一是气候对于个性和智力的影响决定了人们的其他方面，尤其对政体和宗教的影响特别突出。柏拉图和亚里士多德将气候与政体相提并论，认为希腊的温暖气候孕育了民主政体，这种理想的气候条件使人们能够彼此自律。相反，专制政体则诞生于热带，因为生活在热带的人们性情暴戾，缺乏对自由的热爱和精神追求。寒冷的地区不存在任何政体形式，因为人们拙于思想与工艺，所以他们比其他地区的人更长期地处于自由闲散状态，因而缺乏政治组织和统治别人的能力。18 世纪孟德斯鸠又将这种推理应用于宗教，推断说炎热产生倦怠，因此会出现服从性的（passive）宗教，印度的佛教即为典型之例，而产生于寒冷地区的宗教则富有攻击性，符合对个人自由及行动的崇尚。在 19 世纪及 20 世纪早期，体液论衰落下去，但环境决定论观点仍留存下来，并得到好几门学科代表人物的积极研究，如德国的地理学家所提出的人类地理学。盎格鲁-撒克逊的很多人类学家和民族学家也持有环境决定论的态度，如巴克尔（H. T. Buckle）、亨廷顿（E. Huntington）。19 世纪的拉策尔认为：进步产生于强风暴雨地区，因为在那些地区常有丧失生命财产的危险，加强了当地人生存竞争的能力。20 世纪亨廷顿继续这种推论，提出宗教的最高形式存在于温带，因为温带更有利于人们进行智力活动。[②] 环境决定论的重新兴起与当时学术界占主导地位的研究方法，即单线的、因果关系的研究方法有关。人类学和地理学学者们往往各自仅研究文化特质（cultural traits）之地理分布的单一原因，一部分人注意环境因素，一部分人则推崇传播因素（diffusion），但两者都以单线论的方法直接简单地进行解释。受马克思主义社会哲学理论的影响，技术决定论（technological determinism）的观点也助长了环境决定论的复兴。同时这种解释模式也作为一种方法，对急剧增加的大量有关人类差异性的资料进行了分类和解释，这一方法如同考古学的“三时代体系”（three-age system）对古代生产工具进行分期的功用一样。人类学中“文化区”（cultural area）的概念尤其体现了这一目的。一些早期的地理学家和人类学家注意到文化区和自然区域（natural areas）之间的普遍关系，认为环境是使不同文化区域出现的原因。

之后环境决定论已基本被所谓的“人类-环境模式”（man-environmental models）论取代，这种观点对环境的作用进行了“限制”（limiting），认为环境为“非创造性”（uncreative）条件，并且承认人与环境之间复杂的互动关系。然而，许多有关人类生物多样性的解释仍有一种强烈的决定论倾向。例如人类种群的遗传变化模式仍然被自然选择论所支配，这种理论认为环境在基因库的造就方面发挥了积极而重大的作用。例如对人类肤色分布的普遍解释就基于“选择”理论。生理学上生物对纬度和气温的适应模式也同

---

① 关于“体液论”的讨论参见：Glacken C. Traces on The Rhodian Shore. Berkeley：University of California Press，1967：80-115.

② Huntinton E. Mainsprings of Civilization. New York：John Wiley & Sons，Inc.，1945.

样充满环境决定论的色彩。但另一方面，最近许多调查者则提出环境对生物变化的作用很有限，例如生物遗传学的基因漂变理论认为，偶然的波动使基因频率发生任意的改变，这一现象尤其发生在小种群（small populations）中。由于承认基因并非易于为环境因素所操纵的独立实体．而是互动的复杂系统中的一部分，因而对自然选择论提出了异议。

二、人类地理学[①]

“人类地理学”一词是由德国地理学家拉策尔所创用，在地理学的研究框架中得到发展的；19 世纪末被弗罗贝纽斯应用到民族学研究中来。在民族学的研究中，它有时被称为文化生态学；而在地理学的研究中，则常常被认为是文化地理学（cultural geography）。总体而言，人类地理学具有强烈的环境决定论倾向，以单一的环境因素做涵盖性的推论，认为文化由环境所造成。这类研究把文化看作功能相关的整体，把诸如气候、地形等自然环境的一些现象视为判断整个环境的标准，认为每个区域对应地产生整合的整体文化，例如热带区产生爪哇文化，北极地区产生爱斯基摩文化，高原区则产生印第安文化（Sioux）。虽然这派学者也承认一些人类文化的变异是不受地理因素影响的，但贬抑这种文化变异为意外或人种不同的结果。[②]

三、可能论[③]

可能论是环境可能论的简称。可能论认为环境并不是肇始（causative）因素，而只是限制的（limiting）或选择（selective）的因素。地理环境并没有造成人类的文化，而只是设定了某种文化现象能够发生的界限而已。

20 世纪 20 至 30 年代，人类学家对环境的解释观点从决定论转向可能论。以博厄斯为代表的人类学者认为历史、社会及生物因素对于文化的解释至少具有同等的重要性。博厄斯认为：“环境对文化的影响限于引起原有的文化形式中的某些修改（modifications），刺激所朝向的方向则由文化因素来决定。”[④]

可能论对“文化区”的概念做出了重要贡献。早在 1896 年，马森（Otis T. Mason）就提出，物质文化和技术的地理分布受到了环境的影响，但并非由环境所引起。[⑤] 基于这种假说，他定义了 12 种“民族”（ethnic）环境或文化区。威斯勒[⑥]和克虏伯对马森的研究大为赞赏。他们都看到了环境因素，也承认文化区和自然区（natural area）间的普遍关

---

① 芮逸夫．云五社会科学大辞典・人类学．北京：商务印书馆，1972：9－10. 谢继昌．文化生态学：文化人类学中的生态研究//李亦园．文化人类学选读．台北：食货出版社，1980：65.

② 谢继昌．文化生态学：文化人类学中的生态研究//李亦园．文化人类学选读．台北：食货出版社，1980：65.

③ Hardesty D L. Anthropology. New York：John Wiley & Sons，Inc.，1977：4－6. 谢继昌．文化生态学：文化人类学中的生态研究//李亦园．文化人类学选读．台北：食货出版社，1980：65－67.

④ 芮逸夫．云五社会科学大辞典・人类学．北京：商务印书馆，1972：295.

⑤ Mason O T. Influence of Environment upon Human Industries or Arts//Annual Report of the Smithsonian Institution for 1895. Washington，D. C.，1896：639－665.

⑥ Wissler C. The Relationship of Nature to Man In Aboriginal America. New York：Oxford University Press，1926.

系，但却把环境视为消极的因素。比如克虏伯有名的美国玉米种植的研究发现，由东到西120天无冻霜线（killing frosts）是玉米适宜生长地区的北线，但他从环境因素是限制性因素的前提出发，以在适宜玉米生长的某些地区玉米种植和其相关文化现象并未出现，来贬抑环境因素的重要性。[①] 克虏伯曾论述道："虽然文化的确是生长于自然，因此不考虑文化发生的自然条件，就永远不能完全理解（文化）并不像某种植物生产于其所生长的土壤，或者说某种土壤使某种植物生长出来一样，特定自然条件产生了它们（文化）。文化现象的直接原因是其他的文化现象……"[②]

可能论者在讨论环境在文化演进中的作用方面认为：文化发展水平受到环境的严格限制。在这方面，考古学家梅洁斯（Betty Meggers）的观点最经常被引用。例如在《环境对文化发展的限制》一文中她提出，环境所具有的农业上的潜力决定了文化的发展水平。她定义了四种最适合以及最不适合农业发展的环境"类型"。类型一是农业不可能得到发展的地方，因为气温、降水、土壤成分、高度、地形、纬度或者其他自然因素限制了种植植物的生长或成熟。类型二是气候因素导致地力迅速降低的地方，农业生产力被限制于相对低的水平。类型三是在同一块土地上，通过施加肥料、休耕、庄稼轮作，以及其他的土壤恢复措施，或者在比较干旱的地区通过灌溉，庄稼会获得相对高的产出率的地方。类型四是取得并维持稳定的农业生产力水平不需要或者只需要很少的专门知识的地方。[③] 根据梅洁斯的观点，因为文化的原因，比如缺少适当的传播，类型三与类型四有可能达不到高度的发展水平。但在类型一或者类型二的环境中，传播或者其他的文化因素也不能导致文化发达。而且，如果某种发达文化要在类型一或者类型二的环境中传播，则注定以失败告终。

环境决定论和可能论有一个共同之处就是：用逻辑推理（aristotelian）的方法来探讨人与环境之间的关系。即将人视作一方，环境则是另一方，两者永远不能会合。两种模式的目的都是确定一方对另一方的影响。环境决定论认为环境是塑造人的积极因素，可能论则认为环境是一种限制性或选择性因素，对此格尔茨有精彩的评述："使用这样一种公式，人们只能最笼统地提问：'文化受环境影响的程度如何？''人类活动能多大程度地改造环境？'答案只能是最笼统的答案：'在某种程度上，但不是完全。'"[④]

生态学观点的引入使人们对环境与人之间关系的认识得到进一步的扩展。生态学作为一门科学在20世纪得到迅速发展。30年代美国人类学家斯图尔德将生态学的方法引入人类学的研究，为人类学开辟了又一个新的研究视野和研究方法。

四、文化生态学

"文化生态学探讨环境、技术以及人类行为等因素的系统互动关系，以社会科学的方

① Kroeber A L. Cultural and Natural Areas of North America. Berkley：University of California Press，1939.

② 同①1.

③ Meggers B. Environmental Limitations on the Development of Culture. American Anthropologist，1954（56）.

④ Geertz C. Agricultural Evolution：The Processes of Ecological Change in Indonesia. Berkley：University of California Press，1963：3.

法分析特定社会在特定环境条件下的适应与变迁过程。"[1] 文化生态学的创始人是美国人类学家斯图尔德，1955 年其《文化变迁的理论》[2] 一书的出版，为文化生态学建立起系统的理论和方法。斯图尔德在该书中通过对美国西部印第安人——派尤特、肖肖尼等狩猎-采集人群的研究总结，揭示了物理环境、开发环境的文化工具，以及社会政治结构等相关特质之间的一般关系。他将说明不同地域的特殊文化特征和文化类型的研究领域确定为文化生态学，使用"文化生态"解释人对环境的适应问题。他提出："文化生态学展示一个题目和一个方法。这个题目是：人类社会之调适他们的环境是否需要特别的行为模式或是否允许某一范围的行为形态具有伸缩性？这使得文化生态学不同于环境决定论和相关的经济决定论，虽然一般认为经济决定论的结论包含在这个'题目'内。"[3]

"文化生态学的方法"最重要的贡献在于提出环境和文化并不是两个不同的方面，而是辩证式的相互作用（dialectic interplay），或者叫作反馈（feedback）或相互的因果关系(reciprocal causality)。他认为人类学的主要目的是发现文化的发展规律，寻找因果关系。从因果关系上寻求相互的因果关系，在生态学上有两种内在的根本观点：环境和文化彼此相互定义；环境对于人类事务（human affairs）发挥了积极的作用，而非仅仅是限制性或选择性作用。但在反馈关系中，环境与文化的相互影响并不是相等的。斯图尔德的研究特别注重解释环境资源、利用环境资源的工具与知识（技术）、使技术与资源结合的工作组织等三者间的互动关系。文化生态学的"方法"包括：分析环境与开发及生产技术之间的相互关系，"行为"模式与开发技术之间的相互关系，"行为"模式影响其他文化因素(sectors of culture）的程度。[4]

斯图尔德认为在一个文化系统内，有一组较其他文化特征有更大功能的文化特征是文化系统的决定因素。为此他用"文化核心"（cultural core）和"次级特质"（secondary features ）的概念进行区别。文化核心是指那些与生计活动和经济安排有密切关联的特质的集合（the constellation of features）。此核心包括了与经济安排有决定性关系的社会、政治和宗教等文化模式。而与文化核心连接不甚紧密的其他许多次级特质则源于纯粹的历史文化因素（cultural historical factors）——源起于随机的创新（random innovations）或者传播。次级特质使具有类似文化核心的各个文化体现在外观上各有其独特性。文化生态学的主要研究任务是通过实证的分析，找出在"文化界定的方式"（culturally prescribed ways）下，哪些特质与环境的利用最有关系。但斯图尔德的文化核心不包括社会结构的众多层面，几乎不涉及仪式行为，而且忽视生物学角度的研究。他认为应该用文化历史的概念和方法，而不是用生物学的概念来阐明人类社会的性质，提出"文化较之适应、调节以及生存的遗传潜能更能解释人类社会的本质"[5]。他以"文化生态"一词区别于生物生态、人文生态、社会生态。他认为适应是文化变迁的主要过程。其中文化生态与生物生态两个

---

① Netting R M. Cultural Ecology//Levinson D，Ember M. Encyclopedia of Cultural Anthropology：Vol. 1. New York：Henry Holt and Company，1996：267.

② Steward J H. Theory of Culture Change：The Methodology of Multilinear Evolution. Chicago：University of Illinois Press，1955.

③ 同②36.

④ 同②40－41.

⑤ 同②32.

观念最大的区别在于，前者强调人的文化行为在适应过程中所扮演的角色，后者则以生物的观点解释人的适应行为。文化生态与人文生态、社会生态的不同之处，在于文化生态着重解释存于不同区域的特有文化特质与模式之缘起，而不是找出可应用于所有文化与环境之状况的通则。他提出了“文化类型”（culture type）的概念，认为历史时间顺序和社会发展水平所代表的文化特征是由文化的核心特征丛组成的，体现了社会文化在适应、功能方面的整合水平。核心特征相同的文化可划归同一类型。例如，可以有狩猎和采集者的文化类型、父系群体的文化类型、封建的文化类型、农民的文化类型等，同一文化类型的生态适应和整合水平是一样的。

斯图尔德的研究方法，回答了 20 世纪 20—50 年代人类学在生物演化论架构下所遭受的批评，使人们了解到人的生物性基础、人的文化、人的生存环境三者之间的相互关系，以及对单一因果决定论观点的放弃。

从斯图尔德的文化生态学的观点出发，以后的学者又从中发展出系统生态学、民族志生态学等方法和概念，以发展文化生态学的理论。[①] 文化生态学在 20 世纪 80 年代之后逐步衰落，人们在寻求新的解释框架，而环境人类学中的新生态学群的兴起弥补了文化生态学和新功能主义的许多不足。然而，在气候变化等环境问题出现之后，人类学对环境问题的解释又转向了传统适应的趋向，认为人类知识、文化与环境的关系仍然是当代气候变化研究的核心，文化生态学等传统理论重新受到重视。[②]

五、民族志生态学[③]

20 世纪五六十年代，受主位、客位研究方法的影响，生态人类学的研究也主张揭示被研究者对其生态环境的看法，即从内在认知的观点了解环境与文化之间的关系，形成了所谓的民族志生态学，或者叫作民族志语义学（ethnographic semantics）。这类研究注重每一个群体在语言与语意上所透露出来的认知分类系统及世界观，认为把每个社会的语言材料加以分析，即可发现该社会成员用来界定概念、形成见解和决定事物的特质。这种研究方法所存在的缺陷，不可避免地受到批评：首先，从纯粹的语言材料出发并不能完全推知使用该种语言的群体对其环境的看法和利用；其次，未在语言中表现出来的、影响人类生态过程和环境关系的潜在功能不易被民族志生态学的学者所发现。但这种倾向于微观分析的研究取向经过不断的发展，已经形成认知人类学，成为人类学共同认可的理论架构之一。

六、系统生态学[④]

20 世纪 50 年代，在一般系统论的影响下，系统生态学的研究应运而生。一般系统论是由生物学家贝特兰菲（L. Von Bertalanffy）等人所创立的，用来说明生物群体与自然环

① Hardesty D L. Ecological Anthropology. New York：John Wiley & Sons，Inc.，1977：10-16.

② Orr Y，Lansing J S，Dove M R. Environmental Anthropology：Systemic Perspectives. Annual Review of Anthropology，2015（44）：153-168.

③ 同①16.

④ 同①14.

境之间关系的体系。这一理论具有整体的观点，可用流程图来表示系统关系。一般系统论不只研究物质，也研究非物质的方面。因人类为生物圈中的一个种属，因而生态系统的概念得到人类学家的采用和借鉴。

1963 年格尔茨的新作成为生态人类学发展中又一个里程碑。[①] 虽然其研究根植于文化生态学，但研究视野却建立于"系统"研究的基础上。生态系统所着重的关系是相互交错影响的多重网络关系。所采用的分析步骤是首先界定每一系统的环境与各种相关界限，再用一理论模型对系统的复杂互动关系进行研究分析。从理论上而言，生态系统是该系统中生命体、无生命体通过能量流（energy flows）和物质循环所建立的一套动态流程关系。因为这种流程关系，生存的其他问题得到解决。就实证层次而言，生态系统是动物、植物与无生命的物质环境所建构出来的"食物网"（food web），食物网的连接与循环影响该生态系统中每一生命的存活问题。生态系统所关注的问题不再是像"环境是造成了文化还是限制了文化?"这样的问题，而是问：假使在一个生态系统内同等地分析文化核心与相关环境（relevant environment），那么两者是如何组合起来的？此组合关系又是靠什么机制（mechanisms）来规范该系统的功能的？它有何种程度、何种类型的平衡（stability）？其发展与衰落的特征与路线是什么？同类问题在系统与系统之间相互比较时又如何？等等。[②]

格尔茨之后，理查德·李和拉帕帕特成为系统生态学研究的代表。维达和拉帕帕特于 1968 年撰文提出，人口以及能量交换可以进行量化分析的生态系统较之"文化"是更合适的研究单位，生态学观点的人类学研究应该叫作"生态人类学"，而不是"文化生态学"。[③] 拉帕帕特曾对新几内亚策姆巴加（Tsembaga）部落的农民与其所在生态系统之间的能量关系进行了研究。拉帕帕特的研究在很大程度上使用了系统理论的概念和工具。他收集了大量的有关卡路里、蛋白质消耗、心理压力、维持生存的能量消耗、负载力、限制性因素以及地理等方面的量化数据。揭示出策姆巴加部落的家猪屠宰仪式"有助于维持环境，限制威胁地区人口生存的征战频率，调节人工开垦土地（man-land）的比率，便利贸易，将当地剩余的家猪分份分配给整个地区的人口，并在他们最需要的时候保证健康所必需的高质量的蛋白质"[④]。

由于过于强调自我调节（self-regulation），忽视扰乱系统和引起发展变化的"分裂性"（disruptive）进程，系统生态的研究方法，即人类参与其中的生态系统被视为完美精致的平衡"机器"（machines），它能够通过消解偏差的机制保持平衡（equilibrium）的观点遭到批评。这种观点很大程度上来自生态学家对"自然"系统的研究。生态学家郝林（Charles Holling）指出：生态系统的自我调节实际上包括了两种过程：平衡和恢复（resilience）。瓦尔克（Walker）和萨尔特（Salt）认为，恢复力是"一个系统能吸收

---

① Geertz C. Agricultural Evolution：The Processes of Ecological Change in Indonesia. Berkley：University of California Press，1963.

② 同①10.

③ Vayda A P，Rappaport A. Ecology，Cultural and Non-cultural//Clifton J S. Introduction to Cultural Anthropology. Boston：Houghton-Mifflin，1968.

④ Rappaport R A. Pigs for the Ancestors：Ritual in the Ecology of a New Guinea People. New Haven：Yale University Press，1968：224.

干扰并保持其基本功能和结构的能力”[①]。平衡过程使系统免于过度波动，在自然界中可能并非那么重要。相反，恢复过程则能够阻止系统的自我毁灭，保证其延续，两者都是重要的过程。某些情况实际上可能更有利于那些变动的系统而非平衡的系统。[②] 由此，一些人类学家也提出，对于人类生态系统的研究应该从研究平衡过程转向研究恢复过程。[③]

七、群体生态学[④]

来自动植物生态学的术语——群体生态学（population ecology）——用于人类研究时，是指一定数量的某一特殊群体与其生存环境之间的互动关系。研究者将具有相同生活方式、一种同属的地缘性的团体称为生态群体，其主要研究影响生态群体分布与繁衍的过程。外在过程（external processes）会影响该群体与食物、水源、气候、其他生物之间的关系。内在过程（internal processes）则包含了该群体在行为、生理和基因方面对人口密度的反应与适应。这类研究倾向于强调生态方面与群体之间的互动关系。比如考古学者在解释一个聚落模式的形成时认为，聚落模式是一个群体在所处自然景观与社会环境两者之间协调出来的居住形式。影响的因素包括天然障碍、水源、气候、生产技术、政治组织、亲属关系、战争、意识形态等复杂的互动关系。一个生态环境所能载负人口的能力（carrying capacity）依赖于生存其中的群体所拥有的生产技术能力，技术的更新可以使该群体进一步提高生产力，进而影响人口的成长，然后又影响其社会、政治的组织，甚至世界观。

八、文化唯物论

文化唯物论（cultural materialism）是 20 世纪 80 年代由马文·哈里斯所提出的一种理论。[⑤] 这种理论代表了部分人类学家试图将客位分析框架与内在认知分类的主位框架，以及微观与宏观分析整合在一起的一种研究和分析尝试。哈里斯的文化唯物论借鉴了马克思物质决定论的观点，认为基础结构对结构和上层建筑起决定作用，客观行为对主位思想起决定作用，并试图在文化生态学的理论中融入文化内在认知的考虑，以及整合研究者的观点与被研究的当事人的观点。他的文化唯物论特别强调区分人类思想和行为的主位与客位观点。例如，他在论著中总是以对印度神牛的研究为例来说明分别进行主位与客位研究的重要性。哈里斯在印度南部某地区发现公牛犊比母牛犊的死亡率高一倍，当地农民的解释是公牛犊易生病、吃得少等；而客位研究的结果却发现当地很少需要畜力，当地农民实际上是在有意识地“饿杀公牛犊”，以适应当地生态和经济的需要。

哈里斯强调根据分类学的原则来表明系统的各个组成部分之间的结构关系，以及主位与客位的区分，将社会文化系统划分为四个组成部分：（1）客位行为的基础结构，即下层

---

① Walker B，Salt D. Resilience Thinking：Sustaining Ecosystems and People in a Changing World. Washington，Covelo & London：Island Press，2006：xiii.

② Holling C. Resilience and Stability of Ecological Systems. Annual Review of Ecology and Systematics，1973（4）.

③ Vayda，McCay. New Directions in Ecology and Ecological Anthropology. Annual Review of Anthropology，1975（4）.

④ Hardesty D L. Ecological Anthropology. New York：John Wiley & Sons，Inc.，1977：10.

⑤ Harris M. Cultural Materialism：The Struggle for a Science of Culture. New York：Vintage Books，1980.

结构，包括生产方式与再生产方式两部分因素。生产方式包括生计技术、技术与环境的关系、生态系统及工作模式等。再生产方式则包括人口统计、配偶方式、生育率与死亡率、婴儿哺育、人口模式的医疗控制，以及节育、堕胎、杀婴等因素。（2）客位行为的结构，包括家庭经济与政治经济两方面因素。家庭经济包括家庭结构、家庭分工、家庭的社会化、濡化、教育、年龄与性别角色、家规与制裁等因素。政治经济则包括了政治组织、宗派、社会分工与赋税、政治社会化与教育、社会阶级与阶层、法律与军警的控制、战争等因素。（3）客位行为的上层建筑，包括艺术、广告、仪式、运动与游戏、科学等方面的因素。（4）思想的和主位的上层建筑，即相应地将主位因素分成三大部分，对应于客位行为的三层结构。与客位行为的基础结构平行的主位因素包括该民族的植物认知与分类、动物认知与分类、生存知识、神迹法术、宗教、禁忌等。与客位行为的结构平行的主位因素包括亲属关系、政治思想、种族与民族的意识形态、法术与宗教信仰等方面。与客位行为的上层建筑平行的主位因素包括象征神话、审美标准与哲学、认识论、意识形态、巫术、宗教、禁忌等。[①] 哈里斯的理论构架周详而庞大，在人类学的理论发展中占有一席之地。

九、历史生态学、政治生态学[②]

随着人类学家由对相对隔离的、传统的小型社会的研究，转向对当代民族国家市场经济中的群体的研究，生态人类学的研究开始更多地关注超越地方社区的历史、政治、经济等因素对社会发展的重大作用。更大区域间的经济竞争，对于国际贸易的世界体系很大程度上的依赖，不同地区为争取文化霸权而进行的争斗，所有这些活动对于地方社会的影响都超越了物理环境给地方社会带来的直接影响。历史生态学、政治生态学由此诞生。这一研究将传统的更多关注于环境-技术-社会-组织之间关系的研究与对政治经济上的权利，以及历史不平等因素的强调联系在一起。历史生态学认为，要理解生态系统的结构和功能以及居住于其中的人群的文化，就不仅要研究生态系统的历史，同时也要考察人类本身的历史，这一视角进一步完善和健全了文化生态观。[③] 历史生态学产生于人类与环境关系的实证研究，产生于对文化生态学等视野的理论反思，因为文化生态学仅指阶级或简单的社会，聚焦于技术和环境方面与较低的人口规模和简单的社会政治组织之间的关系。因此，历史生态学表明了生态人类学初期理论在复杂社会中，在应用方面存在的问题。[④]

政治生态学是用政治经济的分析工具来研究文化生态学的。文化生态学那种以单一社区或者村寨和文化为基础的人与自然关系研究，以及将文化作为适应自然的方法和手段，在政治生态学中得到了反思。[⑤] 换言之，既然存在着一种政治生态学，就存在着一种非政

---

① 哈里斯．文化唯物主义．北京：华夏出版社，1989：61－63.

② Netting R M. Cultural Ecology//Levinson D，Ember M. Encyclopedia of Cultural Anthropology：Vol. 1. New York：Henry Holt and Company，1996：269－270.

③ Winthrop K R. Historical Ecology：Landscapes of Change in the Pacific Northwestern//Crumley C L，et al. New Directions in Anthropology and Environment：Intersections. California：AltaMira Press，2001.

④ Balee W. The Research Program of Historical Ecology. Annual Review of Anthropology，2006（35）.

⑤ Morehart C T，Millhauser J K，Juarez S. Archaeologies of Political Ecology：Genealogies，Problems，and Orientations. Archaeological Papers of the American Anthropological Association，2018，29（1）.

治生态学。[①] 由此可知，政治生态学是对后者的反思和批判。

人类学家也开始从政治生态学的角度关注殖民扩张与资本主义渗透的问题，例如格尔茨于 20 世纪 60 年代对荷兰的经济政策、爪哇岛进行的大规模蔗糖种植以及工业加工，以及为支持开发而实施的税制和土地使用权的政策的研究，就开始关注生态学研究中的政治、历史因素的作用。[②] 一些人类学家用历史资料和地方志来记录与描述工农业发展、政府政策、国际援助和发展机构、多国合作和对话组织影响生态变化的过程，比较著名的如舍姆克（Marianne Schmink）和伍德（Charles H. Wood）对亚马孙森林砍伐的政治生态学的研究。[③] 政治生态学中有一部分研究走向了后结构主义的政治生态学，其中最为重要的代表人物是艾斯格巴（Escobar）等人。艾斯格巴在结构主义基础上将自然和文化交织在一起，认为我们观察到的自然是社会和文化构建的，自然因此被社会化和被解构，这是政治生态学的反本质主义原则，被称为新的政治生态学。[④]

十、环境人类学或多种生态学、新生态学

20 世纪 80 年代后，森林退化、生物多样性减少等问题使公众和学者们开始广泛关注环境问题，环境人类学被视为是传统生态人类学的拓展和延伸。1992 年联合国在巴西里约热内卢召开环境与发展大会，美国人类学会也因此于 1996 年成立“人类与环境协会”。环境人类学不仅限于学术研究，政府部门、非政府组织以及商业机构等也广泛关注并将之应用于环境决策的实践。环境人类学又被称为“多种生态学”（ecologies）或“新生态学”（new ecologies），其多样性特征表现在：多种理论来源、多种分析视角以及在具体实践中倡导文化多样性。其综合性、批判性和参与性的特点，使其区别于传统的生态人类学。[⑤]

在研究范式上，汤森德（Ratricia K. Townsend）把过程生态学、历史生态学、政治生态学或民族生态学等方法都包含于环境人类学的研究框架中，认为生态人类学是一种特殊的环境人类学研究，其侧重研究简单的小型村庄或社区的生态系统，而凡涉及环境的议题都可以被看作环境人类学。[⑥] 受当代多种学术思潮影响，环境人类学注重从象征、政治、历史等多重视角来探讨环境与文化的关系，其突破了传统生态人类学的“文化孤岛”的研究方式，注重在全球化和现代化的背景下对包括当地人、政府、企业、NGO 等在内的多种主体的环境话语和实践进行分析。这一视角与更多主题的讨论广泛相连，如发展主义与现代性、知识-权力的生产、统治与抵制技术、国家和社会的关系等。环境社会学的研究尤其强调文化想象对环境的构建，认为人们对一定环境空间的理解、表述和行动与其所处的政治、经济和社会场景紧密相连。在这些研究中，比尔赛克以象征和历史生态学的理论，分析了 20 世纪 80 年代末巴布亚新几内亚凯尔山地区（the Mount Kare）的挖金浪潮，认为当地派尔亚人（Paiela）图腾信仰内涵的转变

---

① Robbins P. Political Ecology：A Critical Introduction. Malden，MA：Wiley-Blackwell，2004：14.

② Geertz C. Agricultural Evolution：The Processes of Ecological Change in Indonesia. Berkley：University of California Press，1963.

③ Schmink M，Wood C H. Contested Frontiers in Amazonia. New York：Columbia University Press，1992.

④ Escobar A. After Nature：Steps to an Anti-essentialist Political Ecology. Current Anthropology，1999，40（1）.

⑤ 张雯．试论当代生态人类学理论的转向．广西民族研究，2007（4）.

⑥ Townsend P K. Environmental Anthropology：From Pigs to Policies. Long Grove：Waveland Press，2009：11－12.

对挖金浪潮的兴起和资本主义的迅速渗透发挥了巨大促进作用。布罗西斯（Peter Brosius）以政治生态学的视角考察了马来西亚沙捞越州（Sarawak）伐木抗议运动的兴衰史，并特别考察了各种力量在运动的不同时期所采取的话语、策略以及由此带来的运动局势的变化。盖宗（Lisa Gezon）则通过对 20 世纪 70 年代马达加斯加北部沿海地区外来者与本地人在渔业资源的使用和管理上所存在的紧张关系及其行动策略的研究，考察了当地人如何发挥能动性，文化如何创建并改变人与人以及人与环境之间的关系。①

第三节 生态人类学的方法

一、多学科的合作研究

要了解自然环境中对人类有影响的因素，特别是要了解能量交换的模式——特殊生态系统功能的核心，研究者必须具有有关降水量、地下水、土壤类型、温度、各种植物和动物分类的专业知识。例如，田野工作者只有懂得在抛荒后又更新了的土地上植物生长的顺序，了解标志着土地恢复了地力的植物，懂得土壤性能的测定，才能估价轮作农业的意义。如果研究者缺乏必要的气候学、地质学、地理学和土壤学的知识，就必须寻求有关专家进行合作研究。在研究一种农业制度时，有时田野制图和测量以及称量产品也是必要的工作。例如理查德·李在对布须曼人的田野考察中，就有考古学家和营养学家的配合，他搜集了有关人口构成和分布的详细统计数字，以及在生活资料的生产中投入的劳动与食物产量的比例。帕斯皮西尔在 1963 年研究了巴布亚新几内亚高地环境与经济变化的问题，测量了 140 个种植园，仔细地划分农业周期的各种操作时间，计算庄稼产量，甚至在刨白薯时每天称白薯的重量。这些资料，连同对家务工作的调查，使他清楚地看到各家族耕种土地的数量与可以割草的妇女人数之间的关系，以及妇女割草劳动在全部农业生产中所具有的关键意义。其统计数据也表明，就投入的劳动量来说，密植和复种比山区实行的广种和抛荒轮耕制花费更多的劳动。这个发现使人们对土著民族的农业耕种方式劳动时间长、劳动强度大这一传统看法产生了很大的疑问。② 多学科合作研究中最为重要的是自然科学与社会科学相结合的研究方式。印第安纳大学环境人类学教授莫兰（E. Moran）是这种研究方式的积极倡导者。他提出了地理信息系统（GIS）、卫星遥感数据和空间分析的优势和重要性，认为生态人类学家和其他人类环境科学家需要使用的工具是地理信息系统和卫星遥感技术。③ 莫兰不是自然科学与生态人类学合作研究的第一人，其他生态人类学家如奥拉维等也进行过多学科合作研究，其成果发表于美国《自然》等杂志。④

---

① 张雯．试论当代生态人类学理论的转向．广西民族研究，2007（4）．

② 内亭．文化生态学与生态人类学．民族译丛，1985（3）．

③ Moran E F. Environmental Anthropology as one of Spatial Sciences//Kopnina H，Shoreman-Ouimet E. Environmental Anthropology Today. London and New York：Routledge，2011：97－117.

④ Orlove B S，Chiang J C H，Cane M A. Forecasting Andean Rainfall and Crop Yield from the Influence of El Niño on Pleiades Visibility. Nature，2000（403）．

二、比较研究

比较的方法既包括共时性的研究，即比较研究生活于不同环境下的同时代的不同群体，如格尔茨对巴厘岛和摩洛哥的水利所从事的比较研究①；也包括历时性的研究，即对同一个群体进行纵时的研究，如拉帕帕特对新几内亚的策姆巴加部落的研究②。许多学者还将共时性研究与历时性研究相结合，如人类学家J. 贝内特于1969年对加拿大西部地区的研究就成功地运用了比较-历史的方法。③ 他对印第安人、大牧场工人、农民和赫特利提人从几方面进行对比研究：他们如何把自然环境中的有利因素转化为生存资源，他们在历史上如何适应地理条件而产生各有特点的族群经济，这几个人群共同体相互间的适应等问题。这些研究需要丰富的统计学、编年学资料，以及使用现代化的处理手段。贝内特在20世纪70年代的研究计划包括：急速移民、经济萧条、铁路、汽车、电话的出现，所有这些影响到人口的数量和分布及定居点的选择，使社会群体分化为不同的阶层。个人的回忆录、政府官方的档案、法律文件都证实：个体家庭的成长、农场事业的发展、外部自然界的气候和市场波动等事件之间互有影响。在研究中，贝内特还考虑了大牧场工人与农民对于自然环境的不同态度。

三、应用性研究

生态人类学的研究能直接探讨与当代利害相关的问题，如环境的恶化、能源供应、污染、社会秩序的杂乱无章等。人类学家熟悉社会制度和价值模式，结合有关生产、人口、能量传递的广泛知识，可以为预见社会变迁的原因和性质做出贡献。研究者可以根据对自然景观、生存技术、人口、社会组织之间相互关系的研究，提出一套模式和建议。例如克拉克曾将理论研究应用于实践，使热带森林地区的轮耕农业制度保存下来，并注意到休耕时间过短，不利于森林的恢复等问题。通过对巴布亚新几内亚的研究，他发现当地的人们并非都懂得有选择地锄草和有计划地植树。他们不加区别地放火烧，以致对生产有利的草地所剩无几。他提出，没有理由认为在技术简单的社会中，人们生活在与其环境相平衡的状态中，也不能说以往延续下来的制度同样适合于未来。影响地区生态体系变化的内部或外部因素会不可避免地出现，而人口的增长、农民对土地需求量的增长等都是可以预见的后果。为此克拉克向当局建议鼓励使用当地最有效的办法促进土地从轮耕向固定使用转化。④

四、综合性分析

生态人类学的一个重要方面是探讨环境对文化特性的影响。虽然以单一环境因素进行的涵盖性推论受到批驳，但人类学家无论如何也不能无视气候、地理条件、自然生物对他

① Geerlz C. The Wet and the Dry：Traditional Irrigation in Bali and Morocco. Human Ecology，1972，1（1）.

② Rappaport R A. Pig for the Ancestors：Ritual in the Ecology of a New Guinea People. New Haven：Yale University Press，1968.

③ Bennett J W. Northern Plainsmen：Adaptive Strategy and Agrarian Life. Chicago：Aldine，1969.

④ 内亭．文化生态学与生态人类学．民族译丛，1985（3）.

们所研究的人类群体的影响，而且在相似的环境中，可能会产生相似的文化。这种环境与文化特性相关的例子俯拾皆是。以杨圣敏在新疆吐鲁番维吾尔人社区的调查为例，来说明这种相关性。例如，他在调查中发现，吐鲁番干旱的自然环境，造成水在当地社会中的重要性远远超过其他地区，当地的文化在各个方面都反映出对水的重视。他将在吐鲁番的调查与国外学者对其他有坎儿井灌溉系统的社区的研究相比较，发现在世界各个坎儿井灌溉区域，有一些共有的现象和特点：

(1) 在这类社区，水权的重要性大于土地权，因为如果无水，土地就没有价值。

(2) 在这类村庄，住宅均建于坎儿井主渠道两侧，因此村庄布局均成长条形。

(3) 地主（水主）的院落都位于坎儿井出水口附近，而其他住宅则往往可以根据其距离出水口的远近来衡量户主社会地位的高低。

(4) 这些村落的居民都根据其与坎儿井的关系而划分成不同的阶级和阶层。

(5) 早在公元11世纪，在伊朗就产生了有关坎儿井的成文法，被称为“坎儿井书”。与这个法律的规定相比，至今各国在以坎儿井灌溉的社区中，都有类似的传统习惯法、用水制度和习俗。

(6) 二战以后，由于机械钻井等现代化取水技术的推广，这些地区都面临着坎儿井数量逐年减少的问题。坎儿井的干涸，对这些村落的社会经济和传统文化都造成了很大的扰动，甚至造成村民的迁徙和一些绿洲农业社会的解体。

自然环境无疑会对人类文化的面貌产生影响，而且在生产力越低的社会中，这种影响就越明显。但也应承认，任何一个社会的文化面貌，都是由多种因素造成的，除了自然环境之外，还有历史传统、异文化的影响等多种原因。因此在分析某一社区文化形成的原因时，就应该从多个角度去进行综合性研究。杨圣敏在吐鲁番调查时发现，生活在这里的维吾尔族与汉族，前者好经商，后者善种地，文化特点迥然不同。1994年鄯善县鲁克沁镇迪汗苏大队有维吾尔族918人，汉族491人。当年，全大队离村出外经商的共125人，其中维吾尔族110人，占维吾尔族人口的12%，汉族15人，占汉族人口的3%。1998年，该县达浪坎乡英坎大队进行维吾尔族与汉族农民的对比调查：当地的3个维吾尔族自然村共1 432人，2个汉族自然村共513人。维吾尔族都是世代居于此地的土著农民，而汉族都是1958年自江苏省迁来的青年。这些汉族青年原来并不会务农，他们是在当地维吾尔族农民的指导下逐渐学会农业技术的。几十年来，他们不断开垦荒地，开挖机井。目前他们在人均土地、农业技术和农业收入方面都已远远超过了当地的维吾尔族。从调查中可知，维吾尔族村民在农业上投入较少，在商业上投入较多，汉族村民则正好相反，因此，汉族村民的人均农业收入高于维吾尔族村民两倍以上，而维吾尔族村民的人均商业收入比汉族村民高一倍以上。那么维吾尔族村民比汉族村民更喜好并善于经商的原因是什么呢？一个原因，应该是不同的自然环境使然。如果将中原地区与塔里木盆地做一比较，就显而易见，塔里木盆地这种干旱地区的绿洲农业，完全靠人工引水灌溉，这使得获得同样的农业收入，要比降雨较多的中原地区付出更大的投入。干旱与频繁的自然灾害，又使收成没有保障。相反，自古处于丝绸之路商道上的地理位置使商业较易赢利。另一个不能忽视的原因应该是两个民族不同的历史传统。中原汉人自古就重农抑商，而伊斯兰教和新疆当地的传统都给予商业和商人以较高的评价和地位。维吾尔族人喜于经商，汉族更善于务农的传统，至今仍然发挥着作用。

同样可以证明族群传统之作用的，是如今聚居于湖南桃源县的维吾尔族人。他们的祖先自元代离开新疆迁入内地，于明代定居于湖南桃源，至今已 500 年以上。尽管湖南与新疆的自然环境殊异，但这些维吾尔族人至今仍保持了不少与新疆同族人相同的风俗习惯，而与当地汉族人有明显区别。

从以上这个例子中可以看出，虽然相似的环境可能会产生相同的文化特征，但在同一地理环境下所存在的许多文化可能会有很大的差异。强调在人类学研究中重视环境作用的分析具有积极的作用，但纯粹单向地用环境解释文化则是危险的。有鉴于此，在 20 世纪的前半期，人类学家一般以一种审慎的态度，认为环境可能对某些文化现象有影响，但这种影响会经常改变，而且不能保证任何特征都可能出现；并将研究旨趣更多地转向探讨人、文化与环境的关系。必须承认，在上述研究中还存在着许多尚待解决的问题。因为在一个社会环境里，人们虽然努力选择能够最大限度地满足自己需要的事物，但只能模糊地意识到影响这些选择的因素。没有一个人能够以一种全无偏见的、理智的、精确的方式适应周围的环境。其所继承的文化只是应付各种事物的手段的总和，过去证明是有价值的，可能目前来说，就没有过去那样大的作用。文化特性、语言、服装、宗教和婚姻制度在不同的民族集团中有不同的表现，即使这些集团几乎以相同的经济手段生活于同样的环境中。因此，在生态人类学的研究中必须时刻注意环境以外的因素，进行综合性分析，避免使用简单的环境决定论或任何一种决定论解释人类及其文化。

第四节　中国生态人类学的发展

中国生态人类学研究起步较晚，但是发展较快。20 世纪 80 年代开始，国外许多生态人类学的研究理论及其成果不断被翻译和介绍到中国来，中国人类学者的研究成果也开始出现并逐渐增多。庄孔韶在 1978 年考上林耀华、黄淑聘教授的硕士生后，致力于对中缅边境游耕社会生计方式与家庭/世系群结构的调研，以及对游猎、农耕社会的比较研究；他在同 Rappaport 就自然生态与文化的相关性进行对话的基础上，于 1981 年发表生态人类学论文《父系家族公社的平行与序列比较：以近现代欧亚大陆的三个地理区域为例》，较早对云南游耕生态系统的特征、游耕生态系统与文化的关系进行了阐述。特别是他在中缅边境几年的调查中发现了两种游耕类型——前进型和螺旋型的产生原理，以及由家族与世系群构成的生态与文化基础。[①]

在生态人类学本土化研究和机构建设方面，尹绍亭对中国西南地区少数民族刀耕火种农业系统进行了深入研究，其《一个充满争议的文化生态体系——云南刀耕火种研究》《森林孕育的农耕文化——云南刀耕火种志》《人与森林——生态人类学视野中的刀耕火

① 庄孔韶．父系家族公社的平行与序列比较：以近现代欧亚大陆的三个地理区域为例．北京：中央民族大学，1981. 庄孔韶．基诺族"大房子"诸类型剖析．中央民族学院学报，1981（2）．林耀华，庄孔韶．父系家族公社形态研究．西宁：青海人民出版社，1984. 庄孔韶．云南山地民族（游耕社会）人类生态学初探//中国人类学会．人类学研究续集．北京：中国社会科学出版社，1987：98－108.

种》等著作，对于认识生活在西南地区的少数民族的丰富的地方性知识做出了重要贡献。[①]杨圣敏对新疆维吾尔、塔吉克等民族进行了长期而广泛的实地调查，他着重从历史和生态的角度，探讨并论证了维吾尔等民族的干旱区文化特征及其与新疆干旱的自然环境之间的关系。[②] 在机构建设方面，云南大学民族研究院成立了“民族生态学研究室”，招收博士和硕士研究生，尹绍亭教授在此方面具有突出贡献。此外，新疆师范大学社会文化人类学研究所于 1998 年建立了“生态人类学研究室”，并从 2000 年开始招收环境与社会方向的硕士研究生。经过十几年的田野工作和研究，他们积累了大量干旱区绿洲和草原地区的研究成果，其中崔延虎于 2006 年首次提出了“绿洲生态人类学”的概念并进行了系统的田野研究。2010 年 10 月，石河子大学成立了“绿洲生态人类学研究中心”，成为国内第一个运用生态人类学理论和方法研究绿洲社会、文化和生态环境的学术机构。[③] 此外，吉首大学人类学与民族学研究所也下设了生态民族学研究室。2007 年，国内第一本系统阐述本土生态人类学理论的著作《生态人类学导论》出版。[④]

在应用研究方面，许多研究机构和学者也进行了广泛的探索和实践，如尹绍亭教授自 1998 年主持的“云南民族文化生态村建设项目”、2000—2006 年杨圣敏教授与日本学者共同主持的“中国少数民族地区土地利用与开发的生态人类学研究项目”、2007 年吉首大学启动的“中国西部各民族地方性生态知识发掘、传承、推广及利用研究项目”等，都是生态人类学理论研究和应用相结合的典范。此外，大量应用性研究成果和论文也不断涌现，有关环境保护与社区发展、生态移民研究、生态适应与文化变迁、都市发展与文化生态、生态环境史、灾害、风险、气候变化等议题的研究也得到不断探讨，这些研究在广泛吸取国外生态人类学理论成果和深入开展本土研究的基础上，积累了大量的研究案例和理论成果，推动了中国特色的生态人类学研究的不断发展。

参考书目

艾菊红．文化生态旅游的社区参与和传统文化保护与发展：云南三个傣族文化生态旅游村的比较研究．民族研究，2007（4）．

崔延虎．绿洲生态人类学研究的若干问题．原生态民族文化学刊，2011（3）．

哈迪斯蒂．生态人类学．北京：文物出版社，2002.

哈里斯．文化唯物主义．北京：华夏出版社，1989.

李永祥，刘世哲．安危之思：灾害人类学及防灾减灾国际学术研讨会论文集．昆明：云南人民出版社，2016.

李永祥．泥石流灾害的人类学研究．北京：知识产权出版社，2012.

李永祥．生态人类学．北京：高等教育出版社，2009.

① 尹绍亭．一个充满争议的文化生态体系：云南刀耕火种研究．昆明：云南人民出版社，1991. 尹绍亭．森林孕育的农耕文化：云南刀耕火种志．昆明：云南人民出版社，1994. 尹绍亭．人与森林：生态人类学视野中的刀耕火种．昆明：云南教育出版社，2000.

② 杨圣敏．坎儿井的起源、传播与吐鲁番的坎儿井文化//西北民族论丛．北京：中国社会科学出版社，2002. 杨圣敏．环境与家族：塔吉克人文化的特点．广西民族学院学报，2005（1）．

③ 崔延虎．绿洲生态人类学研究的若干问题．原生态民族文化学刊，2011（3）．

④ 杨庭硕，等．生态人类学导论．北京：民族出版社，2007.

良警宇．旅游开发与民族文化和生态环境的保护：水满村的事例．广西民族学院学报，2005（1）．

林耀华，庄孔韶．父系家族公社形态研究．西宁：青海人民出版社，1984.

罗康龙．人类的生态困境与生态人类学的研究取向．吉首大学学报，2007（11）．

秋道智弥，等．生态人类学．昆明：云南大学出版社，2006.

全京秀．环境人类学．北京：科学出版社，2015.

杨圣敏．坎儿井的起源、传播与吐鲁番的坎儿井文化//西北民族论丛．北京：中国社会科学出版社，2002.

杨庭硕，等．生态人类学导论．北京：民族出版社，2007.

尹绍亭．人与森林：生态人类学视野中的刀耕火种．昆明：云南教育出版社，2000.

尹绍亭．森林孕育的农耕文化：云南刀耕火种志．昆明：云南人民出版社，1994.

尹绍亭．一个充满争议的文化生态体系：云南刀耕火种研究．昆明：云南人民出版社，1991.

张雯．试论当代生态人类学理论的转向．广西民族研究，2007（4）．

周尚意，等．文化地理学．北京：高等教育出版社，2008.

庄孔韶．父系家族公社的平行与序列比较：以近现代欧亚大陆的三个地理区域为例．北京：中央民族大学，1981.

庄孔韶．基诺族“大房子”诸类型剖析．中央民族学院学报，1981（2）．

庄孔韶．云南山地民族（游耕社会）人类生态学初探//中国人类学会．人类学研究续集．北京：中国社会科学出版社，1987.

庄孔韶．重建族群生态系统：技术支持与文化自救．甘肃理论学刊，2007（4）．

Bennett J W. Northern Plainsmen：Adaptive Strategy and Agrarian Life. Chicago：Aldie，1969.

Geertz C. Agricultural Evolution：The Processes of Ecological Change in Indonesia. Berkley：University of California Press，1963.

Geertz C. The Wet and the Dry：Traditional Irrigation in Bali and Morocco. Human Ecology，1972，1（1）．

Hardesty D L. Ecological Anthropology. New York：John Wiley & Sons，Inc.，1977.

Holling C. Resilience and Stability of Ecological Systems. Annual Review of Ecology and Systematics，1973（4）．

Huntinton E. Mainsprings of Civilization. New York：John Wiley & Sons，Inc.，1945.

Kroeber A L. Cultural and Natural Areas of North America. Berkley：University of California Press，1939.

MacNetting R. Cultural Ecology//Levinson D，Ember M. Encyclopedia of Cultural Anthropology：Vol. 1. New York：Henry Holt and Company，1996.

Marvin H. Cultural Materialism：The Struggle for a Science of Culture. New York：Vintage Books，1980.

Mason O T. Influence of Environment upon Human Industries or Arts//Annual Report of the Smithsonian Institution for 1895. Washington，D. C.，1896.

Meggers B. Environmental Limitations on the Development of Culture. American Anthropologist，1954（56）.

Orlove B S. Ecological Anthropology. Annual Review of Anthropology，1980（9）.

Rappaport R A. Pigs for the Ancestors：Ritual in the Ecology of a New Guinea People. New Haven：Yale University Press，1968.

Robbins P. Political Ecology：A Critical Introduction. Malden，MA：Wiley-Blackwell，2004.

Schmink M，Wood C H. Contested Frontiers in Amazonia. New York：Columbia University Press，1992.

Steward J H. Theory of Culture Change：The Methodology of Multilinear Evolution. Chicago：University of Illinois Press，1955.

Vayda，McCay. New Directions in Ecology and Ecological Anthropology. Annual Review of Anthropology，1975（4）.

Walker B，Salt D. Resilience Thinking：Sustaining Ecosystems and People in a Changing World. Washington，Covelo & London：Island Press，2006.

Winthrop K R. Historical Ecology：Landscapes of Change in the Pacific Northwest// Crumley C L，et al. New Directions in Anthropology and Environment：Intersections. California：Altamira Press，2001.

第六章

物质文化研究

第一节　物质文化的概念

物质文化（material culture），是文化人类学研究中非常重要的一个概念。相关的语汇有物件（object）、器物（material artifact）、人工制品（artifact）、藏品（collection）等。按照人类学的理解，人类所创造的文化大致可分为三个层次：物质文化、社群文化（或制度文化）和精神文化（或表达文化）。物质文化，因人类克服自然并借以获得生存而产生，故主要表现为“技术的”文化，是人与自然关系的反映。它包括人类在生产、生活以及精神活动中所采用的一切物质手段和全部物质成果，从衣食住行所需到现代科技均涵盖在内，所以它的内容丰富而多样。[①]

文化研究中，也有学者将文化概括为三种关系（哲学家形象地比喻为人类的三种敌人），即人地关系、人我关系和自我关系。人地关系解决的是人与自然的关系，所涉及的主要是技术文化的层面，当然还包括其他如人对自然的设计等非物质的层次；人我关系解决的是社会的关系，即广义的社会组织和人际关系；自我关系解决的主要是心理层面的文化。在这三种关系之中，第一种关系所涵盖的就是物质文化的内容，指的是一个民族适应自然环境的生计方式，可表现在该民族生产和生活的各个方面，可以直接得到观察。后二者虽不必然与物质文化直接相关，但常常借助一定的物质形态来表达。如国家制度表现为政府、法院等机构的设置，而这些机构必须存在于一定的建筑之中，靠物质载体传布命令。又如，家具的研究似乎是非常“物质”的内容，但有的学者从家具的设计（种类、颜色、高矮、式样）与使用上不仅看到了生活方式的变化，还发现了人际关系的变迁以及人类自我关注程度的提高等“非物质”的内容。人类学者关于“私密空间”（私人空间）的研究主要是借助居室布局、家具样式变化等物质性的内容等来进行的。[②] 所以，物质文化只是人类学研究中的一种分类指标，并不必然表明物质文化与其他文化可以相互分离。事实上，物质文化的研究主要是关于物质客体的文化表述（the representation of culture in

---

① 李亦园．人类的视野．上海：上海文艺出版社，1996.

② 阎云翔博士关于东北农村青年女性个人生活空间的研究是此类代表性作品，参见：Yan Y. Private Life under Socialism：Love，Intermacy，and Family Change in a Chinese Village 1949－1999. Palo Alto：Stanford University Press，2003.

material objects）的研究，所以它不仅研究物质客体本身，还要研究物质背后的人的行为，更要研究人的认知问题。①

在考古学的研究中，物质文化通常指相对于自然物而言的各种人工制品（artifact）的总和。它具体表现为一定的形态，存在于某一具体的时空之中，反映人类的生存智慧与思想观念，与遗址（site）共同构成人类遗存（remains）。

综观人类社会的全部历史，人类所创造的物质文化呈现出一种连续的、累积的和进步的特性，因此物质文化的研究有很强的“技术史”的特征。诚然，物质文化的研究与进化论思想的影响是密切相关的，古代物品的收集源远流长，而代表“远方文化之谜”的民族志物品的收藏与展示，自地理大发现之后就已成为某种时髦。与此同时，自然史物品（natural history）代表了人类在知识上的长度和广度。1683 年，牛津大学阿什莫林博物馆（the Ashmolean Museum of Art and Archaeology）向公众开放，这是第一家自然史博物馆。1753 年，以博物家、自然学家汉斯·斯隆（Hans Sloane）爵士的藏品为核心的大英博物馆也对外开放。稍后开放的南卡罗来纳的查尔斯顿博物馆（Charleston Museum，1783 年）、费城的皮勒斯博物馆（Peales Museum，1785 年）、哈佛大学的皮博迪博物馆（Peabody Museum of Ethnology and Archaeology，1799 年）等早期博物馆均是所谓的自然史博物馆或人类学博物馆，这是西方博物学传统的产物。早期收集活动有明显的猎奇性和“窥视”（gazing）眼光，欧洲以外的民族文化被视为“异文化”，落后民族的历史被置入“自然史”的领域。收藏本国物质文化（考古发掘品之外）的博物馆出现得稍晚一些，1849 年开放的丹麦国家博物馆民族志部是第一家此类性质的民族志博物馆。汤姆森利用该馆的藏品提出了影响至今的文化发展“三期说”：石器时代、青铜时代和铁器时代。最近数十年以来，这些博物馆面临着“跨界”的新议题，原来的“物件”如今被认为具有突出的美学价值，因而被视作“另类艺术”或“艺术史”。艺术品被认为具有超越一般物件的实用功能，其创造过程是某种高级的精神活动，因而艺术自出现之始即被认为具有现实超越性。

受进化论和唯物主义思想的影响，物质文化的研究曾在社会主义国家受到“特别的”礼遇，一度成为一门“显学”。20 世纪 50 年代，第一本关于物质文化的杂志在波兰诞生，当时，“物质文化”被列为一门独立学科。受物质文化研究的影响，苏联在很长一段时间里甚至将“考古学”改为“物质文化史”。这个研究方法特别关注生产工具的发展历史，属于物质文化研究中的“生产工具论”。这对中国也有很大的影响，特别是历史类博物馆的“历史基本陈列”基本就是“生产工具发展史”。

二战以后，美国关于物质文化的研究在传统人类学的基础上有了新的发展方向：一是人类学倾向的物质文化研究与美国学的结合；二是技术史研究的广泛开展。例如，出版了学术季刊《技术与文化》（*Technology and Culture*），与科技有关的博物馆也雨后春笋般涌现。1952 年，美国建立了温特瑟博物馆（Winterthur Museum），其与一些大学合作，以多学科的方法进行物质文化研究，并培养高级专门人才。1966 年，史密森研究院（Smithsonian Institution）在华盛顿特区建立了国家历史与技术博物馆（National Museum

---

① Stocking G W. Objects and Others Essays on Museums and Material Culture (Preface) //History of Anthropology：Vol. 3. The University of Wisconsin Press，1985.

of History and Technology），成为美国全国性的物质文化研究中心。①

20 世纪 60 年代掀起的“博物馆藏品归还运动”，也影响到人们对于博物馆藏品的归属与权利关系的认识。与此同时，全球艺术市场的活跃，又大大刺激了人们追逐“老物件”、“珍宝”和“艺术”的经济动力。

20 世纪 70 年代以后，受人类学诸种文化研究新理论的影响，物质文化研究更注重人工制品的制作者的活动，即实物背后所包含的“人”的活动及文化过程，而不仅仅是对物品的分类、使用及功能等的分析，因为研究物质文化的目的是了解人类及其社会文化。研究的着重点在于人们如何用“物品”来再现（represent）“文化”，并由此对物质文化的方方面面进行反思。在整个 80 年代，博物馆里的藏品一直处于学者和观众细致的审视当中。1972 年《世界自然与文化遗产公约》通过，“文化遗产”的概念深入人心，“文化遗产”取代“文物”成为流行语汇。

人们对文化的理解是多种多样的。人类学家之间对文化发展和社会进化的看法也不尽一致，如有人认为物质基础是最重要的，而另一些人则强调思想观念、象征以及它们抽离物质基础的相对独立性等。前者以莱斯利·A. 怀特和朱利安·斯图尔德等生态人类学家所主张的唯物主义理论为代表。后者以结构主义鼻祖列维-斯特劳斯和解释人类学大师克利福德·格尔茨等强调的文化认知与符号体系为代表。②

人类学家还倾向于将文化分为“现象的”（the phenomenon orders）和“意识的”（the ideational orders）两个方面。马文·哈里斯认为，只有对现象的文化才能做科学的研究，而意识的文化只能停留在假说上。正是在这个意义上，他提出了人类学研究中非常著名的“文化唯物主义”（cultural materialism）的主张。③ 这些理论和主张无疑都从不同的侧面促进了物质文化的研究向纵深方向发展，使得对物质文化的认识有了多个角度和多种理解。

实际上，现象的文化和意识的文化之间也不是可以截然二分的。马林诺夫斯基指出，诸文化现象之间是相互联系的，孤立地分析某一现象或习俗无助于理解其真正作用，而必须将其放入与它共存的场景中加以解释。例如，某些人工制品一旦完成就会成为未来被肯定或者被否定的模型，而它在被制造之初就已经打上了“某种意识的印记”。人工制品是文化的产物，无论是物体、传说还是音乐表演，均能为社会的共同成员以多种方式所认知和分享。人工制品和知识以及制造技术之间有着千丝万缕的联系，艺术作品还包含审美体验、艺术创造和想象等纯粹心理性的活动。某些人工制品是人们共同经验的东西，融入了共同的情感，成为一种符号。所以，有的人类学家将文化定义为“公共符号”。在这里，“物质”完全成为“文化”的载体。④

还需要指出的是，人类学中关于“物质”及“物质文化”的概念与哲学中的“物质”

---

① Hein H. The Exploratorium：The Museum as Laboratory. Washington，D. C.：Smithsonian Institution Press，1990. Hudson K. Museum of Influence. Cambridge：Cambridge University Press，1987.

② 参见“Culture” “Material Culture”等词条：Levinson D，Ember M. Encyclopedia of Cultural Anthropology. New Haven：Yale University Press，1996.

③ Harris M. Cultural Materialism. New York：Random House，1979. Harris M. Cultural Materialism is Alive and Well and Won't Go Away Until Something Better Comes Along//Borofsky R. Assessing Cultural Anthropology. New York：McCraw-Hill，1994.

④ Geertz C. The Interpretation of Culture. New York：Basic Books，1973.

（物质与意识相对而存在）是不同层次的两类概念，也不同于意识形态领域里关于“物质文化”或“物质文明”的提法。

第二节　基本理论架构

一、人类学的三个理论模型

物质文化的诠释（interpretation）现在被认为是知性上的努力。物质是一种形态语言，表现为一定的形态和空间维度；它也有独立的历史源流和发展变化，表现为一定的风格特征和时间维度；它还是文化的载体，表现为具体或抽象的文化含义。

物质文化的研究一般包括物品的性质（历史、质地、制作与功能等）、物品的识别和描述、物品的比较分析、物品的文化分析和解释等内容。[①] 这些步骤是环环相扣、不可分割的，前四步是具体方法，最后一步是目的（见图 6－1）。

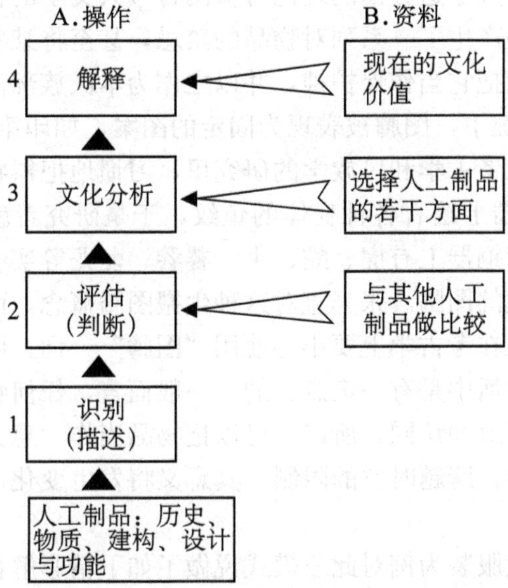

图 6－1　佛乐明（Fleming）关于物质文化的研究模型

资料来源：Fleming M. Artefact Study：A Proposed Model//Pearce S. Interpreting Museum Objects：An Outline of Theory//Lin T. Proceedings of the International Conference on Anthropology and the Museum. Taiwan Museum，1995：307，Fig 5.

据苏珊·皮尔斯（Susan Pearce）的总结，当前人类学关于物质文化的认知主要有三个立足点：一是把物品（objects）看作物质器物（material artifacts）；二是把物品看作符号和象征物（signs and symbols）；三是对物品所涵盖的“意义”（meaning）加以分析。这三个方面基本概括了人类学关于物质文化的认识层次，它们之间并不是互相排斥的，许

① Fleming M. Artefact Study：A Proposed Model//Pearce S. Interpreting Museum Objects：An Outline of Theory//Lin T. Proceedings of the International Conference on Anthropology and the Museum. Taiwan Museum，1995.

多学者也都赞同或持有类似的看法。

首先，任何物质制品都是经人的劳动而由自然物转化出来的，与此相关的研究当然包括物品的质地、形态、性质、技术因素以及存在状态和功能分析等。其中，技术文化的分析和功能的分析占有更突出的地位，前者揭示人与自然关系的进化程度，后者说明同步的文化操作是怎样进行的。对物品而言，既可以单个研究，也可以把它们合成“器物群”来研究。

其次，物品作为文化的符号和象征物，对于认识物品所具有的文化内涵是非常有意义的。按照结构主义人类学的理论，任何物质都有符号的价值，这反映在人们的分类概念里，如男-女、昼-夜、工作-休息、生-熟等二元对立的系统中。物质文化的背后总隐含着文化的结构，即文化的语法。例如，在正式场合男人要穿西装。一件黑色的西装，既表明是晚礼服（用途和场合），又表明是男式的（性征）。

物品符号化是人类文化共有的现象。人类制造的第一把斧子，既是一件工具，也是权力的象征，还具有性别特征（男性）。同样，一件纺锤，既是一种纺织工具，又可传达劳动或操作者的女性性征。关于这方面的理论可参阅符号人类学的相关内容。

人们在社会生活中还产生了一系列对物品的禁忌，甚至将某些生物或非生物与自己的氏族部落联系起来，因而把它当作保护神，并以之作为本氏族部落的标志。这就是所谓的“图腾”制度。在通常情况下，图腾被表现为固定的图案，如印第安人的图腾柱。在我国，图腾的概念常被误解，在考古学和民族学的研究里，习惯地把器物上的动物图案称作“某图腾”，如半坡文化的陶器上绘有各种变体的鱼纹，于是研究者就得出结论说：半坡人的图腾是鱼。同样，商代青铜器上有虎、蛇、牛、饕餮、夔龙等实有或神话中的动物，于是这些动物就成了商代文化的图腾。张光直对这种生搬图腾概念，而不问图腾含义和本质的做法，提出过批评，建议在考古学上要小心使用“图腾”一词，所说甚是。[①]

最后，物品在社会生活中是有一定意义的。一般而言，任何物品都能完美地展现其意义，使其意义能被社会了解和认同。所以，可以把物品当作“意义”加以研究。所有物品都处于具体的时空网络中，跨越时空的限制，其意义将发生变化。这些规定了物质文化的内涵、实际内容及方式。

苏珊·皮尔斯以现代服装为例对此三模式说做了如下精彩解释：衣服表现为具体的衣料、样式、花色、搭配等物态的内容，它们服从于衣服的一系列的功能。这些功能包括两个方面：一是对“人”而言，如保暖、性别的标志、社会地位的高低；二是对社会生活而言，如工业生产（技术）和商业行为等。在这些内容当中，保暖，是人与环境相调适的需要，所以冬季的衣服比较厚重，因而衣服首先是“物品”。但男人穿裤子，而女人则常穿裙子，甚至男女间的衣服颜色也是严格不同的，因此衣服是性别的“符号”或“象征”。有些服装为某一阶层所专有，人们通常也是从衣着打扮上判断其所属社会等级的，故衣服有一定的社会“意义”。[②] 如图 6－2 所示，“衣服”与“物质文化生产”“人口规模”“家庭生活”直接相关，与“气候条件”“地质条件”“动植物资源”“海外贸

① 张光直．谈“图腾”//张光直．考古人类学随笔．北京：三联书店，1999.

② Pearce S. Interpreting Museum Objects：An Outline of Theory//Lin T. Proceedings of the International Conference on Anthropology and the Museum. Taiwan Museum，1995：298－300.

易”“人类族属”等间接相关。这只是从功能的角度对“衣服”这一特定物质文化所做的分析。

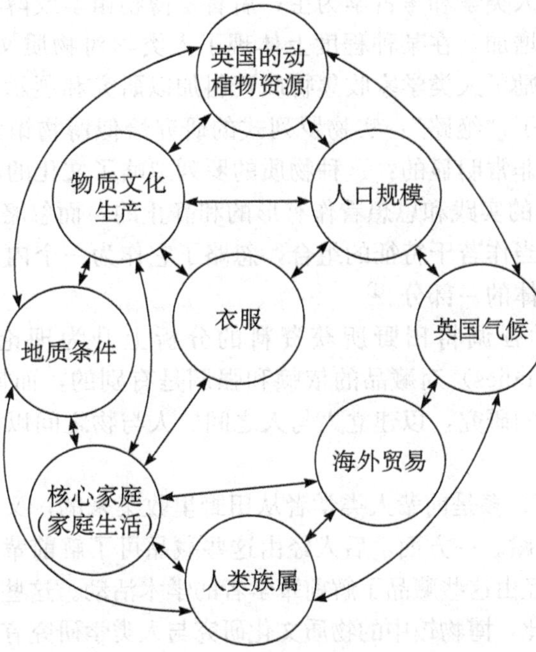

图 6-2 从功能的角度对衣服的系统分析图示

资料来源：Pearce S. Interpreting Museum Objects：An Outline of Theory//Lin T. Proceedings of the International Conference on Anthropology and the Museum. Taiwan Museum，1995：304，Fig 1.

物质文化的研究模式并不限于上述方法，通行的方法还有博洛夫斯基（Borofsky）的研究法、佛乐明的研究法、布朗（Brown）的分析法、艾里奥特（Elliott）的分析法、巴彻勒（Batchelor）的研究法等。

二、博物馆学视野中的物质文化

在人类学的发展史上，1840—1890 年常被称为“人类学的博物馆时期”，1890—1920 年被称为“博物馆-大学时期”。相对于“学院派人类学”，其重要标志就是人类学的发展与博物馆的密切关系。① 李亦园在《人类学家和他们的博物馆》中指出，这一时期的人类学家多效力于某个博物馆，对物质文化的搜集是其田野工作的重要内容。建立一个新的、属于自己的博物馆，长期以来是人类学家的梦想，也是成功者的重要“身价”。让人类学家感到自豪的也正是拥有博物馆这一点。研究印第安人的著名人类学家克虏伯在谈到人类学与社会学的区别时说：我们有自己的博物馆，而他们没有。

① Jacknis I. Franz Boas and Exhibits：On the Limitations of the Museum Method of Anthropology//Stocking G W. Objects and Others Essays on Museum and Material Culture//History of Anthropology：Vol. 3. The University of Wisconsin Press，1985. Ames M M. What Could a Social Anthropology Do in a Museum? The Anthropology of Museum and Anthropology//Museum，The Public and Anthropology. University of British Columbia Press，1986：26-36.

现在，“博物馆人类学”已经有了固定的含义，一是作为在博物馆中实践的人类学，二是作为关于博物馆的人类学。二者是有交叉的，但有不同的历史。前者包括了人类学的各个分支学科，以文化人类学和考古学为主；后者是博物馆学或博物馆研究的新领域。

一方面，博物馆的增加，在某种程度上体现了人类学对物质文化的重视。另一方面，博物馆的存在刺激并鼓励了人类学家收集物质资料加以研究和展示。也是在这一点上，物质文化的研究似乎走到了“绝路”：实物罗列式的研究恰似博物馆的藏品仓库，不免给人以乏味之感。其不足是非常明显的：这种物质的罗列忽略了文化的动力方面（dynamic aspects）的内容；将人类的实践和思想看作有形的和静止的，而忽略了其作为一个连续性变体的事实；易于将文化当作若干特征的组合，忽略了它作为一个内在相互关联的观念和行为体系的不可分割的整体的一部分。①

一般说来，人类学强调将田野所获资料的分析上升为理论的探索，与博物馆学（museology/museum studies）对藏品的依赖和强调是有别的，而博物馆中进行的人类学研究必须涉及“物品”的研究，以建立人与人之间、人与物之间以及人与环境之间的关系网络。②

博物馆中的“物品”，多是前辈人类学者从田野里收集来的，又由于他们的研究而上升为“藏品”，得以永久典藏。一方面，后人经由这些藏品可了解前辈学者研究的民族及其文化；另一方面，后人也经由这些藏品了解前辈学者的学术活动。这些藏品成为可跨越时空传递信息的有力物证。因此，博物馆中的物质文化研究与人类学研究有着密切的关联性。

博物馆作为永久性的文化机构，其本身也是人类文化的创造物。它的职能是围绕“人-物”的联系发展出来的，通常认为有如下数端：一是收集与保存；二是陈列与展览；三是教育与知识养成；四是娱乐。前两点以“物”为中心，后两点以“人”为中心。但后者的实现必须以“物”作为媒介。显然，这里的“物”不是自然中的“物”，而是经过了筛选后，在博物馆这个具体时空内由学者（通常是人类学家和艺术家）“再造”的文化空间。博物馆中的“物”是不能脱离这个空间的“物”。因此，博物馆学的物质文化研究与人类学的物质文化研究是有区别的。

这就提出了几个应该反思的问题：（1）博物馆中的“物”如果脱离了原来的文化生态环境，那么它的意义在多大程度上是完备的？（2）物质文化只是整个文化的一部分，博物馆展览中的某族群文化并不能代表文化的整体。（3）普通大众是通过博物馆中的展览，而不是通过人类学家的田野论著，来认识和了解某族群的文化和生活的，这个由博物馆再现出来的文化图景的真实性是颇有折扣的。近年英语学术圈出版了不少著作，从权力、政治、记忆等方面来研究中国博物馆。③

---

① Levinson D，Ember M. Encyclopedia of Cultural Anthropology. New Haven：Yale University Press，1996. Jacknis I. Franz Boas and Exhibits：On the Limitations of the Museum Method of Anthropology//Stocking G W. Objects and Others Essays on Museum and Material Culture//History of Anthropology：Vol. 3. The University of Wisconsin Press，1985.

② Hsu. Material Culture Studies in Museological Perspective//Lin T. Proceedings of the International Conference on Anthropology and the Museum. Taiwan Museum，1995.

③ Denton K A. Exhibiting the Past：Historical Memory and the Politics of Museum in Post-socialist China. Honolulu：University of Hawaii Press，2014. Lu T. Museums in China：Power，Politics and Identities. Oxon：Routledge，2014.

现代博物馆在表达手段上的突出成就是多元展示，不仅强调视觉的重要性，而且强调多感官的理解与表达，通过包括触觉、听觉、味觉、嗅觉、视觉与体验在内的多重感觉来更好地认识博物馆的功能与意义，从而用新的身体观念来理解人与世界的关系。①

早有学者指出，在配合经济发展和文化旅游的趋势与需求下，将一切历史文化遗产"博物馆化"的现象日益明显，博物馆的外延也日益扩大，传统上借"物"来阐释科学知识、传达历史文化的功能正受到以单纯追求感官刺激和身心愉悦为目的的挑战。"藏品"的概念扩大了，内容也因而泛滥了。

物质文化的研究中也有若干的问题需要克服。特别是在"进化论"思想影响之下，人们总是试图发现不同物质形态的进化关系，进而推测不同生计类型之间的先后关系。如将采集-渔猎经济归于原始社会的生活方式，将农耕归于封建社会的生活方式。在少数民族社会历史调查中，对各少数民族社会性质的定性主要以两个指标为依据：一是生产力水平，通常以生计类型和生产方式为度量系数；二是生产关系。这种做法影响至今，还结合"传播论"的思想有了进一步的发展。殊不知，物质的文化虽易于借用、传播或交换，但物质所包含的"意识文化"不易被他文化所接受。"洋酒中喝"（用喝白酒的方式喝葡萄酒）就是其生动写照。②

三、考古学与物质文化研究

考古学中关于物质文化的研究也有一套比较成熟的方法，实际上，考古学文化的研究也是人类学研究的一部分，而且考古学博物馆中的"藏品"也多是采集和发掘出来的，所以考古学对物质文化的研究与人类学、博物馆学的研究基本上是一致的。

一般而言，考古学所研究的对象只能是古代保留下来的各种物质遗存和遗存现象，所以有人误以为考古学就是物质文化研究。实际上，这是一种误解。因为考古学既要研究"物"，也要研究"文"，所研究的具体对象虽然是各类物质遗存，但所关注的问题则包括了人类生产、生活的各个方面，不仅仅局限于人们的物质生活。③

人类活动的全部遗存当然无法尽数保存下来，而且除了物质质地方面的原因外，有些活动根本没有物质形态，如歌唱、舞蹈等活动，就根本不可能有物态的东西存留下来。因此，考古学研究中的物质文化通常是零散而非系统的。针对这些残存的遗物和遗迹现象，考古学发展出了一整套分析的方法。首先是区分自然遗存和人工遗存的方法，如自然搬运会形成堆积，河流的冲刷也会形成石器，但它们与人类活动形成的堆积及人工加工过的石器是完全不同的。其次，要对考古发掘的物质遗存进行时空定位，明确其年代关系（绝对年代和相对年代）以及器物组合情况。物质文化对于考古学文化的断代有着特别突出的价值，除了大的石器时代、青铜时代和铁器时代外，还能明确每一种器类和造型所流行的时代和地域，物质文化的"时空关系"是考古学文化的核心内容之一。史前时代，因石

① 菲尔艾格．21 世纪博物馆再思考：对当代博物馆定义的探讨．博物院，2017（6）．伯格．观看之道．桂林：广西师范大学出版社，2015. 朱润．多感官设计在数字博物馆中的应用．北京：北京印刷学院，2011.

② 陈其南．文化的轨迹：文化、结构与神话：上．台北：允晨文化实业股份有限公司，1986.

③ 俞伟超．考古学研究中探索精神领域活动的问题//俞伟超．考古学是什么．北京：中国社会科学出版社，1996. 俞伟超．文物研究既要研究"物"，又要研究"文"//俞伟超．考古学是什么．北京：中国社会科学出版社，1996.

器和陶器出现的概率较高，它们就成为考古学研究的重点，一个考古学文化的命名通常就是以这些石器或陶器为主而确定下来的。为解决上述问题，考古学发展出两个最基本的方法：一是考古地层学，一是考古类型学。考古地层学是确定器物层位和组合关系的方法，每件物品和遗迹现象都处于一定的地层之中。考古类型学则确定器物形态的变化顺序。

为了分析考古发现的各类物质遗存，考古学者还要借助其他技术和分析手段，重要的如各种测年方法、孢粉分析技术等。为了获得更多的角度观察遗存和遗迹现象，有时还要借助航拍技术。对器物质地和各种微量元素的分析，也是必不可少的。

考古学对各种物质文化的分析和解释常常需要借助民族志的材料，民族考古学（ethnoarchaeology）方法应运而生。考古学家为了理解、认识所发掘的遗存，要到与所发掘的遗存的生计类型基本相同或相似的某一人群中生活一段时间，观察人们的生活状况，特别是留意生活垃圾的形成过程，以获得某种感悟或理论分析模式。①

考古学家还重视对自然遗存和各种自然物的研究，如各种动物的骨骼、石器加工后剩下的石核等。前者对于了解人们的食物来源、结构，进而了解人们的生计类型都有极为重要的价值。后者对于石料的搬运过程、加工技术，甚至社会组织情况，都极有价值。

限于篇幅，这里不可能详细介绍考古学文化的理论和研究方法，而且考古学的研究也已呈现出多样化的趋势。特别是新考古学兴起以后，考古学赋予物质文化以更多的内涵，对物质文化的理解也更接近人类学的角度，显出与人类学相融合的迹象。相信无论考古学如何变化，其研究的对象即各类物质遗存当不会有根本的改变，因此新思想、新方法、新手段只是以往研究的深化，而不是根本的否定。

第三节　物质文化研究的内容

从学理上讲，所有可以表现为具体形态的东西都是物质文化，因此是物质文化的研究内容。但习惯上人们对物质文化有一个大致的分类，其内容主要包括：生产工具的发展状况，如生产工具在质地、结构、动力以及由此产生的功能等方面的变化和发展情况；科学技术在实际生产和生活中的应用状况；人们所需要的生活资料，如衣、食、住、行等物质条件的发展与变化情况；满足人们精神活动所需要的各种物质条件的发展与变化；等等。其中，生产工具和技术是物质文化发展的基本线索与脉络，是物质文化研究的核心内容。一个社会的物质文化水平受到诸如自然生态环境、经济、政治及社会文化传统等多方面因素的影响与制约，主要与其经济发展状况及科学技术在实际生产、生活中的应用密切相关，因此物质文化研究与经济文化类型、科技史及社会生活史的研究有交叉关系，实际上，物质文化研究也不仅限于某单一学科之内。

下面以物质文化研究中所关注的若干议题或问题为例，具体加以说明。

---

① 潘守永．考古学与民族学相互关系再思考．中国历史博物馆馆刊，1998（2）．

一、生计方式与生计类型

是指居住在相似的生态环境之下，并持相同或相似生计方式的各民族在历史上形成的具有共同经济和文化特点的综合体。[①] 它主要关注前工业社会的诸种生计类型，如采集-渔猎经济、畜牧经济和农业经济等，其中食物获取方式（加工、生产、饮食结构和食物禁忌等）、经济体系（资源问题、分配与劳动分工等）以及与之相适应的技术变化等均包括在内。[②] 由于生计方式的差异，不同经济文化类型的社会，其物质文化面貌与家庭和社会结构具有不同的整合特点。[③]

二、生产工具和技术文化

工具具有多种含义，主要是指为实现生产目的而采用的各种物质手段，是人类本能的延伸。广义的工具应包括各种机械在内，但在人类学上，一般理解为手工生产和工作用具。工具的用途通常是多样的，一般兼有武器的功能。少数工具后来发展为专门的仪仗或仪式用品，成为陈设或祭祀的对象。如在中国，"钺"本为武器，因其具有刑罚的作用，后来成为"王权"的标志；"鼎"本为炊器，后衍变为国之重宝。

一般而言，生产工具的类型和组合是由生计方式决定的，不同的生计类型有相适应的工具文化。渔猎-采集经济的工具比较原始，畜牧经济的工具比较简单（游牧经济的工具尤为简单，便于行动），农业经济的工具则较为复杂。人与自然的关系衍生出"技术的文化"，生产工具是最具代表性的技术。

由于不同族群对工具的使用不同，因此即便是相同的工具，在不同族群中也有不同的意义。生产工具是物质文化的核心内容，它可提供社会发展的脉络或主线。任何"物"的制造总体现一定的技术水准，技艺文化一方面表现为传承，另一方面则表现为不断创新。

三、饮食文化

指人类围绕饮食生活的意义、行为、习俗等发展出来的种种文化现象。主要包括食品和享用方式两方面的内容，如主要农作物的原产地与传播、食品的构成、获取的方式、加工的办法以及食品的意义，享用的方式、仪式（宴飨、音乐与歌舞）、信仰与禁忌、价值观念，甚至饮食器具、家具、场所，以及食品的交换、储藏与运输，等等。人类学关于饮食文化的理论研究相当系统。近年较盛行的题目有饮食与权力的关系、饮食与族群性及其认同的关系等。[④]

---

① 林耀华．民族学通论．修订本．北京：中央民族大学出版社，1997：第一单元第四章"经济文化类型"．

② 恩伯C，恩伯M. 文化的变异．沈阳：辽宁人民出版社，1988：第六章"食物获取"，第七章"经济体系"．

③ 切博克萨罗夫，庄孔韶．中国的经济文化类型．苏联民族学，1961（3）．林耀华，庄孔韶．父系家族公社形态研究．西宁：青海人民出版社，1984.

④ Mintz S. Sweetness and Power：The Place of Sugar in Modern History. New York：Penguin，1985.

四、交换与商业文化

交换所涵盖的内容主要包括两方面：一是具体的物质交换；二是社会交换。人类学关于交换的研究有较好的理论传统，如对礼物、库拉圈、夸富宴等的研究即是典型的例证。[①]

物物交换曾是人类社会普遍存在的交易制度。只要有社会存在就有社会交换。社会交换，表面上是物品交换，实质上是一种“关系”交换，所谓的馈赠、赠品、贡物等都属此类。不同经济类型之间常有互补性的交换关系，最典型的就是农业和畜牧业经济之间的交换，中国历史上的“茶马互市”就是不同民族交换的见证。

交换研究是人类学非常重视的一个题目，在此方面，中国学者有“礼仪经济”（或称“礼物经济”）和“礼单”的研究，是对交换理论的重要贡献。[②]

五、服饰文化

指衣服、佩饰以及与之相配合的文化。衣服的起源有多种说法：或谓源于羞耻心，或谓御寒、防暑的需求等。除了御寒、避暑之外，服饰大致有别男女、分贵贱、美身材等方面的功用。一般社会都有常服与礼服的区别，不同场合、职业及个人的身份地位不同，所着服饰也因而有别。

服饰体现强烈的社会性与习俗限制，每个社会都以一定的服制和审美要求对服饰加以规范，但服饰的个性化从来都是少数人追求的目标。物质文化中关于服饰的研究融合了历史、纺织、美学、社会制度、工艺技术以及文化内涵等多方面角度，不是单纯的服装学。在对现代社会的研究中，人类学家关于服饰消费、个性化服饰背后所反映的社会变动以及服饰的认同和自我意识（ethnicity/identity）等问题，给予了更多的关注。苏珊·皮尔斯关于服装的阐述是非常清楚的。

六、交通与文化行为

作为物质文化的重要内容，交通文化主要是指各类用于交往和通行的用具以及由之发展出来的习俗与文化。

交通工具大致包括役使畜力、舟楫及各种动力机械工具等，如轿子、爬犁、勒勒车、羊皮筏子；除一般的车船外，交通工具与设置还包括各式道路、桥梁、驿站、关隘等，如栈道、丝绸之路、漕运、溜索、风雨桥。现代社会的交通则有种种新技术和新手段。

人类自出现以后，就有了交通的需求。交通并非仅为满足往来与交流的需要，在很多社会里它是社会地位与身份的标志或象征。我国古代就有严格的舆服制度，作为国家制度的重要组成部分。交通的研究涵盖了多方面内容，与旅行、历史地理、聚落设计、城乡布局，以及政治制度、经济形态、文化习俗等都有密切的关系。

---

① Yan Y. The Flow of Gifts：Reciprocity and Social Networks in a Chinese Village. Palo Alto：Stanford University Press，1996.

② 除了上引的阎云翔的论著外，还可参见：罗红光．道德灵魂的交换：中国北方农村围绕财富的仪礼化分析//周星，王铭铭．社会文化人类学讲演集：下．天津：天津人民出版社，1997. 魏捷兹．澎湖群岛的村庙“公司”与人观//庄英章，潘英海．台湾与福建社会文化研究论文集：三．台北：“中央研究院”民族学研究所，1996.

七、建筑文化与居住类型

是指人类居住、聚落形态以及由之发展出来的各种社会文化现象。已知的住所类型除各种临时性住屋外，主要有两种：移动型和定居型。移动型居所如帐篷、蒙古包等，多为游牧民族所用；定居型居所则各式各样，如房屋、城堡等。

人类自摆脱自然洞穴后，就因地制宜地发展出多种居住形式，半地穴式和巢居式房屋是早期两类常见的居住类型，它们分别适应了不同的环境条件。人们建造居所除单纯为居住外，还附设多种功能，以满足社会生活的各种需要。有一类房屋具有特别的功能，如神殿、寺庙、宫殿等，是神灵或权贵的居所。所以，居住类型不仅是技术、习俗的反映，还是社会结构、等级与身份的标志。

在关于居住类型的研究中，人类学家特别关注如下几个方面的内容：

（1）房屋的类型、建造的过程与相关习俗。

（2）房屋的功能、布局与设置，以及与之相对应的家庭和亲属关系。

（3）与居住有关的信仰、世界观或风水观念。

（4）有关居住的禁忌与巫术。

（5）居住与生计的关系。

（6）聚落形态，如村落与城市的起源。

（7）墓地与聚落的关系。

（8）家具的研究。

人类学对居住文化的观察已越来越细致，在现代人类学的研究中，居住文化的研究还凸显出族群性（ethnicity）与个性（personality）的重要意义。在日本，学者们甚至提出了“居住人类学”的命题。建筑是城市的象征和地区性标志。随着席卷而来的都市化和全球一体化浪潮，源自西方的、以“摩天大楼”为标志的“现代建筑”正日益削弱着各地城市的个性和文化特征。

近年来，在关于中国的研究中，早有学者注意到乡村房间的设计与人们生育意愿的内在关系。有学者甚至通过北方农村卧室和客厅设置的变化，揭示出了社会文化变迁的主题，并由之看到新时代农民开始对家庭和个人“私密空间”产生重视。

人类学对物质文化的研究并不限于上述数端，实有更丰富、更广泛的内容，且不限于物质文化的范畴，常由物质文化入手而涉及制度文化和精神文化的层次。

参考书目

阿克曼．感觉的自然史．北京：中信出版社，2017.

巴什拉．空间诗学．北京：世界图书出版公司，2017（11）.

伯格．观看之道．桂林：广西师范大学出版社，2015.

布罗代尔．15 至 18 世纪的物质文明、经济和资本主义．北京：三联书店，1992.

陈茂泰．博物馆与庆典：人类学文化再现的类型与政治．“中央研究院”民族学研究所集刊，1997（84）.

陈奇禄．台湾山胞物质文化：传统手工技艺之研究．中华民俗艺术基金会，1994.

炊格尔．时间与传统．北京：三联书店，1991.

菲尔艾格．21 世纪博物馆再思考：对当代博物馆定义的探讨．博物院，2017（6）．

哈里斯．文化唯物主义．北京：华夏出版社，1989.

莫斯，涂尔干，于贝尔．论技术、技艺与文明．北京：世界图书出版公司，2010.

瓦达荷西．博物馆学理论：德语系世界的观点．台北：五观艺术管理有限公司，2005.

亚历山大．美国博物馆：创新者和先驱．南京：译林出版社，2016.

俞伟超．考古学是什么．北京：中国社会科学出版社，1996.

朱润．多感官设计在数字博物馆中的应用．北京：北京印刷学院，2011.

Barrett J. Museums and the Public Sphere. Oxford：Wiley-Blackwell，2011.

Bewsyer S A. The Impact of Haptic "Touching" Technology on Cultural Applications//Hemsley J，Cappellini V，Stanke G. Digital Applications for Cultural Heritage Institutions. Aldershot，England：Ashgate，2005.

Denton K A. Exhibiting the Past：Historical Memory and the Politics of Museum in Post-socialist China. Honolulu：University of Hawaii Press，2014.

Handler R. The Birth of the Museum：History，Theory，Politics. London and New York：Routledge，1995.

Hodder I. The Meaning of Things：Material Cultural and Symbolic Expression. London：Unwin Hyman，1989.

Hooper-Greenhill E. Museum and the Shaping of Knowledge. London：Routledge，1992.

Pearce S. Museum Studies in Material Culture. London：Leicester University Press，1989.

Tilley C. Reading Material Culture：Structuralism，Hermeneutics and Post Structuralism. Oxford：Basil Blackwell，1990.

Varutti M. Museums in China. Suffolk：The Boydell Press，2014.

第七章
语言与文化

第一节　语言与文化

一、语言的本质

（一）语言的符号性

关于语言的本质，学术界有不同的观点。其中，最著名的是 19 世纪末 20 世纪初瑞士语言学家索绪尔的观点。索绪尔在他的《普通语言学教程》中，提出了"语言是一种表达观念的符号系统"① 的观点。他的这一观点作为语言的经典性定义被学术界广泛接受和引用。

在日常生活中，我们常常用一种事物代表另一种事物，如用 A 代表 B，A 就是 B 的符号。也就是说，符号就是事物的代表，是指代他种事物的标记。符号由形式（能指）和内容（所指）（"能指"和"所指"是索绪尔在论述语言符号时所用的概念）两个方面构成，形式是人的感觉器官可以感知的对象，而内容则是形式所表达的意义。以交叉路口的信号灯为例，绿灯亮表示通过，红灯亮表示停车等。符号的种类繁多，如文字、信号灯是视觉符号，汽笛、军号是听觉符号，盲文是触觉符号，等等。

语言是一种听觉的符号系统。语言符号同样也是由形式（能指）和内容（所指）两个方面构成的。语言符号的形式就是语音，内容就是语义。语言符号的这两个方面是密切联系而不可分割的，如果缺少任何一个方面，也就不能称其为语言了。

所有的符号有一个共同的特点，即符号与它所代表的事物之间没有必然的联系。语言符号也不例外。语言符号是语音和语义的结合体。语言的音和义的结合是任意的，它们之间没有必然的、本质的联系。也就是说，语音和语义的结合是不可论证的自然形成的习惯。例如，"ren"（人）这个声音，与它所代表的"能制造工具并能使用工具进行劳动的高等动物"的语义之间没有什么必然的联系。

语言符号的另一个重要特点就是线性。所谓线性，是指在交际过程中，语言符号的形式只能一个接着一个依次出现，绝不可能在同一个时间点上说出两个符号。比如，当我们

---

① 索绪尔．普通语言学教程．北京：商务印书馆，1985：37．

要说“他在研究语言人类学”这句话时，必须按照“ta zai yan jiu yu yan ren lei xue”的顺序一个一个音素地依次发音出来，不可能在同一个时间点上同时发出［t］［a］［z］等不同的音素。

早在20世纪初，索绪尔就提出了语言符号的任意性和线性的特点。他说：“能指和所指的联系是任意的，或者，因为我们所说的符号是能指和所指相联结所产生的整体，我们可以更简单地说，语言符号是任意的。”① 他在谈到作为听觉符号系统的语言的线性特征时指出：“它（听觉能指）跟视觉能指相反，视觉能指可以在几个向度上同时并发，而听觉的能指却只有时间上的一条线；它的要素相继出现，构成一个链条。”② 索绪尔不但第一个提出了语言的符号性以及语言符号的任意性和线性特征，而且他的这些观点至今被广泛引用和肯定。

（二）语言的功能

语言是人类区别于其他动物的重要标志。语言有两个方面的主要功能：一是交际和传递知识的功能；另一是思维和记忆的功能。关于语言的交际功能，美国著名语言学家、人类学家萨丕尔说：“语言是纯粹人为的、非本能的、凭借自觉地制造出来的符号系统来传达观念、情绪和愿望的方法（工具）。”③ 可以说，把语言看作人类传达思想、感情和愿望的交际工具，是学术界的一个定论。

当然，人类的交际工具并不是只有语言一种，比如文字等其他符号以及身势、表情等在特定场合下都能发挥一定的交际功能。文字是语言的书写符号系统。文字的产生可以说克服了语言在交际中受到的时间和空间上的限制，在这个意义上可以说增强了语言的交际功能。但是，文字依赖于语言而存在，没有语言，文字无从谈起。因此文字的重要性无法与语言相比。一个社会可以没有文字，但不能没有语言。比如我国有56个民族、约80种语言，但拥有固定文字的民族或语言只有少数。而其他交际工具，如旗语、电报代码、身势和表情等，或是仅限于在特定领域内发挥作用，或是在特定的场合下表达极其有限的内容，因而无法与语言相提并论。难怪很多学者（如英国学者哈特曼等）提出：“语言是人类最重要的交际工具。”④

在特定的场合，动物的鸣叫也能传递某种信息，但与人类的语言有本质的区别。人类的语言具有语素和语素的组合规则，根据这一规则，可以造出无限个句子，以表达想要表达的任何内容，而其他动物的鸣叫不具备语言的这种特征，所能表达的内容也极其有限。可以说，语言是人类独有的交际工具。

日本人类学家祖父江孝男为了说明人类语言的交际和传递知识的功能，在他所著的《文化人类学入门》一书中，列举了美国心理学家有关黑猩猩的实验：

把两只黑猩猩放进笼子里，把黑猩猩可吃的食物放在笼子外的可移动的平台上，用一根绳子的一端连上平台，另一端放在黑猩猩的手能抓到的地方。不过，这个放置食物的平台被设计为，一只黑猩猩单独拉不动，只有两只黑猩猩一起拉才能拉动。

---

① 索绪尔．普通语言学教程．北京：商务印书馆，1985：102.

② 同①106.

③ 萨丕尔．语言论．北京：商务印书馆，1985：7.

④ 哈特曼，斯托克．语言与语言学词典．上海：上海辞书出版社，1981：188.

两只黑猩猩为了得到平台上的食物，各自任意地拉绳子，但就是想不到合作起来一起拉。但是，两只黑猩猩在某一瞬间也有偶然地一起拉的时候，这时就可以把平台拉过来，得到上面的食物。这种事情，如果重复多次，黑猩猩就会记住相互合作。如果这种训练进一步进行下去，会出现这样的情景：在平台上一放上食物，其中一只黑猩猩就会用声音或姿势给另一只黑猩猩信号，然后合作起来一起拉平台并获得食物。

如果把笼子里的其中一只黑猩猩换成另外一只没有经过训练的黑猩猩，会怎么样呢？当平台上放上食物时，原来就在笼子里的那只黑猩猩用各种信号和姿势，试图引起对方的注意，以便一起拉平台。但新进来的那只猩猩丝毫不能理解对方的意图，因此也就不能合作起来一起拉平台获得食物。新进来的黑猩猩丝毫不理会同伴的信号，为了获得食物一味地自己单独拉平台，这种情况会重复几十次。两只黑猩猩偶然碰巧一起拉平台时，就可以把平台拉过来获得上面的食物。这种事情再重复多次后，新来的黑猩猩就会懂得通过合作获得食物。①

如果上述实验的主角是两个人，会是什么情况呢？因为人有语言，所以对人来说这种事情非常简单。原来就在里面的人会告诉新进来的人应该怎么做才能获得食物，而新进来的人也能准确地领会对方的意思，并能直接与对方合作，一起拉平台获得食物。

我们从以上简单的实验可以看出，因为人类拥有语言，所以可以把新发现的知识传递给后人，而后人也完全没有必要再重复一次这一知识的发现过程。可以说，人类总是以从前人那里继承的知识为基础，不断地发现新的知识。因此，人类的知识一代比一代丰富。我们追溯历史可以发现，在旧石器时代，人类所掌握的知识和技术相当匮乏，与其他动物相比，没有多大的差别。然而，人类因为拥有了语言，发展到今天已经积累了相当丰富的知识。但动物则不同，与旧石器时代相比，仍然没有多大的变化。不可否认，语言对于人类知识的积累和增长具有极其重要的作用。

语言的另一种功能就是思维和记忆。也就是说，语言也是思维和记忆的工具。人类对客观世界的本质特征和规律性的认识，都表现在概念、判断和推理之中。概念、判断和推理必须依赖于语言的词和句子来进行。没有词和句子，人类的思维就不可能进行。不论人的头脑中会产生什么样的思想，以及这些思想在什么时候产生，他们只有在语言材料的基础上、在语言的术语和词句的基础上才能产生和存在。另外，思维活动的成果，必须用语言表达出来，才使思想交流成为可能。

祖父江孝男在他的《文化人类学入门》一书中，不但指出了语言是“进行抽象思维和推理的不可缺少的工具”②，而且同时指出语言的记忆功能，并列举又一项黑猩猩的实验进行了说明。这项实验是由美国著名动物心理学家雅吉斯等人进行的有关黑猩猩对颜色记忆的实验：

制作一个与黑猩猩身高一样的箱式机械装置，装置上开一个小窗口，在窗口里不规则地出现红色或绿色的彩色板。红色板出现时，压一下旁边的杠杆，彩色板消失，过了一定时间，出现食物；绿色板出现时，压一下杠杆，彩色板消失，但不会出现食物。

如果把黑猩猩放在这种装置的跟前，并把从彩色板消失到出现食物的时间间隔控制在

① 祖父江孝男．文化人类学入门．东京：中央公论社，1991：33-35.

② 同①38.

4秒之内，那么黑猩猩在几次试行错误之后，很容易记住这种装置的规律，并轻而易举地会获得食物。如果把彩色板消失到食物出现的时间间隔拉长一些，那么无论重复多少次，黑猩猩也都记不住这种规律。这是因为彩色板消失超过4秒以上，黑猩猩就完全忘记了刚才出现的彩色板的颜色。[①]

如果上述实验的主角是人类的话，会是什么情况呢？因为人类拥有语言，可以把彩色板的颜色转换成“红”和“绿”这样的词以进行记忆，因而可以保持相当长时间的记忆。从上述实验可以看出，人类之外的动物因不具有语言，对事物的记忆是短促的，不能保持较长时间的记忆。由此可见，人类的语言不但具有交际、传递知识和思维的功能，而且还具有记忆的功能。

（三）乔姆斯基的语言观

在探讨语言的本质时，美国语言学家乔姆斯基的理论值得一提。他的理论[②]不但作为语法理论闻名学术界，而且对语言本质的说明也有其独特的见解。他认为，人类语言的语法虽然各不相同，但在其深层隐含着相同的结构。他把通过语音形式表现出来的人类语言的不同语法结构叫作“表层结构”（surface structure），而把不能直接从线性的语音序列中看出来的内在语法结构叫作“深层结构”（deep structure）。乔姆斯基指出，所有人类语言都有相同的深层结构，正是有了这种结构，人类才能够学习语言，而且只有人类才具有学习语言的能力。他把这种人类共同的深层结构又叫作“普遍语法”（universal grammar）。由于人类天生就具备了理解这种普遍语法的能力，所以在幼儿时期就能够把自己生长地区的语言作为素材，轻而易举地学习和掌握其他的语法。这种人类通过学习而掌握的语法，乔姆斯基叫作“生成语法”（generative grammar）。

乔姆斯基基于上述概念所提出的“转换-生成语法”（transformational-generative grammar）的理论，在20世纪50年代初创时曾风靡一时，它是近几十年来语言学界最有影响的一种理论。他的这个理论，与以往的结构语言学对语言的语音形式所表现出来的结构（即乔姆斯基所谓的“表层结构”）所进行的分析不同，他从人类的语言能力（competence）和语言的本质上探讨了语言的内在规律（即所谓的“深层结构”）。乔姆斯基指出，语言分析的目的是发现人的内在能力中的普遍性和规则性的东西。人的这种能力，是一种理解和生成新的合乎语法的句子的能力。比如一个说汉语的人，可以听懂每一句符合汉语语法规则的句子，包括他从来没有听过的话；同样可以根据不同的交际需要，说出各种句子来，包括他自己或他人从未说过的话。人的这种“创造性”，正是人类所具有的内在的语言能力的体现。总之，在乔姆斯基看来，语言是说本族语的人理解和构成合乎语法句子的先天能力，是在某一时期内说出的实际话语。[③]

---

① 祖父江孝男．文化人类学入门．东京：中央公论社，1991：37.

② 关于乔姆斯基的语言理论，可参见他的下列著作：Chomsky. Aspect of the Theory of Syntax. Cambridge and Massachusetts：MIT Press，1965. Chomsky. Selected Readings. London：Oxford University Press，1971.

③ 哈特曼，斯托克．语言与语言学词典．上海：上海辞书出版社，1981：189.

二、语言与文化的关系

一般来说，文化人类学家把语言当作文化的一个组成部分，但常常又把语言与文化区分开来，对它们相互之间的关系进行论述。语言与文化的关系一直是文化人类学家和社会语言学家关注的一个重要题目。然而，语言与文化之间存在什么样的关系，一直是学术界争论不休的问题。不过，总括起来不外乎有两种观点。一种是语言决定文化，另一种是语言反映文化。下面就从这两个方面介绍语言与文化的关系及其不同观点。

（一）语言决定文化：萨丕尔-沃尔夫假说

关于语言与文化的关系，有一种观点认为，语言决定文化。这就是所谓的语言决定论，也就是我们平常所说的萨丕尔-沃尔夫假说。这个观点是由沃尔夫（B. L. Whorf）首先提出的。沃尔夫大学结业之后，在一家保险公司工作，主要负责调查失火原因。他在实际工作中发现一些语言标志使人对易燃物放松警惕而引起火灾的现象。沃尔夫感觉到，人类的行为和生活在很大程度上受其语言习惯的支配。沃尔夫开始对语言研究产生浓厚兴趣并有幸师从著名人类学家、语言学家萨丕尔教授。1931 年，萨丕尔由芝加哥大学调到耶鲁大学担任人类学教授，并在该校开设语言学讲座。沃尔夫就是萨丕尔这一时期的学生。沃尔夫在听课的同时，在萨丕尔的亲自指导下，对霍皮（Hopi）语（美国印第安人的一种语言）进行了深入的调查研究，在此基础上提出了他的语言决定论（linguistic determinism）。由于他的观点深受萨丕尔学术思想的影响，因此后人把他的语言决定论，冠以其导师的名字，命名为萨丕尔-沃尔夫假说。

关于语言与文化的关系，在萨丕尔的早期思想中并没有十分确定的看法。比如萨丕尔在其 1921 年出版的《语言论》中，一方面指出语言和文化具有密切的关系，但另一方面又否定语言与文化之间有因果关系。他说："语言也不脱离文化而存在，就是说，不脱离社会流传下来的、决定我们生活面貌的风俗和信仰的总体。"① 但是，他又说："我也不相信文化和语言真有因果关系。文化这个名称的定义可以是：一个社会所做的和所想的是什么。语言指的是人具体地怎样思想。很难设想经验的摘录（文化、社会所精选的东西）和社会表达一切经验的具体的方式，这二者之间会有什么特殊的因果关系。"②

然而，萨丕尔在后来的著述中，对于语言与文化的关系的观点发生了明显的变化。如 1931 年萨丕尔在一次题为"原始语言的概念范畴"的演讲中，不但强调了语言与文化（经验）之间的密切关系，而且还表露出了语言决定文化的思想倾向。萨丕尔认为：

> 语言和经验之间的关系，是常常被人们误解的。语言不仅像人们常常天真地假定的那样，似乎是与个人有关的各项经验的一份多少有系统的清单，而且是一个独立自足的和能产的符号体系。这种体系不仅在很大程度上涉及不依赖于语言而获得的经验，而且在实际上，它还由于自身完善的形式以及我们无意识地把它所隐含的期待投射到经验领域，而决定了我们的经验。在这方面，语言很像一个数学体系。就其本义

---

① 萨丕尔．语言论．北京：商务印书馆，1985：186.

② 同①.

而言，数学体系仅在最天然、最原初的阶段上记录经验，但是，随着时间的推移，它发展为一个独立自足的概念体系；这个体系根据某些通用的限定形式，可以预料所有可能的经验。①

从上述引文中可以看出萨丕尔对于语言与经验（文化）的关系的基本观点。在萨丕尔看来，人们的生活不但在语言的影响之下，而且在某种程度上，语言还决定了人们的行为（经验或文化）。沃尔夫继承并系统化了他的老师萨丕尔的上述观点，提出了语言决定论。沃尔夫认为，语言是一个用来组织经验的概念体系，这种概念体系不仅迫使人们接受一定的世界观，而且决定了人们的思维模式，从而决定了人们的行为准则。根据沃尔夫的这种观点，使用不同语言的人具有不同的概念体系，因此也就具有不同的世界观、思维模式、行为规范和文化。"语言决定思维模式"是沃尔夫理论的最基本的观点。语言不同，思维模式就不同，人们对事物的看法和认识不同，从而也就形成了不同的文化模型。这就是沃尔夫语言决定文化的基本逻辑。沃尔夫说：

实际上，思维是最神秘的。我们迄今所具有的关于思维的最好说明，是由语言的研究提供的。语言的研究表明：一个人的思想形式，是受他所意识不到的那些不可抗拒的形式规律所支配的……人的思维本身总是在一种语言中，在英语、梵语或汉语中。每一种语言都是一个庞大的不同于其他的形式体系。在这样一个形式体系中，形式和范畴都是一种文化规定——人们不仅应用这些形式和范畴来交际，还应用它们来分析自然，来注意或忽视诸类关系和现象，来引导他的推理，来建造他的意识大厦。②

使用不同语法的人，受其语法结构的支配，对外表相同的事物进行各种不同的观察，做各种不同的评价。因此，作为观察者来说，他们不可能是相同的，因为他们对世界所持的观点不同。③

在沃尔夫看来，印欧系语言之间的差别，与印欧语系语言与霍皮语之间的差别相比，非常微小，以至于可以把各种印欧语系语言看作是一个同质的语言，即 SAE（Standard Average European，标准普通欧洲语）。沃尔夫在霍皮语与 SAE 语言的对比研究的基础上，论证了萨丕尔和他自己的上述观点。例如，沃尔夫指出，霍皮语动词不同于 SAE 语言的特殊形态表明霍皮人在时间、空间和物质的概念上与说 SAE 语言的欧洲人不同，尤其是在时间和物质概念上有很大的差别，从而决定了霍皮人具有不同于欧洲人的独特的文化形态。沃尔夫对霍皮语与 SAE 语言的不同的结构进行了深入而细致的对比研究，指出了二者之间在语言结构上的明显差异。然而，这种差异如何导致文化形态上的不同，其论证仍然很不充分。因此，沃尔夫的理论仅仅是一种"假说"。

沃尔夫之后，不少学者试图通过实验验证这一假说，卡罗等语言学家在 1967 年所做的一项实验就是其中之一。这项实验是论述萨丕尔-沃尔夫假说时经常被学者引述的例子。

语言学家的研究发现，在纳瓦霍（Navaho）语里，表示"拿"的动词，因所拿物体

① Sapir E. Conceptual Categories in Primitive Languages. Science，1931（74）.

② Whorf B. Language，Thought and Reality. Cambridge：MIT Press，1956：252.

③ Whorf B. Collected Papers on Metalinguistics. Washington，1952：11.

的形状、软硬程度不同，具有不同的动词形式。根据萨丕尔-沃尔夫假说，纳瓦霍人对物体的形状较为敏感。卡罗等人在纳瓦霍人聚居区找了一组说纳瓦霍语的儿童和一组说英语的儿童，让他们在三件物体（例如一根黄木条、一条蓝绳子、一条黄绳子）中，挑选出最接近的两件物体。结果发现，说纳瓦霍语的儿童挑选出来的是软硬程度和形状相同的物体（黄绳子和蓝绳子），而说英语的儿童挑选出来的是颜色相同的物体（黄木条和黄绳子）。

由上述实验似乎可以得出这样的结论：语言影响儿童的认知能力。然而，在美国大城市的幼儿园中所做的同样的实验显示，说英语的白人儿童也用物体的形状来区分和挑选不同物体。这也许是因为在大城市长大的儿童由于经常玩各种不同形状的玩具而对物体的形状更为敏感，导致了上述实验结果。由此可见，“语言影响儿童的认知能力”的结论是有问题的。语言最多只不过是影响儿童认知能力的诸多因素之一。

有一些人赞同沃尔夫的假说并试图验证它，但更多的人则否定沃尔夫的这一假说。有人列举了格林伯格（J. H. Greenberg）、豪根（E. Haugen）、罗施（E. Rosch）、杨努齐（D. E. Iannucci）和皮亚杰（J. Piaget）等众多西方学者[①]从不同的角度，针对萨丕尔-沃尔夫假说所进行的反驳。[②] 有些学者（如格林伯格）针对假说本身所包含的自相矛盾的悖论进行了反驳。有些学者（如豪根）则针对沃尔夫论证假说时的例证进行了反驳。还有一些学者（如罗施和杨努齐等）通过颜色或语言结构的记忆等实验论证了萨丕尔-沃尔夫假说的“虚假性”。更为极端的是，有些学者（如心理学家皮亚杰）提出了与萨丕尔-沃尔夫假说相对立的“认识先于语言、思维决定语言”的所谓的“认知假说”（Cognition Hypotheses）。

尽管对萨丕尔-沃尔夫假说的批评多于赞同，但这一假说在文化人类学的学科史上具有它的历史地位。在20世纪三四十年代的美国，描写语言学风靡一时，在对语言结构本身的研究占主导地位的情况下能够提出这样的假说，应该说具有深远的意义。虽然对假说本身的内容褒贬不一，但沃尔夫假说所引出的语言与文化的关系的命题，仍然是今日文化人类学的一个重要课题。

（二）语言反映文化

与语言决定文化的观点相比，语言反映文化的观点得到了更多的人类学家和语言学家的认同，尤其是在国内学者当中，这种观点极为流行。比如陈松岑指出：

> 无论就广义还是狭义的文化来说，语言都是表达它的重要手段之一。……语言作为文化的表达形式，并不是说语言的声音是形式，其意义等于文化，我们是把语言符号的整体看成是民族文化的重要表达形式的。一般来说，内容决定形式。它具体表现为特定的文化常把某种烙印加到语言之上。当然，最明显的是表现在语言的词汇平面上，但是，对语法平面也不是绝无影响的。[③]

戴庆厦在他的《社会语言学教程》中，不但论述了语言与文化的不同特点，而且指出

---

① 对于萨丕尔-沃尔夫假说，国内绝大多数学者采取否定的态度，如陈松岑从三个方面批判了其假说的错误。参见：陈松岑．社会语言学导论．北京：北京大学出版社，1985：49-50.

② 刘润清．西方语言学流派．北京：外语教学与研究出版社，1999：179-185.

③ 陈松岑．社会语言学导论．北京：北京大学出版社，1985：51.

了语言表达和反映文化的观点。他说：

> 语言与文化有许多不同的特点，主要表现在：(1) 语言在文化中属于精神文化范畴，精神文化大多有阶级性，而语言没有。(2) 语言的内容是人脑的产物，而其物质外壳是声音，是发音器官，有物质性。(3) 文化是人为的，而语言是约定俗成的。(4) 文化可以有模式转换，如由一种制度变为另一种制度，由一种宗教变为另一种宗教，而语言的发展是渐变的。所以，可以认为语言是文化中的一个特殊的组合体。从这个意义来理解，语言和文化的关系是局部和整体的关系。但语言和文化还有另一层关系：语言符号是文化的重要表达形式，即文化的内容是通过语言来表达、来反映的。从这个角度来看，语言和文化的关系是形式和内容的关系。①

在国内学术界，具有上述观点的学者非常普遍。我们可以在很多著述中看到类似上述的观点。现在的问题是，语言是如何反映文化的呢？很多学者用实例论证了语言反映文化的观点。值得一提的是，在罗常培的《语言与文化》和戴庆厦的《社会语言学教程》中，他们用丰富的实例论述了语言与文化的关系。这两本著作中所列举的例子完全可以当作语言反映文化的例证。

上述两本书所涉及的内容是多方面的。其中，所论述的亲属称谓与亲属（婚姻）制度的关系，也是许多文化人类学家和语言学家关注的一个重要内容。亲属称谓是一个语言的词汇中不易受外来语言影响的较为稳定的重要组成部分，而可塑性制度是一个民族（或社会）的文化的重要构成部分。许多文化人类学家都认为，亲属称谓在一定程度上能够反映一个民族（社会）的亲属制度的现状或过去。因此，不少学者当论述一个民族（社会）的文化时，免不了讨论一下其亲属称谓与亲属制度的关联。例如，在《语言与文化》一书中是这样论述的：

> 在云南昆明近郊的黑彝（彝族的一个分支）语言的亲属称谓中，对平表（叔伯或姨的子女）的称谓，相同于对自己的兄弟姊妹的称谓，而不同于对交表（舅或姑的子女）的称谓。同时在交表中，对舅表（舅的子女）的称谓与对姑表（姑的子女）的称谓有严格的区分。之所以有这样亲属称谓系统，是因为黑彝实行一种限定性的交表婚的制度。所谓交表婚的制度，是指优先与交表结婚，而不能与平表结婚的制度。在黑彝的交表婚中又限定，只能与舅的女儿结婚，但不能与姑的女儿结婚。这种制度反映在亲属称谓中就是，严格区分平表与交表的称谓，同时在交表中，严格区分姑表与舅表的称谓。②

关于语言与人、语言与文化之间的关系是内容十分广泛的课题。涉及语言在人类社会形成中建立文化世界、生产活动、社会生活的过程中所起的作用。德国哲学家卡西尔(E. Cassirer）认为人是符号化的动物。他把信号（sign）和符号（symbol）看作人和动物区分的重要标志。③ 人类这个“符号动物”生活在神话、语言、科学等“符号宇宙”中。

---

① 戴庆厦．社会语言学教程．北京：中央民族大学出版社，1993：54.

② 罗常培．语言与文化．北京：语文出版社，1989：79－81.

③ 卡西尔．人论．上海：上海世纪出版集团，2003：38－42. 涂纪亮．现代西方语言哲学比较研究．北京：中国社会科学出版社，1996：257.

人类在思想和经验中取得的一切进步都使这个符号世界更加精致和完善。在卡西尔的文化哲学中，语言是一种与神话同样古老的符号形式。科学与神话和语言等符号形式相比是处于最高层次的符号系统。与其他符号形式一样，语言也有自己的世界，即日常语言的世界。不过语言作为人类所具有的一种特殊能力，贯穿于神话、宗教、艺术、科学等符号形式中。卡西尔认为语言是人类从神话思维方式到科学思维方式的中间环节，语言在整个符号系统中处于核心地位。[①] 卡西尔还认为，符号具有构造世界的功能，神话符号构成神话世界，日常语言构成常识世界，科学符号构成科学世界。这就是说，这三种符号分别具有不同的功能。[②] 依照卡西尔的观点，人类全部文化的形成和发展都是人这个"符号动物"运用符号创造出来的，符号活动是人与文化世界赖以连接的纽带，全部文化都是人的符号活动的产物。[③]

无论是把语言看成是文化的一个组成部分，还是把语言和文化看成是同一个层次的概念，语言与文化之间存在某种关系是不可否认的。但是，两者之间存在什么样的关系，学者观点不尽相同。无论是语言决定论还是语言反映论，都没有得到学术界的全面认同。看来，有关语言与文化的关系的争论，在学术界还会持续下去。

第二节　语言的结构分析[④]

上面提到，语言是一种音义结合的符号系统。我们认识一种语言，就是对其音义结合的系统进行结构分析，以发现语言结构单位之间的组合规则。学术界把这种对语言结构本身进行研究的领域，叫作结构语言学。我们对一种语言的结构进行研究的目的，是认识它并把它描述出来。因此，这种研究领域也叫作描写语言学。

我们要对语言的结构进行分析，那么语言会有什么样的结构呢？换句话说，语言是由哪些要素构成的呢？关于这个问题，学术界已基本有了定案，认为语言是由语音、词汇和语法构成的。不论是语音、词汇，还是语法，都与一定的意义相联系。因此，一般来说，语言由语音、词汇、语法和语义四个部分（或要素）组成。也就是说，语言系统，是由语音系统、词汇系统、语法系统和语义系统等四个子系统构成的。由于语义始终伴随在语音、词汇和语法之中，因而语音、词汇和语法的分析之中包含了语义的分析。因此，语言系统的结构分析，实际上就是语音、词汇和语法三个子系统的分析。

一、语音系统

（一）音素与音标

当我们接触到一种语言时，首先感受到的就是语音。语音是一种声音符号，因此，它

---

① 涂纪亮．现代西方语言哲学比较研究．北京：中国社会科学出版社，1996：259－260.

② 同①259.

③ 同①263.

④ 有关语言的结构分析的内容很多，由于篇幅所限，本节只介绍语言的结构分析中最主要的概念、理论和分析方法。

与自然界的其他声音一样，具有音高、音强、音长和音质等物理属性。音高是声音的高低，主要取决于发音体振动的频率；音强是声音的强弱，主要取决于发音体振动的幅度；音长是声音的长短，取决于发音体振动的时间的长短；音质是一个声音区别于其他声音的个性特征，取决于发音体振动而发出的声波的形式。

从音质的角度对语音音节连续进行切分，所得到最小的语音单位就是音素。比如把“文化”切分为 w、e、n、h、u、ɑ[①] 等语音单位之后就不能再继续切分了。这种不能再切分的最小的语音单位就是音素。为了能够准确地把语音记录下来，必须有一套标写音素的符号。这种符号就是所谓的音标。注音字母、汉语拼音等都属于一种音标。不过，目前国际上最通用的是 1888 年由国际语音学会（International Phonetic Association）制定的国际音标（International Phonetic Alphabet，IPA)。国际音标（见“元音表”和“辅音表”[②]）是根据“一个音素只用一个音标符号代表，一个音标符号只代表一个音素”的原则制定的。经过多次增补和修订之后，国际音标已经相当完善，它已是目前世界上进行语言研究时公认并最常用的音素标记符号。

音素可以分为两大类：元音和辅音。元音是气流通过声道时不受任何阻碍而发出的音。元音分为舌尖元音和舌面元音。根据发音时舌位的高低、前后以及唇形的圆展，舌尖元音和舌面元音又可分为若干不同类型或不同的元音（见“元音表”)。

辅音是发音时气流在声道的某一个或几个部位受到阻碍并克服这种阻碍而发出的音。根据发音方式，辅音可分为塞音、塞擦音、鼻音、颤音、闪音、边音、擦音和半元音八大类。另外，塞音、塞擦音、擦音又可根据发音时声带的振动与否，分为清浊的不同类别。塞音、塞擦音还可以根据发音时气流的强弱情况，分为送气与不送气的不同类别。上述辅音还可以根据发音时气流受阻碍的主要部位，分为唇音、舌尖音、舌叶音、舌面音、小舌音、喉壁音和声门音等七大类（见“辅音表”)。

（二）音位

1. 音位与音位变体

我们从音质的角度对一个语言的语音系统进行分析，可以得到数目相当可观的音素。一些音素出现在同一种语音环境中，它们在音质上的差别，能使语素或词的意义发生变化，这时我们可以说，这些音素之间存在对立关系；另一些音素出现在同一种语音环境中，它们在音质上的差别，不会使语素或词的意义发生变化，这时我们可以说，这些音素之间存在非对立关系。在音位学上，把存在非对立关系的一些音素归并为一个音位，各个音素就是这个音位的变化；而存在对立关系的一些音素则各自单独成为一个音位。由此可以说，音位是能够区别语素或词的意义的最小语音单位。比如汉语普通话的［t'ʌ］（她)、［t'an］（贪)、［t'ɑŋ］（汤）中的［ʌ]、［a］和［ɑ]，虽为不同的音素，但属于一个音位，这三个音素是这个音位的变体。

2. 音段音位与超音段音位

任何语言的语流都是按线性序列发音出来的。一个语言中的有些音位，在这个线性序

---

① 此处音标为汉语拼音，而非国际音标。

② 本章提及的元音表和辅音表参见：马学良，瞿霭堂．普通语言学．北京：中央民族大学出版社，1997：441.

列中占有一个时段，这种音位叫作音段音位或音质音位。元音音位和辅音音位就属于音段音位。有一些音位，在语言的线性序列中不占用一个时段，而是添加在某一音段（音素或音节）上来区别词汇或语法意义，这种音位叫作超音段音位。这种音位用的是非音质的语音手段（如音高、音强和音长等），区别词的语音形式和意义，因此也叫作非音质音位。超音段音位或非音质音位分为调位、重位和时位三种。譬如：汉语普通话的声调是一种调位，如 mā（妈）和 mǎ（马）的区别等；英语的重音是一种重位，如［kəmˈjuːn］（交谈）和［ˈkɔmjuːn］（公社）的区别等；蒙古语的长短元音的对立是一种时位，如［tʃˈaːs］（纸）和［tʃˈas］（雪）的区别等。

音素反映的是语音的物理属性，而音位反映的是语音的社会属性。也就是说，音素是跨语言的，同一个音素出现任何语言中，其发音特征（音质）是完全一样的。但是，音位对应的是一个具体的语言，每个语言的音位的系统是不一样的，没有全人类语言（或所有语言）共同的音位系统。因此，我们说分析一个语言的语音系统，实际上就是分析这个语言的音位系统，即分析这个语言有哪些音位，每一个音位有哪些变体，每一个变体出现的条件，以及各个音位之间的关系等。

（三）客位研究与主位研究

客位研究（etic approach）和主位研究（emic approach）是文化人类学中的两个重要概念。我们在语音部分里把这两个概念提出来，是因为它们来源于语音分析的两个重要概念：音素的（phonetic）和音位的（phonemic）分析。上面提到，音素是从音质角度切分出来的语音单位，它反映的是语音的物理属性；音位则是从发音者的角度归纳出来的具有区别性特征的音素，它反映的是语音的社会属性。因此，语音的分析有两种不同的角度：音素的分析和音位的分析。音素的分析是指从声学的角度，对人类发出的声音所进行的客观的、准确的记录和分析；音位的分析是指从发音者的角度，对某一具体语言的具有区别性特征的音素所进行的归纳和分析。

20 世纪 40 年代美国结构语言学家 K. L. 派克从语音分析的这两个不同角度，引申出 etic approach（客位研究）和 emic approach（主位研究）① 的概念，并指出这两个概念对语言以外的其他文化现象的研究也十分重要。② 文化的客位研究，如同音素的分析，采用类似国际音标那样的适用于所有文化的概念和术语，对世界上的各种文化进行分析，并从研究者的角度建构理论体系，这就是所谓的“从外部看文化”的研究；而文化的主位研究，则如同音位的分析，在对某一具体文化的调查和分析中发现这个文化本身所特有的概念和术语，并用这些概念和术语来认识这个文化的整体，这就是所谓的“从内部看文化”的研究。来源于语音分析的两个概念——客位研究和主位研究一度被引申为人类学文化研究的两大对应观察方法，后来被引申的这两个概念的适用性受到了挑战。

---

① etic 和 emic 是由 phonetic 和 phonemic 去掉 phone 而发明的概念。

② Pike K L. Language in Relation to United Theory of the Structure of Human Behavior. Clendale：Summer Institute of Linguistics，1954：Part 1.

二、词汇系统

（一）词汇与词汇的分类

词汇是构成语言的四个要素之一，是一种语言的词和固定词组的总汇。词汇在语言系统中的地位相当于构筑语言的建筑材料。相对于语音、语法来说，词汇具有易变性的特点。一个社会中产生的新事物、新现象要求立即创造新词来表达它。随着社会的发展，在词汇系统中，新词增加、旧词淘汰的现象不断发生。词汇还具有较为明显的民族和文化特点。一个语言的词汇，在某些方面能够反映使用这个语言的民族和社会的文化特色。比如，在一个畜牧业发达的民族所使用的语言中，与畜牧业有关的词汇，比纯粹的农耕民族所使用的更为丰富，如蒙古语中，“一岁牛”“两岁牛”“三岁牛”“四岁牛”等都是单纯词，而同样的概念，在汉语中只能用在“牛”这个词之前附加“一岁”“两岁”这样的修饰语而构成的复合词来表达。从上一节的有关内容中可以看出，一个语言中的亲属称谓，与使用这个语言的社会的亲属制度有一定的关联。关于词汇系统的文化特色的研究，是认知人类学或民族语义学的一个重要研究领域，在下一章中会涉及一些与此有关的内容。

根据词汇在系统中的地位和作用，可以把词汇分为基本词汇和一般词汇。基本词汇是词汇的基础部分。它具有全民常用性、历时稳定性和构词的能产性等特点。基本词汇的核心部分是根词。而根词本身是最常用、最原始和最能产的单纯词。不在基本词汇之列的，如古语词、方言词、外来词、专业词等，叫作一般词汇。一般词汇最重要的特点是变化快。一般词汇对社会的发展变化最为敏感，新事物的出现、旧事物的消失往往反映在一般词汇之中。一般词汇的使用频率低且使用范围也受到一定的限制。需要指出的是，基本词汇和一般词汇是对词汇系统的大体分类，它们之间没有固定不变的严格界限。基本词汇的某些词，随着社会的发展变化有可能变为一般词汇。反之亦然。

（二）词、语素与词的构成

词汇是词的汇总。词是构成词汇的个体单位，是语言中能够独立运用的最小的音义结合的单位。词是由语素构成的，语素（或称词素）是语言中最小的音义结合的单位。语素是构词的单位，它不同于词，不能在句子中独立运用。语素有两种分类方法，根据构词能力可以分为自由语素和黏着语素两种。自由语素既可以单独成词，也可以与其他语素组合成词。黏着语素只有与其他语素组合时才能成词。可以根据语素在词的结构中所处的位置和作用的不同，划分为词根语素和附加语素。词根语素是一个词的核心，是该词词汇意义的基本组成部分。附加语素是依附于词根的语素，在词中只能表示附加的词汇意义和语法意义。有的学者把附加语素分成词缀语素和词尾语素两种，这样，语素可以有词根语素、词缀语素和词尾语素三种。词根语素与词缀语素构成一个词的主干，语言学上叫作词干。

语素构成新词的方法（构词法）有两种：合成法和附加法。合成法是指用两个或两个以上的词根语素构成新词的方法，如汉语的“汤面”等。附加法是指词根语素附加词缀语素构成新词的方法，如“反科学”“老虎”“work-er”（工人）等。根据词干内部语素的组合关系不同，词有几种不同的（结构）类型：单纯词、复合词和派生词。单纯词的词干只由一个词根语素构成，如“书”“球”“笔”；复合词的词干由两个或两个以上的词根语素构成，如“战争”“手表”；派生词的词干由词根语素和词缀语素组合而成，如“超现实主义者”。

三、语法系统

（一）语法与语法单位

在我们的话语中，词和词并不是杂乱无章地堆积在一起，它们之间是按一定的规则组合在一起的。这个规则就是我们通常所说的语法。我们研究一种语言的语法系统，就是找出这种组合规则。在我们的话语当中，按一定的规则组合在一起的大小不同的有意义的语言片段就是语法单位。语法单位有语素、词和句子。语素在句子当中没有独立活动能力，因而也不能充当句子成分，是只有构词功能的语法单位。词在句子当中具有独立活动的能力，并能够充当句子成分。词在特定的语境中，也可以单独成句。句子是在我们的话语中能够表达相对完整意思的最大的语法单位，也是最基本的交际单位。从语法单位的角度来定义语法的话，语法就是语法单位之间的组合规则。

1. *语法形式与语法手段*

语法形式是在把语法单位组织在一起的过程中产生语法意义的语言形式。把具有共同特点的语法形式概括在一起，就是一种类型的语法手段。根据现有的世界语言的研究成果，一般可归纳为六种语法手段。有的学者认为，许多语言中用于表达各种不同语气的语调也是一种语法手段。[①]（1）词序：通过词在句子中的不同排列顺序表示语法意义的手段，如汉语的“颜色好”（主谓结构）→“好颜色”（偏正结构）。（2）虚词：使用没有词汇意义的虚词表示语法意义的手段，如德语的“der”“die”“das”等本身没有词汇意义，只表示阳性、阴性和中性等许多语法意义。（3）重叠：用词或语素重叠的形式表示不同的语法意义的手段，如藏语的“su55”（谁，单数）→“su55su55”（谁，复数）。（4）附加：用添加附加语素来表示语法意义的手段，如英语的“book”（书，单数）＋“s”→“books”（书，复数）。（5）内部屈折（或语音交替）：用词根语素内部的语音变化表示不同语法意义的手段，如英语的“foot”（脚，单数）→“feet”（脚，复数）。（6）异根（或增补、错根）：用词汇意义相同的不同来源的词根语素来表示一个词的不同语法意义的手段，如英语的“good”（好，原级）→“better”（好，比较级）→“best”（好，最高级）。

2. *语法意义与语法范畴*

语法形式在组织一定的语法单位的过程中产生的意义就是语法意义。根据某些共同特征归纳出来的语法意义的类别就是语法范畴。语法范畴有性、数、格、时、体、态、人称、式、级等。可以说，语法范畴是对同类语法意义的进一步概括。如印欧语系语言（俄语、德语、法语等）中词的阳性、阴性和中性的区别属于“性”的范畴，英语等语言中的单数和复数的区别属于“数”的范畴，哈萨克语和蒙古语等语言中的主格、领

---

① 邢公畹．语言学概论．北京：语文出版社，1992：157.

格、宾格、与格、离格、方向格、造格以及英语的主格、宾格和领格等均属于“格”的范畴，很多语言中的形容词的原级、比较级、最高级等属于“级”的范畴，等等。同一类语法范畴在不同语言中的表现形式及其数量有很大不同。因此，我们对某一语言进行研究时，必须具体语言具体分析，不能将一个语言的语法范畴的体系套用于另一个语言的语法范畴。

（二）句法结构

1. 句法结构及其表现手段

所谓句法结构是指词与词之间的结构关系的形式。各种语言中的句法结构的类型基本相同，但表现这种结构类型的形式却不一定相同。一般来说，句法结构有以下几种不同类型：（1）主谓结构，如“你说”“天冷”；（2）偏正结构（限定结构），如“好人”“十分精彩”；（3）述宾结构（支配结构），如“讲课”“踢足球”；（4）述补结构（补充结构），如“写得好”“拿得动”；（5）并列结构（联合结构），如“工人和农民”“调查研究”。

表现句法结构的形式有三种[①]：（1）词序，词序不同，句法结构也不同，如“天冷”（主谓结构）→“冷天”（偏正结构）；（2）虚词，如用虚词“的”表示偏正结构（“我的书”），用“得”表示述补结构（“写得好”），用“和”表示并列结构（“我和他”）等；（3）词形变化，有些语言中词与词结合在一起时，为了在人称、数等方面取得一致，词形发生某种变化。

2. 直接成分分析法

一个句子往往由很多词或词组构成，有的词或词组之间直接发生结构关系，有的词或词组之间不发生直接的结构关系。根据直接发生的结构关系，把句子逐步切分成其不同组成部分的分析方法叫作直接成分分析法。

第三节　语言与跨文化交际误读

语言的最重要的功能是社会交际功能。语言对文化的重要性已有定论，如果要充分了解一个文化，就必须将其语言纳入考察范围。人类学以往的研究证明了语言是文化最重要的因素，有多少种语言就有多少种文化。认知语言学的研究认为，人是通过语言才创造了真正意义上的“世界”，语言构造着现实世界，而这一点在不同的文化中表现的形式是不一样的。[②] 使用同一种语言的人进行交流，如果双方都有同样的文化背景，或者相互熟悉交谈对象的文化，一般不会有太大的问题。但是不同文化之间的交流常常会发生误读（miscommunication），关注跨文化交际及语言在跨文化交际中的重要性对人类学家具有特别的意义。“跨文化交际”（cross-cultural communication）这一术语既指本族

---

① 有的学者提出，语调也是表现句法结构的一个手段。参见：高名凯，石安石．语言学概论．北京：中华书局，1963：177.

② 参见本书第八章，以及：Howard M C. 文化人类学．台北：弘智文化事业有限公司，1997：127－135.

语者与非本族语者之间的交际，也指任何在语言和文化背景方面有差异的人们之间的交际。[①]

研究跨文化交际的误读现象，早就引起了语言人类学家的兴趣。如以甘柏兹（John Gumperz）为代表的学者在话语策略（discourse strategy）和语用失误方面的研究，做出了开创性的工作。甘柏兹是美国加利福尼亚大学伯克利分校终身教授，他的研究涉及社会语言学、语言人类学、话语研究、都市人类学等领域。研究对象地域范围包括印度、欧洲西北部和美国。甘柏兹从20世纪50年代至70年代在印度、挪威、奥地利和美国做过关于社会和地区方言以及双语现象的调查。这些田野考察使他的学术兴趣转向了对语言和文化多样性、城市环境里的不同种族间的交往等问题的关注。甘柏兹认为在跨文化交际中产生故障、冲突和误读，不仅同交际双方的语言技能有关，发音正确、语法规范、掌握一定词汇的非本族语者在同本族语者交谈时也经常会产生误解，这说明社会文化差异、社会角色的不同及其在语言中的反映是交际中产生误解的原因，就此他发表了一系列有关会话策略的性质与功能的研究报告。他为由英国广播公司于1979年5月1日播出的节目“电话串音”（Crosstalk）作了解说词，节目的内容涉及在工作场所面临的因种族差异所引起的文化误读问题，他也由此获得了广泛的知名度。此外他还和其他学者合作，对由性别差异引起的误读进行了系列学术探讨。甘柏兹的主要著作有：《交际民族志》（*The Ethnography of Communication*，与海姆斯合作，1964年）、《会话策略》（*Discourse Strategies*，1982年）、《语言和社会身份》（*Language and Social Identity*，1982年）等。他与另外一位著名语言学家海姆斯（D. Hymes）共同为交际民族志（ethnography of communication，也称为ethnography of speaking，即话语民族志）建立了基础。[②]

交际民族志研究使用某种语言的人，在特定的社会环境下如何组织其社会关系；注重从语言和文化、社会之间的关系研究语言的使用，重视对实际的言谈交际的研究，其中包括言语行为、言语事件和言语情景等方面。[③] 交际民族志重视对语言交际环境的研究，重视对交际情景的组成部分的分析，认为只有联系话语表达所涉及的事件，才能领会在有关场景中所使用的言语意义。这种言语事件（如布道、法庭诉讼、电话交谈）都有各自文化的印记。如海姆斯将交际情景的组成部分归纳为如下八个基本因素：（1）环境和场面（setting and scene）；（2）会话参与者（participants，包括说话者和听话者）；（3）会话目标（ends，包括目标和结果）；（4）信息的内容和形式（act sequence，包括有别于其他文化的会话技能）；（5）表达信息的方式和态度（key，说话者的语言风格）；（6）交际工具（instrumentalities，包括信道“channel”和形式“form of speech”，如语言或及其方言、代码、变体等）；（7）交际规范（norms，即交际双方在交谈时应该遵守的规范等）；（8）言语题材

---

① Smovar L A，Porter R E，Stefani L. Communication Between Culture. Belmont，Calif：Wadsworth Publishing Company，2002. 马勒茨克．跨文化交流：不同文化的人与人之间的交往．北京：北京大学出版社，2001：31.

② 甘柏兹．会话策略．北京：社会科学文献出版社，2001. Keating E. The Ethnography of Communication//Atkinson P，Coffey A，Delamont S，Lofland J，Lofland L. Handbook of Ethnography. London：SAGE Publication，2001：284－301.

③ Fasold R. The Sociolinguistics of Language. Beijing：Blackwell Publisher，Ltd.，2000：39. 克里斯特尔．现代语言学词典．北京：商务印书馆，2002：131.

(genres，指语言体裁如诗歌、神话、谚语、商业信息等)。海姆斯将表示交际情景的八个英文词首的字母按顺序排列为一个缩写词“SPEAKING”，以表示“言语情景组成部分”。[①] 海姆斯所说的言语交际的这八个因素与交际双方的文化都有不同程度的关联。交际民族志把言谈话语看作言语和社会文化的核心，认为在言谈活动中，语言与文化、社会及个人的关系得到了最充分的体现。

甘柏兹曾对美国都市中的黑人与白人中产阶级的交际做过考察，也对居住在伦敦的讲英国英语者和讲印度英语的印度和巴基斯坦移民之间在进行交际时的语言情况进行过研究。他把属于不同文化圈的人的交谈用录音机记录下来，然后对录音中的谈话参与者分别进行采访，了解他们对在跨文化背景下产生某种感受或做出某种判断的具体的影响因素，尽量比较同类言语活动在跨文化交际的感受，弄清那些使谈话者情景和单一文化情景产生不同的因素，最终找出跨文化交际中误读的原因。[②] 具有不同文化背景的讲话人，在跨文化交际中由于一方（或双方）对另一方的社会文化传统缺乏了解，因而出现不恰当的言语行为，这是产生交际故障的一个重要原因。甘柏兹发现，讲话者在交际时由于不同的话语文化的相互作用而产生许多问题，这些问题是讲话者在谈话中的推断和言语行为及意图暗示来自不同系统的结果。[③]

甘柏兹认为不同文化间交际误解的原因可以追溯到一些特定的话语特征或策略，即“语境化暗示”（contextualization cues，也译为“语境化提示”）。这些特征显示不同的“文化假设”和“信息组织方式”。甘柏兹认为语境不是现成的，而是由话语参与者在言语交谈过程中共同营造出来的。语境化是通过将语境化提示和背景知识结合起来等一系列程式而产生的。语境化暗示包括韵律（音高、响度、节奏和语速等）、体距学（proxemics）[④]或身势语言学（kinesics）等方面的特征，可以通过选择某一个词、某一个程式化表达、某一代码或某一方言等手段来体现。背景知识则组织在有内容关联的框架之中，对语境化暗示的阐释起限制作用。因此，研究话语，尤其是不同种族间交际的话语，就是要研究在话语中起作用的那些语境化暗示，进而对这些暗示所反映的谈话参与者的社会背景做出判断或解释。[⑤]

各民族的言语交际规则都有各自的文化背景，难以有适合世界上的所有种类文化背景中的交谈的通用分析规则。上述结论是研究者对欧美英语文化圈进行调查后得出的结论，对非英语文化背景下的语言交际的分析也只能作为参考。

---

① Fasold R. The Sociolinguistics of Language. Beijing：Blackwell Publisher，Ltd.，2000：44－46. Keating E. The Ethongraphy of Communication//Atkinson P，Coffey A，Delamont S，Lofland J，Lofland L. Handbook of Ethnography. London：SAGE Publication，2001：209－292.

② 徐大明，等．现代社会语言学．北京：中国社会科学出版社，1997：46－47.

③ Maltz D N，Borker R A. A Cultural Approach to Male-Female Miscommunication//Podolevsky A，Brown P，Lacy D. Applying Anthropology：An Introductory Reader. Brown：Mayfield Publishing Company，2001：164－167.

④ 体距学，符号学术语，研究人类传递信息时人体姿势、人体间距离和人体接触变化，这种人际空间关系的变化常因文化而异。

⑤ Duranti A. Linguistic Anthropology. Cambridge：Cambridge University Press，2002：211－213. 甘柏兹．会话策略．北京：社会科学文献出版社，2001：171－198.

附录 世界语言的谱系及分布①

世界上有数千种语言。② 我们可以用分类的方法，从整体上认识世界不同语言之间的关系及其在语言结构上的异同。目前，学术界主要有两种分类方法：一种是类型分类，一种是谱系分类。③ 本节简要介绍这两种分类方法及世界语言的分类情况。

一、类型分类

根据语言的结构特点对世界上的语言所进行的分类叫作类型分类（typological classification）。这种分类根据语言的构词特点，把世界语言分为四种类型：词根语、黏着语、屈折语和多式综合语。

（一）词根语

词根语也叫孤立语或无形态语，是相对于有词形变化的语言而言的。这类语言的特点是，词在句子中的词汇意义或语法意义不是靠词形变化（内部屈折或外部屈折），而是靠词序或虚词来表达的，如汉语等。汉藏语系的大部分语言和南岛语系的一些语言属于这个类型。

（二）黏着语

这类语言主要通过在词根后面添加附加成分来构造新词或表示一个词的不同语法形态。属于这个类型的有阿尔泰语系和芬兰-乌戈尔语族诸语言。

（三）屈折语

这类语言的特点是通过词形变化来表达各种语法关系。所谓词形变化，主要指内部屈折，即词干内部的语音变化。属于这个类型的语言有印欧语系语言和闪含语系语言等。

（四）多式综合语

多式综合语也叫合体语或编插语。这个类型的语言比较特殊，它的句子的结构与词的结构一样。一般来说，句子是由词或词组组合而成的，但在多式综合语中，往往一个词本身就是一个表示完整意思的句子。这种类型的语言比较少，只有美洲印第安语言和古亚细亚语言中存在这种类型的语言。

---

① 在附录介绍的世界语言的谱系分类情况，是笔者综合了各家观点的分类结果。

② 目前，对世界上究竟有多少种语言的问题，学者看法很不一致。有的认为有 2 500～5 000 种语言，有的认为有 4 000～8 000 种语言。

③ 除了正文中提到的两种分类方法，还有功能分类和地理分类等。

二、谱系分类

根据语言之间是否有亲属关系和亲属关系的远近，可以对世界语言进行分类。这种分类叫作谱系分类（genealogical classification）。

依靠谱系分类法，语言可分为语系、语族、语支等层次。语言学家采用历史比较法确定不同语言之间的亲属关系。所谓语言学的历史比较法，就是通过不同语言的语音、语法的比较，找出对应规律，确定亲属关系，构拟其原始共同语的一种方法。

根据现有的语言资料，可以把世界上的语言分为印欧、乌拉尔、阿尔泰、汉藏、阿非罗-亚细亚、南亚、南岛、达罗毗荼、柯伊散、尼罗-撒哈拉、高加索和班图等12个语系。

（一）印欧语系（Indo-European Family）

属于这个语系的语言最早主要分布在欧洲和亚洲大陆，后来逐渐扩散到美洲和大洋洲地区。这个语系的名称是由这个语系语言最初的主要分布区域（印度、欧洲）而得名。这个语系的语族和语言有：（1）印度语族（印地语、孟加拉语、尼泊尔语等）；（2）伊朗语族（库尔德语、波斯语、阿富汗语等）；（3）斯拉夫语族（俄语、保加利亚语、波兰语等）；（4）波罗的海语族（立陶宛语、拉脱维亚语、古代普鲁士语）；（5）日耳曼语族（丹麦语、英语、德语等）；（6）拉丁语族（西班牙语、法语、意大利语等）；（7）凯尔特语族（爱尔兰语、苏格兰语等）。在印欧语系中，除上述七个语族的语言之外，还有不包括在这七个语族中的希腊语、阿尔巴尼亚语等几种语言。

（二）乌拉尔语系（Ural Family）

属于这个语系的语言主要分布在芬兰、匈牙利和俄罗斯。由于这个语系的分布区域内有著名的乌拉尔山脉而得此名。这个语系只有两个语族：（1）芬兰-乌戈尔语族（芬兰语、爱沙尼亚语、匈牙利语等）；（2）萨莫狄语族（涅涅茨语、谢尔库普语、埃涅茨语）。有的学者把这个语系的两个语族看成是各自独立的语系。芬兰-乌戈尔语系和萨莫狄语系。①

（三）阿尔泰语系（Altai Family）

属于这个语系的语言主要分布在俄罗斯、中亚诸国、蒙古、土耳其、阿富汗以及我国的西北、东北和内蒙古等地区。阿尔泰语系分为三个语族：（1）突厥语族（维吾尔语、乌兹别克语、哈萨克语、阿塞拜疆语、楚瓦什语、鞑靼语、雅库特语等）；（2）蒙古语族（蒙古语、莫科勒语、保安语等）；（3）通古斯-满语族（满语、鄂温克语、鄂伦春语等）。有很多研究者认为，朝鲜语也属于阿尔泰语系。

（四）汉藏语系（Sino-Tibetan Family）

属于这个语系的语言主要分布在中国、越南、老挝、泰国、缅甸、不丹、锡金、尼泊

① 马学良．语言学概论．2版．武汉：华中工学院出版社，1985：297.

尔、印度等地。属于这个语系的语言或语族有：(1) 汉语（汉语普通话及其各个方言）；(2) 侗傣语族（壮语、侗语、黎语等）；(3) 苗瑶语族（苗语、瑶语）；(4) 藏缅语族（藏语、彝语、缅语等）。有的学者把侗傣语族语言和分布于印度尼西亚和海南岛的卡代（Kadai）语群的语言合起来看成是一个独立的语系，叫作傣-卡代语系（Thai-Kadi Family）。①

（五）阿非罗-亚细亚语系（Afro-Asiatic Family）

也有人把这个语系叫作“闪米特-含米特语系”（Semito-Hamitic Family），国内简称“闪含语系”。这个语系有两个语族：(1) 闪语族（阿拉伯语、希伯来语、埃塞俄比亚语等）；(2) 含语族（索马里语、古埃及语、豪萨语等）。

（六）南亚语系（Austro-Asiatic Family）

这个语系语言分布在柬埔寨、缅甸、印度和我国云南。这个语系的语族或语言有：(1) 孟高棉语族（高棉语、孟语、布朗语）；(2) 扪达诸语言。

（七）南岛语系（Austronesia Family）

在国外这个语系也叫“马来-波利尼西亚语系”（Malayo-Polynesian Family）。这个语系的语言广泛分布于南太平洋地区。南岛语系分为四个语族：(1) 印度尼西亚语族（马来语、马达加斯加语、高山族诸语言等）；(2) 密克罗尼西亚语族（马绍尔群岛语、吉尔柏特群岛语和加罗林群岛语）；(3) 美拉尼西亚语族（斐济语、所罗门群岛语、俾斯麦群岛语等）；(4) 波利尼西亚语族（毛利语、萨摩亚语、夏威夷语）。有人认为，日语与这个语系的玻利尼西亚语族有密切的关系。

（八）达罗毗荼语系（Dravidian Family）

这个语系的语言主要分布在印度南部、斯里兰卡北部和巴基斯坦等地。主要语言有：泰米尔语、马拉雅拉语、坎纳拉语、泰卢固语、布拉灰语等。

（九）柯伊散语系（Khoisan Family）

这个语系的语言分布在西南非洲。主要有两种语言：柯伊语和散语。

（十）尼罗-撒哈拉语系（Nilo-Sahara Family）

这个语系的语言只分布在非洲大陆。尼罗-撒哈拉语系分为六个语族：(1) 沙里-尼罗语族（努尔语、克雷什语、库纳马语等）；(2) 撒哈拉语族（卡努里语、图布语、扎加瓦语）；(3) 桑海语族（桑海语、登迪语、迪耶尔马语）；(4) 富尔语族（富尔语）；(5) 马巴语族（马巴语、马萨利特语）；(6) 科马语族（科马语）。

---

① 祖父江孝男．文化人类学入门．东京：中央公论社，1991：106.

（十一）高加索语系（Caucasian Family）

这个语系语言主要分布在高加索地区。由于这些语言之间的系属关系还不十分明确，在讨论这些语言时往往不使用“高加索语系”的名称，而使用更为谨慎的“高加索诸语言”(Caucasian languages) 的表述方式。[①] 高加索语系分为四个语族：(1) 伊比利亚语族（格鲁吉亚语、赞语、斯万语）；(2) 阿布哈兹-阿第盖语族（阿布哈兹语、阿第盖语、乌柏哈语等）；(3) 维那赫语族（巴次比语、英古什语、车臣语）；(4) 达格斯坦语族（阿瓦尔语、安第语、拉克语等）。有的学者认为，分布于西班牙和法国南部的巴斯克语，也属于这个语系。

（十二）班图语系（Bantu Family）

这个语系语言分布在非洲大陆的赤道以南地区。班图语系（或班图诸语言）有祖鲁语、刚果语、卢旺达语等三十来种语言。

除了上面所举的十二个语系的语言之外，仍有很多语言，其亲属关系还不能确定，比如美洲印第安诸语言、澳大利亚及塔斯马尼亚诸语言、巴斯克语等。

参考书目

Foley. 人类语言学入门．北京：外语教学与研究出版社，2001.

陈松岑．社会语言学导论．北京：北京大学出版社，1985.

戴庆厦．社会语言学教程．北京：中央民族大学出版社，1993.

甘柏兹．会话策略．北京：社会科学文献出版社，2001.

卡西尔．人论．上海：上海世纪出版集团，2003.

肯顿．行为互动．北京：社会科学文献出版社，2001.

李朝辉．中日跨文化的话语解读．北京：知识产权出版社，2008.

刘润清．西方语言学流派．北京：外语教学与研究出版社，1999.

刘文仲．跨文化交际学概论．北京：外语教学与研究出版社，2003.

罗常培．语言与文化．北京：语文出版社，1989.

马勒茨克．跨文化交流：不同文化的人与人之间的交往．北京：北京大学出版社，2001.

马学良，瞿霭堂．普通语言学．北京：中央民族大学出版社，1997.

纳日碧力戈．语言人类学．上海：华东理工大学出版社，2010.

萨默瓦，波特．文化模式与传播方式．北京：北京广播学院出版社，2003.

萨丕尔．语言论．北京：商务印书馆，1985.

斯考伦 R，斯考伦 S. 跨文化交际：话语分析法．北京：社会科学文献出版社，2001.

索绪尔．普通语言学教程．北京：商务印书馆，1985.

特拉吉尔．社会语言学导论．北京：商务印书馆，1992.

---

① 石川荣吉，等．文化人类学事典．东京：弘文堂，1987：273－274.

温格瑞尔，施密特．认知语言学导论．上海：复旦大学出版社，2009.

徐大明，等．现代社会语言学．北京：中国社会科学出版社，1997.

庄孔韶．人类学通论．3 版．北京：中国人民大学出版社，2015.

Duranti A. Linguistic Anthropology. Cambridge：Cambridge University Press，2002.

Fasold R. The Sociolinguistics of Language. Beijing：Blackwell Publisher，Ltd.，2000.

Foley W A. Anthropological Linguistics：An Introduction. Beijing：Blackwell Publisher，Ltd.，1997.

Hickerson N P. Linguistic Anthropology. New York：Holt，Binehart and Winston，1980.

Howard C. Contemporary Cultural Anthropology. New York：Harper Collins College Publishers，1993.

Keating E. The Ethnography of Communication//Atkinson P，Amanda C，Delmont S，Lofland J，Lofland L. Handbook of Ethnography. London：SAGE Publication，Inc.，2001.

Maltz D N，Broker R A. A Cultural Approach to Male-female Miscommunication//Podolevsky A，Brown P，Lacy S. Applying Anthropology：An Introductory Reader. Brown：Mayfield Publishing Company，2001.

Samovar L A，Porter R E，Stefani L. Communication between Culture. Belmont：Wadsworth Publishing Company，2000.

Sapir E. Conceptual Categories in Primitive Language. Science，1931（74）.

Wharf B. Language，Thought and Reality. Cambridge：MIT Press，1956.

第八章
认知与文化

第一节 认知人类学的历史发展

认知人类学是研究人类社会与人类思想之间关系的一门学问。[①] 不过，这样的定义还不够全面和具体。应当说，认知人类学是研究人类社会、文化、实践与人类思想之间的互动和结构关系的一门学问。认知人类学的历史可以追溯到 20 世纪的 50 年代的民族科学，代表了人类学领域从行为研究转向意义研究的新取向。[②]

作为 19 世纪以来传统上的人类学分野，考古学通过发掘埋藏在地下的各种遗迹和遗物，研究和阐明“史前”社会经济状况和文化面貌，进而探讨社会历史发展的规律；民族志观察和研究“原始”族群的生活方式；体质人类学或者生物人类学研究人类的生物特征和体质类型；语言学通过语言之间和方言之间的历史比较，构拟其亲属关系，追溯其历史演变。

然而，仅就民族志来说，随着社会和学科本身的发展，存在一个“议程跳跃”（agenda hopping）和“范式转移”（paradigm shift）。[③] 所谓“议程跳跃”，指特定议程（或者课题）的研究在经过一段时间后，已经难以有新的突破，一部分研究者率先转向其他课题的研究，并且逐渐成为气候。“范式转移”指在老的研究模式不能解释新情况的时候，一些持新见解的人放弃老模式，用新模式解释这些新情况。

在 20 世纪 30 年代，美国人类学界出现了以马林诺夫斯基和拉德克利夫-布朗为代表的反对“拟测历史”（conjectural history）的功能主义学派，实现了影响深远的“议程跳跃”。他们认为人类学的研究课题不是构拟族群历史，填补“缺环”，而是再现以亲属制度为基础的无文字社会运转过程，也就是它们的功能。人类学者要长期做田野工作，细心观察和记录研究对象的社会实践和文化功能，其中包括政治组织、婚姻制度、巫术、宗教、住居等及其社会性质。在 20 年代和 50 年代之间占据心理学主流的是刺激-反应学派，他们强调理论必须建立在可以直接观察到的实验和现象之上，反对推理。可是，越来越多的实验和研究对这种范式提出了挑战。从作为动物的老鼠到作为人类的儿童，都有藏在大脑

---

① Andrade R D. The Development of Cognitive Anthropology. Cambridge：Cambridge University Press，1995：1.

② 杨德睿．认知人类学//招子明，陈刚．人类学．北京：中国人民大学出版社，2008：149－173.

③ Andrade R D. The Development of Cognitive Anthropology. Cambridge：Cambridge University Press，1995：1. Khum T. The Structure of Scientific Revolutions. 2nd Edition. Chicago：University of Chicago Press，1970.

里的图像，尤其是儿童，他们能够建造有关周围世界的越来越复杂的模型。计算机的出现使人们相信人脑解决问题的过程可以用机械来模拟。50 年代，在心理学和语言学领域出现了“范式转移”，对人类学产生了更为直接的影响。在 1956 年以前的语言学界，居统治地位的行为主义学派把精力放在听音、记音并加以线性结构分析之上，对语义则尽量避免涉及，对心理也敬而远之。可是，1957 年出版的《句法结构》引起了“乔姆斯基语言学革命”①。乔姆斯基证明，人类学习语言的过程并不是通过学习词与词之间的前后组合来完成的，而是通过学习少量的语法，然后用这些语法转换生成大量符合语法的句子，而这样的语法是刺激-反应理论所不能解释的。② 需要指出的是，在人类学领域传统上并没有排除心理和认知的研究，只是提法有一些不同。例如，埃文思-普里查德就认为，只有把人类社会作为符号系统来研究，才能彻底加以理解。③ 在 50 年代的英国、法国和美国，研究人类群体的观念体系已成气候，克莱德·克拉克洪就从他过去对纳瓦荷人功能主义的研究转向了对他们的观念和价值的研究④，也就是说，人类学的主流从研究社会制度转向研究象征符号体系。与此同时，大约在 50 年代末，出现了民族科学⑤和语言人类学的合流，耶鲁大学的语言人类学家弗洛伊德·劳恩斯伯里在很大程度上影响了这个趋势，他和沃德·古迪纳夫发表了一些分析亲属称谓和本土天文学的重要论文。⑥ 与此同时，深受索绪尔社会语言学理论⑦，尤其是雅各布森音位学理论⑧影响的法国人类学家列维-斯特劳斯，成为人类学界结构主义的突出人物。他的结构主义方法论主要建立在符号意义的关系之上。在列维-斯特劳斯看来，人类心灵的无意识结构通过各种文化形式表现出来，涉及神话、亲属制度、面具、丧葬活动等。⑨ 结构人类学的典型做法是在文化材料中寻求结构性二元对立，推导转换生成的形式，而并不涉及本土人是如何看待自己文化的，因为文化材料的结构是无意识的产物。在来自多种学科尤其是语言学的强大影响下，认知人类学从 20 世纪五六十年代进入了分析文化知识的阶段。例如上面提到的劳恩斯伯里和古迪纳夫用语言学的成

---

① Chomsky A N. Syntactic Structures. Hague：Mouton，1957.

② 以上语言学观点主要来自成型于 20 世纪 50 年代的心理语言学（psycholinguistics），它与认知人类学有密切关系。自 60 年代以来，心理语言学形成了三个流派：联想派（associationist approach）、内容派（content approach）、过程派（process approach）。联想派认为人的语言行为既非出自天生，亦非人类独有，语言是通过联想学会的，学习语言是一个“刺激—反应—强化”的过程。内容派认为，人的生理结构规定着语言内容，他先天就具备“语言习得机制”，是人类所独有的。过程派认为，人先天有可以输入语言材料的认知机制；适言行为有不同于其他行为的特殊性；语言能力和语言运用存在区别，但不应夸大语言能力的作用；儿童没有先天的语言知识，但可以通过启动加工语言材料的机制来获得。参见：冯志伟．现代语言学流派．西安：陕西人民出版社，1987：313－318.

③ Beattie J H. Contemporary Trends in British Social Anthropology. Sociologus，1955（5）.

④ Andrade R D. The Development of Cognitive Anthropology. Cambridge：Cambridge University Press，1995：12－13.

⑤ 民族科学一直是民族志的一个分支，它主要研究有关生物、动物、天文和其他相关方面的民间知识。

⑥ Lounsbury F. A Semantic Analysis of the Pawnee Kinship Usage. Language，1956（32）. Lounsbury F. A Formal Account of the Crow and Omaha Type Kinship Terminologies// Goodenough W H. Explorations in Cultural Anthropology. New York：McCraw-Hill，1964. Goodenough W H. Native Astronomy in the Central Carolines. Philadelphia：Museum Monographs，The University Museum，University of Pennsylvania，1953.

⑦ 索绪尔．普通语言学教程．北京：商务印书馆，1985.

⑧ Bolinger D. 语言要略．北京：外语教学与研究出版社，1999：759－762. 胡壮麟，等．语言学教程．北京：北京大学出版社，1988：358－365.

⑨ Levi-Strauss C. The Elementary Structure of Kinship. London：Penguin，1969. Levi-Strauss C. Structural Anthropology. London：Penguin，1972. 列维-斯特劳斯．野性的思维．北京：商务印书馆，1987.

分分析法研究亲属称谓，康克林（Harold Conklin）和弗雷克借用生物学的分类学方法来研究文化分类体系，发展出“族群植物学”。[①] 此外，像动物、性格、疾病、颜色等领域，也得到广泛的研究。这一时期的人类学同整个社会科学一样，强烈地追求方法、形式和定量。美国的耶鲁、宾夕法尼亚、斯坦福、伯克利、欧文等五所大学成为认知人类学的中心，据统计，当时有2/3的认知人类学者受到金博尔·罗姆尼（Kimball Romney）的指导或者影响。[②]

20世纪70年代中期，认知人类学出现了新转折。埃莉诺·罗施引入心理学有关范畴的理论，一些语言范畴和原始型（prototype）发生了联系；原始型赋予基本范畴突出特点（salience），使它们能够影响记忆和推理。到80年代初，图式理论（schema theory）代替了原始型理论；80年代中期，出现了更为抽象的有关心理表象的性质的心理学理论。所谓的“连接式网络”（connectionist networks）把特征图式串（schematic clusters of features）聚成组合体，而不求助于任何语言基础。这样，思维对于语言的过分依赖就被打破了。

认知人类学最新发展的焦点在于研究文化图式如何与行动相联系。这个领域的研究涉及情感、动机、内化（internalization）、社会化。认知人类学者普遍把文化看作社会分布的、“颗粒状的”、以不同形式内化的、以不同方式体现在外部形态中的东西。也就是说，文化不再被看作匀质的、具有稳定结构的存在形式，也不再被看作完全由外在社会决定的符号体系；人的心理因素也对文化产生着重要作用，与文化形成互动关系。认知人类学一直在探讨文化知识是如何在人脑中协调运转的。

第二节　认知与符号意义

符号是能指代另一种关系的关系结构。它典型地表现为基于任意性的隐喻。例如，人们常用红色的桃形图案象征爱情，用骷髅代表危险。符号能够把两种不同的观念经验联系起来，超越直观的所知和所察。符号具有多义、模糊的性质，因而它是人类表达感情、想象和价值的重要工具。语言是最典型的符号系统。认知人类学既然受到语言学的直接影响，它自然要研究各种文化符号，只是其着眼点在于语言和心理方面。这和象征符号人类学（解释人类学）至少在理论上是有差别的。

符号人类学产生于19世纪末，发达于20世纪，受到弗洛伊德精神分析理论和列维-斯特劳斯结构人类学的重要影响，其主要代表人物有施奈德[③]、特纳[④]、斯波伯[⑤]、萨林

---

① Conklin H. The Relation of Hanunoo Culture to the Plant World. New Haven：Yale University，1954. Frake C. The Ethnographic Study of Cognitive Systems//Anthropology and Human Behavior. Washington，D. C.：Society of Washington，1962.

② Andrade R D. The Development of Cognitive Anthropology. Cambridge：Cambridge University Press，1995：245. 罗姆尼从哈佛大学的社会关系研究系毕业后去了斯坦福大学，然后又转到欧文大学。

③ Schneider D. Some Muddles in the Models//Banton M. The Relevance of Models for Social Anthropology//Association of Social Anthropologists Monographs. London：Tavistock，1965：1.

④ Turner V W. The Forest of Symbols. Ithaca and London：Cornell University Press，1967.

⑤ Sperber D. Rethinking Symbolism. Cambridge：Cambridge University Press，1975.

斯[①]和格尔茨[②]等。符号人类学并无统一的理论模式，在多种观点中，具有代表性的是芝加哥大学的格尔茨及其同事和康奈尔大学的特纳。前者受到马克斯·韦伯的重要影响，后者则受到涂尔干的影响。此外，格尔茨代表了主要关注“文化”运行的早期美国人类学的转型，而特纳代表了关注“社会”运行的英国人类学的转型。[③] 格尔茨强调，文化并不是禁锢在人们头脑中的东西，而是体现在公众符号之中。社会成员通过这些符号交流思想、维系世代。“文化既然是表演的文件（acted document），那它就像模拟的眨眼示意或模拟抢劫羊群一样，具有公共的性质。虽说文化是观念性的，但它并不是仅存在于人的头脑中；虽然它是非物质性的，但也并非超自然的存在。”[④]

特纳并不强调符号作为意义载体和世界观载体的角色，而认为它们是社会过程的算子（operator）。这些算子在一定环境下以一定方式的组合能够导致社会转型。他为符号人类学增加了语用学（pragmatics）维度。

然而，认知人类学不能满足于在社会里找文化，它要到人的头脑里去找文化、找意义。结构主义的成分分析法使认知人类学在对亲属称谓以及其他符号体系进行分析和研究时，获得了精确性和完整性。在没有文字的社会里，亲属制是主要的社会制度，社会成员的地位取决于他在亲属制中的地位，也常常表现为亲属称谓的符号关系。柏林（Brent Berlin）和凯（Paul Kay）在1969年出版了具有深远影响的著作《基本颜色词：其普世性与演化》[⑤]，他们证明不同文化的颜色词的发展是有规律的，遵循的是一套完整的演化序列。文化差异并不影响人类对于基本颜色词的共同划分，这在很大程度上动摇了萨丕尔-沃尔夫假说。[⑥] 在颜色序列中，黑色和白色是最基本的，任何语言都有；如果某个语言有三种颜色词，那么接着出现的一定是红色；依次类推，接着出现的就应当是绿色和黄色（它们或者合在一起，或者各自分开），然后是蓝色和棕色，最后是粉红色、紫色、橙色、灰色。光谱是连续体，英语把它分成六段：purple（紫色）、blue（蓝色）、green（绿色）、yellow（黄色）、orange（橙色）、red（红色）。美国印第安人的一个部落祖尼人（Zuni），把橙色和黄色合成一种颜色。[⑦]

对亲属称谓的意义特征进行分析，是认知人类学的一个重要领域。特征分析（feature analysis）相当于语言学中的成分分析（componential analysis）[⑧]，认知人类学者利用这个

---

① Sahlins M. Culture and Practical Reason. Chicago：Chicago University Press，1976.

② Geertz C. The Interpretation of Cultures. New York：Basic Books，1993.

③ Smith C S. Macmillan Dictionary of Anthropology. London and Basing Stoke：The Macmillan Press，Ltd.，1986：273-274.

④ 格尔茨．文化的解释．上海：上海人民出版社，1999：11.

⑤ Berlin B，Kay P. Basic Color Terms：Their University and Evolution. Berkeley：University of California Press，1969.

⑥ 该假说认为，语言结构决定人的实践结构，不同的语言具有不同的分类体系（包括颜色分类），同时也决定各个使用不同语言的文化有不同的世界观。Carroll J B，et al. Language，Thought，and Reality，Selected Writings of Benjamin Lee Whorf. Cambridge：MIT Press.

⑦ Bolinger D. 语言要略．北京：外语教学与研究出版社，1999：376-377.

⑧ 语言学的布拉格学派把音位（区别意义的最小语音单位）进一步分析成“区别性特征”（distinctive feature），例如，[d] 的区别性特征包括口腔（相对于鼻腔而言）、浊音（相对于清音而言）、齿音（相对于唇音、软腭音等而言）。此外，在语音学中，像男人/女人/儿童、公牛/母牛/牛犊所构成的对应关系，分别含有男的-雄性/女的-雌性、成年的/未成年的、人的/牛的特征。哈特曼，斯托克．语言与语言学词典．上海：上海辞书出版社，1981：68.

方法比较成功地分析了许多“史前族群”的亲属称谓体系。为了简便，我们仅举英语亲属称谓词的特征分析为例（见表 8-1）。①

表 8-1　英语亲属称谓词

		直系		旁系	
		男	女	男	女
祖辈	+	grandfather	grandmother		
	−	grandson	granddaughter		
父辈	+	father	mother	uncle	aunt
	−	son	daughter	nephew	niece
同辈		brother	sister	cousin	

当然，特征分析法的运用并不仅限于颜色词和亲属称谓，它所涉及的范围相当广泛。中国境内的彝语支语言有关铜、铁、金、银的金属名称大都是同源的，通过语音特征（成分）分析可以看出严整的对应关系（见表 8-2），从而证明这一语支所属族群的分化，“是在认识和使用这些金属之后，而非在此之前”②。

表 8-2　彝族支语言中的金属名称

彝	傣	哈尼	拉祜	纳西	汉义
dZ |^{33}	dJ^{31}	gU^{51}	kU^{53}	Er^{33}	铜
s4U^{33}	xo^{33}	so^{55}	so^{33}	s4o^{31}	铁
s4 |^{33}	Si^{33}	s |^{55}	s |^{33}	xA^{31}	金
tChu^{33}	phu^{33}	phju^{55}	phu^{33}	Nu^{31}	银

据蒙古族历史文学典籍《蒙古秘史》记载，从蒙古始祖孛儿帖·赤那到成吉思汗的八世祖朵奔伯颜的 8 代人 16 个男性人名中，有三分之一含“蔑儿干”（Mergan，意为“神箭手”，贵族称号）；从合必赤巴阿秃儿到也速该巴阿秃儿（成吉思汗之父），有 6 个人称“巴阿秃儿”（Ba'atur，意为“勇士”，贵族称号）。此外，还有那颜（Noyan，意为“官人”）、别乞（Beki，意为“酋长”）、别乞（Beki，意为“公主”）、敢不（Gambu，意为“王”）、合罕（Qahan，意为“大可汗”“皇帝”）、罕（Qan，意为“小可汗”“诸侯”）、必勒格（Bilge，意为“哲人”，贵族称号）、薛禅（Sechen，意为“智者”，贵族称号）、太子（Taiji，意为“太子”）、扯儿必（Cherbi，意为“官人”）、兀真（Ujin，意为“夫人”）等已经作为人名一部分的贵族称号。它们可以根据王族、非王族及性别形成下列语义分布（见表 8-3）。

表 8-3　蒙古族名号

	王族	非王族
男性	扯儿必，合罕、罕，敢不，太子	蔑儿干，巴阿秃儿，那颜，必勒格，薛禅，别乞
女性	合屯，兀真，别乞	

① Andrade R D. The Development of Cognitive Anthropology. Cambridge: Cambridge University Press, 1995: 29.

② 戴庆厦. 语言和民族. 北京：中央民族大学出版社，1994：25.

在距离《蒙古秘史》写作时代约600年后的今天，以上诸多名号就语词形式来说，仅有蔑儿干、巴阿秃儿、必勒格、薛禅仍保留在蒙古族人名中，其代价是丧失原来作为贵族称号的意义。造成这个事实的原因有二：（1）作为以上名号用词语义场的社会历史条件已经不复存在，有关贵族名号的语义场失去意义；（2）那些在蒙古族人名中保留下来的形式上的“贵族称号”，已经不具有称号的意义，而是以新派生的意义加入现在蒙古语的词汇行列，成为现代蒙古族人名使用频率较高的用字（见表8-4，箭头左边是原义，右边是今义）。

表8-4　蒙古“贵族”称号的语义变化

薛禅（智者）名号→聪慧
蔑儿干（神箭手）名号→聪颖
必勒格（哲人）名号→天分
巴阿秃儿（勇士）名号→英雄、勇敢
扯儿必（王）名号→0
太子（太子）名号→0
敢不（王）名号→0
罕（王）名号→0
别乞（公主）名号→0
别乞（酋长）名号→0
那颜（官人）名号→0
合屯（王后）名号→0
兀真（夫人）名号→0

注：“0”表示已经消亡或者已经不用。

以上“死亡”的称号全是外来借词：太子即汉语的“太子”，兀真即汉语的“夫人”，敢不即藏语的“王”，那颜即汉语的“老爷”，合罕、别乞、别乞、合屯为突厥词。这些借词在蒙古语的语义系统中，缺少能产性，仅作为名号而存在，终于在现代蒙古族人名文化中消失。同时，薛禅、蔑儿干和必勒格等三个词，加入了以“聪慧”为中心的语义场，由上层统治者的人名称号转向民间，适应了民俗心理，获得新的生命，并且成为使用频率较高的人名用字：

聪慧{
- Sodu（英明）
- Mergan（智慧）
- Sechen（聪明）
- Bilge（明哲）
- Hurcha（敏慧）
- Sergeleng（聪颖）

巴阿秃儿则加入了以“勇敢”为中心的语义场：

勇敢{
- Baatar（勇敢）
- Shirugan（勇猛）
- Chog（抖擞）
- Sur（威风）

第三节　认知与结构

认知人类学的研究讲究形式和方法，最近又走向量化，所有这些都需要“结构”的支持。这种“结构”不一定完全反映事物本身的特性，而是建立在主客观互动之上的认知模式。瑞士语言学家索绪尔的语言学理论是人类学的结构概念的主要来源，他提出了一些重要的结构语言学概念，如历史语言学和共时语言学、语言和言语、聚合和组合等。法国人类学家列维-斯特劳斯是该学派最重要的人物。他把索绪尔的结构语言学理论引入文化人类学，用来研究和理解人类文化和人类思维。如同结构语言学把语言看作具有深层结构的符号系统，列维-斯特劳斯认为，文化只不过是一种表面现象，表现了人类要对自己的经验进行排列和分类的通性；文化现象可以是多元的，但其底层的排列原则却是同一的。

> 早期的人类学者在自己的母语中寻找描述文化的类别（category），而认知人类学者却是在研究对象的母语中寻找它们，并且发展出自己的一套分类体系。①

人类总是要通过命名，对自己所感知的自然和社会现象加以概括和分类。民间分类学是民间知识的重要部分，也是认知人类学者的主要研究对象。客观事物互相关联，按照一定的包容和隶属关系构成分类系统（taxonomy）。例如，我们日常生活中的家具包括桌子、柜子等。这些概括词又可以各自划分为写字台、梳妆台、饭桌、电脑桌、躺椅、转椅、折叠椅、靠背椅、吊柜、立柜、卷柜、保险柜等。它们可以组成一个纵向包容、横向对照的分类系统（见表 8-5）。

表 8-5　家具的命名与分类

	家　具			
	桌子	椅子	柜子	
↓包容	写字台、梳妆台、饭桌、电脑桌……	躺椅、转椅、折叠椅、靠背椅……	吊柜、立柜、卷柜、保险柜……	↔对照

以上分类系统中的各个成分共同构成一个语义范畴（semantic domain）。所谓“语义范畴”，指一组互相之间至少有一项共同特征、同时又区别于其他类似单位的客体。例如，在现代标准汉语里，椅子以两项特征区别于桌子：“有靠背”“用来坐”。桌子也有两项区别于椅子的特征：“上有平面”“在上面放东西或者做事情”。分类系统是一种语义配列（semantic arrangements），与此相关，还有一种语义配列需要介绍，这就是“范式”（paradigm）。在分类系统中我们只考虑一个维度（即包容），而在“范式”中就要考虑两个以上的维度。当多项语义特征按照一定的维度排列并且互有交叉时，我们就得到了一个“范式”。②“范式”相当于语言学的聚合（或称“纵聚合”）。“聚合的”或者“纵聚合的”，指在一个结构中具有相同位置关系的形式之间的垂直关系。例如：

---

① Tyler S. Cognitive Anthropology. New York: Holt, Rinehart and Winston, Inc., 1969: 6.

② 同①.

他喝葡萄酒。

他喝白酒。

他喝饮料。

其中的“葡萄酒”“白酒”“饮料”互相存在聚合关系。[①] 以中国部分少数民族语言系属、人口和语言使用情况为例（见表8－6）。

表8－6　　中国部分少数民族语言系属、人口和语言使用情况

<table>
<tr><td rowspan="2" colspan="4"></td><td colspan="3">语系</td></tr>
<tr><td>汉藏语系</td><td>阿尔泰语系</td><td>南亚语系</td></tr>
<tr><td rowspan="4">人口</td><td rowspan="2">百万以上</td><td rowspan="2">本族语</td><td>一种</td><td>彝族、白族、苗族、侗族</td><td>蒙古族、维吾尔族、哈萨克族</td><td></td></tr>
<tr><td>两种或以上</td><td>藏族、瑶族</td><td></td><td></td></tr>
<tr><td rowspan="2">百万以下</td><td rowspan="2">本族语</td><td>一种</td><td>阿昌族、羌族、普米族、黎族</td><td>达斡尔族、土族、撒拉族、乌孜别克族</td><td>佤族、布朗族、德昂族</td></tr>
<tr><td>两种或以上</td><td>景颇族、怒族、门巴族、珞巴族</td><td>裕固族</td><td></td></tr>
</table>

除了分类系统和范式以外，还可以用树形图表示语义特征的配列，由于篇幅限制，这里不做介绍。

第四节　认知与行动

尽管有的认知人类学者认为该学科分支利用民族志方法“由里向外”研究文化，但这种“里”最终要落实到“外”才能得到证明和显现。同时我们要强调，认知是过程，而不是一些或某些“分类系统”“范式”“树形图”。因此，认知的最终归属是行动或者操作。[②]

认知人类学的图式理论的产生，是有关学者关注人与周围环境（文化环境）互动的结果。

图式理论不同于原始型，它是一个由客体及其关系组成的框架，需要用具体的细节来填充；而原始型则是一组特定的期待。当人们用标准的默认值填充一个图式的时

① 哈特曼，斯托克．语言与语言学词典．上海：上海辞书出版社，1981：246.

② 这种“行动”包括心理的，也包括心理以外的。

候，他们就得到了原始型。[①]

举英语的“write”和日语的“kaku”为例，虽然它们都有“写”的意思，而且也是这样互译的，但它们的图式毕竟有差别。这两种图式是这样一个图景：有人手里拿着一个带尖、能留下痕迹的东西在一个表面划动。这个图景使人想到写者、写的工具、留下痕迹的表面和成果。不过，日语图式并不确定所留痕迹的性质。因为“kaku”既可以是写字，也可以是画草图，甚至可以是乱涂乱画。与此对照，“write”只能与语言相联系，与图画无关。[②] 图式是由诸多空位组成的框架，各个空位之间保持着互动关系。例如，如果在“write”的图式框架的空位里填入“天空”，那么，“写者”就是飞机；如果没有什么特别的信息，那么，人们就以平常的期待填入空位。说到“西餐”时，我们想到刀叉；说到“中餐”时，我们就想到碗筷。当然，由于区域甚至全球交流的剧增，各种文化和习俗之间的交流也相当频繁，其中也包括各种文化图式之间的互动。在中国的城市，居民们对西餐开始熟悉起来，也出现了“中餐西吃”的过渡现象。图式是一种由不同层面的子图式构成的集合，它的好处是可以把不同范畴的词项联系在一起。例如，“写”的图式涉及铅笔、钢笔、粉笔、打字机、黑板、报纸、手稿、英语、法语、阿拉伯语、作者、记者等。也有一些词项表示完整的图式没有实现或者只得到部分实现，例如“潦草”（scrawl）一词表示某人写的东西不易辨认，“文盲”表示某人没有有效地掌握读写知识，因而不能利用“写”的图式。[③] 图式具有文化“偏见”，美国人对婚姻图式的理解不同于中国人的理解，汉族农民的消费图式也不同于汉族市民的消费图式。图式不仅是头脑里的表象，还是一个“处理器”（processor），可以从最小量的信息输入，生成复杂的解释。

尽管图式的解释力比较强，但是它还不能用计算机加以模拟。计算机使用的是“串行符号处理模型”（serial symbol processing model）、读出/输入装置，把有关外界的信息传进来，编码成符号/二进制比特，这样就可以表示外部世界。大脑/计算机通过逻辑运算对这些符号/二进制比特进行线性处理，做出判定。20 世纪 40 年代，人脑性能的模型“感知器”（perceptron）被研制出来，它包括一组输入或者传感装置，固定地连接在第二层输出或者判定装置上。每一种连接都有一定的权（weight），权决定着传向判定装置的激活力的大小。当所有出入装置、导向输出装置的激活力的总和超过一定的阈值以后，输出装置就会“发作”。[④] 经过进一步改进，“感知器”为“并行分布式处理网络”（parallel distributed processing networks）或者“连接式网络”（connectionist networks）所取代。“连接式网络”的运作比较接近人脑的工作，具有灵活、应变力和信息综合能力强等优点，基本上模拟了人脑的图式模型。

“串行符号处理模型”和“连接式网络”对于人类学的文化与认知研究意义重大。可以把“串行符号处理模型”比作成文的语法，而把“连接式网络”看作不成文的习性。大多数中国人在学习和使用英语的时候，依靠成文的英语语法，先要思考，甚至要“打腹稿”；而

---

① Andrade R D. The Development of Cognitive Anthropology. Cambridge：Cambridge University Press，1995：124.

② 同①125.

③ 同①.

④ 同①137－138.

对那些以英语为母语的人来说，他们总是出口成章，不假思索，很少借助成文的语法。反过来，学习与使用汉语和其他语言的情况也是如此。客位观察和主位观察也和它们存在可比关系，即我们在考察其他文化的时候容易依靠某种规则或者理论，先设计问卷、了解情况，直到胸有成竹的时候才着手调查；而作为调查对象的本地人并没有那么多理论，他们的民间知识却像涌泉一样，随时喷洒出来。民间知识是典型的包容性图式结构，相对于各种事物和事件，本土人经过长期的实践已经培养出各种各样彼此关联但又自成体系的表象结构。他们根据具体的事物和事件，灵活地运用这些"默认"的结构，并且在必要的时候填充以"默认值"。这种运用是不假思索的，是随机应变的。从这个角度看，"连接式网络"——包容性图式结构与法国人类学家布迪厄所提出的惯习（habitus）和主客观互渗（doxa）类似。惯习指人们在特定文化中养成的习性或者行为举止，它是"肢体化"的历史遗产，个人没有能力完全摆脱或者完全认知，但在社会实践中却处处得到运用。

> 主客观互渗指游离于正统与非正统对立之外的，在人们心目中是自然而然的存在，它不是对主观和客观的一种自觉，而是一种不自觉的、无意识的"自然"存在，人们对它的存在并不提出任何异议和问题——它是不言自明的和不证自明的。①

认知图式来自行动（实践），也付诸行动。认知人类学者也是通过自己的行动（田野工作），在与调查对象的互动中描述和研究后者的认知图式的。托马斯·格拉德温（Thomas Gladwin）、戴维·刘易斯（David Lewis）、本·芬尼（Benjamin R. Finney）、埃德温·哈钦斯（Edwin Hutchins）分别对密克罗尼西亚和波利尼西亚航海者的经验和认知图式进行了田野调查。② 格拉德温对密克罗尼西亚航海者的航海知识和认知图式进行了详细描述。这些航海者利用星辰辨别方向，拥有丰富的海流知识，借助岛屿的参照，在太平洋上定期航行 150 英里（约 240 千米）到 450 英里（约 720 千米）之遥。哈钦斯通过自己在一艘美国军舰上的亲身体验，在西方现代航海体系与密克罗尼西亚航海体系之间进行比较，揭示了这两种文化传统在表象层面和演算层面上都存在很大差别。

查尔斯·凯勒（Charles Keller）和珍妮特·凯勒（Janet Keller）通过跟随铁匠学徒，深入了解他们的知识结构和行为模式，以便研究人是怎样在思维中动脑筋，在自然环境中动肢体，从而为建立知识人类学（anthropology of knowledge）打下基础的。

> 知识是有目的的，它来自实践，组织成为达到某种目的的原则和图式；在知识和实践之间存在辩证关系，知识被创造，也被应用，而实践既受到知识的制约，也创造知识；在推理中，意象（imagery）起着至关重要的作用，概念思维包括用视觉和身势表达的思想，它们补充了命题性知识，并且与之互动；通过理解具体操作中的思维

---

① Bourdieu P. Structures, Habitus, Power//Dirks N B, et al. Culture/Power/History. Princeton, New Jersey: Princeton University Press, 1994.

② Gladwin T. East is a Big Bird. Cambridge: Harvard University Press, 1970. Lewis D. We The Navigators. Honolulu: University Press of Hawaii, 1972. Finney B R. Hokulea the Way to Tahiti. New York: Dodd, Mead and Company, 1979. Hutchins E. Cognition in the Wild. Cambridge: MIT Press, 1994.

过程，可以加深理解物质文化。[①]

每一种图式都可以看作简单的模型。认知人类学的模型是一组互相关联的因素，它们结合起来表示某种事物。[②] 当然，模型在一定程度上也是"惯习"，是在长期实践中自然形成的对外界事物进行反应的默认的行为方式。模型有大有小，有复杂，有简单。大而复杂者如航海、婚姻，小而简单者如读报、写字。[③]文化模型是分析者对人们推理和理解的断言，而文化理论（culture theories）则完全建立在本土的说法之上；有关文化模型的知识在本质上是程序性的，而有关文化理论的知识是陈述性的；文化理论常常涉及普遍和抽象的话题，如生命的起源、神灵的性格等，有关命题之间的联系是松散的。[④]

第五节　认知人类学：新的综合

20世纪80年代以来，认知人类学有一个心理学的大转向，研究文化表象和心理过程，在一定的抽象层次上探讨人类认知的普遍特征。认知人类学者们研究感知、记忆、推理、分布性认知（distributed cognition）、表象结构、一致等心理学范畴。所有这些都围绕这样一个主题：文化图式如何与行动发生联系。在这样的主题之下，情感、动机、内化、社会化等社会心理现象或者过程，都在得到研究。经过近40年的发展，认知人类学取得了三项成就：

（1）对文化表象进行了详细而可靠的描述。

（2）在文化和心理功能之间搭了一座桥梁。

（3）人类把各种表象作为文化遗产来学习，他们的心理受到这些表象的影响；人类的认知过程也反作用于文化表象。[⑤]

20世纪90年代以来，认知人类学有两大趋势：一是走向社会，走向实践；二是走向数理，跨越文化。不过，这两大趋势常常交织在一起，这是因为这个分支学科走向社会和实践不等于放弃了原来对于知识的习得及其组织结构的探讨，而是把"内部世界"和"外部世界"有机统一起来，进入新的理论空间。在1969年出版的《认知人类学》一书的导言中，主编者斯蒂芬·泰勒认为，文化不是物质现象，它是通过认知对物质现象的组织，即它是通过对物质现象的分类而得到的认知模式。[⑥] 这是一种"由里向外"的研究方法，

---

① Keller C M, Keller J D. Cognition and Tool Use. Cambridge: Cambridge University Press, 1996: 14-15.

② 认知模型是肯尼斯·克雷克（Kenneth Craik）在20世纪40年代引进的概念。他在《解释的本质》一书中指出，生物具有关于外界现实和想象的行动的"小模型"。它能够试验各种选择，找出最佳者，利用过去的知识对现在和未来的境遇做出反应，在遇到紧急情况时尽量保证自身的安全。Craik K. The Nature of Explanation. Cambridge: Cambridge University Press, 1943: 13.

③ 有关文化模型的论述，参见：Holland D, Quinn N. Cultural Models in Language and Thought. Cambridge: Cambridge University Press, 1987.

④ Anadrade R D. The Development of Cognitive Anthropology. Cambridge: Cambridge University Press, 1995: 172-173.

⑤ 同④251-252.

⑥ Tyler S. Cognitive Anthropology. New York: Holt, Rinehart and Winston, Inc., 1969: 3.

注意的是语义分析，间或有心理分析。但是，这种观点受到来自认知人类学内部和外部的质疑与挑战。知识涉及对生产和生活的有意识的组织，它的存在价值最终要落实到可知、可见的实践中去。同时，社会实践活动出自心理的、物质的和社会的结构，反过来又再生产或者改造原有结构。①格尔茨抨击以斯蒂芬·泰勒和沃尔德·古迪纳夫为代表的认知人类学者，因为他们把意义划归心智，是私人的，不是公共的，把意义看成是人们头脑中的产物，基本不涉及外部世界。格尔茨指出，要寻找文化及其意义，就要“局内观察交易场、山寨，参与放牧，加入斗鸡，感觉、感知、体悟和心灵都要调动起来”②。

> 自（20 世纪）50 年代认知人类学形成气候以来，它采取了两项重大步骤。首先它放弃社会，转向个人作为文化共同体成员所应具备的知识，也就是到人脑里找知识。问题变成：“一个人必须知道些什么？”其次，它脱离了实践，不知道人们怎样学习知识，环境又怎样促成了知识的学习。然而，人类的认知总是处在复杂的社会文化环境中，不可能不受到它的影响。同时，群体（社会）的认知属性不能从个人的认知属性推知，也就是说群体认知和个人认知有很大差别。知识结构不应当从实验室里去找，而应当去“荒野”里去找，到真实的文化实践里去找。③
>
> 文化不仅是各种心理表象，它还有物质层面和外部结构，包括后天学习到的行为，包括具体环境。文化是一个群体的全部社会遗产。④

布拉德·肖尔（Bradd Shore）提倡基于民族志的心智研究，认为人类的认知模式可以分为两种：一是习俗化的公共认知模式，二是主体活用的个人认知模式。公共认知模式和个体化知识会发生临场互动，因而认知活动是一个外在于大脑的综合过程。⑤

莫里斯·布洛克（Maurice Bloch）于 2012 年出版了《人类学与认知挑战》⑥一书，意在调和人类学与认知科学之间的紧张关系。他指出，人类学者和认知科学研究者所讨论的主题原本属于不同层面，他们并没有意识到这一点，还以为彼此在争论同一个论题。布洛克以努尔人（Nuer）和加瓦人（Gawa）为例，他们具有与全人类相同的时间观，并把这个时间观自然而然地运用到日常生活中。认知科学家所研究的，恰恰是这个普遍时间观的层面。同时，努尔人也具有基于想象的符号体系，其中包括规范、制度、角色和法律体系。虽然这个层面由前述人类所普遍拥有的时间观转换而来，但两者似乎有些水火不容。这个特殊化的符号体系溢于言表，便于观察，是人类学家研究的层面。布洛克呼吁人类学家和认知科学家要有合作精神，把普遍和特殊结合起来研究，民族志工作者要加入科学家的行列中，参与主流科学话语的争论，为自己赢得一片天地。

---

① Giddens A. New Rules of the Sociological Method. New York：Basic Books，1976. Sperber D. Anthropology and Psychology：Towards an Epidemiology of Representations. Man，N. S. （20）. Bourdieu P. Outline of a Theory of Practice. Cambridge：Cambridge University Press，1977.

② 格尔茨．文化的解释．上海：上海人民出版社，1999：12－15.

③ Anadrade R D. The Development of Cognitive Anthropology. Cambridge：Cambridge University Press，1995：Introduction.

④ 同③212.

⑤ Shore B. Culture in Mind：Cognition，Culture，and the Problem of Meaning. New York and Oxford：Oxford University Press，1996：371－372.

⑥ Bloch M. Anthropology and the Cognitive Challenge. Cambridge：Cambridge University Press，2012.

认知人类学迄今没有形成统一的理论和统一的阵营，没有系统教材，也没有专业学生。但是它毕竟存在，而且不容忽视。认知人类学者就像一个个“区别性特征”或者“成分”，他们组合在一起形成认知人类学的“语义”。

在中国，与认知人类学有交叉的研究，可以追溯到罗常培的《语言与文化》①，他在书中借助语义分析族群心理，研究了人名及其文化内涵，希望为语言学和人类学的研究建造一座桥梁。到了20世纪80年代，马学良和戴庆厦著文《论“语言民族学”》②，提出从语言特点的分析中观察民族特点，认为词义的多义性特点可以反映客观事物的相互关系和人的认识的变化。90年代以来，张公瑾等语言学研究者把混沌理论（chaotics）③ 引入自己的研究，不仅给语言学增加了新的天地，推动了有关研究的深入发展，也给中国认知人类学的雏形增添了新的内容。④

参考书目

布洛克．人类学与认知挑战．北京：商务印书馆，2018.

布洛克．吾思鱼所思：人类学理解认知、记忆和识读的方式．上海：格致出版社，上海人民出版社，2013.

戴庆厦．语言和民族．北京：中央民族大学出版社，1994.

哈钦斯．荒野中的认知．杭州：浙江大学出版社，2010.

纳日碧力戈．语言人类学．上海：华东理工大学出版社，2010.

斯考伦 R，斯考伦 S. 跨文化交际：话语分析法．北京：社会科学文献出版社，2001.

索绪尔．普通语言学教程．北京：商务印书馆，1985.

赵杰，田晓黎．语言人类学．北京：民族出版社，2015.

Anadrade R D. The Development of Cognitive Anthropology. Cambridge：Cambridge University Press，1995.

Bloch M. Anthropology and the Cognitive Challenge. Cambridge：Cambridge University Press，2012.

Dougherty J W D. Directions in Cognitive Anthropology. Urbana and Chicago：University of Illinois Press，1985.

Holland D，Quinn N. Cultural Models in Language and Thought. Cambridge：Cambridge University Press，1987.

Hutchins E. Cognitive in the Wild. Cambridge：MIT Press，1994.

Keller C，Keller J D. Cognition and Tool Use. Cambridge：Cambridge University Press，1996.

---

① 这本书有北京大学1950年版和语文出版社1989年版。

② 马学良，戴庆厦．论“语言民族学”//中国民族学研究会．民族学研究：第二辑．北京：民族出版社，1981.

③ 混沌学是后来发展起来的科学理论，主要研究非线性相互作用系统。从19世纪中叶到20世纪70年代，科学家被一类现象所困扰，那就是确定性动力系统有时不存在一个稳定的“终态”。直到近期人们才对这类现象有所认识，即它们出自系统的内在随机性。70年代这类现象被定名为“混沌”（chaos）。参见：夏绍玮，等．系统工程概论．北京：清华大学出版社，1995. 苗东升，刘华杰．混沌学纵横论．北京：中国人民大学出版社，1994：42.

④ 纳日碧力戈．从混沌、音系到认知：语言学和人类学的再汇合．民族语文，1998（5）．

Khun T. The Structure of Scientific Revolutions. 2nd Edition. Chicago：University of Chicago Press，1970.

Shore B. Culture in Mind：Cognition，Culture，and the Problem of Meaning. New York and Oxford：Oxford University Press，1996.

Tyler S. Cognitive Anthropology. New York：Holt，Rinehart and Winston，Inc.，1969.

第九章

心理人类学

生活在地球上不同时空中的所有人类有哪些共同的特征？又有哪些特点仅仅出现在某些人类群体中？我们怎样才能更好地思考人类个体的独特之处？这些问题正是心理人类学（psychological anthropology）这一研究领域所要解决的问题。心理人类学被认为是“系统运用心理学概念与方法所做的人类学调查研究”[①]。其研究主题包括社会化、人格发展与文化变迁、国民性、文化与异常行为、文化与知觉、动机和认知等。

第一节　文化与人格

早在人类学刚刚开始发展的时候，一些学者就注意到人们的行为与行为背后的心理因素，注意到不同文化群体与其个体之间的关系。例如，美国民族学家摩尔根除了研究文化进化之外，同时也对人类心智和智力的进化感兴趣，并认为文明的进步不可能离开人类心智的发展。[②] 其他一些早期人类学家也对有关心理的发展表示出兴趣，对人格是否有文化差异、人类是否心理一致等问题长期争辩不已。

精神分析学家弗洛伊德提出了“俄狄浦斯情结”的命题，即由于婴儿时代和童年早期经历的影响，每个孩子都从与自己异性的父或母身上满足性欲，而怨恨同性的父或母。马林诺夫斯基在其经典性的田野工作中，试图弄清楚“俄狄浦斯情结”是所有文化中都存在的人类的普同现象，还是某种特殊家庭制度的特殊产物。他从概念和方法论两个层面，对这一命题进行了人类学讨论和批评。特罗布里恩德岛居民是母系继嗣社会，从女子一方来看，婚后实行从夫居，但是从男子一方看，除了酋长的儿子之外，其他男子在结婚时或者结婚后就会很快离开他父亲的村子，也就是他出生的村子，搬到他舅舅所居住的村子里去。这才是他所认为的自己的村子。男子并不继承他父亲的财产，而是继承舅舅的财产。父亲的角色并不是家庭中食物的供应者或者生计的负责人。父亲没有特殊的权威，并不是训练儿童的人，训练儿童的是舅舅。女人的地位很高，有自己的财产，她的哥哥或者弟弟供应她家庭所需的食物，决定权仅次于孩子的舅舅。马林诺夫斯基描述说，当地人对婚姻都十分坦然，除了酋长之外，婚姻是单偶的。在童年和青春期，并没有什么禁忌，长辈们认为孩子们的性游戏是无伤大雅的。

---

① Bock P K. Rethinking Psychological Anthropology: Continuity and Change in the Study of Human Action. New York: W. H. Freeman & Company, 1988: 1.

② Langness L L. The Study of Culture. California: Chandler & Sharp Publishers, 1987: 168-169.

父母并不特别在意子女看到他们的性生活。在青春期，男孩子住在独身男人居所，经过和几个不同的伴侣交往几年后，才会结婚。但是在婚后却存在许多禁忌，如必须彼此忠诚于对方，有相当严格的行为举止限制，在公开场合甚至不能牵手或者互相接触，也不能含情脉脉地注视对方，或者对对方微笑。按照马林诺夫斯基的考察，当地人很少做梦，而且在极少的梦中，有过与姐妹有关的性梦，兄妹乱伦也是他们神话的重要话题，而没有与俄狄浦斯相类似的民间传说。马林诺夫斯基的新考察说明，特罗布里恩德人存在与弗洛伊德的情结框架不同的情形，男孩子们对父亲并没有敌意，原始民族中舅权往往对父权有一种替代作用。

美国人类学家博厄斯和他的学生及追随者对文化与人格的关系给予了更多的注意。本尼迪克特在写作博士论文时，已经开始使用文化模式雏形的理论，在《文化模式》中将其理论系统化。她对居住在美国西南部新墨西哥的普韦布洛印第安人、太平洋西北海岸夸扣特尔印第安人进行研究。她使用了哲学家尼采在古希腊悲剧研究中所采用的两种具有不同精神文化特征的文化称谓——“阿波罗型”和“狄奥尼索斯型”。新几内亚东部的多布居民则被用“偏执狂型”来描述其文化。她指出，普韦布洛人拥有太阳神阿波罗型的价值观，在他们的部落和祖尼、霍皮等印第安部落中没有其他印第安部落存在的饮酒的问题，在仪式中没有绝食和自我折磨行为，不在仪式中使用药物、仙人掌和酒，不去引发宗教的幻境。在普韦布洛人的成年礼中也有鞭挞仪式，但这种鞭挞只是象征性的。他们对鬼舞、萨满的神鬼附体、自夸自大的习惯、残酷的通奸处置方式、葬礼中的过度悲痛、自杀等酒神型的行为加以拒绝。普韦布洛人因其节制、中和、热衷礼仪以及个性淹没于社会之中而成为阿波罗型。而夸扣特尔人偏爱个人竞争，嗜好心醉神迷，具有权威幻想，并在食人舞者的入会仪式上，充分展现了酒神文化类型。多布人无法无天，背信弃义，反复无常，每个人的手都是反抗他人的工具。他们严厉冷酷、一本正经、感情冲动，把精力耗费在嫉妒、猜疑、仇恨上面，因此是偏执狂型。她认为，各种特殊文化模式是各民族或国家的独特的文化体系，由各种文化特质和文化集丛有机结合而成，各种文化模式的内部必然具有自己的一致性。她主张人的行动大部分受文化条件的制约，在任何一种文化中，人的行为都有部分受压抑，而部分受到重视和提倡。这种有个性又有整体行为的文化表现形态，被本尼迪克特命名为“文化模式”（patterns of culture）。不过，本尼迪克特的有些论断却颇为武断。她认为整个美洲印第安人，包括墨西哥的印第安人都属于易怒的狄奥尼索斯型。她还从不同地区的印第安人中选取了一些文化特征，将它们拼凑起来，作为与阿波罗型印第安文化对应的美洲印第安人的文化精神。而在另外一种类型的描述中，她也有将普韦布洛、祖尼、霍皮等印第安人过分同质化的倾向。本尼迪克特所用的其他一些民族志材料的准确性及其研究结论也受到后来的研究者的批评。①

玛格丽特·米德曾于1925年到南太平洋萨摩亚人中进行实地调查，研究其青年心理。在其名著《萨摩亚人的成年》及后来她有关马努斯人的童年、新几内亚部落的男女差别和婴儿发展等方面的研究中，她证明了一种文化完全可以将某种行为模式强加于享有这种文化的所有成员或其中的某一性别，表明了后天的文化对于性别与气质差异的影响。

在20世纪60年代前，对个人行为模式与社会文化的关系研究往往强调发现和确定某

① 巴诺．心理人类学．台北：黎明文化事业股份有限公司，1987：105－127.

一特定族群的特定人格类型，力求发现单一文化的单一人格类型特征。本尼迪克特和玛格丽特·米德的研究著作，关注人们所在的文化如何发挥作用，怎样影响到族群的心理和典型人格，注重探讨群体的社会化问题。在《萨摩亚人的成年》一书中，玛格丽特·米德指出，人类学家在田野工作中，考察和发现了社会化的诸多不同。人类学家根据原始人类的习惯，研究他们持续发展着的变化，并因此逐渐认识到每一个人所出生、成长的社会环境在他的个人生活中发挥着巨大的作用。在萨摩亚女孩子们中间，突出的人格特征更多地受到特殊的家庭环境的影响，很少受到与同龄儿童的社会交往的影响。而男孩子受同龄群体的影响就更多一些。萨摩亚儿童早年生活的社会环境中的某些有利于保持精神平衡的因素，被视为是与西方文明中精神紧张相对的最主要因素。①

本尼迪克特和米德在文化本质与遗传特质两者对人格的影响方面更看重前者。② 本尼迪克特认为，人类文化的继承绝非生物遗传使然。在对日本国民性的研究中，她也是从教育、训练孩子的方法中探讨日本社会行为模式、社会关系结构的形成原因和发展线索的。

不过，心理人类学家后来发现，文化与人格的关系实际上要比人们的设想复杂得多。1961 年，美国华裔人类学家许烺光出版了《心理人类学——研究文化和个性的方法》，正式提出“心理人类学”的概念，并对“人格”这一概念是否是进行跨文化综合比较研究的一个有用而适当的媒介提出疑问。他提出，作为心理人类学，应该研究人的欲望和追求对于维持或改变整个社会文化体系所发挥的作用。③

美国人类学家林顿把文化视为一个特定社会的成员所共享并互相传递的知识、态度、习惯性行为模式等的总和。既包括人们头脑中的由文化决定的观念系统，又强调他们所从事的由文化决定的行动。既注意到人们观察世界的抽象原则，又观察行为方式与环境相处方式和育儿方式等具体的行动。适应环境是根本，价值观念是衍生的部分。在心理人类学研究中，这种定义曾经是最流行的，现在许多学者依然坚持此类定义。

林顿的合作者卡迪纳在《个人及其社会》中提出了“基本人格结构”（basic personality structure）的概念。他指出，基本人格结构是指在一个文化中，基于社会成员的共同经验和可能产生这些经验的人格特征的一种整合类型。这种整合类型与功能学派人类学家的整合有很大的不同，也完全不同于本尼迪克特所假定的整合。④ 他认为基本人格结构可以帮助我们理解诸如文化特质的接受和排斥及其相互再作用（reinterpretation）等文化变迁的现象。

卡迪纳认为文化是制度（行为方式）的集合体。育儿方式，包括婴儿哺育与断奶方式、排泄与性教养、家庭的结构与规模等，将文化的各项要素传递给该社会的成员，并从而形成基本人格。社会化过程作用在儿童期通过育儿方式基本定型。育儿方式于是就被视

① Mead M. Coming of Age in Samoa：A Psychological Study of Primitive Youth for Western Civilization. American Museum of Natural History，1928. 不过，德里克·弗里曼在对萨摩亚进行重新研究后指出，在萨摩亚社会，传统的性道德使萨摩亚少女从青春期开始到婚礼结束时为止，受到十分可怕的种种压力。参见：弗里曼．米德与萨摩亚人的青春期．北京：光明日报出版社，1990.

② Benedict R. Patterns of Culture. Boston：Houghton Mifflin，1934.

③ Hus F L K. Psychological Anthropology. Illinois：Dorsey，1961.

④ Kardiner A. The Individual and His Society：The Psychodynamics of Primitive Social Organization. New York：Columbia University Press，1939.

为民族社会差异的重要原因，他认为，母子交互的文化方式决定了“基本人格结构”。人格类型有赖于一种文化中的制度丛。不同的制度造就了不同的人格结构，因此，人格类型随文化的差异而不同。人格是综合的、累加的，并将根据从个人出生之日起就与之发生联系的各种社会力量进行不断的塑造。尽管存在着各种各样的制度，但是，创造个人一系列心理丛的却是如家庭等初级制度。它在主要的方面，如道德行为，形成了个人的人格。卡迪纳发现印度尼西亚阿洛人男女之间存在着严重的不信任感。他认为这是由于母亲长期在地里劳动，男孩生活中缺少母亲的结果。成年后，男子希望得到妻子更多的关心，补偿童年的损失，女子则讨厌集于一身的劳动和生育两副重担。

基本人格结构研究扩展了形态心理学家（或称格式塔心理学家，gestalt psychologist）提出的文化与人格以相似的方式整合的假设。林顿和卡迪纳希望通过他们的研究，理解文化与人格的结构关系。他们认为，由于同一社会的所有成员共享某些早期经验，并因此形成一种特有的基本人格结构，基本人格结构又创造和保持文化的其他方面，文化因此得以整合。这个假设导致将文化分为两个部分，即造成共同特征的初级制度（primary institutions）和由基本人格结构造成的次级制度（secondary institutions）。他们设计了一个因果关系链，环境导致了初级制度（包括生计方式、家庭形式和育儿方式）的出现，初级制度造就了基本人格类型（包括共享的忧虑、防备和神经感动），基本人格类型又导致了次级制度（包括宗教、神话和民俗）的产生。初级制度产生了某些个人心理丛，引起了个体的需要和紧张，而次级制度则能够通过介于初级制度和次级制度之间的基本人格结构，满足需要并缓解紧张。卡迪纳指出，基本人格结构并不能决定一种文化的全部变迁，但是它提供了文化变迁的方向，并规定了适应性的文化变化的方式。但是卡迪纳忽略了基本人格结构的变化，同时他的研究是主要根据对心理障碍者的压抑和挫折做出的研究，而没有研究正常人的喜悦和创造。

在《阿洛人》（*The People of Alor*）一书中，杜波伊丝依据民族志田野调查、心理测验和阿洛人生活史资料提出了“众数人格”（modal Personality）的概念，发展了早期的基本人格研究。她认为，阿洛人缺乏建立持久人际关系的能力与他们的初级制度有关。这些初级制度使幼儿缺乏母爱。母亲一般在产后两周开始从事农业生产劳动，是主要的园艺业生产者。婴儿由父亲、祖父母或年长的兄姊照顾，在一天的大部分时间里，新生婴儿都被剥夺了来自母亲的温暖，母亲的哺育时间也缩短了。父亲也因为从事猪、铜锣和铜鼓的交易，而往往忽视孩子。阿洛人仪式化的竞争等次级制度，则造就了他们人格之中愿追求未实现的目标、容易出现狂暴和激动的感情爆发、反复无常、猜疑等一些特征。她将注意力集中于阿洛人从幼儿到五六岁的时段。学前期是接受社会化最好的时期，这一时期对于人们后来的人格形成有着至关重要的影响。[①]

---

① Dubois C. The People of Alor: A Social-Psychological Study of An East Indian Island. New York: Harper, 1944.

杜波伊丝认为，人们的适应过程在一个既定社会中是非常重要的。众数人格研究并未假设一个社会的所有甚至多数成员会分享同样的人格结构。分享程度不是基于纯粹文化资料的一种断言，而成为一个需要探讨的问题。她在众数人格研究中，得以经常搜集（通常会出版）个体的传记资料和实验材料。众数人格研究对简化和统计分析技术给予了重视。在理论上，这些资料能够由基本人格研究者来搜集，这些实验材料总是显示出很大范围的变量，但是这些变异幅度是在一个共同的基线上测得的，在这条基线上，资料将会显示出中心趋势，而构成特定社会的众数人格。不过，杜波伊丝并不认为人格完全是由童年期经验的特点决定的。每个个体无法按照社会的规范圆满地行事，于是造成了众数人格与组成一个既定社会的个体心理结构之间不可能完全一致。绝对的遵从并不存在。全人类共同享有一种可能是由生理因素决定的心理亚结构；人格中的个体倾向可能会加工和整合人的行为；一个群体之中面临着共同文化压力的每一个体，其所具有的先天潜能具有形成众数人格的倾向。

尽管杜波伊丝的研究部分修正了在过去的研究中过高估计因变量及人格类型的一致性的缺陷，但在阿洛人中得出的为一种文化所制约的社会行为的这种一致性是否能够在更大的、更复杂的族群研究中得以运用呢？由于研究者意识到由文化调节的社会化经验与所产生的人格之间的联系并不像以往想象的那样强大，而且也不止一种，一些学者将重点转移到不同的现代民族国家，研究者用民族志描述和人格测验来验证和支持群体人格的理念。他们的研究与第二次世界大战期间包括人类学家在内的学者关于国民性的研究有一定的联系，也同战后学术界注重社会关系和跨学科研究的影响有关，体现了心理学家、人类学家和社会学家的合作研究的成果。然而，在大的政治文化群体中存在着单一人格类型的假设难以解释群体内部的多样性事实，大量的材料使得人们对社会化影响的一致性提出质疑，探求较大族群的民族特征的努力最终难以取得具有说服力的、被普遍承认的成就，使得研究者对民族特征的迷恋和对找到文化特征与行为参量的稳定联系的兴趣大为衰减。

一些人类学家认为，文化在产生、改变和塑造行为的同时，行为又在改变和摹制文化。个体不仅是文化的产物，同时也是文化的创造者。文化影响人格，反过来，文化又受到人格制约：文化塑造了行为和人格，而根植于个体人格之上的行为又导致文化变迁——从小到大，从细微的渐进到显著的突变。当然并非每个人影响文化变迁的力量都一样，但每个人确实都参与了这个过程。①

通过上述两个方面的研究，一些学者提出了包容性更强的理论。他们认为，人格是个人的内在力量与一致的态度（attitudes）、价值（values）和知觉（perception）范式等复合体相关联的持久组织，这种持久组织导致个人行为的一致性。人格的一致性是与个人价

① 马尔赛拉，西勒罗夫斯基．跨文化心理学．长春：吉林文史出版社，1991：197.

值和态度的获得相关联的，人格的特征可以由一些知觉、认知（cognition）模式显现出来。[①]

有关中国文化与人格的研究也引起了许多人类学家的注意。在有关中国国民性的研究之后，台湾和香港地区的学者从20世纪60年代开始，大陆学者从80年代开始，陆续引进了西方的人格测验问卷，并对有关测量结果进行了分析。80年代之后，华人学者注意将不同文化的比较以及中华文化自身的特性纳入研究视野，也自编了一些问卷式的人格测验，如杨国枢的"个人现代化程度测量表"、宋维真等人的"中国人个性测量表"等。研究者所测量的人格概念与华人生活息息相关，如"和谐性""人情""现代化""节俭-奢侈""阿Q精神""宽容-刻薄""老实-圆滑""面子""亲情"等，为在华人社会研究人格提供了重要的手段。[②]

通过人格问卷测验，对北京、香港和美国三地的大学生应答差异进行比较，发现北京、香港两地的大学生应答差异比中国大学生与美国大学生的差异要小得多，说明北京、香港两地大学生在人格上更有相似性。北京、香港两地大学生的共同性格特点表现为沉着、严肃、谦虚、处事认真、很少追求刺激或无缘无故地感到兴奋；但是，与美国大学生相比，性格不够开朗，不喜欢交际，比较内向，有时有较多的顾虑与担忧。北京大学生更看重面子，也有更强的阿Q式防御倾向，而香港大学生更务实。在对广州市、广东翁源县农村和西安市三个地区的居民进行"中国人个性测量表"测试之后，发现不同地区在宽容度、阿Q式防御倾向、情绪稳定性等方面，表现出一定程度的差异。[③] 不过，在测试的预先假设、单纯使用人格测验是否能够准确地得出结论及更好地说明结论等方面依然存在疑问。一些学者认为，在跨文化研究中，除了翻译等语言等值问题之外，问卷测验的跨文化的心理等值是很难证明的，而运用考虑到文化适用性的工具的研究则能够适合具体文化研究，而不是轻易地、机械地进行差异较大的不同文化间的比较。

当对传统的研究进行反思时，人们指出，心理学有关文化与人格的研究过于简化，在说明文化间的差异时带有过强的预设；而人类学家的研究则没有更多地注意人性和文化的一般心理基础，过多地强调了文化对个体的作用。文化与人格研究对不同文化心理差异的解释存在着许多问题，人们发现甚至在差异很大的文化中生活的不同社会的人也可能会有相似的心理特征；同时，即使在同质文化群体内，也存在着相当大的心理差异；分享的心理特质却常是包含着实际的个体差异的抽象概念。此外，儿童发展研究的成果也不能够完全验证人格的童年期决定论，人们在跨文化比较研究中发现，儿童养育实践和成年的习惯行为间的关系从有一定的关联到完全无关，可谓多种多样。[④] 很少有证据可以说明，育儿方式与一种既定的成年人格有关。许多教师也同样会对儿童经验产生不同的影响。某些早

---

① 巴诺．心理人类学．台北：黎明文化事业股份有限公司，1987：10.

② 张妙清，张建新，宋维真．从心理测验看华人的性格：（一）量表的运用//曾文星．华人的心理与治疗．北京：北京医科大学中国协和医科大学联合出版社，1997：39－67.

③ 宋维真，张妙清，谢东．从心理测验看华人的性格：（二）测量结果//曾文星．华人的心理与治疗．北京：北京医科大学中国协和医科大学联合出版社，1997：68－86.

④ 马尔赛拉，西勃罗夫斯基．跨文化心理学．长春：吉林文史出版社，1991：197.

期习得的经验对后来的行为可能是重要的，但我们应当弄清楚到底有多少经验是在婴儿期内习得的，或者看看它们对婴儿期之后的经验产生了多大影响①。因此，比起“一致的摹制”（replication of uniformity）来，“多样的组织”（organization of diversity）可能是对人格与社会的关系的更好的描述。②

通过对文化与人格研究的假设进行重新考察，心理人类学家提出了新的见解：个人在行为上的差异仅仅是由场景决定的，而不能超越场景进行宽泛的概括。现有的概括性的文化整合的证据并不能令人信服；早期儿童养育实践本身对成年后的性格并没有预设性的重要意义；情境的比较能力与文化变量是反相关关系，因此不能用个人差异研究的方法来解释文化的差异；“客观”条件、强化力量和其他“额外的”刺激事件不能保证有机体对其环境的适应。除非我们已经充分了解一个个体的目标、偏爱、信仰、道德和文化意义，大部分我们的“普通的”成长过程没有多少预言性的能力。③

不过，文化与人格研究依然具有重要的意义。文化与人格研究提供了了解人类人格的另外一条途径，能够补充和验证心理学和精神病学的发现。尤其是人类学家研究的是自然状态下的人类，而不是将人类当作病人或者试验对象来研究，由此我们可以更好地展现人类行为的变异性。文化与人格研究也有助于理解文化与精神异常之间的关系，有助于从人们所居住地区的社会背景和现实场景去了解异常行为，从新的角度考虑“心理障碍”的意义。文化与人格研究还可以给我们提供对历史事件的了解。人格并不是恒常的，不同族群对“相同”的情境的反应，部分取决于群体人格、态度、价值观和文化精神。为了了解某一群体对某一特定的历史情境的反应，必须了解其文化、价值观及态度。④

第二节　文化与自我

“自我”（self）是当代人类学讨论中经常提到的一个有争议的术语，通常人们认为自我是由我们对于自己的身份、角色的观念组成的。自我意识（self-awareness）是人性和人格的一个基本方面，存在于劳动分工及由此产生的身份秩序中。人们在其社会化过程中，逐渐产生对于周围世界的认识，同时也产生了对自己的认识，即逐渐地形成自我意识。因为自我意识的存在，人们作为特定社会的成员调整个人行为，使社会及秩序得以维系。

作为一种普遍的人类现象，就人类与动物的区别来说，自我意识与制造工具、语言、符号表现等能力及其他特征相比，是更基本的、更重要的。尽管莫斯在 20 世纪 30 年代的研究中就注意到对西方文化的自我概念有必要进行历史的解释，但有些人认为，在初民社会中很少存在或者干脆没有自我意识，与欧洲文明社会比较起来，初民社会的自我意识是

① Ingham J M. Psychological Anthropology Reconsidered. Cambridge：Cambridge University Press，1996：3.

② Bock P K. Continuities in Psychological Anthropology：A Historical Introduction. New York：W. H. Freeman & Company，1980：132.

③ Richard S A. Rethinking Cultural and Personality Theory//Thinking Through Cultures：Expeditions in Cultural Psychology. Cambridge：Harvard University Press，1991：269－312. Wallace A. Culture and Personality. 2nd Edition. New York：Pandom House，1970.

④ 巴诺．心理人类学．台北：黎明文化事业股份有限公司，1987：555－558.

不发达的，在原始人的灵魂中，缺乏自我意识，缺乏自我的发展体验。除了描述性的跨文化比较研究之外，早期人类学家对自我概念的研究十分薄弱，20 世纪 40 年代，大部分心理学家在他们的著作中也很少注意“自我”。[①]

哈洛韦尔（A. Irving Hallowell）强调自我意识和自我概念在人类学研究中的重要性，认为如果没有自我意识的发展和一种自我概念的存在，我们就不会有为人类社会发挥功能所必需的某些基本条件。[②] 自我概念在社会化的过程中逐渐形成。早期习得的自我意象是性的认同（sex-identity）。孩子领悟到人群分为男人和女人、妈妈和爸爸、男孩和女孩，也形成了自己性别的自我意象，尽管在有些情境中，有时性认同的过程不一定很圆满。自我评价，即个体对自己价值的评价，是自我意象的另一个层面，受他与外在世界的互动及其反馈的影响。对身体的意向是自我概念的另一个层面，自身对自己的身体有某种特定种类的认识和评价。研究者用画人测验和屋-树-人图画测验来研究人们自我的身体意象、理解形态、文化传统和团体价值等。[③] 一个人的自我概念可能是相当一致的，但在有些时候也会产生冲突。在埃里克·埃里克森所分析的人生八个阶段中，认同与角色混乱的冲突是青春期的主要危机，青春期也正是自我意象建立和稳定的关键时期。

在不同文化中，自我的概念化存在着差异。[④] 生活在这个世界上的人们的想法并不相同，人们的自我观是共同想象的产物。人类学家注意到不同文化对人的概念有不同的定义，并将此作为理解研究对象之文化内涵的一项概念工具。

自我概念和人的概念的差异可以从不同文化的比较中更清晰地展现出来。莫瑞斯（Brian Morris）对古代希腊、印度、中国、非洲、大洋洲及美拉尼西亚六个民族志场景进行了比较，对这些文化场景中人的概念进行了描述性的分析，并讨论和批评了女性的自我哲学和理论。他强调，“人”（person）这一术语能够被用于三种相当不同的概念。第一种“人”的概念用于确定一个人是否属于人类。这种概念来自日常经验知识，与文化知识是不同的。其部分是由全人类共享的普遍认知决定的，部分是由社会生活产生的知识结构过程决定的。第二种“人”的概念被作为一种在特定社区的文化表现中形成的文化范畴来使用。作为一种文化范畴，“人”经常在仪式场景中加以清晰地表现，也经常具有意识形态的功能。在许多以氏族为基础的社会中，一个族群可能会用本地的语言把他们自己命名为“人”，其他的族群则不是“人”，或者尽管是社会意义的人，但只有他们自己才是真正的人。在有些社会里，只有贵族男性或家族长老才能成为一个完全的人。在奴隶社会中，奴隶也被视为财富而不是人。另一方面，在某些社会中，人的文化概念可能超出了人类主体，人的范畴包括了祖先的神灵、动物、狼人、神话人物和环境的许多方面。第三种“人”的概念是指作为个体自我的人。作为自我的这个心理学概念是一种普遍的范畴，但是对一个特定场景中的个体来说，其内容和意义总是独特的。莫瑞斯将主要注意力放在对第二种“人”的概念的分析上，他在分析道教和儒家两种中国古代哲学思想中的“人观”时指出，道家的自我实现意味着淡漠权力、财富及社会责任，强调简朴、感受力及与道的

---

① 哈洛维尔对以往自我研究的评论，参见：Hallowel A I. Culture and Experience. New York：Schoken Books，1967：77－78.

② 同①83.

③ 巴诺．心理人类学．台北：黎明文化事业股份有限公司，1987：389－418.

④ Stephen M. A'aisa's Gifts：A Study of Magic and the Self. Berkeley：University of California Press，1995.

协调生活；儒家社会中心的"人观"把个人置于社会关系网络中，强调仁、义、礼、恕、忠、孝。①

中国台湾"中央研究院"民族学研究所文化组对"人的观念"进行了专题研讨。他们研究了中国古代以及当代台湾汉族和少数民族对人的看法，包括"个体""自我""社会人"的内容，从中国古代以"气"为核心的人的认识，到当代中国人的"人"的观念，及排湾、卑南、布衣等族群本身对"人"这一概念的认识。例如，卑南人以内敛的概念来表征"自我"，其虽然有自我的概念，但却认为人体只有听从灵魂的指示才有行动与思想，而灵魂又依造人者的命令行事。因此，在那里，自我的经验与意识是由外力所塑造的，甚至被外力控制。日常的称呼随着年龄、阶级和社会角色的改变而更改。当孩子出生后，在一般社会场合，族人以亲从子名的方式直称或者指称其父母，而非他们的本名。布衣人依赖出生以后的成长过程，来意识到自我的完整。他们相信自人们出生的时候就有的"自我"能力十分薄弱，随着年龄的增长，其自主性不断增加。到了老年，"自我"会有能力维持个体与群体之间的平衡。②

在自我的内在自我、人际自我、社会自我这样三个层次中，即与自我内在体验相伴的心理状态、与人际经验相关的心理状态、与社会经验相关的心理状态这三个层次之中，不同族群表现出了不同的特征。马塞勒（A. Massella）等人对美国、日本、中国和印度文化有关自我的表现进行了分析，社会环境、人际关系对自我的影响与制约在不同文化中受到重视的程度不同，从而也导致了不同的自我结构认识也有差异和选择取向，不同文化对内在自我和社会自我、经验自我与真实自我之间的关系认识也有差异。③

在自我角色扮演的过程中，人们总是依社会文化的标准去扮演角色，对于社会角色，不同文化有不同的要求，只有在由文化所限定的社会交往中，在与他人的互动中，我才有了我的自我。自我不是一个静态的概念，也不是一个具体化的实体，自我是在社会互动中不断加以定义的，互动过程包括了社会经验的意义。世代相传、规范化的文化符号系统和社会与家庭相应作用的特定规范模式，影响着人的自我概念的形成，并影响着人们认识自我与外在世界关系的特定方式。符号相互作用对于自我的形成与发展有密切关系，在一定意义上，依符号互动论者的观点，自我是在符号互动中形成的。④

20 世纪 90 年代初，吴燕和教授主持的"中国文化与社会化"课题组进行了跨国家、跨地区的国际合作研究，讨论不同地区华人儿童社会化等问题。研究者发现，许多海外的华人家庭都将培养孩子的中国人认同看得十分重要，按照中国传统伦理道德来教育子女，并努力要求他们学中文，说汉语，尊敬长辈，重视教育，保持强烈的中国人认同感。同时，海外华人儿童在处于全球化过程，但依然保持着部分中国传统风俗习惯的文化环境中成长，也在不自觉的过程中不断地社会化，通过观察和参与学习文化的规则。⑤

在某些少数民族的传统人生礼仪，包括诞生礼仪、婚姻礼仪、丧葬礼仪中，男女性别区分十分明显，对女性的约束表现得比较突出，影响了女性自我意识的形成和发展。诞生

---

① Morris B. Anthropology of Self：The Individual in Cultural Perspective. London：Pluto Press，1994.

② 黄应贵．人观、意义与社会．台北："中央研究院"民族学研究所，1993.

③ 马塞勒，等．文化与自我：东西方人的透视．杭州：浙江人民出版社，1988.

④ 同③.

⑤ 吴燕和．华人儿童社会化．上海：上海科学技术文献出版社，1995.

礼仪有繁有简，一般男孩的仪式隆重，女孩的仪式从简，前来参加仪式的人给男孩的礼品重于给女孩的，在仪式中给孩子的象征物也有区别，特别是成人以不同的态度关爱、培养、教育孩子，总是期望女孩成为持家能手，对女孩侧重于家务劳动的训练，而对男孩则注重生产技能的培养。在婚姻礼仪中女性的物化，使女性以物来衡量自身的价值，习惯上认为聘礼越多，自己的身价越高，如此不仅父母的养育之恩得到回报，自己的人生价值也得到体现，所以把财物作为男性是否看重自己、男性家族能否善待自己的标准，从而忽视了婚姻的质量。众多彩礼也使女性以附属于他人的眼光看待自己，对婚礼中象征和暗示男行女随、妇随夫唱意义的行为予以默认和遵循。丧葬仪式也有男女差异，如有些民族不允许女性参加出殡，认为女性到墓地去是不吉利的。传统人生礼仪对女性自我意识产生影响，造成女性极为重视家务劳动，缺少独立自主的人格意识，缺乏改变现状的要求和勇气，限制了女性的外向发展。

自我的形成和发展是个体所处环境中有意义的他人，物质对象，观念、信仰和价值这三个方面的内容的互动的结果。就这三个方面比较，有意义的他人对个体自我观念的形成是最重要的。然而，有意义的他人是社会文化环境的产物，只有在文化环境中，有意义的他人和个体之自我的存在与发挥功能才有可能性。整体而言，通过与有意义的他人之间的社会互动，个体自我才得以理解自我所在的文化，并将其中的深层内容加以内化，即与观念、信仰和价值发生互动，进而再与物质对象互动，并支配和驾驭之。这三个方面之间也存在着相互关联的关系。三个方面无论是哪一种发生变化，都可能影响到自我。互动是连续不断的，自我也就当然是动态的。在一些文化中，文化观念或物质对象决定了人们是否与有意义的他人发生互动。在这三个方面与自我的关系中，不同文化影响也会表现在其中某一方面，使与自我之间有更紧密的联系，更有力地塑造某一文化中自我的本质。

文化与自我是相互联系的现象。文化背景不同，自我当然有差异。文化经验被一些研究者认为是构成自我的先决条件。然而，不同文化对个人的影响，既反映在人的正常行为上，也反映在异常行为上。马赛勒提出了一个行为的相互作用模式。文化被视为塑造人的行为的两种主要的外部要素之一。这种外部要素与两种内部要素（生理和心理）相互作用，构成了决定人的行为的根本要素。所有这些要素同时发生作用，人就是所有这些要素的贮存器。当这些要素通过生理和心理过程被内化时，人就是这些要素发生作用的反应装置。人与情境发生相互作用，与上述各种要素相互联系、相互依存，或以一种方式表现，或以另一种方式表现，最终表现为整个人、整个情境，表现为人的行为。无论正常还是反常行为都是人与情境（自我与情境）不断反应和调节的结果。

马塞勒等人在他们主编的《文化与自我——东西方民族的透视》[①] 一书中提出，在一种文化中考察自我的方法，有助于认识某种精神反常现象特有的形式、类别及发生原因。自我、语言和感受现实的方式是相互依存的现象，最终决定着反映现实的认识论和本体论，而不同的认识论和本体论是与作为一种“过程”的自我相联系的。自我影响着精神反常的形式、体验和起因。他们认为，西方的抑郁症病人是以一种很强的存在意识成分为特征的，日本的抑郁症病人是以人际关系的成分为特征的，中国的抑郁症病人是以肉欲成分为特征的。与体验自我的不同方式相联系，文化的差异可以表现在自我的结构和过程中，

① 马塞勒，等．文化与自我：东西方人的透视．杭州：浙江人民出版社，1988.

自我的差异又会在精神反常的表现形式、体验和起因上反映出来。

华裔美国人类学家许烺光（Francis L. K. Hsu）认为，当个体试图在精神需求和社会文化的需求之间得到一种动态平衡状态时，不同的文化模式就形成了形形色色的自我结构。在民族群体内部，每个人都在努力寻求并保持使自己感到比较满意的心理平衡和人际平衡。因此，民族文化对于这种平衡起着重要作用。在不同的民族中，这种平衡的实现可能会发生在不同层次。

许烺光提出自我研究中的自我结构的心理平衡同心圆图表，一改过去只注意心灵深处研究的严格的精神分析方法，采用了社会文化的方法，用不规则的同心圆来表现人类生存的诸要素。在该图表中，区分出了无意识、前意识、不可表意识、可表意识、个人的社会与文化、有用的社会与文化、更广泛的社会与文化和外部世界八个层次。从至关紧要到漠不关心，人们通常对不同层次的社会与文化有程度不同的关心。对那些至关重要的层次，人们表现出强烈的依恋，比如，如果个人的社会与文化发生变化，人们通常会强烈反对和抵抗。在个体力求在精神需求和文化的要求之间获得动态平衡时，不同的文化模式形成有差异的自我结构。

中国人、日本人、美国人的人际关系就使他们在达到和维持能动的心理社会稳态过程中有不同的方式。西方人必须采取更多样化的方式，以求达到心理社会的平衡，或通过控制外人和别的世界扩大其现有的人际关系，或求助于内部自我（或药物和宗教）；更多的人往往求助于第三条道路，即设法驾驭自己的物质世界，以求心理社会的稳定，如商业垄断、探险、收集古物、集邮、集火花、饲养宠物等。日本人的心理社会稳态发源于师家。以持久的上、下级关系为标志，师从关系和其他类似的等级关系在日本社会中广泛存在，在人际关系中形成支配与顺从、援助与依赖关系。人与人之间的关系具有亲密性和包容性，而不仅仅依亲属关系限定范围。日本师家所特有的一系列的工作，关怀援助上下级、亲属关系、竞争、忠诚等观念，使日本成功地应付挑战。中国人的自我心理社会稳态是依赖于在亲属网中获得和保持亲密关系来实现的。因而，中国人无须借助偶像、物品或其他，就能保持其心理社会稳态，因此中国人在对待宗教及生活其他方面的态度上与西方人极为不同。①

自我与社会、物质环境之间的互动是连续的，当相关的某一部分发生变动时，自我的结构就会发生相应的变化。在“文化大革命”时期，中国文化的传统被压抑了，不过中国传统的自我取向于有意义的他人，尤其重视家庭成员间的紧密关系，在“文化大革命”中许多人能够在政治运动的冲击下依赖耐久的家庭关系而生存下来。在新的社会文化环境中，一种新的自我正在中国的年青一代中出现：对权威更少迁就和屈从，不像过去那样强烈地固定于持久的家庭关系和传统价值，更为依赖似乎建立在功利主义的及物质的基础上的关系。新的中国人的自我比起传统的自我来，随着与强烈的家庭关系以及对权威的屈从相伴随的某种安全感的丧失，较少安全感，但是却能够在更为自由的地位达到个人和集体的目的，而同社会及物质环境进行互动。这种新的自我的出现是中国社会和经济结构变化

① 许烺光．跨文化的自我透视//马塞勒，等．文化与自我：东西方人的透视．杭州：浙江人民出版社，1988：27-54. 许烺光．美国人与中国人．杭州：浙江人民出版社，2017.

的结果。①

自近代以来，西方医疗技术、知识和诊疗体系在全世界扩展，与此同时，来自西方近代文化的诊断系统及其背后的信仰和价值观也在以民族中心主义的方式强加到非西方文化的病痛体验之上。人们身体的不适症状并不只是个体自我的表达，也可能成为一种表达集体性不适的合法语言。美国人类学家凯博文（Arthur Kleinman）指出，抑郁是以心理-生理性的功能障碍为特征的疾病，是一种普遍存在的个人与社会之间关系出现问题的反映。特定历史时期的社会限制常常成为人们这类疾病的根源。20 世纪 80 年代初，他在中国一所医学院的田野工作中发现，被诊断为“神经衰弱”的患者总是详尽地、不厌其烦地并且固执地描述相对次要的生理病症，包括头疼、肌肉乏力，却故意隐瞒他们的“情绪化反应、幼稚的恐惧、心中的焦虑以及无知，包括所有那些一旦讲出来他们的自尊就会受损的症状”。“躯体化”成了病人与整个世界较量的某种“道德资本”。中医传统的“躯体-精神”理念、对精神病的污名化对待以及现代神经科学的影响，使得病人们起初都不承认患了抑郁症、疑病症等精神疾病，只愿意被冠以“肉体”为导向的“神经衰弱”。与此同时，对于病人、家庭、医疗人员和社会本身，苦痛和疾病不仅具有社会性原因，而且也会产生社会性后果。如果不能有效地针对这些社会原因和社会后果开展工作，那么针对疾病的治疗会受到破坏，康复也会被延迟或阻碍。②

自我意识的研究逐渐引起越来越多的人类学家的注意，他们也尝试在田野研究中分析自我意识的表现。米彻尔·斯迪芬（Michele Stephen）将以往被人类学家视为信仰体系的魔力与自我意识和认同联系起来。她以在巴布亚新几内亚收集的梅克奥人（Mekeo）20 多年的田野材料为基础，分析了魔力在个人自我创造中扮演的角色。她认为，被许多人类学家忽视的梦的陈述提供了自我反应的自然场景。她通过对梦的分析说明，自称没有自我知识的普通男女的经验依然能够揭示自我知识的细微差别，在那里的精神世界中，仪式主持者和普通参加者之间的差别似乎被混淆了，人们对这种精神世界的理解和互动也有细微的差异，这种差异特别表现在公众和私人层次之间的不同理解，在与自我的关系中，能够更好地理解梅克奥人的宇宙论的象征，而魔力正是其宇宙论的基础。用斯迪芬所提出的自我的想象（autonomous imagination）的观点来看，作为一种心理的现实，某些魔力注重实效的努力就成为可以理解的现象，魔力与自我意识之间的联系并不是某一特定文化逻辑的创造，而具有更宽泛的适用性。③

在不同的文化中，围绕着自我、自我意识和人的概念，表现出了许多差异，例如：怎样看待个人，是自我决定还是关系决定？怎样看待自我，是与环境对立还是与环境统一？是耻辱感文化还是罪恶感文化？家庭关系是独立性的还是依赖性的？在成长中受到约束还是有更多的自由？自我是意识的对象还是意识本身？把人类和自我看作自然的一部分还是与自然建立某种关系？在人际互动过程中是追求和谐还是追求个人发展？健康和医疗是私事还是公共事务？等等。通过对自我的研究，可以更好地认识和理解人类文化的共同性和差异性。

---

① 马塞勒．当代中国变化中的自我观念//马塞勒，等．文化与自我：东西方人的透视．杭州：浙江人民出版社，1988.

② 凯博文．苦痛和疾病的社会根源：现代中国的抑郁、神经衰弱和病痛．上海：上海三联书店，2008.

③ Stephen M. A'aisa'a Gifts：A Study of Magic and the Self. Berkeley：University of California Press，1995.

参考书目

巴诺．心理人类学．台北：黎明文化事业股份有限公司，1987.

本尼迪克特．文化模式．北京：华夏出版社，1987.

黄应贵．人观、意义与社会．台北："中央研究院"民族学研究所，1993.

马尔赛拉，西勒罗夫斯基．跨文化心理学．长春：吉林文史出版社，1991.

马塞勒，等．文化与自我：东西方人的透视．杭州：浙江人民出版社，1988.

米德．萨摩亚人的成年．杭州：浙江人民出版社，1988.

尚会鹏，游国龙．心理文化学：许烺光学说的研究与应用．台北：南天书局，2010.

吴燕和．华人儿童社会化．上海：上海科学技术文献出版社，1995.

许烺光．美国人与中国人．杭州：浙江人民出版社，2017.

曾文星．华人的心理与治疗．北京：北京医科大学中国协和医科大学联合出版社，1997.

Bock P K. Continuities in Psychological Anthropology: A Historical Introduction. New York: W. H. Freeman & Company, 1980.

Bock P K. Handbook of Psychological Anthropology. Westport: Greenwood Press, 1994.

Ingham J M. Psychological Anthropology Reconsidered. Cambridge: Cambridge University Press, 1996.

Morris B. Anthropology of Self: The Individual in Cultural Perspective. London: Pluto Press, 1994.

Schwartz T, White G M, Lutz C A. New Directions in Psychological Anthropology. Cambridge: Cambridge University Press, 1992.

Stephen M. A'aisa's Gifts: A Study of Magic and the Self. Berkeley: University of California Press, 1995.

Wallace A. Culture and Personality. 2nd Edition. New York: Random House, 1970.

第十章 田野工作

第一节 田野工作概论

一、田野工作的角色和源流

人类学理论建立在大量的民族志材料的研究基础之上。人类学的材料，主要不是来自现成的书本，也不是取自官方的文件，更不像某些自然科学学科得于实验。它的基本来源只有一个：田野工作（field work）。“大约在20世纪初期，人类学家开始意识到，如果想要创造出任何有价值的研究成果，就必须像其他科学家研究他们的对象那样来研究自己的对象，即要系统地进行观察。为了更准确地对文化进行描述，他们便开始同所研究的民族生活在一起。他们观察，甚至参与那些社会的某些重要事务，并向土著详细询问他们的习俗。换句话说，人类学家开始了田野工作。”①

田野工作是人类学家获取研究资料的最基本途径，是民族志（ethnography）构架的源泉。基辛（Roger M. Keesing）说：“田野工作是对一社区及其生活方式从事长期的研究。从许多方面而言，田野工作是人类学最重要的经验，是人类学家收集资料和建立通则的主要根据。”② 田野工作被看作“现代人类学的基石”③。可见，田野工作是人类学研究的最主要、最基本的方法。所谓田野工作，是经过专门训练的人类学者亲自进入某一社区，通过直接观察、访谈、住居体验等参与方式获取第一手研究资料的过程。

在人类学作为一门独立学科出现之前，还没有真正意义的“田野工作”，但大量有关人类学的资料是通过非专业人类学家积累而来的。人类学的“先驱著作”是由“地理大发现”之后蜂拥来到美洲、大洋洲、非洲等地的航海家、冒险家、旅行家、地理学者、殖民者、传教士们留下的。1874年，英国不列颠科学进步协会编印发行了田野工作专业手册《人类学的笔记和询问》（*Notes and Queries in Anthropology*）④，这是人类学学科产生的一个标志。在人类学草创时期，学者便以搜集资料为目的到民族地区考察，德国人类学者巴斯蒂安在旅行中度过自己生命的近三分之一，著有《民族学研究和资料的搜集》

---

① 恩伯C，恩伯M. 文化的变异．沈阳：辽宁人民出版社，1988：97－98.

② 基辛．当代文化人类学．台北：巨流图书公司，1981：21.

③ 同①98.

④ 英国皇家人类学会．田野调查技术手册．上海：复旦大学出版社，2016.

(1871—1873年）一书。美国人类学者摩尔根与易洛魁人长期接触，取得大量第一手资料，在人类学田野工作方面迈出了重要的一步。[①] 美国历史学派创始人博厄斯非常强调田野工作，从19世纪20年代起，他开始了对美国北部的科学考察旅行，1897—1902年又组织和领导了北太平洋沿岸科学考察队（杰塞普考察队）的工作。[②] 但是当时，并不是所有的人类学者都重视田野工作，也有不少安乐椅式的书斋学者。19世纪后30年至20世纪初，随着田野工作的深入，人类学迅速发展起来。田野工作研究和出版物数量剧增，它们不再只是简单的记录，而是指出一定的问题，做有关材料的系统收集。20世纪上半叶，功能学派的理论和实践对田野工作的方法产生了重要影响。法国人类学者列维-斯特劳斯指出：

> 人类学者进入某一民族地区，有可能使该民族的社会文化受到影响、发生变化，这就是观察者对观察对象的介入问题。人类学者对于其观察民族的社会可以有两种态度：一种是作为无关的外人；一种是亲身加入该社会中去，成为该民族的朋友。
>
> 后一种态度，在五十年前，对人类学创始时代的一些前辈们来说，是不予考虑的。如弗雷泽爵士（J. G. Frazer）一生写下数十部作品，其中包括大著《金枝》十余卷，是集全世界各民族习俗习惯和宗教信仰研究之大成的权威学者。但是，当人们问他是否想到民族地区看一看时，他总是说："对不起，绝对不想去。"后来，到第二代的人类学者时，比第一代进了一步，他们乘船到遥远的国度。但是，到达当地后，他们几乎都不下船，至多只是在殖民地行政长官公署的阳台上，坐在安乐椅中，找一两个本地人来进行调查。[③]

这种状况，到第一次世界大战时，才被所谓的"马林诺夫斯基革命"改变。马林诺夫斯基假如不是在1914—1918年被软禁在大洋洲的特罗布里恩德群岛，无法回到英国，而不得不在当地的村落中搭帐篷居住，他绝对不会想到要进入作为自己研究对象的民族当中去生活。这里的"马林诺夫斯基革命"，指的是对田野工作方法的创新，即开创了"参与观察"（participant observation）式的田野工作的新局面。这是人类学田野工作发展过程的一次变革，一次飞跃，奠定了现代田野工作的基石。现代人类学田野工作所强调的仍然是"参与观察"，因而在一些场合，田野工作又被称为"参与观察"。[④]

中国的人类学出现得比较晚，但它从产生之日起，便把田野工作摆到重要的地位。自1928年起，蔡元培主持的中央研究院民族学组开展了对广西瑶族、台湾高山族、黑龙江赫哲族、湖南苗族、浙江畲族、海南岛黎族、云南彝族等民族的实地调查。[⑤] 直至1949年，中国人类学者所做的工作有两大项，一是介绍西方人类学，二是从事本国的人类学田野工作。中国人类学的产生和发展，与田野工作紧密相关。

中华人民共和国成立后，人类学走过了曲折的路程。尽管人类学作为一门独立学科曾被打入冷宫，但人类学田野工作却在"民族研究""民族工作"的领域中取得了举世

---

① 汪宁生．文化人类学调查．北京：文物出版社，1996：2.

② 托卡列夫．外国民族学史．北京：中国社会科学出版社，1983：第四章．

③ 列维-斯特劳斯．民族学者的责任．民族译丛，1979（4）．

④ 宋光宇．人类学导论．台北：桂冠图书有限公司，1977：17.

⑤ 王建民．中国民族学史：上卷．昆明：云南教育出版社，1997.

瞩目的成就，并且表现出鲜明的中国特色。新中国的人类学田野工作最突出的成果有两项：一是民族识别，二是少数民族社会历史调查。根据这些实地的社会历史调查结果所提供的基本素材，自1979年起，由国家民族事务委员会领导，组织并陆续编写出版了“民族问题五种丛书”（《中国少数民族》《中国少数民族简史丛书》《中国少数民族语言简志丛书》《中国少数民族自治地方概况丛书》《中国少数民族社会历史调查资料丛刊》）。

田野工作是人类学的传统方法，它不仅推动了本学科的发展，也对其他相关的学科发生着重要的影响。在社会学的研究方法中，人类学方法是其中的重要组成部分。美国社会学家贝利（K. D. Bailey）在他的《社会研究方法》一书中专立一章论述“人类学方法论”。他指出：“人类学方法论收集资料的重要手段是观察。”① 社会学采用的人类学方法主要就是指田野工作。

当前，我国的人类学正处在一个发展阶段，要发展就必须创新。这不但需要理论创新，也需要在方法和方法论上创新。田野工作是人类学创新的基本动力。人类学发展创造的源泉不在书斋，而在田野工作的广阔天地中。

二、田野工作的特点

田野工作是人类学发展过程中形成的一种具有本学科特色的研究方法，与一般的调查研究既有共同之处，又有自身鲜明的特点。

（一）社会性和多元性

人类学以民族文化为主要研究对象，它关注的不是文化的某一局部，而是整体。作为某一民族的民族志，无疑是对该民族社会的全貌描述。解放后，中国人类学最大规模的工作是少数民族社会历史调查，突出地显示了人类学调查的社会性。

同时，在整体的研究中，人类学者遇到的是一个复杂的、多元的系统工程。田野工作不能再满足于单一的民族志资料的收集。并且这种多元性要求人类学的田野工作必须与其他学科保持密切的横向联系。

（二）文化性和生活性

人类学研究的主要内容就是文化。从广义讲，一切文化意涵均为人类学所关注。一般来说，文化指人类创造的、区别于自然的产物。狭义地讲，占主导地位的文化是具有“官方”色彩的文化，如政治、经济、哲学、法律、科学技术、文化艺术等，这是主流文化。除此之外，还有那些存在于社会生活之中、具有“民间”色彩的文化。它们通常不以书面形式展现，诸如婚姻、家庭、风俗、习惯等，这就是非主流文化。传统的人类学偏重于这些非主流的大众与民俗文化。但主流文化与非主流文化、官方文化与大众文化的界限是比较模糊的，有时二者是关联的。今日人类学家已有兴趣于研究上述二者的互动性过程，开始了对作为主流文化的官方文化的运作研究。

① 余炳辉，等．社会研究的方法．杭州：浙江人民出版社，1986.

人类学的文化研究表现出强烈的生活性。在人类学遭到批判时，曾被斥为专管“吃喝拉撒睡”的学科，而不是学问。平心而论，虽然“吃喝拉撒睡”不是人类学研究的全部，但确实是人类学研究的重要组成部分。西敏思通过对不同食品的研究，写出了吃喝与族群认同以及体现权力之间关系的人类学名著《甜与权力：糖在近代历史上的地位》①。所以，在不同民族的生老病死、衣食住行、喜怒哀乐、风土民情等行为方式的研究中，人类学者探寻的是人类千姿百态的文化模式、文化象征与文化意义。

（三）历史性和现实性

人类学者们很注意琐碎的日常事物，但不等于他们的视野就局限于此。人类学研究对历史有着深邃的洞察力。可以说，人类史前史是人类学的专长。人类学者们通过调查和研究，为那些没有文字的民族重建历史。

人类学调查不仅有着深远的历史性，同时还表现出敏锐的时代感，即现实性。在历史与现实之间，没有一道泾渭分明的界线。昨日的现实，是今日的历史；今日的现实，很快又会成为明日的历史。人类学调查立足现实，它追寻历史，更重视目前的状况。

（四）实践性和探索性

在人类学发展史上，确实出现过颇有成就的书斋学者。我们不能把这种坐在安乐椅上的加工者排斥在人类学家的圈子之外，今后可能还会有集他人调查资料之大成的纯粹的研究者。但是，人类学研究的基本属性是实践。只有田野工作的实践，才会给学科提供用之不竭的营养。

田野工作的目的在于获取第一手资料。这种资料，一般不是指文献上记载过的，也不是别人已经发现了的，而应是调查者独自占有的。田野工作是一个探索过程。调查者在进入实地之前，会带有许许多多的假设，但人类学田野工作并不完全依赖于假设，而是立足于调查所获取的实际资料。假设可以被证明成立，也可以被实际材料所推翻，这个过程鲜明地表现出探索性。

（五）艰苦性和变化性

一般情况下，人类学田野工作，对于调查者来说都是在陌生的、偏僻的、具有族际和文化差异的地方进行的，自然、地理、气候、生活以及文化和语言的障碍迭出不穷，人类学者大都有过冒险的经历。1935 年，费孝通偕同前妻王同惠深入广西大瑶山，旅途上迷路、受伤，其妻下山求援，天黑路险，溺水丧生。② 解放后，民族地区与内地的差异正在缩小，但“生活关”“语言关”“工作关”仍是一个大问题。

人类学不是静态的学科，它在不断地变化。社会在变，调查对象在变，调查内容在变，调查的方法和手段也注定要随之变化。民主改革以前的奴隶主、“娃子”（奴隶）今天不见了，我们手中的录音机、录像机对当年的调查者来说是无法奢求的。我们一方面要吸

① Mintz S. Sweetness and Power：The Place of Sugar in Modern History. New York：Penguin，1985.

② 费孝通．序言//胡起望，范宏贵．盘村瑶族．北京：民族出版社，1983.

收前辈在田野工作中积累的宝贵经验，另一方面也不能抱住 20 世纪 50 年代的社会历史调查提纲不放。田野工作需要新的一代学人不断创新，走出一条中国人类学田野工作的新路。

第二节　田野工作的研究角度和具体方法

一、田野工作的研究角度

在人类学发展的过程中，不管是哪一流派，也不论选择什么样的对象和课题，都离不开田野工作所提供的原始资料。然而，田野工作却没有一个古往今来一成不变的模式。根据调查者的身份、选择的角度、视野的范围、分析的深度和广度、课题的内容以及组织的规模，田野工作可以粗略地划分出以下五种研究角度。

（一）主位与客位

本书第五章已谈到关于主位研究与客位研究的视角。主位研究是站在被调查对象的角度，用他们自身的观点去解释他们的文化。客位研究是站在局外立场，用调查者所持的观点去解释所看到的文化。主位与客位观察是互补的，并不是互相排斥的。在调查中将这两者结合运用，才会得出深入的见解，才会分析出表层现象后面的深层结构，才会总结出规律性的东西来。

新中国成立以后，一代少数民族出身的人类学学者已成长起来。海外已有人看到了这一点，认为国内的“民族学系很可能培养出一批‘本土的人类学家’（native anthropologist)”①。经过专门训练的本民族的学者研究本民族文化，无疑具有主位与客位研究相结合的观察优势。

（二）宏观和微观

宏观和微观是相对而言的。一般来说，比较大的区域性调查或跨区域调查是宏观调查，如西南地区、彝族地区、丝绸之路沿线地区等。微观调查又称“微型调查”，就是在一定的地方，在少数人可以直接观察的范围内进行调查。“‘微’是指深入到生活实际，而不是泛泛的、一般化的叙述。这样的‘微型’研究是人类学研究的基础，通过比较不同‘型’，就能逐渐形成全面的宏观的认识。”② 以村镇为单位的社会调查，属于微型调查。说得通俗一点，宏观调查是指“面”，微观调查是指“点”。只有点和面有机结合，才能对地方文化的本质有深刻的理解。

（三）社区和个案

在微观范围以内，社区和个案是人类学的两种典型的研究角度。社区调查是社会学

---

① 陈中民．1950 年后中国大陆人类学的概况．中国论坛，1985（1）．

② 费孝通．民族社会学调查的尝试．中央民族学院学报，1982（2）．

中应用最广泛的一种实地调查。但是，社区并不是社会学的专利，追本溯源，社区研究方法是从人类学对近现代部落社会的调查研究中产生的。人类学的社区是田野工作的一个基本单位，具有三个基本要素：第一，人群；第二，人群所居处的地域；第三，人群的生活方式或文化。[1] 在人类学研究中，社区调查是为了揭示民族社会某一层面文化的全貌。社区是一个变量，有大有小，广义的社区可以包括一个或几个民族的分布区域，如傣族社区、西双版纳社区。在实际的调查中，社区多是微型的，在其范围容易进行直接的观察。

既然人类学以“群体”为研究目标，社区调查被重视就是理所当然的，但这并不排斥个案调查法。个案法源自心理学，指搜集某个人的家庭情况及社会地位、教育影响、职业经历、事业成就、健康条件等历史资料，加以分析，从而探究其心理特性的形成和人生发展过程，人类学加以借用来进行文化的个案研究（case study）。个案法虽然以个体为调查对象，以个人或家庭为调查研究的单位，但其目的在于通过个体去发现整体，通过对个案的调查，探求一个社区群体文化的构成。正因为如此，个案被界说为“一个整体”（a whole）。个案调查是社区研究的一个重要侧面。

（四）定性和定量

“定性分析”（qualitative analysis）和“定量分析”（quantitative analysis）出自化学。定性分析的功能在于鉴定物质中含有哪些元素、离子或功能团等，但不确定其含量。定量分析的功能是专门测定物质中各种成分的含量。人类学借用定性来确定性质，借用定量来确定数量。在以往的人类学调查中，定性和定量调查糅杂在一起，而定性的方法一直占据着主导地位。在人文学科研究中，量化十分困难，定性是十分重要的。重定性、轻定量是人类学研究具有传统性的倾向。这固然与方法论的制约有关，科学技术手段的不足也是至关重要的原因。定量调查是新技术带来的趋向，当代人类学已开始注重定量分析，主要表现在把统计学广泛用于调查研究中，运用到建立假设和资料分析的全过程。

（五）专题和综合

所谓专题调查，就是选择某一方面的具体内容，进行深入的、全面的或比较的调查和研究。专题调查要求以深入细致去弥补以往调查资料的不足，要求调查者深入到更多的实地，进入前人没有涉足的现场，获取属于自己的第一手资料，还要求调查者具有创新意识、开拓精神，探寻那些前人没有发现或随时代变化而新出现的课题。

人类学在发展过程中已形成了自身的专门化，但民族和文化的领域十分广阔，单靠人类学已无法驾驭新的重大课题。任何一个人类学者都不可能掌握全面的多学科的知识和技术，这就要求人类学运用整体论的观点，打破学科封闭，与其他学科交叉协作，进行综合调查研究。当前在区域性调查中广泛采用了综合调查。中国西南民族研究会组织的六江流域[2]民族综合考察，即包括了文化人类学、民族史、语言学、考古学、宗教学、经济学、

---

① 吴文藻．现代社区实地研究的意义和功用．社会学研究，1935（66）．

② “六江”指大渡河、岷江、雅砻江、金沙江、怒江、澜沧江。

人口学、体质人类学、血型研究等学科，并取得了重大成果，也为在新形势下进行综合研究提供了可资借鉴的经验。

二、田野工作的具体方法

人类学田野工作包括两层含义。从广义上讲，它是一种方法论（methodology）；从狭义上讲，它是一种具体的方法（method）。美国社会学家贝利指出："方法论与方法不同，后者在科学研究中是指研究的技术或收集资料的工具，前者是指研究过程的哲学。它包括作为研究理论基础的各种假说和价值，以及研究者用以解释资料和得出研究结论的准绳或标准。"① 在田野工作的长期实践中，形成了多种行之有效的具体方法，下面列举的是最常用的调查法。

（一）文物文献搜集

少数民族文物与常规文物不同，它存在于少数民族的现实社会生活之中。只要具有人类学研究和博物陈列价值，都可作为民族文物，如一件正在使用的器物、一身正在穿的衣服、一座正在供奉的神像等。民族文物要有一定的代表性和典型性，即富有民族特点。搜集民族文物不能硬取强索，更不能采取其他不正当手段，不要因搜集民族文物伤害民族感情。搜集民族文物要做好文物登记，妥善保藏。

文献的收集包括谱牒分析，指对调查人的家谱、族谱和亲属制度的调查分析，它对于调查家族制度、婚姻制度以及民族迁徙等都有价值。谱系调查由现今一家一户的姓氏和名称、亲属称谓、直系和旁系的血亲姻亲关系为出发点，一代一代地上溯到不能记忆为止。我国少数民族中有许多特殊的命名制度，如彝族的父子连名制、怒族的舅甥连名制等，还有许多有特点的家庭制和亲属称谓制，都是人类学的宝贵资料。进行这种调查，要掌握必要的语言学和语音知识。

（二）参与观察

人类学工作特别注重观察，并以此为搜集第一手资料的最基本的方法。初到一个地方，首先各处看看，这是自然的，但作为人类学调查，不是"走马观花"，而是有目的地细致观察。一方面，当地的自然地理、人工建筑等都要尽收眼底，这是对静态的物的观察。另一方面，对当地的日常活动、生活礼仪、人际交往等更要留心，这是对动态的观察。观察要身临其境，所以通常称为"现场观察""直接观察"。观察是否细致入微，往往是发现问题的关键。特别对于某项活动，要"眼观六路"，就是说要看得全，又要自始至终，把握全过程。一个人一次很难观察细致全面，而要多人配合，或者多次反复观察。人类学调查更强调参与观察。其先决条件是在一个地方长期住下去，至少要一年时间，要求调查者学会被调查民族的语言，"入乡随俗"，参与当地人的生活，像一个"尽量合格的当地人"。这种方法是人类学家所倡导并付诸实践的。人类学发展史上许多重大的成果，都是在此基础上孕育出来的。在中国，尽管 20 世纪 50 年代曾以"三同"（同吃、同住、同

---

① 袁亚愚，徐晓禾．当代社会学的研究方法．成都：四川人民出版社，1976：9.

劳动）为口号激励过人类学者，但由于受各种条件的制约，真正的人类学的“参与观察”有时还停留在局部范围、短时期内。如果说中国人类学田野工作需要改革的话，创造条件，克服障碍，实践参与调查，应该是一个突破口。

由于参与观察要求有一定跨度的时间，而并不是每一个人类学者都有充足的时间，因此就有人采用定点跟踪的办法，有人称之为“历史追踪法”，即指在某一社区建立固定调查点，对于一个群体进行有间隔性的长期持续不断的观察，以研究这一群体在总体上或局部上发生的演变，从中发现历史演变的特点、原因和规律。老一辈人类学家如费孝通“五访江村”、林耀华“三上凉山”，即是以定点跟踪来探索社区的变迁。作为一个研究者或研究单位，应该建立一两个固定的社区调查点，每隔一两年下去调查一次，经过多年积累之后，再做比较分析。

（三）个别访谈

人类学调查强调直接性，即深入实地，面对面地接触调查对象。个别访谈，是获取第一手资料的一个主要方法。访谈的对象以个人或一个家庭为单位。内容既可以围绕访谈对象自身的情况，也可以了解其他问题。访谈的对象一般需加以选择，或者有阅历，或者是知情人，或者具有典型性。访谈可以是正式的，约定时间，拟好提问提纲，有目的地了解某一方面的问题；也可以是非正式的，采用无拘无束的拉家常的形式。个别访谈最忌死板的问答，聊天式的谈话往往最有收效。个别访谈不拘于少数人，也不能希冀一次便有大收获。访谈者可以对不清楚的地方提出疑问，但不要驳斥甚至批评对方。忠实记录是个别访谈的准则，在访谈中，访谈者不能凭自己的意愿或依据其他来源的资料对访问记录进行篡改。访谈时可以用笔做记录，也可以使用录音机，但要灵活掌握。有时记录或录音会影响调查对象的情绪，这时就不要采用，可以在访谈后追记。个别访谈说来容易，做起来并不简单。

个别访谈非常关注个人生命史，它全面记录个人的生平经历，不仅可以反映出一个人的全部历史，而且可以反映出他的家族史、行业史，以及民族史的某一侧面。如调查一个职业宗教大师，可以获取有关这种宗教的许多具体资料。取得被调查者的信任，使他能吐露真情实况，是这一方法取得成功的关键。对同一类型的人，要选择多个对象；对同一对象，也要进行多种调查。重要的发现和文化理解，往往得之于最后几次调查。

国内的一种最常用的方法就是开调查会，这是人类学田野工作个别访谈的一个变异的形式。调查会有多个层次，比如到一个县，首先可在县城召开有关工作人员的座谈会，这类调查会可开得比较正规些。然后再到区乡开不同背景人员的调查会。基层调查会到会的人不宜多，一次有四五个人就可以了。调查者要善于引导与会者，把话题集中在所调查的问题上，但要注意，打断或制止任何一个发言都会造成不良的影响。每开一次调查会，都要做详细记录，会后及时整理。

在个别访谈中也常常使用调查问卷作为辅助工具。问卷法本是社会学调查研究中为观察研究而采用的一种由调查对象填写表格的方法，主要用于抽样调查。“与社会学家不同，人类学家通常不借助于预先制定好的调查表，这些调查表只能倾向于发现他们想要发现的东西。相反的是，人类学者坚持尽可能开放的思想，并因而发现许多预想不到的事。这并不是说，人类学者从不运用问题调查表，有时候他们也用它。一般来说，它们被用作补充方法来说明用别的方法取得的资料。”① 在大多情况下，人类学者并不采用填写问卷表的办法，而是拟好提纲，由调查者直接向调查对象进行口头提问。问卷法的主要目的在于了解被调查者对某一问题关心的程度、态度及心理状态。

人类学田野工作方法多种多样，不论哪一类型的调查，单用一种方法都是不行的。作为一个专业人类学者，应该熟练掌握各种方法。然而，只有在田野工作的实践中，才能达到这一点，除此别无他途。

第三节 民族志访谈艺术

参与观察中的访谈实践，是人类学家的最终成果——民族志的重要前提与基础，然而访谈前的知识准备尤为重要。就中国本土的田野工作而言，有以下知识是必不可少的：掌握国内外人类学的理论发展脉络与最新进展、相关地区的汉文记载或少数民族文献资料、相关学科与交叉学科的研究成果，以及对即将经历的田野工作中可能的“文化震撼”（由族际差异和文化差异所致）做好准备。然后，我们才会考虑田野工作中的沟通艺术和访谈艺术。②

以下我们具体探讨一下访谈实践的现代学术见解与工作细节，以资借鉴和参考。

20 世纪 60 年代起，人类学理论产生重大转向，尤其是在民族志的撰写上对由马林诺夫斯基所确立的传统民族志提出反思，反对所谓的“客观”“科学”，而追求“主观”“逼真”“解释”。这种新型民族志深受以克利福德·格尔茨为代表的解释人类学理论的影响，故此有人称之为“阐释性民族志”。它既反对百科全书式和进化全程式的民族志，也反对那种致力于从研究者出发的、客位的、社会组织研究的专题民族志，认为这种试图描绘“规则”的叙述是“浅描”（thin description）。与此相对，它提倡从研究对象出发的、主观的、对“意义”的细致深刻的描写，即所谓“深描”（thick description）。它有以下几个理论的假设前提：（1）任何文化都是多元复合的而非单一的，一个文化中有数个亚文化；（2）即便一个单一文化（如乞丐文化、大学生文化），也不能描述穷尽其所有内容，只能描述一两个关键事实；（3）民族志不是对经验现象的描绘，而是“解释的解释”，即对当地人对经验现象的本土解释的解释；（4）对于一个给定文化，只要研究其一两个关键范畴，就可以进一步了解其整体的意义系统。这几个理论前提给人类学领域带来重大的冲击。假设（1）使得人类学从传统的只研究“远方”“异族”转为研究本文中的某一亚文化有了理论依据，并从远方回到了本地、从乡村回到了都市；假设（2）、假设（4）则划定了这种民族志的微观性质；假设（3）是所谓的深描，是后来的新民族志（new-ethnography）和民族科学（ethno-science）得以产生的一个理论来源。

理论诉求和目标的改变也必然要求有与传统田野工作不同的方式、方法来获取材料，从而构拟新型民族志，我们姑且称之为“主观民族志”（有人也称之为“实验民族志”）。

---

① 哈维兰．当代人类学．上海：上海人民出版社，1987：19.

② 林耀华．民族学通论．修订本．北京：中央民族大学出版社，1997：172－176.

主观民族志强调文化是一个“意义系统”，所致力搜寻的是当地人对自己文化意义系统的本土理解或阐释，而不是试图找到一些合乎客观社会结构理论或假设的文化现象或事实，这就要求田野工作者想方设法去挖掘出当地人的意义系统。其中的一个重要方式，就是受这种主观民族志理论指导的个人访谈艺术——DRS（Developmental Research Sequence）方法。

DRS 是一个受主观民族志理论指导的个人访谈方法，大概可分为预备工作、实际操作和民族志写作三阶段，每部分之内又有若干部分（见图 10－1）。这种方法要求穿插含有各种分析的一系列的民族志访谈，通过不断验证和反复询问、分析，最终发现一个文化的主题，从而得出该文化的意义系统。

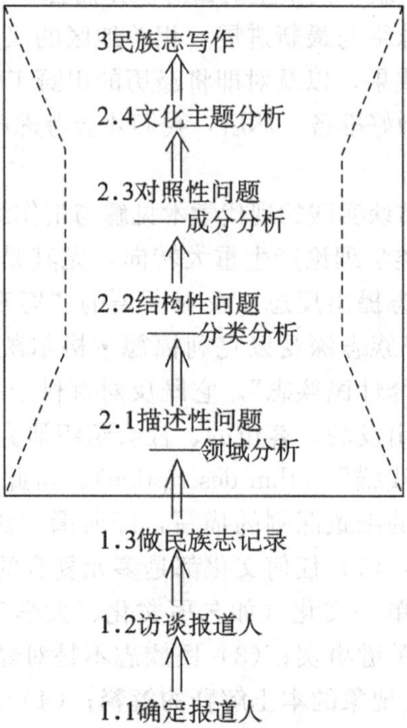

图 10－1 DRS 方法

注：图中虚线表示关注范围的变化，表明 DRS 同时关注整体和部分，但在研究的不同阶段侧重点不同。

从图 10－1 中可见，1.1～1.3 属于预备工作阶段，即广泛的关注尚在真正的研究过程之外；2.1～2.4 属于实际操作阶段，它从一个宽广的范围开始，逐渐缩小，至 2.2 时就专注于少量的经过选择的领域进行深入考察，再到 2.4 时再次将范围逐渐放大；3 即是民族志写作阶段，标志着该研究的完成。

一、预备工作

这个阶段包括确定报道人、访谈报道人和做民族志记录三个部分。虽然它们处于预备阶段，但实际上都重复见于整个访谈过程，只是由于它们的基础性而被归入前期工作。

（一）确定报道人

尽管从理论上说，几乎任何人都可以成为报道人，但实际上却并非每一个人都会是合适的报道人。田野工作者和报道人的关系非常复杂、困难，成功的田野工作的第一个挑战就是如何建立、发展和维持一个有创造力的亲和关系。双方的性别、社会地位等身份的差异、田野工作者对报道人文化的某些方面的无知、双方性格的冲突以及田野工作者人际技巧的缺乏都会导致关系的僵化甚至恶化，从而影响田野工作的进行。而更多的问题出在未能确定合适的报道人。所谓合适的报道人，是指能够帮助田野工作者学习报道人的文化并同时学习访谈技巧的报道人。

一个合适的或成功的报道人应当具备以下五项条件：

（1）对己文化完全的濡化。即一个优秀的报道人非常了解其文化，甚至不用思考，就根据年复一年的实践而自动地行事。通常要求一个报道人应当具有在一种文化里至少一年的全时间的参与。因为濡化是一个习得文化的自然过程，因此时间和参与就是他们濡化的基本条件。这正是在小型、传统社会里进行田野工作的巨大优势所在——几乎所有的报道人是己文化的完全的濡化者。

（2）目前的参与。离开一个文化场景会带来视角的巨大改变，一个目前没有参与的报道人会大幅度地曲解他原来所在的文化。

（3）来自田野工作者所不熟悉的文化场景。最具创造力的关系产生于完全濡化的报道人和完全非濡化的田野工作者之间。对某个文化的生疏会使得田野工作者不会对一些事情想当然，并敏感于那些对于报道人来说熟视无睹之事。

（4）兴趣与充足的时间。报道人拥有充足的时间对于成功的访谈非常关键，而他如果愿意或感兴趣，则会抽出时间。解决单个报道人时间不充足的一个办法就是确定接力报道人（tandem informants），即拥有相似经历和背景的多个报道人。

（5）叙述的非分析性。我们鼓励报道人根据本土“民间理论”的视角来提供对事件的分析和解释，即使他们不能提供任何解释，用他们自己的语言来描述事件和行动也足够了，尽量避免他们使用客位的外界理论来做分析。

这些不是合适报道人的必备条件，但如果它们都得到满足，那么田野工作者就已经走出了成功的第一步。

（二）访谈报道人

民族志访谈也是一种言语事件，但却具有与朋友式谈话不同的民族志要素：（1）明确的目标；（2）民族志解释，包括项目解释（访谈的目的）、记录解释（取得做记录的允许）、本土语言解释（提醒报道的不对称）。即田野工作者是提问者，而报道人则提供其经历；不是避免重复，而是不停地重复问题，也重述报道人所使用的本土语言；经常以语言或非语言的方式来表达对报道人文化的无知和兴趣，以此鼓励报道人尽量多地讲述。虽然访谈与朋友式的谈话有如此的不同，却也不是正式的盘问，最好将访谈视为一系列的朋友式谈话，而田野工作者缓慢地引入民族志要素来帮助报道人做正确的回应。

民族志访谈的基本要素和流程：问候并给予民族志解释→问民族志问题→不对称的角色交换、表达兴趣→表达文化无知→重复问题→重述报道人的本土语言→使用报道人的本土语言→假设处境→问朋友式问题→离开。虽然这似乎是一个访谈流程，但实际上这些要素是在访谈过程中不断重复使用的。

（三）做民族志记录

民族志记录包括田野笔记、录音带、图画、手工制品，以及任何其他记录该文化的东西，主要是成文的田野笔记：（1）在访谈中做的简要笔记；（2）扩增了具体活动的记述；（3）田野工作者的私人日记；（4）根据自己的知识和报道人的评价所做的对文化意义的分析、对被研究文化的解释和洞见。记录对该文化的初步印象很有价值，而与报道人的第一次接触也值得加以记录。

做民族志记录时要遵照以下两个原则：（1）语言辨别原则，即对用于田野笔记每个条目的语言加以辨别，看是田野工作者自己的语言，还是报道人的语言，或是第三者的语言，而不能不加分辨地混合运用而成一锅大杂烩，因为这会扭曲本来的文化意义，会给以后的分析带来困难。（2）文字记录原则，要求对报道人所讲述的语言完全记录，而不能由田野工作者有意识或无意识地加以总结、重述和压缩。这样做的一个最好的方式就是使用录音机，但一定要取得报道人的同意。

二、民族志问题和民族志分析

所谓民族志问题是旨在发现报道人的文化意义系统而提出的问题，包括描述性问题、结构性问题和对照性问题。民族志分析则是对一个文化的组成部分、各部分之间的关系以及它们与整体的关系的研究和寻索，包括领域分析、分类分析和成分分析。这个阶段主要是向报道人问民族志问题并对其回答做出分析。提出问题是为了做分析，而分析则是验证问题及对问题的回答，最后发现文化主题和整个文化的意义系统。从而撰写民族志。

（一）描述性问题——领域分析

前面已经提到，亲和关系对于访谈十分关键，在实际操作中，如何发展和维持亲和关系就成为重要课题。亲和关系的发展基本有四个阶段：敌意→试探→合作→参与。报道人从敌意一直到参与这个良性的发展过程的实现，需要研究者对报道人的尊重。

描述性问题的目的是认识报道人所在的文化场景，包括五类问题：（1）扫描式问题，即尽量鼓励报道人叙述出其所在文化场景的重要特征。其中又可细分为四小类，即典型扫描式问题（如你能描述一下一天典型的办公室生活吗）、特定扫描式问题（如你能描述一下昨天的办公室生活吗）、请求报道人带领参观问题（如你能带我在办公室里转一转吗）和给予报道人某个任务的问题（如你能画一张办公室的布置图并加以解释吗）。（2）聚焦式问题，它与扫描式问题很相似，也可细分为四小类，不同之处在于处理的是更小单位的文化场景和经历。（3）个案问题，即要求报道人就某件事给一个具体的例子。（4）经历问题，即问报道人在某个特定情况下的个人经历。（5）本土语言问题，其目的是尽量降低报道人翻译转换能力的影响而提醒报道人使用本土语言来回答问题。其中包括三小类，即直接语言问题（如你会怎样描述它）、假想对话问题（如果你的上司要求你加班，你会怎样回答）和典型句式问题（如你能说出几个包含“炒鱿鱼”这个词的句子）。

经过以上的描述性问题，研究者已经得到关于该文化的基本材料，现在需要对这些材料进行分析。民族志分析可分为三类：领域分析、分类分析和成分分析。领域是文化知识中一个类别的民间术语，内含两个以上的亚类（其他符号），领域之间则通过语义相关而构拟出文化轮廓。每个文化的领域是有限的，不过几个而已。识别出并分析民间领域是田野工作者所面临的最大难题。因为报道人并不是按领域而是以句子来讲话的，会从一个领域很快地跳到另一个领域，而且尽管报道人自己很了解他们文化的领域，但却可能并没有意识到。另一方面，田野工作者很难直接就领域提问，而更糟糕的是，经常受自己文化背景的影响而自觉或不自觉地将当地文化材料按照社会科学的专业文化来组织成分析性类别，而不是完全通过本土术语来寻求分析。初步的领域分析主要就是要找出文化领域，主要有以下四个步骤：（1）筛选访谈笔记的例子；（2）寻找指代东西的当地名称；（3）从例子中识别出可能的包含术语和被包含术语；（4）从其他访谈笔记中搜寻其他被包含术语。在识别出可能的领域之后，再针对每个领域设计出结构性问题来加以验证。领域分析并不是一劳永逸的程序，而是在收集材料的过程中不断重复以验证已经寻找出来的领域以及找出新的领域。

（二）结构性问题——分类分析

现在已经到了验证这些可能的民间领域并寻找其他被包含术语的时候。结构性问题的功用在于探索报道人的文化知识的组织状况，其提问需要严格遵守以下一些原则：（1）与描述性问题和对照性问题结合的原则；（2）解释原则；（3）重复原则；（4）场景原则；（5）文化形貌原则。结构性问题也分为五类：（1）确认问题，其中包括领域确认问题、被包含术语确认问题、语义相关确认问题和本土语言确认问题；（2）包含术语问题；（3）被包含术语问题；（4）替换术语问题；（5）卡片整理结构性问题。

通过描述性问题和领域分析，我们找出了主要的文化领域，再通过结构性问题，又得到了报道人对文化知识进行组织的材料，现在需要的是当地人文化领域内部的分类情况和内在关联。分类分析与领域分析不同的一点在于，它显示了在一个领域内所有民间术语的关系，也揭示了领域的亚类以及这些亚类与整体领域相关的方式。通过分类分析就可以发现民间术语的新关系，并揭示出领域的内部结构。

（三）对照性问题——成分分析

以上是对民间术语的相似性（它们被包含于领域中并被分类）的探索，现在则转向它们的差异性。仅仅构建出某一个或几个领域的内部分类是不够的，它只揭示了一套民间术语之间的单个关系，而意义相关理论则要求民间分类能够通过揭示一个领域内的符号与其他符号之间的关系来反映符号的意义，发掘一个文化的意义。可以运用以下原则：（1）相关原则，即通过找出一个符号如何与其他所有符号相关来发现其意义；（2）使用原则，即通过询问一个符号如何被使用，而不是问它的所指来发现其意义；（3）相似原则，即通过找出一个符号如何与其他符号相似来发现其意义；（4）对照原则，即通过找出一个符号如何与其他符号不同来发现其意义。主要有两种方法来寻找民间术语的差异：其一就是回顾所有的田野笔记，通过看不同报道人的不同叙述来找出差异；其二就是提问对照性问题。它包括7种问题：（1）对照性验证问题；（2）单项对照问题；（3）双项对照问题；（4）三项对照问题；（5）对照集归类问题；（6）问题提问游戏（用以考察报道人的分类体系）；（7）排序问题（用以考察报道人的价值体系）。

成分分析是对文化符号的性质（意义成分）的系统探索。在将一个民间术语置于一个特定领域以及为其在一个特定分类里找到位置时，就分离出了一个单项的语义关系。在做成分分析时，应当将焦点放在一个民间术语与其他符号的多重关系上。有些田野工作者致力于寻找一个对照集里的成员之间的正式或逻辑的差异（他们使用了自己的概念，却没有关注其分析是否合乎该文化的性质），这样的分析为的是发现结构性现实，而这并不一定与报道人的概念相符合。我们在这里致力于寻求报道人世界里的心理现实，是报道人所认知的自己的文化。

（四）文化主题分析

完整的文化描述应当包括对一些特定领域的深度分析，也要包括对文化场景的综合描述和表达整体意义的叙述，即提供对一个文化或文化场景的整体观。尽管对所有领域的简单列举是民族志的必要部分，但却不够充分，还应当找出一个社会里的成员用来联结这些领域的观念性主题。文化主题就是在多数领域里反复出现的、内隐的（理想的、以民谚来表达的）或外显的（见于实际行为的）、作为文化意义子系统之间关系的认知原则。文化主题分析可以运用以下一些方法：（1）渗入一个文化，即完全参与一个文化并用之来思想和行事，如此可以洞察出该文化的主题；（2）列举文化清单，即列举出文化领域、例证以及其他材料，用以发现重复出现的主题；（3）对民间领域做出成分分析，用以发现哪些领域是为报道人所看重的；（4）在对照维度间找出相似性，即比较两个领域的对照维度来发现主题；（5）识别出关键性领域；（6）制作出文化场景的大纲结构图；（7）寻找普同性主题，如社会冲突、文化对立、社会控制等；（8）写出文化场景的综合总结；（9）与相似文化场景进行比较。

三、民族志写作

以上所做的实际上就是进入一个想要理解的文化，即报道人的语言和思想，掌握他们的符号和意义，但这只不过是工作的一半。另一半则是向读者描述该文化，这就要求熟悉读者的思想和意义系统。翻译可以是包括发现一个文化的意义及将这些意义与另一个文化里的人沟通的整个过程。民族志写作有六个层次，这些层次如何被运用，会决定一个民族志翻译的沟通价值，它们由普遍而具体，每个层次占据一定的比例：（1）普同性叙述；（2）跨文化的描述性叙述；（3）对一个社会或文化集体的概要叙述；（4）对一个具体文化场景的概要叙述；（5）对一个文化领域的具体叙述；（6）具体事件叙述。写作民族志应当首先考虑读者，这会影响民族志的每个方面，接着还要确定一个主题，并根据主题来写出大纲，然后按部分进行写作，主体部分结束以后再写前言和结论，最后定稿。至此，一份完整的民族志就面世了。

参考书目

本尼迪克特．菊与刀．北京：商务印书馆，1994.

拉德克利夫-布朗．社会人类学方法．济南：山东人民出版社，1988.

黄淑娉，龚佩华．文化人类学理论方法研究．广州：广东高等教育出版社，1996.

林耀华．从书斋到田野．北京：中央民族大学出版社，2004.

米德．三个原始部落的性别与气质．杭州：浙江人民出版社，1988.

汪宁生．文化人类学调查．北京：文物出版社，1996.

沃尔科特．田野研究的艺术．重庆：重庆大学出版社，2011.

杨堃．民族学调查方法．北京：中国社会科学出版社，1992.

英国皇家人类学会．田野调查技术手册．上海：复旦大学出版社，2016.

中根千枝．田野工作的意义．思想战线，2001（1）．

庄孔韶．“蝗虫”法与“鼹鼠”法：人类学及其相关学科的研究取向评论．开放时代，2007（3）．

庄孔韶．人类学概论．2 版．北京：中国人民大学出版社，2015.

Bernard H R. Research Methods in Cultural Anthropology. London：SAGE Publications，Inc.，1989.

Denzin N K. Interpretive Ethnography：Ethnographic Practices for the 21st Century. London：SAGE Publications，Inc.，1997.

Ellen R F. Ethnographic Research：A Guide to General Conduct. London：Aeademic Press，1984.

Ember C R，Ember M. Anthropology. New Jersey：Prentice Hall，Inc.，1993.

Epstein A L. The Craft of Social Anthropology. London：Social Science Paperbacks，1967.

Fetterman D M. Ethnography：Step by Step. London：SAGE Publications，Inc.，1986.

Hammersley M. Ethnography：Principles in Practice. London：Routledge，1995.

Johnson A W. Research Methods in Social Anthropology. London：Edward Amold，1978.

Punch M. The Politics and Ethics of Fieldwork. London：SAGE Publications，Inc.，1986.

Sanjek R. Field Notes：The Makings of Anthropology. New York：Cornell University Press，1990.

Spradley J. The Ethnographic Interview. New York：Harcourt Brace Jovanovich College Publishers，1979.

Wemer O. Systematic Fieldwork. London：SAGE Publications，Inc.，1987.

Wolcott H F. The Art of Fieldwork. Walnut Greek：Altarnira Press，1995.

第十一章

婚姻、家庭与亲属制度

婚姻、家庭与亲属制度是社会学与人类学共同的研究课题之一，但各有侧重。人类学的这类讨论，不仅要从共时的角度看，考虑族群认知和文化形态的多样性，注重主位/客位研究法的视角互换；而且要从历时的角度看，试图构拟各种历史形态的演化进程。这是在实际研究取向上人类学家与社会学家相区别的地方。

第一节　婚姻

很多人类学家试图对“婚姻”下一个人类学的定义，却鲜有成功者；可以毫不夸张地说，每一种定义都有例外。下面试举几个著名的人类学家关于婚姻的定义，以供参考。

韦斯特马克认为，婚姻是“习得的习俗或法律承认的一男或数男与一女或数女相结合的关系，并包括他们在婚配期间相互所具有的以及他们对所生子女所具有的一定的权利和义务”①。默多克认为，婚姻“仅仅存在于当经济的功能和性功能结合为一种关系之时”②。凯瑟琳·高富（Kathleen E. Gough）则建议我们将婚姻视为“建立在一个女子与一名或几名其他人之间的一种关系，用以确立新生婴儿的合法性，并使其成为社会所接受的一分子”③。

“婚姻”一词如此难以界定，以至于施传刚在讨论云南摩梭人的“婚姻”现实以及“婚姻”的普遍性定义时，为了避免纷争而使用了一个较少本族文化中心论的字眼——制度化的性结合（institutionalized sexual union）。④“摩梭人”和下文翁乃群及蔡华所称的“纳日人”或“纳人”是同一族群，目前大多被归在纳西族内。

婚姻与性无疑有联系。它是排除了杂乱的性交状态（promiscuity，亦作“杂交”）而建立起来的一种文化制度。从最初的人类婚姻形态看，凡有婚姻制度存在的地方，就必定有对于性关系的限制，也就是说有“乱伦禁忌”（incest taboo，“伦”即“文化规定”）。群婚是一群男子对一群女子的性关系，它规定了某些特定的男子与某些相应的女子彼此之间

---

① 韦斯特马克．人类婚姻简史．北京：商务印书馆，1992：1.

② Murdock G P. Social Structure//Pasternak B, et al. Sex, Gender and Kinship: A Cross-Cultural Perspective. New Jersey: Prentice Hall, Inc., 1959: 82.

③ Gough K E. The Nayars and the Definition of Marriage//Pasternak B, et al. Sex, Gender and Kinship: A Cross-Cultural Perspective. New Jersey: Prentice Hall, Inc., 1959: 83.

④ Shih C K. The Yongning Moso: Sexual Union, Household Organization, Gender and Ethnicity in a Matrilineal Duolocal Society in Southwest China. Palo Alto: Stanford University, 1993.

可以有被社会承认的性关系，从而也就排除了一部分人，使他（她）们处在这种被认可的性关系之外。婚配关系范围逐步缩小的这一历史进程，被看作人类婚姻走向进步和文明的表现。这种过程一直发展到一对男女的牢固结合为止。①

因此，婚姻的性质似可表述为建立在性关系基础之上的异性（男女）间的社会契约。

世界上有些地方存在两个女子之间的同性婚姻和死去的男女之间的"鬼婚"，前者可见于非洲、印度的一些族群中②，后者则可见于近代中国大部分汉族社会以及现代的中国台湾和香港部分地区③。另外，同性婚姻在当今欧洲许多地方也被接受为合法行为。④ 我们不妨权且取本族文化中心的立场，将此类现象视为正常的男女之间婚姻的一种有条件的变异形态，不必为了涵盖此类婚姻而将"婚姻"概念扩大。这样处理有助于简洁地界定婚姻。

至于婚姻的功能，至少有以下三个方面。

其一，保持社会（群体）的稳定。在大多数情况下，婚姻作为一种规范，能够减少由于性方面的原因而招致的社会（群体）冲突，有助于社会稳定。生物界的进化导致了"人"的出现。跟其他灵长类动物不同，人类是唯一不受发情期局限的高等动物。因此，为了保持群体的稳定，不致因争夺异性而产生两败俱伤的灾难性后果，就必须对性的对象做出限制。婚姻制度的确立为社会做出了这种限制，具有保持社会稳定的作用。

其二，为繁衍后代提供适宜的条件，包括社会条件和经济条件。婚姻能够为社会提供合法的后代以及婴儿成长的良好环境。人类的婴儿期相对而言比其他灵长类动物的长，所以母亲的负担十分沉重。无论是古代的氏族（孩子的生父不在同一经济集团中），还是现代的家庭（孩子的父母属同一个经济集团），婚姻都是以男女成年人联合抚育后代为特征的基本社会细胞（单位）。应该注意的是，在有婚姻关系的男女分属于不同经济单位的情况下，婚姻仍然起到了种族繁衍的功能。

其三，增进不同群体之间的联合。原始社会中互相通婚的集团往往结成联盟，这有助于人们的生存与发展。比如甲氏族与乙氏族通婚，或者甲、乙、丙三个氏族结成环状婚集团，那么在经济生活甚至在部落械斗方面，都能守望相助、荣辱相关、休戚与共。在阶级社会里，联姻也是一种密切不同家族之间乃至民族之间、国家之间关系的有效手段。

最后，让我们再借助当代灵长类学的研究成果对曾经引起古典人类学家激烈争议的"杂交"做一点补充说明。早期人类社会是否曾经经历过"原始群"和"血缘家庭"？其内部组织结构如何？人类学家对此长期争论不休，至今未能达成共识。因此，人类学家十分重视对现存的非人灵长类（nonhuman primates）的研究，当代的体质人类学认为，人类作为一种生物连续体（a biological continuum 或 primate continuum）中的一员，在体质构造和社会行为方面都与黑猩猩、大猩猩、猩猩、狒狒等动物有着极大的相似性；灵长类学家们将黑猩猩等的社会行为视为人类行为的一种简化的模式（a simplified model），或者

---

① 关于这一点，恩格斯在《家庭、私有制和国家的起源》的"家庭"一章内有很精辟的论述，此处不赘。

② 在此类婚姻中，一位妇女充当孩子社会父（pater）的角色，而这个孩子的生父（genitor）则是此婚姻中"妻子"的一位"情人"（lover）。这也可以看出，人类社会中，有关婚姻和亲属的诸名无疑是兼有社会学的和生物学的双重含义的。

③ Pasternak B，et al. Sex，Gender and Kinship：A Cross-Cultural Perspective. New Jersey：Prentice Hall，Inc.，1959：82-85.

④ Parkin R. Kinship：An Introduction to the Basic Concepts. Oxford：Blackwell Publishers，Ltd.，1997：40.

说“我们的大多数行为只不过是我们人科先祖和灵长类近亲的精致的延伸（elaborate extensions)”[①]，相信这类研究有助于通过类比推测进化过程中早期人类的生活情况。

对灵长类行为的研究，诸如狒狒、黑猩猩和大猩猩等的观察报告亦显示出各类个案的特殊性。[②] 甚至对同一种猿类的同一种行为还会出现不同的观察结果，而且还未能对其矛盾的特殊性做出合理的解释。这种情况可能要待将来研究材料较为丰富之后才会有所改变。目前我们只能在有限的材料中选择介绍一些值得引起注意的现象。

珍妮·古多尔在坦桑尼亚贡贝河禁猎区（1967 年起改为贡贝国家公园）对野生黑猩猩群落的长期考察，使她的成果在灵长类行为领域中具有一定的权威性。她指出，黑猩猩群体的组成数量不是固定不变的，最常见的是 4～8 只黑猩猩组成的小群，然后再由 2～3 个小群汇成一个大群，单个或成对活动的也不少。[③] 黑猩猩的群体会随着食物来源的变化而实行“聚合-分裂”，这样既不失觅食效率，又保持社会联系。

性关系及亲子关系的不同，是各类猿猴社会群体结构不同的主要原因。珍妮·古多尔深刻地指出，只有持续地对有一定亲缘关系的群体进行研究，才有可能对其社会组织获得全面而完整的概念。[④] 她的考察证实，成熟的雄性黑猩猩依然留在出生的群落内，而不像其他哺乳动物的雄性达到青春期后就离开出生的群体。尽管存在群内的杂交，但是古多尔的个例考察表明：没有见到过母子、兄妹这类近亲性交的现象。[⑤] 另据 M. P. 杰格里埃尔在乌干达西部的基巴莱森林保护区进行的野外考察，雌性黑猩猩在成熟之后会到外群中寻找配偶，于是一个群落内存在着的是一群有密切亲缘关系的雄性与一群无亲缘关系的雌性。雌性的异系交配导致了群落中雄性与雌性的遗传差异。不过，这位研究者对雌性猩猩为何去外群找配偶的原因未加任何解释。

与黑猩猩这种“复雄性型群体”相比，大猩猩则是“单雄性型群体”，或所谓“一夫多妻制”。每个大猩猩群体都有一只年老的雄性“银背”（由于年长而背部的毛变白，故名），它是该群体的统治者，在它之下还有几只从属的成年雄性、成年雌性以及她们的后代。由于有些成年雄性大猩猩在群内占据有许多配偶，而另一些雄性却成了孤独者，因此在大猩猩之间常为争夺雌性而进行殊死决斗。这种情况在黑猩猩群内是没有的。有人据遗传理论解释道：同一群体内的雄性黑猩猩是亲戚，彼此拥有某些共同的基因，相互伤害只会减少共同基因遗传给下一代的机会；大猩猩则不然，因此不存在这种禁忌。[⑥]

然而正如许多灵长类群体一样，黑猩猩群体中也有一个“王位”，争夺这个统治宝座也会引起雄性黑猩猩的角斗。过上几年，首领席位就会易主。[⑦] 在日常生活中，等级身份

---

① Nelson H，Junnain R，Kilgore L. Essentials of Physical Anthropology. St. Paul：West Publishing Company，1992：154 - 155. Nelson H，Jurmain R. Introduction Physical Anthropology. 2nd Edition. St. Paul：West Publishing Company，1982：275.

② 此类田野调查的著名专著有：Schaller G B. The Mountain Gorilla. Chicago：The University of Chicago Press，1963. Goodball J. In the Shadow of Man. Boston：Houghton Mifflin，1971. Jane G. The Chimpanzees of Gombe. Cambridge：The Ballknap Press of Harvard University Press，1999. Foseey D. Gorillas in the Mist. Boston：Houghton Mifflin，1983. Strurn S C. Almost Human：A Journey into the World of Baboons. New York：W. W. Norton & Co.，Inc.，1990.

③ 古多尔．黑猩猩在召唤．北京：科学出版社，1981：23，31.

④ 同③150.

⑤ 参考关于黑猩猩母亲芙洛及其成年儿子费冈、法宾，成年女儿菲菲之间的个案观察。同③210 - 211.

⑥ 郑开琪，魏敦庸．猿猴社会．北京：知识出版社，1982：41 - 47.

⑦ 古多尔．贡贝河风云//郑开琪，魏敦庸．猿猴社会．北京：知识出版社，1982：12 - 20.

是可以通过个体间的种种行为（如捋毛、将臂部挪近对方、俯伏于地及抚慰性的接触等）体现出来。破坏等级关系的“越轨”行为（争食物或争夺性交对象等）会遭受到恐吓或攻击。不过强者对于幼崽或发情期的雌性在争食物时破坏规矩的举动却表现出了一定的宽容。① 用珍妮·古多尔的总结就是：“每一只黑猩猩都很明白自己在群落中的地位，以及与经常打交道的成员的关系。”②

黑猩猩与人类有98%的DNA相同。由此看来，在推测早期人类性行为或婚配状态时，它们是足资借鉴的。不过，我们同时也该注意到，研究者们至今没有找到实际的个例来对进化中的早期人类的“杂交”状态进行证实或者证伪。

第二节　亲属称谓制

人一出生就处在一张“先天造就的”人际关系网之中，这种人际关系是以生物学意义上的血缘关系，即亲属关系为基础的。但是，亲属关系又是人类文化的一种创造，它并不简单地对应于生物学意义上的遗传关系和性关系。汉语“亲属”指因婚姻、血缘与收养而产生的人们之间的关系，又分为血亲、姻亲和配偶。配偶在有些民族中不被列入亲属范围内，而且，在不同文化的人类群体中，同样的血缘关系可能对应着不同的社会关系模式。例如，某些民族中把自己的亲生母亲和她的姐妹用同一个词来称呼，并且在行为举止方面也采取同样的态度和方式。再如，中国的汉族旧时鼓励缔结姑舅表亲婚姻，认为这是美满良好的选择，但是堂兄妹（同姓）之间不准结婚；而中东的某些族群则相反，认为堂兄妹间可以通婚。这种习俗从生物学或遗传学的观点是解释不通的，可见此类行为规范完全是文化的产物。

亲属之间的称呼就是亲属称谓。它不仅表示出生物学意义上的血缘关系，而且还包含一定的社会权利和义务在内。亲属称谓后来也被派生应用于非亲属成员之间，更表明其中包含的社会意义。亲属称谓不是孤立存在的，而是有一个体系。这正如一个人不能构成社会一样。这种亲属称谓的系统就是亲属称谓制。

美国人类学家摩尔根是第一个注意到亲属称谓的社会学意义的人，亲属称谓制研究也是由他首创的。摩尔根认为，亲属制的基础是家庭（家族）形态。家庭（家族）在不断地变化发展，而亲属制却表现出滞后的特点。因此，考察亲属制可以找出已经消失了的古老的家庭形态来。摩尔根以通信、实地调查等方式收集了各地大量的民族志材料，把世界上不同民族的亲属称谓制归纳为两大类、三种形式，如图11-1所示：

- 类分式
  - 马来亚式
  - 图兰尼亚式
- 叙述式——雅利安式

图11-1　摩尔根对亲属称谓制的分类

① 古多尔．黑猩猩在召唤．北京：科学出版社，1981：92-93，130-140，280-289.

② 同①140.

类分式的特点在于，用同一名称去称呼属于同一范畴的人。它使用的基本称谓较少，对于亲属关系的亲疏划分不甚明确。比如印第安易洛魁人用同一个词来称呼他的父亲和父亲的兄弟，那么在他们那里这两种人就被归为同一范畴了。

叙述式的特点是，在对一些基本血亲使用专用名称的基础上，又对一些远亲使用基本名称的组合来称呼。这就比较清楚地表述了亲属关系的亲疏远近。比如汉族的叔、婶、姨、姨夫，其中“姨夫”的称谓即是由基本名称组合而成。

摩尔根是一个古典进化论者。他认为，人类家庭形态经历了一系列的历史演进，与之相应（但不是同步的），亲属制度也有一个进化过程。那就是从类分式发展到叙述式，从马来亚式到图兰尼亚式再到雅利安式。

尽管摩尔根开创了人类学里这种独特的研究方法，但是他的分类原则和分类体系存在一定的缺陷，受到后世人类学家的批评。例如美国的克虏伯就认为，摩尔根划分的类分式和叙述式两类亲属制之间没有原则性差别，一切亲属制实际上都是类分式的，仅仅是程度不同罢了。[①] 我国民族学家杨堃指出，摩尔根把含有父系亲属称谓和姻亲称谓的马来亚式亲属称谓制看成是最早的，显然是错误的。因为父系亲属称谓萌芽于对偶婚时期，成熟于父系氏族替代母系氏族之际。而在母系氏族之初期，人们只知其母不知其父，所以不存在父系亲属称谓和姻亲称谓，只有母系亲属称谓。[②] 另外有的人类学家认为亲属称谓是个语言学的问题，并指出：“这是语义上的问题，即语言与现实之间的关系问题……它与从什么角度来解释、从什么地方去探索亲属称谓的意义有关。你是在人们的‘头脑’当中找到意义的……”[③]

目前各国人类学家大多采用美国人类学家默多克在《社会结构》（1949 年）一书中提出的六型式分类法。默多克把世界上所有民族使用的亲属称谓制归纳为六类，每类都用该类的一个典型的民族名称来命名。这六种类型就是：(1) 夏威夷式（Hawaiian type）；(2) 爱斯基摩式（Eskimotype）；(3) 易洛魁式（Iroquoistype）；(4) 克洛式（Crowtype）；(5) 奥马哈式（Omahatype）；(6) 苏丹式（Sudanesetype）（见图 11－2）。默多克的分类原则主要是依据平辈亲属称谓的划分。[④] 例如，在夏威夷式中有：×COS=‖ COS=Sib（交表=平表=同胞兄弟姐妹）。而在苏丹式中则是：×COS≠‖ COS≠Sib（交表≠平表≠同胞兄弟姐妹）。其余四式的分辨程度介乎上两者之间（见图 11－2）。[⑤]

目前在国际人类学界最负盛名的民族志资料集“人类关系区域档案”（HRAF），就要求它的每位撰稿人在描述民族亲属称谓制时统一使用默多克的分类法。中国汉族的亲属称谓最为复杂，按默多克的分类讲属于苏丹式。但是苏丹式还不能概括汉族称谓的全部内容。因为

---

① 谢苗诺夫．婚姻和家庭的起源．北京：中国社会科学出版社，1983：47.

② 杨堃．论泸沽湖畔母系家族在家族婚姻发展史中的地位和作用．北京师范大学学报（哲学社会科学版），1963 (3)．可是，应该注意到，在所谓原始社会中，通婚集团彼此之间的“血亲”和“姻亲”关系是与生俱来的。瑟维斯 (E. R. Service) 在进行有关评述时就曾经指出：“婚姻是联合的一种功能，而不是联合的起因，也不是在联合之前。……从新的意义上说，他的姻亲的产生，实际上不仅在他自己结婚前，而且在他出生之前。”[瑟维斯（塞维斯）．人类学百年争论（1860—1960）．昆明：云南大学出版社，1997：122.] 所以，杨先生的反驳似乎是建立在对姻亲/血亲概念的本民族中心主义的思维模式基础上的。

③ 瑟维斯（塞维斯）．人类学百年争论（1860—1960）．昆明：云南大学出版社，1997：40.

④ Otterbein K F. Comparative Cultural Analysis：An Introduction to Anthropology. 2nd Edition. New York：Holt，Rinehart and Winston，Inc.，1977：112－115.

⑤ 芮逸夫．云五社会科学大辞典·人类学．北京：商务印书馆，1972：285.

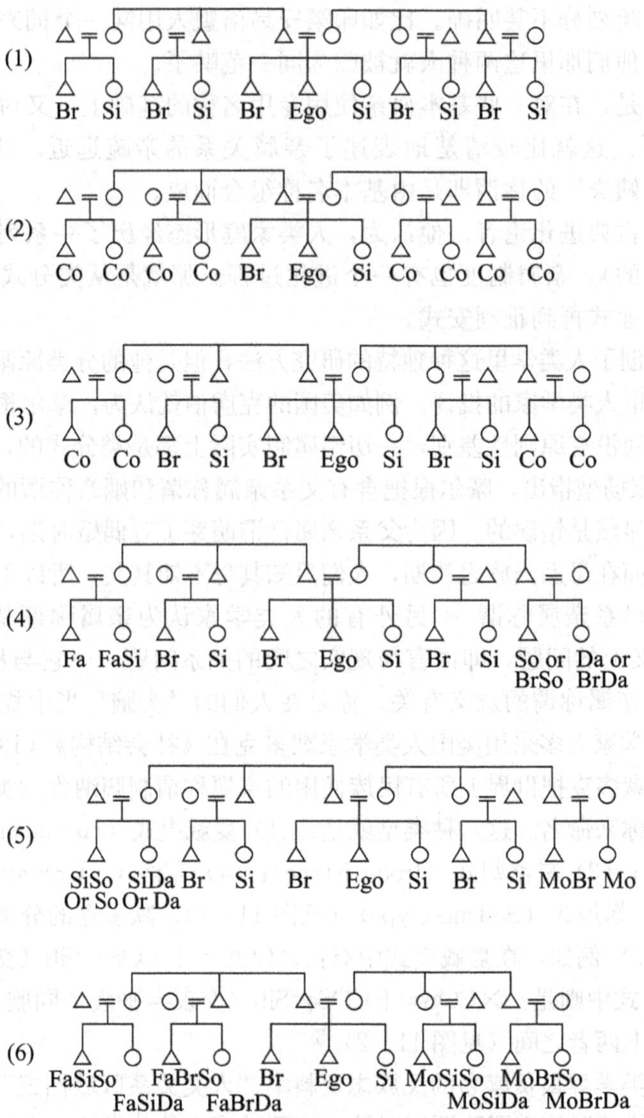

图 11-2　默多克的亲属称谓制分类示意图

注：图 11-2 至图 11-6，以及图 11-10 至图 11-15 的符号意义见本章章末附录。

对于亲属制度的分类是客位的，而亲属称谓则是主位的。关于汉族亲属制已有不少人类学家做过研究，其中林耀华绘制的“汉民族父系家族亲属称谓表”是目前所见到过的最详尽的一种，足资。①

亲属称谓制与家庭形态密切相关。试以爱斯基摩式为例，它的显著特征之一是重视核心家庭成员的内聚关系。凡属于核心家庭的成员都有专门的称谓，可是对核心家庭以外的亲属，称谓就是概括性的了，父方的与母方的亲属并没有称谓上的区分。比如在英语中有父、母、兄弟、姐妹、儿子、女儿等专称，但是像“uncle”和“aunt”等词都不分母方或父方的

① 雷洁琼．中国大百科全书·社会学．北京：中国大百科全书出版社，1991：彩图插页，17，18.

亲属而一概通用。

值得注意的是，核心家庭关系紧密而其他亲属关系松弛的社会，无论其社会经济发展水平如何，皆流行爱斯基摩式亲属制。爱斯基摩人的生计方式与欧美资本主义社会截然不同，然而亲属称谓却是一致的。[①] 对这一客观现象，有的学者做了这样的解释：核心家庭存在于狩猎-采集民族中，是因为这些民族不稳定的生计方式迫使他们在大部分时间，均倾向于组成小型而且机动性高的社会单位。核心家庭同样也存在于美国这样的后工业社会。那是因为该社会具有高流动性，人们追求就业机会和提高社会地位；另外，社会支持系统发达、社会保障程度高，减轻了家庭在照顾方面的功能，也是原因之一。

自从摩尔根开创此项工作以来，亲属制度的研究已经有了很大的发展和变化。摩尔根时代的学者大多刻意收集民族志材料，注重分类；而后世的学者则开始借助语言学的方法来分析已知的各种亲属称谓制中每个名称的成分与含义，不再去注意分类包含的社会问题。[②] 譬如，20 世纪 70 年代劳恩斯伯里和古迪纳夫把语言学的"成分分析法"用于研究亲属称谓的内部结构。根据他们的这种"形式语义分析"，每种亲属称谓的使用范围都与一个亲属类型群体有关，该亲属类型群体被称为"所指"，个别的亲属类型被称为"所指实体"，与其他亲属类型相区别的区别性特征被称为"能指"。此外，还有用来做具体分析的标准。例如，劳恩斯伯里对波尼人亲属称谓进行分析时使用的标准是：(1) 男系血亲/非男系血亲；(2) 女系血亲/非女系血亲；(3) 被称谓者为男性/女性；(4) 称谓者为男性/女性；(5) 长辈/平辈/晚辈。

下面我们把最著名的三种不同的亲属称谓制分类法列表进行对比，以揭示默多克等学者不同的研究切入角度，并粗略地展现亲属称谓研究史的演进（见表 11-1）。

表 11-1　　三种亲属称谓制度分类法对照表

摩尔根分类法	基尔霍夫分类法	默多克分类法
马来亚式	世辈式	夏威夷式
图兰尼亚式	二分合并式	易洛魁式 克洛式 奥马哈式
雅利安式	直系式 二分旁系式	爱斯基摩式 苏丹式

注：摩尔根在其分类法中又将前两者归为类分式（classificatory），后一种为叙述式（descriptive）。基尔霍夫的四分法是以一世尊亲父母双方的旁系的称谓为标准建立的：世辈式（generational），二分合并式（bifurcate merging），直系式（lineal），二分旁系式（bifurcate collatered）。后人发现在二分合并式中，又因父系/母系继嗣原则的不同而对其中不同行辈称谓的归类有所不同，可以进一步加以区分，如奥马哈式基于父系继嗣，故而对其母系亲属的称谓有不同行辈混称的特征（如，MoBr=MobrSo=MoBrSoSo，即对"母亲的兄弟""母亲的兄弟的儿子""母亲的兄弟的儿子的儿子"三者使用同一称谓）。相反，用以命名克洛式的克洛印第安人是母系继嗣社会，对其父方亲属称谓有不同行辈混称的特征（如，FaSi=FaSiDa=FaSiDaDa，即对"父亲的姐妹""父亲的姐妹的女儿""父亲的姐妹的女儿的女儿"三者使用同一称谓）。

① 童恩正．文化人类学．上海：上海人民出版社，1989：182.

② 石磊．最近几年来亲属研究的一般趋势//李亦园．文化人类学选读．台北：食货出版社，1980. 刘斌雄．亲属称谓研究的发展//李亦园．文化人类学选读．台北：食货出版社，1980.

案例

列维-斯特劳斯认为："原始社会受'血缘纽带'的支配（我们今天称这种血缘纽带为亲属制度），而不是受经济关系的支配。如果这些社会没有被外部毁灭，将会无限地持续下去。""在非资本主义或前资本主义社会中，亲属关系比阶级关系起更重要的作用。"他说这些是马克思、恩格斯的观点，但实际上只是他自己的看法。……事实上，恩格斯的观点与列维-斯特劳斯所表达的观点根本不同。恩格斯曾经指出，"亲属关系在一切蒙昧民族和野蛮民族的社会制度中起着决定作用"，因为当时人们赖以结合的基础是血缘关系，人类群体既是血缘团体，也是生产集团，包含生产关系和一切社会关系的萌芽在内。亲属制度不仅是一种称谓，而且体现了人们之间的相互关系，体现了团体内人们相互承担的义务，"这些义务的总和构成这些民族的社会制度的实质部分"①。

列维-斯特劳斯提出亲属制度由两种完全不同的现实系列组成。一是称谓制度（严格地说，它组成了词汇系统）；二是既是心理学又是社会学的制度，称为态度制度。……我们赞成列维-斯特劳斯提出的亲属制度由称谓制度和态度制度组成的看法。摩尔根提出的亲属称谓基于家庭形态，家庭形态基于婚姻形态，反映了亲属制度的主要内涵。……摩尔根着重在亲属制度的分类系统上下功夫，没有对其功能（行为规则）做具体解释，而且他的分类系统未能涵盖迄今所发现的资料。有些人类学家否定摩尔根的解释，单纯地强调行为态度，未免过分片面。而否定亲属制度与婚姻家庭制度的联系，就无法说明亲属制度的产生和实质。

列维-斯特劳斯认为亲属关系不能只通过名称来表达，应用这类称谓的人会感觉到在与别人的联系中受到了规定行为的限制，也就是说用某一名称应采取什么行为有个规定。他的观点可以补充摩尔根的解释。列维-斯特劳斯对态度制度的解释，将非制度化的态度看作心理学意义上的称谓的反映，这种态度附属于称谓，它们被禁忌和特权规定，它"服务于解决矛盾和克服称谓制度中固有的缺陷"。他认为称谓制度和态度制度并不是互相独立的，不意味着一对一的对应关系，态度制度造就了称谓制度的动态结合。这是对的，行为态度对称谓制度是一种补充的关系，是从属的附加物。区分出态度制度，提供了克服亲属称谓分类系统所出现的困难和矛盾的方法。前面引述恩格斯对亲属制度的阐述，实际上已说明了亲属制度不仅是一种称谓，而且体现了人们的相互关系、所承担的义务，即应有的行为态度。恩格斯指出从称呼和义务的总和看到社会实质，列维-斯特劳斯没有看到这一点。②

① 马克思，恩格斯．马克思恩格斯文集：第4卷．北京：人民出版社，2009：40.
② 黄淑娉，龚佩华．文化人类学理论方法研究．广州：广东高等教育出版社，1996：262－265.

第三节 家庭和家庭演化的问题

一、家庭及其分类

默多克曾经对家庭（family）下过一个定义："家庭/家族是一种具有共同居住、经济合作及生育等特征的社会群体。它包含男女两性别的成年人，其中至少有两个人维持社会认可的性关系，及他们所生育或收养的小孩。"[①] 在汉语和中国汉族传统观念里，家庭和家族是两个没有严格界定的、宽泛的概念；只是相对而言，家族要比家庭大一些，家庭成员的世代繁衍生息使得原来的小家庭渐渐发展成为大家庭、家族，继而宗族。英文"family"一词则兼具上述家庭和家族两义，故而我们在讨论时不妨从较为确定的、简单的核心家庭开始。核心家庭（nuclear family）俗称小家庭，由一对配偶（双亲）及其未婚子女共同组成。它通常在不太在意继嗣群的地区出现，也是当代世界最常见的基本的社会单位。核心家庭不仅在经济上共同合作，如果有子女，还须负起抚养子女的责任。家庭与婚姻两者是有区别的。家庭也许可以不需要依靠婚姻而存在，但唯有借由婚姻，家庭方能有社会公认的合法性。[②] 家庭与家户的概念也不相同。家户（household）是指同在一处居住的一群人，而不论其间是否具有亲属关系。

图 11-3 和图 11-4 表示的是两种核心家庭，唯前一种的继嗣原则为父系，而后者为母系。

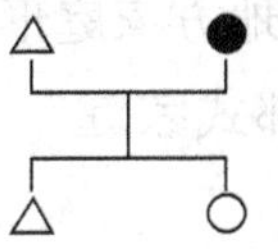

图 11-3 父系继嗣的核心家庭

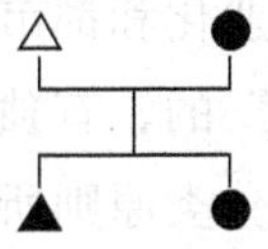

图 11-4 母系继嗣的核心家庭

除核心家庭这种小型而独立的社会群体之外，还有所谓的复合家庭（家族）（compound family）。主要有四种类型。除了一夫多妻家庭（polygamous family）和一妻多夫家庭（polyandry family）外，还有由父母和他们的一个已婚儿子核心家庭组成的主干家庭（stem family），以及由有亲子关系的或同胞兄弟关系的数个核心家庭组成的扩展（扩大）家庭或联合（组合）家庭（extended or joint family）。也有人强调扩展家庭常见的构成是由父母和诸子及其配偶、子女们组成，而联合家庭是由诸同胞兄弟及其配偶、子女们组成。[③]

由于中国儒家思想和礼制的长久影响，以及现代中国各地汉人社区发展面貌的差异，宗姓以下的家庭过程并不尽相同。"中国文化为人们提供了一个组合（联合）家庭的模式，

---

① 穆道克（默多克）. 社会结构. 台北：洪叶文化公司，1996.

② Howard M C. 文化人类学. 台北：弘智文化事业有限公司，1997：351.

③ Keesing R M. Cultural Anthropology：A Contemporary Perspective. New York：Harcourt Brace College Jovanovich Publishers，1981：269-272. 哈里斯. 文化人类学. 北京：东方出版社，1988. 墨菲. 文化与社会人类学引论. 北京：商务印书馆，1991：第 5 章.

人们可以接受它、改造它或者置于不顾，这要看他们的情境而定。”[①] 在中国一些地区的汉族家庭成员，当他们尚不能不顾家族主义的约束性时，代际分化的藕断丝连特性就造成了一些难以分类的家庭结合方式。

讲解上述普遍性的家庭分类，如联合或扩大家庭、主干家庭和核心家庭的标准，是为了让学生掌握在田野工作中的划分能力。然而，人类学学者报道中国有一种值得讨论的轮值（“轮伙头”）（meal rotation）家庭类型（见图 11-5）。[②] 这是老年父母在诸子中轮流定期生活（轮吃住或轮吃）的家庭形态；以及与此相反，即诸子成婚分出后，父母享受所有儿辈平均分担供奉口粮、赡养费以及为父母轮耕田地的反哺（back-feed）家庭形态。轮值与反哺家庭的成员关系仅比未分的扩大家庭稍松弛，但减少了共居多核家庭生活中的矛盾因素，而作为家庭构成的主要原则没有变化。事实上，这样的中国地方性家庭形态很难简单划入上述切割式家庭类别中（见图 11-6）。[③]

一个个令人困惑和难以辨别的问题接踵而来：在中国人口统计过程中，大陆各地（如福建省）一些人口普查人员在 20 世纪 80 年代向上级机构提问，在规定的人口统计时刻，如果刚好父亲住在大儿子家而其他两个儿子家轮空（如果有三个儿子的话）时，到底怎样分类统计？上级机构的回答是按轮值时的“事实”分类。毫无疑问，社会学者和人类学者都明白，这里有一个主干家庭和两个核心家庭。由此我们想到，如果这样的统计资料传播到各国的数据库而被学者引用，用该方法统计出的中国家庭分类数字一定不准确。因为家庭分类法不能反映为数不少的上述家庭类别及家庭成员关系的动态过程。[④] 还有一类为庄英章所发现，属工业化和都市化影响下台湾地区的一种新的地方家庭形态，是以父母为中心形成的“远距离”的、有独立发展又有合作关系的“联邦式家庭”（federal family）[⑤]，也难以为上述家庭分类原则所涵摄。

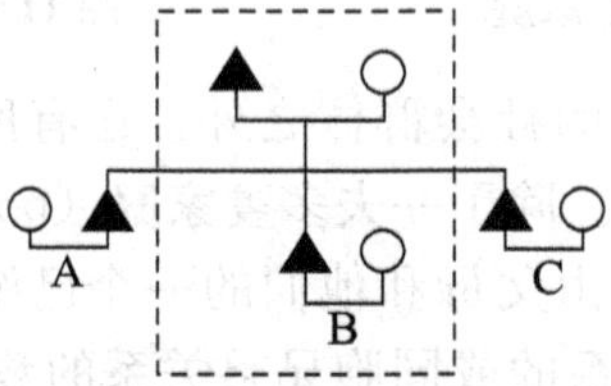

图 11-5 “轮伙头”家庭示意图（胡鸿保绘）

注：老年父母在已成家的三个儿子（A、B、C）之间轮吃住，本图表示父母在 B 家的情形。

---

① 林舟．台湾家庭企业的文化诠释．中国社会科学季刊，1996（2）．

② Bernard G. Hsin Hsing，Taiwan：A Chinese Village in Change. Berkeley：University of California Press，1966：144. 谢继昌．轮伙头制度初探．“中央研究院”民族学研究所集刊，1985（59）．庄孔韶．银翅．台北：桂冠书局，1996：319-330.

③ 庄孔韶．银翅．台北：桂冠书局，1996：229.

④ 同③.

⑤ 关于 federal family，可参见：庄英章．台湾农村家庭对现代化的适应：一个田野调查案例的分析．“中央研究院”民族学研究所集刊，1972（34）．庄英章．社会变迁中的南村家族：五个家庭的个案分析．“中央研究院”民族学研究所集刊，1981（52）．

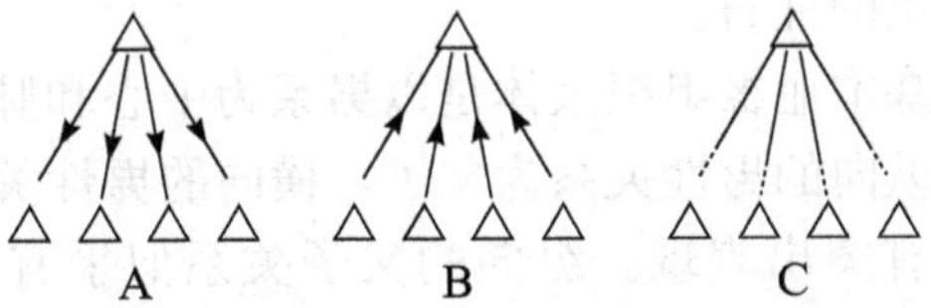

图 11-6　中国式准-组合家庭示意图

注：A. 轮值家庭（大陆和台湾）；B. 反哺家庭（大陆乡镇）；C. 联邦家庭（多见于台湾）。

资料来源：庄孔韶．银翅．台北：桂冠书局，1996：325.

案例

庄孔韶为了表明中国本土家庭诸地方类别的存在和方便学术陈述，将轮值、反哺和联邦家庭一并归为中国式准-组合家庭（Chinese quasi-joint family），以强调中国本土某些家庭构成的动态过程。[①] 他在福建"金翼"黄村使用两种不同的方式做对照性家庭类别统计，其结果颇耐人寻味：

（1）按通常方式统计的 169 个核心家庭中，竟有 128 个处于轮值、反哺或联邦家庭类的中国式准-组合家庭之中，仅有 41 个是较为典型的术语界定意义上的核心家庭。

（2）按通常方式统计的 43 个主干家庭中，竟有 8 个为轮值时的统计分类，实际卷入了准-组合家庭类型，其余尚有 11 个与幼子同住，但仍属于多子反哺、固定奉养类家庭，故只有 24 个为典型术语意义上的主干家庭。

（3）按通常方式统计的扩大家庭有 38 个，但形态增大。

（4）按通常方式统计的 13 个单身家庭中，竟有 5 个并非纯粹单身，而是卷入了中国式准-组合家庭中。

综上所述，1986 年的黄村家庭类型应是：完全术语分类意义上的核心家庭只有 41 个、主干家庭 24 个、扩大家庭 38 个和单身家庭 8 个。实际上黄村总共 263 个家庭中，竟有 152 个各类家庭卷入中国式准-组合家庭中。[②]

该田野个案意在告诉读者学习外来家庭分类与家庭结构理论以后，如何在调研时反映本土家庭的复杂情形，如何把切割式的家庭分类原则转换成表现中国式准-组合家庭成员关系的动态过程，防止生搬硬套分类定义而误导学术论坛。[③]

实际上，在汉人社会中，家庭不仅是一种社会实体单位，还是一种动态的文化模塑力量。作为初级群体的家庭，其内部的家庭关系及其伦理文化往往会扩展到更为广阔的社会关系中。这一特征在传统时代尤其突出，长期占据主导地位的儒家伦理其实就是家庭伦理和政治伦理的统一体，如古代君王即认为"齐家治国，其理无二"（《明太祖实录》卷一百七十五）。因此学者们常常把传统中国的社会关系概括为"家国一体"或"家国同构"，家

---

① 庄孔韶．银翅．台北：桂冠书局，1996：321-330.

② 同①319-330.

③ 同①.

庭或家族文化成为中国文化的柱石。[1]

在传统时代，人们的基本血缘组织大体是以男系为中心和脉络发展起来的。其中，在简单的核心家庭范围内，纵向的男性关系为父子，横向的男性关系为兄弟，这两种关系在更为广阔的社会范围内各有突出表现。纵向的父子关系似乎有利于既有社会关系的稳定性，所以古人"移孝作忠"，所谓"人臣孝，则事君忠、处官廉、临难死"（《吕氏春秋·孝行览》）。横向的兄弟关系因其具有平等亲近的特点，有利于社会关系的联结和扩大，可随情境不断扩而广之，成为一种强有力的、具有普遍适应性的社会（组织）"黏合剂"，在各类社会组织中都可以看到兄弟关系的"纹理"。但兄弟关系也可随时转化成社会不稳定因素，常常引起社会动荡的兄弟结拜和秘密会社就是其中的表现形式。[2]

如上所述，在汉人社会，人们习惯于把家庭关系往外扩展，把从家庭或家族生活中发展出来的人际关系模式推广到更为广阔的社会关系中，用以类比和处理各种复杂的社会关系，研究者把这种表现称为"类家族主义"或"泛家族主义"。

二、家庭的演化

显然，家庭形态不是静态而是动态的。一个社会中可以有多个形态并存。在其发展与循环中主要有三个阶段：（1）扩张（expansion）；（2）分散与分裂（dispersion and fission）；（3）取代（replacement）。麻国庆的研究结论是："家的运行机制就是分家。""中国的家文化就是分、继、合的文化，即分中有继、继中有养、养中有合。……分为家庭再生产的外在表现，继为家庭再生产运行的内在机制……而合为家庭再生产的现实体现。"[3] 中国汉人传统社会组织中存在着复杂的家族形态，这不但为我们的研究提供了丰富的、有价值的实证材料，而且对于完善、修正人类学的家庭理论也有望做出重要贡献。

案例

在正常情况下，每个家族都有一个共同的始祖；这个始祖经过结婚和生育，先后建立了小家庭和大家庭；而后经过分家析产，开始形成继承式宗族；又经过若干代的自然繁衍，族人之间的血缘关系不断淡化，逐渐为地缘关系和利益关系所取代，继承式宗族也就相应地演变为依附式宗族和合同式宗族。这一演变过程，如图 11-7 所示：

始祖 $\xrightarrow{\text{结婚}}$ 小家庭 $\xrightarrow{\text{生育}}$ 大家庭 $\xrightarrow{\text{分家}}$ 继承式宗族 $\xrightarrow{\text{分化}}$ 依附式宗族 $\xrightarrow{\text{融合}}$ 合同式宗族（不完整家庭）

图 11-7　中国汉人家庭-宗族演进示意图

上图表明，各种不同类型的家族组织，标志着家族发展的各个不同阶段；结婚、生育、分家及族人之间的分化和融合，是联结各个发展阶段的不同环节。由此可见，家族组织的形成与发展，是一个循序渐进的连续过程。就其长期发展趋势而言，处于

---

① 钱穆．中国文化史导论．北京：商务印书馆，2007：51.

② 宋雷鸣．棠棣：一项基于汉人村庄的兄弟关系研究．北京：商务印书馆，2019.

③ 麻国庆．家与中国社会结构．北京：文物出版社，1999：38，55-56.

较低级阶段的家族组织，必将依次向更高级阶段演变，而这正是家族组织长盛不衰的秘密所在。不仅如此，在家族发展的较高级阶段，又会派生出较低级的家庭组织，从而呈现出周期性的回归趋势，导致了多种家族组织的并存。①

以上是“文明时代”的情况，如果以“长时段”(long duration，布罗代尔语）的观点考察人类历史上的家庭进化，得出的又是另外一番景象。

根据摩尔根的研究，人类家庭形态的进化实质上是由于婚姻形式的进化而导致的，婚姻形式的进化是由群婚发展到单偶婚，具体演化过程如图 11-8 所示：

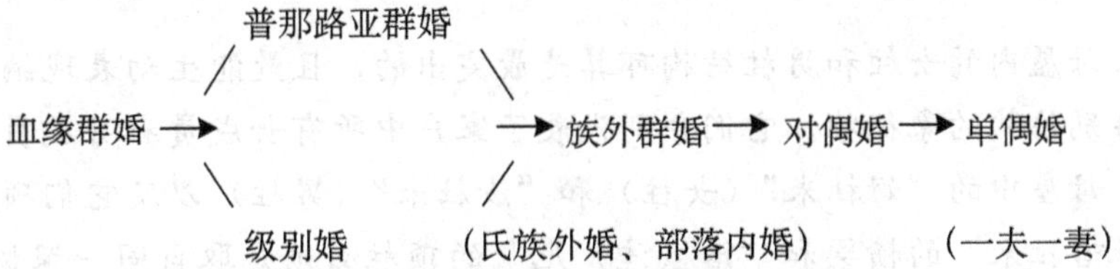

图 11-8　摩尔根和恩格斯构拟的婚姻演化示意图

恩格斯的《家庭、私有制和国家的起源》一书的副标题——“就路易斯·亨·摩尔根的研究成果而作”，点明了其中的学术渊源关系。② 恩格斯基本上同意摩尔根有关人类家庭进化的说法，但也做了若干修正和补充。他们认为，人类早期的社会组织是以血缘为纽带结合起来的，因此早期的社会关系基本等同于血缘关系。亲属关系的研究对于史前社会研究之所以显得十分重要，其原因也正在于此。

按照他们的结论，人类家庭（广义的家庭，而不是现代意义上的家庭）的发展经历了以下几个阶段（见图 11-9)：

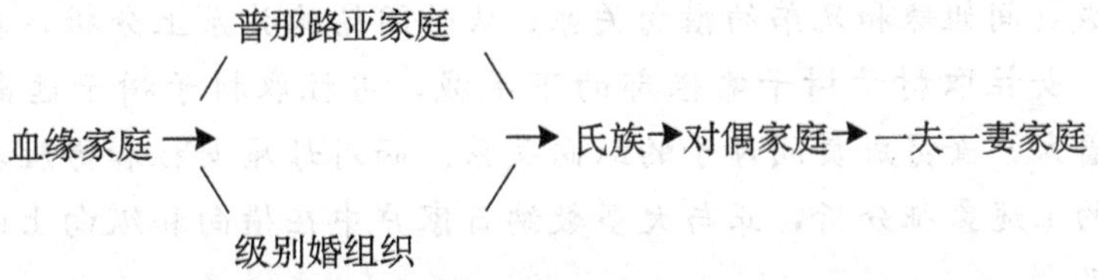

图 11-9　摩尔根和恩格斯构拟的家族（家庭）演化示意图

其中，氏族这种社会组织形式是明确的、实际存在的。摩尔根在印第安人易洛魁部落中发现了这一组织。这一发现澄清了一个基本事实，即现代意义上的家庭并不是从来就有的。实际情况是先有氏族，再由氏族发展出了家庭，而不是由家庭发展出氏族。至于说氏族的起源问题，目前还有争议，不见定论。摩尔根认为氏族是由普那路亚家庭演变来的。

① 郑振满．明清福建家族组织与社会变迁．长沙：湖南教育出版社，1992：21-24．引者按：郑振满对有关术语做了操作性界定，摘要如下：此处讨论的家族组织包括家庭和宗族两种社会实体。“家庭”是指同居共财的亲属团体或拟制的亲属团体。“宗族”是指分居异财而又认同于某一传统的家庭，分为三类：包含两对及两对以上配偶的“大家庭”，只有一对配偶的“小家庭”，完全没有配偶关系的“不完整家庭”。依据实际上对宗族成员起规范和制约作用的不同的社会关系，可以将宗族组织分为三类：以血缘关系为连贯纽带的“继承式宗族”，以地缘关系为联结纽带的“依附式宗族”，以利益关系为联结纽带的“合同式宗族”。而且，作者还指出，在高度发达的家族系统中，往往同时包含以上六种家族组织，彼此形成互相统属和互相联结、庞杂而又层次分明的家庭系统。

② 恩格斯书中内容十分丰富，此处只想把其第二章“家庭”里阐明的人类家庭进化的历史过程做一概略介绍。

恩格斯又补充说，从澳大利亚的级别婚组织也可以发展产生氏族。

对于血缘家庭，有人认为那是摩尔根依据马来亚式亲属称谓制推导出来的一种早期人类社会组织，实际上根本不存在血缘家庭。国外人类学界持否定意见的占多数；国内学术界原先大多坚持承认血缘家庭确曾存在过，近年来这种一统局面已被打破，思路有所拓宽，除了引介之外，也有结合中国民族志材料的分析文章发表。①

案例

纳日人母屋内的女柱和男柱结构可算是最突出的，且最能生动表现纳日社会文化中的社会性别结构的象征物。它们分别代表了家户中所有女成员和男成员。纳日村民告诉笔者，母屋中的“姆杜米”（女柱）和“汝杜米”（男柱）以及它们项上的被分别称为“姆杜哈拉米”的横梁和“沽（洼）厄”的顶柱必须是取自同一棵树干。“姆杜米”应从该树干靠根部的下半截取材，而“汝杜米”则是取自树干的上半截。“姆杜哈拉米”和“沽（洼）厄”则先后分别从其剩余的再上半截取材。

纳日人女柱和男柱必须取材于同一棵树的传统规矩，暗示了住在同一个母屋内的所有男女成员，像母屋中的女柱和男柱一样，都是出自同一根，他们的肉体是由同样的物质组成的。同时也意味着家户的生存要靠出自同一根的全体男女成员的共同支撑，其兴旺发达要靠他们的和睦相处与团结合作。再有，男柱必须取材于女柱之上的传统规矩，则是隐示家户男女成员关系中女成员的先辈地位和男成员的后辈地位。因此，从空间结构关系上分析，在母屋内立于对称位置的女柱和男柱，象征着家户中女男成员间姐妹和兄弟的横向关系；从时间结构关系上分析，在制作女柱和男柱过程中，女柱取材于树干靠根部的下半截，男柱取材于树干远离根部的上半截，则象征着家户女男成员间母子的纵向关系。而对母屋女柱和男柱在空间与时间结构关系上的上述象征分析，正与大多数纳日家户中在横向和纵向上的基本亲属结构关系相一致。

纳日村民多实行他们称之为“替斜斜”的走访婚。多数纳日家户，其成员包括母亲、母亲的兄弟姐妹、母亲姐妹的儿女、母亲的母亲、母亲的母亲的兄弟姐妹、自己的兄弟姐妹……自己（女子）的儿女、姐妹的儿女……在这种家户中，通常无姻亲关系，既无男子具有父亲或丈夫身份，也无女子具有妻子的身份。家户中兄弟姐妹间的相互平等，母亲们对其子女们和舅舅们对其甥女、甥男的爱，以及子女们和甥女甥男们对其母亲们、舅舅们的尊敬，构成了纳日家户亲属结构关系的核心。这恰恰与上述母屋女柱和男柱在时空意义上所表现的纵横象征结构关系相一致。②

---

① 例如：谭乐山．对杂交、血缘群婚和马来亚亲属制的质疑//民族学研究，1981（2）．胡鸿保．关于摩尔根的血缘家庭理论：民族学家们争论些什么．吉首大学学报，1988（2）．

② 翁乃群．女源男流：从象征意义论川滇边境纳日文化中社会性别的结构体系．民族研究，1996（4）．

第四节 继嗣群和居住群

一、继嗣群

"亲子关系"（affiliation）一词，具有"父子关系的鉴定""立嗣"等含义。现代意义上的亲子关系，就是指核心家庭内部双亲和子女的血缘关系。如果要指包括两代以上的亲子关系，则是继嗣。"继嗣"（descent），有"世系""血统"等含义，指在系统上确定上一代和下一代的关系，这种联系为该社会所认可。

所谓"继嗣群"（descent group），通常是指根据继嗣原则组成的一群由共同的祖先遗传下来的血亲。不过，这样界定的继嗣群范围太广，只是一种理解状态。现实存在的有社会意义的继嗣群都是强调了一部分亲属之间的联系，同时又不考虑跟另一部分亲属的联系。否则，若是不加限制地一味扩展开去，就会变成"四海之内皆兄弟"的格局，无形中丧失了亲属和亲属关系的社会现实意义。就此而言，我们不妨做出另一种界定，即所谓继嗣群实际上是一群根据某种继嗣规则限定的、具有共同祖先的血亲。

依照不同的继嗣规则来划分，就得出了继嗣群的各种不同类型。人类学家的所谓继嗣，有单系继嗣与复系继嗣之分。只依男性或只依女性血缘单线来计算的为单系继嗣（unilineal descent），有父系（patrilined）和母系（matrilined）两种；一个社会在男系和女系中同时选择两方的为双系继嗣（bilineal descent）；如果女性追溯母系而男性追溯父系，则谓之平行继嗣（parallel descent）；每个人可以自由选择其一的谓之两可继嗣（ambilineal descent）；一个人可以从其前辈中无论男女来追溯继嗣的谓之双边继嗣（cognatic descent），此情景中两边的亲属都可视为亲类（kindred）。在双边继嗣的情形中，采取两种不同的视角会得到两类群体形式：以祖先为中心的（ancestor-focus）继嗣群和以某一个人（并非该群体的祖先）为中心的（ego-focus）亲类。亲类的特征是因人而异，除同胞兄弟姐妹外，没有任何两个人拥有相同的亲类，并且亲类随该人的逝世而不再延续。[①] 比起单系继嗣互不重叠的成员关系，双边继嗣就混乱得多。在双边继嗣中，个人可以同时是多个继嗣群的成员。一个族群采用何种继嗣原则与该社会的生态环境、资源控制、婚姻的缔结、财产继承与分配等都有关系，而不仅仅限于亲属（kins）或亲类的确认。如指出，单系继嗣的模式较常存在于那较富裕或较稳定的觅食群体、某些小规模的农业群体以及一些游牧民族。双边继嗣方式主要存在于大规模社会、地处恶劣环境或深受来自非觅食群体压力的觅食社会、以家族为导向的季节迁徙者以及那些住在相当贫乏环境下的农民。[②] 这里我们只介绍单系的两种，即母系继嗣群、父系继嗣群。

我们所熟悉的是父系继嗣群。中国汉族传统的大家族和宗族都属这类继嗣群。继嗣本来是建立在血缘的遗传基础上的，但同时也包含了文化的传承。个人的权利、义务、财产、社会地位（等级乃至种姓）以及民族属性等都是通过继嗣而先天获得的。所以，从另

---

① Fox R. Kinship and Marriage：An Anthropological Perspective. New York：Penguin Books，Ltd.，1970：164－165.

② Howard M C. 文化人类学. 台北：弘智文化事业有限公司，1997：272－274.

一角度看，可以说单系继嗣群具有多方面的社会功能，包括政治功能、经济功能、宗教功能以及文化功能等。

母系继嗣原则与父系继嗣原则正好相反，前者好比是后者的一种镜像反映。我们立足于父系制原则，把母亲的父和母分别称作外祖父和外祖母，倘若改变世系继嗣原则，那么这个“外”就成为“内”了。

单系继嗣群中的世系群，英文为“lineage”。汉族传统社会里的“宗族”的英译往往用此词。世系群与氏族（clan）的主要区别在于，前者是指一群血统上溯自共同祖先而且血缘关系明确的亲属，或经由确定的联结而知道源自同一祖先的亲属群体；后者则是一群相信他们来自共同的祖先却又无法明确厘清血缘关系的亲属群体。从成员规模上讲，宗族要比家族大，而比氏族小。氏族在文明民族社会中基本上已很难看到，所以，汉族传统社会里最大一级的血缘组织实际就是宗族，再往下，次一级的血缘组织是大家族（extended family），可以称为“房”。“房”是作为“某个上级范畴如‘家’的次属单位”来考虑的。[①] 核心家庭即使客观上是存在的，但它一般并非社会的基本单位，而只是大家族中的一支。从贯时的观点看，世系群又可往下细分为更小的单位，这个过程称为分支化（segmentation）。依照非洲一些民族的个案看，分支化常是世系群日益壮大后带来的压力所致。在人口成长快速，需向外扩张但却遭遇到外来抵抗的地方，分支化形态可能较容易发展出来。而在不需要扩展、外在威胁少的地区，则可能更多采取世系群分裂（fission）的模式。[②]

案例

在汉人亲属制度中，并不是所有的宗族，即所谓的“房”或“家族”单位，都是功能性的宗族“团体”。宗族团体的构成法则，固然要以系谱架构为基础，但其功能作用则必须通过其他非亲属的因素来运作。傅立曼（Maurice Freedman）当初引进“lineage”（中译宗族）这个字来统称汉文中的“族”或“宗族”，是将之定义为环绕在祀产或祖祠的地域化宗祧团体。换句话说，傅氏是用了功能性的标准来了解汉人经由系谱观念来定义的用语。虽然傅立曼等人有时候在某种程度上也认出了系谱和功能法则的分别，但都不介意继续追索下去，因而总是低估了或完全忽略了汉人亲属制度中系谱原则的重要性。[③]

人类学家指出，亲属称谓制与继嗣群这两者之间存在一定的相关性。[④] 比如说，使用爱斯基摩式称谓制的社会没有共财的继嗣群。在那里，核心家庭是独立的、起主要作用的生产和生育单位。所以，反映在亲属称谓制上的特点是：(1) 自我（ego）的核心家庭内部成员的称谓是有专称的名词；(2) 核心家庭以外的亲属称谓没有父方、母方的区分（即继嗣规则是双边的）。民族志的统计数学也表明，在 71 个使用爱斯基摩式称谓制的社会

---

① 陈其南．房与传统中国家族制度．汉学研究，1985 (3)．

② Kuper A. Lineage Theory：A Critical Retrospect. Annual Review of Anthropology，1982 (11)．Fox R. Kinship and Marriage：An Anthropological Perspective. New York：Penguin Books，Ltd.，1970：136－128.

③ 陈其南．汉人宗族制度的研究：傅立曼宗族理论的批判．考古人类学刊，1991 (47)．

④ 哈里斯．文化人类学．北京：东方出版社，1988：185－189.

中，有 54 个完全没有继嗣群，占 76%。

再看使用夏威夷式称谓制的社会。有研究者指出，夏威夷式亲属称谓制与爱斯基摩式相比，最突出的特点就是，对核心家庭内外的人都使用同样的称谓。因此，当核心家庭被淹没在大家族和其他共财继嗣群所支配的家庭环境中的时候，就必然采用夏威夷式称谓制。统计资料表明，使用夏威夷式称谓制的社会中大家庭占 21%，50%以上的有某种共财的继嗣群。①

默多克在其《社会结构》一书中，还以统计学的方法验证了有关的外婚制母系继嗣与亲属称谓的定理：在存在外婚制的母系世系群、母系氏族和母系半偶族而不存在外婚制的父系亲属群体的情况下，有将父亲的姐妹的亲属称谓向父亲姐妹的女儿扩大、将兄弟女儿的亲属称谓向母亲兄弟的女儿扩大的趋势（见表 11－2）。

表 11－2　外婚制母系继嗣与亲属称谓

亲属关系配对	伴随外婚制的排他性母系继嗣		父系、双重或双边继嗣		统计指标	
	相同称呼	不同称呼	相同称呼	不同称呼	Q	X^2
FaSida-FaSi	21	29	8	181	＋88	1 000
MoBrDa-BrDA	15	33	7	181	＋84	1 000

注：（根据包智明）英文字母代表的亲属称谓请参见本章章末附录。

二、居处原则

人类学家们几乎一致认为，继嗣规则决定的一个重要因素就是婚后从居模式。以汉族传统文化的情况为例，继嗣规则是单系、父系，那么，通常就是女子出嫁、男子娶妻。倘若谁家只有女儿，那就需采取变通办法，招个女婿上门，婚后生下的孩子跟母亲姓；受父系继嗣影响，作为一种让步，也会在生两个儿子的情况下，分别随母姓和随父姓。但这不是母系制原则，实质上还是父系制，因为招婿入赘只是临时性的变通，目的是补救没有男性继嗣人的特殊情况，并非真要让世系变为母系。譬如王姓人家某一代仅有一独女，招一李姓姑爷上门，生子后从王姓，实质是为了以父系单系继嗣的原则来延续王姓家族的血脉。这个孩子长大之后仍然是娶妻入门，生子仍从父姓王。

汉族传统父系社会的婚后居处模式是“从夫居”或“从父居”。但是，假如从世界各民族社会的情况来归纳，婚后的居处模式就不只是从父居和从母居两种。大致说来，各种文化里的居处模式可归纳于表 11－3。

表 11－3　主要的婚后从居模式

模式名称	已婚夫妻居住的地方
新居	新婚夫妇另立门户居住
双边居	有更替地同丈夫的或妻子的亲属住
两可居	有同丈夫的亲属住，有同妻子的亲属住
从父居	同丈夫的父亲住

① 默多克．民族志图集//哈里斯．文化人类学．北京：东方出版社，1988：187.

续前表

模式名称	已婚夫妻居住的地方
从母居	同妻子的母亲住
从舅居	同丈夫的母亲的兄弟住
从姑居	同妻子的父亲的姐妹住（仅是理论上的可能）
从妻居	同妻子的亲属住
从夫居	同丈夫的亲属住

资料来源：哈里斯．文化人类学．北京：东方出版社，1988：171．略有改动。

默多克在《世界诸文化图集》（1981 年）中收罗了 563 个地域社群（社会）的居处情况，列成一表，现译载于此，供大家参考（见表 11－4）。

表 11－4　　各民族婚后居住情况表（个例数）

个例地区 居处原则	非洲（不含北非）	地中海沿岸	东亚	大洋洲	北美洲	南美洲	全世界
从父（夫）居	89	47	64	57	68	31	356
从母（妻）居	4	0	9	13	31	33	90
从舅居	11	1	0	9	4	1	26
并居	2	3	3	14	15	9	46
新居	4	14	5	5	6	6	40
原居	1	0	0	3	0	0	4
缺资料	0	0	0	0	1	1	2
总计	111	65	81	101	125	81	564

资料来源：Murdock G P. Atlas of World Cultures. Pittsburgh：University of Pittsburgh Press，1981：133.

居处原则与继嗣原则之间是有相关性的。比如我们汉族传统社会是父系继嗣，居处上则表现为从夫/从父居占多数，新居占很小一部分，而且也是后起的。又如从舅居，这种居处模式被一些学者解释为男子日益与母系制继嗣原则发生冲突后采用的一种缓解办法。这一点从表 11－5、表 11－6 中也可以反映出来。因为从舅居与父系制不相关，而且在母系制中，它比从母居或从妻居的情况更为普遍。

表 11－5　　民族志反映的居住与继嗣的关系（民族个案数）

从居模式血亲群	从母居或从妻居	从舅居	从父居或从夫居	其他	总计
父系制	1	0	563	25	589
母系制	53	62	30	19	164

资料来源：哈里斯．文化人类学．北京：东方出版社，1988：183.

表 11－6　　居住规则与继嗣规则的相关

居住规则	母系继嗣	父系继嗣	双重继嗣	双边继嗣	合计
从母居/ 从舅居	33 （63.5%）	0 （—）	0 （—）	13 （17.3%）	46 （18.4%）
从父居/ 从父-从母居	15 （28.8%）	97 （92.4%）	17 （94.4%）	39 （52.0%）	168 （67.2%）

续前表

居住规则	母系继嗣	父系继嗣	双重继嗣	双边继嗣	合计
新居/两可居	4 (7.7%)	8 (7.6%)	1 (5.6%)	23 (30.7%)	36 (14.4%)
合计	52 (100%)	105 (100%)	18 (100%)	75 (100%)	250 (100%)

注：（根据包智明）表内数据为不同居住规则与继嗣规则出现的频度；括号内数据则表示各继嗣规则中，不同居住形式所占的百分比。

案例

蔡华在对纳人的研究中提升了一种认识，即从对自然和文化乐趣的追求中产生出运作机制相互对立的两种欲望：独占伴侣和多伴侣。于是，当一个社会将占有伴侣欲望奉为至上原则时，便必然抑制其成员的多伴侣企望。反之，倘若社会把优势地位赋予多伴侣欲望，便将压制独占欲。结果，从这两种对立的欲望中便发源了婚姻和走访这两种不同的制度。这就是所谓“欲望原理”的两种社会结果。

与其他社会的亲属关系等于血亲关系加姻亲关系（二元亲属关系）不同，纳人的亲属关系仅仅由血亲关系（一元亲属关系）构成。因此，纳人“走访”制度下的既无丈夫亦无父亲的社会实践中，表明婚姻家庭已不再是唯一可能的制度化的性生活模式。①

三、居住群

简单地说，居住群（residence group）就是同居在一个特定地域范围内的一群具有亲属关系的人。现代意义上的居住群与社会学常讲的“社区”在形式（规模、布局）上很相像。不过“居住群”一般只在人类学中使用，而且着重于与血缘相关联的情形。从进化论的观点看，人类社会早期的社会关系基本上就是血缘关系。我们现在讲居住群，实际上是从地域与亲属关系两者的互动着眼来探讨问题。

继嗣群跟居住群并非总是合一的（见图 11－10 至图 11－12）。它们各自所包含的成员是不同的，不过其中肯定有一部分是重叠的，或者说最初的居住群的组成是以血缘谱系为纽带的。下面我们再以一个母系继嗣群以及从妻/从母居与从舅居的差异来加以说明。

① 蔡华．纳人亲属制度的结构与婚姻家庭悖论的终结//哈佛燕京学社，三联书店．公共理性与现代学术．北京：三联书店，2000：281－287. Hua C. A Society without Fathers or Husbands，The Na of China. New York：Zone Books，2001. 相反观点可参考前引的施传刚 1993 年博士论文。

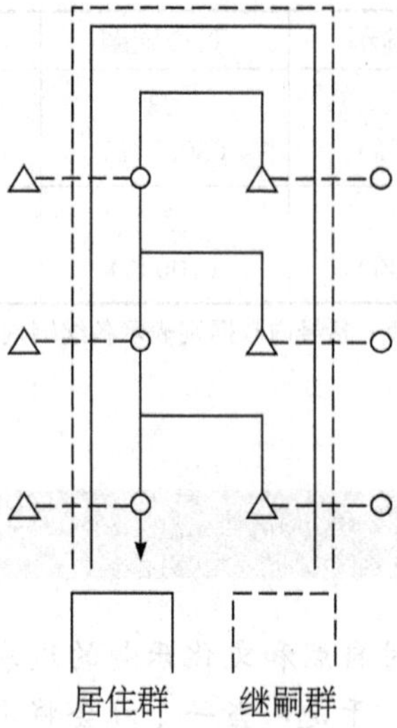

图 11-10　与居住群合一的继嗣群

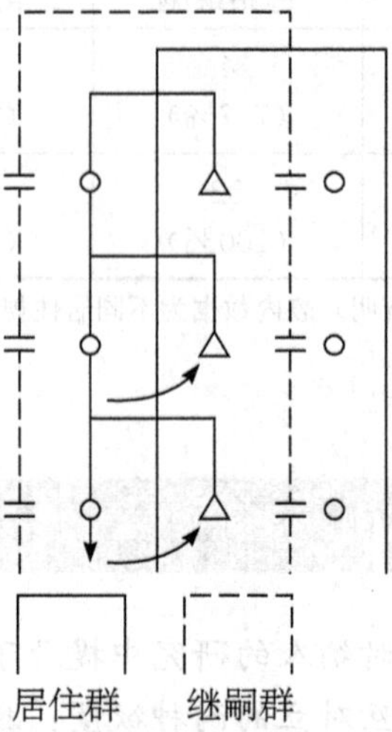

图 11-11　与母系居住群不合一的继嗣群

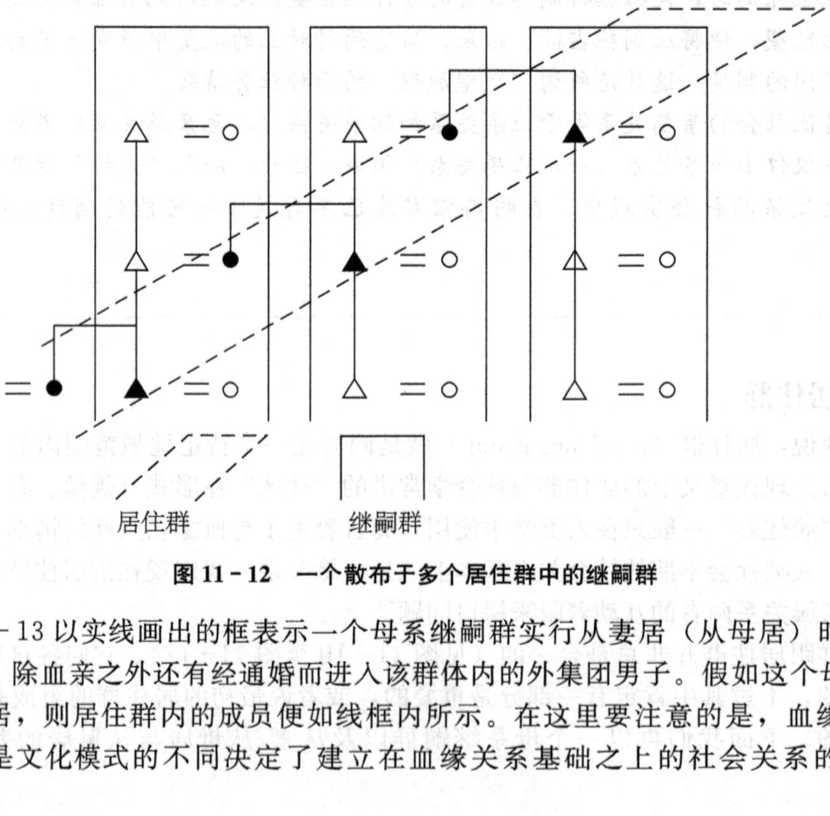

图 11-12　一个散布于多个居住群中的继嗣群

图 11-13 以实线画出的框表示一个母系继嗣群实行从妻居（从母居）时所包含在内的成员，除血亲之外还有经通婚而进入该群体内的外集团男子。假如这个母亲继嗣群改用从舅居，则居住群内的成员便如线框内所示。在这里要注意的是，血缘关系并未改变，但是文化模式的不同决定了建立在血缘关系基础之上的社会关系的亲疏远近之别。

如果能够明白血缘继嗣群与居住群的不同，我们就可以进一步用图示的方法解释双氏族集团的相互通婚以及环状联系婚的情况（分别见图 11-14 和图 11-15）。这一类例子是结构主义人类学家们所乐于引用的。

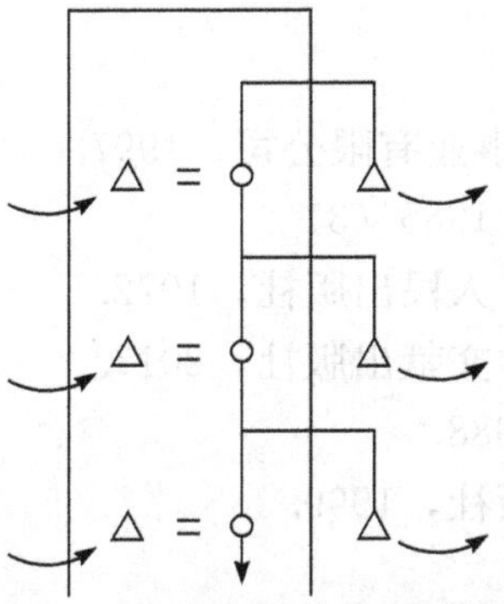

图 11－13　从妻居的母系继嗣群

注：箭头表示通婚后进入和移出该居住群。

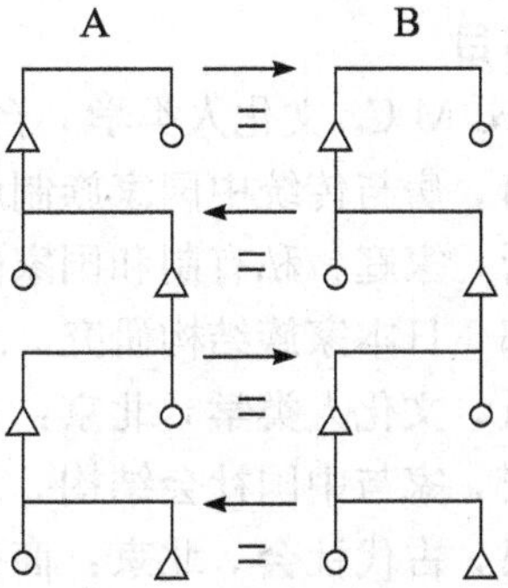

图 11－14　两个互婚集团 A 和 B

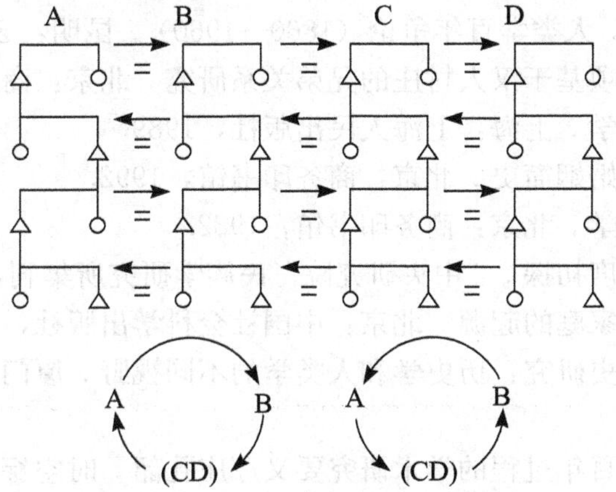

图 11－15　三个以上集团的环状婚

附录　有关家庭、婚姻、继嗣和亲属称谓制度的常用图解符号

Ego 表示自身，一般未做性别区分。

△/▲表示男性，●/○表示女性。在同一图中以不同的三角或圆圈表示血缘系谱有别的群体成员。□表示性别不确定者。

Fa 表示父，Mo 表示母，Hu 表示夫，Wi 表示妻，So 表示子，Da 表示女，Br 表示兄弟，Si 表示姐妹。如果仅使用一个拉丁字母来表示，由于“子”和“姐妹”都是以 S 开头，故以 S 表示子，而改用 Z 来表示姐妹，其余皆取首字母。

Sib 表示同胞，Cos（Co）表示堂/表兄弟姐妹，‖ Cos 表示平表兄弟姐妹，×Cos 表示交表兄弟姐妹。

＝（或 ⊤）表示结婚（＝间或表示两者称谓相等），≠表示离婚（或表示称谓有别），| 表示亲子关系，⊓表示兄弟姐妹关系。

参考书目

Howard M C. 文化人类学. 台北：弘智文化事业有限公司，1997.

陈其南. 房与传统中国家族制度. 汉学研究，1985（3）.

恩格斯. 家庭、私有制和国家的起源. 北京：人民出版社，1972.

官文娜. 日本家族结构研究. 北京：社会科学文献出版社，2017.

哈里斯. 文化人类学. 北京：东方出版社，1988.

麻国庆. 家与中国社会结构. 北京：文物出版社，1999.

摩尔根. 古代社会. 北京：商务印书馆，1977.

墨菲. 文化与社会人类学引论. 北京：商务印书馆，1991.

穆道克（默多克）. 社会结构. 台北：洪叶文化公司，1996.

瑟维斯（塞维斯）. 人类学百年争论（1860—1960）. 昆明：云南大学出版社，1997.

宋雷鸣. 棠棣：一项基于汉人村庄的兄弟关系研究. 北京：商务印书馆，2019.

童恩正. 文化人类学. 上海：上海人民出版社，1989.

韦斯特马克. 人类婚姻简史. 北京：商务印书馆，1992.

卫惠林. 社会人类学. 北京：商务印书馆，1982.

谢继昌. 轮伙头制度初探. "中央研究院"民族学研究所集刊，1985（59）.

谢苗诺夫. 婚姻和家庭的起源. 北京：中国社会科学出版社，1983.

郑振满. 中国家族史研究：历史学和人类学的不同视野. 厦门大学学报（哲学社会科学版），1991（4）.

庄孔韶. 金翼家族百年过程的学术研究要义//庄孔韶. 时空穿行：中国乡村人类学世纪回访. 北京：中国人民大学出版社，2004.

庄英章. 台湾农村家族对现代化的适应：一个田野调查案例的分析. "中央研究院"民族学研究所集刊，1972（34）.

Ember M，Ember C. Marriage，Family and Kinship：Comparative Studies of Social Organization. New Haven：HRAF Press，1983.

Fox R. Kinship and Marriage：An Anthropological Perspective. New York：Penguin Books，Ltd.，1970.

Holy L. Anthropology Perspective on Kinship. London：Pluto Press，1996.

Keesing R M. Cultural Anthropology：A Contemporary Perspective. New York：Harcourt Brace College Jovanovich Publishers，1981.

Kuper A. Lineage Theory：A Critical Retrospect. Annual Review of Anthropology，1982.

Levinson D，Ember M. Encyclopedia of Cultural Anthropology. New York：Henry Holt and Company，1996.

Otterbein K F. Comparative Cultural Analysis：An Introduction to Anthropology. 2nd Edition. New York：Holt，Rinehart and Winston，Inc.，1977.

Parkin R. Kinship：An Introduction to the Basic Concept. Oxford：Blasckwell Publishers，1997.

Pasternak B，Ember C R，Ember M. Sex，Gender and Kinship：A Cross-Cultural Perspective. New Jersey：Prentice Hall，Inc.，1959.

Peletz M G. Kinship Studies in the Late Twentieth-Century Anthropology. Annual Review of Anthropology，1995.

Van den Berghe P L. Human Family Systems. New York：Elsevier，1979.

第十二章 族群

第一节 族群概念

“族群”是这里采用的针对英文“ethnic group”一词所做的对译。关于它的定义，今天仍有很多争议。在这里，我们倾向于认为，族群是人们在交往互动和参照对比过程中自认为和被认为具有共同的起源或世系，从而具有某些共同文化特征的人群范畴。[①] 关于这个定义，有以下几点需要说明。

（1）就像查尔斯·凯斯（Charles Keyes）所说，族籍仅仅是人们对其出身和世系所做的文化解释。有关人们的共同世系或族源的信念大都构建在对于某种神话的信仰上，或对于某段历史的强调上，人们既可以根据父方，也可以根据母方来追述自己的世系和族源。人们的体征常常被当作区分族籍的标志，但族籍诉求的并不是人们在生物学事实上的世系，而是文化上认定的社会世系。

（2）文化常常被当作族群的区分标志，但是人们只挑选那些能够反映其世系或族源的文化特征来作为族群的区分标志，对于那些不能反映其族源共同文化的特征往往视而不见。而且，为了标明族界，人们常常是在复兴据信是自己祖先曾有的传统文化。

（3）族群认同是人们在交往互动和参照对比过程中构建的一种关系，族群范畴会跟随与它交往互动和参照对比的对象的变换而伸缩。人们可以把自己的世系、起源追溯得很远，也可以很近。一群人可能被认为和自认为是亚裔、华人、华人中的彝人、彝人中的诺苏、诺苏中的“大裤脚”、“大裤脚”中的某个家支等。人们可以认为整个人类都同源，也可以认为每个人都不同源，从而族群认同和族属划分并不能完全根据人们的世系和起源本身来理解，同时也需要根据人们对其世系和起源追溯的社会、经济、政治、文化场景，及与之对峙的“他者”来理解。一群人之所以被当成是亚裔，而没有被当成是彝族，并不是因为亚裔这个概念更科学客观，而是因为与他们对应的非亚裔，而不是汉族或傣族，因为，族群可以是人们参照与自己对峙的“他者”，就自己的身份归属而做的一系列不断划分。作为人群范畴，族群并不是一成不变的，而是可拆合的（segmentary）、情景性的（situational）。

（4）作为一种自认为或被认为具有共同世系、起源从而也具有共同文化的人群范畴，族群的存在与绵延取决于人们对他们的历史和文化的认同，无须以共同的地域和共同的社

---

① 潘蛟．勃罗姆列伊的民族分类及其关联的问题．民族研究，1995（4）．

会经济联系为前提。

在概念上，族群与民族（nation 或 nationality）是有一定区别的。与族群不同，民族不仅是一种人群范畴，而且还是一种人们共同体（community）。它一般是指那些具有自治要求，已被政治疆界化或正在追求政治疆界化的族群，而族群的政治疆界化则往往要以一定的共同地域和共同社会经济联系为前提。

并不是所有具有共同地域和社会经济联系的族群都会要求政治上的疆界化，或得到了政治上的疆界化。当然，一个散居在世界各地，彼此缺乏共同地域和共同经济生活的族群，如犹太人，也可能去寻求一块地域，创建共同的经济生活，使自己得到政治疆界化，成为一个民族（nation）。由此看来，即便民族也并非一种单纯的、不以人们意志为转移的客观存在，而是一种浸含着人们主观意愿的社会政治构建，是一种政治商榷和对话的结果。

由于民族一般是指被制度化了的族群人们共同体，因此它不像族群那样富有场景拆合性。人们可以用“族群”这个范畴来概称、囊括“民族”，也可以用它来区分“民族”内部的不同“支系”，但却很难用“民族”来概称或区分“族群”。例如，居住在中国大陆、美国旧金山、新加坡、马来西亚、印度尼西亚的华人可被统称为“Chinese”，或更准确一些，被统称为“ethnic Chinese”，但是，倘若把他们统称为“Chinese nation”，则可能引出这样或那样的纷争和麻烦。同样，人们可以把客家、穿青、疍民当作不同的族群，但却很难或至少还没有把他们当成不同的民族（nationality）。

20 世纪 30 年代以后的较长一段时间里，人们在理论上认为“种族”和“族群”是两个不同的概念，即前者是根据人们的遗传体征来区分的人群，属于生物学上的概念，后者则是根据后天习得的文化特点来辨认的群体，属于文化上的概念。

自第二次世界大战以来，种族这一所谓的生物学概念的科学性及其社会政治含义遭到了越来越多的学者质疑，以至于最近的一届国际人类学民族学联合会通过了一项决议，宣布“种族”并不是一个“科学的生物学概念”①。整个人类事实上是同源的，不同人群之间的通婚杂交事实上是很频繁的，人们的遗传体征差异并不是按照群体界限分布的，因此与其说“种族”是一种生物学上的事实，倒不如说它是人们的一种社会文化的构建，而且这种构建常常是与种族歧视和政治经济压迫相关联的。

第二节 族群认同理论

族群是一种构建在认同基础上的人们共同体，“族群意识”是最基本的族群构成要素。如果说今天的族群理论也有什么争论的话，那就是族群认同的基础究竟是什么。下面，我们拟就这些学术争论做一些介绍。

一、文化说

按照弗雷德里克·巴特的概括，这种理论基本上把族群当成了具有以下基本特征的人

① 杨侯第，阮西湖．参加国际人类学与民族学联合会 1995 年意大利中期会议情况汇报．中国人类学会通讯，1995（9）．

们共同体：

（1）在生物学上，它基本上是能够自足、自我绵延的。

（2）它具有共同的基本文化价值观念，在文化形式的外在统一性上也是可以辨认的。

（3）它构成了一个交流和互动场。

（4）在构成一个可以与其他同类范畴相区别的范畴时，它具有一种自己认定的或被别人认定的成员资格标准。①

按照上述所列的四个特征，一个族群几乎可以同时认同为：一个种族［按特征（1）］，一种文化［按特征（2）］，一种语言［按特征（3）］，一个社会［按特征（3）］，一个排斥和歧视"他者"的单位［按特征（4）］。文化说（cultural approach）最为强调的是第（2）项特征，即"共同的文化"，从而在这种理论中，更为常见的做法是把族群当作一种社会文化的承载和区分单位。

由于把不同的族群基本上当成了不同的社会文化承载和区分单位，因此这种理论具有以下含义：

（1）族群是在遥远的过去，在相对隔绝的共同地域和共同社会经济生活中形成的。正是因为在遥远的时代，人们才较普遍地生活在相对隔绝的地域和社会中，正是因为生活在相对隔绝的共同地域和社会经济生活中，经历了对于当地生态环境和社会需求的各种漫长的历史适应，人们才形成了自己的族群文化特点。

（2）族群之间的根本差别是文化差别，共同的文化特点是族群认同的客观现实基础。②

（3）族群之间的冲突和矛盾主要是他们之间的文化差异造成的，族群问题的解决有赖于这些差异的消失，即文化同化的发生。③

（4）由于族群是在历史上人们处于隔离状态时形成的，因此随着现代化的发展、隔离的消除、文化趋同的加剧，族群问题以及族群本身会因不合时宜而最终消解。

应该说，指出了文化、行为差异在多族群社会的交往互动中可能产生的问题，并在一定程度上强调这种问题与政治、经济和阶级问题的关联，这仅是文化说在理论上的长处或贡献。然而，应该指出的是，这种理论对于族性（ethnicity）以及与它相关的问题的认识仍过于简单和乐观，因此在20世纪60年代末至70年代初，便遭到了批评和挑战。

20世纪60—70年代，是一个全球政治和意识形态急剧动荡的年代。随着殖民统治的全球性崩溃，新兴民族国家内部的族群问题开始凸显出来。在美国，民权运动、反越战示威、学潮、种族街区骚乱、女权运动接踵而至，包括白人少数族群在内的族群意识不但没有消解，反而开始复苏和高涨。面对这些现象，人们开始追问，族群是否真的可以作为以客观区分的文化承载和区分单位，共同的文化究竟是不是族群意识的客观现实基础，文化的同化为什么迟迟不能带来所谓的结构性同化，结构性同化是否真能导致族群的消解等一系列问题。可以说，对于这些问题所做的不同理解和回答，也就是今天五彩纷呈的族群理论的由来。由于这些理论过于繁杂以及本书篇幅有限等原因，下面我们只能就这些理论做

---

① Naroll R. On Ethnic Unit Classification. Current Anthropology，1964，5（4）.

② 勃罗姆列伊．民族与民族学．呼和浩特：内蒙古人民出版社，1985.

③《民族理论和民族政策》编写组．民族理论和民族政策．北京：民族出版社，1985. 戈登．同化的性质//马戎．西方民族社会学的理论与方法．天津：天津人民出版社，1997：92－93.

一些简要的介绍。

二、弗雷德里克·巴特的族界理论

弗雷德里克·巴特在其主编的《族群与族界：文化和差别的社会组织》一书中认为，族群并不是一种文化承载和区分单位，而是一种社会组织。自我认定的归属（self-ascription）和被别人认定的归属（ascription by others），是族群最重要的区分特征。那种根据一个人的出身和背景来推定的基本身份归属也就是所谓的族属。当行动者为了达到互动目的，按照他们的族群身份来类分他们自己以及别人的时候，他们也就形成了这种组织意义上的族群。有许多文化差别只不过是人们用来表明他们族属不同的标志而已。这些被用作族群标志的文化差别，既可能与人们的行为差异有十分重要的关联，也可能与人们的行为差异没有什么实际关联；它们既可以渗透在整个社会生活中，也可以仅仅与社会活动中的某些领域相关。只要人们在互动中保持族群认同，就会产生出认辨该族群成员的标准和标志其族界的方法。因此，与其说文化差异是族群的定义特征，倒不如说是族群认同和族界维持的一种"牵涉"（implication）或结果。退一步说，尽管族群认同和族界的维持并不能解释为什么会出现文化差异，但却能让我们看到文化差异是怎样在族界维持过程中得到了延续。正如男女区别能够增生出许多男女文化和社会角色差别一样，族属认辨和维持族界的需要也可以增生出许多文化差别出来。

他认为，把归属认同当作族群的主要特征，至少能够解决两个概念的难题：

（1）只要把族群定义成一种既具有归同性又具有排他性的群体，那么，族群单位的延续性问题也就清楚了，即，它的延续取决于界别的维持。那些标志族界的文化特征可能发生变化，那些族群成员所具有的文化特点也可能被改变，甚至一个族群的组织形式也可能发生变化。但是，只要对于族内人和族外人的划分没有改变，族界仍在，一个族群就够延续。

（2）由此，便可以依据一些社会原因，而不是依据一些由其他原因生成的外在客观差异来理解族界问题。我们也就能够理解，为什么一个族群内部成员之间实际存在的外在行为差异并不妨碍他们声称属于同一个族群。

他主张，族群研究的重点应该在于圈定族群的族界，而不应该在于那些被族界圈定的文化内容。在他看来，虽然族界可能具有相应的地理边界，但它主要是指一种社会边界。他认为族界的作用并不在于隔绝人们的交往互动，而是与此相反，在于组织（organizing）、沟通（canalizing）、结构（structuring）和规范（standardizing）人们之间的互动。而这些作用和功能大致上也就是他所说的生成族界的社会原因。

巴特的族界理论可以被概括为以下几点：

（1）族群是一种人们自己或别人根据他们的出身和背景来推定的归属范畴。族群认同是族群最基本的构成要素，只要人们在互动中保持族群认同，就必然会产生辨认其成员的标准和标志其族界的方式。在这个意义上，族界和族群是由族群认同生成和维持的，那些用以区别族群的外在文化特征不过是族群认同和族界维持的一种牵涉或结果。

（2）族群认同和族界生成于具有不同内在文化价值取向的人群之间的社会互动，其作用在于组织和结构他们之间的互动。明确的族籍和族界同时也是人们对于他们所处的互动场景以及彼此行为异同形成的某种定义和看法。这种定义和看法有助于而不是阻碍了他们的互动。

（3）族群认同和族界与那些在社会互动中具有重要意义的文化差异有关联，但这并不意味着族群界别和外在的客观文化差别必然是吻合的。事实上，它们之间的关系并不是协变的（covariant）。文化和社会组织方式的变化未必就会带来族界的变化，族界可以跨越文化、社会、经济、生态区分单位得以存在和维持。

巴特对于人类学族群理论的影响主要在于他改变了人们对于族群这一概念的认识，即族群并不是在地域、经济和社会上隔绝状态下形成的文化承载和区分单位，而是一种人们在社会交往互动中生成的社会关系或组织。从人们互动中存在的不同文化之间的共生关系和社会整合的必要性来理解族群认同以及族界的生成和维持，这是巴特的见解。

三、原生论

作为一个族性理论流派，原生论（primordialist approach）缘起于对这样一个问题的反思：族群意识为什么如此难以化解？族籍一般是根据人们的出身来推定的，族群构建在人们对于他们具有共同世系或起源的信念上，人们大都仅挑选那些据信能够反映其世系和起源的文化特质来做自己的族界标志；族群认同是亲属认同的一种延伸或隐喻，它是人性中某种非理性的原生情感的外化，或某种植根于人类基因中的生物学理性的表现。

一般认为，原生论又可以进一步被区分成两个流派，即文化历史学派和社会生物学派。前者以格尔茨为代表。他偏重于分析人们附着于自己历史和文化上的“原生情感”或赋予自己历史和文化的象征意义，以及这种原生情感在现代国家政治生活中的作用。后者以范·登·伯格（Pierre L. Van den Berghe）为代表。他认为这种表面上看来非理性的原生情感有其生物学基础。

（一）文化历史学派

克利福德·格尔茨认为族群问题是一种原生情感问题。在他看来，在血缘、语言、习俗等方面的一致性中，蕴涵着一种自在自束、难以名状，有时甚至是难以抗拒的强制力。把一个人与他的亲戚、近邻、宗教同伴束绑在一起的原因，并不仅仅是由个人的情感、实践中的必要性、共同的利益或由此招致的义务决定的，至少在很大程度上，这是由那种起因于原生纽带本身，但难以解释清楚的绝对意义决定的。当然，这些原生纽带的强度及类别可能会因人、因社会和因时代而异。但是，几乎在任何一个社会、任何一个时代，就任何一个人而言，有些情感则更多的是源于某种自然的或“精神上”的同源关系（affinity），而不是源于社会互动。①

原生情感与公民情感是有区别的。前者几乎是非理性的，它的追求多与荣誉、名分相关，希望得到的是必要的社会尊重和承认。后者则似乎更讲求实际，主要关注的是生活水平的提高、社会的进步、更有效的政治秩序、更广泛的社会公正以及在更大的国际政治舞台上所扮演的角色等。由原生情感生成的不满所导发的是族群的语言、文化冲突，其政治

① Geertz C. The Interpretation of Cultures. London：Fontana Press，1993.

后果轻者可能是某种民族自治权利被确认，重者则可能是国家的分裂或重组。由公民情感生成的不满所导发的可能是阶级冲突或革命，其政治后果是政治上的改革、政府换届或国家机器的重建，一般不会导致国家疆界的改变。

原生情感与公民情感、原生纽带与公民纽带在一定条件下是相互作用，并且可以转化的，而且前者的强弱程度和类型也可能会因时、因地、因人而异。他指出，在殖民时代结束后新建立的国家中，新构建的公民纽带和原有的原生纽带之间存在着一种十分复杂的、既相互排斥又相互依存的紧张关系。这种关系在这些国家中之所以十分紧张，一方面是因为在现代社会，作为实现集体目的的有效工具，主权国家也变得越来越重要。另一方面则是因为在这里，人们的自我意识仍旧与血缘、种族、语言、乡籍、宗教、传统绑束在一起。他们仍习惯于通过他们之间的这些具体的“自然”差别来辨认自我，新构建的公民纽带对于他们毕竟太抽象、太陌生。他们既看到了构建一种具有更大包容性的公民政治秩序的必要性，又不愿意因此丧失那种在他们看来更为直接、具体的自我消失在没有文化分辨的人群中，去接受某个与自己有宿怨的族群的支配。因此，他们或者希望建立自己的主权国家，或者希望能够得到某种程度上的自治或某种对于自己名分的承认。总之，尽管格尔茨基本上把族群问题看成了一种原生情感问题，但是他并没有因此而放弃对于那些激发这种情感的具体社会历史条件的分析，也正因此，一些人认为他的原生论具有一定的历史文化倾向。

与以前的人类学家不同，在格尔茨看来，文化并不是那种具有生态或社会适应功能的行为模式，而是人们赋予那些包括行为在内的各种象征符号的意义，人的许多行为和追求并不完全是出于理性上或经济利益上的算计，而是出于对某种人生观、象征意义或难以名状的美感的执着和迷恋。总之，把族群认同原生化、美学化，这在一定程度上是与格尔茨文化观中的反唯理主义倾向相一致的。

（二）社会生物学派

与格尔茨不同，范·登·伯格认为，族群认同并不是什么无理性的、只有绝对意义的原生情感的表达，而是一种植根于人类基因中的生物学理性的外化或表现。在他看来，族群认同不过是人的自爱或自恋的延伸，而这种自爱和自恋是有其生物学基础的，即它是由人们的基因决定的。①

范·登·伯格的解释是：

（1）种族和族群实际上是亲属关系的一种延伸。这两者都是社会依据其真实或推论的世系来确定的。两者的区别仅在于前者的生物学体征较明显，而后者则常常以文化特点来做标记。尽管在有些情况下其界分标志基本上是文化的，但是，社会无论对种族还是对族群所抱的关注实际上却是生物学上的世系。

（2）那些表现型的体征之所以常常被当作族群区分标志，并不是因为它们直接具有十分重要的行为意义，而仅仅是因为它们较直观地反映了人们在世系或生物学意义上的关联。

（3）由于族群是构建在事实或推论的共同世系和起源基础上的人们共同体，由于人们

① Van den Berghe P L. The Ethnic Phenomenon. New York：Elsevier，1981.

的世系和起源关联一般是通过通婚联姻来构建的，因此人们的通婚联姻以及婚后子女的世系认领取向关系到一个族群的存亡。在坚持族群内婚的条件下，族界一般较稳定。然而，如果出现了大面积的族群外婚和婚后子女世系的单向认领，那么，一个族群的消解将会是很快的。

（4）族群认同是具有场景拆合和伸缩性的，但是它的拆合和伸缩并不是没有逻辑的。一般说来，它是以自我为核心，依据血缘和世系纽带的疏近来向核心家庭、扩大家庭、世系群、氏族、方言群、亚族群和族群等单位逐级拆合和延伸。而这种拆合和伸缩逻辑所反映的也正是基于“不断追求”包容性适应的复杂表现。

与那些较为极端的社会生物学家不同，范·登·伯格不仅认为社会的维系和进步在一定程度上是以抑制和牺牲人的生物适存原则为代价的，同时也认为人类的文化创制能力既应该也能够超越人们行为的生物学基础。

但是，即便如此，也很少有社会-文化人类学家对他的理论报以响应。质疑的理由是多方面的。例如：（1）即使是世系、亲属群体也不是完全根据生物学关系的远近来建立的，比如，单边世系群便是在忽视一定的生物学关系的原则上构建出来的；（2）既然文化已足以帮助人们超越其生物性，那么，就应该多去关注文化对于人们行为的影响，而不应该来侈谈这些实际上缺乏证据的生物学原因。

四、工具论

在工具论（instrumentalist approach）看来，人是有理性的，无时不在算计和优化自身的利益。族群认同生成于对有限资源的竞争中。族籍不过是人们为追逐集体利益而操弄的一种工具，只要能够增进利益，族群纽带就会有巨大的感召力。族籍并不是什么原生的、不可或缺的身份，在人们追逐、优化利益的过程中，随着互动场景的变换，族籍事实上不时被职业、阶级、乡籍、性别等身份替换，因此它是具有情景商榷性（situational and negotiable）的。由于认为族群意识的兴衰是由具体的政治、经济场景变换来决定的，工具论也不时被称作“场景论”（circumstantialist approach）。

一般认为阿布纳·库恩（Abner Cohen）是工具论的早期带头人。[①] 他承认族籍具有象征或情感上的召唤力，因为它就人们的起源、命运以及生活的意义等生活中的永恒问题做出了回答。但是，他认为，人是双向度的，并不仅仅是象征的人，同时也是政治的人。族籍之所以具有象征召唤力，是因为它具有实际的政治功能，只有关注于族籍的这些政治方面，我们才能够解释为什么在一些地方族群意识高涨的同时，另一些地方族群意识却在消失，为什么并不是在任何社会中族籍认辨都具有十分重要的社会意义。

族群认同在本质上是一种政治现象。它之所以强调传统文化，是因为传统文化能够增强和调动一个族群的政治内聚力。人们不会仅仅因为彼此习俗不同便相互仇杀。对其他部落的习俗怀抱偏见是常见的，但这并不会引起严重的纠纷。人们之所以就文化差异发生严重争执，是因为这些文化差异与他们之间的政治裂痕相关联。总之，对于族群之间的冲突，不能仅仅从传统文化本身来理解，而应该从激励人们强调和操弄传统文化的政治、经济原因来理解。

---

① Cohen A. Custom and Politics in Urban Africa. Berkeley：University of California，1969.

库恩认为，当一些利益群体的成员不能依照法定的规则来把自己正式组织起来的时候，他们便会有意无意地利用既有的文化机制来把彼此组织和连接起来，而族群意识也正是在这种条件下产生的。

保罗·布拉斯（Paul R. Brass）与库恩不同，他强调的是族群意识是如何被唤起和操弄的。[①] 当一个族群在政治舞台上利用族籍来改变自己的政治、经济地位和受教育机会的时候，它也就成了一种政治利益群体。在一些场景中，有些族群要求得到的可能不仅仅是个人的平等的受教育机会，而且还可能是把该族群当作一个整体的法人的权利，例如，他们必须在自己的聚居区主宰公共教育，以便他们能够让自己的子女学习本民族的历史、语言、文化等。此外，有些族群还可能要求在他们的聚居区实行自治，甚至要求享有完整的主权。处于后一种情况的族群，实际上已不再是简单的族群人们共同体，而是民族。所谓民族是指那种其群体权利得到了政治承认，被政治化了的族群人们共同体。

族群运动的领袖总是会从传统文化中挑选和操弄一些他们认为能增进其群体团结和利益的某些方面。当他们这样做时，他们会影响其族群的自我定义和族界，以至这个在前族群基础上创建的族群共同体或民族可能是一种与其前身不同的社会组织合成。在现代族群动员之前，有些族群的传统精英可能已唤起了自己族群的认同，定义了自己的族界，把自己的族群构建成了人们共同体，因此由新兴精英发动的族群动员，往往会就该族群的性质和界限提出与前者相冲突的定义。总之，无论这种族群的文化是古老的还是新形成的，对于族群和民族的研究基本上是对于那种由于政治因素诱发的文化变化的研究。更确切地说，它研究的是这样一个过程：各个族群的精英挑选出该族群文化的某些方面，赋予它新的价值和意义，把它用作象征符号以动员自己族群的成员来捍卫自己族群的利益以与其他族群竞争。

总之，工具论关注的是那些导致族群认同兴衰的经济、政治的原因。尽管它并不否认族籍、传统对人们具有感召力，但是，它认为，只有在能够增进或获得某种经济、政治利益的时候，这种所谓的原生纽带才会具有感召力，在本质上，族籍和传统不过是人们为获取经济、政治利益而操弄的一种工具而已。应该说，就族群意识的兴衰而论，工具论是具有一定解释力的。但是，工具论者实际上强调的却仅仅是族群认同的政治、工具性。真正地试图把族群认同的原生性和工具性综合起来考虑的应该说还是查尔斯·凯斯。

五、辩证阐释理论

查尔斯·凯斯认为，族籍是人与人之间的一种原生关系。[②] 所谓的原生关系是指那些根据既定或被认为是既定的事实（assumed givens）来确定的关系。而所谓的既定事实则是指那些在人们出生时便已被确定了的事实。这些实际上已被文化修饰了的事实包括性别、籍贯、生日、被当作生物遗传标志的体征、社会世系或与其祖先的联系。

族籍是人们对于世系所做的一种文化解释。人们的世系事实上是由他们的文化，而不是他们之间生物学上的联系来定义的。社会意义上的世系并不等于遗传学意义上的世系，

① Brass P R. Ethnicity and Nationalism：Theory and Comparison. London：SAGE Publications，1991.

② Keyes C. Toward a New Formation of Concept of Ethnic Group. Ethnicity，1976（3）. Keyes C. The Dialectic of Ethnic Change//Keyes C. Ethnic Change. Seattle：University of Washington Press，1981：3－30.

前者是通过社会认定的父母与子女之间的关系来追溯的，它无须以人们在生物学上的联系来证明自己，后者则是按遗传特征来辨认的。尽管那些有关遗传世系的知识，或能反映其遗传世系的体征常常被用来解释社会世系，但是，并不是在任何情况下，人们的社会世系都与他们的遗传世系相关联。

凯斯指出，尽管族群认同是亲属认同的一种形式，但是，人们并不是真正在按照他们的家谱来追溯他们的共同祖先。而且，由于那些生活在不同历史时期的不同祖先可以被当作人们追溯世系的不同起点，由于人们既可以根据父母双方的世系，也可以根据其中任何一方的世系来追溯他们的起源，因此，就像一个人具有属于数个亲属群体的可能性一样，一个人也具有属于数个族群的可能性。而反过来讲，尽管存在着这些多重可能性，但作为个人的人也具有不属于任何族群的可能性。这也就是说，只有在文化的规划下并被赋予一定社会功能后，通过追溯世系来构建群体的可能性才能被转变成现实。

尽管那些决定人们怎样追溯其世系、确定其族群遗产的文化原则对于确定族籍而言是十分重要的，但是，仅这些原则本身尚不足以使族籍成为社会关系中的一个动因。只有在人们对于生产资料、产品的占有或交换是根据他们的族籍身份来确定的时候，族群认同才会凸显出来，成为社会行动中的一个变量。族性不仅有它文化的一面，同时也有它社会的一面。

在凯斯看来，任何一种完整的族性理论都不应该仅仅考虑族籍在追逐社会利益方面的功能，而且还应该考虑那些构建族群的文化原则。在有关族性的理论讨论中，有许多混乱正是把族群的文化方面和社会方面混为一谈造成的。一个能够解释处于各种情况下的族性的理论，既应该考虑这两个方面，又应该对这两个方面有所区分。

六、民族-国家及其意识形态构建说

无论是把族群认同当成理性选择，还是当作原生情感表达，或是这两个方面的结合，都忽视了这样一个事实，即人们的族籍事实上并不完全是由他们自己来选择的，而是现代民族-国家及其相关的意识形态在各种民族主义项目和计划中制造出来的。

布拉克特·威廉斯（B. F. Williams）指出，阿布纳·库恩、查尔斯·凯斯等人虽然看到了族群是在资源的竞争和利益对峙中生成的组织或群体，但他们忽视了存在于这些竞争中的不对称权力关系。资源、权力，甚至社会含义的分配是由现代国家及其相关的意识形态决定的，因此人们在竞争和合作中所采取的组织形式以及他们对于竞争公正性和成功性的理解，实际上是由现代国家的政策及其相关的意识形态引导的。[①]

族群是在民族建设过程中产生出来的。在这个过程中，主流人群的同质性会被民族主义强调和放大成立国的根基，而有别于主流的人群和文化也因此凸显出来，无形中变成了对于这种设想的同质性的潜在威胁。面对这种参照主流人群对自己做出的不利估价，以及自己实际上所处的不利地位，这些被当作异类的人群也会在实践中和观念上把自己与主流人群区分开来，诉求自己也是一个新的、纯正的族体（people）。无论是否拥有自己的领土，他们都会因此成为一个“绵延不绝的族体”。当然，他们在种族意义上的纯正性同样

① Williams B F. A Class Act, Anthropology and Race to Nation Across Ethnic Terrain. Annual Review of Anthropology, 1989 (18).

也是成问题的。为了诉求自己也是一个族体或民族（nation），就必须有一个可被用以认同的形象或神话。然而要寻找这样一个形象并不难。因为无论传说、历史、宗教、诗歌、民俗还是所谓的传统都能为他们提供这样的形象。这个形象并不需要十分准确，相反，它通常具有可塑性，可以被逐渐改造。

族群为什么必须有它的文化特征？一个族群会把哪些文化特质当作自己的区分特征？这关联到其他族群认为自己在哪些方面对国家做出了贡献。说到底，一个族群器重自己的哪些文化特质，这取决于哪些文化特质最有利于它诉求平等的公民资格。

在威廉斯看来，尽管权力关系并不是决定族籍认辨的唯一因素，但是，在同一地区或国家的政治框架和社会含义体系中，只要文化差别被当成为辨认集体身份的标准，族籍认辨就必然是这种政治单元中的权力关系的产物。和一些族群问题研究者一样，威廉斯认为，有关少数族群和主体人群的区分不仅是由他们的人口比例，也是由他们在同一政治、经济体系中所处的不同权力和荣誉位置来决定的。

对于族群与社会分层的并合，不仅应该从客观经济状况上来理解，而且应该从意识形态含义上来理解。因为族群冲突既与物化利益也与社会象征含义的分配相关，而这两种分配虽然有区别，但也是关联在一起，可互相转换的。民族-国家把它的合法性以及政治上的稳定和安全构建在对其公民种族和文化同质性的诉求上，主流人群因被设想为具有这种同质性而被当作民族-国家最赤诚的创建和支持者，进而也成了应该充分享受国家资源分配的最纯正的公民。因此，即便是统治种族/文化/民族耦合中的底层阶级成员，也在所谓生就的素质、文化偏好，以及对于民族-国家所具有的价值等方面具有优越感。对于少数族群的歧视和排斥并不会在实际利益和象征含义上对他们构成伤害，而且他们实际上更在意那些少数族群在竞争中的成功。在他们看来，如果竞争是公平的话，这些少数族群是不可能比他们成功的，因为无论是在“文化素质”上，还是在对于国家所具有的价值和所做出的贡献上，这些少数族群都是远不及他们的。

无论从实际生活还是从意识形态含义上来看，生活在现代民族-国家中的少数族群都处于不利的地位。如果真像阿布纳·库恩、查尔斯·凯斯等学者所说的那样，族群认同是消解现代社会生活异化的有效解药的话，那么应该看到的是，少数族群所遭受的异化比主流人群更严重。

威廉斯认为，在被设想为高度同质的民族-国家内，族群边界仅仅是意识形态在其设想的社会秩序中就主流和其他边缘人群而划出的界限而已。族群并不能被那些划属于这个范畴的人们的行动消解。无论是通过个体在物质上的阶级分化过程，通过逐代脱落不合适的文化制式，还是通过那种把个体导向国家主流文化同化的社会化过程，他们都无法根除这个范畴。当然，威廉斯讨论的主要是那些非社会主义国家及其意识形态对于族群的构建，而且他所讨论的族群更多的是指那些由外来移民构成的族群。当今世界在族籍的构建者和被构建者之间确实存在着不对称的权力关系，但其族群意识的过程仍可看成是族籍构建者和被构建者之间的一个对话和商榷的过程。

综上所述，认同首先是一种自我肯定的延伸。与职业、阶级、性别认同不同，族群认同植根在人们对于他们的世系或起源的信念中。因此，那些据信能反映其世系或起源的文化、传统和历史便被挑选出来当作族群的标志。当然，正如凯斯所说，族籍仅仅是人们对于自己的出身和世系所做的文化解释，它并没有，也不可能准确地反映出人们在生物学事实上的关联。但是，同时也应该指出，无论人们对其世系和起源信念多么武断，它毕竟直接或间接得到了这样一些社会事实的支撑：人们的族籍基本上是根据其父亲或母亲的族籍来认领的；民族内婚和族际通婚是维持族籍稳定和导致族籍变化的重要变量；在今天的民法、国际法、道德和伦理中，许多权利和义务仍旧是依据人们的世系或起源来认定的。由于族群认同是一种通过追溯设想的世系、起源来延伸的自我肯定，因而它在很大程度上是象征的、情感的、原生的或非理性的。

认同存在于与“他者”的关系中。自我是开放的，是可以伸缩的，通过追溯或想象世系和起源，人们既可以认为整个人类都同源，也可以认为每个人都不同源。因此，对于族群认同不应该仅仅从自我肯定的延伸本身来理解，而应该从锁定这种伸延的政治、经济和意识形态场景，或与“他者”的对峙来理解。由于与“他者”的对峙是可以转换的，因此族群认同可以随对峙场景而变化。

族群认同并不是为了认同本身。我们可以把它看作一种原生的、象征的情感，但是我们也应该看到所谓的情感和象征总是有其政治和经济含义的。尽管要证明这种所谓的非理性情感是否体现了范·登·伯格所说的那种生物学理性确实不容易，但是可以把它当作布迪厄所说的那种以荣誉和名望的形式，附着在个人姓名、家族、族籍上的象征利益或象征资本。而且布迪厄认为，尽管象征资本的积累只能通过牺牲经济资本积累来实现，但是这两者最终是可以转换的。在他看来，作为被转换了的，从而也被伪装了的、实实在在的经济资本的一种形式，象征资本之所以能够产生一定的效力是因为，也只能是因为它隐藏了这样一个事实，即，它起源于资本的物质形式，因而最终分析起来，它所具有的效力也源自资本的这种物质形式。

就此来看，不求助于所谓的社会生物学，情感-象征理论和工具-政治-经济理论也是可以被综合的。族群认同是情感-象征的，因为人们在自己族籍上附着了自己的信用、忠诚、荣誉、名望和尊严，它关系到人们的象征利益。象征资本的增值和竞争是违反经济逻辑的，它有必要是非理性的、情感的，只有这样它才能隐藏自己的物质形式，激动、聚合可能枯槁、涣散于利益算计的人心和“亲情”。然而，族群认同也是工具-政治-经济的。这不仅是因为它可以直接作为参与物化利益竞争和分配的单位，而且也因为忠诚、荣誉、名望和尊严毕竟与权力的生成有关联，即便在人们追逐的象征利益中也包藏了物的资本和利益。因此，对于族性，我们应该同时从物化利益和象征利益这两个方面来理解，既应该看到这两个方面的区别，也应该看到它们之间的关联以及关注这些利益及其竞争的分配和规则。

参考书目

巴斯．族群与边界：文化差异下的社会组织．北京：商务印书馆，2014.

勃罗姆列伊．民族与民族学．呼和浩特：内蒙古人民出版社，1985.

布尔迪厄（布迪厄）．实践理论大纲．北京：中国人民大学出版社，2017.

兰林友．论族群与族群认同理论．广西民族大学学报，2003（3）.

吕思勉．中国民族史．北京：东方出版社，1934.

马长寿．氐与羌．上海：上海人民出版社，1984.

《民族理论和民族政策》编写组．民族理论和民族政策．北京：民族出版社，1985.

潘蛟．勃罗姆列伊的民族分类及其关联的问题．民族研究，1995（4）．

王明珂．羌在汉藏之间．北京：中华书局，2008.

Barth F. Introduction// Barth F. Ethnic Group and Boundaries：The Social Organization of Culture and Difference. Boston：Little，Brown and Company，1969.

Bourdieu P. Outline of a Theory of Practice. Cambridge：University of Cambridge Press，1977.

Brass P R. Ethnicity and Nationalism：Theory and Comparison. London：SAGE Publications，Inc.，1991.

Cohen A. Custom and Politics in Urban Africa. Berkeley：University of California，1969.

Cohen A. Introduction：The Lesson of Ethnicity//Cohen A. Urban Ethnicity. London：Tavistock，1974.

Cohen R. Ethnicity：Problem Focus in Anthropology. Annual Review of Anthropology，1978（7）.

Geertz C. The Interpretation of Cultures. London：Fontana Press，1993.

Harrell S. Cultural Encounters on China's Ethnic Frontiers. Seattle：University of Washington Press，1995.

Keyes C. The Dialectic of Ethnic Change//Keyes C. Ethnic Change. Seattle：University of Washington Press，1981.

Keyes C. Toward a New Formulation of Concept of Ethnic Group. Ethnicity，1976（3）.

Naroll R. On Ethnic Unit Classification. Current Anthropology，1964.

Van den Berghe P L. The Ethnic Phenomenon. New York：Elsevier，1981.

White G M. Identity Through History：Living Stories in a Solomon Islands Society. Cambridge：Cambridge University Press，1991.

第十三章 政治制度与社会控制

人类学家和政治学家有一个共同的兴趣：人类的政治组织和政治制度。所不同的是，政治学家主要关注现代社会中的政治现象，其中涉及的问题包括国家与政府的构成要素、组织原则、职权与功能及其实现的方法途径等；而人类学家则不仅关注现代社会的政治，还关注现代社会之前各个人类社会历史阶段中的诸多政治组织形式及其政治过程。事实上，单纯把政治与现代国家和政治组织形式联系起来的做法忽略了一个重要的事实，即在此之前，人类社会已经有了种种“非国家”“无政府”的政治组织形式和政治行为。这种有别于传统政治学而致力于对包括“非国家”“无政府”在内的人类政治组织和政治行为进行的人类学研究，被称作“政治人类学”（political anthropology）。

第一节 政治人类学的形成与发展

在政治人类学的研究中，人类学家提出了自己对政治及其关联问题的见解。如有人认为，“政治”（politics）是为用来保障社会中权力结构的最佳利益而设计的各种活动，而此处所谓权力（power），指的是所有现存社会中强制他人行为的某种能力。有人认为，政治人类学乃是对政治过程的动态研究，“政治过程”即人们领导、组织、夺权和用权的过程，它必然具有公开性、目的性及权力分化这三大特征。① 还有人认为：“政治的人类学研究致力于理解权力和权威（authority）在人类社会中如何运作和为什么运作。”② 具体而言，政治人类学的研究内容一般包括以下几个方面：（1）从进化的角度来解释政治制度和组织并予以分类；（2）进行社会制度的政治功能分析；（3）识别集团或者某些地域政治组织，并研究其与外部世界的关系以及由此关系而造成的影响；（4）对政治行为和过程进行民族志的调研。③

随着学科的发展和社会的变迁，政治人类学的研究内容日益丰富。人类学家李委伦（Ted. C. Lewellen）回溯了政治人类学的发展历程，总结出政治人类学发展至今的几大主线或要义：

---

① 芮逸夫．云五社会科学大辞典·人类学．北京：商务印书馆，1972：187－188.

② Cohen R. Political Anthropology//Levin D，Ember M. Encyclopedia of Cultural Anthropology. New York：Henry Holt And Company，Inc.，1996：363.

③ 金光亿．文化与政治//周星，王铭铭．社会文化人类学讲演集：上．天津：天津人民出版社，1997：369.

（1）政治制度的分类；（2）政治制度的进化；（3）对前工业社会政治制度的结构和功能的研究；（4）对前工业社会或发展中社会政治过程的研究，如20世纪70年代流行的行动理论（action theory），强调个体的操纵策略而非制度的变化；（5）关于以往的部落社会对现代化之政治回应的研究；（6）世界体系理论带动了从16世纪以来资本主义制度扩张的角度来诠释政治的研究；（7）镶嵌于国家社会中的亚文化（subcultures）如何通过非暴力的和巧妙的方式来操控权力以为己所用；（8）女性主义为政治人类学注入了一种全新的和重要的声音，对某些权力的基本预设提出质疑，同时也提供了新的素材和诠释。①

政治人类学成为人类学的一门分支学科要迟至20世纪40年代，但人类学家对于政治问题的关注却可以追溯到人类学产生之初并且贯穿于学科发展的整个历史过程。

大约在19世纪中期，正处于创始阶段的人类学就开始关注政治组织的演化问题，这可以说是政治人类学的早期形态。当时美国的摩尔根、英国的斯宾塞和梅因等人在这方面做了大量的研究。在《古代社会》中，摩尔根用了近一半的篇幅讨论人类政治组织和政治观念的发展。他认为，人类的政治组织不是古已有之，也不是独立于社会之外，而是随着社会的进化从简单到复杂、从原始到完备逐步发展而来。摩尔根的进化学说后来成了马克思主义政治理论的重要思想来源。但是，持进化论的早期人类学家只是从社会普遍进化的角度来看待政治制度及政治组织，关于政治的研究在人类学中还没有获得独立的地位。

一般认为，作为分支学科的政治人类学确立于20世纪40年代，其标志是1940年，福蒂斯（M. Fortes）和埃文思-普里查德合著的《非洲的政治制度》（*African Political System*）一书的出版。该书源于人类学家对前工业社会的研究，两位作者发现，在这些社会中，政治学家所关注的各种现代社会的政治制度如国家等根本不存在，相应地，诚如他们在引言中所说："证据表明，任何政治哲学理论都不能帮助我们理解我们所研究的社会……"因此，在该书中，福蒂斯和埃文思-普里查德讨论了前国家形态的政治制度，并试图超越西方特殊的政治现象，建立更为广阔时空范围的有关人类政治行为的科学，这便有别于传统政治学研究而更具有人类学的色彩。该书出版后引起了许多争议，但两位人类学家对非洲"集权化"社会和"无集权"社会这两种政治制度的分类，成为其对政治人类学发展的重大贡献，也廓清了政治人类学有别于政治学等其他学科的独特的研究对象。《非洲的政治制度》开了政治人类学研究的先河，标志着人类政治制度和政治行为的研究开始在人类学中占有一席之地。同年，埃文思-普里查德还出版了研究非洲尼罗河下游一个苏丹民族的著作《努尔人》（*The Nuer*）。在这本书中，埃文思-普里查德描述了努尔人的部落在一定地理区域内如何通过一套独特的继嗣制度不断裂变、合并的动态过程，并且试图维持裂变单位的稳定。《努尔人》一书的贡献在于用民族志的材料说明了"无政府"社会确实存在，而且可以通过一定的方式营造自己的政治秩序。这本书实际上为他在《非洲的政治制度》中提出的"两类政治制度的分类"提供了佐证。福蒂斯也于1945年在对西非泰兰西人（Tallens）的研究中提供了类似的例证。

政治人类学的发展成熟是在20世纪50年代中叶以后，以利奇的《缅甸高地的政治

① Lewellen T C. Political Anthropology: An Introduction. 2nd Edition. Westport: Bergin & Garvey, 1992: 2-3.

制度》（1954 年），格拉克曼（M. Cluckman）的《非洲的民俗与冲突》（1956 年）、《非洲部落的社会秩序和反抗》（1963 年），以及维克多·特纳的《一个非洲社会的分裂与延续》（1957 年）的出版为标志。《缅甸高地的政治制度》一书对缅甸北部克钦人（跨境民族，在中国境内被称为景颇族）的政治制度之动态过程进行了比较全面的研究，提出了著名的"钟摆"（oscillation）模式。在研究中利奇发现，克钦社会中存在着两种相对的政治秩序：贵族制的贡萨（gumsa）和民主制的贡老（gumlao）。前者表现出集权的色彩，后者则透露出无政府的遗风。他在书中指出："贡萨认为他们是在身为世袭贵族成员的山官治下；而贡老则唾弃一切世袭阶级区别的观念。贡萨视贡老为一群反叛他们合法主人的农奴百姓，而贡老则视贡萨为暴君和势利鬼。""同时，这两种结构的社会中又都有着内在的矛盾，即每一制度内部都存在着山官-百姓等级制与丈人集团-姑爷集团亲属制之间的不相容。这种内在的结构性缺陷导致了两种制度之间的不断'摆动'。"① "在客观外界纷乱的情势下，一般的趋势是贡老转变为贡萨制度，贡萨制度又转变为贡老制度。"② 但是这种转变保持了"动态平衡"。格拉克曼和特纳是曼彻斯特学派的代表人物，该学派以研究冲突、仪式等问题见长。格拉克曼在《非洲的民俗与冲突》和《非洲部落的社会秩序和反抗》两本著作中探讨了社会是如何通过有节制的冲突表现而获得平衡的。在格拉克曼看来，平衡并不意味着静态或稳定，一种互相冲突的关系是对另一种冲突关系的整合和吸收。在原始社会中，往往存在着相互冲突的价值观念和原则以及对立冲突的利益群体，社会是通过对各种对立因素和冲突的有效吸纳而达到平衡的。仪式一方面向人们灌输了内聚力、社会价值和社会情感，另一方面又夸大了社会统治的实际冲突。仪式同时使人们确信尽管存在冲突，但依然有联合和团结的一致性。这正是仪式的功能所在。③ 特纳是格拉克曼的传人，《一个非洲社会的分裂与延续》一书，研究的是一个非洲村落——生活在一个没有"强大权力中心"的恩丹布人（Ndembu）是如何维持其政治稳定性的。通过细致的分析，特纳得出结论：尽管存在着形形色色的冲突与分裂，但是构成恩丹布人整个社会（不是村落社会）组织基础的结构还是完整的；这是因为仪式是一种调整的手段，举行仪式时，许多村落的人都来参加，超越了单个村落的界限。恩丹布人的社会价值观念也在仪式中得到表达。恩丹布人社会内部的冲突和矛盾正是通过定期的仪式得到遏制的。可见，仪式具有恢复社会平衡和稳定的政治功能。这本书被认为是曼彻斯特学派对冲突和仪式分析最精彩的代表作之一。④ 特纳对冲突与仪式的研究后来被归为政治人类学，1966 年，他与人合写了一篇题为"政治人类学"的文章，对此表示赞同。

几乎与此同时，政治人类学在美国也有了新的发展，其标志是以莱斯利·A. 怀特、朱利安·斯图尔德、艾尔曼·塞维斯和马歇尔·萨林斯等人为代表的新进化论的兴起。怀特认为人类进化是一个不断积累能量的过程。人类文化从农业到私有制、到专门化、到阶级化、到政治集权化，其进步最终体现为人类获取能量的增长和能量的利用率即"熵"的

① 王筑生．社会变迁与适应：中国的景颇与利奇的模式//周星，王铭铭．社会文化人类学讲演集：下．天津：天津人民出版社，1997：730.

② Leach E R. Political System of Highland Burma. Boston：Beacon Press，1964：212.

③ 夏建中．文化人类学理论学派．北京：中国人民大学出版社，1997：148.

④ 同③306－319.

提高，他的理论被称为“普遍进化论”。比怀特稍晚一点，文化生态学者斯图尔德提出了“多线进化论”，认为文化的演化与其所处的生态环境密切相关，生态环境相似则文化演化相似，世界上多种不同的生态环境造就了多样的文化形态和进化道路。依据多线进化论，他还对世界的五种文化进行了比较研究。萨林斯和塞维斯力图将普遍进化论与多线进化论结合在一起，并提出了“一般进化”和“特殊进化”的观点。他们对政治人类学的贡献主要在于接续了始于摩尔根但几乎已被弃置的对政治制度和政治组织演化的研究，侧重社会文化的整合特点并在此基础上形成了关于政治分类的研究。在《原始社会组织》（1962年）一书中，塞维斯将国家产生及其之前的各种社会划分为四种类型：队群或游群、部落、酋邦和国家。这四种类型同时也是进化链条上前后相继的发展阶段。这种划分在国际人类学界产生了深远的影响，至今仍被广为接受。

和人类学的研究传统相似，政治人类学的研究重点在很长一个时期内一直局限于边缘或异域社会。比如美国的政治人类学试图通过研究印第安人——这个不同于美国主流社会的土著族群的政治组织和政治制度，构建整个人类社会政治组织和政治制度的过程或模式；而英国政治人类学几乎都是通过研究非洲的某一个部落或族群获得对人类政治行为和政治过程的理解。无论是印第安人社会还是非洲的部落，它们共有的一个特点是其政治体制与现代西方社会通行的以民族-国家为模式的政治体制大相径庭。通过研究这种与现代政治社会相比而言相对简单的政治社会，政治人类学家希望了解“政治行动的根源”①。有的人类学家将 20 世纪 40 年代到 60 年代以英国政治人类学家为主体，研究非洲、亚洲和太平洋群岛的时期称作政治人类学的“古典时期”。②

20 世纪 70 年代以后，政治人类学家逐渐开始关注自身所处的西方国家，政治人类学于是增加了一个全新的研究领域。时至今日，政治人类学的研究已不得不考虑上述社会与我们的社会之间日益密切的相互依存关系，不能不考虑影响传统政治进程的转型问题，也开始探索当代世界的种种难题和现代国家框架内的体制运作，以及可能引起这种权力体制破裂的危机。③

受 20 世纪 70 年代后兴起的“文化”研究的影响，许多政治人类学家把文化作为政治人类学研究的首要兴趣点。这种研究方式主要关注权力和权威是如何通过符号（symbols）、仪式（rituals）、语言（language）和艺术作品（artistic productions）表述与规定的。如克利福德·格尔茨试图揭示象征行为和戏剧表象乃是政治的首要动因。社会权力依赖于以符号、行为来表述的文化知识，它的产品则是霸权、合法或反抗。从这个层面上看，社会成员的文化可被看作一种“政治维度”。只要社会成员中存在着地位的差别，就会以被赋予不公平含义的语言和隐喻（metaphor）表述出来。④ 20 世纪 70 年代后期到 80 年代，文化的研究变得更为流行，但是政治人类学研究的传统依然影响巨大。将政治人类学与文化史和政治学连接起来的是，它们都强调国家制度的产生、发展、组织和权威。马克思主义人类学、文化唯物主义、韦伯论者以及其他众多的理论观点都研究了国家的

---

① 阿伯勒．政治人类学：新的挑战、新的目标．国际社会科学杂志，1998（3）．

② Vincent J. Anthropology and Politics：Vision，Traditions and Trends. Tucson：University of Arizona，1990.

③ 同②.

④ Cohen R. Political Anthropology//Levin D，Ember M. Encyclopedia of Cultural Anthropology. New York：Henry Holt And Company，Inc.，1996：966.

起源问题。他们的研究表明，国家起源的方式为有限的几种：征服、防御、人口密度的增长。

进入20世纪90年代后，政治人类学研究出现了综合的趋势，那就是，各种研究方法——微观的、宏观的，长期或短期的田野观察等，被统合起来用于政治人类学的研究。同时，同整个人类学所发生的变化一样，政治人类学研究的时间和空间限制已完全被打破，开始关注当今世界的政治、社会和经济热点，“政治人类学的目标之一，是分析全球化对主导经济和社会运行的制度和组织产生的影响”①。

对中国而言，人类学是“舶来之物”，其发展可谓命途多舛，至今尚处于构建学科体系的阶段。20世纪上半叶，受过西方人类学训练的中国人类学家如费孝通、林耀华和许烺光的作品《江村经济》②、《金翼》③ 和《祖荫下》④ 虽未对政治做专题的研究，但是在运用民族志方法研究中国本土社会时，对亲属制度、基层社会组织和仪式等政治人类学的研究对象表现出了一定的兴趣。费孝通先生在《乡土中国》⑤ 一书中，对中国的基层社会做了一个经验式的“鸟瞰”，林耀华则在《金翼》中对中国地方县乡政治的复杂运用做了细致的分析，这两本书都可以看作中国本土政治人类学的早期作品。新中国成立后，人类学（民族学）学者参与了社会历史调查，运用马克思主义的理论对中国少数民族的社会形态进行了研究，把少数民族划分为不同的社会发展阶段，体现出了进化论的色彩。与此同时，西方的人类学者也运用人类学的理论与方法对中国的宗族制度等进行了研究，如弗里德曼、施坚雅等。西方学者中对中国进行真正意义上的政治人类学考察的是杜赞奇，他将目光投向了华北的乡村社会。⑥

杜赞奇认为应首先考察乡村社会生活中的权力关系，如宗教或庇护如何影响乡村公共权力的施展。这一公共权力包括规定村民的权利和义务、决定乡村公共资源的分配和利用。他通过考察从家庭到数个村庄的组织与联系来分析乡村权力关系。这种权力关系被他称作“权力的文化网络”（culture nexus of power）。这一文化网络包括不断相互交错影响、作用的等级组织和非正式相互关系网，诸如市场、宗族、宗教和水利控制的等级组织，以及诸如庇护者与被庇护者、亲戚朋友间的相互关联，构成了施展权力和权威的基础。各种组织攀附于各种象征价值，从而赋予文化网络以一定的权威，使它能够成为地方社会中领导权之合法性的表现场所。

他还认为，要了解乡村权力关系的变化，必须考察更大历史范围的变迁，包括国家政权的变迁。他把帝国政权、绅士文化与乡民社会纳入一个共同的框架，并将权力、统治等抽象概念与中国社会特有的文化体系连接起来，以揭示地方社会中权威的产生过程及其表现。⑦

在杜赞奇之后，中国学者也进行了同类的和对应性的研究。

---

① 阿伯勒．政治人类学：新的挑战、新的目标．国际社会科学杂志，1998（3）．

② 费孝通．江村经济．南京：江苏人民出版社，1986.

③ 林耀华．金翼．北京：三联书店，1989.

④ Hsu L K. Under the Ancestors'shadow，Chinese Culture and Personality. Columbia：Columbia University Press，1941.

⑤ 费孝通．乡土中国．北京：三联书店，1985.

⑥ 杜赞奇．文化、权力与国家．南京：江苏人民出版社，1995.

⑦ 同⑥.

庄孔韶的《银翅：1920—1990年代的中国地方社会与文化变迁》一书中，有大量篇幅涉及中国基层权力与文化的关系研究。他注意到行政体制中县镇层级与基层乡族社会的整合关系，以及政府体制渗透到基层与宗族、村结构的整合关系；抓住基层社会和地方军人集团的关系——一个人类学忽略的新课题，即有地方军人势力介入的县镇基层政权运作的"汉堡包"结构，从中透视了20世纪前半叶中国县镇系统和超县镇军政力量加诸草根社会的"双轨"机制过程。

他还对中国基层县镇社会权力运作过程做了上下层关联性的研究，涉及解放前后县城的空间及地缘本质、土地改革的政治与文化联系、人民公社与"文化大革命"表现出的上下层连接的惯常模式，并以实例说明当代中国省、地、县、镇、村之间的权力组织及个人关系过程。①

景军的《神堂记忆》探讨的是社会运动与集体记忆之间的关系。② 他实际上是以一个小的变动——甘肃省大川孔氏族人因修水库搬迁的事项来折射一个大的变动，即几十年来的种种社会运动对以尊孔崇儒为核心的中心文化所带来的冲击；同时以一个局部的生活的变动带给大川孔氏族人的经历及其叙事，来反映种种社会运动留给中国人的一个深刻的整体记忆。

王筑生则以他在中缅边境的田野工作说明利奇对克钦/景颇政治制度之对立看法的缺陷。首先那里的政治秩序远远多于两个，而且那里的贡老社会并非没有山官，只是山官制未能严格世袭或并不是无例外地存在于所有的社区之中。克钦/景颇族山官制度发展所呈现的多样性与复杂性说明，导致克钦政治制度变迁的原因并不是简单地源于贡萨-贡老的对立以及随之而来的"钟摆"模式。③

第二节 人类的政治制度

人类学和社会学都以韦伯的理论为基础，对依据职业、财产、权力和地位等标准将社会中的个人归入特定等级或层次的社会分层（social stratification）现象进行了研究。从分层的角度看，人类社会可分为平等的社会和不平等的社会。弗里德（M. Fried）在《政治社会的进化》一书中，就将各种社会按其对经济资源平均支配的程度进行分类，并提出社会发展是由平等社会向不平等社会过渡的观点。人类社会的政治制度，也可以按照其决策形式和权力使用的情况，划分出从松散一直到集权的诸种形态。塞维斯在《原始社会组织》一书中就是这样做的。实际上，存在于松散和集权两极之间的政治制度是非常多样的，但为了讨论的方便，塞维斯将它们划归为游群、部落、酋邦和国家这四种主要类型。

---

① 庄孔韶．银翅．北京：三联书店，2000：第3，4，5，6，17章．

② Jun J. The Temple of Memories：History，Power，and Morality in a Chinese Village. Palo Alto：Stanford University Press，1996：3.

③ 王筑生．社会变迁与适应：中国的景颇与利奇的模式//周星，王铭铭．社会文化人类学讲演集．天津：天津人民出版社，1997. Leach E R. Political System of Highland. Boston：Bea Press，1954.

一、游群

游群是一种小型的群体，人数可在50人至300人之间，人数的多少与其内部结构的复杂程度有一定的关系。游群通常占有一块领土，依靠这块领土内的资源生活，因此它是一种地域性群体。游群是人类社会政治组织中最简单的一种形式，存在于实行狩猎和采集经济的社会及某些游牧社会中。在群体内，看不到明显的社会分层现象，也缺乏正式的领导人。

人类学家一般认为，游群还可能是最古老的政治组织形式。民族志的资料表明，世界上现存的狩猎和采集社会中均有游群组织，而人类在大约一万年前都是狩猎采集者，故那时的人们大概都生活在游群之中。

从经济生活上看，游群是食物获取者。为了寻找食物资源，游群的成员常在广阔的地域范围内游动，所以这类社会的人口密度很低。游群的规模受制于资源情况，资源丰富，游群的规模就会大一些，反之，就会很小。人类学家在研究生态环境的负荷能力时发现，自然资源会随着季节发生波动，这种波动对游群规模影响甚大。在某些食物短缺的季节，游群会做出适应性的调整，常见的做法是分裂为更小的单位活动。譬如生活在北极的因纽特人（Innuit），在夏天食物丰富时，游群就大，冬天食物奇缺时，游群就小。

从政治生活上看，游群内部是相当民主的。每个成员都有自己处世的自由，同时人们的地位是平等的，任何群体的决议都要由全体成员共同做出。群体中的领导人由全体成员公推，其职位并不是长期不变的。领导人不拥有强权，他只是游群的象征性领袖。他无权干涉别的成员的活动，不能从其领导地位上获取报酬，即使是群体成员有过失，也只能听凭公众意见的判定与调整。一般来说，游群的领导人要做的是在游群遭受困难与威胁时挺身而出，在遇到挫折与失败时引咎辞职。所以游群的领导人不是利益的获得者，而是风险与错误的承担者。在实行游群生活的非洲昆人（Kung）中，游群的头人被称为“所有者”，但这只是象征性的，他实际并不拥有这块土地或资源。

> 当某一领土上资源不能再充分维持成员的生存时，队群的头人就要协调队群的迁移。他的主要责任是，计划这个队群将迁移的时间及地点；当这个队群迁移时，队群头人的位置就在行列的前头。他选定新居住的地点，他有给自己选择开伙地点的优先权。他没有别的报酬或职责。例如，队群头人并不组织狩猎队、贸易远征队、制造手工制品或赠送礼物，也不能安排婚姻。队群成员个人安排自己的活动。队群头人不是法官，也无法惩罚别的群体成员。做错事的人由公众意见来审判和调整，这通常是由成员中间的闲话表达出来的。如果一个头人太年轻，或太老，或丧失人们所期望的领导品质，队群成员就会找别的成员来做领导。①

领导人“这个地位本身不会带来什么明显的好处，因而人们也不会积极去谋求”。昆人的这种态度很好地反映了游群领导人的实际情况。

---

① 哈维兰．当代人类学．上海：上海人民出版社，1987：496.

二、部落

部落也是松散的政治组织，主要见于农业社会和畜牧业社会。与游群直接从自然界获取食物的方式不同，部落是食物的生产者，这样就可以养活更多的人口，故部落社会的人口密度远较游群为大，而其经济生产方式又使得部落成员定居的情形较为常见。

一般来说，部落有一片连接的地域，有共同的经济（如集体狩猎、生产协作等）生活，有共同的语言或方言。在此基础上，部落可以形成具有内部一致性的共同文化。部落有自己的名称作为一种标志，既有对外的区别作用，也有对内培植认同感并加强感情联络的功效。

从组成方式上看，部落常包括几个小型的自主群体，例如游群。这些较小的单位结合在一起的目的各种各样，但这种结合常常是非正式和短暂的。结合是为了共同解决某些问题，譬如经济的问题或军事的问题。而当上述问题解决之后，结合的理由便不复存在，各个单位又恢复到原来的状态中去。

与游群一样，部落中的领导权也是非正式的。领导者没有绝对的权力，也不是集权者。他的当选，是因为他身上具有某些令人尊敬的东西，如年龄、智慧、技能等。在纠纷的处理中，他没有正式的控制手段，不能强迫任何人服从他的决定，但由于他的人格魅力，他的劝说通常还是起作用的。群体决定一般由公众协商做出，这种社会机制引导社群成员遵守群体的决议。当然，群议公决并不排除在这一过程中一些有影响的人会对最后决定负更大的责任。

部落与游群在政治组织上的最大区别在于部落中存在着某些泛部落因素。例如，亲属纽带就是一种泛部落的因素。许多部落是由若干自认有亲缘关系的氏族组成的，因而氏族便成了政治权力的组织单位和活动中心，由氏族首领组成的议事会共同商议决定着内外事务。又如年龄级（age-class）制度也是一种在部落内起作用的因素。在很多部落社会中，每个成员都要按照其年龄被纳入一定的年龄级组织里。各年龄级成员有着特定的角色任务，而这种角色的认识在整个部落里是通用的，所以年龄可以与一个人说话的分量挂上钩。还有的部落中存在着军事会社或战士俱乐部之类的社团组织，它们也作为泛部落因素发挥着作用。

所谓泛部落因素，就是那些在部落的纵向组织原则之外起作用的因素。譬如上面提到的年龄级制度，它使得在某些场合出现争议时，在场的年龄较大的年龄级代表可以出面调停。在场的人虽说属于部落中的不同部分，也就是说纵向的归属并不一致，但人们对长者的尊重和听从却是一样的。这种现象很容易令人联想起现代社会中军队里的军衔制度。泛部落因素正是这样发挥着它的功能，从而维持了部落的整合。

三、酋邦

游群和部落都属于松散的政治制度，而所谓酋邦则已是集权形态的政治制度。酋邦在社会整合程度上高于部落，它是权力集中在某个统治者（酋长）手中的等级社会，具有将许多个社区政治单位统一在一起的正式结构。在等级社会中，酋长居于最高层，其他社会成员的地位往往取决于他和酋长的亲密程度。酋邦在劳动分工上已经有了较多的专门化，出现了社会阶级或至少是处于萌芽状态的社会阶级。其经济体系建立在再分配的基础之上。

与部落相似，酋邦也通常存在于农业社会或畜牧业社会，但其发展水平明显超过了部落。由于生产专门化程度较高，各地域群可依其占据的生态环境的不同而从事不同种类的生产，这样一来，技术就会有较大的提高，也出现了相互交换，其结果是进一步促进生产，从而养活更多的人口。

但从政治生活上看，酋邦与游群、部落中的松散程度有了根本的不同。在酋邦中，酋长是个有实权的人物，他手下有一个官僚机构，有若干地位不等的官员。官员们构成一个控制链，把各级管理系统串联起来，各部落或氏族便与酋长这个中心紧密结合在一起了。酋长的权力几乎在一切事务中起作用，如他掌握着土地的分配权、社会产品的再分配权以及从成员中征兵役和劳役的权力等。

我们知道，等级社会是不平等的社会，酋邦社会的不平等性表现在酋长之职一般是永久性的，他的权力、地位、财产是相辅相成的，酋长将土地、牧畜、生产生活用具据为己有，可以把积累的大量财富传给其继承人，而这些财富又成为他权力的基础。例如，在萨林斯研究过的斐济岛（Fijian Island）的酋邦里——

> （酋长）可以为自己、为提出要求的其他人或者为一般的目的而召集社区的劳动力……除了召集劳动力外……最高当权者（酋长）可以汇集社区中大量的剩余产品，并以普遍的福利形式进行再分配。①

酋邦中地位较高的群体（如高等级家族）也可以做类似的事情，并以他们拥有的财产反过来证明他们的身份地位。这些人通常要向酋长奉献贡品，不过，作为弥补，他们又会向地位较他们为低的人索取物品。

宗教信仰的因素也起到了强化酋长权力地位的作用。除世俗权力外，酋邦内的人们还相信酋长具有超自然的力量，因此酋长可能同时是群体中的宗教领袖。这种信仰使得社群成员轻易不敢冒犯酋长，因为酋长的权力和地位似乎是神灵赋予的。

近年来，中国学术界已有学者开始用人类学的理论研究中国早期的社会发展、国家起源等问题。如有的学者认为尧、舜、禹部落联合体乃至炎、黄部落联合体都是酋邦而非部落联盟，因为他们有最高首领、遇事由最高首领决断、只有联合体最高首领一个权力点以及已具备一套初步形式化的官僚体系、拥有不同血缘渊源的成员等。②

四、国家

国家是人类社会目前发展最完备的、正式的政治组织形式，人们通常把它作为衡量文明产生的重要标准。考古学家夏鼐就说过："现今史学界一般把'文明'一词用来指一个社会已由氏族制度解体而进入有了国家组织的阶级社会的阶段。"③ 国家具有统一的政府、明确的疆界及保证政府权威得以执行的一整套强制力量。有人将国家视为一个有主权的地

---

① 恩伯 C，恩伯 M. 文化的变异. 沈阳：辽宁人民出版社，1988：40.

② 谢维扬. 中国早期国家. 杭州：浙江人民出版社，1995：165－175.

③ 夏鼐. 中国文明的起源. 北京：文物出版社，1985：81.

域团体，强调国家的三要素——领土、人民、主权。① 还有人将国家与社会结合起来考察，从而将国家定义为具有实行中央集权的专门化政府的社会。②

国家一般出现于集约农业社会和工业社会，其生产力发达，经济生活中的专门化程度高，人们的居住趋于集中，形成人口密度极高的城市社区。典型的国家是阶级社会，境内有许多性质不同的群体，如社会阶级、社会阶层及社团组织等，社会生活的各个方面都存在着不平等。在我国，传说最早的国家是由大禹之子启建立的，他经过激烈的权位之争，废除了民主式的禅让，确立起最高统治权的世袭制，由此建立起奴隶制国家形式。在世界其他地区，古希腊人、古罗马人、古印加人等也分别建立了各自的国家。国家的领导人，在奴隶社会、封建社会中是世袭的国王，进入资本主义社会后，则大多是非世袭的国家元首。

由于国家幅员辽阔、人民众多，"因此国家要维持法律和秩序就比队群、部落、酋邦困难些。于是国家动用警察和半军队性的武装等国家机构和专门人员处理犯罪案件并施以刑罚"③。但刑罚只是最后的手段，正如福柯等人指出的，在工业化国家中，医院、学校以及传媒等都可以是对民众进行思想和行为控制的工具。

国家是明显集权的，故从游群、部落到酋邦、国家，政治制度是由松散型向集权型过渡的，政治组织则由简单向复杂转化。社会其他方面亦有相应的变化趋势，如人口由少至多，技术由低到高，社会各部门由泛化到专化，劳动分工由粗到细，社会成员间的关系也由平等变为不平等。

国家和文明的观念也经常被联系在一起。斯科特通过对东南亚山地的少数民族的研究指出，他们居于山上，选择与谷地居民不同的生产和生活方式，是为了逃避国家的统治，而且他们也并非野蛮和落后，在国家治理的范围之外，也有着文明。④

第三节 社会控制形态

在实际社会中，个体的行为时时会受到一只"无形的手"的操纵，这就是社会控制。社会控制（social control）是通过社会的力量让人们遵从社会规范、维持社会秩序的过程。"它既指整个社会，或社会中的群体、组织对其成员的指导、约束或制裁，也指社会成员间的相互影响、相互监督、相互批评。"⑤ 社会控制这个概念是由美国社会学家罗斯(E. A. Ross)于 1901 年在《社会控制》（*Social Control*）一书中首先提出来的。⑥

社会控制是随着人类社会的发展而逐步建立起来的。我国的古籍对人类社会的初始阶段做了生动的描述，如《吕氏春秋·恃君览》曰："昔太古尝无君矣，其民聚生群处，知

---

① 龙冠海．社会学．台北：三民书局，1985：295-296.

② 哈斯．史前国家的演进．北京：求实出版社，1988：181.

③ 哈里斯．文化人类学．北京：东方出版社，1988：181.

④ 斯科特．逃避统治的艺术：东南亚高地的无政府主义历史．北京：三联书店，2016.

⑤ 费孝通．社会学概论．天津：天津人民出版社，1984：181.

⑥ 罗斯的学生、我国著名的社会学家和人类学家吴泽霖先生主张将"social control"译为"社会约制"，并曾于1930年在上海世界书局推出《社会约制》一书，作为孙本文主编之"社会学丛书"中的一种。在吴泽霖看来，社会约制是社会统治的手段，它规定了社会生活的方式，并用以维持社会的秩序。

母不知父，无亲戚兄弟夫妻男女之别，无上下长幼之道，无进退揖让之礼……”又如《列子·汤问》也说那时“长幼侪居，不君不臣；男女杂游，不媒不聘”。可见在“创世”阶段，人类尚处于一种少有约束的生活状态。

但是，既然群居，就必然发生群中个体间心理和行为上的互动（interaction），互动而无规则，社会生活就无法维持，尤其是随着人口增长，群的规模越来越大以后。

政治组织的一个重要功能就是进行社会控制，当然，由于政治组织的类型不同，实施社会控制的方式也存在着差异。人类学家所研究的各种政治组织中，酋邦与国家有某种集中的权力来调整社会事务，而在游群和部落中，人们并没有受到任何集中权力的直接干涉，而是按照多数人期望的方式行事。在后一种情况下，社会舆论（如赞许批评、闲言碎语、飞短流长）及超自然信仰往往是制止扰乱社会秩序行为的有效工具。

对于社会控制的实质，人们很容易以为是某种外力施加于个人身上的现象。其实，社会控制的动力在很大程度上来自人的内心，它是一个与文化濡化（enculturation）相配合的心理学过程。譬如，在现代社会，法律是极为有力的社会控制手段，但在法律条文公布实施后，仍会发生令人痛心的有法不依、执法不严的状况，由此人们认识到法律是重要的，但更重要的是人们是否遵守法律。在许多发达国家，作为推行法律的前提条件，从小就要培养人们的法制观念。所以，我们同意，“所谓社会控制，事实上包含着两个含义：一个是将外来的禁忌内化为良心的鞭挞力量；一个是将外来的禁忌以法律条文规定，作为一种心理制约的力量”[①]。社会控制正是通过唤醒人们内心的某种心理机制而发挥其作用的，具体就法律而言，只有当社会中的全体成员对其产生认同后方才有效。

社会控制可以划分为若干类型，与对任何社会现象的分类一样，社会控制的分类也会因人们视角的不同而有多种划分方式。例如，按照社会控制力量的来源进行划分，可将社会控制划分为内在化控制和外在化控制；按照社会控制力量的性质划分，可分为强制性的控制和非强制性的控制；按照社会控制实施的方式划分，则可分为自然的控制和人为的控制；按照发生社会控制关系的双方划分，可分为社会群体之间的控制以及社会成员的自我控制；等等。

在此，我们从上述第一种角度讨论一下内在化控制（internal control）和外在化控制（external control）。所谓内在化控制，指的是社会文化通过各种影响，在其成员内心建立起来的控制机制。在前工业化社会或宗教意识浓厚的社会中，常可见到内在化控制在社会生活里发挥着巨大的功能。例如，若对超自然力量的信仰在社会成员心目中占有牢固的地位，那么，他们的一举一动就均要考虑某种神灵的反应。而实际上，神灵的好恶是从现实社会中来的，是人们依据自己的要求设计出来的，因此，神灵的反应就起到了社会控制的作用。在我国民间，流行着“善有善报、恶有恶报”的因果报应观念，也常有人说起“老天有眼”，当社会上的人们都信奉这种观念时，显然会制约恶者。

内在化控制不仅借助于宗教的力量，通行的社会文化准则同样可以内化到人们的心中，从而起到约束人们行为的作用。在我国，儒家倡导的伦理道德就扮演了社会控制的角色，“慎独”“君子不欺暗室”等都是儒家刻意追求的自我控制的功夫。一般下层民众的行为，则受到儒家伦理通俗化的读本，如《三字经》《增广贤文》及各种俗语谣谚的影响。

① 林秉贤．社会心理学．北京：群众出版社，1985：295.

一直到当代的社会生活中，学先进、比修养、讲文明等依然属于内在化控制，故很多学者认为："最有成效，并持续不断的控制不是强制，而是触发个人内在的自发性的控制。"①

在中国历史上，儒家一直强调"礼"的作用，就是试图经由内在化控制而达到天下大治的效果。《礼记·曲礼》曰："夫礼者，所以定亲疏，决嫌疑，别同异，明是非也。"这样，礼几乎成了协调一切社会生活的准则。被称为"最后一个儒家"的梁漱溟先生，在20世纪70年代写的《人心与人生》一书中，还曾对未来世界大同境界做过如下设想：

> 有礼俗而无法律，因为只有社会而无国家了。这亦就是没有强制性的约束加于人，而人们自有其社会组织秩序。此组织秩序有成文的，有不成文的，一切出于舆情，来自群众。旧日的赏罚于此无所用之，而只有舆论赞许、鼓励或者制裁。②

这依然走的是古代儒家讲求内在化控制的路数，不妨称之为礼治思想的现代版。

不过，仅仅只有内部动力并不足以完全控制社会成员的行为。为此，人们便求助于异己的力量，设立某些机构，引导或强迫人们遵守社会规范。这就是外在化控制，即通过外在的力量控制社会成员的行为。在人类学中，学者们讨论外在化控制时经常使用"裁处"(sanction)一词。按照英国人类学家拉德克利夫-布朗的说法，裁处"乃是一个社会按它的大多数成员对于一种行为方式的反应，以示赞同（正面认同）或不赞同（反面制裁）。裁处可依其散漫性或组织性而做进一步的区分。前者是社会中之成员各个人表现出来的赞同或不赞同，至于后者则是依照某些传统及被承认的程度所履行的社会行为"③。

在各种类型的社会中，我们都可以看到裁处的存在。人类学和社会学的调查表明，社会的裁处在一切群体关系中发挥着作用。这些裁处不仅包括法律这种有组织的裁处，还包括邻里间的闲言碎语或自发产生于工厂工人当中的习惯性生产规范。不同类型的社会中起作用的裁处形式也有不同，如在小规模的社区中，风俗习惯的裁处可能比法律条文规定的惩罚更为严厉。

由此就引出了对裁处的分类，在第一种分类中可将裁处分为正面裁处和反面裁处。前者即赞赏、奖励，如记功、表扬、授称号、发奖品、评先进、提职、舆论的好评等，意在保持和强化被控制者符合社会规范的行为；后者即制裁、处罚，如记过、批评、罚款、降级、舆论的非议乃至被驱逐出社群及监禁等，意在禁止和限制被控制者不符合社会规范的行为。

另一种分类则是将裁处分为正式的与非正式的，其间的转化以是否涉及成文法为界。要不要搬出正式的裁处手段，与被裁处者行为的严重程度有关，如某人于上课时间在校园里大声唱歌，会引起师生的不满，若他拿着扩音器以更大的声音唱歌，有关部门就会出面干涉，甚至会视其危害程度来决定应不应该用治安条例处罚；还与场合有关，如有人深更半夜坐于大道当中，最多会偶尔引起路人的诧异，而他大白天仍然坐在大道当中，交通警察就会将其带走。正式的裁处总是有组织的，是较为准确地调整规范人们行为的努力。非正式的裁处则是松散无组织的，往往是群体成员自发的赞成或反对，与风俗习惯有密切的关系。

---

① 横山宁夫．社会学概论．上海：上海译文出版社，1983：226.

② 梁漱溟．人心与人生．上海：学林出版社，1984：247.

③ 芮逸夫．云五社会科学大辞典·人类学．北京：商务印书馆，1972：239.

上述两种分类可加以综合，如此便可组合成四种裁处方式。正式的正面裁处（如授勋、提职），非正式的正面裁处（如舆论的好评），正式的反面裁处（如判刑、降职），非正式的反面裁处（如舆论的非议）。人们重视何种裁处方式，在不同的社会中有所差异。在复杂社会，尤其是组织严密的群体（如军队）中，正式裁处效用极高；在组织结构比较简单的社会中，人们更看重非正式的裁处，如在我国的一些少数民族地区，社会舆论的影响超过了国家的成文法律。社会的转型及文化的变迁则会带来裁处制度的变化，如在社会的动荡期，社会价值体系动摇，正面裁处和反面裁处可能易位，这时便常会出现“先进不香、后进不臭”之类的社会文化景观。

这里有必要提到超自然力在许多社会中对人们行为的控制。譬如巫术（magic），巫术是一种广泛存在的宗教现象，指的是人们为达到某种目的，幻想借助于超自然的力量对客体施加影响或控制而产生的一系列行为。在一个人人都信巫术的社会中，其控制的功能是有效的。在非洲卡古鲁人（Kaguru）中，巫术就是重要的社会控制力量：

> 坦桑尼亚的卡古鲁人相信他们的许多同胞，不分男女，都有巫术的超自然力量。概念上卡古鲁人的巫术信仰和宗教信仰不同，宗教以告慰祖先为中心。卡古鲁人相信大部分不幸事件，从死亡、疾病到作物歉收、丢失东西、打不到猎物等，都是由巫术造成的。巫师代表了卡古鲁人的道德和象征价值的反面，他们的企图是邪恶的和反社会的，最恐怖的巫术形式是氏族乱伦、吃人肉和赤身裸体。怀疑自己是巫术的牺牲品的卡古鲁人，常常会怀疑谁是巫师……在过去，涉嫌者会受到当地社区的审讯和酷刑……对多数卡古鲁人来说，巫术的指控和威胁使得大家不得不循规蹈矩。这个结果是通过犯禁者怕被指控和怕被其他人的巫术所处罚来实现的。①

在我国先秦时期，巫术对社会生活的影响也相当大。当时，巫、觋、祝、卜等身份的人物活跃于社会生活的各个领域，甚至连各项国家大事的决定都离不开巫术的指引。而在我国一些少数民族地区，巫术的影响一直持续到不久之前，无论是迁徙、战争、渔猎、农事等群体要务，还是衣食住行、婚丧嫁娶等个人琐事，都能看到巫术在其中发挥着作用。

与巫术相联系的还有禁忌（taboo），禁忌是由某种信仰造成的人们行为上的限制或禁止。禁忌的社会控制意味十分明确，它不仅存在于原始宗教中，在以后的系统宗教里又被进一步规范化并形成了戒律。在我国，禁忌作为一种社会控制手段长期存在，如民间流行的历书中，每日之下都标有吉凶，并详细告诉使用者当日的禁忌（如忌出行、忌动土、忌会友等）。即使在今天，人们在进行婚嫁、开张、建房时，依然很关心找个好日子。研究巫术与禁忌在社会中扮演的角色，既可加深我们对人类社会维持自身秩序所做努力的全面认识，又可引发对宗教功能多重性的思考。

人类学的研究表明，乱伦禁忌是人类社会普遍存在的一种社会控制方式。② 它是指母与子、父与女以及同胞兄弟姐妹之间性关系的禁忌。迄今所知，只有秘鲁的印加帝国、古埃及和夏威夷等极少数社会存在父女以及兄弟姐妹之间的通婚，但是这种乱伦行为仅

---

① 基辛．文化·社会·个人．沈阳：辽宁出版社，1988：379－380.

② Haviland W A. Cultural Anthropology. 6th Edition. New York：Holt，Rinehart and Winston，Inc.，1990：222.

仅限于皇族内部。在现代社会，乱伦禁忌不仅是一种伦理道德约束，而且是一种法律规定，具有内在化控制和外在化控制的双重社会控制功能。关于人类社会普遍存在乱伦禁忌的原因，学者们提出了一些解释，主要有：韦斯特马克、胡玻豪斯（Hobhouse）、罗维、武雅士（Arthur Wolf）等人的本能恐惧论（instinctive horror），认为乱伦禁忌普遍存在是因为乱伦恐惧是本能的——智人（homo sapiens）对乱伦有一种与生俱来的反感。由于这种感觉，早期的人类禁止乱伦。托马斯・亨特・摩尔根（Thomas Hunt Morgan）等人的生物退化论（biological degeneration），认为乱伦禁忌的出现是因为智人注意到反常的后代往往出生于乱伦结合的夫妇。为阻止反常后代的出现，我们的祖先禁止乱伦。泰勒、怀特、列维-斯特劳斯等人的合作论，认为乱伦禁忌是为了鼓励族外婚，通过婚姻纽带建立与其他部落的联盟关系。马林诺夫斯基的文化延续和家庭角色论（cultural continuity and family roles），认为乱伦禁忌与濡化和家庭有关，核心家庭是作为文化基础的知识和情感的传递场景，存在乱伦就意味着家庭内的性竞争，而代与代之间的文化延续需要家庭成员间的相互依赖和尊敬，因而禁止乱伦，以避免性竞争，保持家庭的稳定性。[①]

第四节　人类学的比较法律研究

现在，中国老百姓在日常生活中与法官、律师打交道的机会越来越多了，中国人已逐渐远离了“无讼”的传统，中国社会也由“人治”时代向“法治”时代过渡。人们在人身或利益受到侵害时，已能想到使用法律的武器保护自己。我们在电影《秋菊打官司》中看到，连乡村的农妇，也开始知道求助法律讨个“说法”了。

按照辞书的一般解释，所谓法律（law），指的是由国家制定或认可并由法律强制力保证实施的行为规范的总和，它体现的是统治阶级的意志和利益。法律的表现形式，是拥有立法权的国家机关依照立法程序制定和颁布的法律文书。这些文书可按内容分为宪法和普通法，前者是国家的根本大法，后者包括民法、刑法、婚姻法等。法律规定了从群体行为到个体行为各方面的准则，它是社会上层建筑的重要组成部分，也是社会控制的基本手段。这里提到了法律与国家的关系，一些人类学家对此有不同的看法，在后面讨论习惯法时将具体谈到。

法律的社会控制效用是十分明显的，这种效果的保障是法律的强制性。我们都知道，法律的背后是由铁腕在支撑着的，这就是具体而详细的刑罚。刑罚依据触犯法律的轻重而有等级划分，最轻的可能是罚点款，最重的可能会掉脑袋。通过刑罚，法律的惩罚作用和威慑作用显露无遗，社会中的成员会由此了解这套行为规范并逐步树立起法律意识。譬如在我国实行了两千年的保甲制度。保甲制可追溯到商鞅在秦所推行的什伍连坐法。据《史记・商鞅列传》载：此法“令民为什伍，而相牧司连坐，不告奸者腰斩，告奸者与斩敌首同赏，匿奸者与降敌同罚”。此法既有自上而下的垂直控制，又以株连的方式迫使平民百

---

① Kottak C P. Anthropology：The Exploration of Human Diversity. 6th Edition. New York：McGraw-Hill，Inc.，1994：348－350.

姓互相监视，纵横两方面的力量保证了它的顺利实行，而且由于措施严厉，得以迅速普及民间。诚如《战国策·秦策》所言："今秦妇人婴儿，皆言商君之法。"直至20世纪30年代，每十户为一甲、每十甲为一保的保甲制度仍在时断时续地实行，当然因各地聚落形态的差异，"十"这个单位并没有强求一律。下面便是费孝通先生当时在江苏的"江村"看到的情形：

这个村所实施的，并允许进行一些地方性修改的保甲制，并不严格符合法律规定的数字。村中360户按地理位置被分编为四个保……村中的房屋沿小河的两旁建造，并分为四个圩。在同一个圩里的户被合成一个保。按照它们所处的位置，从东往西，或由南往北数，大约每十户构成一个甲。这四个保和邻村的七个保合成一个乡，这个乡按本村名而被称为"开弦弓乡"。保和甲则分别冠以数字。村中的四个保是第八保至第十一保。①

正是因为国家法律在社会中有着重要的作用，所以一提起社会控制，人们首先想到的就是法律。其实，无论从纵向的历史记载看，还是从横向的世界各地的民族志材料看，法律都"并不是效力最高的控制工具。说服性的控制工具，如暗示、模仿、批评、报酬、赞许、反应等，往往比法律有更高的功效"②。这层道理，孔子在两千多年以前就已说出，《论语·为政》曰："道之以政，齐之以刑，民免而无耻；道之以德，齐之以礼，有耻且格。"

说到底，社会控制的诸种手段，其效用都是建立在人类的从众（conformity）心理这一基础之上的。所谓从众，就是在社会或群体的压力下，个人放弃自己的意见而采取与大多数人一致的行为。我们日常所说的"随大流""跟风走"等，便是典型的从众表现。从众的发生，是由于实际存在的或头脑中想象到的社会压力与群体压力，使人们产生了符合社会要求与群体要求的行为和信念。西方心理学界设计过许多实验，证实了从众心理的存在，而包括中国在内的许多非西方国家重复了这些实验，进一步证实了从众的普遍性。

风俗习惯对人们行为的控制从个体角度而言就是一种从众。在我国古代传说中，治水的大禹为教化裸国人民而亲身前往，他自己也不得不脱光衣服进入裸国，这正是风俗习惯导致从众的例子。萨姆纳（W. G. Sumner）曾著有《民风》一书，专注于风俗对人们行为控制的一面。他强调民风是一种基本的社会力量，它在不知不觉中被人接受。风俗习惯的社会控制作用，在越早期的社会中发挥得越好。正如恩格斯在《家庭、私有制和国家的起源》一书中谈到氏族制度时所说："没有士兵、宪兵和警察，没有贵族、国王、总督、地方官和法官，没有监狱，没有诉讼……在大多数情况下，历史的习俗就把一切调整好了。"③

有些风俗习惯可以演化为习惯法（customary law）。依照我国法学界权威性的解释：

习惯法，指国家认可和由国家强制力保证实施的习惯，是法的渊源之一。习惯是

① 费孝通．江村经济．南京：江苏人民出版社，1986：80.

② 芮逸夫．云五社会科学大辞典·人类学．北京：商务印书馆，1972：98.

③ 马克思，恩格斯．马克思恩格斯文集：第4卷．北京：人民出版社，2009：111.

在社会生活中经过长期实践而形成的为人们所共同信守的行为规则。在国家产生以前的原始习惯并不具有法的性质，它是氏族社会全体成员共同意志的体现，如禁止氏族内结婚、氏族成员互相帮助、共同防御一切危险和侵袭以及血族复仇等，都是为了维护其生存而自然形成的共同行为规则。它是依靠传统的力量、人们内心的信念和氏族长的威信来维持的。阶级社会中存在的习惯也不都具有法的意义，很多属于道德范畴。①

这已经将习惯法说得相当详细了，但有一点要指出的是，这个定义将习惯法的出现放在国家产生之后（前已提及，成文法更是如此），而人类学界对法律的认识却不一定与此相同。著名的法人类学家霍贝尔（E. A. Hoebel）在《原始人的法》一书中便给出了法律定义的非国家说："法律可以定义如下：这样的社会规范就是法律规范，即如果对它置之不理或违反的话，照例就会受到拥有社会承认的、可以这样行为的特权人物或集团，以运用物质力量相威胁或事实上加以运用。"②

我国传统的宗法制就是一种习惯法形式。众所周知，人类社会组织的构成，随着历史的发展，依次由血缘而地缘而业缘发生着变动。但是"汉文化独特的格局和传统，自有复杂的生成机制，而其中关键之一，是氏族制解体不充分，血缘纽带在几千年的古史（乃至于近代史）中纠缠不休。社会制度和组织发生过种种变迁，但由氏族社会遗留下来的，以父家长为中心，以嫡长子继承制为基本原则的宗法制的家庭、家族却延续数千年之久，构成社会的基础单位"③。在宗法制中，作为社会组织实体的宗族，就行使着社会控制的职能，这可以从形成文字的宗规、族约中反映出来。宗法之制源于礼，但其实际实行却以强制力为后盾。历史上，宗族对违反规约者，轻则罚谷罚款，重则责打、逐黜族籍。从毛泽东的《湖南农民运动考察报告》中可知，直至20世纪20年代的湖南乡间，还可以看到"祠堂里'打屁股'、'沉潭'、'活埋'等残酷的肉刑和死刑"④。宗规族约得到了国家最高统治者的认可与鼓励，自宋初宗法勃兴以后，历代政府均承认宗族对族人的裁处之权，甚至族中尊长动用家法训诫子弟导致死亡的，国家法律也可以网开一面，不予追究。⑤

在历史上，中国的宗法制度以及相配合的保甲制度，共同编织了社会控制的天罗地网。以近代武昌东乡为例，"东乡分二里，里以下有村正、族正，族支出为房长。族正、房长，协助村正者也。同宗者虽远家千里，族正皆有管理之责。民有争执之事，先经本系族正、房长暨村正与村之贤德者平之；不果，巨绅里保再平之，而后上达"⑥。宗法制度源于礼，重血缘，适合中国的国情，因此其社会控制的功能亦显著。据《清朝经世文编》卷八十五载，乾隆时江西巡抚陈宏谋即称："族房之长，奉有官法，以纠察族内弟子。名分既有一定，休戚原自相关。比之异姓之乡约保甲自然便于觉察，易于约束。"杜赞奇在研究20世纪上半叶华北农村时也注意到了宗族与保甲及里甲组织之间难解难分的关系，并

① 中国大百科全书·法学．北京：中国大百科全书出版社，1984：87.

② 霍贝尔．原始人的法．贵阳：贵州人民出版社，1992：25.

③ 冯天瑜．中国文化史断想．武汉：华中理工大学出版社，1989：34.

④ 毛泽东．湖南农民运动考察报告//毛泽东．毛泽东选集：第1卷．2版．北京：人民出版社，1991：31.

⑤ 有关中国传统社会中社会控制的讨论，可参见：钟年．中国乡村社会控制的变迁．社会学研究，1994（3）.

⑥ 胡朴安．中华全国风俗志：下编．石家庄：河北人民出版社，1986：314.

且发现清末以来，前者渐渐成了后者的基础：

> 地缘组织与血缘组织的重合，在河北省邢台县小吕村表现得最为明显。该村有四大族，基本是聚族而居，以族为基础分为四牌。“牌”无固定的牌头，而由族长代行牌头职权，族长之下有小头儿、管账、管钱等人员，他们不仅管理族中事务，而且处理与行政有关的牌务。
>
> 此外，各族有各自的宗祠，这不仅是宗族的象征，而且是全牌的标志。造成这种重合有两种过程：其一，从一开始，地域组织（保甲和里甲）的划分便以早已存在的血缘组织为基础，这在南方大约最为普遍。因为众所周知，南方的宗族势力较强……其二，在19世纪，国家控制乡村的组织（保甲和里甲制）日益涣散，宗族组织便起而代之……如此，保甲失去其“相邻连坐、互相监督之实”，而渐渐由宗族组织所代替。①

村规民约也是一种习惯法。“习惯法同乡规民约的目的与内容、实施与效果是相同的。”② 村规民约可追溯到宋神宗时关中的《吕氏乡约》，据《宋史·吕大防传》载：“凡同约者，德业相劝，过失相规，礼俗相交，患难相恤，有善则书于籍，有过若违约者亦书之，三犯而行罚，不悛者绝之。”类似的制度在我国少数民族地区常可见到，较著名的如瑶族的石牌制。瑶族乡民为解决纠纷，平息争端，推举出有威信的头人，制定公认的行为准则，勒之木石，即为石牌律。各个石牌的具体条文并不完全相同，但概括起来无非包括以下几个方面：（1）阐明订立石牌的目的是维护社会秩序；（2）保护私人财产；（3）保护生产；（4）保障人身安全；（5）保护入山公平买卖的行商小贩；（6）防匪盗；（7）维护山主的权力。③ 当然，石牌的控制力在不同的范围有所差异：

> 石牌对村与村集团之间的纠纷、争端制约力小，双方不听判决就自行械斗，石牌对个人却有严密的控制力。石牌就像一张网那样，把大瑶山境内的不同民族、不同族系的瑶族居民，分别套在不同的网络里，受到它的约束。盘瑶的居民，不论如何迁徙不定，只要在大瑶山境内游转，进入某个石牌管辖的范围，就得听命于它，都不可能脱离这张网。④

其他如苗族的“议榔”，布依、侗、水等族的“合款”，海南岛黎族的“峒”，台湾高山族群的“社”，均是与石牌类似的习惯法制度。在20世纪的中国，村规民约仍然发挥着作用，例如，民国初年倡导村治，20世纪80年代各地农村在政府指导下共定规约等。村规民约受到一定空间范围的限制，有着地域的变异，一旦越出订立规约的地区，便不再发生约制力。

当代社会已步入成文法的时代，但习惯法与风俗习惯的社会控制作用依然存在于人们的社会生活中。以我国为例，《宪法》规定各少数民族地区可依其传统习俗对法律的有关条文作适应本民族特点的调整。我国民间至今仍存留着大量礼俗，这在广大农村地区表现

---

① 杜赞奇．文化、权力与国家．南京：江苏人民出版社，1995：119.

② 范宏贵．少数民族习惯法．长春：吉林教育出版社，1990：19.

③ 胡起望，范宏贵．盘村瑶族．北京：民族出版社，1983：116.

④ 同①.

得更为明显，礼与法在实践中的纠葛本身就是一个值得深入研究的课题。社会控制制度的改革，必须考虑到中国的国情。费孝通先生在半个世纪以前宣讲农村社会学时就提醒人们，如果不研究这种国情，“单把法律和法庭推行下乡，结果法制秩序的好处未得，而破坏礼治秩序的弊病却已先发生了”①。又如“在日本一般认为，商业习惯法、共同使用权等具有优先于民法的效力”②。甚至国际法也被认为是习惯法，因为它不单单以超于国家与民族之上的强制力为后盾。所以在人类学家眼中，风俗习惯与习惯法在社会控制方面的重要性，至少不低于成文的法律。

参考书目

阿伯勒．政治人类学：新的挑战、新的目标．国际社会科学杂志，1998（3）．

埃文思-普里查德．努尔人：对一个尼罗特人群生活方式和政治制度的描述．修订本．北京：商务印书馆，2014.

董建辉．政治人类学．厦门：厦门大学出版社，1999.

格莱德希尔．权力及其伪装：关于政治的人类学视角．北京：商务印书馆，2011.

卢埃林．政治人类学导论．北京：中央民族大学出版社，2009.

吕思勉．中国制度史．上海：上海教育出版社，1985.

阮云星，韩敏．政治人类学：亚洲田野与书写．杭州：浙江大学出版社，2011.

斯科特．逃避统治的艺术：东南亚高地的无政府主义历史．北京：三联书店，2016.

吴晗，费孝通．皇权与绅权．上海：观察社，1948.

朱晓阳．小村故事：地志与家园．北京：北京大学出版社，2011.

庄孔韶．银翅．北京：三联书店，2000.

Anderson B. Imagined Communities：Reflections on the Origin and Spread of Nationalism. London：New Left Book，1983.

Balandier G. Political Anthropology. New York：Random House，1970.

Cohen R. Political Anthropology//Honigmann J A. Handbook of Social and Cultural Anthropology. Chicago：Rand McNally，1973.

Fortes M，Evans E E. Prichard：African Political Systems. London：Oxford University Press，1940.

Jun J. The Temple of Memories：History，Power，and Morality in a Chinese Village. Palo Alto：Stanford University Press，1996.

Kertzer D I. Ritual，Politics and Power. New Haven：Yale University Press，1988.

Lewellen T C. Political Anthropology：An Introduction. 2nd Edition. Westport：Bergin & Garvey，1992.

Schneider J，Schneider P. Cultural and Political Economy in Western Sicily. New York：Academic Press，1976.

Seaton S L，Claessen H J M. Political Anthropology：The State of the Art. The

① 费孝通．乡土中国．北京：三联书店，1985：7.

② 祖父江孝男，等．文化人类学百科辞典．青岛：青岛出版社，1989：85.

Hague，Netherlands：Mouton，1979.
Swartz M，Turner V，Tuden A. Political Anthropology. Chicago：Aldline，1966.
Vincent J. Anthropology and Politics. Tucson：University of Arizona Press，1990.
Vincent J. Political Anthropology：Manipulative Strategies. Annual Review of Anthropology，1978.

第十四章
宗教人类学

尽管有神论和无神论历经数百年依然争论激烈、高下难分，但是无可否认，宗教信仰至今依然主宰着人类绝大多数成员的精神世界。那么，宗教信仰到底是什么呢？神真的存在吗？宗教人类学与传统的宗教学研究有何不同之处？人类学者研究宗教信仰，有独特的研究方法，特点主要有：（1）关注的对象不仅是各种形式的宗教信仰，而且包括宗教的实践过程和参与这些实践活动的人群；（2）对宗教进行多学科的整合研究，而不是由宗教学家或神学家从某一侧面进行论述；（3）宗教人类学更多地强调“参与观察”和比较的研究方法，这就同其他学科对宗教的研究在方法论上存在着基本的区别。它对宗教的研究并没有“就宗教论宗教”，而是通过考察宗教本身及其作为信仰主体的“人”，将宗教同“人”与社会相联系，从人的生物性、社会性出发，结合社会科学和自然科学的最新研究成果，对宗教信仰发生的场景、过程和意义进行综合研究和阐释，从而加深对人的理解。

克莱德·克拉克洪认为有三种东西将人与其他生物区别开来：系统地制造工具、运用抽象的语言以及宗教信仰。[①] 这个观点是否偏颇，姑且不论，但现有的民族志材料表明，宗教信仰是人类社会所独有的现象。尽管世界各地的人群对什么是宗教尚存歧见，但宗教是与超自然力量有关的信仰、态度和行为的观点已得到大多数人的认可。对于这一人类所独有的、与系统制造工具和熟练运用语言并驾齐驱的人类行为的透视、了解和研究是必要的和必需的，因为它同后两个特征一道构筑了人与其他生物区别的基础。本章将从不同角度对宗教进行观察，了解宗教人类学的研究现状及其成果，进而加深对人类宗教信仰的理解，学会在当今多元文化社会中同信仰各种宗教的人群相处，促进人类社会的和谐与理解。

第一节　宗教的类别

尽管人类社会的宗教五花八门，但它们通过各种方式所提出的那些有关我们存在的终极问题却大同小异：我们来自何处？我们何以像现在这样？死亡为何不可避免？在回答和解决这些问题时，不同族群采取了各种不同的仪式以便支持和实现他们的信仰。按照人类对超自然力量的不同理解，我们试将人类社会的宗教信仰划分为以下几种类型，但本章提供的划分法不是唯一的，只是为了指明宗教信仰的特征差异。

---

① 史宗主．20世纪西方宗教人类学文选．上海：上海三联书店，1995：序言．

一、泛灵信仰

泛灵信仰（animism）是人类社会早期就发生的一种信仰形式。很多社会的人们都相信世界上存在灵魂（soul/spirit），它附在身上或游走。这种对灵魂存在的信仰，称为泛灵信仰。不同社会所认定的灵魂，在数量及种类上可以有很大的不同。依据其来源、性质或功能可以有各种分类，如活人体内的灵魂、死后出窍的鬼魂、人体之外的精灵，也有日月山川、花鸟鱼虫等自然之灵。如《史记·封禅书》所记天子、诸侯每年对五岳（泰山、衡山、华山、恒山和嵩山）和四水（长江、黄河、淮河和济水）的祭祀便是一例。泰勒尤其强调生活中存在的人格化和拟人化的泛灵信仰①，如魔鬼、妖精也可以是一种不可见的驾驭力量。汉人社会的祖先崇拜、畲族的盘瓠祭均与灵魂信仰有关。当灵魂不死的观念形成之后，就为人类解释许多不可思议的现象提供了根据。

二、泛生信仰

同泛灵信仰紧密相连的是泛生信仰（animatism）——信仰非人的自然力量。英国人类学家马雷特（R. R. Marett）在其《宗教的起源》一书中认为，早期人类的逻辑推理能力很强，他们本能地觉得周围许多事物都同自己一样是活的。活动量越大的对象，物活感也越强。他认为泛生信仰最典型的例子就是太平洋诸岛土著所信仰的“马纳”（Mana）。马纳是一种非人格化的神秘力量，它不具形状，不可见，不可捉摸，但随时随地都可借人或物显示其存在。这种力量被想象成一个大的储能池，可以被个人、神、自然的力量，甚至自然物体所倾注、拥有或使用。马纳本身不是崇拜的对象，但被认为获得它的人能使别人得福或致祸。类似马纳的这种灵力信仰，在世界许多部落中存在。

可以说，泛生信仰与泛灵信仰是一对孪生姐妹。泰勒将泛灵信仰当作人类社会“最早”的宗教信仰，而马雷特则认为泛生信仰在泛灵信仰之前存在。其实，泛灵信仰和泛生信仰之间并无截然分明的界限，两者常常相互联系、相互包容和共存。

三、巫术

巫术指的是人们企图借助某种神秘的超自然力量，通过一定的仪式对客体实施影响与作用的活动。巫术是非人格化的、自主的，必须遵循某种严格的规则。人类学家一般将巫术划分为两类：模仿性巫术和感染性巫术。前者按与结果相似的原则操作，如求雨者向空中抛洒水珠而且相信老天爷随之也会这样做。后者是在这样的前提下断定的：属于某人、某种动物或某种对象的东西可能保持着某种原本的性质，能够对前者施加力量。例如，许多文化中都有这样的信念：人们通过对敌人身体的产物施加作用便可以伤害敌人。这些文化中的民族必须小心翼翼地掩埋排泄物，仔细地搜寻和处置指甲和头发碎屑。② 人类学家把建立在相似规律基础上的巫术称为模拟巫术或顺势巫术（imitative），把建立在传播规律基础上的巫术称为接触巫术或感应巫术（contagious magic）。这两种巫术并不相互排

---

① Tylor E B. Religion in Primitive Culture. New York：Harper Row，1958（1871）.

② 墨菲．文化与社会人类学引论．北京：商务印书馆，1991：219－221.

斥，一类巫术行动可以使用两种原理。

巫术对付自然或超自然的力量，因其自动起作用、并无专门的力量源泉或精灵或其他间接的动因而具有奇特的性质。巫术造成了人是自身命运的主人、周围环境的主人而不是其仆从的幻觉。它通常能使人增强自信心，具有更加乐观的倾向，正因为如此，它才经常被实行。人类巫术实践的历史悠久、地域广阔。巫术也广泛地流传于我国民间。《红楼梦》第 25 回“魇魔法姐弟逢五鬼”描写马道婆从裤腰里掏出两个纸人递给赵姨娘，让赵姨娘把贾宝玉、王熙凤两人的年庚八字书写在纸人上，自己回家作法，让宝玉、凤姐发疯生病，即是典型的“模拟巫术”。

作为一种宗教文化现象，巫术之所以产生、发展和传播，并不是偶然的。大多数人类学家都认为，在人类社会早期，如果没有巫师和巫术存在，便不可能获得发展。重大的民族祭祀，村社事务的裁决，消除疾病祈望康宁以及对自然、外界的抗争，对集体和个人行动的确定等，如果没有巫师的参与和提供决策，都不可能有秩序、有组织、有意识地进行，也不可能求得有效的解决。巫术对媒介并无特殊要求，它只简单地说，要做 X 就要遵循 Y，其原因和结果的直接性使马林诺夫斯基把巫术称为初民的科学。[①]

四、萨满教

萨满教是一个广泛存在于小规模、采集食物社会和均等社会中的宗教和医疗信仰体系，是一种通过巫术控制超自然力量或通过与精灵世界的直接接触、对它加以控制来达到目的的宗教实践。从事这种仪式的人被称为“萨满”（Shaman），他们被认为是有魔力之人。萨满的魔力来自他与精灵世界的接触、来自他诱使或强迫精灵与人合作的能力。萨满通常被认为是基于特定目的的神灵世界和人类世界之间的斡旋人。他有一些诸如鹰、熊、狼、鹿之类的精神帮手。萨满的斡旋活动需要通过一种痛苦的仪式行为才能达到。在这种仪式中，萨满运用特定的咒符，借助其他药剂或刺激物（如鼓声）进入昏迷的状态，并在仪式高潮出现“奇迹”，产生令参与者和观察者难以置信的“魔力”。整个过程需要一定的心理的、体能的力量以及对族群各种文化符号、历史的准确知识和戏剧性的处理能力。据说，萨满借助这种“魔力”能够在火炭或水面上行走而安然无恙，或利用它进行治病、找寻遗失物品等活动。

有关萨满教的起源是一个有争议的问题，甚至“萨满”一词的起源也有各种不同的假说。有的学者认为萨满教的根源存在于狩猎的传统和制度中。一些语言学家认为，“萨满”语出于通古斯并传向俄罗斯。萨满教和萨满现象存在于欧亚两大洲，尤其是亚洲的西伯利亚。

五、图腾信仰

“图腾”是北美印第安人奥季布瓦族（Ojibwa）“Totem”一词的音译，有“亲属”和“标记”的含义。很多氏族部落相信他们分别源于各种特定的物类。这些物类多为动植物或其他非生物。人类学家认为图腾制包括概念图腾制（conception totemism）和祖先图腾

① 墨菲．文化与社会人类学引论．北京：商务印书馆，1991：219－221.

制（ancestral totemism）。概念图腾制与人的生命发生有关，如相信某个地点的动物、植物、昆虫、生理分泌或矿物会使一个人怀孕。由于这种图腾被认为同样具有血肉而且同个人具有深厚感情，所以个人采取不同的态度对待它们，如禁食之或以特殊的方式食用之。祖先图腾制将个体的与历史的或神话的过去连接在一起。对某些土著来说。祖先的图腾和宇宙初创时期的存在者之活动有关。对待祖先图腾的态度与对待概念图腾的态度类似。图腾崇拜表明土地、动植物、生殖等事项在那些实行图腾崇拜的氏族社会中的重要性。但并非所有对氏族或部落具有重要意义的器皿、动植物都是图腾，也不能将考古发掘器物上的各种图案统统当作图腾对待。否则，就犯了“泛图腾”的错误。图腾崇拜因各地的自然环境、社会发展阶段的不同而不同，其图腾崇拜的形式也不完全一致。我国古代曾存在图腾崇拜的现象，如春秋战国时期楚族的凤鸟崇拜、越族的龙蛇崇拜，南方诸地方族群的盘瓠崇拜也有古老的记录。

图腾信仰是人类学知识积累中的一个重要收获。列维-斯特劳斯认为，图腾制度代表着自然与社会两组现象之间任意的观念的配合关系。[①] 这一解说提供了一些民族社会以其对自然的分类观念，应用象征符号使社会与自然相合的信仰与仪礼法式。

六、民间信仰

民间信仰（folk belief）是一个笼统的概念。尽管民间信仰缺乏系统的宗教教义和完善的宗教典籍，并且信仰的内容与日常生活混合，但它确实具有宗教的某些特征，如进行祖先崇拜、神明崇拜、岁时祭祀、生命礼仪、咒符法术等，因此它也成为人类学意义上的宗教。中国传统的民间信仰与其说反映了人与自然/超自然的关系，还不如说反映了人与人的社会关系。在这种宗教体系中，人们更关注的是它在现实社会中的运作，而不是宗教本身的教义、教规。所以，尽管中国传统民间信仰的派别和类型不同，但在服务于现实的仪式实践方面并无太大区别。

现实社会关系的渐次重要性使得中国民间信仰的基础是祖先崇拜，涉及全面性的人与自然、人与社会以及人与自我的相互关系，呈现出一种李亦园所称的致中和的三层次均衡和谐模式。李亦园对文化的解释引申自英国哲学家罗素的名言：“人类自古以来，有三个敌人：自然，他人跟自我。”他提出文化包括两大部分：可观察的文化与不可观察的文化。其中，可观察的文化包含三类：物质文化或技术文化、社群文化或伦理文化、精神文化或表达文化。不可观察的文化类似列维-斯特劳斯的文化语法。通过研究民间信仰文化，他得出中国文化的语法为致中和的均衡和谐的基本原则。这一基本原理又可分为三个次系统：自然系统（天）的和谐（时间和空间的和谐）；有机体系统（人）的和谐（内在和外在的和谐）；人际关系（社会）的和谐（人间的和谐与超自然界的和谐）。[②] 它综合民俗医疗及儒家思想为一体。其中，宗教的内容主要同人与自然（而不是超自然）的和谐有关。它同占卜命相、风水堪舆、神鬼崇拜等习俗紧密相连，以便同超自然保持一种和谐的关系。换句话说，中国汉人传统的民间信仰在对待自然和超自然方面只有度的差别，而无质的相异，自然与超自然的界限模糊不清。其在民间信仰中的重要性可以从人们的祭品和冥

① Levi-Strauss C. Totemism. Boston: Beacon Press, 1971.

② 李亦园．田野图像：我的人类学研究生涯．济南：山东画报出版社，1999：70-89.

纸上看出来。[①] 武雅士认为中国民间信仰存在一个共同的象征体系：神、祖先、鬼。[②] 他认为这种崇拜的根源在于中国农民的社会经历。在农民的生活世界中，存在三种人：一种是常来向他们收税、规范他们行为的官员；另一种是他们自己的家庭或宗族成员；还有一种是村落外部的“外人”和危险的陌生人。神、祖先、鬼表达的是农民对他们社会世界的阶级划分。魏勒（Robert Weller）则主张研究中国民间信仰，必须探讨民间信仰作为社会解释的现象。他认为中国民间信仰的基本结构和程式是一致的。[③] 例如，在一个广大的区域中（如台湾和福建），民间信仰和祭祀仪式有共同的特征和源流。由于社会分层的存在，人们对同一种文化体系有不同的解释。一方面，社区祭祀是地方政治的一种操演，祭祖是宗族伦理的再现，“普度”（鬼的祭祀）是对社区外人的界定。另一方面，一般民众采取的态度与士绅不同，民众的解释偏向实用主义，道士偏向意识形态和宇宙观，士绅多持复杂的理性原则。桑高仁（P. Steven Sangren）认为中国民间信仰包含一种认知结构，即阴阳说，它是历史积淀的产物。但是，在仪式实践中，这一认知结构与社会生活糅合在一起，成为一种有社会-文化意义的实践活动。宗教仪式是社会和个人辩证统一的逻辑，同时反映了人们活动空间的地理分布和宇宙观。

此外，施坚雅有关仪式与区域体系的考察，对桑高仁颇有启发，他开始尝试运用结构主义和实践理论对中国民间宗教和仪式加以探讨。在他看来，民间宗教的基本地域单元是区庙，其中心单元则为根庙，即不同区庙借以分灵的大庙。区庙与根庙之间的关系，呈现为地域性社区与区域中心的关系，并以周期性的区庙向根庙的进香作为联结的纽带。这就表明，民间宗教与区域体系的关系主要体现为：民间的小庙是大区域的根庙的分化，民间小庙到大的根庙的朝圣行为是把地方庙宇与中心庙宇联结在一起的媒介。[④]

七、偶像崇拜

偶像崇拜是指宗教的信奉对象有外在形设。人们按照自己对信奉对象的理解和设计，将超自然崇拜描绘成一种更能接近人类本身的形象，便于人们形象地把握和轻易地接近神灵世界。广义的偶像崇拜可以包括图腾崇拜（生物或非生物）、祖先崇拜、名人崇拜（此世的和彼世的）。一般而言，偶像崇拜多为多神崇拜，神界的秩序与俗界的秩序存在某种对应。如佛教和古希腊宗教里的每一个神灵都有自己的姓名和形态，各有专长和职能，其姓名、形态和职能的特殊性使他们不能相互替代。甚至有些神灵就是人间帝王或英雄的替身，整个神灵世界简直就是“天上人间”。偶像崇拜由于崇拜对象的不同而发展出不同程度的宗教教义。有些偶像崇拜如祖先崇拜没有明确的宗教学说，它只是出于敬老的伦理目的和惠我的实用目的；而有些偶像崇拜却缘于崇拜对象本身并发展出深奥的义理，如佛教

---

① 李亦园．文化的图像：下册．台北：允晨文化实业公司，1982：68.

② Wolf A. Gods，Ghosts Ancestors//Wolf A. Religion and Ritual in Chinese Society. Palo Alto：Stanford University Press，1974. Chang H J，Chang C Y. The Chinese Family and its Ritual Behavior. Taipei：Institute of Ethnology，Academic Sinica，1985.

③ Weller R. Unities and Diversities in Chinese Religion//Wolf A. Religion and Ritual in Chinese Society. Palo Alto：Stanford University Press，1974.

④ Sangren P S. History and The Rhetoric of Legitimacy//Wolf A. Religion and Ritual in Chinese Society. Palo Alto：Stanford University Press，1974.

以释迦牟尼为中心发展出明确的宗教学说和神灵体系，不仅以偶像化的神灵绘制了彼世的“现世图”，而且以此岸的“现世图”罗列出彼世的幽灵世界。

八、一神教

一神教之所以被单独划为一类，是因为它的信仰起源有所不同。无论人们崇拜图腾，还是崇拜偶像或是信仰其他诸神，一个不争的事实就是这些神灵与不同人群的生计密切相关，或是这些神灵本身就同人类有血缘关系，无论是真实的，如祖先崇拜，还是虚构的，如图腾崇拜。如果说其他宗教的信仰者和崇拜对象之间关系的建立有赖于人们的生活经历和认识水准的积累，人和超自然的关系的建立是一种循序渐进的曲线认识的结果，那么一神教则是人类宗教认知方式的一种重大改变。以往的宗教信仰表明，人类借助自身就可以获得有关另一个世界的知识，而一神教信仰却将人类获得宗教的途径归结为超自然本身对人类的启迪，否定了人类对超自然因生活关系紧密程度不同而随意指定不同超自然物的做法。无论是犹太教徒，还是穆斯林都认为是耶和华、真主给他们派遣了使者，降下了“天经”。即使是将“人子”（“son of man”）耶稣视为“上帝”的基督教徒，也宣称他是“上帝”派遣传播福音、拯救人类的。也就是说，他们的宗教是“神启”的，而不是“人知”的。对超自然来说，人类社会的杰出领袖，无论是摩西、易卜拉欣，还是穆罕默德，都是超自然力量的化身，负责传达超自然力的信息；对于人类来说，他们也只不过是“先知”而已，他们的品位不能同超自然相提并论。他们本身没有神性，即使他们能够显示奇迹，也只是为了证明主宰的伟大。当然，就超自然力的唯一性而言，现存的一神教之间也有不同程度的区别。如伊斯兰教坚持严格的一神信念，认为“万物非主，唯有真主”；而基督教所信奉的上帝却集“圣父”“圣子”“圣灵”为“一体”。

第二节　宗教的特征

宗教师、信仰者、超自然神灵、信仰、仪式、象征的表述形式等事项构成了宗教的主要内容，本节将从这几个方面对宗教信仰之内涵及特征做一简介。

一、宗教师

在相对简单的社会里，宗教活动是全民的事务。每个社会成员都有权利和能力参与宗教活动，以极其简单的方式与超自然力量进行直接沟通，而超自然力量对待每个个体也都一视同仁，没有亲疏远近之分。这是因为在小规模的社会里，劳动分工并不很细，很少有人专门从事宗教事务。随着社会规模的扩大，分工越趋复杂，全职的宗教专家便产生了。他们要么受过特殊训练，要么本身具有特殊的禀赋，或者拥有比别人更多的宗教知识，在宗教活动中他们比一般人更能感受超自然力量的影响。当群体或个体陷入困境和无助之时，只有通过他们的中介或由他们导演一定的宗教仪式才能达到神佑的目的。于是出现了这样一类专事宗教的人，即宗教师。世界上多数宗教都设有宗教师。人类学家倾向于将其划分为两类：一类是“萨满”，另一类是“祭司”（priest）。

（一）萨满

根据大多数人类学家的看法，萨满是这样一些人：他们借助巫术的力量，可以在精神恍惚状态中与精灵世界直接接触，从而对超自然力量加以控制。萨满经常还有治病和占卜的能力。和大多数领袖一样，萨满要得到社会的认可。尽管一些学者将萨满看作神经衰弱者或癫疯病患者，但事实上，萨满只有在进入仪式状态时才显示其与众不同。萨满认为他们的特异能力得自一位或多位神灵的帮助。依萨满教的解释，神灵从青少年中选拔萨满，当选者在数年内因违抗神命而遭受病痛折磨，神灵以此强迫他接受使命而获得神力。被神灵选中的人僵卧如死，据说此时上界神灵将他的身体切成碎片或以类似方法折磨他。萨满能按照自己的意愿进入恍惚状态，有鼓、帽子、长袍、金属响器、杖等法器，并按照传统形式即席咏唱民间歌词和萨满歌词。萨满一般只花部分时间来主持宗教仪式，而且往往只做神灵和个人之间的中介。他们没有固定的组织，常常独自作法，其影响力大小由其法力来决定。他们可以是师承的，但更多的被认为是神授的。

萨满的地位决定于其接触及影响精灵世界的感应能力，而不在于对神灵的传说或仪式所拥有的知识。萨满主要是为一些社会目的而运用他的力量，如寻找失踪的人和物乃至预见将来；他们还可以用符咒镇住一些人，或用相反的符咒镇住另一些人。他们是社会不可见的善恶力量的总管。治病是萨满的主要职责之一。他们使用药物、酒类、致幻剂，在表演中进入着魔状态，以此驱除附身的妖魔或其他症状。

（二）祭司

祭司主要存在于规模较大的社会或相对复杂的社会里，这样的社会有较细的劳动分工，分化出了可以脱离生产的阶级。祭司的主要角色是执行仪式、解释宗教经典和维持宗教传统。同时为神像着装、奉献食物，为信众布道和主持各种宗教活动。许多祭司关注维护社会和宗教秩序，他们被视为法律的维护者。他们在布道和提供忏悔的同时，常常把社会秩序的理念同宗教信条一道灌输给民众。

祭司受过专门的训练，所以他们拥有更多的宗教知识并且独揽对宗教的解释权。他们是宗教组织的主要成员，其生活资源主要不是靠自己生产，而是由社会提供、资助或捐献。作为神/人之间的中介，由于其担负的职责各不相同，祭司内部也有等级之分，如教皇、主教、大祭司、祭司等。他们不仅是精神世界的权威，而且在俗世握有很大的政治权力和拥有大量的物质财富。制度化的宗教一般都有祭司的存在，如佛教的住持、道教的道长。通过领导仪式或解说宗教，祭司以自己的才华和魅力将信仰者与信奉对象联系在一起，构筑了神-宗教师-信众这样的立体信仰体系。

宗教师是宗教信徒中特殊的人物。他们的普通性在于他们仍然是凡夫俗子，他们的特殊性在于他们是神的“代言人”，是圣、俗两界的“跨界人”，由他们沟通了人与神、俗界与圣界。宗教师并非仅为自己提供宗教服务，而主要是为众多的普通信仰者提供有关仪式与教义的指导和服务。

二、宗教神灵

宗教神灵和信仰者是构成宗教的另外两个重要因素。民族志材料表明，世界各个族群都曾实践过或仍在实践某种宗教信仰。从这个意义上来说，宗教的信仰者单位是人类，而不是物类。但作为统一宗教信徒的人类各个族群崇拜的神灵不一。人类的信奉对象既有早期的自然物如动植物，也有非自然物“灵魂”；既有“人气”十足的古希腊式神灵，也有“饮食”人间香火的“偶像”神灵，另外还有充满“神气”的抽象神灵。总之，随着人类智力的渐次开发，人类的信奉对象从自然界转为抽象的神灵。这些抽象神灵的属性日益增强。尤其是对人类社会产生较大影响的世界性一神教的神灵。它们的属性描述基本上是相通的，如“至仁至智、全知全能”，但在具体的细节方面也存在一些区别，如犹太教徒强调“特选子民”的观念，而基督徒强调上帝的“圣父、圣子、圣灵”“三位一体”观念，穆斯林则强调真主的独一性——“万物非主，唯有真主”。这些差异性属性与其说是这些神灵与生俱来的，不如说是人们对信仰对象的不同理解所致。但无论怎样，宗教神灵仍然主宰着另一个神圣的世界，它常常通过先知或祭司，不时地向信徒传达有关超自然的信息。

三、宗教仪式

宗教活动的另一个共同特征是它的例行性及重复性。宗教活动在很多传统中倾向于高度例行化。简单地说，仪式就是例行化的宗教程序和过程。仪式创造了一种安全感及稳定感，让参加者知道发生了什么，且知道他们该期待什么。保持这种例行性则要不间断地进行宗教活动，而绝大多数宗教活动都是以仪式的形式进行的。仪式无疑是所有宗教实践的必经程序。这样，我们对宗教的关注很大程度上便集中到对仪式的分析上。仪式支持着宗教传统中有关宇宙秩序的基本教义。反复的吟唱和音乐上重复的曲调也在强化一个宗教所欲传达的主要信息。仪式是每次都要按标准礼节举行的阶段性事件，因为参与者要从事接近神圣之物的危险行动，为此，他们自己必须处在转化和神圣的状态。进入仪式状态的过程是一种“神圣化”的过程。转入纯粹仪式是很多宗教实践（不管是萨满的着迷，还是僧侣的涂油）的常见状态，即身份变换的一个方面。它可以通过禁食（如基督教和犹太教赎罪日奉行的禁食）、沐浴洗涤（如穆斯林尊奉的祈祷前必须沐浴的习俗）、戒弃房事（如某些僧侣贞洁誓愿的基础），或利用身份转换物来达到。所有这些都包括或是谦卑或是蔑视自身，遂转入一种改变了的、神圣的状态中。

仪式主要分为两类，有些仪式称为时节礼仪，另一些称为通过礼仪（rite of passage），如婚礼、坚信礼（confirmation）等。

（一）时节礼仪

时节性宗教礼仪是季节周而复始、无限循环的稳定标志。例如，人们重视圣诞节或端午节，以呼唤春天大地复苏或夏日光临。神圣性的制度为世间的季节循环引入了神圣性的周期，人们通过聚会增强了团结，欢庆社会、经济和政治方面的大事。而年度性的宇宙更新的仪礼，以及天灾人祸后的仪礼均是由文化所设计出来的对话，是思想的“地位的翻转”（status reversal）仪礼。这种仪式所表现的多是对社会的反思、批判或社会运作关系的“假设语气”（subjunctive mood）的行为。通过时节礼仪可以靠近神圣性的力量，为时间和大众提供了周期性神圣化的机会。如圣餐总是按照设定的形式集体进行，并且比喻说人们是在摄入神的身体和血液。①

（二）通过礼仪

通过礼仪是指人们在人生过程中，借用一系列仪式活动（如命名、割礼、文身、婚礼、葬礼等）从而达到变更身份的目的，如穆斯林的命名仪式。这是因为随着一个人的不断成长，一个旧的地位及与此相伴的全部角色行为都要除去，这个人也就成为一个新人。生命仪式基本上是一种度过生命转折或生命危机（life crisis）从而达到身份演变的“文化设定”，给新人和全体参与者带来心理上的锤炼。维克多·特纳认为，仪式在最深的层次上体现了价值，人们在仪式中体现了他们最为之感动的东西。仪式的研究是理解人类社会基本构成的关键所在。我们的目的是研究活生生的人，仪式的研究就是向这个目的迈进的一步。②

特纳称阿诺德·范·盖内普（Arnold van Gennep）为仪式研究之父。范·盖内普把通过礼仪定为“伴随着地点、状态、社会地位和年龄每一次变化的礼仪”③。换言之，通过礼仪就是在人的一生中决定性的转折点上举行的礼仪，如出生、命名、发育、婚礼、社会地点变更等。通过礼仪是人生中一个阶段向另一个阶段的过渡，标志着受礼者获得了新的社会位置。他还指出，所有的通过礼仪都可分为三个阶段，即分离（separation）、边缘或阈限（margin or limit）和聚合（aggregation）。在分离阶段，受礼者（个人或群体）从社会结构或文化中分离出去；在阈限阶段（liminal period），受礼者的身份随之变得模糊不清；在聚合阶段，通过完成，受礼者又回到了相对稳定的状态。他们作为旧的社会个体已消亡，同时作为新的社会个体已诞生。

人类自其诞生之日起，便同宗教信仰结下了不解之缘。我们所关注的是，为什么人类会有这种行为？这是不是我们这个生物物种的特性呢？对宗教主体的研究，实际上将我们带入了更深入的思考，即宗教何以阐释。

第三节　宗教的内涵及阐释

宗教（religion）一词来源于拉丁文“religare”，意为“约束、联结”。韦伯曾说，不要轻易给宗教下定义。那么，宗教的本质又是什么呢？尽管人们对此尚存歧见，但总体上讲，有关宗教意涵的两大描述已被广泛认可：（1）与超自然力量有关；（2）一套集体的意义体系。本节对宗教的论述不在于提供一种非此即彼的是非选择，而试图从不同的角度出发，利用多方面的材料和研究成果，对其进行阐释性的解说。

---

① 墨菲．文化与社会人类学引论．北京：商务印书馆，1991：234.

② Turner V. The Ritual Process: Structure and Anti Structure. New York: Ithaca, Cornell University Press, 1966.

③ 同②94.

一、心理学派

对宗教本质的分析较早地源于弗洛伊德的精神分析法。弗洛伊德对宗教思想、宗教情绪与无意识动机的关系的看法，以及他将宗教看作一种投射系统的见解，对后来的宗教研究产生了重要的影响。他在《图腾与禁忌》一书中认为，宗教本质是一种集体的努力，旨在解决个人人格中固有的乱伦冲突所产生的罪恶感和焦虑。弗洛伊德从理论上归结了早期宗教-图腾制度的根源，在于消除最初弑父的内疚感。弗洛伊德和他以后的很多人类学家认为，人类共有的压抑性，如恋母经历，可以在文化符号体系，特别是神话和仪式的领域中表现出来。故宗教部分地就是压抑经历在文化领域内的外显体系。可以这样认为，弗洛伊德有关宗教的阐释实际上可以归结为：早期人类的生物性需要同人类的道德心理相矛盾的产物。尔后将宗教同人类的心理相联系，从社会心理因素出发的后期理论对宗教的阐释基本上是对弗洛伊德心理学说的发挥和注解，如认为宗教的产生是生产力低下、出于对自然现象的恐惧等原因。如果说以弗洛伊德为首的心理学派将宗教的阐释倾向于同“心理分析”相联系，那么以泰勒和弗雷泽为代表的心理学派则将宗教的阐释同“情感/理性”相提并论。他们认为，对超自然物的信仰和宗教信仰的根源在于，人们有一种说明生理现象的心理需要，即人们的心灵需要解释和慰藉。对于泰勒来说，宗教信仰来自灵魂可与躯体相分离的想法，而这种设想又产生于解释睡眠、幻觉、梦境、死亡及诸如此类现象的需要。无论是人类具有因乱伦产生的罪恶感，还是具有获知生理的心理需要，对宗教的心理学阐释显然具有臆断的嫌疑，因为人类的心理活动是一个难以测定和验证的过程，尽管如此，心理学说对早期的宗教研究产生了重大的影响。

二、功能学派

（一）心理功能学派

学者们发现，无论宗教是怎样起源的，它普遍作用于人类社会。换句话说，它的存在对人类具有某种社会功能。这样，较早的古典意义上的起源问题转成另一个问题：宗教的功能是什么？在对宗教功能的探讨中，马林诺夫斯基和拉德克利夫-布朗做出了很大成绩。马林诺夫斯基倾向于将宗教看作人们对待恐惧和不确定，即对待焦虑的主要方法。他在对太平洋的一个小岛上当地土著的仪式研究中发现，只有在遇到困难（如在恶劣的天气和波涛汹涌的海水里打鱼）的时候，他们才倾向于借助仪式或巫术的护佑。宗教的功能在马林诺夫斯基眼里成了个体直接的实用主义工具。换句话说，宗教是对付危险和不确定以及直接为生计服务的。他对宗教功能的考察主要集中在个体的心理层面，没有将宗教的功能纳入更大的社会体系。

（二）社会功能学派

拉德克利夫-布朗以“社会功能”的概念将宗教的功能放在更大的空间探讨。他认为应该从社会的角度考察、解释、探讨宗教的意义和功能。初民社会的每种风俗和信仰都在社会生活中扮演某些决定性作用，它的社会功能是维系传统社会赖以生存的情感意向

(emotional dispositions)。没有仪式，那些情感就不会存在，没有这种情感，社会组织也就荡然无存。这样，宗教的功能不但包含了宗教对于个体的功能，而且上升为维护集体利益的需要。由此，他认为宗教仪式的举行与其说是个人心理的需要，不如说是社会制度的需要。他的研究既包含了对个体情感的研究，又强调了制度与整体社会的关系。拉德克利夫-布朗认为对于群体生计具有重要性的自然生成物有“仪式价值”(ritual value)，事物或事件之所以成为社会群体的表征，是因为它们表现这种社会价值，而不是因为它们本身比较神圣(sacred)。自然生成物的价值无论是积极的，还是消极的(如禁忌)，都是维系一个秩序社会的机制。所以，他将宗教的存在同巩固社会规范、维持社会制度联系在一起。他在探讨宗教尤其是神话的功能时，主要关注它们对保持社会秩序的意义。他的功能论则偏向社会的、制度的。无论是马林诺夫斯基的心理功能论，还是拉德克利夫-布朗的结构功能论，对宗教的阐释都将宗教的存在与人类的现实存在联系在一起，并将它作为人类自我服务的工具。这种服务可能出于人生意义的需要，也可能是为了维持社会运转，保存传统经验，协调人与自然界的关系以及促进社会变迁，等等。

三、象征学派

(一) 社会象征

对宗教的功能/结构的阐释使得对宗教的分析从宗教起源的猜测深入到对宗教赖以存在的社会的考察，但它也只是从一个表层(宗教)进入了另一个表层(社会)，而缺乏对蕴藏在宗教与社会的底层意义的研究。涂尔干对宗教仪式的研究则将两者承接起来，使得宗教的研究从“功能”转向“象征”。涂尔干认为梦境等其他现象并不能产生宗教敬畏之事，绝大多数自然性状和自然现象也不可能成为使人惊诧乃至激发这种情感的崇拜对象。也就是说信仰之物不足以解释宗教，而信仰行为和信仰态度却应该是考察的对象。他在研究图腾崇拜时认为图腾不仅表明氏族的名称和徽记，还是一种象征。当人们把自己同图腾联系在一起时，不仅获得了它的名称和特性，而且也获得了图腾所赖以蕴涵的象征力量，人们分享了图腾的殊荣。也就是说，图腾之所以成为崇拜对象，不在于它自身的形象和特征，而在于一种内在的无形力量，这种力量使得它们成为神圣。

从某种意义上来说，宗教是一种艺术形式，因为它为不能以普遍方式表达的情感和思想提供了一个排遣的通道。像诗歌和音乐一样，它们提供了普通语言难以倾诉的另一种表达方法。涂尔干相信敬畏、激励和喜悦的情感来自群体参与，因而有群体行为的要素。群体行为产生的群体情感有益于社会整合。宗教情感就固定在激发它生成的群体之中，同时赋予该群体的资质(endowment)以某种神圣性，而这种神圣性的源泉则是社会性。

(二) 比较象征

1. 仪式的生物性及仪式的两极

无论是功能论还是早期的功能/象征说，都是从宗教的社会性或人的社会性出发进行研究的，但这些论述的一个显著缺陷是，它们忽略了作为一个生物物种的人的生物性。换句话说，考察文化人或社会人的宗教时不应忽视人的基本属性——生物性。毕竟，人类的存在首先是一种生物性。在人类制度化的文化行为里隐含着人的生物性因素。对于涂尔干强调宗教中人的社会性而忽视宗教中人的生物性的补偿工作，则主要是由特纳完成的。特纳在考察宗教主体时，首先设定（肯定）人类是生物的。他认为考察人类的宗教行为，首先要分析人的生物特性。在他看来，人天生性情里存在着无秩序的行动野性或“七情六欲”。这种生物特性因个人遭遇的不同，一定会受到社会不同的压抑或成全而造成各不相同的情绪、意欲。人的这种情感、意欲（生物性）在社会现实的压抑下和矛盾之中就成为宗教，尤其是仪式主导力量的重要来源。而仪式和象征的力量可以驾驭这种生物性的意欲，并使社会压抑和冲突得以转化。这种转换的机制来源于仪式或象征，即在形体上与人的生物性身体经验的相仿性。人的身体经验的共享是象征力量的最重要来源。特纳以颜色和象征的关系为例，说明仪式中的象征（黑、红、白）与人的生物性（排泄、流血、射精等身体经验）之间的关系及生物性与社会规范产生的矛盾。有意思的是，这些身体经验还会对人产生意义，促成行动，而后又扩展到社会经验和行动。另外，特纳发现在仪式行为里有一套行为被社会文化的认知、价值所引导，另有一套行为受个人或派系的某种利己的动机所引导，而这种利己的动机同社会情景密切相关。他将仪式发生的社会情景描述为所有参与这种仪式的个人与团体的兴趣、野心、欲望和目标，还包括由历史所造成的人与人、村社与村社、派系与派系之间互动的模式。这种象征的两极性（bipolarity）配合着主要象征的另外三重本质——多义性（multivocality）、浓缩性（condensation）和统合性（unification）。即每一个象征不仅以一种最简单的形式来代表很多的事与行动，而且象征是对彼此矛盾或相异的理念或现象的一种统合。

2. 仪式表演与社会情景

特纳将象征和仪式的意义放在社会行动中去寻找，在社会情景里探讨社会情景里的人群间的关系。对这些社会情景，特纳用“社会剧”和“舞台剧”的概念来描述。他将人类社会的纷争行为视为社会剧，而将仪式等文化行为看作舞台剧。它们之间存在着紧密的关系，简单地说，社会剧是舞台剧（或任何文化表演形式）的灵感源泉或原料。而这些舞台剧或任何文化表演的剧又通过其隐含的修辞结构（implicit rhetorical structure）影响社会剧的形式、表演和内容。也就是说，各种形式的社会冲突（社会剧）是仪式（舞台剧）的源泉和原型，而仪式反过来又影响了社会冲突的内容及解决方法。在对仪式和宗教的研究中，特纳特别注意对仪式进行更大时空范围内的审视，而不仅仅将关注的目光集中于狭小的时空凝结。这样，他提出对宗教仪式要进行“过程性分析”并且关注仪式的情景及情景中行动的个人。他将仪式（特别是小型社会的宗教仪式）置于人、社会、关系、利益的交叉网络中去探索。这些社会剧的冲突内涵构成了仪式、象征的意义和力量来源，即仪式行为也受到现实生活中人们的利害关系的导引。但他在揭示仪式外部因素时（如社会性、历史性），并没有忽视仪式本身的内在特质和力量。这使他对仪式发生的过程进行了细致的研究并提出了著名的“阈限”“交融”理论。

3. 阈限、交融与结构[①]

特纳在范·盖内普对仪式分析的基础上，发展了他的仪式过程理论。阈限（liminality）、交融（communitas）和结构（structure）是特纳仪式过程的主要概念。仪式过程中

① Turner V. The Ritual Process: Structure and Anti-Structure. New York: Ithaca, Cornell University Press, 1966: 95-96, 103.

的阈限阶段是仪式的核心，因此特纳又把仪式过程的三个阶段称为前阈限阶段、阈限阶段和后阈限阶段。“结构”在特纳的理论中指基本社会模式的“地位结构”（structure of status），即人在社会中所处的地位以及不同的地位组成的社会阶层。在阈限阶段，阈限人从固定的文化空间中的“结构”脱离，从而具有某种不确定性。他们先前的身份和位置不复存在。阈限通常与死亡、虚无、黑暗、日食和月食等状态或象征相联系。阈限人没有地位，没有财产，没有任何表明社会地位和角色的标志，一切都不复存在。人与人之间形成了一种特殊的关系，即平等、简单、一视同仁的关系，达到了一种精神的、灵魂的、情感的交融。这意味着人类间存在着维系其情感的纽带，人们认同这种原生的、人性的联系。

阈限阶段的新人必须经历和接受身体方面的考验和屈辱，一方面象征先前的自我已毁灭，另一方面意味着精神意志的锤炼。受礼者因此被授予新的力量，被重塑为新的社会角色，因而获得新生，得到新的社会地位。特纳把阈限阶段的交融境界称为相对于结构的“反结构”（anti-structure）。他采用阈限和交融的概念来描述社会结构之间的过滤阶段，并发展了上述概念的内涵，使之广泛应用于人类学的研究以及诸如文学、政治学和宗教的研究。

（三）符号象征

1. 象征与认知

同任何学科的进展一样，宗教人类学对宗教仪式的研究也不时地更新换代。最近对宗教仪式的研究从宗教为人们做了什么的问题转移到宗教为人们说了什么的问题，即人们是怎样理解宗教的。格尔茨是研究宗教象征的典型代表。他将宗教理解为象征的集合，强调象征的意义，指出宗教是有意义生活的指项和创造者。每种象征体系在不同的方面对于其实践者来说都具有独特的真实性。他认为宗教的象征可以从两个方面加以理解。首先，它提供了一种解决问题的框架，使个人可以明了自己在宇宙中的地位，并对若干人类自身无法回答的自然现象提供解释，从而使生活有意义且可以为人所理解。如《圣经·旧约全书》即用简单而富有象征性的语言描绘了世界的创造以及人类在其中的位置。世界上许多民族关于死亡的神话亦是如此。它利用各种想象，如通过怪兽的巨颚、进入没有门户的神山、通过布满刀剑的桥等，来描绘一种肉体不能通过而灵魂却能通行的道路，以此解释死亡的现象。这一类神话能将复杂的观念编入一个人们能够根据自己的体验加以理解的框架。其次，宗教的象征还往往代表了人类生存最基本的要素。如在许多民族的宗教信仰中，土地、天空、月亮、太阳、生育的女性，无一不代表人类生存所必须依赖的力量，因此，象征本身就具有重要的意义。

2. 象征与神圣

象征是意义的载体。作为人类文化象征的事物形式多，功能亦多。宗教人类学家所关注的是非经验的文化知识中的象征和祭祀仪式中所运用的各种象征。宗教的象征不同于数学或科学里的符号，后者当初被构想时便是清晰明确的。宗教的象征可以同时包含许多内容，即使最简单的祭祀仪式也含有多层次的意义，其所涉及可以远至宇宙，近至现实的社会关系。宗教象征还综合了社会道德与世界观。不过，宗教的象征，首先是神圣的象征，例如，在我们大家所熟悉的世界宗教中，伊斯兰教的新月、基督教的十字架，都是具有强大感染力的神圣象征。仪式扮演了将世界观真实化或具体化的角色，虽然人们的生活方式和社会组织方式随着时间的推移发生了巨大变迁，但仪式行为却趋向于高度保守。对于宗教信仰者来说，有关宇宙以及人在其中的那些无法证实的宗教论断的信仰是不容置疑的。正是现实的这种自我肯定的断言特征，使宗教象征对于执着于它们的人来说，具有理智和情感的意义。

考虑到作为部分文化的宗教的感受性和研究者——人的主观性及对宗教研究的众多不同取向，宗教人类学并不试图以一个“标准的理论答案”对宗教信仰/仪式做出解释。这不仅因为宗教是一个复杂的文化体系，而且因为它是一种实践过程。宗教所能提供给人们的心理、生理感受或是象征体验，都只能在个体的层次上和在仪式实践过程中获得。对于宗教实践者来说，信仰的意义是直接、真实的宗教仪式参与，只有在宗教实践过程中才能把握宗教的意义，脱离了实践也就远离了意义。任何有关宗教的研究进展都必须依靠两方面的因素才能取得，即客观的描述和主观的体验。但这并不是说宗教人类学家必须信仰哪种宗教，相反，绝大多数宗教人类学家都背离了各自文化的宗教文化传统。但他们对宗教的近距离体验和多层面的研究及更开放的研究态度表明，宗教人类学并没有孤立、静止地看待宗教信仰，而将宗教的研究同“人”的研究紧密联系在一起，毕竟，所有的问题都是由人——这个与众不同的生物引发的。

总之，宗教像一把双刃剑，对于人类社会发展既有促进作用，又有消极作用。

积极作用包括：

（1）充实精神世界。宗教信仰对人类的积极作用首先体现在精神方面。与动物不同，人类无法仅仅靠物质生活的满足而生存，而信仰能够赋予人的生命和生活更多意义，提升和充实精神境界。比如，宗教信仰可以使人意识到：“与至高无上的精神目的相比，金钱、权力、声望、享受、成功，具有相对偶然性和有限性，而不是最高的价值，从而不至于陷入物质泥潭无法自拔。”①

（2）消除恐惧。宗教信仰具有解释和安慰的作用，比如世界的来源是什么，人类或自然物种与自然力量如何发生关系，人类为什么会死，为什么有欢乐痛苦，等等。同时，宗教还帮助人们面对死亡和忍受生命危机，强化人们应对人生问题的能力，从而达到心理抚慰和支持的目的，重新唤起安全感和对生命的珍惜。马林诺夫斯基曾在研究特洛布里恩德岛居民时发现，当人们面对不确定性和危险时，便会求助于巫术，比如在出海之前遇到风向、天气、鱼量等疑问时，会通过巫术行为来缓解心理压力。

（3）维护社会道德。宗教可以作为维持一个民族的道德和社会秩序的有效手段，世界各大宗教的基本教义一般都具有很高的道德伦理标准，劝人向善。相比法律的外在的强制手段，宗教信仰是一种内化的自觉意识，也是更有效的维护手段。

（4）维护秩序与和平。绝大多数宗教本质上都是反战争、促和平的，起到维护社会稳定和尊重政府权威的作用。宗教通过强大的教化力量，促使人们发自内心地维护社会的和谐与稳定。

（5）文化传播与保护。意识形态的传播对文化艺术等领域，对整个社会的政治经济生活都产生着举足轻重的作用。同时，宗教对文化现象所持的宽容态度，有利于促进不同宗教文化的交流发展，有效保存各种宗教典籍的发展成就，也有助于对学术研究本体的思考。②

---

① Tillich P. Systematic Theology：Ⅱ. Chicago：The University of Chicago Press，1967：32.

② 黄剑波．地方文化与信仰共同体的生成：人类学与中国基督教研究．北京：知识产权出版社，2013.

消极作用包括：

宗教是一种社会控制手段，一种维护人类社会秩序的工具。但如果利用不当，会产生诸多不良后果。

（1）削弱意识。马克思曾用“精神鸦片”来形容宗教对人类的麻醉作用，如果过分强调宗教的超自然力量，会使人产生依赖性，并且潜移默化地形成对某些虚幻事物的恐惧心理，从而妨碍对自我的正确认知和对自然规律的探索。

（2）激发仇恨。以所谓的神意作为道德标准，对违反者采取残酷手段惩处。部落与氏族间由于道德观念不同、信仰不同而发生争战和冲突，成为民族冲突的一个重要因素。

（3）文化局限。宗教把各种违背道义的精神言行视为异端而大加鞭笞，束缚人类文化的发展，阻碍了人类的向前发展。如对医术药物、艺术发展，尤其是对生产劳动中音乐舞蹈的局限。

第四节　宗教与社会

一、宗教与环境

无论宗教的起源怎样或是宗教的功能及象征是什么，它都同人类社会生活息息相关。其一表现在人类与自然生态环境的关系上。世界上许多采集狩猎人群，其宗教信仰的主要内容与其生产生活的资源有关。如加拿大东北部的阿尔贡钦印第安人居住在生产力非常低下的北极圈附近地区，靠狩猎为生。为了合理地安排和利用其生活资源，表现在宗教信仰上就是猎人必须十分尊重其狩猎对象，不滥杀野兽，不浪费猎物。捕猎、宰杀和食用猎物时均按规定程序进行，以示对野兽的肉体和灵魂的敬重。当食物短缺而又无法确定何处可以找到猎物时，他们中的纳斯卡比人（Naskapi）就将驯鹿的肩胛骨放在炭火上烧烤，视骨上出现的裂纹决定出猎的方向。这样，他们狩猎捕食的路线就带有很大的随机性，不至于集中在某一地点狩猎，其客观效果是保护了动物资源的平衡消长。我国一些地区因对“神山”“龙树”“风水”的信仰而实施的禁忌和祭祀活动，对于森林生态保护所起的作用是显而易见的。

二、宗教与社会联系

宗教仪式以及各种宗教实践一定存在着广泛的社会联系，那么我们如何加以考察呢？例如，中国闽东的道教既有全真道住宫观清修道士，他们研读经典、组织有广泛信众和游客参加的宫观仪式，主要参加亡故者的道场；也有只在民间游走的正一派道士，他们参与民间的所有仪式，如保平安、祛病、收惊、乞男、游神仪式等。这些仪式紧密地出现在一年四季轮转的节日、人生节点（如出生、成年、生育、疾病、盖房、亡故等）之时，形成广泛而紧密的社会联系。我们可以看到，如同大树与枝杈的不同道教支系之间，既保持了道教共同认同的基本出发点，又以不同的方式展示了道教运用层级的和平面圈层的社会联系方式。[1] 其中考察宗教的组织和分布圈层是人类学近年来不断开展的研究形式。

三、宗教与社会变迁

从人类的社会方面来说，宗教是推动社会变革的重要手段。正如马克斯·韦伯论述的新教对于西方资本主义的发展的重要作用一样。[2] 世界各个族群的发展和社会演变无不关涉到宗教的因素（有时是以文化的面目出现）。随着不同文化背景的社会经济的发展，对本族群传统宗教的强调也与日俱增。如果说基督教在世界范围内的传播影响了西方社会发展的历史，那么，伊斯兰教、印度教以及其他宗教的复兴则表明人们对信仰的持续性热忱。宗教究竟是以何种方式影响社会的呢？一般来说，宗教是以两种方式促进社会的变迁的。其一是千禧年运动（millennium movement），其二是革命（revolution）。

（一）千禧年运动

“千禧年”源出《圣经·启示录》，指基督教的一种信念，认为耶稣基督将再度降世，将出现千年至禧。千禧年运动的追随者盼望通过神的启示、上天的宣告或奇迹的自动发生来实现社会生活的转变。也是“通过向一种文化注入新的目的和新的生命以拯救该文化的一种努力”[3]。一些地区千禧年运动发生的原因和殖民社会的内外接触有关。殖民者弱肉强食，自然引起了殖民地人民的不满和失望。于是，千禧年运动便在无力反抗强权者的弱势族群中产生了。他们试图解脱无助的状态，而达到千禧年的境界——有一个好的政府、更多的快乐及繁荣。尽管千禧年运动并非完全同基督教有关，但绝大部分千禧年运动都同欧洲人在扩张过程中对非欧洲人的“教化”有关。欧洲人的侵略致使这些殖民地社会的政治、经济结构发生巨大变化，旧的社会网络被破坏了，当地民众不得不调整适应的策略，以便建立新的社会秩序。如美拉尼西亚的船货崇拜就是著名的例子。

这些运动的指导学说是一种糅合了征服者的宗教和他们自己的信仰的调和物。从而使强者（征服者）在自己的宗教里受到谴责和诅咒，而使弱者（被征服者）成为强者宗教里的强者（被救的）。但千禧年运动本身的空想性和妥协性，使参与者改变社会现实的希望停留在思想层面而没有诉诸暴力手段。它加强了那些处在逆境中的人群的自我认同，赋予他们新的目标和团结的意义，有利于保持他们的传统秩序，重建失落的文化和社会身份。

（二）宗教与社会革命

一般来说，宗教的非暴力主张支持了功能学派有关宗教是现存秩序的主要支柱的说法。这是宗教的社会功能之一。马克思主义则更为注意宗教的消极社会功能，将宗教看作“人民的鸦片”[4]。这是因为宗教常常用虚假的观点说明和维护既存的社会压迫事实。但动

---

① 庄孔韶．银翅．北京：三联书店，2000：第 13 章“女神陈靖姑信仰”，第 14 章“并存的选择与诠释：道教与佛教”．

② 韦伯．新教伦理与资本主义精神．北京：三联书店，1987．

③ 恩伯 C，恩伯 M．文化的变异．沈阳：辽宁人民出版社，1988：501．

④ 德文“宗教是人民的鸦片”的论述在汉语语境中存在一个翻译技巧的问题，即“鸦片”可译为“麻醉剂”，又可译为“镇痛剂”。

态的宗教因素有时也会发挥历史的推动作用，如中国的太平天国运动。洪秀全通过对《圣经》小心翼翼的修改和解释，创建了独具特色的"拜上帝会"，并建立了系统的军队、政府等组织来进行社会变革，结果使得太平天国运动动摇了原先的政治、经济与文化秩序。从"拜上帝会"的参与成员看，无论是领导者还是参与者，他们都是民族精英和知识分子，他们对本社会、本族群的利益有着更为清醒的认识。同时我们也可以看到，诸如太平天国运动中的宗教本身并不是诱发社会革命的原因，社会革命发端于社会政治、经济等重要因素。这些宗教式的群众运动是对激烈社会矛盾所做的直接反应，宗教有时会改变社会革命的进程。

四、宗教与科学

科学与宗教之间的紧张关系，在现代民俗生活中已转变为实际上的和平共处，科学与宗教都得到了相当的发展与复兴，如许多人采取神明与科学同在的思想上的二元论。庄孔韶的闽东研究表明，在黄村社区，乡民们一边祭祀陈夫人（陈靖姑信仰），一边钻研接种科学，无论在思维上还是在行为上都采取了这种二元论。人们只是在宗教与民俗节日之外认真对待科学，一面重视科学实验的程序和价值，把它看作与宗教不同的另一个范畴的力量，一面又相信他们崇尚的神祇能涵盖这个需要把握的力量。正如那里的农民所说："科学与宗教是两条路上跑的车，不会碰撞。"这一巧妙的说法既涉及了一个深刻的学术问题，又生动地说明了现实世界乡民的民间信仰状况。[①]

一般而言，科学涉及的是经验因果关系的问题，而宗教牵涉的是意义的问题。一方面，科学与宗教有时会相遇甚至碰撞，如马克斯·韦伯所言："宗教和智力知识之间的紧张状态是显而易见的，因为即使是理性的、经验的知识始终在发挥作用，直到世界摆脱幻想而转入因果机制为止，科学仍会遇到认为世界是神早已注定的道德假设。"[②] 事实上，科学与宗教的冲突的确是存在的，以科学批判宗教的社会运动和学校的无神论教育，即是以各类经书的非科学片段作为抨击的重点与根据。除了这类社会运动，青少年和乡民在学校和农业科学实践中也会注意到，科学能驳斥一些宗教信仰的见解。然而，我们又能看到"宗教的主要方面是不受科学证明或反驳的各种非经验命题。科学对于这些非经验命题既不能予以证实，又不能予以驳斥"[③]。这正是乡民和学者同样会有二元论思维的共同基础，因此，认为科学与宗教不会碰撞的看法，实际上是一个消除两者冲突的概括，在现实生活里表现为在思维的解释与行为中，尽量避免科学与宗教之间在某些特定问题上的紧张关系，并使科学与宗教各自发挥其功能的整合方式。

参考书目

金泽．宗教人类学导论．北京：宗教文化出版社，2001.

李亦园．宗教与神话论集．台北：立绪文化事业公司，1998.

列维-斯特劳斯．图腾制度．北京：商务印书馆，2012.

---

① 庄孔韶．银翅．台北：桂冠书局，1996：365－367.

② Weber M. Essays in Sociology. New York：Oxford University Press，1946：250－251.

③ Yinger J M. The Scientific Study of Religion. London：The Macmillan Company，1970：62.

刘枝万．中国民间信仰论集．台北："中央研究院"民族研究所，1974.

吕理政．天、人、社会：试论中国传统的宇宙认知模型．台北："中央研究院"民族学研究所，1990.

马启成，丁宏．中国伊斯兰文化类型与民族特色．北京：中央民族大学出版社，1998.

马西沙．中国民间宗教．上海：上海人民出版社，1997.

麦奎利．20世纪宗教思想．上海：上海人民出版社，1989.

莫里斯．宗教人类学．北京：今日中国出版社，1992.

秦家懿，孔汉思．中国宗教与基督教．北京：三联书店，1990.

卿希泰．中国道教思想史纲．成都：四川人民出版社，1980.

涂尔干．宗教生活的基本形式．北京：商务印书馆，2011.

王辅仁．西藏佛教史略．西宁：青海人民出版社，1982.

王其亨．风水理论研究．天津：天津大学出版社，1992.

杨德睿．传承：认知与宗教人类学的探索．北京：商务印书馆，2018.

Chang H J，Chang C Y. The Chinese Family and its Ritual Behavior. Taipei：Institute of Ethnology，Academic Sinica，1985.

Evans-Pritchard E E. Theories of Primitive Religion. Oxford：Clarendon Press，1965.

Frazer J G. The Golden Bough：The Roots of Religion and Folldore. London：Macmillan，1911.

Freedman M. On the Sociological Study of Chinese Religion. Palo Alto：Stanford University Press，1974.

Gennep A V. The Rites of Passage. Chicago：University of Chicago Press，1960.

Malefijt A D W. Religion and Culture：An Introduction to Anthropology of Religion. New York：Macmillan，1968.

Moore R L，Reynolds F E. Anthropology and the Study of Religion. Chicago：Center for the Scientific Study of Religion，1984.

Morris B. Anthropology Studies of Religion：An Introductory Text. Cambridge：Cambridge University Press，1987.

Pandian J. Culture，Religion，and Sacred Self：A Critical Introduction to the Anthropological Study of Religion. New Jersey：Prentice Hall，Inc.，1991.

Tillich P. Systematic Theology：Ⅱ. Chicago：University of Chicago Press，1967.

Turner V. Drama，Fields and Metaphors：Symbolic Action in Human Society. New York：Ithaca，Cornell University Press，1974.

Turner V. The Ritual Process：Structure and Anti-structure. Chicago Illinois：Aldine，1969.

Weber M. The Sociology of Religion. Boston：Beacon Press，1963.

Wolf A P. Religion and Ritual in Chinese Society. Palo Alto：Stanford University Press，1974.

第十五章

教育人类学

社会-文化人类学意义上的教育人类学和德国、奥地利等国的欧洲教育人类学有完全不同的背景与学术风格。前者以北美的重田野工作以及文化的传递研究之整合为特点，而欧洲的教育人类学则主要以人性的转换研究为其根本。由此，教育人类学也形成了以德奥为代表的哲学-教育人类学和以美国为代表的文化-教育人类学两大流派，每一流派又有不同研究侧重。二者“对教育的探索是从不同途径入手的，这受到自身文化与学术传统的影响，哲学-教育人类学重人本哲理，文化-教育人类学重田野工作。但二者归根结底都离不开对教育的本质、人的本质、教育的观念与行为做广泛而深入的观察与论辩”①。在中国，这门学科理应放在广阔的中国人本的与文化的背景上考察，方能使中国的科教兴国方针得以有效的贯彻。② 不仅如此，近年来关于文化多元主义的讨论深入到世界各国，知识经济和信息网络连通已对各国现行教育产生了重大影响，因此，教育人类学的理论创新及应用性调研无疑成了这门学科在当今中国实践的最紧迫的问题。

第一节　教育人类学的人本研究

一、欧洲教育人类学的形成与发展

欧洲教育人类学学科之形成可追溯至著名哲学家康德。康德在柯尼斯堡大学同时开设人类学和教育学的课程。他将人类学与教育学有机地融为一体。他认为：“文化的进步，都是人所造成的，尤其是学校的设立，其贡献最大。”③ 并认为：教育的目的在于教会人们思考，应该从人的知（知识）、性（感情）、意（意欲）三个方面去从事人类学的研究；人类学的主要研究内容应包括个人的性格、两性的性格和种族的性格。康德对教育学有重大贡献，他对教育意义的论述包含了深刻的哲理。④ 例如，教育包含着期待、训练、指教与陶冶；教育理论含有独立的价值；有目标的教育是有计划的，是能被实现的教育；真正的教育是促进人的所有自然禀赋的发展，形成有判断能力的人。指出教育艺术的目标，是人性的理念，也是每个人都必须接受的。父母应该认识教育的原则，并了解个人在国家中的

---

① 林耀华．序//庄孔韶．教育人类学．哈尔滨：黑龙江教育出版社，1989：9.

② 滕星．凉山彝家双语社会与双语教育．北京：教育科学出版社，2000.

③ Kant I，Padagogik U. Von Hermann Holstein，Verlag Ferdinand Kamp Bochum o. j. 4. Aufl：16－19.

④ 同③.

需要。关于教育的课题，他认为是：（1）训练化；（2）文化化；（3）文明化；（4）道德化。而所有的教育课题都必须首先在实验学校建立，然后在师范学校思考。他强调教育是互相配合的工作，如父母的照顾、教师的教导、乡亲的引导；并且教育与不同的目标发生关系，如历史、智慧、道德等；教育同时具有强迫的性质与自由的性质。

德国的狄尔泰在1875年提出了“人的研究”的理论。他的弟子诺尔（Herman Nohl）于1929年提出了以人为主的教育学，并于1938年出版了《性格与命运》一书，副标题为“教育以人为主”，被欧洲学术界认为开了教育人类学研究的先河。1941年，德国敏斯德大学教授杜普-霍华德（Heinrch Dopp-Vorwald）出版了《教育科学与教育哲学》一书，在书中提出教育哲学即是哲学人类学的概念。他从教育的本质、教育的可能性、教育的根本去分析教育哲学即哲学人类学的理论。他认为：“教育所探讨的几个重要问题为：我能够知道什么？这是属于形而上学的问题。我必须做什么？这是属于道德的问题。我希望什么？这是属于宗教的问题。人是什么？这是属于人类学的问题。”① 因此，人的本质的改变，尤其是精神的改变乃是教育的功能，教育的力量在于发生“精神的作用”，教育的功能在于促使教育的引导，即“精神的引导”。这为教育人类学的研究确定了方针。同年，德国图宾根大学教授布尔诺（Otto Friedrich Bollnow）出版了《情绪的本质》一书，对人的情绪做了深入研究，开拓了教育人类学研究的新方向。

第二次世界大战结束后，德国社会对人类的思想意识及行为进行了彻底的反思，诸如：人是什么（即人的本质）？人需要什么？人为什么要接受教育？人应该接受何种教育（即教育的本质）？人接受教育的可能性如何？人的意识与行为是如何改变的？等等。德国科隆体育高等学校教授迈因伯格（E. Meinberg）曾指出：“教育人类学在第二次世界大战以后，已迈入了新纪元，教育学家对于人类学问题的探讨，常有着强烈的兴趣，并致力于用人类学方法研究教育。这种努力在20世纪达到高峰，因为他们建立了教育人类学，并把它视为教育学的特殊原则。这种特殊原则有助于了解带有特殊人类学色彩的思想的发展。而且教育学也接受了人类学转变的概念。所谓人类学转变的概念出现在20世纪60年代，当时有许多人类学的问题提出，理论与研究方法等也是探讨的重要主题，影响了教育学的发展。人类学的转变可以在教育人类学中发现。”②

20世纪60年代至70年代，西德哲学教育人类学研究出现了繁荣景象，不仅出版了大量的教育人类学著作，而且学术界享有盛名的学术期刊——《教育杂志》，登载了许多有关教育人类学的论文。其他与教育相关的一些学术期刊，如《教育通观》也登载了不少教育人类学的论文。一些大学和学术团体召开各种讲座与研讨会，研讨教育人类学的有关理论与实践，并展开学术批评。埃森大学还成立了教育人类学系，系统地培养该领域的人才。由于教育人类学学术研究空前活跃，遂逐渐形成不同的学术流派。如以鲍勒诺夫（L. Bollnaw）及其弟子为代表的存在分析学派对诸如“教育人类学”和“人类教育学”概念与学科定位的辩论，对学科建设起到了促进作用。另外，1963年，弗利特纳（Wihelm Flitner）邀请了生物、医学、神学、心理学、社会学界等一些对教育颇有研究的学者，从

---

① Dopp-Vorwald H. Erziehungswissenschafi and Philosophie der Erziehung. Berlin，1941，erschienen in der 2 Aufl Ratigen，1967：264－362.

② Meinberg E. Zur Entwicklung Anthropologischer Konzepte in der Padagogik nach dem 2. Weltkrieg. Padagogische Rundschau，32，Jg. 1978. Aloys Henn Verlag：695－712.

不同学科的角度对教育人类学领域的问题进行研讨并开设讲座，以后又编成论文集，推动了教育人类学走向成熟。70 年代后期，哲学教育人类学学科基本确立，其标志是：(1) 成立了教育人类学的教学与研究机构和学术团体；(2) 形成了不同的学术流派及学科理论；(3) 出版了大量的论文和学术专著；(4) 学术观点与研究方法多样化；(5) 教育人类学学科构建了学科体系与学科研究框架（见图 15-1）[①]；(6) 教育人类学分支学科建立，如一些学者开始专门研究儿童人类学、青年人类学、成人人类学、老年人类学、学校人类学等。荷兰阿姆斯特丹大学教授朗格威尔（M. J. Langeveld）出版了《儿童人类学研究》，该书影响很大，被誉为教育人类学的名著。奥地利维也纳大学教授丹尼尔特（Karl Dienelt）对推进青年人类学做出了积极的贡献。奥地利维也纳大学另一位教育人类学家斯达契尔（Herbert Zdarzil）开创了成人人类学研究的先河，并卓有成就。教育人类学家博克（Irmgard Book）教授和罗特（Heinrrich Roth）教授均主张从发展人类学的观点出发，按年龄阶段划分来进行教育人类学的发展研究。

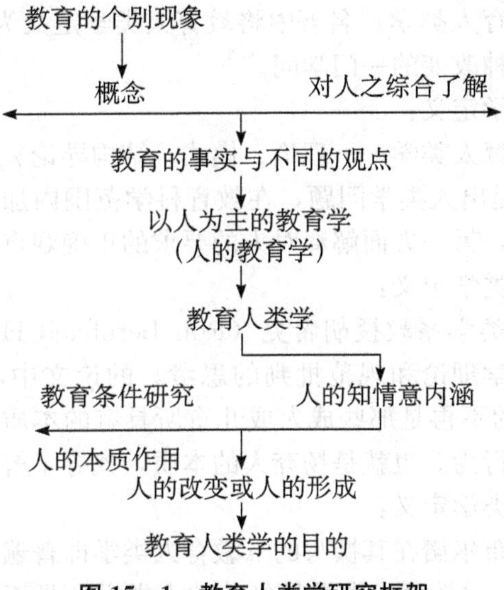

图 15-1 教育人类学研究框架

德奥哲学教育人类学偏重从历史学的、哲学的、经验的和对专人进行研究的角度切入来研究教育人类学。从史学角度研究教育人类学的学者，主要以汉堡大学教授萧艾尔（Hans Scheuerl）、波恩大学教授拉尚（Ruolf Lassohn）和奥格斯堡大学教授舒尔兹（Walter Schulz）为代表，主要以研究历史上著名教育思想家如奥吉斯汀、夸美纽斯、卢梭、裴斯塔洛齐、康德、赫德、尼采、席勒、波特曼等人的教育人类学思想和理论为主旨。从哲学角度研究教育人类学的学者主要以图宾根大学教授布尔诺、弗来堡大学教授哈默（Gerhard Hammer）、荷兰阿姆斯特丹大学教授朗格威尔等为代表。从经验的角度进行教育人类学研究的学者主要以罗特、丹尼尔特、博克和基尔大学教授罗赫（Werner Loch）为代表。从对专人（对教育人类学家）进行研究的角度研究的有贝克（H. Herber Becker）的《人类学与教育学》，洛伊特林根高等师范大学教授加波的《教育人类学导论》，后者探

① 詹栋梁．教育人类学理论．台北：五南图书出版公司，1986：141.

讨了弗利特纳、罗赫纳（Ruddf Lochner）、诺尔等九位教育人类学者的思想；巴德明综合大学教授科宁（Eckard Koning）和莱森塔勒（Hctst Ramsenthaler）的《教育人类学探究》探讨了布尔诺等十三位教育人类学家的理论；慕尼黑大学教授哈曼（Bruno Hamann）的《教育人类学——理论、模式、结构导论》探讨了罗特等十八位教育人类学家的思想，并成为慕尼黑大学的教材。

二、欧洲哲学——教育人类学的定义与主要研究内容

（一）哲学教育人类学的学科定义

詹栋梁在其《教育人类学理论》一书中，列举了五位德国教育人类学家对于教育人类学所做的定义，并且最后给出了他本人的定义。

（1）罗特的教育人类学定义：

罗特在其所著的《教育人类学》名著中将教育人类学定义为："教育人类学是探讨由人的本质到人的心灵与精神改变的一门学问。"①

（2）哈曼的教育人类学定义：

哈曼在其所著的《教育人类学——理论、模式、结构导论》一书中，提出教育人类学的定义是："教育人类学提出人类学问题，在教育科学范围内加以解释，一方面解释教育的现象和教育行为的建立，另一方面解释对人的要求的正确观点。"②

（3）胡希克的教育人类学定义：

德国埃森大学教育人类学系教授胡希克（Rolf Bernhand Huschke）在其《从人类学批判到行为人类学——科学理论和规范批判的思考》的论文中，提出教育人类学的定义为："教育人类学所探讨的不再是那些成人或儿童所具有的本质，而是根据那些教师或儿童的所需所愿来探讨人的行为。也就是扬弃人的本质，找寻了解人的行为。"③

（4）布尔诺的教育人类学定义：

德国图宾根大学教授布尔诺在其撰写的《教育人类学即普遍教育学的整体核心》一书中，将教育人类学定义为："教育人类学是经验的人类学，是不同的邻近科学的原则与其结果的综合把握。"④

（5）萧艾尔的教育人类学定义：

德国汉堡大学教授萧艾尔在所著的《教育人类学》一书中，将教育人类学定义为："教育人类学探讨的是人的生活之路，从儿童开始就针对他的学习能力与教育的需要性提

---

① Bollnow O F. Selbstdarstellung Ludwing V，Pongratz J. Padagogik in Selhstdarstellungen：Band 1. Felix Meinr Verlag Munchen，1975：19.

② Hamann B. Padagogische Anthropologie，Theoris-Modelle-Strukturen. Eine Einfuhrung，Verlag Julius Klinkhardt Bad Heilbrunn/Obb，1988：9.

③ Huschke R B. Von der Athropologiekritik zur Handlungsanthropologie，Wissenschaftstheoretische und normenkritische Uberlegung. Padagogische Rundschau，32，Jg.：368.

④ Bollnow O F. Padagogische Anthropologie als Intedrationskem der Allge meinen Padagogik//Giel K. Allge meinen padagogik. Verlag Herder Freiburg，1976：68.

出探讨，并长时期地给予教育的帮助。”①

詹栋梁认为：“上述五位教育人类学家对于教育人类学所下的定义，是从不同的角度和观点而下的，有其代表性。罗特的定义偏重在哲学方面，布尔诺则偏重在经验方面，哈曼偏重在现象学方面，胡希克偏重在心理方面，而萧艾尔是偏重在精神科学的教育学方面。”詹栋梁认为，无论从哪一方面去为教育人类学下定义，都离不开人与教育之间所存在的关系。

在总结了上述五位教育人类学家的定义后，詹栋梁提出了他自己的观点：“教育人类学是从教育的个别现象研究所获得的概念，对人进行综合性了解，并根据教育的事实及不同的观点而建立以人为主的教育学，其理论探讨人的知识、情感与意志力，利用人的本质作用与教育条件，促使人的改变与人的形成，而达到研究的目的。”

（二）哲学教育人类学研究的主要内容

罗特认为，教育人类学有四个主要内容需要加以研究，即：（1）人的可塑性；（2）遗传的作用；（3）人的成熟；（4）教育的目的与方法。

梅尔兹（Fritz Marz）在其教育人类学专著《教育学的问题——教育人类学》中，提出教育人类学的研究内容有：（1）人的学习的需要性；（2）人的教育的需要性；（3）人的学习能力；（4）人的可教育性。

戴波拉夫在其所写的《在教育学的范围中的教育人类学的问题与课题》一文中，提出了教育人类学研究的主要内容为：（1）人的生长——教育与生物学的关系；（2）人的成熟——学习；（3）人的学习——改变人的本质；（4）人的适应——社会适应。

加纳在其《教育人类学导论》一书中提出了教育人类学研究的七个内容：（1）人的身体生长；（2）人的情绪发展；（3）人的知识来源；（4）人的沟通工具——语言；（5）人的社会适应能力的养成；（6）人的历史文化；（7）人的宗教信仰与道德培养。

布尔诺则提出了四个主要内容：（1）人的情绪本质；（2）人的本质与现象；（3）人的希望；（4）人的道德。

詹栋梁将上述五位教育人类学家提出的教育人类学主要研究内容归纳为两个方面，即人的教育的需要性与人的教育的可能性。

欧洲德奥两国的哲学教育人类学经过几代人的不懈努力，已发展成为一门较为成熟的学科。哲学教育人类学从哲学人类学的高度，以抽象、思辨、演绎、归纳等方法研究人的图像、人的本质，研究人与教育的相互关系。可以认为，教育人类学成为欧洲战后重建的重要基础学科。

第二节　教育人类学的文化研究

一、美国教育人类学的形成与发展

美国的教育人类学学科的形成与发展主要受两大因素的影响，一是英美文化人类学注

① Scheuerl H. Padagogische Anthropologie：Eine historische Einfuhrung，Verlag W. Kohlhammer Stuttgart，Berlin：Koln，Mainz，1982：11 - 12.

重田野工作和文化研究的特色，二是美国的族群理论。英美人类学主要走的是一条文化人类学的路线，他们的文化研究与田野工作，造就了有别于欧洲的人类学的研究风格。

美国是一个立国200多年的新兴移民国家，多民族、多种族的历史与现实形成了复杂的多元文化的社会背景。为解决种族与各族群在文化上的各种矛盾和冲突，美国的各种社会民族理论研究应运而生。从早期的盎格鲁-撒克逊文化理论、熔炉理论到文化多元主义等，无不对美国的教育人类学的形成与发展产生了深刻的影响。

美国教育人类学家奥格布（John U. Ogbu）教授认为，美国的教育人类学经历了两个阶段，即前期的孕育阶段和后期的学术性学科阶段。[①]

（一）美国教育人类学孕育阶段

美国教育人类学的萌芽可追溯至19世纪下半叶后几十年，从那时起直至20世纪的60年代为孕育阶段，美国的文化人类学者没有像对待文化部落、语言、宗教、婚姻等研究对象那样，将学校正规教育纳入他们的研究视野。那时文化人类学家只是想把人类学的知识提供给教育工作者和制定政策的政府官员，以便他们能够用人类学知识处理土著人、移民的教育问题。文化人类学者也时常批评教育家和教师不注重教育背后隐藏的文化问题，并认为学校不应该强迫土著和移民学习所谓高等的盎格鲁-撒克逊文化。相反，学校应该为土著和移民子女提供多元文化教育。

最早应用文化人类学理论与方法来研究美国教育的是美国教育家休伊特（E. L. Hewett）。1904年至1905年，他先后在《美国人类学家》杂志上发表了《人类学与教育》和《教育中的种族因素》两篇文章。指出，欲使教育成为科学，就要用科学的研究方法研究教育，因此就必须借助人类学的知识；而且人类学也需要通过对教育的研究对自身做出更精确的界定。他致力于促成召开美国人类学学会与美国教育研究会的联合学术会议，以促进美国教育人类学的研究工作。他建议人类学家应研究学校中的种族问题，并应为美国中小学生提供多元文化的课程教育。他的研究为美国教育人类学学科建设奠定了基础。

前面章节谈到博厄斯通过他的卓越研究工作，指出文化没有优劣之分，每种文化都有其存在的价值，各种族或民族的体质构造特征基本相同。各民族文化发展水平的差异不是由于生物原因，而是由于社会原因和历史条件，以此批判了遗传决定论，强调了环境与教育的作用，特别强调了儿童的文化背景。

本尼迪克特和米德也在文化与人格的研究中独树一帜。本尼迪克特认为："每个社会都会产生一种理想的成年人的性格，每个社会都会努力以濡化造成某种理想的成年人性格。"[②] 并提出美国教育的三个功能：传递文化、转变（过渡）与改造功能。教育具有建立或打破社会秩序的力量，赋予青少年自治和自我认识能力，为向成年转化做准备。米德在文化与人格关系的分析中，最终引申出当代社会的教育问题，认为："我们必须把我们的全部教育努力，倾注于训练孩子的选择能力上。教育不应当成为某一种生活方式的特殊辩护士，不应当成为只形成一种特别思维方式而拒绝所有外界影响的那种绝望的努力。相

---

① Ogbu J U. Education and Culture. Reading Materials for Anthropology, 1995 (1).

② 庄孔韶. 教育人类学. 哈尔滨：黑龙江教育出版社，1989：21.

反，它应当为所有这一切影响做好准备。不仅学校教育应该如此，家庭教育更应该如此。”[①] 米德提出了一个老生常谈却未能引起重视的问题，教师应教会孩子们怎样思考，而不是思考什么。赫斯科维茨关于文化的涵化和濡化的研究对教育人类学的形成也做出了积极的贡献。文化的涵化是指不同个人所组成的群体，因持续地直接接触，遂产生一方或双方原有文化模式的变迁现象。这种跨文化接触实际上是一种广义的跨文化教育现象。文化的濡化是指“人及人的文化习得和传承机制。认为文化是人创造的，文化又是一个种族或民族区别于其他种族或民族的最基本的标志之一。人类具有两种传承功能：一种是生物性传承功能，即人类的生物繁衍；另一种是人类与动物不同而独有的传承功能，即文化的习得与传承，也就是文化濡化，其本质意义仍是人的学习与教育”[②]。

亨利（J. Henry）从研究巴西印第安人，转而研究圣路易斯的中学。他力图表明在课堂讨论的内容背后隐而不见的价值与态度，以及这些价值与态度同学生家庭的关系，功利主义价值观的强化超过了智力与道德价值观；学校进行竞争性的“自由进取体系”的基本训练，孩子们被灌输了竞争、害怕失败和嫉妒成功的社会生活经验；课堂活动和校外关系之间的关联性等问题。他的研究还有助于了解教育是通过什么途径塑造全国统一化的模式的。[③]

20 世纪 50 年代，美国的文化人类学者开始研究学校教育，较早从事此类研究的是斯宾德勒（G. D. Spindler）。他的研究是关于教师、行政人员和学生在学校与社区之间是如何相互影响的。1954 年，美国人类学会与斯坦福大学人类学系、教育学院联合召开了由人类学家和教育学家共同参加的学术研讨会。斯宾德勒教授主持了教育与人类学的关系议题、社会文化背景在教育过程中的作用及跨文化教育问题等讨论。会议促成了《教育与人类学》一书的出版。这次会议在美国教育人类学发展史中具有里程碑的意义。

20 世纪 60 年代，有三个因素直接推动了教育人类学作为一门分支学科的地位。第一个因素是 60 年代美国社会出现种族与政治危机，于是学校中低收入家庭和少数民族学生引起人类学家的关注。1963 年，斯坦利·戴蒙德（Stanley Diamond）开始主持一项“校园文化研究”的教育人类学课题，后期获得美国人类学协会资助。该课题有两个研究目的，一是搜集与编著有关文献并对现状加以评论，二是准备在课题研究后期，组织召开一次有关“政治与社会危机年代中教育的功能”的学术研讨会。1966 年，课题的最初成果提交给了美国联邦政府教育决策部门，最终成果部分由沃克斯（M. L. Wax）、戴蒙德和吉尔林（F. O. Gearing）编辑成《教育的人类学分析》一书，书中表达了人类学家对教育的许多独特的观点。第二个因素是教育学家把少数民族和低收入阶层家庭子弟在学校学业上失败的原因，解释为是由于学校只教授白人中产阶级的语言与文化，从而导致这些学生的“文化剥夺”，而人类学家则认为使用“文化剥夺”的概念是不正确的，正确的概念应是“文化中断”。第三个因素是，20 世纪 80 年代后期，美国人类学协会建立了一个课程研究委员会，试图在中小学推广人类学知识，建立传播人类学知识的课程与教材。哈佛大学为小学高年级编写了《人类学——一门研究性课程》教材。这门课程的目的是回答学生在观察某个小社区人们的日常生活时所提出的疑问。并为开阔学生的视野，放映有关因纽特人日常生活的电影。

---

① 庄孔韶．教育人类学．哈尔滨：黑龙江教育出版社，1989：22.

② 滕星．民族教育概念新析．民族研究，1998（2）.

③ 同①38.

另外，为初、高中学生编写的《人类历史的模式》教材，采用了较深奥的理论方式，同样回答“人是什么”的问题，特别是课程采用分析方法对不同类型的社区进行对比研究。人类学家不仅为公立学校编写教材和提供指导，而且在经过选择的学校，做教材实验的民族志工作。一些研究成果陆续出版并应用于学校教学实践，推动了人类学知识在学校的普及。

通过在公立学校推广人类学知识，越来越多的学校教师对人类学产生了兴趣，在一些地方，学校教师积极参加人类学协会的活动，以提高他们学习知识的水平。

1970 年，人类学和教育学的互渗与合作研究达到了一个崭新的阶段，即促成了“人类学与教育学学会”的成立。其宗旨是，推动更多的人类学家关心教育问题，非人类学家运用人类学的知识与方法去研究教育问题。1978 年，该学会出版《人类学与教育》学术季刊；另外，学会还设立了一些专业委员会并开展了若干项目研究。例如，1991 年开展的研究项目就有学校与文化的人类学研究、双语研究、人类学教学、少数民族事务、教师培训与教材等。那些人类学与教育专业委员会不仅提高了人们对教育人类学研究的兴趣与关注，而且还使教育人类学研究的理论得以深化。

（二）美国教育人类学进入学科性阶段

20 世纪 70 年代，教育人类学的发展来自对传统教育研究的抨击，从而开拓了一个新的独立研究领域。这一时期的学术评论，在概念上更加严谨，采用了更多的文化分析方法，并且将教育与其他社会组织的社会功能联系起来加以思考。

奥格布认为，教育人类学主要由三方面的研究促成。第一，大多数从事学校教育的人类学家得益于文化与个性的研究工作，诸如吉尔林、亨利、斯宾德勒等人；第二，就内容而言，教育就是文化传承与习得，因此学校教育仅是其中的一种特殊形式；第三，教育人类学忠实地继承了文化与个性研究中的比较分析方法。某些教育人类学家坚持认为，学校教育应采用比较研究和跨文化研究。他们还认为，要了解现代学校教育中什么是对的、什么是错的，就要像研究初民社会和农牧社会的文化传承与习得那样，研究其他不同种类社会的教育制度与教育过程。

另外，人类学家反对教育学家将学校视为正规教育的主要机构这一假设。人类学家认为，不应该像传统教育研究那样孤立地看待学校教育，不能只考虑课堂和校园里发生的事情，不能只着眼于通过改变课程来改变复杂的教育问题。教育人类学对将学校教育与社会生活割裂开来的方法持否定态度，而认为应该将学校教育放在整个社会文化背景中加以考虑。20 世纪 90 年代以来，教育人类学已成为国际社会日益关注的热门学科研究领域。

（三）美国教育人类学的方向与方法

20 世纪 70 年代，美国教育人类学家开始对过去有关的教育理论和方法提出异议。沃克斯提出美国的人类学家在清理过去的教育理论时，可以在三个方面做出贡献：一是在比较与历史研究领域；二是在教育的社会文化背景领域；三是在应用研究领域。于是教育人类学研究的目的逐渐清晰。由于教育人类学家的学术兴趣与学术背景不同，在同一研究领域，研究目标也不总是一致的。通过尽可能的实地观察，真正了解教育与社会的关系；通过让参与者对搜集的数据进行分析的方法，使他们真正了解教育领域所发生的事情。

一般而言，教育人类学家是运用人类学的概念研究教育制度和教育过程。这种研究分不同层次：第一是基于实地观察的民族志描述和理解当地人民的观点；第二是针对某些特定的族群与现象做实地调查和分析，诸如在某些社会文化背景下的认知、语言、交流、社会、角色与认同、风俗礼仪与社会控制等；第三是分析教育过程的民族志并加以理论概括。这一研究工作经常采用比较的方法。教育人类学在自身学科建设上的追求，不仅是为了理解教育现象，而且更是为了解决教育实践中存在的复杂问题。

以参与观察为主的田野工作，要求研究者长期生活在被调查的对象之中，不论这种研究是在学校课堂中进行，在都市邻里间进行，还是在远离城市的农村社区进行。由于需要搜集记录和整理有关当地人的教育思想与行为，人类学家长期生活在所调查的社区是必不可少的。与当地人建立良好的关系，能够使教育人类学者获得多方面的信息。为了获得可信赖的信息资料，说当地人的语言是十分有益的。教育人类学的目标是直接观察和理解当地人的观点，对教育的问题做充分的描述、分析与解答。

二、教育人类学的若干理论模式

教育人类学的各种理论模式均基于这样一种学理，即教育是文化的传承与习得，而学校教育只是教育的一种特殊形式。首先，儿童从出生就开始了文化传承与习得的过程，学校中的孩子不可能受到“文化剥夺”；其次，孤立地靠验证孩子们头脑中的东西来说明文化是如何传承与习得的任何尝试都不会获得任何结果；最后，作为社会组织机构的学校不仅仅是传递知识的地方，它有许多其他社会功能，与其他社会组织有密切的联系。学校中教师与学生的现状也不同程度地反映了该社区，乃至整个社会的一些现状，比如学校教师与学生在整个社区的社会角色，教师与学生的族群和阶层认同，以及他们在社区冲突中的态度、立场等。于是造成学校中的文化传承与习得复杂的情境。

为了能够正确把握教育中的复杂现象，进而分析教育的本质，美国教育人类学家尝试构建某种理论模式。

（一）工具性连锁模式

斯宾德勒的“工具性连锁模式”（instrumental linkages）是在经过多重探索之后提出的。该模式能够解释文化是如何发生变化的，也能够解释个人如何适应社会的文化变迁。“工具性连锁模式”的基本原理是：只要可接受的行为能够产生预期的并符合愿望的结果，那么，文化系统就能够运转，否则会得到适得其反的结果。人们在日常生活中表现出的各种行为与活动，仅仅是为达到生活目标的工具手段。行为、活动与目标之间的相互关系是“工具性连锁”。后者被系统化关联，并构成文化系统的核心。工具性连锁与构成由文化价值和信仰所支持，而特定的文化价值和信仰是通过社会化过程和学校教育在人们的头脑生成的。比如家庭、教会、仪式、学校与各种社团组织除了教给儿童与年轻人技能以外，还必须培养他们的社会价值观、态度与信仰。① 通过上述训练，孩子们逐渐形成了在特定文化系统中如何生存的各种认知图式，并确立了信念和由此所产生的各种适度的行为与活动。然而在一个迅速变革的

① Spindler G D. Education and Cultural Process：Toward an Anthropology of Education. New York：Holt，Rinehart and Winston，Inc.，1974.

社会时期，在新的知识与信息的作用下，儿童会对传统的“工具性连锁”产生怀疑，逐渐形成与新的文化系统相关联的认知图式，抛弃传统的“工具性连锁”，建立新的“工具性连锁”。

斯宾德勒的“工具性连锁模式”被认为是教育人类学的一大贡献，特别是在文化传承活动发生时。然而，该模式被认为太理性化，不能指出社会认同与个人认同之间的区别。还有的学者认为该模式的理论体系尚不完善，因为它过于重视人的感觉、知觉与认知等心理学因素，并忽视了能够影响个人学习与选择的广泛的社会因素。后来，斯宾德勒本人也意识到该模式需要进一步完善。奥格布认为，该模式的缺点是较注重人类文化学习过程中学校的作用，而未能阐明学校中的学习是如何发生与运转的。

（二）文化传递的执行模式

“文化传递的执行模式”（transactional models）是由教育人类学家吉尔林提出的。[①]该理论模式的主要假设如下：

任何社会和群体的文化系统都是由一系列在意义上既互异又关联的对应物所组成的。该意义上的对应物在某个群体中的每个成员与其他群体中的成员的日常交往中被相互交换过。文化传递是在儿童与成年人以及他们彼此之间的相互交往中通过对应物的交换而实现的。

社会存在知识分配不平均、不公正的现象，传统学习理论认为这是每个人学习能力高低所致。吉尔林不同意上述观点，并认为，由于社会存在着各种阻碍知识传递的障碍，如阶层、语言、宗教、种族、民族等。因此，知识无法自由地在人们之间相互传递。文化传递的执行模式，强调人们彼此面对面认同意义上的文化传递，特别是在成人与儿童之间。儿童向对他们施加影响的成人学习，必然受到成人所处的社会阶层文化的影响，致使儿童打上该社会阶层文化的烙印。每个人都有自己的一套认知图式，包括价值观、世界观、规则、期望与社会身份等。尽管每个人的认知图式都不同，但是由于人们彼此享有不同级别的意义的对应物，当人们彼此交往时（如教师与学生），交往双方原有的认知图式就会重新整合。由于信息和知识的彼此传递，双方的认知图式发生变化，标志着教育获得了成功。

吉尔林坚信，文化通过传递得以自我复制。由于学校存在着“隐蔽的课程”，本身受到社会阶层、种族等因素的影响，由于附属于社会某个群体的学校的教师和其他成年人享有相对于青年人的权力，由于学校是整个社会系统中的一个组成部分，因此有充分的理由可以说明学校参与了社会文化复制的过程。另外，在校园里或课堂上，教师之间或教师与学生之间，存在着一种不完全的默契——复制了“社会文化结构”。以后吉尔林等人一直试图揭示学校中的“隐蔽的课程”是如何帮助复制社会的阶层的。

奥格布认为，吉尔林对教育人类学最大的贡献就是在20世纪70—80年代提出并发展了一个较成熟的教育人类学理论模式，尽管该理论模式被认为是一个信息过程，而非文化传递。20世纪90年代，争论的问题是：到底是成人将文化传递给儿童，还是儿童在文化习得上扮演了积极的角色？一些教育人类学家认为，文化既是由成人传承的，同时也是由儿童积极地习得的。

---

① Gearing F O. Where We are and Where We might go from here：Steps Toward a General Theory of Cultural Transmission//Roberts J I，Akinsanya S K. Educations Patterns and Cultural Configurations：The Anthropology of Education. New York：McKay，1976.

（三）结构-功能模式

结构-功能模式（structural-functional model）的假设是：教育反映了社会的结构与要求。这一理论在某些方面类似于西方新马克思主义者提出的“一致性”概念，即作为整个社会一部分的教育是为与之相联系的、一定的社会政治、经济服务的。结构-功能模式的教育人类学可追溯至20世纪30年代文化人类学的结构-功能主义学派。当时研究的中心，主要是社会分层问题，而不是美国的教育。[①] 那时人类学家尚未系统地阐述和解剖学校教育，然而，他们的研究显示，在以阶级、种族分层和族群为特征划分群体界限的地方社区，公立学校这一社会组织机构是如何受到影响的。

后来的人类学家则提供了详细的学校与教室的民族志。[②] 这些民族志揭示了在学校和班级里实际发生的事情，学校过程也同样强化了社会分层。

在现代工业社会，正规教育、职业和社会地位之间，存在着不可分割的联系。在彼此相联系的纽带的一端是接受过高级训练的人所掌握的技术，另一端是标志社会地位的报酬与福利待遇。在二者之间的正是学校教育，学校教育是将二者联系起来的手段与方法。

（四）生态学模式

教育人类学的生态学分析起源于人类学中的文化生态学理论和心理学中的心理生态学理论。生态学模式（ecological models）强调教育行为与环境（社会组织、价值观、人际关系、族群关系等）之间的相互作用与影响，是一种复杂的生态分析方法。需要确立某个中心课题进行研究。受文化生态学影响，教育人类学家主要研究环境资源的实现与社会组织、价值观与人的行为之间的相互关系。因此早期持教育生态学观点的学者较注重研究对象的历史背景，但不注重考察行为者的心理机制。另有一些学者试图研究社区与学校的关系对课堂学习的影响，例如，奥格布运用“教育的民族生态学”（ethno-ecology of schooling）的方法，考察学生、教师、家长、教职工与纳税人之间的关系。认为学校中低学业成绩是对有限的就业机会所采取的，对付来自教师、同辈人和家长压力的一种策略。

奥格布认为，他提出的文化生态学理论模式是试图填补其他教育人类学理论模式的缺陷，特别是希望在宏观与微观研究水平之间建立相互的联系。该理论模式将结构-功能主义和文化生态学融为一体，同时，重视个人水平上的认知与行为要素的分析，以便为教育过程获取不同层次的理解提供一个行动的范式。

总之，该理论模式的目标将经济、政治、认知和行为结构整合成为一个整体的分析框架，其关键的概念是“适应”。在此基础上，人与环境取得联系，学校系统是一种社会机构，它与社会的其他机构相互关联，尤其是与社会的经济有不可分割的联系。

---

① Wax M L，Diamond S，Gearing F O. Anthropological Perspectives on Education. New York：Basic Books，1971.

② Wilcox A. Differential Socialization in the Classroom：Implications for Equal Opportunity// Spindler G D. Doing The Ethnography of Schooling：Educational Anthropology in Action. New York：Holt，Rinehart and Winston，Inc.，1982.

任何社会组织都与社会科层制相关联。奥格布认为，每个社会的科层制度均有为其制定的成功者的标准。被该社会大多数人认为的成功者的形象影响家长对孩子成长和对学校教育的期望。社会科层制将在相当大程度上决定该社会的成员追求受教育水平的努力。在一个不公正的社会结构中，社会下层群体的教育不仅受该群体自身认识论的影响，而且也受控制教育的统治群体认识论的影响。

为了赋予学校教育以文化意义，奥格布进一步改善了文化生态学理论模式。他指出：少数族群为了工具性目的动机去寻求接受教育，然而，当他们的社会认同受到威胁的时候，他们也会抛弃工具性动机，拒绝接受否定他们社会认同的学校教育。

今日教育人类学的研究领域扩展到了如下几个方面：（1）教育与进化；（2）学校与社会文化背景；（3）学校与社会组织机构的关系；（4）文化传承的延续、中断与教育的能力；（5）教育与社会变迁等。

通过本章前两节分别对欧洲哲学教育人类学派和美国文化教育人类学派的形成、发展与理论研究特色的介绍，我们已了解到这两个学派表现了迥然不同的学术风格。哲学人本的倾向是以整个人类与教育为研究对象，把握人的图像、人的本质和教育的本质，并采用哲学的与经验的研究方法；文化的研究则注重从各种族群成员的不同文化背景以及教育施予的相互关系入手，考察不同社会的文化传承与习得是如何发生与发展的。他们注重在田野工作的基础上构建教育人类学的各种理论模式。

第三节　人类学与中国教育

一、中国教育的文化承继性

20 世纪初，中国教育发生了一次重大转变。传统的读经教育已逐渐为西方式现代学校教育所取代，但却未能将内外教育体系有机地融合在一起。关于这一点，早在 30 年代就有著名的中国教育家指出，中国教育设施，形式上极力模仿外人，精神上却学不会！这固然是由于经济政治社会种种与外国的不相同，但没有顾及中国民族性实为一大原因。[①] 洋教育的出发点起自爱国强国，然而频繁抄袭模仿各不同国家的结果是，国仍然强不了，反而见到国家的分裂。[②]

从洋务运动办西学的中体西用，到新中国成立前数十年间的抄袭搬运外来教育，急功近利而不顾及中国教育的文化基础，结果旧中国的教育惨淡经营，既跟不上世界潮流，又丢了地方与乡土的需要。中体西用的文化判断之误在于，把外来文化看成是可以轻易移动和套用的形式，把外来教育文化看成是各种可以随意粘贴的标签，还试图设计有两个文化（中与西）并立与共存的实体文化。然而当我们学了几十年，尚未学会人家旧日的教育模式时，人家又有了新的文化构想并付诸实施。所以教育上的改头换面只是徒劳，民众也对

① 庄泽宣，陈学恂．民族性与教育．北京：商务印书馆，1938．

② 廖泰初．中国教育学研究的新途径．教育学报，1938（3）．

教育失去了信心。从洋务运动到新中国成立前夕，教育的目的和方向不明确，并未铸造起自己教育的文化构架，教育总是颠沛流离于艰难之中，也承受着“应然”与“实然”之间的阵痛。①

传统中国的儒家教育思想的基本主张是“克己复礼”，其理论根据就是“仁”，即“克己复礼，为仁”。因为仁如此重要，故孔子主张教育的目的是“为政在人”，提倡“礼贤下士”，“举贤才”以重用他们；主张要努力学习，“仁而优则学，学而优则仕”。孔子的教育目的在于培养君子贤人，以矫正社会不良风气。这就决定了他对教育内容的主张是以思想品质和伦理道德为主，一般文化知识传授服从于道德教育的需要。其道德教育内容即是“礼”：“非礼勿视，非礼勿闻，非礼勿言，非礼勿动。”孔子的这种思想后来被历代统治者接受和宣扬，成为一个庞大的思想体系，对维护历代统治起了很大的作用。

中国传统教育还以政治化特点最为显著。早期有“学而优则仕”，后来董仲舒提出“教，政之本也；狱，政之末也”（《春秋繁露·精华》）的教化之术，朱熹的《大学》则是“修身治人的规模”（《语类》卷十四），都有传统的政治色彩，显然政治被置于教学的重要地位乃至首要地位。在形成从官学中选拔帝国官吏的制度后，便确立了中国传统教育中政治为重的突出现象。伦理与政治相关，而政治和伦理又寓于教育的观念与行为之中，这在古代和现代中国带有明显的文化承继性。

问题回到绵延许多年的科举制和通经术上。古时考试虽重文采却崇古过甚、限定颇多，极为束缚人的才智发挥。虽然我们完全可以从古代一些大教育家语录中找出像“学而不思则罔，思而不学则殆”“教学相长”（《学记》），以及“如有可疑，虽或传以为圣贤之言，亦须更加审择”（《朱文公文集》卷三十一）一类话语，然而实际的情况则并不如此，因为儒家礼俗的等级已先行决定了教学过程的单向性和不平等性。因之，我们须关注的是儒学理念长久传递及其对人性的转变作用，即儒学世代渗透上下铸成古今族群大抵一致的集体意识与无意识文化成分。其外在的表象是：通常情况下，该群体表现为较为接受被动式的教学过程。这本质上是一种族群性的约束性文化的表现。

二、人类学对教育的一个经常性观察点——幼儿园

幼儿园这类学前教育经常被作为各国教育观察的理想角度之一。中国的幼儿园同样存在一个儿童社会化的问题，看管和约束的思想从幼儿园的作息制度里反映得已经很清楚。

案例

一个对上海15所幼儿园的调查发现，园内有47条规定限制儿童活动。从早上8点到下午4点15分总共495分钟的幼儿园作息时间中，真正属于儿童的自由活动时间才25分钟！②

① 冯跃．教育的期待与实践．北京：民族出版社，2009.

② 郑美玲．更新教育思想 促进幼教改革．幼儿教育，1986（2）．

在我国的大部分幼儿园里，教师一直占据主导地位。无论你走到哪里，都经常可以看到教师的说教场面。当然一些家长和幼教人员并不认为有独立思考意向和进取精神的儿童不好，然而在实际的教育行为中往往限制儿童们的积极性和主动性。这里面原因是多重的。最主要的是幼儿教师认为只有纯粹的集体性、统一性才能培养集体主义与合作精神。其实重视个性的发展反而有益于推进集体与合作的事业。但这个道理一再受到传统文化的过滤，反而将集体主义与个性发展看作一对矛盾，因此实际操作中往往是重前抑后，以致在时间安排与活动内容的具体设计方案上排斥了个性发展的机会。另一种情况是长辈有限地肯定子女有发展的独立意志，但实际上又不愿意看到子女发展这种独立的倾向，其实还是一种传统父子链环上的依附性文化的延续。在中国汉人社会里，这种代际关系被一代代重新模塑。

我们还要考虑到现行的独生子女政策强化了这一依附性的现状。独生子女使父母的担心更多，怕子女出事甚至是夭折的心理，使爱往往过剩，他们只求小心谨慎地庇护幼儿，幼儿教师也唯恐对此承担重要责任，因此造成不敢放手让幼儿活动的社会性情景。“千万别出事”的保护主义教养与溺爱，恰恰与中国传统的汉人社会依存性教养文化合拍了。各种因素造成幼儿处在一种不能充分自由发展的制约之中，这便是问题的症结之一。[①]

人们普遍认为幼儿无法像成人一样能产生自我的概念。[②] 这一点在中国也一样，成人社会普遍认为幼儿不成熟、无知，即常说的“不懂事”。所以幼儿园事实上强调一种群体生活，文化上的含义就是教导幼儿认识比自我、比家更大更重要的社会和国家。传统观念认为儿童不仅是父母的，也是社会的。古时的孝则既是对父母而言，也是对皇帝而言。这些都表明儒家思想仍然普遍存在于人们的教育理念中。[③]

我国的教育政策的基本精神仍然符合儒家所理解的中国人的“自我”观念，也就是说无意义的“小我”服从于有意义的集体之“大我”。有学者认为中国人的群体意识是与对秩序的看法紧紧联系在一起的[④]，没有秩序的一群儿童不能算是一个集体。在对中、日、美幼儿园的对比研究中可以看到，对日本人的观念来说，群体可以是有序的、有组织的，也可以是无序的、自发的。因此中国和日本幼儿教师的职责也不尽相同。为培养幼儿将来成为集体中的优秀成员，日本的幼教强调友谊和忠诚，把幼儿置于一个能自由交流、完全没有成人干涉的环境里。中国的幼教强调秩序和集体的共同目标，他们更愿把幼儿置于一个受统一约束和管教的环境里。相对来说，我国幼儿园更纵向，更以教师指导为中心。而在绝大多数的日本幼儿园里，群体活动就是与同伴在一起玩耍。教师的干涉越少，幼儿与同伴的交流机会就会越多，群体间的横向联系也就会越紧密。在我国的幼儿园，一个勤奋的幼儿教师一天下来筋疲力尽、口干舌燥不足为怪，因为她总是一刻不停地在“管”孩子

---

① 庄孔韶．教育人类学．哈尔滨：黑龙江教育出版社，1989：193-194.

② Johnson F. The Western Concept of Self//Marsella A J，Devos G，Hsu L K. Culture and Self：Asian Western Perspective. Orlando and London：Academic Press，1985：29-45.

③ 吴燕和．自我与集体：幼儿园里的中国儿童社会化．中国社会科学季刊，1996（2）.

④ Wilson R W. Learning to be Chinese：The Political Socialization of Children in Taiwan. Cambridge：MIT Press，1970.

的行为和交流。[①] 绝大多数看过有关中国幼儿园录像的美国及日本受访者都对我国幼儿园过分严格和刻板的制度表示不认同。他们对典型的中国式的幼儿园的某些特点评价很低，如“以教师为指导的游戏太多”“教师对孩子们的限制太多”“整体气氛太压抑”“孩子们自己玩的时间太少”，以及“孩子玩时缺乏自主性，很被动，很听话”[②]。

不仅在秩序上，在儿童所学知识的选择方面，教师也在有意或无意地进行着规约。例如，在一节常识课上，教师问儿童：“笋像什么?”孩子们分别回答，像“火箭”、像“蜡烛”和像“一支笔”，而教师则不满意，她要孩子回答像“宝塔”，因为教案上是如此写的。[③] 无疑，这极大地限制了幼儿应有的想象力。

尽管多年来不少教师也选择过启发式的教学，在一些场合也取得了良好的效果，但就大多数学校而言，启而不发的情况或根本排除课堂讨论的状态则是普遍的。自由探讨的做法受多方要素牵制，如在教学进度上有规定、某些敏感问题受到限制，还有就是教师的知识结构应付不了同学的提问，等等。严峻的升学压力，使讨论只能成为浪费时间。如果增加了自由的教学讨论时间便会影响“统考”的成绩，因为考试在很大程度上是唯书、唯纲（教学大纲）的。有的学校和有的科目竟圈定考题范围，从而助长了死记硬背的学风。显然，教育体制必须彻底改革，才能适应时代发展的要求。

时至今日，传统的约束性教育思想仍然存在和延续着，这种观念和行为产生于根深蒂固的中国传统文化基础之上，并作为一种文化滞后力量影响人们的意识。现代国家意识形态和教育制度的许多内容与此不无关联。一直受到抨击的应试教育就带着明显的约束性，如中国师生中通行的模拟测验、经验性猜题、背答题、记题型等都是为了考试。应试教育达到了浪费精力、有害于青少年身心健康的地步，早已引起全社会的关注。由于应试教育的知识保守性、重复性和仿效性，从而决定了社会吸收人才的不平等状况，即思维灵活和富于创意的学生容易被拒于大门之外。很多学者提出的素质教育，就是对现行应试教育状况的否定。然而，目前教育的现状仍然是对从小学到高中的统考方法欲罢不能。问题是作为素质教育灵魂的因材施教和个性教育原则如何加以表现呢?看起来，考试本身并没有错，考试还是需要的，关键是如何找寻考试方法和公平选拔之间的有机联系。

三、多民族国家教育的重要观察点——双语问题

中国是多民族国家，20 世纪 50 年代后，各少数民族的教育得到了多方重视和大力发展。许多地区还实施了少数民族语言和汉语的双语教育政策，大大提高了当地的教育质量。如凉山地区总人口 381 万，其中彝族 160 万，占总人口的 42%，是我国最大的彝族聚居区。彝语是当地的通用语。1974 年，考虑到彝族人民的需要，政府提出要在彝区继续推行汉语文；在对彝族原有文字进行必要的整理、规范并加以完善的基础上，采用彝族原有文字，汉文、彝文同时使用。双语教育关注了两种语言背后的文化底蕴，关联就是这样产生的。

---

① 吴燕和．自我与集体：幼儿园里的中国儿童社会化．中国社会科学季刊，1996（2）．

② 同①．

③ 庄孔韶．教育人类学．哈尔滨：黑龙江教育出版社，1989：193．

案例

在凉山彝族地区，很多教师对现行小学二年级语文课本第八课“谜语”的讲解花费了很多精力，但收效甚微。罩在“谜底”外壳那一层又一层朦朦胧胧的“迷雾”，对于见识相对狭窄的山村孩子来说，本身就是一道难度的险关，飘浮在字表面上的一句句白话意思，对于不通和稍通汉语的彝家孩子而言也成了难以逾越的道道鸿沟，单是讲懂题目“谜语”这个词，就足以让全体师生不知所云。如今，26 岁的汉族教师车金明站在讲台上，面对 42 个不懂汉语的八九岁孩子，先用彝语说了一则由祖宗传下的、关于一种木工工具的谜语：“者乃衣木者，都乃足此都。”学生们都兴奋地来猜这“吃时，从肚子下吃进去，屙时，从后背上屙出来”的东西是什么。反应快的孩子举手回答：“世约（即刨子）。”教师及时地用彝语讲解这种从描写事物具体特点到猜出具体事物的文体叫“谜语”，并引入正文。①

凉山是一个正在加快形成中的双语双文化社会，彝语和彝文是彝族本民族的语言和文字，但汉语言文字事实上已经成了中国各民族的族际语。学好彝、汉语言文字是凉山彝族既保持传统文化，又能进入现代化主流社会的必然途径。在凉山彝族社会学校教育尚未形成时期，老彝文的使用与传承是在从事宗教活动的极少数“毕摩”中进行的，学习的人不多。又因老彝文有多种方言，它的字形不统一，因此很难大规模进入正规学校。使用新彝文以后，这种情况得以改变，同时农村彝文扫盲工作也相应开展。1986 年，全州彝族农业人口 317 177 人，12 至 40 周岁的少青壮年 500 527 人，用彝文扫除文盲 344 875 人，脱盲率达 68.9%，在高山区全州平均脱盲率达 10.3%。全州识彝文的人数已达 45 万多人，占彝族总人数的 32.8%。有 11 县市到 1990 年基本实现扫除文盲。② 另外，“直接过渡”使少数民族学生语言障碍更加突出，于是在普遍用彝语的凉山彝族聚居区，举办彝文中小学，解决了由于语言与文化障碍而影响教育教学质量提高的问题。绝大多数彝族教师认为彝语和汉语是凉山地区的社会语言，两种语言应该并存。广大学生和家长基本上也持这种观点。

儿童的语言、文字习得规律是建立在赖以生存的语言生态环境与社会群体成员的语言态度等因素基础上的。因此，依照不同的社会语言生态环境和社会群体成员的社会语言态度，为儿童建立不同语言模式的学校，就是遵循儿童语言文字习得规律。③

四、多元文化整合教育理论构想

关于多元文化整合教育理论的构想是：一个多民族国家的教育，在担负人类共同文化成果传递功能的同时，也要担负传递各少数民族传统文化的功能。多元文化整合教育对象不仅包括少数民族成员，也包括主体民族成员。多元文化整合教育的内容，除了包括主体

① 吴明先．《从神秘到神圣》复印稿．凉山彝族自治州教委，1997：13－14.
② 凉山州教育志编纂委员会．凉山彝族自治州教育志（送审稿）．1994：187－188.
③ 滕星．凉山彝家双语社会与双语教育．北京：教育科学出版社，2000.

民族文化外，还要含有少数民族文化的内容。少数民族不但要学习本民族优秀传统文化，也要学习主体民族文化，以提高少数民族年青一代熟悉主体文化社会的能力，求得个人最大限度的发展。主体民族成员除了学习本民族文化外，还要学习和了解少数民族的传统优秀文化，以增进民族平等的意识。多元文化整合教育的目的是，继承各民族优秀文化遗产；加强族际的文化交流与繁荣；以达到相互尊重、理解、平等、友好与和睦相处。[①]

参考书目

博尔诺夫．教育人类学．上海：华东师范大学出版社，1999.

布鲁纳．教育过程．北京：文化教育出版社，1982.

戴庆厦，滕星，关辛秋，董燕．中国少数民族双语教育概论．沈阳：辽宁民族出版社，1997.

冯跃．教育的期待与实践．北京：民族出版社，2009.

陶行知．中国教育改造．合肥：安徽教育出版社，1981.

滕星．凉山彝家双语社会与双语教育．北京：教育科学出版社，2000.

乌申斯基．人是教育的对象．北京：科学出版社，1959.

吴燕和．自我与集体：幼儿园里的中国儿童社会化．中国社会科学季刊，1996（2）.

谢启晃．中国少数民族教育史纲．南宁：广西人民出版社，1989.

詹栋梁．教育人类学理论．台北：五南图书出版公司，1986.

庄孔韶．教育人类学．哈尔滨：黑龙江教育出版社，1989.

庄泽宣，陈学恂．民族性与教育．北京：商务印书馆，1938.

Freedman D G，Freedman M. Behavioral Differences between Chinese American and American Newborns. Nature，1969.

Gearing F O. Where We are and Where We might Go from Here：Steps Toward a General Theory of Cultural Transmission//Roberts J I，Akinaanya S K. Educations Patterns and Cultural Configurations：The Anthropology of Education. New York：McKay，1976.

Gibson M A，Ogbu J U. Minority Status and Schooling：A Comparative Study of Immigrant and Involuntary Minorities. New York and London：Garland Publishing，Inc.，1991.

Kneller G F. Education Anthropology：An Introduction. New York：John Wiley & Sons，Inc.，1965.

Nohl H. Ludwing Pallat 1929 Handbuch der Padagogik. Verlag von Julius Beltz in Langensalza Leipzig，1929.

Ogbu J U. Education and Culture. Reading Materials for Anthropology，1995，153（1）.

Spindler G D. Education and Cultural Process：Toward an Anthropology of Education. New York：Holt，Rinehart and Winston，Inc.，1974.

Vorward H D. Erziehung Swissen Schaft and Philosophie der Erziehung. Aloys Henn

① 滕星．凉山彝家双语社会与双语教育．北京：教育科学出版社，2000.

Verlag Ratigen，1967.

Wax M L，Diamond S，Gearing F O. Anthropological Perspectives in Education. New York：Basic Books，Inc.，Publishers，1971.

Wu D Y H. Self and Collectivity：Socialization in Chinese Preschools//Ames R T，Dissanayake W，Kasulis T P. Self as Person in Asian Theory and Practice. Albany：State University of New York Press，1994.

Zhuang K. Road to Reform the Teaching of Anthropology in Mainland China//Cheung S. On the South Track，Perspectives on Anthropological Research and Teaching. Hong Kong Institute of Asia-Pacific Studies，The Chinese University of Hong Kong，1998.

第十六章

历史人类学

人类学对历史的关注，经历了几个阶段。在人类学的萌芽时期，历史曾在“扶手椅上的空想人类学家”的思辨中占有重要地位。进化论学者试图构建人类社会发展的普遍规律，他们用各种不同文化形态的描述来重构人类社会的历史进程。然而，他们所关心的历史是一种“推测性历史”（conjectural history），当人类学作为一门学科逐渐形成时，这种“推测性历史”受到早期职业人类学家的批评。新思潮的代表有博厄斯领导的美国历史学派，以及英国的结构-功能学派。其中，结构-功能学派因反对“推测性历史”进而忽视利用历史资料，影响了主流人类学的研究倾向。

在20世纪中叶，结构-功能学派的这种倾向受到人类学家的质疑。许多著名人类学家纷纷表述了自己对历史的重要作用的认识。然而，历史在人类学中重获重要地位当归功于近几十年的新社会思潮。近年来，人类学家们探究历史，不是为了构建普遍适用的人类发展规律，而是注重实践，注重人的主观能动性的表现。人的主观能动性是历史的产物，同时，人的主观能动性也创造着历史。

第一节　人类学与历史

人类学史经常将人类学思想的源头追溯到18世纪的一批苏格兰和法国思想家的著作中。例如，孟德斯鸠在讨论自然环境对国家形式的影响时，将社会思想家的视野首先扩展到欧洲之外。杜尔哥（A. R. J. Turgot）的思想中具有后来的进化论思想（evolutionism）的雏形。他最先明白地阐述了社会文化进化论所采纳的“比较方法”（comparative method）：“目前世界的情形……将从蒙昧状态到文明时期的各个阶段同时呈现在我们眼前，使我们一眼便可看到……人类心智所经历过的所有步骤。”杜尔哥进而划分了人类社会组织形式和人类心智发展所必经的若干个阶段。他认为，在《圣经》记载的洪水过后，人类社会处于蒙昧时代，人们散居在不定居的小群体中，直至发明动物的驯养，进入游牧的野蛮时代。后来发展到农业时代，人口定居，产品有剩余。防御的需要导致进一步社会分化，城市开始统治乡村。杜尔哥的几篇小文中，蕴含了丰富的社会文化进化论的萌芽。[1]

在此之前，根据《圣经》的记载和西方的传统看法，人们普遍认为人类社会是逐步走向衰败的。18世纪的思想家们则提出了相反的看法。他们认为人类社会是逐渐走向进步的。他

---

① Stocking G W，Jr. Victorian Anthropology. New York：Free Press，1987：14－15.

们往往把人类社会类比为有机体，认为使用归纳法便可得出人类社会发展的普适规律，这些规律解释社会现象就像物理规律解释物理现象一样有效。他们认为人类的天性在任何社会和任何年代都是相同的。人类社会的发展必然经过某些阶段，而这些阶段可以用斯图尔特（Dugald Stewart）称为"推测性历史"的方法——后来也称为"比较方法"——予以重构。

进入 19 世纪，比较方法渐趋成熟。其大意为：现代的所谓"原始部落"与人类早期的生活状态相类似。在缺乏历史证据的情况下，可以通过观察今天仍生活在文明发展的早期阶段中的人群来重构文明发展的早期历程。这一思想明确反映于约翰·拉伯克（John Lubbock）著作的书名里。其书名全称为《古代遗址和现代蒙昧群落所揭示的史前时代》。社会文化进化论者使用这种方法写出许多巨著来探索各种社会制度的起源与发展。维多利亚时代的思想家们热衷于探索各种事物、各种制度的起源。然而，他们所说的历史，仍不脱"推测性历史"的窠臼。尽管他们强调要用实证方法研究社会制度，但他们的历史仍是推测性的。不过他们已经充分认识到实证资料的重要性，因此，他们进行大量的文献研究，罗列惊人数量的人类学细节。埃文思-普里查德将这类著作称为人类学细节的"仓库"①。

社会文化进化论的一个基本思想是把民族志资料划入不同的进化阶段。在《古代社会》中，摩尔根指出："不可否认，人类的一部分处于蒙昧状态，另一部分处于野蛮状态，还有一部分处于文明状态。同样不可否认，这三种不同状态之间形成自然而且必然的进步次序。"② 摩尔根指出，每一时代及其划分阶段都有不同的标志。蒙昧时代中级阶段的标志是采用鱼类作为食物和使用火，其高级阶段的标志是弓箭的发明。野蛮时代的低级阶段始自制陶术的开始，中级阶段始自驯养家畜和灌溉农业，高级阶段的标志则是铁矿冶炼，进而由于文字的发明而过渡到文明时代。③

泰勒在《原始文化》一书中，阐述了社会文化进化论的一些基本观点。他说："各种人类社会的文化状况……是探求人类思想和行动规律时应该研究的对象。一方面，文明中如此常见的同一现象在很大程度上可以归因为同一目的导致的同一行动；另一方面，文明的不同程度可视为发展或进化的不同阶段。每一阶段都是先前历史的产物，并将在未来历史形成中发挥作用。"④

社会文化进化论者认为，人类学的研究对象是文化。然而，他们所说的文化在英语里是单数形式，也就是说，他们认为人性是同一的。他们大量引用民族志，其目的不在于民族志本身，而是为了证明文化进化的可信性。于是，他们把在时间和空间上都相差很远的、不同环境中的某一文化要素提取出来加以比较，把这些文化要素与它们存在的历史环境割裂开来。这种做法受到后来的人类学家的猛烈批评。

美国人类学界对进化论的批判主要来自所谓"历史学派"。该学派的领袖为博厄斯。经过对不列颠哥伦比亚印第安人细致的田野调查，博厄斯发现他收集的资料无法用进化论来解释。他在一篇名为《人类学比较方法的局限》的著名文章中指出，进化论者认为，不同文化中的类似现象，是同一的人类心智对类似环境的反映的结果。在此基础上，进化论者着手构建人类历史的发展秩序。但是，如果同一现象并不总是由相同的原因引起，进化

① Evans-Pritchard E E. Social Anthropology：Past and Present. World Neurosurgery，1950，198（6）.

② 摩尔根．古代社会．北京：商务印书馆，1977：3.

③ 同②.

④ 泰勒．原始文化．杭州：浙江人民出版社，1988：1.

论便失去了逻辑基础。博厄斯用自己收集的资料证明，表面上看起来相似的现象可能是由极不相同的历史、环境或心理因素造成的。他提出与进化论者很不相同的研究方法，并称之为“新历史方法”。他指出，研究风俗习惯时，必须将其置于当地环境之中。研究它对部落整个文化的影响，以及它在临近部落中的分布。以多个部落的不同文化史为基础，将其各自的发展加以比较，然后才能得到人类发展的一般规律。[①] 换言之，在研究不同文化的共同之处以前，我们首先应当深入研究各种个别的文化。

由此可见，美国人类学历史学派仍把比较归纳人类发展规律当作人类学的目标。这一学派的突出贡献是把单数形式的“文化”“文明”“历史”变成了复数形式。他们强调，要了解某一风俗信仰存在的原因，必须了解它的发展历史，也必须了解它与它所处的整体文化环境的关系。

然而，猛烈攻击进化论的另一阵营，结构-功能学派的两个领袖人物对历史的看法有不同的阐述。马林诺夫斯基在他的第一本民族志中便指出，他要探索一种新的理论，不同于当时盛行的、关注起源与承继的进化理论。[②] 拉德克利夫-布朗更明确地说：“我认为目前人类学研究中最重要的学派之争不是‘进化论’与‘文化扩散论’之争，也不是‘文化扩散论’中各个不同流派之争，而是推测性历史与对社会的功能分析之间的争论。”[③] 这一学派的主要观点是：社会的各个组成部分相互依存，每一部分都具有维持整个社会生存运作的功能。人类学家的目标是探求社会规律，并能根据这些规律做出预测。他们把社会类比为自然系统或有机体，据此认为，要了解社会，并不需要了解它的历史。

但是，正如埃文思-普里查德指出的，结构-功能学派在泼出推测性历史的洗澡水的同时，也泼出了真正的历史这个婴儿。[④] 结构-功能学派假定那些所谓的“原始部落”长期处于一种静止、孤立的状态，其文化形态亘古不变，这种“人类学的此刻”（anthropological present）的假设本身便是错误的，大量田野资料已经证明了这一点。即使是处于十分偏远地区的部落，也有自己的历史，也会受到外界的影响。只强调共时性研究，而忽略历时性研究，使结构-功能学派不仅无法深刻认识他们所要了解的社会，而且无法解释社会的发展变化。

埃文思-普里查德在指出结构-功能学派忽略历史的弊端方面起了重要作用。他的一篇著名讲演明确表达了与拉德克利夫-布朗所代表的结构-功能学派截然相反的立场。他提出，研究历史不仅可以分析历时性问题，而且可以验证共时性分析得出的结论。他进而认为，人类学与历史，尤其是社会史，并无根本区别。[⑤] 结构主义大师列维-斯特劳斯则认为，人类学与历史学的区别既不在于研究对象或研究目的，也不在于研究方法。它们是互补的两种角度；历史学关心的是社会生活的自觉表达，而人类学则探究社会生活的无意识基础。[⑥]

① Boas F. The Limitations of the Comparative Method of Anthropology//Boas F. Race, Language and Culture. New York：Free Press，1896，1966.

② Malinowki B. Argonauts of the Western Pacific. London：G. Routledge & Sons，1932：515.

③ Kuper A. Anthropology and Anthropologists：The Modem British School. London：Routledge and Kaen Paul，1983：4.

④ Evans-Pritchard E E. Social Anthropology：Past and Present. World Neurosurgery，1950，198（6）.

⑤ 同④.

⑥ Levi-Strauss C. Introduction：History and Anthropology//Structural Anthropology. London：Penguin，1972：1－27.

尽管这些著名人类学家认识到历史的重要性，但他们的著作并未充分实现他们的设想，所引用的历史资料也仅限于文字档案。更多的人类学家仍然继续将他们所研究的社会看成时空中的孤岛，与世隔绝而缺少历史。当然也有例外，如利奇的《缅甸高地的政治制度》便将他所研究的社会置于区域环境之中。①

20 世纪 70 年代兴起的政治经济学派率先在自己的研究中给予历史以重要地位，使得历史人类学出现在学术视野中。他们突破传统人类学的研究领域，关注更大范围的区域政治经济体系，并与人类学对小范围社区所做的细致田野工作相结合。他们强调外来影响，以及当地社会在外来影响下的变化和发展。埃里克·沃尔夫发表于 1982 年的《欧洲与没有历史的人民》一书，便反映了这种新的历史观。他指出，许多部族社会远非历来如此，它们往往受到自 15 世纪以来的资本主义扩张和殖民的影响。

政治经济学派关心宏观区域与全球历史，注重“底层的历史”（history from below）和“外来影响的历史”（history from the outside）②，这些恰恰是传统人类学家与历史学家所惯常忽略的。因此，历史人类学也为新社会历史学的发展做出了贡献。在此之前，人类学著作中提及历史，通常是在卷首写一章“历史背景”，在卷末写一章“社会变迁”。政治经济学派的做法刚好相反。他们认为，人类学家所接触的所谓“原始社会”，根本不像他们以前想象的那样与世隔绝，而是早已在外来影响下发生了改变。因此，他们怀疑人类学家是否有可能了解到这些社会未接触外界以前的情况。政治经济学派的历史观也受到了一些批评。奥特纳形容政治经济学派常把历史看作一条船，从外面驶入他们所研究的社会。结果，他们得到的不是当地社会的历史，而是欧洲对当地社会的影响。而且，奥特纳指出，政治经济学派的人类学家往往自己置身于这条从外驶来的历史之船上，而不是站在当地社会的岸上，而人类学最根本的学科优势原本是以岸上人们的角度看问题。③

自 20 世纪 80 年代起，实践理论逐渐引起人类学家的兴趣。所谓实践理论是一个松散的概念，包括很多不同学派。它们的共同之处是都强调人的主观能动性。然而，这里所说的人的主观能动性并非人的随心所欲。实践理论认为，人是历史与文化的产物。他们的思想行为、处世方法、追求梦想乃至文化生活品味，无不受到特定时空中社会政治经济文化环境的影响。但是，人又不是完全被动地被环境驱使。他们的行为同时又在改变着环境，创造着历史。推崇实践理论的人类学家在研究中，面对社会体系提出的研究问题不仅包括：“这是什么？”“这是怎样的？”而且更要问：“这是怎么来的？”这说明历史在实践理论中占据极为重要的地位。只有在历史过程中，人的主观能动性才得以充分体现。只有通过历史，才能发现人的主观能动性是怎样被历史文化构造，同时又是怎样去构造历史文化的。

进入 20 世纪 90 年代，人类学与历史研究的结合成为学科建设中的重要发展内容，中国学者也对此做出了深刻的反思④。在下一节中，我们将介绍历史人类学的相关的理论、原则，以及通过具体案例来展示当前人类学前沿研究是怎样运用历史分析的。

---

① Leach E. Political Systems of Highland Burma. Boston：Beacon Press，1954.

② Vincent J. Anthropology and Politics：Visions，Traditions，Trends. Tueson：University of Arizona Press，1990：401－402.

③ Orther S B. Theory in Anthropology since the Sixties//Dirks N，Eley G，Orther S B. Culture，Power，History：A Reader in Contemporary Social Theory. Princeton：Princeton University Press，1994：372－411.

④ 张小军．让历史有“实践”：历史人类学思想之旅．北京：清华大学出版社，2019.

第二节　历史人类学的原则

一、人类学、历史学和民族史

人类学和历史学之间曾有不可逾越的界限，至少到20世纪中叶仍如此。但实际上，这两个学科在理论、方法论或研究的主题上并非各自孑然独立。人类学家埃文思-普里查德关注文化变迁和历史，克虏伯则描述濡化与文化变迁的过程；而年鉴学派的历史学学者对制度和社会的兴趣，比他们的同时代同行——那些热衷于政治事件或传记描写的史学家的撰写，更接近人类学。现在，"人类学转向"成了新叙述史的形式之一。其主要特点是促使历史研究关注人类学意义上的文化事项。这是指历史研究从传统上关注特定政治人物的思想和行动之政治史，转而关心那些普通人的态度与信仰。托马斯写《宗教与巫术的衰落》就是用人类学理论与例证进行比较，以说明人们对巫术的信念是怎样丧失的。近年来，中国的学者，如明清史的学者下移至民国史料进行爬梳乃至参与当代的田野工作，以寻求新的见解的根据；而人类学家则反观古史以寻求思维与制度的古今关联性与变异性。埃文思-普里查德在40多年前就同意"人类学须在历史学或什么都不是之间做出选择"，以及民族史家也赞同"历史学也须在社会人类学或一无是处之间做出选择"，这是说他们共同预估了两个学科相结合的必然走向。①

在谈到历史学和人类学之时，不能避开民族史的含义。在北美，民族史的方法被应用于追述印第安诸部落的历史，记录包括诸印第安族群的调查材料和因印第安人土地权问题而遗留的大量法庭资料，但上述记录多是有文化的非土著人留下的。这样，民族史被认为"通常是为人类学家所研究的族群的历史"②，其传统做法是描述它们：编年叙事史、单独或特殊的事件，而时常是关于土著和欧洲人的关系。然而，外来人重建"没有书写历史的族群的历史"是不完整的，"必须从根本上考虑所研究族群对事件的自身见解，以及他们对过去历史的文化建构方式"③。

民族史的问题还在于其名称。如北美印第安人的历史-民族史研究，如果换在多民族的非洲则难以罗列性地冠名。口述史家万森纳（Jan Vansina）认为，"研究未开化社会的历史与文明社会的往昔并无不同"，因此，"没有必要为此创造一个特别的术语，如民族史"④。实际上英文"民族史"一词的前缀"ethno"来源于希腊语"ethnos"，今天的含义包括那些组成或并不组成民族的特定的人群。这样推说，民族史可以指任何一个民族或族群的历史；但实际上经常只是部落的民族史、少数民族的民族史，而对于一些国家和地区的主体民族却几乎不提民族史。为此，已有人批评保留"民族史"一词会被一些族群看成一种"不公正的歧视"。由民族史的术语及其实际研究的传统引出的问题仍然涉及上述人

---

① Krech Ⅲ S. Ethnohistory// Levinson D，Ember M. Encyclopedia of Cultural Anthropology：Vol. 2. American Reference Publishing Company，Inc.，1996：423.

② Sturtevant W C. Anthropology，History，and Ethnohistory. Ethnohistory，1996（13）.

③ Schieffelin E，Gewertz D. History and Ethnohistory in Papua New Guinea//Gewertz D，Schieffelin E. Ethnohistory in Papua New Guinca. Sydney：University of Sydney，1985.

④ 同①425.

类学和民族史/历史学的关系与内涵。因此，我们在谈到人类学家和历史学家所做的工作，以及他们之间的沟通时，“历史的人类学”和“人类学的历史”的说法与内涵会为多数人所认同。

二、意义的历史

人类的历史遗产（historical legacy）由其成员，包括家族的、亲友的、社区的、族群的，以其口传的、记录的、文献的形式传递下去，当世的人因受其影响而从他们的往昔寻找定位，获得该族群所期许的行为的价值观和世界观。然而，他们关于往昔历史的认知并不是一个“客观的”过去，而是一种对他们的生活深具意义的历史。

苏珊·娜詹（Suzanne Najam）讨论了英国笛郡矿工在1984—1985年罢工中扮演的角色。由于矿工们居住在一个长久以来对激进活动始终负有义务感的地区，直至今日他们在主观上仍然可以在身份认同以及对事件意义的构筑上，汲取到激进主义的影响，并将这一信念化为实践，进行持续的抵抗。被她采访的一位矿工说：

> 我的意思是，1926年的情形也是这样的。要到许多年后，你才能看出当时所发生的关系、意义，才能完全了解罢工的影响。也许到离现在五年、十年，或十五年后，当你回顾1984—1985年的罢工，还有它对英国社会所造成的冲击时，你才会知道它的意义，而他们当中很多人是不会知道的。但是我认为，等他们年老，他们将坐在儿孙辈间，然后说：“我记得1984年到1985年……”你知道我的意思。而且在他们的话里有骄傲，有尊严，你可以感觉得到，他们或许不会说出来，但你可以感觉得到。①

作者援引的众多矿工的话语，是为了表明一种被认同了的历史遗产是如何潜移默化地被传递下去的，然而“这种历史遗产与所谓的‘历史感’不同，后者是一种不具焦点的理解，对于接收者而言也不具暗示，而前者却包含了理解世界的内在方法。在这层意义上，历史遗产是赠予后代的，是一份传达责任感和义务感的礼物。后代可以从这种历史遗产中汲取什么，取决于他们想从其中得到或需求什么以及他们所认知的义务感。它像是已经浓缩封装的历史感，提供这个社群对世界的独特诠释”②。

> 这种历史诠释被视为“意义的历史”（significant history）。它是一种超越时间但具有关键认知的历史，它可以在不同时空下被动员，且对“情境的历史”的演出具有重大影响。当行动者试图理解他们的生命意义时，它提供了意义框架并充当行动的“文化演出剧目”。借由它在时空中的动员，历史遗产得以永存于社群之中。这代表着历史遗产的运用有助于意义历史的繁衍，并可通过各种持续性的关系，予以扩充和增强。③

---

① Najam S. Aye Tae the Fore: The Fife Miners in the 1984 - 1985 Strike//Kendrick S, Straw S, McCrone D. Interpreting the Past, Understanding the Present. Rye Field Publishing Company, 1990.

② 同①.

③ Aijmer G. Anthropology in History and History in Anthropology. South China Research Center, the Hong Kong University of Science and Technology, 1997.

然而，意义的历史的繁衍取决于两个要素：（1）意义的历史的实质内容必须借由它与人们的生活实况的契合度，来与行动者保持持续性的关联；（2）必须有合宜的客观条件，这种历史遗产才得以延续。

三、人类学看历史：文化的镜头

对于历史学家发现的大量珍贵文献资料和考证内容，人类学家关注的是他们如何对过去加以陈述和说明。人类学家可以同时是历史学家，但历史人类学不是简单地重复历史学家的考证过程并依次连接人类学的写作。当历史学家提供何时何地发生了什么，以及提供其在社会机制过程中的一系列问题的答案时，人类学家则是透过文化的镜头阅读他们的报告，并在头脑中提出（在田野工作时）引起该答案的一系列问题。一个涉及过去的群体社会首先不是将其看作一个因果关系的链环，而是以某种方式造就的一个动态系统。人类学家对被说明过了的证据再加以思考，它是由概括的和比较的知识导引出的，而最终又归结到这个动态系统和人类学的理论架构中去。

对那些没有文字编年史的族群来说，通过田野工作思考和体会他们的口头传统是非常重要的。口述史学家关注的问题可能是："究竟是什么重构的过去?"或者是："什么是历史的真实和虚假的记忆——个人和集体的记忆怎样一致，乃至什么是合理的解释过程?"[①] 然而口述史对人类学具有十分不同的意义："历史的叙述有时是当代话语的一部分，其处理的则是现在的关系。政治的、经济的、宗教的和与陈述者所居住世界有关的不同主张，转换成历史的语言，陈述者由此获得一种新的力量。"[②] 人类学发现的事实是：历史无可挽回，但历史的陈述不会被垄断。例如，一个社区的当代政治通常以历史的外观出现，在田野工作中听到的很多陈述和问题都或多或少地导源于遥远的过去。人类学家一贯的动机是从那些书面的和口传的陈述（包括那些远离重大事件的凌乱、分散、模糊甚至矛盾的陈述）中寻求人类的生活方式是如何组织起来的信息。

四、整体性研究的目的

这样，首先要了解人类学探索哪些不同的领域，然后就可以明了人类学和历史学的不同以及两个学科的最终的互补性。

人类学探索宇宙论的领域。实际上，世界是一个人类想象中的世界和一个系列象征符号的丛集，然而它是可以被分享的。但人类学寻求文化意义的模式常背离语言的思维，即模式不会轻易得自田野报道人的陈述和说明。人类学是从某些重要的象征中直接阅读和体会意义的信息。宇宙论秩序的意义不是缘由简单的感知，而是得自体悟和直觉。探索文化的象征符号丛集与模式来自人类学的客位方法，来自该学科比较的与综合的知识，是超乎田野报道人的一般语义上的归纳。

人类学也探索"真实世界的事物"中实际运作的秩序。例如，宗教现象所定位的领域

---

① Aijmer G. Anthropology in History and History in Anthropology. South China Research Center, the Hong Kong University of Science and Technology, 1997.

② Najam S. Aye Tae the Fore: The Fife Miners in the 1984 - 1985 Strike//Kendrick S, Straw S, McCrone D. Interpreting the Past, Understanding the Present. Rye Field Publishing Company, 1990.

即是一种由变化很慢的符号组成的整合系统。我们从群体的概念入手，因其参与共同的仪式而体现社会性，于是人类学试图发现它们怎样以不同的方式组织和组合，实际上这种“客位”组合类型诠释，在某种意义上仍独立于地方人民的观点。

人类学还探索话语（discourse）和互动（interaction）的领域。行动者个人的意图导致了有意义的行为，而且他会被同样的行动者所理解。话语的领域由语言的思维和言语支配着，它的结构是有意识的心智的结构，同时在进行的是不停的互动。根据田野报道人“主位”的解释，人类学家可以研究人类是如何解决他们的宇宙观和日常生活诸问题，并依次构建他们的文化、历史与命运的。

人类学就是这样总是把宇宙论秩序、日常秩序和人类每个个体纳入整体性的研究之中。因此，人类学对待历史应是集中于形成宇宙论秩序的表象，以图重构一般。这就表明了人类学家阅读历史著作和观察田野生活同历史学家在目的性上的差别。

五、变迁的关注点

人类学家始终关注变迁的主题。时空的变迁包含了历史的线索，但变迁的因果关系不是我们特别注意的，文化变迁的速度等也不能用简单的因果关系的模式描述。更重要的是社会怎样转变和在什么方向上转变。

运动是文化的特征。“起作用的方式和接受规范生活的社会惯例的方式通常有较深的意义，因为它们仅仅由于存在便包含了否定在内的多种替换。从文化上说，世界不仅是我们直接经历的世界，还是构成存在的‘一种方式’，是从许多有用的替换中选择出来的。”① 因此，一个文化传统包含许多“形态”，它们各具预定性。

运动也是社会的特征。社会不仅在生态适应的过程中调整自己，也因技术改革而变化。此外，社会也必定有因文化传统的内在动力而引起的调整，如对所谓“现代化”过程的观察就是一个例子。和现代性的简单期望不同，世界并没有像有些人想象的那样变得一致，仍有一些与现代性预设不符的特征并存着。

当我们看到历史的证据、结果和编年顺序时，常常发现结果只与意图有很不清楚的关系。实际上，行动的结果与构拟的计划可能只有微小的类同之处。为此，人类学观察行动的过程及其特性，人类学家丰富的民族志知识、经验和理论刚好能对特定的历史时期、特定的地点和特定的文献做结构的、复合的解释。“在变动时期，文化认同比其他任何时候都切题……对历史文献和‘民族志文本’的批判性阅读能够表明在历史叙述中的前后矛盾，揭示在文化认同生成过程中所包含的和排斥的力量。”② 实际上，我们的意图是弄清历史资料的人类学意义，提供变迁的方向和轨迹。正是文化与社会的运动性，带来了人类学看待历史和变迁的、既是传统的又是专有的观察。

根据上述理论与原则的解说，我们提供以下历史人类学的两个研究个案，以供学习与思考。

---

① Aijmer G. Anthropology in History and History in Anthropology. South China Research Center，the Hong Kong University of Science and Technology，1997.

② Faure D，Siu H F. Down to Earth：The Territorial Bond in South China. Palo Alto：Stanford University Press，1995：221－222.

案例

萧凤霞在一篇名为《妇女何在？——抗婚和华南地域文化的再思考》的文章中对珠江三角洲的“不落家”婚俗做了探讨。[①] 在这以前，研究者对“不落家”婚俗的解释，主要考虑的是经济因素。他们认为，在19世纪当地缫丝工业兴旺发展、妇女取得一定经济地位时，妇女利用“不落家”与“自梳女”的风俗反抗传统婚姻。她们往往得到娘家的支持，因为娘家可以从她们的收入中获益。当时，人类学家们认识到，虽然在男权社会中妇女受到压迫，但她们也不懈地进行反抗，因此，人类学研究十分关注底层的声音。“不落家”婚俗便在这些人类学家的笔下，成为妇女反抗男权社会压迫的一种形式。但是，从文化历史的角度出发，萧凤霞对此提出了不同的解释。

通过详细解读历史档案，萧凤霞发现，把“不落家”婚俗解释为妇女的“婚姻反抗”有违历史事实。自清代中叶至民国，“不落家”婚俗得到当地社区的广泛支持，是一种十分荣耀的行为，在当地，尤其是上层家庭中广为流行。因此，用缫丝工业等经济因素来解释“不落家”的现象显然是行不通的。接着，她又通过追溯“不落家”婚俗在南部中国少数民族中的分布以及珠江三角洲的垦殖史，将“不落家”婚俗置于当地居民分化融合以及国家权力介入当地社会的大背景之中。她提出，那些声称来自中原的家族很有可能本是当地原住民，在获得经济地位之后，利用一切可利用的文化资源，来与国家权力相认同，并且排斥可能存在的竞争者。“不落家”婚俗便成为这样一种文化策略，为这些当地精英以及后来的缫丝女工所利用。

以人类学的文化透镜对史料加以选择、分析与解读是非常重要的。通过精读县志中的列女传，萧凤霞发现，“不落家”婚俗不仅曾经普遍存在，而且具有很高的社会地位。此外，萧凤霞还使用一些常被传统历史学者忽略的史料，如札记、传记、民间抄本等，再与田野志相结合，从中寻找蛛丝马迹。萧凤霞认为，过去的官方历史常常忽略那些无权无势、无法参与公众生活的人。通过利用“非常规”史料并与田野工作相结合，可以发现非正式的社会经验中的许多细节。

该研究的另一特点在于历史人类学对地方社会人们——尤其是妇女的主观能动性的认识。早期对“不落家”婚俗的研究仅考虑经济因素，却没有考虑这一风俗的历史脉络以及它的社会象征意义。萧凤霞的研究表明，对“不落家”婚俗必须从区域政治经济文化发展以及国家权力进入当地社会的过程中来分析。在该观察过程中，当地居民充分发挥其主观能动性，创造性地使用各种文化资源，来达到自己的目的。从历史人类学的角度出发，妇女并不像过去人们认为的那么孤立无援。“不落家”婚俗表明，女性在婚制方面拥有不少可操纵的空间，在地方文化的发展中起了重要作用。

---

① 萧凤霞．妇女何在?：抗婚和华南地域文化的再思考．中国社会科学季刊，1996（14）．

在对南部中国的一系列研究中，萧凤霞及其合作者们采用历史人类学方法，在对地方社会的族群变化、文化变迁以及阶层分化的研究等方面独辟蹊径。评论认为，他们的工作突破了旧的范式，并与当代社会理论相呼应，从而使传统中国学的研究进入了新阶段。①

案例

美国人类学家西敏思的《甜与权力：糖在近代历史上的地位》是历史人类学著名代表作之一。此书基于田野调查及历史考证，在接受"世界体系"理论的前提之下，对有关工业革命传统的、被广泛接受的理论进行质疑。以往关于工业革命的论述，无不以欧洲历史为背景，无不以英国为中心，无不以1750年为上限。而西敏思认为，工业革命的雏形在学者公认的英国工业革命一百年以前就已经在加勒比海地区出现，并对欧洲工业社会的发展起了不可磨灭的作用。这一新奇大胆的论点有三个根据。

第一，世界上的许多国家和地区在沦为殖民地之后，纷纷成为欧洲短缺物资原料的生产加工基地。加勒比海地区沦为殖民地之后，基于甘蔗园的制糖业一开始就是农业生产与工业作坊的集合，作坊又逐步演变为工厂，劳工有严格的时间概念、细致的分工，早班晚班轮换，技术工人与普通工人、糖厂工人与甘蔗园工人相区别。从生产关系上看，西敏思认为这里的蔗糖业与后来英国工业革命的先锋——纺织业有许多雷同之处。两者之间较大的区别是前者起先严重依赖从非洲运来的奴隶，而后者是由破产农民组成的契约工人和有身份自由的劳工。

第二，无论工业革命起源于何处，它都不仅是一场技术和生产方式的革命，而且是一场生活方式的革命。这一革命在饮食习惯的变化中最为明显。在加勒比海蔗糖业尚未兴起之前，糖在欧洲一直是奢侈品。无论食用还是其他用途（如用糖制作宗教性装饰物），一个人能拥有实用糖制品是一种高贵身份的象征。甘蔗园主在加勒比海的开发和糖的大批生产，使这原来稀有、昂贵、短缺的资源成为大众食品。连同来自其他殖民地和半殖民地的食品（如咖啡、可可、茶叶、热带佐料），糖制品很快成为西敏思所称的"廉价刺激食品"，一种英国工人和普通人的必需品，成为工业社会食品链中不可或缺的环节与内容。

第三，加勒比海蔗糖业的基础是"三角贸易"，一边是买卖奴隶运至甘蔗园，一边是糖制品输送到欧洲，一边是武器和资本流入殖民地，从而使加勒比海成为欧洲殖民体系（世界体系）中的重要成分、欧洲工业资本主义形成与发展要素之一。所以，从宏观层次上，要了解欧洲的工业革命，就必须了解欧洲的殖民史；从微观层次上，要搞清英国工业革命之发端与进程，就有必要知道加勒比海的蔗糖工业历史。②

西敏思对糖的生产和利用在欧洲近代史的地位之研究，有如下几个人类学特点。我们首先应该看到，他关注的重要问题之一是人类生产和生活方式在一个特定的历史

① Diamond N. Book Review. American Anthropologist，1997，99（1）.

② Mintz S. Sweetness and Power：The Place of Sugar in Modern History. New York：Penguin，1985.

时期内的特定形态。人类学者对这类问题向来关注深切。他们的研究涉及了采集狩猎、刀耕火种、游牧社会、农业社会、工业社会、后工业社会，还有现在所称的“信息社会”。殖民地时期的加勒比海甘蔗园和糖厂显然是农业和工业的结合、土地和工厂的结合。这种结合的历史背景并非源于该地区内部的、原有的生产方式之变革，而是发端于建立在殖民制度之中的三角贸易、强权政治、欧洲霸权及生产方式的改变。再者，西敏思发挥了人类学多视角、跨文化、质疑欧洲中心论、维护弱势群体之传统，从一种食品的多重历史关联和社会层面，考察了一个不发达地区对发达社会及世界历史的贡献。他的分析基于对蔗糖业的深入田野调查、对甘蔗生产工序的了解，以及对加勒比海地区文化的熟悉。由于制糖业和甘蔗园在这一地区至今是其经济主干及许多普通人的收入来源，西敏思对当地人、当地社会及文化的关注也就延伸到了他们的生产、生活及其历史中。

关于工业革命的大胆立论由来已久，大多数属欧洲中心论观点，这些观点久而久之似已不再需要提出新观点，西敏思的著作恰恰提醒我们不要以为那些曾被普遍接受的理论一定就是正确的。倘若换一个角度或做他种关注，我们就可能会找到与众不同而又强有力的解释。

参考书目

Kendrick S，Straw S，McCrone D. 解释过去，了解现在．台北：麦田出版社，1997.

布洛赫．历史学家的技艺．上海：上海社会科学院，1992.

克罗齐．历史学的理论与实际．北京：商务印书馆，1982.

梁启超．中国历史研究法．北京：东方出版社，1996.

钱穆．中国文化史导论．北京：商务印书馆，2007.

坦纳．历史人类学导论．北京：北京大学出版社，2008.

汤普森．历史著作史．北京：商务印书馆，1988.

汤因比．历史研究．上海：上海人民出版社，1962.

王明珂．羌在汉藏之间．北京：中华书局，2008.

沃尔夫．欧洲与没有历史的人民．上海：上海世纪出版集团，2006.

希罗多德．历史．北京：商务印书馆，1959.

萧凤霞．妇女何在?：抗婚和华南地域文化的再思考．中国社会科学季刊，1996（14）.

张小军．让历史有“实践”：历史人类学思想之旅．北京：清华大学出版社，2019.

Aijmer G. Anthropology in History and History in Anthropology. South China Research Center，the Hong Kong University of Science and Technology，1997.

Dening G. History's Anthropology：The Death of William Gooch. New York：University Press of America，1998.

Evans-Pritchard E E. Anthropology and History//Social Anthropology and Other Essays. New York：Free Press，1962.

Faure D，Siu H F. Down to Earth：The Territorial Bond in South China. Palo Alto：Stanford University Press，1995.

Kendrick S，Straw S，McCrone D. Interpreting the Past，Understanding the Present. Rye Field Publishing Company，1990.

Mintz S. Sweetness and Power：The Place of Sugar in Modern History. New York：Penguin，1985.

Sahlins M D. Islands of History. Chicago：University of Chicago Press，1987.

Sturtevant W C. Anthropology，History，and Ethnohistory. Ethnohistory，1996 (13).

Wolf E R. Europe and the People without History. Berkeley：University of California Press，1982.

第十七章

社会性别研究

女性主义人类学（feminism anthropology）是随着20世纪60年代欧美妇女运动及妇女研究（亦称妇女学，women's studies）的开展而于70年代产生的。妇女学的研究对象是女性，女性主义人类学则不限于对女性的研究，而指对包括男性在内的社会性别研究，这是女性主义人类学研究的重要结果之一。

第一节　女性主义与人类学

20世纪30年代，美国女性人类学者即开始了关于性别特性的研究，米德的一系列有关文化如何塑造性别特征的著述，本尼迪克特关于文化与人格的分析，都表达了文化对性别人格形成的作用，开了人类学女性研究的先河。

传统人类学的妇女研究，主要涉及妇女自然特征、心理特征、婚姻状况及社会问题。20世纪70年代以男女平等为宗旨的女性主义所引发的人类学妇女研究，以批判人类文化中的男性本位主义偏见为起点，研究两性差异、其社会历史成因和分析模式，论证女性在人类历史中应有的位置和权利，阐释女性受压抑的根源和自主条件，开始了女性作为社会文化主体和研究者主体的历史。女性主义人类学（也称女性人类学）逐渐成为人类学的一个分支学科。

由1971年美国人类学会年会和斯坦福大学"跨文化观点看女性"研讨会汇总而成的论文集《女性、文化与社会》①，于1974年出版，成为女性人类学的第一本重要论著；继而密歇根大学人类学系关于妇女研究的讨论会汇集成了《迈向妇女人类学》② 一书，于1975年出版。它们的问世，标志着女性人类学的到来。

女性人类学首先在美国形成，其主要的原因是美国妇女研究的机构化较欧洲早，并且发展迅速；其次美国具有妇女教育和人类学妇女研究的基础；再次是女权运动和妇女研究的深刻影响。在美国，1930年学术领域的女性人数比例已达32.5%③，20世纪40年代，设立了三个妇女历史档案中心，结束了美国妇女无历史的世纪。50年代，美国成立了妇女受教育机会委员会，产生了妇女教育会议。60年代初，适于妇女生活特点的成人继续

---

① Rosaldo M Z，Lamphere L. Woman，Culture & Society. Palo Alto：Stanford University Press，1974.

② Reiter R R. Toward an Anthropology of Women. New York：Monthly Review Press，1975.

③ Stimpson C R，Cobb N K. Women's Studies in the United States. New York：Ford Foundation，1986：4.

教育运动兴起。美国妇女研究的经验和理性的积累及其机构化，无疑为女性人类学在美国首先诞生奠定了坚实的基础。女性主义人类学研究不再以妇女研究论证社会、历史、文化，而是以后者来论证自己，并有了自己的理论主张、研究队伍、教育成果、组织机构——它作为一个学科产生了。

社会性别是女性人类学的中心议题，亨瑞塔·L. 摩尔（Henrietta L. Moore）在《女性主义与人类学》[①] 一书中对女性人类学的解释曾被许多学者引用。她这样写道："妇女人类学中大量描写妇女生活的民族志，成功地把女性带回到人类学研究人类社会的整个画面里来，是女性人类学的前奏。而女性人类学不仅研究妇女，更侧重研究性别，研究男性与女性之间的关系，研究性别在构成人类社会历史、思想意识、经济制度和政治结构的过程中所起的作用。"[②] 这一解释引出了女性人类学的两个关键性的术语："性别"和从对男性与女性的关系的研究中引申出来的"性别差异"。与这里的"性别"对应的英文单词"gender"，又译作"社会性别"，指不同文化赋予男女不同的社会角色、行为准则、表现形式及象征意义等现象。而这里的"性别差异"则是指由社会文化因素造成的男性与女性之间的差异，而不是指由于男女生理上的不同而产生的差异。

关于女性人类学的发展分期，女性人类学界有两分法和三分法之别。两分法主张遵循女性主义的发展历程，以 20 世纪 80 年代中期为界，将女性人类学的发展分为前、后两个时期。三分法则认为女性人类学的发展不光受到女性主义的影响，同时也与人类学的发展相互影响、相互撞击，因此，主张在以 80 年代中期为界分为前、后两期的基础上，依照女性主义与人类学的相互影响程度，以女性人类学作为人类学的成熟分支为界，将前一期再分成两个时期，即：60—70 年代为第一时期，80 年代初至中期为第二时期，80 年代后期至 90 年代为第三时期。

第二节　各个时期的主要研究课题

女性主义是多元化的，因此女性人类学的研究内容也是多元的、不断变化的。每一时期，女性人类学都有不同的争论焦点和核心课题，如女性人类学前两个时期研究的核心焦点是社会性别和文化建构，而第三个时期的研究则主要关注于"女性主义民族志"（feminism ethnography）的探讨，社会性别与民族、种族、阶级的关系，以及殖民主义和跨国资本主义对妇女的影响等问题。总结起来大体见于以下几个主要研究课题。

一、生物决定论和文化决定论

"性别"作为专项的女性主义人类学研究，始于生物学基础上的心理学分析。首先是性与脑的研究，如两性在思维力、认知力、感知力、意志力方面的差异；继而是以生物医学模式为基础的弗洛伊德精神分析理论。该理论以社会学、人类学中的婚姻家庭文献为依据，认为心理现象有直接的生物性原因，性别行为以生物本性为前提，强调生育活动对女

---

① Moore H L. Feminism and Anthropology. Minneapolis：University of Minnesota Press，1988.

② 同①.

性心理、行为的制约，据此认为妇女角色即是与婚姻成功和责任相连的“性-生育-妻子-母亲”，其性别特征为“被动、接受、依赖、谦顺”，并使之模式化。20 世纪 40 年代，由之形成的美国女性“奥秘论”宣称女子的最高价值和责任即是实现上述“本性”，追求独立职业的妇女被称为“非女人”；50 年代的女性气质理论声称，女性命运是由其生物体决定的。在二战后的美国，“幸福的家庭主妇”成了美国妇女追求的理想。然而“幸福的家庭主妇”却并不幸福。第二次世界大战结束后的 15 年间，美国的妇女问题变得非常严重。弗洛伊德的理论、“奥秘论”和“气质论”均受到质疑。①

贝蒂·弗里丹（Betty Friedan）于 1963 年出版了《女性的奥秘》② 一书，对“奥秘论”和“气质论”提出了批判。她批评生物决定论仅以性别劳动分工普遍存在为依据，便做出男女行为差异是天生的、生物因素决定性别行为的武断性结论。她指出男女分工并不具有世界普同性，且随着社会变迁，分工模式、两性角色可以改变。两性在种植、驯养、工艺等方面并无明显分工，两性还存在着远远超于源自生理的行为、人格等差异。她继续对弗洛伊德女性说提出批评，指出弗洛伊德完全忽视了文化意识及其相对性。维多利亚时代的文化传统与氛围促成了性压抑、性否定、性恐惧，但这不可能用简单的生理术语来解释和替代。弗洛伊德学说沿袭其时代限制女子的生活观，适应了二战后人们的精神疲惫与空虚心理，但它将 20 世纪的女性等同于 100 年前的女子，以男性性器官嫉妒阉割了现时代应当为妇女所拥有的新机会。贝蒂·弗里丹还指出了 20 世纪 50—60 年代美国妇女“无可名状的问题”（problem with no name）。但她提出的中产阶级白人关于妇女的定义和白人妇女走出家庭的问题的内容，后来受到许多黑人妇女及非洲裔美国女学者的挑战和质疑。

早期人类学家马林诺夫斯基和米德对于弗洛伊德分析模式也提出了挑战。米德在其经典论著《三个原始部落的性别与气质》中指出：在新几内亚相隔不远的三个民族中，按传统标准，阿拉佩什人（Arapesh）男女都倾向于女性化，个性温和，共做家事；蒙杜古马人（Mundugumor）男女都倾向于男性化，粗犷而富于攻击性；查恩布里（Tchambuli）则是女子男性化，男子女性化，女性是实际的生产劳动者，男子多被动。作者写道，一定时期一个社会对不同性别的要求不同，这说明性别差异是社会制度特征与文化特定方式的功能结果。这项研究给予生物决定论有力的质疑。同时本尼迪克特提出了“文化是人格的放大”的论述，与米德的发现一起形成了具有人类学特色的“文化范式”。③

上述认识构成了女性人类学性别文化决定论的基本共识：性别和文化观念、社会体系相关联，性别差异是社会根据不同性别待以不同方式，并期有不同行为的结果，它随社会的演化、民族志的不同呈现等而变化，形成不同的性别意识形态。即文化形成性别角色的差异。在此，性别概念本身已超越了生物性的分类与认同，附加了社会对两性不同行为的认定，适用于服饰、角色及其他文化认可的行为特征，成为社会身份、角色的特殊划分，文化决定论构成人类学女性研究最基本的理论。

---

① Rubin G. The Traffic in Women：Notes on the Political Economy of Sex//Reiter R R. Toward an Anthropology of Women. New York：Monthly Review Press，1975：157－210.

② 弗里丹．女性的奥秘．成都：四川人民出版社，1988.

③ 米德．三个原始部落的性别与气质．杭州：浙江人民出版社，1988. 本尼迪克特．文化模式．北京：华夏出版社，1987.

二、社会性别及两性关系研究

20 世纪 50 年代，女性人类学家开始审视社会性别。部分人类学家（其中大多数是女性人类学家）注意到传统人类学理论和民族志写作中表现出来的男性意识偏见及对妇女生活的忽视，倡导民族志的写作应该重视对妇女生活的描写。但随着研究的发展，一些女性人类学者指出，单单在民族志中添加对妇女生活的描写还远远不够，要想纠正人类学理论和民族志写作中的男性意识偏见，使人类学成为真正的研究完整的人（包括男人和女人）的学问，还必须考虑到两性关系的研究。社会性别的研究自 70 年代开始兴起，在最初只是包含于有关文化、经济、政治系统的研究之中。自 80 年代起，许多研究开始注意将实践的理论引入专门的社会性别的研究中来，研究妇女的能动性，妇女内部的分歧，母亲、女儿、姐妹、妻子、寡妇以及和相同概念的男性的关系。总结起来，这些研究主要包括以下几个方面。

（一）对人类起源与进化的研究——对传统体质人类学的质疑

（1）关于“人”的观念的质疑，指出有史以来人（man）与人类（human）均可用“男人”（man）一词来代替、等同使用，不仅文字，而且绝大部分图示图像、杂志报纸、教科书、博物馆陈列，都以男性形象来表征人类，“人类起源”实际被陈述为男人的起源。

（2）由于用男性代表人类进化过程，因而女性的作用、权利被淹没，导致以往有关科技进步等概念、过程往往只与男性关系密切而与女性关系较远。技术革命变成了只是男人的事，男性成为社会发展的主导者、生产活动的提供者，女性处于被动接受者的地位。

（3）向社会生物学挑战，强调雌性动物的积极地位，认为自然选择同样可增加雌性动物的适应力，表明雌性类人猿在社会互动（社会合作、家庭组合）中起着不少于雄性的作用。

（4）人类学史前研究将女性作为生产过程和精神文化的创造者，并开始研究史前人类性别的文化关系如何产生，以及各种历史形态性别角色关系如何被定义、协调和操纵。①

（二）亲属制度与婚姻家庭——女性在由婚姻和生育而产生的亲属关系中的地位

20 世纪 80 年代中期后，人类学逐渐对“亲属制度”提出质疑。一些人类学家认为亲属制度实际并不存在，而是人类学上的虚构，因为由婚姻或生育而导致的亲属关系只是为了利用亲属称谓来作为接受或排除一部分人的条件或标准，而这种条件或标准并非在任何文化中都是一样的。在女性主义人类学中，传统的亲属制度、婚姻家庭研究有了全新发展。离婚、非婚伴侣女性角色、姐妹、绝经期妇女的研究成果颇丰。其中，对家庭和政治经济的关系研究备受重视：柯丽尔（Collier）对婚姻形态做了细致的划分，她认为婚姻形态可分为“新娘服务”（bride service）、“嫁妆”（dowry）、“聘礼”（bride price）三种形式，强调对妇女的研究不能一概而论。塞克斯·凯瑞（Sacks Karen）主张对妇女的研究

① Nelson S M. Gender in Archaeology：Analyzing Power and Prestige. Alta Mira Press，1997. Nelson S M. Gender and Archaeology. Philadelphia：University of Pennsylvania Press，1996.

应分为姐妹型和母亲、妻子型区别研究。[①] 这些分析对父权制的性别观念构成了极大挑战。

中国的亲属制度和婚姻家庭一直是西方女性人类学研究者关注的一个焦点，许多女性人类学者对此进行了大量研究。其中萧凤霞、R. S. 华生（Rubie S. Watson）、J. 斯托克（Janice Stockard）、玛格丽·沃尔夫（Margery Wolf），还有瑙玛·戴蒙德（Norma Diamond）对中国汉族妇女的研究都非常出色。玛格丽·沃尔夫于 1972 年出版了《台湾乡村妇女与家庭》一书，提出了"子宫家庭"（uterine family）的概念，用以描述家庭中，女性及其孩子与父系家庭的对立。沃尔夫指出，此"子宫家庭"是女性出嫁后获得家庭地位的基础，她在婆家的地位随着生育儿子产生变化。由于中国家庭中男性的早期教育多由母亲承担，因此从小母亲就可培养起儿子对自己的感情依赖和尊重，她们用情感的力量使孩子对其忠诚，将丈夫排除在母子纽带之外。女性通过儿子的地位获得自身地位的提高，同时也在维护儿子在男性中心的家庭里的统治地位。所以，"子宫家庭"既是对男性统治的挑战，又是在巩固男性统治的传统。沃尔夫也强调，"子宫家庭"纯粹从情感出发，缺乏合理性，地位上仍次于父系家庭。[②]

瑙玛·戴蒙德在研究中指出：不能总是从传统封建意识残余的角度来解释中国女性的从属地位，而应从中国农村社会组织结构方面找原因。她认为农村集体化未能改变传统的家庭权力结构，尤其女嫁男方（从夫居）的婚姻形式继续存在，从而为父权制的复生提供了土壤环境。[③]

在对中国汉族妇女的研究蓬勃发展的同时，西方许多女性人类学者也开始从事对中国少数民族的妇女研究。[④]

（三）语言行为与社会性别

亨瑞塔·L. 摩尔在《女性主义与人类学》一书中提出，女性在人类社会中是"缄默"的一群，在人类文化中女性处于缄默状态。摩尔从语言行为与"权力"的关系入手，对社会性别的形成进行了分析。这使女性人类学家开始了对语言与社会性别关系的研究。他们研究日常语言行为中语言与社会交往的关系，即什么人说什么话，又在什么情况下说某种特定的话；研究语言怎样反映了社会性别，女性的意识、女性语言行为在社会政治中起着什么样的作用。这些研究把社会性别概念引入语言行为与权力运作关系，对语言学的发展做出了重大的贡献。[⑤]

（四）妇女与国家的关系

这是妇女人类学一以贯之的领域，其研究通常涉及婚姻、社会地位，以及政府对待社

---

① Collier J F，Rosaldo M Z. Is There a Family? New Anthropological//Gender and Kinship Essays Toward a Unified Analysis. Palo Alto：Stanford University Press，1987. Karen S. Sisters and Wives：The Past and Future of Sexual Equality. Westport：Greenwood Press，1979.

② Wolf M. Women and the Family in Rural Taiwan. Palo Alto：Stanford University Press，1972：32 - 41.

③ Diamond N. Collectivization，Kinship，and the Status of Women//Reiter R R. Toward an Anthropology of Women. New York：Monthly Review Press，1975：372 - 396.

④ 伍呷．美国学术界对中国少数民族妇女研究简述．贵州民族研究，1997（2）．

⑤ Moore H L. Feminism and Anthropology. Minneapolis：University of Minnesota Press，1988.

会问题（如人工流产、同性恋和强奸等）的政策。以下四个方面是经常讨论的论题：(1) 有关妇女的社会福利与保健问题；(2) 大众传媒、学校、政治组织等如何强化和再生产与国家有关的思想体系，并对妇女产生影响；(3) 国家如何对待妇女组织，并通过这些组织把国家的思想落实到妇女身上；(4) 妇女参政是否与男性享有同等机会。人类学倾向于把妇女与国家的关系定位到一个具体的政治、历史和文化的条件中去理解，因为妇女不是一个统一的、固定的概念，它包含不同国度下、制度下阶级的、族群的、宗教的以及其他认同与差异等，而且国家对妇女的影响也是对各种各样妇女的影响。①

三、女性社会地位研究

女性的社会地位一直是妇女研究的重要关注点，这对女性人类学而言也不例外。女性作为一个社会群体，不应该只具有性别归位，而应有多重的社会定位，但男女不平等的社会现状使她们难以获得多种社会地位。

两性不平等社会的多层面性，意味着女性地位也是多层面的，其构成因素是多重的，包括阶级、文化教育、职业婚姻、角色年龄、族群国家等。这些因素或有关联，或各自独立，都对女性的社会地位产生影响。一般认为构成女性地位的负面指标有：父权制下的从夫居、早婚、包办婚、男子继承权、女性歧视与隔离、多妻、男子初夜权、守寡、家务、禁止社会活动、失业率、非正式职业、男女不同酬。正向指标有：女性财产继承和支配权、婚姻自由、夫妇平等、女性资助、就业与教育机会、政治参与。中性指标有：财产使用权、管理权、父母/丈夫的地位、职业及收入等。

经济因素是影响妇女地位的重要因素。近年来研究妇女在狩猎社会中和农业、工业社会中的经济活动与其地位的论著颇多，侧重研究家务劳动受重视的程度、妇女的劳动以及她们对劳动成果及劳动成果交换的支配权、妇女在工业社会中的经济活动与其地位。其中，妇女和发展的讨论自成体系。另外，一些学者也关注于超出经济因素的妇女角色研究，如对地中海地区、中东地区和东南亚地区的妇女的研究，分析当地妇女的再生产作用及文化的表述，分析妇女的经期、生殖力的控制、生育过程、身体、感情、母亲的角色等。这些研究呈现多样化的趋势，并且这种多样化与女性对由性别文化控制的象征符号的操纵能力有关。妇女家庭角色研究的多样化，引起跨文化的研究，开始研究世界上不同地区女性社会地位的内容和形式。虽然研究背景仍然是男性支配的父权制，但妇女研究已经开始注意妇女的能动性，对妇女运用和制定策略来应付生活挑战的研究也增多了。

随着研究的深入，不断地有学者提出新的见解。奥特纳指出有关妇女社会地位的研究并不在于研究一个社会的意识形态，而在于探究意识形态在实践中是如何实行的。她希望以后的研究能够从意识形态、实践和两者的关系三方面综合考虑。②

四、女性主义民族志的研究

自 20 世纪 60 年代起，女性人类学者就开始关注民族志的调查过程，注意民族志的作

① Orther S. The Virgin and the State. Feminist Studies，1978，4 (3)．

② Orther S. Theory in Anthropology since the Sixties. Comparative Studies of Society and History，1984 (26)．

者与被观察对象的关系，但这一时期的研究多只注重对男性人类学者的作品的分析、质疑和批判。80 年代中期以来，人类学受后现代主义的影响，开始对田野研究的过程进行反思，对民族志的写作进行反思。其论辩的焦点是主体性问题，特别是建立主体性可能引起的后果及偏见。

以写反思性民族志著称的詹姆斯·克利福德在《写文化：民族志的诗学与政治学》[①]一书的前言中指出，"女性主义者大都怀疑在书写文化时把客观与主观严格地区分开来的做法，因为这种做法过分强调创造客观知识的过程与个人的、政治的以及代表性的问题密切相关"[②]，这样的趋向导致"女性主义民族志或者只书写与妇女有关的内容，或者修改人类学的传统概念，它既没有创造出一种新的书写文化的方法，也没有在民族志文本性(textuality) 中体现反思的精神"[③]。所以 80 年代中期兴起的"反思性民族志"并没有把女性主义放在其中，也没有从根本上重视女性主义人类学。这样的做法受到许多人类学家的批评，其中也包括来自女性主义人类学家的批评，如朱狄斯·史坦诗（Judith Stancey）认为，反思性民族志只有与女性主义结合才有可能更敏锐地意识到人类学在定义、研究和再表现其他文化（或社会）中所存在的不平等性。弗朗西斯·E. 马斯利雅-李（Frances E. Mascia-Lees）等批评反思性民族志从科学的论说转为一种更文学性的叙说，不仅不一定能摆脱西方中心主义偏见，反而有可能为其蒙上一个面具，增加西方中心主义偏见的分量。她们指出，反思性民族志应该以女性主义为鉴，反思自身中存在的男性偏见，把自我放入民族志中加以暴露。

这场论争导致了女性主义与反思性民族志的结合，女性主义开始有关新的"女性主义民族志"的探讨。针对"有无可能建立一种女性主义民族志"的问题，各人看法不一。朱狄斯·史坦诗和马丽灵·斯特拉森持悲观态度。史坦诗强调女性人类学和被研究群体关系的操纵性质，因而十分怀疑创建女性主义民族志的可能性。斯特拉森认为，问题在于女性主义和人类学互相批评，尤其在比较对方所塑造的两分法（自我/他人）上争论不休，女性主义民族志的创建不容乐观。[④] 而丽拉·艾布-庐古德（Lila Abu-Lughod）却对此非常乐观，她强调女性主义的民族志需要研究共同体内部的差异性，强调将女性人类学者作为一位拥有多重身份的研究者——既是研究者又是被研究者。艾布-庐古德建议女性人类学家应该超越界限，帮助读者理解不同的条件和场合对妇女的定义。艾布-庐古德认为，女性主义者在书写文化时应认识到"女性身份"（womanhood）只是一部分的认同（identity）。"只有逐渐认识到在相同中存在差异，自我（self）可能包含有多种认同，而他人(other) 也可能是自我的一部分，我们才可能超脱僵死的自我与他人、主观与客观的约

---

① Clifford J，Marcus G E. Writing Culture：The Poetics of Politics of Ethnography. Berkeley：University of California Press，1986.

② 同①.

③ 同①.

④ Stacey J. Can There Be a Feminist Ethnography?．Women's Studies，International Forum，1998，11（1）．Marilyn S. An Awkward Relationship：The Case of Feminism and Anthropology. Signs，1987，12（2）.

束。”① 她认为女性主义民族志“所表达的声音应该是一位女民族志工作者倾听到的其他妇女的各种声音”，“通过阅读有关妇女与写作关系研究的资料来坚定自己的信心。我希望以一种不是主导的方式来写作，写日常生活，写妇女对她们的社会的看法，写彼此相关联的个人，研究个体，而不是一般化；以对研究对象的关心和同情而不是疏远的态度来写作，要参与，不要把自己置之于外”②。卡马拉·维斯卫斯瓦朗（Kamala Visweswaran）则在她的代表作《虚构的女性主义民族志》③ 一书中提出，民族志的撰写本身是一个再生产过程，在这个过程中，作者其实在编写一定的故事。她结合自己的研究，对怎样写超越女性主义的女性主义民族志做出了建设性的探讨。

随着对民族志讨论的深入，女性人类学者提出了新的见解，主张用生活史（life history）、口述史（oral history）和自传体（autobiography）的写法来写作女性主义民族志。他们认为妇女的生活是片段性的生活史，所以把妇女生活的各个片段性的描写组合在一起，可以有助于连续过去、现在和将来，有利于更贴近真实地表现妇女的生活原貌。他们认为每一个妇女都有自己的语言库、有自己的语言风格，在这种语言风格和显现个人特点的词汇后面隐藏着她们的人生经验和社会背景。在口述史研究中，讲述者与聆听者都对讲述的行为过程产生影响，沉默的聆听者也是讲述的作者。而自传体的写作方法无疑使描述妇女生活原貌的思想得以更好地实现。但是生活史、口述史和自传体的写法也有缺点，表现在其具有怀旧性、局限性和不具有代表性。女性民族志写作的探讨仍在继续。

第三节 近来的主要理论研究

一、殖民地/后殖民地妇女研究

殖民地/后殖民地妇女研究也是女性人类学的重要内容。殖民地妇女研究较重视政治、意识形态、经济领域的内容，着重分析殖民地时期行政官员、商人、传教士、记者、艺术家、旅行家的作品中关于“土著”妇女的表述，法律写作，商务银行、贸易公司、国际货币基金组织、跨国公司、国际资金政策发展市场计划的写作，妇女们抵制殖民机构的行为。这些研究利用一系列新旧文化概念改变或者保护她们的文化传统。后殖民地妇女研究则较强调文化方面的内容，关注文字记载中对“土著”的描述上由于性别化和种族化引起的变迁，以及“土著人”是怎样积极参与这种变迁的。例如，作为后殖民地的美国的文字描述中有“头顶陶罐的印第安少女”的形象，非洲殖民地的叙述中将本地人表述为裸体红色，以及美洲对普韦布洛妇女的浪漫化叙述。④ 这样的形象叙述是为吸引游客而创造的，反映了写作者对异域文化生活的想象，但是作为被叙述对象，“土著人”也绝不是被动的。

---

① Abu-Lugbod L. Can There Be a Feminist Ethnography? . Women and Performance，1990，5（1）.

② 同①.

③ Visweswaran K. Fictions of Feminist Ethnography. Minneapolis：University of Minnesota Press，1994.

④ Lamphere L，Ragoné H，Zavella P. Situated Lives：Genders and Culture in Everyday Life. New York：Routledge，1997.

如普韦布洛妇女复兴了传统的陶制品，利用生产方式去改变男性的文化再生产，改变性别政治形象、传统文化和行为。第三世界"土著"出身的学者们对某些古典主义名著中的"土著人"的形象进行质疑，并提倡用另外一种方法去塑造另一种不同于古典主义的新作品。后殖民国家妇女面临"结构性调整"政策，指出此政策的后果之一是"形成了特定的性别权力区分领域，由于极少的就业机会，带有男性定义特征的职业被家庭职业取代，男性定义由此变迁，两性家庭关系与两性社会关系受到极大影响"①。

二、第三世界的妇女人类学研究

随着女性人类学的发展，20世纪70年代第三世界的妇女人类学研究随之兴起。它产生伊始，便注重社会性别的研究与种族、民族、阶级和政治权力的关系。女性人类学界活跃着一大批第三世界出身的女性人类学者，她们对第一世界女性人类学者带有民族偏见、种族偏见、阶级偏见的论说进行质疑和批判。与此同时，欧美发达国家女性主义学者开始研究第三世界国家妇女与经济发展的关系。西方学者，包括妇女学者，对第三世界的研究和描述，是随着16世纪以来西方殖民主义在亚洲、非洲、拉丁美洲国家的历史而发展起来的。在这一历史背景下，传统的西方女性主义人类学者注重描述处于原始状态的，或者所谓"落后""传统"社会中的妇女状况。如对中国妇女的"小脚"的研究，对非洲地区"女性割礼""外阴部切除术"的研究，对中东地区妇女"蒙面纱"风俗的研究，对东南亚区域旅游业中妇女"迎风舞"的表述，对"母系制"表述中猎奇的撰述等。随着第三世界妇女人类学的发展，对这些带有民族、种族、阶级偏见的研究的批评成为近年女性主义人类学研究的重要部分。

三、妇女与发展

20世纪70年代早期，针对现代发展战略对两性造成的不尽相同的影响，"妇女参与发展"（WID）说被提出，把学术界的关注点引向了两性分工及发展。新马克思主义的女权主义提出了"妇女与发展"（WAD）论题。其基本出发点是认为妇女从来就是发展进程的一部分，着重点在于妇女与发展进程的关系，而不单纯侧重把妇女引入发展的战略。社会主义的女权主义进而提出"社会性别与发展"（GAD）论题，把生产与再生产的社会结构作为妇女受压迫的基础，关注社会性别的社会关系，对不同社会赋予男女两性角色的合理性提出了质疑。②

早期讨论妇女与发展的论著，注视的焦点在生产模式、性别劳动分工以及经济因素方面，对研究中的种族偏见、民族偏见、阶级偏见、性别偏见的重视不够。以德古特（de Groot）为代表的新的学术观点认为，历史上第一世界对第三世界妇女的历史描述和评论，会影响当今发展规划者的思想，应反思这些带有偏见性的描述，并分析世界发展组织提出

---

① Stoler A. Making Empire Respectable：The Politics of Race and Sexual Morality in 20th Century Colonial Cultures. A Ethnologist，1989（16）. Comroff J. Of Revelation and Revolution：Christianity，Colonialism and Consciousness//South Africa：Vol. 1. Chicago：University of Chicago Press，1991.

② 拉斯格博．妇女参与发展、妇女与发展、社会性别与发展//王政，杜芳琴．社会性别研究选择．北京：三联书店，1998.

的发展计划纲要。[①] 新近的研究超越了妇女和发展研究的传统题目，强调资本主义的形成对妇女地位的影响。女性人类学发展研究的非殖民学派强调，以多元化的理论态度来对待妇女解放的问题，这种研究基于对当地土著妇女的研究。

四、性别劳动分工

性别劳动分工的研究关注男女在社会工作和日常生活家务行为上的显著差别，大多数学者沿袭了涂尔干的例子，致力于对劳动分工的证明。[②] 性别的劳动分工预示了男性的主导地位，但男性主导地位却并不是由性别劳动分工引起的，妇女活动于私域空间、男人活动于公共空间并不具有普遍性。理查德·李[③]的研究显示在孔·布须曼社会中，女子采摘劳动提供的卡路里远远多于男子的狩猎劳动提供的卡路里，女人不止在抚育幼儿上比男人有大的贡献，性别劳动分工同一于二元论——公共领域/私人领域和文化/自然——的说法受到质疑。近年的社会性别研究尝试在文化的、动态的矛盾发展变化和历史中，而不是在惯常的、静态的观念中去描述和分析劳动分工。中华妇女联合会提倡订立政策以改变现存的性别劳动分工模式。考虑到这是妇女解放的前提条件，中华人民共和国建立后，国家发布了鼓励妇女出外工作的政策。但遗憾的是，这一政策并没有考虑到中国的少数民族社会。每一个少数民族社会都有不同的性别劳动分工模式。例如，在永宁县纳西族的摩梭人社会，妇女参与户内外的工作；而彝族妇女中，那些居住在森林里或定居在畜牧场经济地区的彝族性别劳动分工模式，与那些居住在农区的同胞迥然不同。在高山牧场经济地区，在劳动分工上几乎没有什么性别上的差异，劳作交互分配给男人和女人；在那些海拔较低的农区，在劳动分工上则有明显的区别。近来有关性别劳动分工问题的研究，已审视现代化和发展政策如何使传统性别劳动分工模式出现转变。

早期女性主义人类学受马克思主义有关生产与再生产方式的影响，认为男女分别从事与生产和家庭有关的劳动。20 世纪 80 年代末女性主义人类学开始修正和补充这一观点，认为男女分工自然发生的看法过于绝对化，性别劳动分工的第一世界模式与第三世界模式大有区别。工业社会的生产和再生产的分工，这种过去被认为是固定的、天然的、普遍性的架构受到质疑，女性人类学者们指出这一结构并不适用于牧区、林区和农业社会的性别劳动分工之差异，男性占支配地位的性别分工模式并不一定可以应用于任何社会，尤其通过对母系社会的研究，她们否定了“男女分工是自然发生的”论断。[④] 安·安纳格纳斯特（Ann Anagnost）在研究中国问题的论文中也提出，女性在人口再生产过程中的作用不仅是生育，且并非所有女性都承担生育这一角色。人的再生产不仅是女性自己的问题，而且

① Groot J D. Conception and Misconception//Afshar H. Women，Development and Survival in the Third World. London and New York：Longman，1991.

② Durkheim. The Division of Labour in Society. New York：Free Press，1933.

③ Lee R B. What Hunters Do for a Living，or How to Make Out on Score Resources//Man the Hunter：I De Vore. Chicago：Aldine，1968：30－48.

④ Burke L E，Safa H I. Women's Work：Development and The Division of Labor by Gender. Westport：Bergin & Garvey，1986.

关系到整个社会的人口素质，突破了传统女性研究与两性关系的局限。[①]

五、二元论及女性主义的理论纷争

学科的产生伴随着新的解释方法，20 世纪 70 年代广为应用的两性不平等分析模式提出了自然/文化、家内/公共二元说。奥特纳以自然/文化解释两性关系，认为女性活动多与自然过程相连，男性从事的生产、技术与理念发明，高于自然文化创造，因而其价值和地位被认为优越于女性。罗萨多提出，母性意识和“女性的家庭定位”把女性局限于家庭空间，这使男性更多地活动于公众领域，谋求政治经济资源，家庭不能竞争于社会，便构成了两性的家内/公共格局。

20 世纪 80 年代初上述解说受到跨文化论点的颇多质疑。麦克玛（Carol MacCormack）和斯特拉森的《自然、文化与社会性别》[②] 一书指出，两性角色的自然/文化观是西方式的，在许多非西方社会二者没有截然优劣之分或一致联系。如新几内亚高隆人（Kaulong）以自然喻已婚者，文化拟未婚者。他们对公共/家内对应于男/女的分工模式划分也提出了批评，认为这是一些学者基于工业社会中家务劳动是次要劳动观念而对男女劳动分工的误解，在家族制度下二者非上下分立，家庭的亦是公共的，且男性是家庭领域的重要角色。显然上述解析模式因标准单一，未虑及文化差异与变迁而限制了研究，也说明了人类学结构主义二元方法的局限。而功能主义和跨文化的解说，似乎意味着存在即合理，这只利于文化传统的认定而不是改变，它指出了两性差异的存在，但未揭示两性不平等形成的文化条件，也未能解释其为何持续存在，没有研究在远离两性角色起源的现代多样化社会，决定两性关系的复杂社会因素。于是一些学者转向历史分析，考察不同时期女性的地位，以解释女性历史变化的中心环节（E. P. 托马斯）和其地位改变的可能。女性主义人类学在延伸文化视野的同时，开始联合历史学、社会学等研究，关注到两性地位与生产方式、社会权力、阶级、种族意识等关系，形成了两性关系的社会历史建构，继之受到政治经济学派论说的影响，注意到外来因素对传统社会文化的渗透，突出地研究全球资本主义对土著社会两性文化生活的冲击。另外一些学者受冲突论的影响，开始关注由经济不平等引起的两性不平等，女性研究开始置于更深刻的区域、国际、族际权力关系的内涵中。又有学者质疑到：自然/文化、家庭/公共这一框架仅是资本主义制度时期产生的概念，仅存在于意识层次上，在实际生活中妇女的活动涉及任何领域。

1990 年 6 月，在全美女性学联合会（National Women's Studies Association，NWSA）第 13 次年会上，一批参加会议的有色人种女性主义者集体离开了会场，以表示她们对联合会总部种族歧视的抗议，由此导致了全美女性学联合会的瓦解。其实，这场分裂反映了女性主义内部历时十年之久的理论争战。这主要包括传统自由主义的女性主义、马克思主义的女性主义、社会主义的女性主义、激进的女性主义等，其中影响最大的是后现代

---

① Anagnost A. A Surfeit of Bodies：Population and Rationality of State in Post-Mao China//Ginsburg F，Rapp R. Conceiving the New World Order：Local/Global Intersections in the Politics of Production. Berkeley：University of California Press. Provost M G P. Factors in the Division of Labor by Sex：A Cross-Cultural Analysis. Ethnology，1973 (12).

② MacCormack C，Strathem M. Nature，Culture and Gender. Cambridge：Cambridge University Press，1980.

主义女性主义两大阵营的论争。这两大阵营，一是唯本论者（essentialists），一是构成论者（constructionalists）。前者继承、修正了传统女性主义的理论，以结构主义和实用方法重新讨论女性解放的可能性，以社会性别分工、阶级、男性中心、男权理念、女性受压迫地位、父权属性为研究的中心题目，着重探讨两性不平等的根源。由于她们基本上承认男女是两个相对立的范畴，因此被称为本质论（即唯本论）。后者以解构主义为目的，否认“男性”和“女性”观念，认为两性平等观念是男权思维逻辑的延续，不能从本质上认识女性受压迫的问题，故被称为构成论。构成论者解构社会意识形态；批评性别二分法架构及思想习惯；批判社会关于男性女性的话语建构；认为父权制不足以被总结为普遍的现象、普遍的经验，而只是某些社会的经验现象。

第四节　中国人类学的女性研究

与西方女权主义运动蓬勃开展、诸种女性主义思潮此起彼伏的状况不同，中国女性主义人类学研究刚刚起步，处于初创阶段，但是五四运动以来的妇女解放运动及 20 世纪 80 年代的妇女研究高潮都为中国女性人类学的研究奠定了基础。

1988 年，禹燕的《女性人类学》① 一书，是国内学者所著的第一部系统介绍女性人类学的著作，其后又有大量有关女性人类学的译著和论文问世，其中三联出版社出版的《西方女性主义研究评介》② 和《社会性别研究选译》③ 是两部影响较大的论文集，女性人类学的中国妇女问题研究随之渐渐起步。

《性别与文化：客家妇女研究的新视野》④ 是一部从现代人类学发展的角度从事妇女研究的著作。李泳集运用宏观和微观、点与面相结合的分析方法，调查粤东客家村落，探讨客家文化对妇女地位的影响和她们在现代社会中的地位变化以及各种变化所蕴含的社会文化意义。李泳集还专门比较分析华南不同的族群包括闽、粤、客三大方言群体和瑶、畲两个民族的妇女地位，以展示女性地位变化的幅度，以及中国传统文化变迁的轨迹。该书总结了前人的研究成果，还提出了中国性别与文化相互作用的关联模式，修正了西方女性主义人类学的若干理论。李泳集指出，客家妇女在家庭内外所从事的劳动和不缠足的习俗，对从自然/文化或者家务/公共分类的角度来解释妇女地位的方法论做出挑战。客家妇女地位的低下并不能从她们所从事的劳动进行解释，而应该从制约她们地位的文化的深层意义去探究。可见，性别的构成以及女性地位的分析必须考虑多方面的因素。当她们作为个人行为者时，是与她们生活的社会或者文化相联系的。行动和意义在一定程度上可以分离，但彼此之间相互联系、相互制约是其根本特性。中国传统社会的“男主外，女主内”的模式在不同的族群有变异，这种变异程度为进一步揭示中国社会的妇女地位提供了指引。开展这类研究是重建中国女性主义人类学的基础。⑤

---

① 禹燕．女性人类学．北京：东方出版社，1988.

② 鲍晓兰．西方女性主义研究评介．北京：三联书店，1995.

③ 杜芳琴．社会性别研究选译．北京：三联书店，1998.

④ 李泳集．性别与文化：客家妇女研究的新视野．广州：广东人民出版社，1996.

⑤ 同④.

近年来，不少从事人类学研究的中外学者，深入华南地区做田野调查，对华南地区不同地域、不同族群的婚姻制度及妇女地位进行了多方面研究。代表这方面研究成果的论文集《华南婚姻制度与妇女地位》① 是一部由众多人类学家参与编写的专题研究著作。书中着重探讨了“不落家”婚俗的名称及类型，从不同历史背景出发阐释了该婚俗的成因及其文化上的差异性。此外，一些作者还在个案分析的基础上对香港、闽南侨乡、湖南及广东地区的当代婚俗进行论述。对于妇女地位的评述标准，有作者认为妇女地位主要体现于妇女在社会和家庭中的政治权利，对事务处理的参与权、发言权和决定权，对经济的控制权及社会对妇女的尊重程度等方面。有的从功能和反抗角度出发，通过对几个不同类型族群的比较研究，认为妇女在人生的不同阶段拥有不同的社会地位。有的认为除了考虑传统的评判观念外，还要考虑妇女自身的感受和意愿，要注意静态和动态的分析。有的作者在对汉族和少数民族对比的基础上指出：在汉族地区，由于以父权为中心，妇女地位低下；而一些少数民族，如江华的过山瑶、连南的排瑶、海南的黎族等，则重视妇女的作用，妇女在社会和家庭中的角色较为重要。这本书的作者来自中国大陆、台湾地区、香港地区及英、法等国，反映了我国妇女研究领域与国际社会妇女论坛的沟通。

余论：后现代之后的反思

伴随民族志现代科学的、实验的民族志→后现代主观民族志→后现代之后反思民族志的演变，女性人类学发生了生物建构→社会文化建构→后殖民历史建构→后现代之后批判的转变，经历了气质决定论→社会性别论→女权主义→反思权力地位论的转化。

认识到，社会工作与经济地位实际意味着女性的双重压力，承担家庭与工作双份责任；妇女社会经济、政治地位、权力的确立、提高，并非与自身的幸福顺意成正比，在高度男性权力的社会，定位了女性自立自强与贤妻温顺的双重标准②，而且婚姻家庭的稳定往往与后者联结，因而女子受关爱、怜爱的程度仍然大都基于女性气质或生理特征，男性择偶愈趋向下（低龄），更年期、绝经期妇女被离异率大幅增加，即男性实际地先赏心悦目再志同道合，女性实际地有年轻漂亮才有快乐幸福。亦即女性被珍惜珍重的实际地位和感受，并非由公领域社会地位、政治参与、工作业绩、权利获得而得到保障，却仍然缘于自身生理生物性征。因为女性是相对于男性而言，个人身心情感体验与男性交往系结。因而，社会性别与妇女发展和后殖民女权主义研究，在后现代之后实质上回归家庭与女性气质优越观。

女性在两性婚姻中身份、地位的确立、转变，因可提升在丈夫家族中的权利而受关注。翁玲玲将“坐月子”阐释为汉人妇女从婆家“外人”转换为“自己人”的重大身份转换关口或社会界限（social boundary），以分离仪式、过渡仪式、结合仪式的通过模式分析传统“妇女社会地位取得的基地并不在‘生家’或娘家，妇女的‘成人’之道是‘出’

① 马建钊，等．华南婚姻制度与妇女地位．南宁：广西民族出版社，1994.

② 周泓．妇女人类学的社会性别与女性地位、权力研究．新疆师范大学学报（哲学社会科学版），1999（1）.

嫁、生子”[①]，从而取得“自己人”的位置和构建其相关权力资源之社会网络。此与《白虎通义》“妇人外成，以出适人为家”[②] 相合。汉人社会的妇女一般都以结婚为契机而历生活空间、身体、劳动以及集团归属的转移或转换[③]，完成从娘家闺女到婆家后代所祭祀祖先的持续的身份转换。而对于后者，笔者认为现代不同于传统时代的是，当出嫁女性始终具娘家与婆家双重成员身份时，现今男性亦成为族亲与婿戚家族双层面不可或缺的组成，更要承担岳父母家庭义务。所以就个体而言，社会性别概念不能完全替代自然义务权利。翁玲玲《坐月子的人类学探讨：医疗功能与文化诠释的关系》关注“汉人宇宙观（均衡和谐）与文化思想（再生产的实用性价值观）之间的契合”和家族的整合，其“再生产”的实用性价值观指“人们完全理解妇女的生育力是延续家族生命的关键所在，而孩子更是关键中的核心，因此也很清楚为妇女坐月子而付出的有限代价，所能得回的将是传承延续的无限报偿”[④]。这实际上回到费孝通“生殖家庭”[⑤] →“核心家庭”的意义，即“婚姻的主要目的是为保证传宗接代”，子女“还起着稳定家庭群体里各方关系的作用”[⑥]；亦合于《昏义》“婚姻者合二姓之好，上以事宗庙，下以继后世”[⑦]，即婚姻旨在宗族的延续及祖先的祭祀。因此，公共社会政治地位权力不等同于家庭地位权力。当男性更多地以自然属性比重审视、评价女性时，女性却以男性的社会地位、政治权益标准塑造、评估自身，实际更抬升男性地位权力，结果失却本性。实质上社会意识形态批评性别二分法架构的两性平等观与思想习惯和男性女性话语建构是男权思维的延续，是以二元对立思维反对二元对立观念的逻辑悖论。

谭少薇的“包二奶”研究，对香港男性跨境运输“包二奶”行为的调查显示，四成以上香港北上货车司机有“二奶”包。由于香港经济转型，部分难以找到合适工作的男性到深圳工作；而深圳有大量内地流动的年轻女性，两群不稳定人口提高了婚外情发生率。谭少薇分析认为，香港实行一夫一妻制婚姻法只有 30 多年，不到一代时间。三四十岁的香港男人很多是在一夫多妻制的家庭里长大的，一夫多妻制对他们不构成文化和道德上的问题。这一现象带来香港女性不安、家庭财政负担加重、社会道德恐慌以及“二奶”年老后的贫困化和私生子教育等问题。[⑧] 在此，亦折射出女性不同的诉求，包含生理满足或心理释放、地位或金钱向往。若以“被包”而论，应该排除情感而定位交易；其间或存在真心仰慕、敬重、情感（女子为使男子心安而接受惠赐），这种精神、心灵的自我与前者相较罕至，然仍不应一概而论。但就前二种而言，第一类仍基于女性气质，第二类仍基于男性的权力、地位、财富，均非对女子社会地位与女权的肯定，而是由所依附者衬托己身的价值。此两种（实四种）“包二奶”应该说均非高阶层女性的一时归宿，而是攀附高阶层的

① 翁玲玲．从外人到自己人：通过仪式的转换性意义．广西民族学院学报，2004（6）．

② 《白虎通义·嫁娶》：“嫁者，家也。”

③ 周星．序//李霞．娘家与婆家：华北农村妇女的生活空间和后台权力．北京：中国社会科学文献出版社，2010.

④ 翁玲玲．坐月子的人类学探讨：医疗功能与文化诠释的关系．妇女与两性学刊，1993（4）．

⑤ 费孝通．乡土中国．北京：三联书店，1985.

⑥ 费孝通．江村经济．北京：商务印书馆，2001：43－47.

⑦ 瞿同祖．中国法律与中国社会．北京：中华书局，2003：97.

⑧ 参见谭少薇2005年9月于清华大学社会学系所做的“华南跨境包二奶现象的社会性别分析”讲座。另见：谭少薇．当代中国的性人类学研究及其发展趋势．广西民族研究，2008（2）.

结果，其本质或许不是女性问题，而是阶层问题；同时未曾受教育者极少“被包”，因而“二奶”基本属于中产“小资”阶层；又，不同类型、地位男性所选择类型、阶层不同，但共同点是“被包”女子大都具年轻与姿色，或传统韵味，或现代气质。因此，天然（生物生理）属性与社会文化属性不可分，一同起作用，而前者是基础，犹如人工创造的发达亦须基于自然生态，否则被惩罚。后天的造化、智力、营略难比天然的资本、秉性、气质长久。若干高官、专家、教授、企业家重选婚配，或因传宗接代之需，或因气质取向转变，且新择替者几乎年轻美貌或兼具学品，均属于成功后回归本色之夙愿。即两性间生物性不弱于社会性。于是，天然气质与女性发展、社会权利、女权的追求至少双轨并行；对女性个体言，后者不可替代前者，如一般男性言“外貌好，身价高”或“漂亮者机会多”，因为美貌生自信而有姿色。在此，社会地位、高学历、权益只是分配于不同阶层男性的选择中，有助于“被包”层级的抬升。

庄英章“童养媳（小婚）”研究，阐释此现象的中西方早婚/晚婚、多子/低生育、关系/无关联继嗣与家族权力的不同历史成因、文化期许，翔实考证不同时代民间与士绅（贵族）此行为之阶层差异；但基本事实表明，早婚、小婚大都比正婚生育率低[①]，即文化诉求与结果相反。反证了多子多妻基于性吸引、性机能之生物生理前提。

埃米利·艾亨《中国妇女的力量与污染》以结构主义解释汉人社会视妇女分娩“不洁”是因为新生婴儿穿越一个家庭结构既有界限而破坏一个家庭既有的秩序，其外来身份与孩子间的亲子关系可能威胁父权家族的权限分配；然而最重要的价值在于她的生育力，她所生育的儿子将成为夫家世系的继承者，确保丈夫的父母过世后有人祭祀和家族传延。[②]亦如玛丽·道格拉斯所言：“污秽暗示了两个情境：一系列有秩序的关系以及对此秩序的违背……有污秽的地方必然存在一个系统，污秽是事物系统排序和分类的副产品，因为排序的过程就是抛弃不当要素的过程。”[③]“新媳妇被看作是潜在的搅家精……妇女只有生了孩子才能在家里确立自己的地位。”[④] 这些研究结论实际接续或回归玛格丽·沃尔夫所研究的，生育是女性在陌生的婆家环境所能依靠的一种生存途径，保障她在婆家取得稳固地位，生成自己较为自主的小空间，从婆婆手中分离出自己的母亲中心生活空间（子宫家庭），逐渐脱离婆婆的掌管而开始施加她自己的影响。即孩子的出世对妇女而言，更重要的意义是属于她的母亲中心生活空间（子宫家庭）的建立。[⑤] 最终映射出生育是妇女本身携带的能够影响和改变家族结构与社会构成的生命力。

因此，女性的自我价值及其被肯定，非截然取决于经济独立、社会地位与权力的实现。忽视自身气质的延续、养育，则为所设定的社会化及其结构主体遗失，即现实中仅为模仿的附庸且丧失本性赋予的权力。因而女性在与男性一同担当家庭与社会责任时，仍应重视天性，这或为宿命，却该借鉴，基于生理性征的自然气质差异不能以意识形态强行克服或替代，否则女性奋斗过程与结局偏离。这或是现代型女性在后现代的事实地位给予后

① 庄英章．家族与婚姻：台湾北部两个闽客村落之研究．民族学年刊，1994.

② Ahern E. The Power and Pollution of Chinese Women//Wolf A P. Women in Chinese Society. Palo Alto：Stanford University Press，1975：286.

③ 道格拉斯．洁净与危险．北京：民族出版社，2008：45.

④ 阎云翔．私人生活的变革：一个中国村庄里的爱情、家庭与亲密关系．上海：上海书店出版社，2009：245.

⑤ Wolf M. Women and the Families in Rural Taiwan. Palo Alto：Stanford University Press，1972：36.

现代之后的启迪。社会建构论和后现代所质疑的“维多利亚时代”的女性理想，或许应该予以重新省思。此外，女性人类学回归性研究尚有蔡华的《一个无父无夫的社会》（1997年）和唐宋婚姻生活追溯①等。

诚然，纵向而言，女性人类学的出现打破了人类文化研究中的性别藩篱，使人们以崭新的角度反思以往“视之当然”的理念。在学科史上，女性人类学的发展推动了传统人类学领域对女性问题的重视和专门研究，引发了人类学界对自身的反思，审视了人类文化在男女双重视角下交错观察的学术前景。

参考书目

鲍晓兰．西方女性主义研究评介．北京：三联书店，1995.

波伏娃．第二性．北京：中国书籍出版社，2004.

曹晋．媒介与社会性别研究．北京：清华大学出版社，2015.

李泳集．性别与文化：客家妇女研究的新视野．广州：广东人民出版社，1996.

玛格丽特．米德与萨摩亚：个人类学神话的形成与破灭．北京：商务印书馆，2008.

马建钊，等．华南婚姻制度与妇女地位．南宁：广西民族出版社，1994.

麦克拉肯．女性主义理论读本．桂林：广西师范大学出版社，2007.

米德．萨摩亚人的成年．杭州：浙江人民出版社，1988.

塔尔博特．语言与社会性别导论．武汉：华中师范大学出版社，2004.

王政，杜芳琴．社会性别研究选译．北京：三联书店，1998.

萧凤霞．妇女何在?：抗婚和华南地域文化的再思考．中国社会科学季刊，1996（14）．

Abu-Lughod L. Can There Be a Feminist Ethnography. Women and Performance，1990，1（5）．

Cilchrist R. Gender and Material Culture//The Archaeology of Religious Women. London and New York：Rouledge，1994.

Collier J F，Rosaldo M Z. Politics and Gender in Simple Societies. Palo Alto：Stanford University Press，1981.

Collier J F，Yanagisako S J. Gender and Kinship：Essays Toward a Unified Analysis. Palo Alto：Stanford University Press，1987.

Etienne M，Leacock W. Women and Colonization：Anthropological Perspectives. New York：Praeger，1990.

Evans H. Women and Sexuality in China. Polity Press，1997.

Freeman D. Margaret Mead and Samoa：The Making and Unmaking of an Anthropological Myth. Cambridge：Harvard University Press，1983.

Janice E S. Daughter of the Canton Delta：Marriage Patterns and Economic Strategies in South China，1860－1930. Palo Alto：Stanford University Press，1989.

Karen S. Sisters and Wives：The Past and Future of Sexual Equality. Westport：

① 伊佩霞．内闱：宋代的婚姻与妇女生活．南京：江苏人民出版社，2004. 陈弱水．隐蔽的光景：唐代的妇女文化与家庭生活．桂林：广西师范大学出版社，2009.

Greenwood Press，1979.

MacCormack C，Strathern M. Nature，Culture and Gender. Cambridge：Cambridge University Press，1980.

Miller S. Assuming the Positions：Cultural Pedagogy and the Politics of Commonplace Writing. Pittsburgh：University of Pittsburgh Press，1998.

Moore H L. Feminism and Anthropology. Minneapolis：University of Minnesota Press，1988.

Morgen S. Gender and Anthropology：Critical Review for Research and Teaching. Washington，D. C. ：American Association of Anthropologists，1989.

Orther S，Whitehead H. Sexual Meanings. Cambridge：Cambridge University Press，1981.

Pauwels A. Women Changing Language. London and New York：Longman，1998.

Quinn N. Anthropological Studies on Women's Status. Annual Review of Anthropology，1997 (6) .

Reiter R R. Toward an Anthropology of Women. New York：Monthly Review Press，1975.

Rosaldo M Z，Lamphere L. Woman，Culture & Society. Palo Alto：Stanford University Press，1974.

Watson R S. Women's Property in Republican China：Rights and Practice. Republican China，1984，10 (1) .

Watson R S. Women's Work and Inheritance in Chinese Society：An Anthropologist's View//Miller B. Women in Asia and Asian Studies. Committee on Women in Asian Studies Monograph：No. 1. Syracuse：Syracuse University，1984.

第十八章

医学人类学

第一节　医学人类学基础

医学人类学是采用人类学的理论、视角及方法，研究与健康、疾病及治疗相关的认知与行为，并参与解决公众健康（public health，通常译为公共卫生）问题的实践活动，是人类学的分支学科之一。医学人类学家主要从事两类活动：一是进行研究，全面描述并解释古今人类行为与健康及疾病之间的生物文化相关性；二是作为专家，参与旨在改进人们健康状况的公众健康项目。

一、医学人类学的根源

医学人类学有着不同的历史根源，它们因研究方法与理论取向的不同而表现出巨大的差异性。从当前医学人类学的研究范围看，它具体可以追溯到四个来源：体质人类学及古人类学的进化与适应研究，早期人类学者对部落社会治疗仪式与信仰的关注，20 世纪早期人类学者对人格特点的关注产生的天性与教养之争，以及第二次世界大战后国际公众健康运动。

（一）体质人类学的进化与适应研究

受生物进化论的影响，早期的人类学者关注人类在自然界中的地位、人类与灵长类的关系，以及古今人类体质的变异等主题，形成了体质人类学这一重要分支学科。后来，他们对人类生物特征的关注进一步扩展到了人类的遗传变异、环境适应及生长发育等课题，从而与医学的研究出现了诸多的重叠之处。大多体质人类学家接受生物学、医学训练，主要在医院等场景工作。

同时，参与考古研究的古人类学家试图通过对考古遗存中人体或动物骨骼的研究，重构史前人类的生活状况，探讨他们的寿命、健康状况及所受的疾病威胁，形成了古病理学（paleopathology），这共同构成了医学人类学的早期根源之一。

（二）非西方社会的疾病认知与治疗仪式

对疾病的认知与治疗实践贯穿着人类历史。而早在医学人类学作为一个独立分支形成以前，人类学家就收集了所研究社会的疾病“信仰与实践”相关信息，因为它们是一个文化的重要组成部分，而且与“奇异的”巫术与魔法信仰密切相关。在《原始社会》中，古典进化论者泰勒梳理了人类理性从巫术、宗教到科学进步的三个阶段，人类对疾病的认识也相应地经历了从巫术导致、上帝惩罚/违反禁忌到病毒/细菌侵入等不同认识的变化。这样，对疾病认知的阐释就被其纳入了人类理性进步的序列之中。

威廉·哈勒姆·里弗斯是最早系统研究非西方医学的人类学家，他最初接受医学训练，并在职业历程的不同阶段从事过医学工作。同时，他也是尝试把本土医学与文化及社会组织的其他方面系统地联系起来的人类学先驱。他给医学人类学留下的遗产包括《医学、魔法与宗教》（1924 年）和《心理学与民族学》（1926 年）的一部分，其中前者称为医学人类学的奠基之作。里弗斯没有把原始医学的要素看成是无法解释的行为碎片，而认为它们组成了一个“社会制度”，与人们的任何制度一样值得研究。他对医学人类学有两点重要的理论贡献：首先，原始医疗实践来自其潜在的医学信仰，并在这种信仰的角度上是讲得通的；其次，原始医疗实践及医学信仰都不是奇异的风俗，而是文化整体的一部分。当我们把本土医学实践放在大的地方信仰与文化背景中加以考察时，这些在西方人看来非理性的实践实际是理性的。[①] 通过指出本土医疗实践、信仰及世界观作为文化整体组成部分的相互关系，里弗斯为医学人类学开创了一片研究的天地。之后的近半个世纪，大多数医学人类学家遵循里弗斯的框架研究非西方医学，只不过他们没有给自己的研究贴上“医学人类学”的标签。[②]

（三）文化与人格特点的关系

早期人类学家关注的另一个与健康相关的课题是心理学与精神病学现象。20 世纪 20 年代，就有人类学家对人格与社会文化环境的关系发生了兴趣。

1899 年，奥地利心理学家、精神分析师弗洛伊德出版《梦的解析》一书，提出了“俄狄浦斯情结”（Oedipus Complex，即恋母情结）的命题，认为受婴儿与童年早期经历的影响，每个孩子都从与自己异性的母亲或父亲身上满足性欲，而怨恨同性的另一方，这是人类普遍的心理情结。这一命题在西方学术界产生了重要影响。许多学者对检验这些思想是普适性、适用于所有文化，还是西方的、受文化限制很感兴趣。马林诺夫斯基通过对特洛布里恩德岛人的考察，表明这一命题并不具有普遍性。

20 世纪 30 年代，美国形成了以本尼迪克特为代表的文化模式论。受格式塔心理学的影响，本尼迪克特认为每一种文化都有一个价值母体，它会把文化内部的各种要素整合在一起，使其具有一种内在一致性，并制约人的行为。个人只有通过学习并适应文化，才能够适应生存环境。在任何一种文化中，个人的行为都部分受到压抑，部分受到重视与提倡。这种既有个性又有整体行为的文化表现形态，就是文化模式。在文化模式研究的基础上形成的文化与人格学派关注一个文化的整体气质、性格倾向、喜好等人格特点，以及人格与文化的关系。与认为人格特点及特定行为类型是天生、自然的观念相反，该学派认为它们是后天习得、由社会文化决定的。

---

① Rivers W H. Medicine, Magic, and Religion. London: Kegan Paul, Trench, Trubner & CO., 1924.

② 福斯特，等．医学人类学．台北：桂冠图书公司，1992：7－9.

本尼迪克特提出，如果一个人的性格与其所处社会鼓励的理想人格基本吻合，他/她就被认为正常；反之，就被认为不正常。比如，在一个强调秩序与理性的社会中，一个很容易冲动与感情用事的人就会被认为是幼稚的，甚至精神不正常。由此看来，在一个文化模式中被认为正常的行为或性格特点，在另一个文化中可能被认为是异常乃至病态的。显然，对正常或异常的判定由文化决定，并因文化而异。这一结论对后来的心理人类学及人类学的跨文化精神病学研究产生了重大影响。

（四）国际健康项目

二战期间，美国政府启动了在拉丁美洲的双边健康项目。为了巩固自己的世界霸主地位，战后美国进一步把项目扩展到了亚洲与非洲新独立的第三世界国家，使之成为一种国际健康（International Health）[①] 事业。随着世界卫生组织的建立，双边与多边卫生项目普遍化。在这些跨文化的场景中，公众健康专家及项目人员发现，很多健康问题既是生物学现象，也是社会与文化现象。由于对疾病认知与健康的看法不同，在移植美国的医疗卫生技术与体系的过程中，他们遭到了来自地方文化的阻力。

20 世纪 50 年代，一些国际健康机构与项目开始聘用人类学家，希望他们能够为项目的顺利推进提供洞见。在此过程中，“医学人类学”概念正式出现，并越来越发展为人类学的一个重要分支学科。

二、医学人类学兴起与发展的时代背景

20 世纪 60 年代，医学人类学作为一个专门领域出现有赖于以下三个原因。[②]

首先，20 世纪五六十年代国际健康项目的开展，使熟悉地方社会文化的人类学家有了用武之地。他们积极参与项目活动，以帮助健康工作者更好地认识所处文化的医疗保健知识与实践，推进项目的顺利开展。1955 年，保罗・本杰明编辑出版的《健康、文化与社区：公众对健康项目反应的个案研究》[③] 中首次使用“医学人类学”这一术语。该著作分析了健康促进措施的社会文化背景，以及为什么这些措施并不总是能获得成功。随着对非西方健康语境认识的深化，人类学家意识到，对于包括人体解剖、疾病的基础等问题，非西方社会有着自己独特的认识。在这种背景下，人类学家开始从另一个角度关注非西方医学传统。

其次，西方社会内部的变化也导致了医学人类学的出现。20 世纪 60 年代，微生物、细菌、病毒等引起的传染病（天花、麻疹、白喉等）在西方基本上被征服，疾病与健康问题不再由特定病原引起，而是由经济、政治、社会及文化因素引起。病理主要表现为生

---

① “International Health”概念最早出现于 20 世纪 40 年代后期，从字面上理解，它指的是世界上所有人群与国家的健康议题，但在实际操作中，它特指与亚洲、非洲与拉丁美洲贫困国家的疾病和健康问题相关的知识与实践，尤其是西方发达国家对这些国家健康问题的界定、规划、干预及政策引导。因此，国际健康既是一种技术移植形式，也是一个知识体系。

② Janzen J M. The Social Fabric of Health：An Introduction to Medical Anthropology. New York：McGraw-Hill, Inc.，2002：22－25.

③ Benjamin P. Health，Culture，and Community：Cae Studies of Public Reactions to Health Programs. New York：Russell Sage Foundation，1955.

理、心理、行为及功能障碍。疾病谱系的这种变化使之前单病因的解释出现了危机，医疗卫生实践者、健康部门与一般公众越来越希望认识影响健康的环境、行为、文化等外部因素。

此外，在根除了一些传染病的同时，杀虫剂、除草剂、生化药物等的滥用也引起了新的疾病与健康问题。早期杀虫剂与药物的误用和滥用，导致一些耐抗生素的细菌及寄生虫的产生，比如结核杆菌、疟疾。普遍的抗药性微生物的传播模式使这些危机进一步扩大化，人们开始有意识地在生活方式、饮食、预防医学以及生活与经济制度中寻求健康之道，这还促使一些医药公司在非西方草药传统中寻求研制新药，刺激了人类学家对植物的跨文化认识及使用的研究。

最后，生物医学与生殖技术的进展开启了“设计医学”的新领域，它以患者/顾客对预期结果的选择为特点，比如胎儿的性别、婴儿对疾病的先天易感性等。在印度与中国，检查羊水的技术被普遍用来鉴别胎儿的性别。在美国和西欧，对性别与遗传疾病的筛查也很普遍。人类在生物性方面被干预和建构的景象，以及这种知识被社区与国家所使用的方式，使身体在健康与疾病中的意义成为新的关注点。健康与治疗概念、技术、机会及物质的全球市场已经出现，其中包括对生物医学的替代性治疗的兴趣。

以上变化都发生在长期为人们所信奉的健康信条受到质疑的时代，这个信条就是：通过政府干预，人们的健康状况将得到改善。苏联的解体，以及西方社会从社会主义国家化经济中的退出，使得一些地方既没有自由市场提供的健康护理（health care），也不存在政府提供的健康护理。在美国，健康成为一个极大的资本主义产业，数百万人失去了接受充分医疗的机会。由于结核与疟疾的再次出现，艾滋病带来的负担越来越重，这种现象更加令人恐慌。逐渐地，世界上所有国家都分成了健康的上层阶级与不健康的下层阶级。人类学以其比较、语境化、整体及历史的视角对这些趋势做出了反应，这是医学人类学兴起的第四个原因。[①]

三、医学人类学的核心概念

在试图认识人类的健康、疾病及治疗经验的复杂性时，人类学家发展出了一些有价值的概念，包括医学与民族医学、疾病与病痛、病痛叙述、解释模式及躯体化等，它们既是医学人类学的认识论与方法论主题，也是其重要的学科标志与共识。

（一）医学与民族医学

在一般公众看来，只有医院系统中医生实践的才是医学（medicine），它是高度技术化、机构化与专门化的，而医学人类学在更宽泛的意义上使用“医学”这一概念，它不仅指系统化的正式医学，还指人们对疾病的各种认知，以及为解决或缓解病痛而采取的任何行为与实践。因此，它可能包括政府为减少 SARS 而采取的隔离措施、萨满为给病人“招魂”而举行的仪式，以及人们为了长寿而练气功、吃保健品等行为。也就是说，“医学”涉及健康、疾病与治疗的所有认知与行为。

---

① 张有春．医学人类学．北京：中国人民大学出版社，2011：29－31.

民族医学（ethnomedicine）是医学人类学的重要研究领域，通常指非西方社会关于健康、疾病与治疗的观念和实践，以及在西方国家生物医学之外的疾病认知与治疗实践。民族医学最早被称为“原始医学”，后来又有民间医学（folk medicine）、传统医学（traditional medicine）与补充性医学（complementary medicine）等称呼，以与生物医学（biomedicine）所代表的科学医学、现代医学相对照。后来，人类学家进一步认为生物医学也是一种民族医学，是在特定的社会文化基础上发展起来的。

（二）病痛与疾病

生物医学认为，疾病（disease）仅仅是病理的表达，是身体任何部分结构或功能的异常情况，人们可以通过一系列具体的征兆与病症，或者诊断测试来确定一个人有没有病。在生物医学中，可以根据病原体的生物特征对疾病做出归类。《国际疾病分类（第10版）》确定了标准的疾病分类系统，推动了医学实践的一致化。从生物医学从业者的角度来看，疾病独立于病人而存在，临床医生治疗的是疾病而不是病人。

然而在很多临床治疗中常常出现这样的情况：一些病人的疾病已经被成功治愈，但他们仍抱怨症状；还有一些病人的疾病没有治愈，但却认为自己已经好了，从而退出治疗。医学人类学家艾森伯格（Leon Eisenberg）与凯博文据此意识到，在患病过程、疾病的界定、症状的解释以及对症状的反应中，都涉及了社会文化因素。为了处理这种现象，他们在学理上对疾病与病痛（illness）做了区分。他们认为，疾病是医生诊断与治疗的对象，是器官、身体系统结构与功能的异常，是一种生物状态，而病痛是病人的感性认识与主观体验，是在其存在状态与社会功能方面的障碍体验，是一种社会状态。疾病与病痛或许会重叠，但不一定并存。相似的身体病理能够产生不同的病痛体验，导致病人不同的应对策略。①

对疾病与病痛的这种区分后来成为医学人类学的认识论工具之一。

（三）病痛叙述

病人把自己的病痛体验组织成个人叙述，就是病痛叙述（illness narrative）。病痛叙述常常既受个人个体因素的影响，也由于受文化的塑造而具有结构化的特点，它不仅反映病人的病痛体验，还有助于形成体验，认识并控制病痛。

美国人类学家兼精神病学专家克莱曼认为，即使是那些绝望的患者，也有可能与他们谈论病痛体验。见证并协助整理这种经验不仅有治疗与医学上的价值，还是一座连接身体、自我与社会的象征性桥梁，把生理过程、文化意义与社会关系连接起来，并将患者的内在体验与社会世界同时呈现出来。因此，倾听患者的病痛叙述不仅可以发现疾病的症结所在，帮助病人得到康复，还具有重要的理论研究上的价值，是一个重要的研究工具，是将疾病转变成具有文化、社会与主观意义的分析文本的重要方法。② 经由他的阐发，病痛叙述成为医学人类学的一个重要概念与研究工具。

---

① Eisenberg L，Kleinman A. The Relevance of Social Science for Medicine. D. Reidel，Dordrecht，1981：12.

② 凯博文．谈病说痛：人类的受苦经验与痊愈之道．广州：广州出版社，1998.

（四）解释模式

人们对病痛原因的诉说构成了其病痛叙述的重要内容。克莱曼在台湾地区的精神病学临床工作中发现，患者及其家属、各种传统医师，以及专业医生对病痛与治疗有不同的理解，它们代表了不同的医学信仰与实践系统，这些系统彼此冲突甚至互相矛盾。克莱曼用解释模式（explanatory models）概念指在病痛治疗过程中所有参与者对病痛与治疗的解释。一个解释模式由关于病痛与治疗的情节构成，为医生与病人所持有，它们指导治疗选择，并赋予病痛以意义。克莱曼认为，这些模式并不等同于一个社会中关于病痛的普遍信仰，它们来自更普遍的病因解释，在面对特定病痛时被调动起来。解释模式主要为病痛的五个方面提供了解释：病因、症状最早什么时候出现及如何出现、症状的性质、患病的经过及治疗。[①] 而医生的临床诊疗就是将病人的非专业的解释模式转换为专业的解释模式。

四、医学人类学的研究取向

人类学对疾病、健康及治疗的兴趣最初是由理论兴趣激发的，即把健康与疾病作为一个重要的文化范畴加以认识。到了 20 世纪 50 年代，活跃在国际健康舞台的人类学家的目的却是为了与健康专家一道，改善发展中国家人民的健康状况，这使得医学人类学开始出现了学理研究与应用性工作之间的分化。

如果仔细辨析从事疾病、健康及治疗相关研究的人类学家，就会发现其中有两类人群。一类接受过系统的生物学、医学等自然科学学科训练，他们同时对人文社会学科，尤其是人类学感兴趣。他们的学术研究成果常常是作为临床医学实践的副产品产生的，或者说临床实践的经验催生了他们对疾病与社会文化的关系的兴趣。因此，他们的理论研究常常与医学实践密不可分，并经常是为了改进医学治疗实践。这类学者以哈佛大学的人类学家兼医生克莱曼、古德（Byron Good）和法默（Paul Farmer）等为代表。他们在进行临床实践、参与公众健康项目的同时，在理论研究方面做出了很多卓有成效的探索。

另一类研究者没有自然科学背景，他们对于疾病认知与实践的跨文化多样性具有强烈的兴趣，试图对一个群体或文化的疾病认知与应对做出理论解释，认识作为文化现象的医学体系及其运作，并就疾病、健康及治疗主题发展出具有解释力的理论阐释。这些学者虽然做相关研究，但他们仍是文化人类学家。当然，他们的研究发展有时也可以转化为应用性的政策、策略。显然，很多医学人类学家的研究并不能被简单地归为理论或应用取向的，二者之间常常是互相促进、相辅相成的。

五、医学人类学与相关学科的关系

由于疾病及健康既涉及人的生物、生理特征，又与生态环境相关，同时还涉及疾病认知与医疗体系等人类的文化设置，这使得医学人类学很好地承袭了人类学的生物-文化整体观，成为少数几个能够统合人类学诸分支的专门领域之一。医学人类学不仅与人类学的

---

① Kleinman A. Patients and Healers in the Context of Culture：An Exploration of the Borderland between Anthropology，Medicine，and Psychiatry. Berkeley：University of California Press，1981：71 - 118.

其他分支学科，而且与生物医学等相关学科关系密切。

（一）医学人类学与人类学四分支

体质人类学研究人类的起源与进化，以及当今人群的体质变异。人类的体质与生物特征受基因的塑造，基因引导着人类在与环境互动中细胞层面的生长与发育过程。近年来，生物医学、生物行为学与生物文化研究作为体质人类学的领域出现，它们关注影响、生长发育、生理及疾病发生率的家庭及社区模式。此外，发展中国家的贫困、政治经济不平等的生物学印象也受到关注。显然，这也是医学人类学所关注的论题。

古病理学是史前考古学的研究领域之一，它为考察早期人类的健康状况与疾病提供了可能。古病理学通过考古遗存对古代人类的疾病进行专门研究，揭示古人类如何受到所处环境的影响，并研究他们的饮食结构与习俗。对古人类疾病的认识反过来可以帮助我们认识人类的进化、历代人类所受的疾病威胁，以及他们所采取的适应策略。

语言人类学对医学人类学最主要的贡献是民族科学——对一个文化内部的人如何组织其经验的探讨——的发展。人类学家结合田野工作的参与观察方法和来自语言学的特定技术，来认识一个文化的分类体系，尤其是疾病分类、症状分类及药物分类等。这种研究使我们能够认识文化参与者的观点，而不是把外部的疾病分类与认知体系强加在一个文化之上。

文化人类学在医学人类学的发展过程中意义重大。作为人类学的核心概念，文化指特定人群所遵循的生活方式，也是不同人群的独特之处。在人群适应环境的过程中，使用并传递象征符号、语言、命名、分类，以及仪式、规则及其他习得行为发挥着极为重要的作用。当具体到疾病、健康相关议题上时，文化指群体所共享的关于健康与疾病的认识，以及相应的应对方式。也就是说，文化决定了一个群体对疾病的认识，并在此基础上形成了应对机制。

（二）医学人类学与生物医学

人类学产生于西方的文化土壤。作为本土的疾病认知，生物医学已经被大多西方人类学家内化为自己的疾病认知的一部分，并且认为它是科学的，与文化无关。因此，他们很自然地将生物医学排除在研究对象之外，或者把它作为评判其他医学是否科学的标准。在这种情况下，生物医学是被支持或搁置起来的。

20世纪80年代以来，西方人类学对自身文化的反思也进入了科学的领域。反思的深化使医学人类学家不再无条件接受关于生物医学的科学性的假设，而是开始把它作为一个文化体系加以研究。同时，也有人类学家对生物医学采取了远距离的批判态度，认为在当代世界，生物医学已经成为一种医学霸权，它以科学的面目将很多社会问题医学化了，从而掩盖或忽视了疾病的社会原因，使疾病与资源分布不均的问题合理化，压制了可能出现的反抗。[①]

---

① 张有春．医学人类学．北京：中国人民大学出版社，2011：36－41．

（三）医学人类学与流行病学

流行病学是公共卫生领域的主导学科。它通过描述疾病与健康在人群、空间和时间三个维度的分布（即所谓“三间分布”）情况，寻找和发现影响疾病与健康的关键因素，并在此基础上研究防治疾病、促进健康的策略和措施。[①] 在研究方法上，流行病学具有突出的概率论和数理统计学特征，问卷、抽样和数理模型是常用的具体研究方法。

由于影响到疾病与健康的相关因素极其广泛，流行病学需要关注的内容已远远超出狭义的卫生事件范畴，环境污染、农业生产、经济贸易、人口老龄化、犯罪、国家政策、宗教信仰和文化习俗等问题在某些情境下都可能成为影响疾病和健康的关键因素，对这些议题的讨论已远远超出单一学科的范围，需要跨学科的合作。

医学人类学同样致力于解决公共卫生问题，实际上人类学家已频繁和深入地参与了各类公共卫生项目。从中国医学人类学的发展历史来看，以艾滋病防治为主的各类公共卫生项目，为医学人类学的成长提供了丰富的实践应用和理论发展空间。[②] 人类学家参与公共卫生项目时，经常要与流行病学家合作，跨学科合作的学理性讨论随之产生。人类学的相关理论和方法可以与流行病学形成互补，这体现在两学科一些具有互补性的基本概念上，如“生物与文化”“定性与定量”“人群与组织”“理解与干预”等。[③]

第二节　医学人类学的理论取向

在对疾病、健康及治疗的跨文化研究中，医学人类学家采用了不同的理性视角。在《医学、理性与经验》中，古德将它们归纳为四种取向。[④]

一、作为民间信仰的病痛表述：经验主义传统的延续

诸多的医学行为科学——医学心理学、医学社会学、流行病学等——虽然对生物医学忽视社会与心理因素的单一模式提出了批评，但它们在很大程度上所依赖的信仰与行为模式仍牢牢扎根于自身与生物医学所共享的实证主义或经验主义范式。它们认为，个体行动者遭受着环境的压力，是疾病的寄身之所，也是理性或非理性的病痛行为的根源。因此，它们把个体作为分析的核心，着眼于教育个体改变其非理性的信仰与实践，以降低患病的

---

① 詹思延．流行病学．8版．北京：人民卫生出版社，2017：5-6.

② 刘谦，和柳．中国社会人类学参与公共卫生领域研究回顾//刘谦．面对艾滋风险的自律与文化．北京：中国社会出版社，2010：221-246．景军．穿越成年礼的中国医学人类学．广西民族大学学报（哲学社会科学版），2012（2）．宋雷鸣．中国人类学的公共卫生实践：基于人类学与流行病学的学科合作视角．北方民族大学学报，2017（5）．

③ 相关讨论参见：宋雷鸣，汪宁．生物与文化：流行病学与人类学跨学科合作．中华流行病学杂志，2016（1）．宋雷鸣，汪宁．定量与定性：人类学与流行病学合作的维度之一．中华流行病学杂志，2015（10）．宋雷鸣，汪宁．论流行病学研究变量的社会文化属性．中华流行病学杂志，2015（12）．宋雷鸣，汪宁．人群与组织：人类学与流行病学合作的维度之一．中华流行病学杂志，2012（4）．宋雷鸣，汪宁．理解与干预：人类学与流行病学合作的维度之二．中华流行病学杂志，2012（10）．

④ Good B. Medicine，Rationality，and Experience：An Anthropological Perspective. Cambridge：Cambridge University Press，1994：36-62.

风险。

纵观医学人类学的整个历史，它一直致力于对生物医学与医学行为科学的批评。自里弗斯开始，医学人类学家就认为，那些与医生眼中的理性行为不同的对病痛的反应并不是“迷信”的结果，它们根植于文化，有着自身的逻辑结构与理性，发挥着特定的适应性功能。尽管如此，仍有一股强烈的人类学理论解说潮流在复制着生物医学的认识论框架与经验主义传统，它表现在对与病痛相关的各种不同信仰与行为的民族医学研究、以“生物文化”或“生态学”术语对医学人类学的阐述，以及医学人类学的应用性研究等三个方面。其中，民族医学研究假定了功利的行动者的存在，生态学取向把民族医学作为一种实用的适应策略加以研究，而应用医学人类学假定了人们在求医过程中理性算计的工具性信仰，这三者的分析取向与关于功利行动者的市场经济与追求利润最大化的新古典经济学理论相一致，是经济学的经济理性人假设在医学人类学中的反映，它们共同构成了医学人类学的功利主义取向。

（一）民族医学的文化研究

对信仰（belief）与知识（knowledge）的区分不仅是各种医学行为科学的基础，而且在医学人类学研究中也有突出的表现。生物医学是一种知识/科学真理，它基于对表象背后的真相的了解（know），而其他对疾病的认知与实践却基于信仰，即相信（believe）表象背后的真相是怎样的。这种认识虽然基于地方文化，有自己的理性与逻辑，但却是文化的而不是科学的。比如，相信疾病是阴阳失衡导致的，或者是巫术的后果，等等。因此，民族医学的实践活动是各种文化或信仰的逻辑结果，而不是科学的行为。

在这种认识前提下，民族医学常常被作为一套信仰加以分析，与生物医学知识或隐或显地并列或对立。这些研究背后的一个核心焦虑是：虽然这些医学在自身的文化脉络中是理性的，但它们在生物医学的理性与功效面前的医学价值却难以得到证明与维持。对民族医学的结构功能与象征及其效用的分析，常常被转变为对社会结构与秩序的维持功能，或者一种类似于安慰剂的象征性效用的分析，而不是真正把它们作为医学实践来认识。

（二）医学体系作为一种社会文化适应策略

在对疾病与文化的关系的探讨中，一种观点认为，文化是人类为了保持身心健康、适应生存环境而设计的，它是人的生物性的延伸，是平衡生物性的一种现实。作为文化体系的一部分，医学体系则是人们专门为了应对疾病与针对健康的威胁而产生的。

在批评将民族医学视为信仰体系加以研究的理论取向的过程中，阿兰德（Alland）从人类生态学与生物适应的角度表述了他对医学人类学的态度。他将医学体系的研究置于与人类生物学、社会生态学、传染病史及流行病学等学科的对话中，明确地将生物学带回到了医学人类学中，确立了医学人类学的生态学视角。

然而具有讽刺意味的是，阿兰德所创立的生态学范式在一定意义上复制了他所试图批评的理论观点。在《生态学视角下的医学人类学》中，作者区分了遗传适应、生命历程中的个体生理适应，以及文化适应三种适应策略，而构成医疗体系的“文化习俗、信仰与禁忌”具有直接的、非预期中的适应效果。因此，传统的医学信仰与实践成为提高某一群体的生态环境适应能力的文化特质。[①] 从这个角度来看，文化是对疾病的适应性反应，而医学体系则是累积性的个体策略性反应的总和或结果。

（三）应用医学人类学

20世纪50年代，人类学家开始参与各种国际健康项目，与公众健康专家合作在发展中国家为当地人提供健康服务，这构成了医学人类学重要的应用领域。这些项目主要关注如下问题：如何使当地人改变其行为，以改进健康状况？因为项目虽然可以移植西方的医疗卫生体系与技术，为当地人提供接种疫苗等生物医学诊疗与服务，但是如果人们不利用这些服务与技术，或者没有适当地利用它们，它们就没有价值。而很多情况下，国际健康项目确实遭到了当地人的抵制与忽视，当地人并没有因为生物医学更"科学"而改变自己的求医问药行为。

公众健康专家认为，人们对生物医学的抵制行为是非理性的，是无知与迷信的结果。换种说法，地方的民族医学观念与现代医学知识相冲突，应该改变它们。同时期，一些心理学家发展出了健康信仰模式（health belief model）概念作为研究与干预工具，以回答有关"为什么人们得了病而不去看医生"这样的问题。保罗等人类学家则通过分析健康信仰与地方文化的关系来探讨这一问题。

保罗认为，必须从当地人的观点出发认识地方的信仰要素。只有这样，看似非理性的行为才能够得到解释，也才能够制定出适宜的健康教育项目。人类学对公众健康的贡献多以这一洞见为起点。然而，这一看待民族医学的病痛表述（illness representation）的常用方法无论在理论还是应用的层面都有其局限性。

首先，求医行为常常可以在不平等、贫困、社会分层、住房与工作条件等结构性状况，而不是在地方的理性但错误的信仰中得到认识。很多情况下，无论"信仰"还是行为都不在个人的掌控之中。

其次，简单地求助于"信仰"的解释在方法上受到了挑战。被称为信仰的要素是研究者在病痛叙述中被推演出来的，而病痛叙述并非固定不变的，而是随社会场景、叙述的听众以及病痛过程的阶段的不同而变化。病人告诉医生的与告诉家人、朋友的不一样，告诉研究者的又是另一回事。能不能把这种叙述中抽离出来的解释模式作为一种"信仰"值得怀疑。

最后，把"信仰"概念作为分析病痛表述的框架在理论基础上受到了挑战。在20世纪哲学中，"信仰"被认为是建议性、标准化、自发的。信仰常被视为一系列主张，人们可以根据它们，对那些关于世界的表述是否适当做出评判。从这一观点来看，民间关于病痛的信仰是一种原科学，医学科学为它们提供了评判的标准。事实上，自18世纪以来，在西方语言中，"信仰"越来越多地被用来指各种主张，它们要么在本质上不确定，要么不真实。

地球是圆的，这是知识而不是信仰。因此，研究民间"信仰"就是把生物医学作为标准与评判研究对象观点的权威。不仅如此，这种理性主义的观点假设信仰驱动行为，个人在其关于威胁及行为的潜在后果的基础上权衡特定行为的利弊，并追求行为利益的最大

---

① McElroy A，Townsend P K. Medical Anthropology in Ecological Perspective. 4th Edition. Boulder：Westview Press，2004.

化。这样在本质上，行为与信仰就成为个人寻求利益最大化的自发特性。[①]

二、作为认知模式的病痛表述：认知人类学观点

20 世纪 50 年代末 60 年代初，受心理学中出现的认知科学的影响，一些人类学家结合参与观察方法与语言学技巧，在“民族科学”或“民族语义学”的旗帜下开始探讨非西方社会文化内部的分类体系，调查语言与文化如何塑造人们的感知，以及他们对自然与社会秩序的看法。这种研究把语言结构与认知结构作为认识一个文化结构的基础，使研究者能够真正了解文化局内人的观点，而不是把外部的分类体系强加在一个文化之上。

该领域的最早研究主要集中于对分类的探讨，包括对疾病分类，关于病痛的症状、病因、治疗的分类，以及病痛叙述的结构等。这些研究对医学人类学迈向对日常医学知识的关注具有奠基作用，但其局限性也是很明显的，它们的分析框架几乎完全集中于分类学，从而在很大程度上复制了将语言看作对外部世界的命名或指示的经验主义观点。

第二代从认知角度研究医学知识的人类学者以杨格（James Young）与伽若（Linda Garro）为代表。在调查墨西哥一个村落的民间医学时，他们不仅考察了症状及分类，而且用标准特质（criterial attributes）——如病因与严重程度——建立起了病痛信仰的模式。他们发现，在从各种民间医学或生物医学中选择治疗方法时，有四个标准与疾病分类有关，包括严重性、病痛类型、民间与医学治疗对特性类型疾病的有效性的信仰，以及治疗费用等。通过考察个人在面临病痛时的医疗决策，他们建立起了一个模型，能够对 90% 以上的治疗选择做出解释。这一研究通过调查与医疗决策相关的知识，表明医学信仰与治疗选择的结构性限制的相关性，从而超越了早期归纳医学知识的研究路径。

到了 20 世纪 80 年代早期，认知人类学家对文化知识的表述开始从“特征模型”转向各种“原型”或“图式理论”模型，以描述组织诸文化世界的“民族理论”（ethnotheories），而不是考察该世界对事物进行分类的词汇。这种理论取向的要点是，文化提供了对世界的简单化表述，这些表述产生了个人的表达和判断、组织行为及生活计划，并作为文化知识的基石在发挥作用。研究者试图证明，各种文化范畴的简单化模型能够对与这些范畴相关的自然论述与行为做出解释。

20 世纪 80 年代早期到 90 年代中期，医学人类学的认知研究主要描述不同社会情感、心理功能与病痛的民族理论或文化模型。所有研究都假定，我们可以推演出简单化的文化模型，并认识在这些范畴中获得的文化资料。

医学人类学的认知研究对与各种医学知识相关的民族理论与原型图式进行了深入分析，并考察文化内部同质与变异的本质，在此基础上，对“文化信仰是同质的”这样一种健康的信仰与假设提出了有力的批评。此外，正式的引导方法与自然论说分析被越来越多地结合起来，而对病痛或求医叙述的研究再一次把认知人类学带到了与象征人类学家的对话之中。

三、作为文化建构的现实的病痛表述：“以意义为中心”的传统

克莱曼开始于 20 世纪 70 年代末期的研究工作，标志着医学人类学的一个新取向的出

---

① Pool R，Geissler W. Medical Anthropology. New York：Open University Press，2005.

现。在医学体系越来越被从生态与适应的实用角度加以界定的背景下，克莱曼指出，医学体系是一个“文化体系”，因此是人类学研究的一个独特领域。他的作品将复杂的医学体系、对中国文化中疾病与治疗的细腻的民族志分析、与象征解释相联系的理论发展、社会建构论的观点，以及对应用医学人类学的兴趣熔为一炉，成为医学人类学领域一股重要的力量，推动了解释视角在医学人类学中的应用。

尽管经验主义传统下的研究者将疾病视为外在于文化的自然的组成部分，认知人类学家忽视疾病的认识论地位，解释人类学家却将文化与疾病的关系置于分析兴趣的中心。而在“以意义为中心”的传统的人类学者看来，疾病并非一个实体，而是一个解释模式。文化不仅是表述疾病的手段，而且建构疾病，对于疾病之被建构为某种人类现实具有根本性的意义。复杂的人类现象被框定为疾病，并成为医学实践的对象，也使得疾病有了其在人类理解秩序中的本体论基础。生物医学将疾病划为自然的范畴，使之超越于文化，这是一种错误的信仰，是一种“范畴谬误”。这一主张已经成为解释传统中人类学者的理论解说与经验研究的基础。

首先，它已成为探讨生物学与文化的关系，研究文化对疾病的现象学与过程之形塑的基础。用认识论的话来讲，认为疾病是解释模式的主张并非对生物学化约论的某种唯心主义反驳，而是认为病痛经由解释活动得以构成，也只有经过这一过程才能被认识的建构主义论断。建构主义不是进行具体的验证，或者拒绝承认生物医学的重要性，而是采取了一种互动论兼透视论的立场。在病痛被组织为社会客体与活生生的经验的过程中，生物学、社会实践与意义发生互动。多种解释框架与话语被拿来套用到任一病痛事件中，且每一种都给出了“对世界的一种具体的异源性看法”。对某一病痛的诸种解释总是形塑着病痛的解释话语的历史，并总是在当地权力关系的语境中彼此竞争。因此，这一传统并非聚焦于病痛表述本身，而是考察意义与解释实践如何与社会、生理与心理过程互动，最终产生出不同形式的病痛与病痛轨迹。

其次，在 20 世纪 70 年代中期到 90 年代中期的 20 多年间，对意义与解释感兴趣的医学人类学家广泛考察了与大众文化和各种治疗传统中的病痛相伴的象征结构与过程。这类研究并没有狭隘地聚焦于健康信仰或认知模式，它们提供了来自各种不同理论观点的解释性研究范例，包括对非西方医学体系的文化研究，对北美与欧洲生物医学的解释民族志，以及对隐喻和语义网络的研究。

最后，晚近，解释研究日益聚焦于作为病痛表达的基础的躯体化经验。病痛附着于身体，而病人在表达对它的体验时常常面临困境。解释传统下的人类学试图批评对病痛的纯认知表述，并产出贴近“身体体验”的表述。有学者将身体视为知识的主体，认为经验与意义先于表达，他们明确地用现象学的方法来考察经验的媒质与结构。由于历史与社会关系总会在身体上留下其“印记”，使得身体成为一部现象学式的传略，从而开辟出一条理解不幸、苦痛与病痛的性道路。由此，有关躯体化以及病痛经验的现象学研究成为将意义与经验的关系作为主体间性现象予以考察的重要主题。

解释人类学与文化建构观点的盛行，使一些学者把对健康与治疗中文化建构的强调直接转向生物医学的文化、实践及医学知识的考察，形成了“生物医学的文化建构”的观点。阿兰·杨格（Allen Young）通过追溯越战退伍军人中“创伤后应激障碍”（Post-Traumatic Stress Disorder，PTSD）的出现及发展历史，为人们展示了该综合征被建构起来的过程。在对退伍军人的研究中，他发现医学军人与健康行政人员为了使退伍军人的抱怨合法化，并在使第三方支付保险时得到证明，便建构出了这样一个疾病病种。[①] 受其影响，一些人类学家开始探讨其他一些病症与治疗方法的社会文化建构过程。

四、作为神秘化的病痛表述：批判医学人类学观点

20 世纪 80 年代以来，受人类学领域政治经济学派的影响，医学人类学中的“批判”观点也逐渐发展起来。与社会建构论者的理论思路不同，一些人类学家尝试对病痛表述进行马克思主义的研究。他们认为，医学作为一种病痛表述虽然以科学或常识的面目出现，但其本质上是一种霸权，旨在为当权者的利益服务，无论当权者是殖民当局、社会精英还是医学专业圈。在医学中，根植于社会关系中的苦难形式常常被界定为疾病，被医学化，并置于医学专业人士与政府的控制之下。因此，由于贫困引起的饥饿或疾病症状被医学化了，并被作为个体身体的状况——如“营养不良”“腹泻”“结核”“紧张”等——加以处理，而不涉及集体的利害关系。把政治问题转化为医学问题的这种做法把问题神秘化了，是对批判意识的压制。因此，分析医学的病痛表述需要批判性地揭露统治者的关注点，以揭示这些表述受当权者话语支持的运作机制。也就是说，人类学家需要揭示出在病痛表述中，医学掩盖了什么样的事实。

另一方面，可以把遭受苦痛者的病痛表述视为一种反抗形式。在此，批判工作就是对一种病痛提供解释，清楚地呈现暗含于一个疾病中的社会与政治意义。简言之，批判分析旨在考察病痛表述如何被用来表现并错误地表达一个社会中的权力关系。

可见，批判视角是高度政治化的，它不仅把权力作为与健康相关的研究、政策与项目中的基本变量，强调阶级、种族及性别不平等在决定健康、疾病以及医疗保健资源分布中的重要性，而且避免了把疾病与大的政治经济背景相分离的做法。

早期，人类学或社会科学中的“批判”指的是对一种制度或社会状况的政治经济学或马克思主义分析，文化批评的工具与视角进入人类学领域后，“批判”开始既指政治经济，也指文化文学的视角。后者强调个体经验的主观一面，提出了身体感觉的地位与作用问题，这些学者最终的关切点是身体对各种压迫的反抗形式。对持批判态度的医学人类学家来说，身体成了表达的工具、所在与隐喻。

“身体”（body）是批判医学人类学使用越来越多的一个词语，它不是生物医学所界定的身体，而是吸收了 20 世纪早期法国人类学家马歇尔·莫斯的思想，指“全部社会事实”。卡达斯（Thomas Csordas）主编的《体现与经验》一书以“作为表述与存在的身体”为导言，使我们能够更好地理解“身体”一词的含义。[②]

在《充满思想的身体：医学人类学未来研究绪论》一文中，南希·斯切珀-休斯（Nancy Scheper-Hughes）与玛格丽特·M. 洛克（Margaret M. Lock）批判了生物医学所基于的身心二元论观点。在对个体身体、社会身体与身体政治进行划分与概述的基础上，

---

① Young A. The Harmony of Illusions：Inventing Post-Traumatic Stress Disorder. Princeton：Princeton University Press，1995.

② Csordas T. Embodiment and Experience：The Existential Ground of Culture and Self. Cambridge：Cambridge University Press，1994.

她们勾画了医学人类学身体体现研究（embodiment approach）的轮廓。这一轮廓来自日常语言，表明在语言中，我们认为从个体到社会、从个体到权威与权力存在一个人意义的连续统一体，而个体、社会、权威等领域都可以在作为身体的个体上留下自己的印记。[①] 医学人类学对作为社会及政府——在社会身体与身体政治中——隐喻之身体的使用的研究兴趣与女性主义运动相呼应，媒体、制度、医学及男性模塑对妇女身体的表述的各种方式成为医学人类学的重要议题。在这一取向中，身体被作为经历、控制、反抗、结合及认同的所在加以考察。

第三节 医学人类学的研究领域

20 世纪 60 年代以来，医学人类学逐渐形成了三个主要的研究领域。民族医学侧重于分析不同文化的医疗体系与疾病认知；医学生态学将人群视为生物与文化单位，研究生态系统、健康与人类进化之间的互动；应用人类学探讨干预和预防疾病的策略，分析影响人们获得医疗服务的结构性因素。虽然一些人类学家常常结合不同的研究视角与方法，在几个不同的领域内开展工作，但大多研究者都把自己的视野限定在特定的专门领域。

一、民族医学与医学体系

“民族医学”概念最早出现于 1968 年，指生物医学之外与疾病相关的信仰与实践。后来随着医学人类学认识的深化，生物医学也被作为一种具有文化特色的医学形式加以认识。民族医学是医学人类学的重要研究主题，有学者认为它构成一个独立的研究领域，而医学人类学专指人类学在公众健康领域的应用性工作。

（一）民族医学的跨文化多样性

任何人类群体都面临着疾病的威胁，有认识、解释与应对疾病的需要。他们首先需要回答这样几个基本的问题：什么是疾病？人为什么会得病？得了病如何应对？对这些问题的回答构成了民族医学的基本要素。

生物医学认为，疾病是人体生理机能与器官出现的异常，是一种生物学的实体，可以通过一系列具体的征兆与病症，或者通过实验室检测或其他临床检查来确定的病理状态。生物医学还建立了一套分类学体系来划分疾病。根据生物医学的观点，不管一种疾病发生在什么时间、哪个群体中，它都有一致性与固定的标识。然而在跨文化语境中，这种认识并非不言而喻。民族医学对疾病的界定受到地方文化的塑造，一种文化中的疾病在另一种文化中可能不被认为是疾病。

对疾病病因的解释也呈现出了跨文化的多样性。生物医学在物质层面界定疾病并寻找病因，它把疾病与细菌、病毒、营养等联系在一起，认为疾病是机械、物理、化学、生物

---

① Scheper-Hughes N，Lock M M. The Mindful Body：A Prolegomenon to Future Work in Medical Anthropology. Medical Anthropology Quarterly，1987（1）.

等外界物质对人体的损害，或者人体所需物质的缺乏或过量，等等。另有一些系统化的民族医学——如中医、藏医、印度生命吠陀医学等——则基于自身的文化传统，对疾病病因做出了不同的解释，包括阴阳失衡、身体体液的功能不正常等。此外，还有各种对疾病病因的不同认识，比如神灵的惩罚与怪罪、违反了禁忌、巫术的伤害、丢失了灵魂等等。非洲阿赞德人并不把疾病作为一个单独的范畴加以认识与处理，而把它看作生活中遭遇的诸多不幸之一。身体的不适、农业歉收、打不到猎物、遭遇意外事故……这些不幸有着同样的原因，这就是恶意的巫术。

基于对疾病病因的不同认识，不同文化发展出了各自的疾病应对策略。生物医学采取对抗性疗法，以生物化学药物消灭治病实体（病毒、细菌等致病物），或者通过外科手术切除病灶。中医主要通过药物以恢复身体阴阳五行的平衡。对于那些认为疾病是神灵对人的怪罪或惩罚的文化而言，适当的应对就是忏悔、献祭等方式。而对于认为疾病是巫术导致的阿赞德人来说，通过占卜找到施加巫术者，并积极消除对方的恶意，恢复良好的社会关系成为治疗的主要内容。当然，这个过程中也常常伴随着地方草药的使用。[①]

（二）医学体系

一个群体的疾病认知与实践不是随意拼凑的，它们具有逻辑上的一致性，从而构成了一个体系。医学体系是一个文化或社区发展出来的由病因知识、治病实践、治疗药物及技术、医生等组成的综合体。医学体系不是一个实体，而是研究者所发展出的概念模式，目的是认识在特定场景下人们如何处理疾病与健康问题。

为了方便认识与研究，人类学家对医学体系进行了分类。分类在三个不同层面展开：单一医学体系的内部构成，一个复杂文化中的医学构成，以及世界范围内不同医学体系的比较分类。

各种不同的民族医学对疾病的解释与应对各不相同，其复杂程度、内部构成也千差万别。但无论它们之间的差别有多大，任何一个单一的医学体系都至少由病因知识与应对实践两部分构成。前者涉及对疾病与健康的界定、疾病的病因学解释等内容。而后者是对疾病的应对，不管它发生在个体、社区还是文化的层面。

在复杂的社会文化中，常常有不止一种疾病病因解释与应对机制。它们是多种认知与实践的混合，这些不同要素构成了相对独立的部分，为人们应对疾病提供了选择空间。在《文化语境中的病人与医生》一书中，克莱曼发展了“健康保健体系”（health care systems）概念，对复杂社会的医学体系进行了分类。他认为，医学体系由三部分组成：专业医学、民间或传统医学，以及大众医学。其中专业医学由“组织化的治疗专业”组成，主要是生物医学，以及一些地方性医学传统，比如中国内地有中医、西藏地区有藏医。当生物医学成为非西方医学体系的组成部分后，它常常要经历一个本土化的普及过程，在这个过程中，它也渗透到了大众医学之中。民间医学是非专业的、非官僚机构化的医疗保健。有时，人们对民间治疗的“神圣”与“世俗”部分做出区分，前者涉及超自然力量，如萨满、仪式的使用，后者是非超自然的，如草药、接骨术等。当从民间或专业领域接受治疗后，人们会回到大众领域，评判并决定下一步该做什么，使这些知识进入大众医学领域。

---

① 埃文思-普里查德．阿赞德人的巫术、神谕和魔法．北京：商务印书馆，2006.

大众医学是医学体系最大的组成部分，它常与其他两部分发生互动。[①]

医学人类学对世界范围内的医学体系也进行了分类。由于生物医学被认为是科学的，与文化无关，而其他医学是文化体系的组成部分，因此将世界上所有医学二分为生物医学与民族医学两类的做法非常普遍。在此基础上，福斯特与安德森又将非西方的疾病病因观进一步划分为拟人论（personalistic）与自然论（naturalistic）两种，进而用它们代表整个医学体系。其中，拟人论医学体系认为疾病由超自然物（神灵）、非人存在物（如鬼魂、祖灵或恶魔）以及人（巫师、妖术师等）的干涉活动引起；而自然论医学体系是一种平衡论的模式，认为疾病是身体内的要素（阴阳五行、体液、寒热）失去平衡引起的。

（三）医学多元与求医行为

医学体系虽然具有相对稳定性，但变迁同样是常态。医学知识与实践的跨文化传播与借取、医学体系之间的相互影响，使得一个社会或文化中存在不同医学传统并存的现象，这就是医学多元（medical pluralism）。自 15 世纪末新大陆被发现以来，世界范围内人群流动与文化传播速度越来越快，在医学领域主要表现为生物医学向非西方国家的渗透与传播，同时其他民族医学也逐渐向外传播。数世纪以来的传播与交流导致了各种医学的并存、替代及综合现象，大多数国家与地区的医学体系都呈现五彩斑斓的景象。

在实践层面，医学多元大体有分开使用、层级性诉求与同时使用等三种形式。分开使用是针对不同疾病寻求不同的医学。比如在非洲，村民通常到健康中心接受淋病治疗，但如果他们怀疑疾病是巫术引起的，则会去占卜。在当地的层级性诉求则采取这样的形式：病人先自己进行药物治疗，不管用的话就去接受生物医学治疗；如果生物医学也无效，最后会寻求传统治疗。同时使用指人们同时采用不同的治疗。比如许烺光在对云南西镇霍乱的研究中，发现当地人既采取了科学的预防措施，也采取打醮、超度祖先亡灵、法术和道德戒律等办法。[②] 人们在不同医学实践之间穿梭，并没有觉得有任何冲突或不妥的地方。

显然，与其说有一个多元的医学体系，不如说现实中人们面临广阔的病痛领域，所有不同的医学实践者都需要提出自己的治疗办法。这样看来，医学人类学家所做的不是去展示“体系”，而是关注实践，也就是看当人们患病或遭遇不幸时，他们实际上做了什么。求医行为（health-seeking behaviour）不仅是“信仰”在一个“文化”或“系统”中的展演，而且是一个创造性的过程，充满了发明、革新与无序。知识与信仰并不一定直接决定行为。当人们面临病痛、陷入混乱状态时，他们并不是一个被动的病人，而是一个积极寻求治疗的行动者。这种行为的依据是疾病的严重程度、自己所掌握的医学信息、不同医学资源的可及性及费用等等。这些信息本身是碎片式、不完整的。

二、跨文化精神病学

精神病学是医学科学的一个分支，是专门研究精神障碍的学科。在进行跨文化传播与

① Kleinman A. Patients and Healers in the Context of Culture: An Exploration of the Borderland between Anthropology, Medicine, and Psychiatry. Berkeley: University of California Press, 1981: 24－70.

② 许烺光．驱逐捣蛋者：魔法、科学与文化．台北：南天书店，1983.

研究的过程中，建立在西方文化基础之上的精神疾病分类与诊断的普遍性受到了质疑与挑战。采取身心二元论还是整体论观点，强调病痛经验的普遍性还是文化特殊性，这是至今争论不休的问题，也是跨文化精神病学（cross-cultural psychiatry）成为一个专门领域并持续存在的原因。

（一）正常与异常的文化界定

跨文化精神病学是对精神疾病的跨文化研究。精神病学家认为，人类在认知、情感及生理功能等方面属于同一物种，在异常行为上表现出的变化幅度也有限。大部分精神疾病是人类普遍的生理现象，具有共同的生物学基础，存在于所有文化中。因此，非西方社会那些貌似陌生而怪异的异常行为，只是某种精神疾病在不同文化语境中的不同的表达，可以得到精神医学的解释。

然而人类学家认为，精神状况的正常与否是由文化界定的。在 1934 年发表的一篇题为《人类学与异常》的文章中，本尼迪克特认为，用西方精神医学的正常-异常范畴及结论套用其他文化的做法是错误的，因为：

> 很多在我们看来绝对异常的人格被不同的文明作为他们制度与生活的基础；相反，我们的文化所珍视的特质在其他文化看来是异常的……一个社会的传统习惯界定了人们用什么样的眼睛观察问题。①

因此，并不存在具有普遍意义的“正常行为”或“异常行为”，每个文化都有自己的“正常”与“异常”界定，其判断标准是人格与社会规范的一致程度。既然如此，那么当一个精神病学家跨文化研究“异常”行为时，就需要了解该文化评价行为所基于的标准。

（二）精神障碍的普遍性与文化特殊性

1904 年，精神科医生克雷普林（Emil Kraepelin）在爪哇一家精神病院从事一项爪哇人与欧洲人的早发痴呆（dementia praecox，后来更名为精神分裂症）和狂躁抑郁的对比研究。他发现，虽然该病症在临床陈述上基本一致，但它在爪哇人中的症状没有错觉与幻觉。对此，克雷普林给出了种族主义的解释，认为这是爪哇人的智力发展处于较低阶段的后果。自此，精神障碍的普遍结构及生物学基础与文化特殊性之间的张力成为跨文化精神病学研究的核心。

克雷普林的学生博堡姆（Karl Birnbaum）进一步将普遍性与特殊性之间的区别正式表述为病原/病理（pathogenic/pathoplastic）的二分，前者代表精神障碍潜在的生物学基础，后来代表具有个人与文化特点的症状表述。这一认识基本上决定了之后近四分之三个世纪跨文化精神障碍研究的取向。②

1977 年，克莱曼挑战了这种取向，为跨文化精神病学乃至医学人类学提供了一种全新的视角。他认为，传统的精神障碍比较研究采用西方的精神病学分类概念，模糊了文化

---

① Benedict R. Anthropology and Abnormal. Journal of General Psychology，1934（10）.

② 张有春．医学人类学．北京：中国人民大学出版社，2011.

的作用，适宜的做法是对精神障碍进行详细的现象学描述，而不是以认定西方精神病学范畴的有效性为起点，这就是新的跨文化精神病学。之后，跨文化精神病学的研究转向了对苦痛的地方用语，以及人类苦难如何被文化过程塑造出各种形式的探讨。

进入 21 世纪，香港精神病学家李德成（Tak Shing Lee）对这种取向提出了质疑。他认为，无论抑郁症在不同文化背景有没有独特形式，无论不同文化表达苦痛的术语能不能进行比较，抗抑郁药物在治疗精神疾病时的显著效力有力地挑战了“新跨文化精神病学”的基础。因此。以上争论已经是一个不相关的问题。人类学与跨文化精神病学家的中心任务是研究在全球化语境下提供有效治疗所面临的阻力，如对精神病人的歧视、资源分配的不公、缺少对相关服务的评估等等。

（三）文化特有的综合征

20 世纪 60 年代，香港精神病学家叶宝明注意到在描述主流精神病学所不熟悉的异常行为时，在亚太地区及部落社会从事研究的专家只能借用地方术语来命名这些疾病，于是他将这些病症统称为“非典型性精神疾病”，后来更名为文化特有的综合征（Cultural-bound Syndromes），并呼吁把这些病症作为精神病学分类手册所描述的疾病的地方变种，纳入精神病学文献。自此，人类学、心理学与精神病学等相关领域的学者开始使用这一术语，并进行相关研究。1994 年，美国精神病学会在《精神障碍诊断与统计手册（第四版）》中附加了“文化特有的综合征”这一词条，标志着精神病学家对文化差异的认识的转变，并试图在临床诊断类别中增强这方面的意识。跨文化精神病学关注的相关综合征包括神经病、拉美地区流行的惊恐症（susto）、马来人中的杀人狂（amok）等等。[①]

三、疾病、生态与人类行为

作为生物物种之一，人类与其他物种一样生活在一定的生态环境中，面临地理条件、气候环境、动植物群落，以及细菌、病毒等环境带来的机遇与压力。要想生存与繁衍，人类必须主动适应这些环境。人类适应采取了遗传变异、生理调适、个体应对以及文化行为等四种策略。其中，文化体系日益成为人类适应环境的机制。

在生态学的视角看来，所有文化发明都服务于人类扩大能量获取机会、增进健康的适应目的。衣服、住房、空调等使人类免于恶劣气候带来的影响与伤害，农业、畜牧业、工业化生产等生计方式使人类能够最大限度地获取能量与食物，烹饪、饮食文化使得食物能够更容易为人体所消化吸收，而武器能够应对猛兽与外敌的入侵，也使一个群体能够在资源竞争中居于优势，而医学体系则是直接应对疾病威胁的一种策略。

然而，文化不仅是人类适应环境的一套机制，它同时在改变着人类所生存的环境，带来新的疾病与威胁。在人类采集渔猎的生计方式下，现代人类所面临的器质性疾病已很少见到，疾病对他们的威胁主要来自人类自身遗传的某些疾病和人与野生动物共患的传染病；到了农业社会，越来越大规模的人口定居为传染病的流行提供了便利，天花、麻疹等瘟疫在人畜之间来回传播，常常给人类造成灾难性的影响；进入工业社会后，一方面生物

---

① 张有春．医学人类学．北京：中国人民大学出版社，2011：102－117.

医学技术的进展基本上消除了曾经严重威胁人类生存的鼠疫、黑死病、疟疾等恶性传染病，降低了出生婴儿死亡率，提高了人口寿命，另一方面，工业化彻底改变了人与自然的关系，使得一些新的疾病不断出现。

四、应用医学人类学

应用医学人类学（applied medical anthropology）是人类学学术研究志趣在社会生活领域的延伸，是将人类学的理论、视角与方法用于解决健康与疾病文化的研究与实践。人类学的应用范围极为广阔，疾病与健康问题是其中的重要领域。与健康及疾病相关的知识与实践大体分为两个领域：临床医学与公众健康。临床医学主要包括医学科研、药物研发与实验、临床治疗与护理等工作，它关注个体层面疾病的治疗与康复。公众健康作为一个工作领域，主要关注群体层面疾病的预防。应用医学人类学就是人类学家在公众健康与医学临床语境中，利用自身的专业知识解决相关问题的努力。

在临床医学的语境中，由于现代生物医学越来越从微观的分子层面认识与处理疾病，忽视了病人的情感与心理，造成了医患之间的紧张关系。临床应用医学人类学是用人类学的知识改善医务工作者临床治疗与护理工作的尝试。一方面，人类学家可以在医学院、公众健康学院开设医学人类学相关课程，以提高医生、护士及其他医疗健康服务人员的临床实践质量，例如，在北京协和医院，很早就有人类学家为临床医生和医学院的研究生开设了医学人类学课程；另一方面，医生与人类学家研究互动的新局面开始出现，例如，研究临床背景中医医生和病友互助团体建立新的医疗知识生成体系及获取医学与文化交流的问题。①

在中国，虽然也有早期人类学家如潘光旦、许烺光等关于民族卫生、瘟疫的零星研究，但医学人类学真正意义上的发展迟至20世纪80年代末90年代初才开始。② 艾滋病流行和防治的社会背景为医学人类学介入公共卫生领域提供了契机。医学人类学对艾滋病防治，以及与之相关的吸毒③、性服务者④、血液捐赠和买卖⑤、同性恋⑥等问题给予了系统研究。

随着人类疾病谱从流行病向慢性病转变以及老龄化程度加深，中国医学人类学的研究焦点渐渐从公共卫生转向更广泛的议题，如临终关怀和养老问题。

庄孔韶于2007年在《社会科学》杂志组织“临终关怀研究专题”⑦，汇集了关于不同文化、不同民族和不同信仰下的临终关怀的多篇论文，以及现代医学针对临终关怀的论文，探讨了具有多样性的生死哲学与民俗习惯，从而推动了探寻人类愉快人生的理想归途的认知与实践。

景军团队探讨养老的研究着眼于突破家庭养老、社区养老等既有框架，反对以将老年

---

① 王剑利．病友互助的类家族主义原则：对糖尿病互助群体的组织人类学考察．思想战线，2019，45（1）．

② 景军．穿越成年礼的中国医学人类学．广西民族大学学报（哲学社会科学版），2012（2）．

③ 庄孔韶．“虎日”的人类学发现与实践：兼论《虎日》影视人类学片的应用新方向．广西民族研究，2005（2）．庄孔韶，杨洪林，富晓星．小凉山彝族“虎日”民间戒毒行动和人类学的应用实践．广西民族大学学报（哲学社会科学版），2005，27（2）．

④ 庄孔韶．性服务者流动研究：原因、意愿和组织特性．中国社会科学，2008（12）．

⑤ 景军．铁默斯预言：人血买卖与艾滋病的孪生关系．开放时代，2006（6）．

⑥ 景军，高良敏．同性恋防艾组织城乡一体化的作用及其意义：以云南省玉溪市为例．青海民族研究，2018（1）．富晓星．空间、文化、表演．北京：光明日报出版社，2012．

⑦ 庄孔韶．现代医院临终关怀实践过程的文化检视．社会科学，2007（9）．

人视为负担的刻板印象来考察机构养老的意愿和阻力以及民间养老的组织形态，思考互助养老和积极老龄化的可能性。① 他们考察了当下的四种互助实践模式，即城市爱心时间银行、佛教寺院养老机构、农村互助养老幸福院和乡村老人会。除养老研究之外，景军团队的研究还涉及针对慢性病，如慢性病患病经历和病痛叙述以及糖尿病病友互助组织等的研究，涉及精神卫生领域的网络成瘾研究，关于城市院前急救反应时间的研究，关于女性生产和坐月子的研究，等等。② 上述研究在景军新近出版的《公民健康与社会理论》③ 一书中得到了集中体现，该书探讨了民族文化的差异、社会分层的限制以及健康问题的地域化等一系列影响公民健康的社会文化现象。

参考书目

福斯特，等．医学人类学．台北：桂冠图书公司，1992.

景军．公民健康与社会理论．北京：社会科学文献出版社，2019.

凯博文．苦痛和疾病的社会根源：现代中国的抑郁、神经衰弱和病痛．上海：上海三联书店，2008.

许烺光．驱逐捣蛋者：魔法、科学与文化．台北：南天书店，1983.

詹思延．流行病学．8 版．北京：人民卫生出版社，2017.

张实．医学人类学理论与实践．北京：知识产权出版社，2013.

张有春．医学人类学．北京：中国人民大学出版社，2011.

Benjamin P. Health，Culture，and Community：Cae Studies of Public Reactions to Health Programs. New York：Russell Sage Foundation，1955.

Good B. Medicine，Rationality，and Experience：An Anthropological Perspective. Cambridge：Cambridge University Press，1994.

Janzen J M. The Social Fabric of Health：An Introduction to Medical Anthropology. New York：McGraw-Hill，Inc.，2002.

McElroy A，Townsend P K. Medical Anthropology in Ecological Perspective. 4th Edition. Boulder：Westview Press，2004.

Pool R，Geissler W. Medical Anthropology. New York：Open University Press，2005.

① 方静文．超越家庭的可能：历史人类学视野下的互助养老：以太监、自梳女为例．思想战线，2015，41（4）．景军，吴涛，方静文．福利多元主义的困境：中国养老机构面临的信任危机．人口与发展，2017（5）．

② 景军，赵芮．互助养老：来自“爱心时间银行”的启示．思想战线，2015，41（4）．景军，高良敏．寺院养老：人间佛教从慈善走向公益之路．思想战线，2018，44（3）．方静文，齐腾飞．老年临终关怀：来自佛教安养院的启示．思想战线，2018，44（3）．景军，齐腾飞．海葬、安养与心灵环保．思想战线，2019（2）．郇建立．乡村慢性病人的生活世界：基于冀南沙村中风病人的田野考察．广西民族大学学报（哲学社会科学版），2012（2）．赵芮．新老博弈：商业化坐月子与家长权威的式微．思想战线，2016，42（4）．方静文．幸福守门人：中国农村老年人精神健康促进模式探索．北京：知识产权出版社，2016.

③ 景军．公民健康与社会理论．北京：社会科学文献出版社，2019.

第十九章
文化撰写与文化展示

第一节 人类的书写表现系统

由人类先民发明的书写符号及其文字系统尚没有公认的定义。一般认为，带有一定规则和习惯的可视符号是人类交往的一种手段，常常与言语或语言相对应。现在可知，世界上不同地区有十余种书写符号被先后发明出来。在这些书写符号中，比较有名的如：公元前 3100 年南美索不达米亚苏美尔人发明的楔形文字和埃及人的象形文字，公元前 1400 年—公元前 1100 年中国人发明的甲骨文，公元前 600 年—公元前 100 年中美洲包括玛雅人和阿兹台克人发明的不少于四种的图画象征文字，以及公元前 1400 年在叙利亚发现的原始乌加里特字母表等。①

早期书写符号是做什么用的呢？在美索不达米亚和印度河谷，文字主要用于商品记录和传达经济信息。在南部伊拉克发现的 4 000 片陶片（公元前 3100 年），85%的符号与收入、开销、收获的谷物或原材料交易有关，所使用的词汇涉及木材、金属、地址和各种职业名称。许多词汇在 600 年的使用中变化甚微，大量陶片中，竟没有一片的内容可归入文学、宗教或历史的范围，这些主题直到后来才渐渐出现。相反，在中美洲和埃及的早期符号中，最多见的是记录地名、族称、战争胜利、地位、精英人物及其相关政治事件的简单评论，表现为为执政者的合法性服务之用。由此可知，并不是仅有一种动因促成世界各地古代族群创造和使用不同的书写符号与文字，而且文字符号表现的意图也大不相同。② 同时，从中可见它们所携带的不同族群的文化特性。

相关的艺术与建筑也和书写符号搭配共同表现某种目的，如在埃及和中美洲，为了表现一场战争的胜利，古代人用雕刻表现仪态高傲的首脑羞辱一名俘虏，有时还附有刻字记录。从文化撰写的经验来讨论，该事件的记录可能真实也可能不真实，然而，一旦刻字立石，就强化了统治者的意识，可以说是最早的一类展示政治文化的实例。美索不达米亚使用文字小陶片记录地方经济，起先是为了便于携带和储存，然而随着社会经济的发展，各

---

① Marcus J. Writing Systems//Levinson D，Ember M. Encyclopedia of Cultural Anthropology. New York：A Henry Reference Book，Henry Holt and Company，1996：1378 - 1391.

② 同①.

地文字记录的早期主题也随之变化和扩展，几乎是无所不涉及了。[①]

中国的甲骨文是一种成熟的文字体系，是迄今可以释读的最早的中国文字之一。已发现的甲骨文文字资料已达15万片，文字内容是占卜记事。[②] 商王在处理"国之大事"（主要是祭祀和战争）及个人行止时，重视卜以决疑，即通过占卜来指导一切活动。商王做任何事，均须经过占卜取得上天神的应允和指示。换句话说，凡商王所要办的事都是神下达的旨意。一条完整的卜辞，包括叙辞、命辞、占辞和验辞四部分，由此又知，神所显示的旨意，无论吉凶，是否可行，都要由商王来做决断。[③] 有人分析说，卜辞"不能简单视作禀告于神灵的祷词或巫术的符号。所刻文字并非将要占卜的内容，而是已占卜过的事类"[④]。实际上商王只把少量的内容刻写出来，目的当是显示占卜的正确性、神圣性，这是中国历史上最早的权威性文化撰写。

我们已经了解了最早的文化撰写的古代情形。顺便还应知道，世界上还有不少族群没有文字，一些古代社会以及今日一些族群也并不特别鼓励阅读和识字，文化的口头传承是这些社会经验延续的主要手段。例如，雅典人自豪于其作为民主基石的书面法律，而斯巴达人的强大并未仰仗文字。在中美洲古代社会，读写能力是用来区别贵族和普通人的，文字成为一种秘传的知识而不是为大众所分享。于是，问题是：书写符号与文字的出现真的同人类社会文明的繁荣相关吗？也许这一关联实际上被夸大了。然而即使现代社会的人们也过于忽视口头记忆与传承的话语系统，而偏重了可视符号与文字这一"重构思想的技术"[⑤]。

人类学并不厚此薄彼，书写符号的研究也必须联系口头传统。实际上，和古代社会一样，现代人类追求的"知无不言，言无不尽"和"无偏见"地记录历史的社会目标，也同样是人类学关注的话题。口传与撰写的过程研究将引导我们不断反省主-客位互动关系的整个流程，调整我们的观察与描述，并对人类文化与人性的本质做出深入的剖析。

第二节 文化撰写的认识过程

一、纪实文化撰写

和那些传统上单纯从事文本研究的人文社会科学不同，早期人类学家开创的做学问方式是从田野工作开始，通过在部落社会的长期生活与异乎寻常的经历，做写实性的撰写，其作品成果被看作土著生活实况的模子。肇源于19世纪现实主义小说写法的民族志即突出了这种写实性。写实性民族志是通过刻画部落社区细部，如经济交换关系、家族制度、宗教仪式过程等来说明社会整体与文化全貌。由于人类学家在田野调查中获得了大量第一手资料，几十年间人们一直认为这样的写实作品是可以信赖的。罗列大量的文化细节已成

① Marcus J. Writing Systems//Levinson D, Ember M. Encyclopedia of Cultural Anthropology: A Henry Reference Book. New York: Henry Holt and Company, 1996: 1378-1391.

② 郭沫若．甲骨文合集．北京：中华书局，1982.

③ 李学勤．中国古代文明与国家形成研究．昆明：云南人民出版社，1997：409-410.

④ Keightley D N. Sources of Shang History: The Oracle-Bone Inscriptions of Bronze Age China. Berkeley: University of California Press, 1978: 45-46.

⑤ Ong W J. Orality and Literacy. London: Methuen, 1982.

为撰写文本的主要方式，这种文本似乎具有真实性。奇异的田野资料不管在读者中导致了怎样的疑虑，都会因其充分翔实而烟消云散。① 人们应当相信民族志作者的文化描述是充分翔实的，但这似乎并不说明问题。格尔茨进一步说："很难说清为什么始终存在这样一种观念，认为民族志只有如此才是正道。在严格意义的科学中，人们总要有所'发现'，这种古老的观念或许与此有关。"② "人类学家能使我们接受他们所做的叙述，不在于他们描述的事实，也不在于他们论证的理论，而在于他们能使我们相信，他们的叙述正是他们洞悉了另外一种生活方式的结果，正是他们通过某种方式真正'到过那里'的结果，并且能使我们相信那幕后发生的奇迹，这就是写作的落笔之处。"③

传统民族志作品经常是以这样的方式开始的：

> 约一小时，我们靠近海岸，看到几只小舟从海浪较低的南面绕过暗礁划来。装有舷外支架的小舟靠近了，舟中的男人们赤裸着腰身，束着树皮做的衣服，他们身后腰上插着大扇子，龟甲制的圈片挂在耳垂和鼻子上。他们蓄着胡子，长发松散地披在肩上，有人划着粗重的桨，有人把编织精致的露兜叶席放在他们旁边的座板上，另外一些人手持长棍或矛。船在远离珊瑚礁的海湾停下，系在了粗绳索上。船链刚沉下，当地人就冲向船边，尽力爬进来，以使团船上讲 Mota 语的人们根本听不懂的语言互相拼命地叫喊着，并向我们叫喊。我奇怪何以这么好动的人群会甘做科学研究的对象。
>
> 我的孩子，瓦希哈洛厄从上面的甲板看过去。"哎呀，太吓人了。"他用颤抖的声音笑着说，"我觉得这些人会吃了我的。"或许第一次，他开始怀疑自己离开对他而言文明的图拉吉岛——四百里外的政府活动中心，为了陪我而到这遥远的地方，并且在相貌粗俗的野蛮人中待一年是否明智。我向他打了包票，尽管我知道吃人的习俗将停止，但对等待我们的是什么几乎一无所知。我们取出用品，又乘一只独木舟靠岸。当靠近礁石边缘时，独木舟因落潮而搁浅，我们跳到珊瑚岩上，像聚会中的小孩一样，开始与主人手拉手涉水过河，我们互相交换着微笑，以代替在当时易于理解而确切的表达。我们被一群皮肤浅淡如天鹅绒、头发笔直、赤身裸体闲聊着的年轻人围拢起来。他们与我们离开的马来西亚人完全不同，他们像一群鱼一样泼溅着水，几个人在水中兴奋地游着。最后，长距离的蹚水结束了。我们爬上了倾斜的海滩，越过点缀着木麻黄属乔木棕色针叶的、松软而干燥的沙滩，有点回到家的感觉；好像是经过一条林荫道，我们被带到一位老酋长处，他身着白色上衣，缠着腰布，坐在一个大树荫下的凳子上等着我们。④

当然，田野工作中的上述传奇经历在作品中会逐渐展开，涉及那里的人们组织社会生活的几乎一切方面。正是这样，早期人类学家纪实作品获取了重要的学术地位，因为它以特有的田野方法之成果促成了一个新学科的原则性特征。不仅如此，这些人类学家还叙述了在殖民主义时代受到威胁的多姿多彩的部落文化，他们的"抢救行动"把所发现的族群生活的动态过程记录下来，并将其置于比较的研究之中，从而分析文化之异同以及讨论对

---

① Geertz C. Works and Lives：The Anthropologist as Author. Palo Alto：Stanford University Press，1988：3.
② 同①4.
③ 同①4.
④ Firth R. We，the Tikopia. New York：Routledge，2011：1－2.

大社会的意义。所以早期人类学家写作追求的目的和探险家的猎奇性报道有本质的不同。早期人类学家业已被肯定下来的学科贡献包括：（1）不可缺少的田野工作；（2）人类的族群地理分布资料；（3）文化是核心的概念；（4）比较族群文化的理论发现；（5）深究文化的发生、传播、适应与整合的进程。

二、关于民族志撰写的一场论争

米德在1928年完成的《萨摩亚人的成年》一书，一直是民族志的经典之作。在这本书里，米德把萨摩亚人的青春期同美国人做比较，发现在那里不存在一个通常需要经过的“焦躁与不安”的时期。她认为那是因为青春期的变化并非只受生物性制约，而且还受文化的制约。米德同时发现萨摩亚人的性行为比起当时的美国人来说是纵欲的。

然而在她死后，米德的这本书受到澳大利亚弗里曼教授（Derek Freeman）的严厉批评。弗里曼对萨摩亚人同样有广泛的田野工作经验，他写了一本书《米德与萨摩亚人》[①]，认为米德年轻时在萨摩亚做的极小规模的田野工作是不足信赖的，她书中的萨摩亚只是个神话，而且漏洞百出。

20世纪20年代的美国仍然是一个性压抑的社会，米德发现那时的萨摩亚青春期女孩有一半人有性经验，她毫不怀疑地认为这是一个在性方面比美国还自由的社会。弗里曼则在40年代及其以后的田野调查中发现，萨摩亚人并非纵欲过度，尽管青春期有私下进行的性行为，但仍要受到公共道德的约束，有时还有对这种性行为的处罚；并认为他们可能有比人类学所记录的任何一种文化更偏激的贞操观。

显然，这一论争本身涉及的问题相当复杂。人们首先注意到，米德和弗里曼的调查所得不是同一个时期的。第二次世界大战后萨摩亚人的居住地变化巨大，现在几乎有一半的人已不再生活在岛上，因此弗里曼与米德的论争偏重过去而非现在。然而，如果是做前后对比性考察又如何评价呢？

“从比较的方法看，萨摩亚人的性行为并非如米德或弗里曼所描绘的那样偏激，在世界上众多文明中，萨摩亚人并不像米德认为的那样性放纵，也不像弗里曼所认为的那样受限制。当然，萨摩亚人对性行为所持态度是处于性自由和性压抑的中间状态。弗里曼关于萨摩亚人比其他文化中的人更重视保持童贞的偏激说法未能得到跨文化研究的支持。”[②] 然而，“弗里曼的贡献在于他对这种公共道德制约的描述以及因为羞涩和与性行为相联系的危险而导致了秘密性行为”的解释。弗里曼指责“米德忽视生物性而强调文化的观点是一种误导”。但实际上，“弗里曼关于生物性与文化相互作用的假设，米德本人也接受”[③]。

这是人类学史上最激烈的一次学术论争（曾越出学术界见诸美国各大报章），然而又是我们所看到的最为中庸和缓的述评。这显然并不单纯，因为争论涉及的问题和方面太

---

① Freeman D. Margaret Mead and Samoa：The Making and Unmaking of an Anthropological Myth. Cambridge：Harvard University Press，1983.

② Shankman P. Mead-Freeman Controversy//Levinson D，Ember M. Encyclopedia of Cultural Anthropology：Vol. 3. New York：A Henry Holt Reference Book，Henry Holt and Company，1996：757－759.

③ 同②.

多，诸如田野工作的质量、立论的根据、撰写的可信度、时空关系、大学者的声誉、学术圈内外的多种认同，涉及国别、地域、族群和历史渊源等。弗里曼和米德的学术争论并没有结论，然而我们从中引申出的问题不在于谁是谁非，而是人类学者如何不断改善观察—撰写的整个认识流程，建立和把握田野民族志撰写的新方向。

三、人类学研究过程反省

百余年来，人类学的研究除了理论上的巨大建树以外，其基本的方法，尤其是通过不少于一个年度周期的田野工作，将参与观察的思想转换成文字作品的方法完全没有改变。我们要推敲的倒是其内涵的转换变化，这一变化牵涉到对人类学方法与研究过程的反省。

上面提到的早期纪实作品多数是一种知识传送带式的模式，即人类学家到一个田野点上把观察和了解到的地方族群人民的生活记下来，其视野中的社区常常不很大。但由于是文化的研究，所以人类学家体认到对小型文化图景的研究，也可以导致对更宏大的世界的文化的构拟，或建立某种物质文化与精神文化的对比研究，这一切是通过人类学家权威性的体验获得认识的流程。他们因为“在那儿”（being there）① 待过，所以基本上是把经过人类学家大脑整合过的那儿的知识传送过来。

20 世纪后半叶，人类文化的研究速率变得很快，这紧紧联系着工艺急剧变迁的过程和后果。因此率先而来的民族志写作的新的权威模式改换到了阐释学（hermeneutic）的意义层面。没有人再说他们观察到的东西是“客观的”“真实的”，而是像权威的大学教授对古籍加以点评，这样，“民族志不再仅仅是知识的传送带”，而是人类学家积极地把材料知识化，即便材料原先是得自其他地方，或为他人所创造。阐释的模式是克利福德认为的第二种权威的民族志模式。②

紧接着，这种解释性的人类学作品在 20 世纪 70 年代再次受到批评。“田野过程本身被认为是某种殖民式的际遇。人类学途径的文化研究成为某种强势的，并经常是压制性权力的代表。不管人类学家的解释与描述对此有无意识，都无法改变这一事实。确实，人类学家对被利用于一些不平等项目感到内疚，并寻求缓解这么一种看法，即真理的权威性是基于政治的权威之上。由此，他们进入对话的模式。田野境遇被展现为民族志学者与一系列相关人物之间的对话交流过程，在这一过程中，他们全都对写作做出了贡献。”③

然而，在对话的模式中，何种表达的内容被采纳仍取决于人类学家，即选择的权威仍在后者，于是最近的一些著作尝试使用克利福德的多音位模式（polyphonic）。在此模式中，所有来自“那里”或“这里”的人——人类学家、合作研究者、田野居民等一系列相关的参与者都被视为作者，“他们的言语直接进入形成文本”④。

以上撰写的“修辞”问题经历了从传送、解释、对话到多音位的发展过程，也是一个

---

① Geertz C. Works and Lives：The Anthropologist as Author. Palo Alto：Stanford University Press，1988.

② Clifford J. On Ethnographic Authority//The Predicament of Culture：Twentieth-Century Ethnography，Literature，and Art. Cambridge：Harvard University Press，1988.

③ 郝瑞．人类学研究的困境．打印稿．

④ 同②.

文化表现的改善过程。不过，在这一过程内外，还有相当多的影响性因素[①]困扰其间。

(1) 就现代人类学理论体系和方法（含分析与撰写规则）的产生过程来看，其生成的跨国特性和英语学术中心圈现象表现了各国经济与政治权力上的不平等，即跨国的知识生产体系与权力结构具有密切关系，表现为政治权威、行政干预、研究项目经费来源与条件等。与知识生成和政治权力相关的还有现代知识制造的商业化过程，可以说事例不胜枚举。众所周知，经济利益和政治权力经常是不可分割的。

(2) 人类学者的考察与撰写受到文化、政治、权力、权势、世风、世界观与知识结构诸因素的影响。在这一背景下，人们主动或被动删除一些撰述根据，以致最终扭曲了知识的生成体系。

(3) 由于文字撰写的最终成果是面向公众发表，出版社编辑部门作为学术规范的"科学的守门员"，一边让来自不同文化的人们服从于一种文化思维的约定俗成的写作形式，一边由"作为思想守门员的出版商"裁定作品是否符合学术与出版体系的规范和模式。因此，他文化的作者在通过学位与获得出版过程中，往往在坚持族群与文化自我表现时遇到困难。然而这种自文化理念是有价值的。例如，许多年前林耀华先生在接受功能主义分析法之前，对中国拜祖和宗族的认识是一种解释，而他在使用功能论重新解释后，变成西方人类学家弗里德曼宗族新理论的根据，从而成为文化诠释从"边缘"向"中心"消化的明显个案之一。这种现象从20世纪40年代以来一直存在着。如果今日我们留意林先生关于拜祖与关于宗族论文的详尽小字尾注，我们就能重新回味来自本土原生理念的重要诠释力量。

(4) 来自科学主义的认识论对人类学撰写的影响是不容置疑的。本来这是西方社会喜欢探讨的问题，经过一个世纪我们也发现需要讨论这些问题了。这是说自然科学的认知系统以其历史至今获得的优势地位，压抑和排斥了伦理、宗教、人类学、文学、艺术和不同思维系统的知识。作为科学理性主义观念的有力影响，实证主义到处游荡是最明显的例证。有人发现，人类学和社会学在其发展过程中总是在量化和质性之间徘徊不定，就是明显例证。人类学的田野参与观察本应带有更细腻的体验和感悟，但撰写文化论文程式的规定却仍然有利于科学与实证的"发现"。所谓"客观性叙述"的古老说法早已在学术界受到挑战，但数量的本质及其运作空间仍处在不同的理解之中。

(5) 凡是做过田野调查的人类学家都有共同的体验，在人类学家、学术合作者、过问或资助研究项目的机构以及被研究者之间的关系中包含的情感问题，在多大程度上会影响我们的撰写成果，是一个不确定的指数。

(6) 郝瑞（Steven Harrell）谈到人类学者田野工作的三个道德问题。第一是"牵涉"(implication)。是说在地方族群的调查中，人类学者只能通过不同级别的地方行政当局以及不同身份、不可或缺的各种合作者进行调研，"无法不通过他们而与村民共处"。第二是"剥削"（exploitation）。他的体会来自村民和地方干部、学者两个方面，"他们（指村民——编者注）为客人奉上了昂贵的食物（全为荤类），然而，他们却很少吃。他们总是如此热情，令我很难将其与剥削联系起来。可是当涉及当地的学者和地方官员时，问题就

---

① Zhuang K. Anthropology and the Process of Chinese Education// Bosco J. Indigenization of Anthropology in East and Southeast Asia. The Chinese University of Hong Kong，1999.

显得复杂多了。他们将自身投入个人的风险里，并耗费了大量的时间与金钱来协助我的研究”。第三是“互惠”。郝瑞对此有中肯的经验性解释：“不知有多少次，我听美国学者说，中国的大学或研究机构索取高昂的费用，并提出一些不大可能的要求，可是仍然难以提供令人满意的服务（good access）。这当然指是否容易进入或接近他们所研究的对象或区域。有时，我对此颇感同情。但并不总如此。因为除了考虑硬通货的收取，我们还要考虑到中国合作者们的付出。任何外国人进入中国，都必须认识到将共事某种研究，他们进入莫斯式（Maussian）的有关责任与报答的义务（Obligation and counter obligation）、还债与允诺的网络，要求将某些已答应的事情付诸实施。然而，这通常不及中国同事为了我们的研究在时间与资源上的付出。”①

以上是说人类学的田野观察—撰写流程的研究性反省，似乎本来是想改善（权威性的）“瞎子摸象”的多元角度问题，殊不知大象本身也是动态的。更有甚者，出现了人类学者和他者交流中的各种复杂情境，还有研究上的认识论问题、叙述上的修辞问题、音调不定的情感问题，以及民族志的道德问题等。认识论问题上提供的反省是：起初我们学习理解田野著作的内容，而现在要了解作者是如何获得知识的。修辞的问题涉及民族志经历的从传送、解释、对话到多音位的发展过程。人类学家从田野知识的传声筒，到对发现行为的意义的诠释，再到在人类学家选择下的对话交流过程，以及人类学家及其相关的人都被视为作者，他们的言语直接进入一个兼收并蓄的多音位文本。至于情感问题是田野经历中的发露，道德问题涉及人类学者的责任。以上所述，是人类学的有意识的自身反省的主要内涵，涉及披露人类学者的心路历程，提醒提供兼收并蓄的撰写框架。

第三节　写文化与写文化以后

“写文化”争论是在20世纪60年代法国后结构主义理论和从语言理论到修辞研究的兴趣转变的驱动下，在文学研究、法律研究和语言学等学科中，以写作类型为侧重点，对文化和社会知识在现代西方得以产生的过程做全面批评。② 在20世纪六七十年代，美国各大学的人文研究中心，讨论并推进新的、跨学科的（interdisciplinary）学术氛围逐渐形成，被称为“后现代主义”。这种道德更有益于以当代语言和文化为侧重的新的研究领域，而非对现有学科的整合。80年代后期，“写文化”争论成为人类学的中心议题。

“写文化”争论在人类学界也有其学科背景。20世纪六七十年代，人类学界出现了三种自我批评倾向：(1) 对人类学的象征性田野工作实践的讨论和反思，以及关于田野工作的认识论和它作为一种社会科学方法的地位的讨论；(2) 对人类学在处理与传统部落（殖民化的）、人类学者的调查过程以及学科史有关的历史联系（historical context）、系统性、

---

① 郝瑞．人类学研究的困境．打印稿．

② Marcus G E. Writing Culture//Levinson D，Ember M. Encyclopedia of Cultural Anthropology：Vol. 4. New York：Henry Holt Company，1996：1386.

社会不平等和权力等课题时，表现出的不敏感或无力的批评，这尤其表现为对人类学同殖民主义、新殖民主义的历史关系的质疑①；（3）文化分析作为解释的观念在人类学领域引发了关于欧洲哲学传统影响的更为充分的理论探讨，尤其是阐释学将人文科学的实践，模塑为有别于自然科学的哲学思想。

“写文化”争论即是上述批评倾向的发展和进一步推进。针对由反思引起的人类学者描述异文化权威的丧失以及一度被认为是“客观”的文化描述受到挑战的状况，一些人类学者以民族志作品为文本进行了评论，以求获得对文化表述的本质的深层认识，对人类学的认识论危机做出了积极反应。他们一方面探讨民族志与文学的关系，另一方面还探讨了在跨文化的描写中，权力与知识的关系问题。通过争论，他们还开启了一系列改变和革新民族志创作方式的可能性。

在“写文化”争论中，有两部论著被认为具有划时代的意义，即《写文化》和《作为文化批评的人类学》。②

作为一种写作，民族志的修辞反映在许多方面，包括创作的历史背景、方法以及理论和分析模式等。在论文集《写文化》中，作者们主要通过对一些经典文化描述范本的交叉学科分析，对民族志的修辞进行了反思。如普拉特（M. Louise Pratt）的《在一般场合的田野工作》（Field work in Common Places）一文考察了民族志写作的一些比喻如何被使用，以及这些比喻与早期游记写作传统的历史渊源。通过考察，普拉特提出，田野工作的重要性在于个人经历与民族志权威、科学主义及表达的原创性之间的或然性联系。③《作为文化批评的人类学》同样论及民族志与游记叙述的文体相似，及其半文学的表述方式。通过对文本创作和修辞的关注，“写文化”争论使人们加深了对文化描述的建构及人为性质的认识，这极大地削弱了民族志的权威模式，并把人们的注意力导向民族志的历史困境，即民族志曾欲进行以构建宏大理论并进行实地验证为特点的文化发明而非进行文化解释。

《写文化》争论认为，在跨文化的研究中，民族志学者所涉及的是一个变化着的、权力不平等的世界。由于权力的不平等，西方学者在文化表述中缺乏对被研究者应有的尊重。因而，争论还超出文本写作，进一步探讨了世界权力格局对民族志的影响。《写文化》的各章节主要探讨了族性、权力、对抗、制度化约束等文本创作的历史文化背景在民族志构成中所起的作用。④

对文化表述的认识论基础的反思，本身包含着这一过程对人类学写作的建设性因素。《作为文化批评的人类学》以大量篇幅，较深入地论述了在反思过程中出现的两种民族志实验趋势，即表述异文化经验的“人观”民族志和与更广阔的历史政治经济过程相联系的“政治经济民族志”，并提出人类学回归本土文化评论的主张，以使文化表述真正摆脱权力关系的影响。

---

① Marcus G E. Writing Culture//Levinson D，Ember M. Encyclopedia of Cultural Anthropology：Vol. 4. New York：Henry Holt Company，1996：1386.

② Clifford J，Marcus G E. Writing Culture：The Poetics and Politics of Ethnography. Berkeley：University of California Press，1986. 马尔库斯，等．作为文化批评的人类学．北京：三联书店，1998.

③ Clifford J，Marcus G E. Writing Culture：The Poetics and Politics of Ethnography. Berkeley：University of California Press，1986.

④ 同③.

《写文化》和《作为文化批评的人类学》的出版被看作人类学思潮的一个分水岭，它使人类学者普遍认同了文化表述的场景性和虚构性，并进而接受了这样一个事实：人类学不再能够达成其传统的、关于提供“异文化”成员之生活整体的、客观的描述的目的。这无疑使传统人类学通过田野工作所建构的权威性变得可疑，并引发了关于人类学者应描述什么、如何描述和为什么描述等问题。

1997 年出版的论文集《写文化之后》是现代主义和后现代主义的人类学领域内争论的综合和继续，是对在 20 世纪 80 年代的“写文化”争论后人类学所能扮演的理论和实践角色的更深入研讨。①

《写文化之后》的作者们面对人类学的认识论、政治学和实践之间无可挽回的关系，对争论所造成的对民族志的挑战做出了富有创建性的反应。他们通过一系列民族志范例，重新审视了从早期田野工作到学术文本以及从认识论问题到人类学者的政治角色等表述实践的各个方面，在下述不同层次上对“表述”——作为解释的表述、表达（交流）的表述、形象化的表述、翻译的表述和提出主张的表述——做了探讨。② 他们还考察了使文化“翻译”成为可行的、共享的、参考的可能性，以及作者的风格问题，还有被认为在应用场景中有效的模式的性质和地位问题。

在对由“写文化”争论引发的问题的探讨中，《写文化之后》的各章节做出了不尽相同的反应。而明显地，有四个重点内容贯穿整个文集。③

一、表述的人文主义

“写文化”争论的中心议题是文化表述的场景性。泰勒（Stephen A. Tyler）认为，如果人类学者承认自己所描述的文化现实和社会生活具有场景化特性，那么，他们就不能声称自己提供的是没经过选择的客观“真理”性论述。④

约瑟菲德斯（L. Josephides）则在《表述人类学者的困境》⑤ 一文中，通过三部对比强烈的民族志的论述揭示了人类学的当代适应性，从而提供了肯定的答案。她提出，人类学有三种潜能：反映已经发生在提供信息者中的元理论化研究（metatheorizing）；通过否弃民族志学者和提供信息者之间的分离而具有权威；在田野中，把社会活动作为创造意义之所在加以重视。约瑟菲德斯强调，地方和全球提供信息者的状况会影响民族志策略的制定。为此，她认为，作田野的理论必须在田野中进行相应的构建。另外，在被政治操纵的表述实践中，人们也看到他们为了一定的目的而进行干涉。

---

① James A，Hockey J，Dawson A. After Writing Culture：Epistemology and Praxis in Contemporary Anthropology. London and New York：Routledge，1997.

② Clifford J，Marcus G E. Writing Culture：The Poetics and Politics of Ethnography. Berkeley：University of California Press，1986.

③ 同①.

④ Tyler S A. Post-Modern Ethnography：From Document of the Occult to Occult Document//Clifford J，Marcus G E. Writing Culture：The Poetics and Politics of Ethnography. Berkeley：University of California Press，1986.

⑤ Josephides L. Representing the Anthropologist's Predicament//James A，Hockey J，Dawson A. After Writing Culture：Epistemology and Praxis in Contemporary Anthropology. London and New York：Routledge，1997.

二、表述谁与被谁表述

“写文化”的争论表明，人类学表述是个人的、不可复制的、难以证实的。不仅学术界存在不同的观点，而且在调查对象中也有不同的声音存在。因此，尽管集体的知识的表述一度是人类学者的惯用手法，但无论是在田野还是在学科中，当一群人都处在同一位置时，所谓提供集体看法的表白就值得怀疑。这种认识威胁到了民族志学者关于要在其著述中作整个文化的表述的意图，然而放弃整体论又会威胁到人类学实践的核心。

在《启发人类学》[①] 一文中，拉波特（Nigel Rapport）放弃了集体表述方式，而以对31个人建设罗门（以色列的一个新镇）的过程描述与这些人不同的解释方式，描述和展示了多重声音并存的情况。像拉波特一样，文集中的许多作者致力于探讨集体表述的困境，并对在田野中哪些构成了“集体表述”一点不明朗的情况下，坚持“整体论”是否可能提出疑问。一些作者则认为，人类学能够通过考察处在特定场景中的个人的、经过选择的经历来继续探讨文化的集体表象。

三、表述的形式

在民族志对所观察到的现象做出解释的过程中，人类学者的语言和概念与所描述的事物相去甚远。这使得文化表述与人类学者在田野所观察到的、所参与的或被告知的东西，以及与为奠定基础所选择的当地人的观点如何相联系变得模糊。人们明确地提出了这样一个问题：究竟“谁在表述谁”？

“写文化”的争论使人类学者对民族志创作的文学修辞有了清醒的认识，而人类学学者担心这会使他们歪曲或误述自己所描述的世界。前述泰勒提出，人类学学者应该在设法唤起（evocation）而非参照（reference）上重新勾画民族志。约瑟菲德斯则认为，民族志写作的风格超乎个人的喜好、训练或技巧之外，它为人类学学者提供了连接认识论的立足点和表述模式的方式。

因此人类学表述的创作，可以被看作人类学者与提供信息者之间复杂关系过程的最终结果。人类学学者在面对特定而具体的社会问题和课题时，应认真考虑多重意义（multivocality）概念在实践中运作的方式。偏爱和人类学实践的主观性，能够使人类学学者所倡导的实践可行，而非削弱其能力。

这种观点就人类学学者选择的表述形式提出了问题，专业论文、期刊文章或学术会议是其媒介。无疑，它们提供的是一个三维事件或经历，电影、照片或人工制品包括视觉形象和语言，似乎是更为“可信”的表述。然而，即使在博物馆，选择和设计影像及人工制品的展示也是一种翻译和意义建构的活动。同人类学学者一样，博物馆工作人员也需要描绘，而不仅仅是展览他们的物品。因此，尽管“写文化”争论对人类学的意义被认为主要在于其对写作技巧的影响，但《写文化之后》的作者们则认为，表述包含的不仅仅是写作本身。

---

① Rapport N. Edifying Anthropology: Culture as Conversation; Representation as Conversation//James A, Hockey J, Dawson A. After Writing Culture: Epistemology and Praxis in Contemporary Anthropology. London and New York: Routledge, 1997.

四、表述的政治与伦理

当代人类学主要探讨如何沟通研究者与被研究者之间的途径，比如通过人类学的多音道发出更协调的声音来达到这一目的。然而，尽管这些理想和旨趣十分重要，一个问题仍然存在：这种民主的表述是否可能？

长期以来，应用人类学受到学术界的批评，因为“纯”调查在学科中更受尊重。20世纪90年代，由于一些地区财政的紧缩，“纯”调查难以开展，社会科学调查越来越以自己与当代社会课题“相关”来为自己辩解，人类学学者也越来越习惯于在田野中提供有益于政策及其实施的论述。

《写文化之后》中的内容章节揭示了纯粹研究和应用研究以及附着在理论和实践之间的创造性、共生关系之间的必要互动。在此意义上，作为“写文化”争论的主要收获，关于表述的一些启示既是人类学理论的中心，也是人类学实践的中心。通过揭示作为论说而不是客观真理的建构过程的民族志创作，人类学学者开始意识到自己作为意义建构者的角色。如果说一个文本的构成能够影响它的意义，创造特殊化意义的能力以及民族志的说服力就成为表述的政治策略。

因此，《写文化之后》认为，一旦人类学学者开始写作，或者通过影片做影像的表述，他们就会同时被自己的表述所限定。在当今全球化的背景中，文本和影像的数量不但激增，而且超出了地方的局限。它值得人类学学者认真思考表述实践附带的不同思想与政治分野。一些事例表明，形式和风格的旨趣常具有各不相同的意义，很明显，表述的形式和风格成了人类学学者撰写的关键所在。

人类学表述实践的新意还与主张有关。当人类学学者发现自己越来越进入与非专业人士交流的世界，就需要密切关注存在于表述实践中的交谈建构。因为各自独特的实践方式一旦形成，表述是可以误读、再描述和挪用的。

通过对文本的辩论、批评，《写文化之后》把读者的视线导向民族志借以获得权威的社会过程，并提出人类学的理论困境是能够通过具体的经历克服的。在此意义上讲，《写文化之后》在确认了民族志论说的场景性和虚构性特征的同时，为学科的进一步发展奠定了建设性的基础。

第四节　文化的环程

在以上三节的文化讨论与人类学研究过程反省之后，我们尝试再一次说明什么是文化及其展示的问题，这是人类学看待文化含义的又一次角度更换。

文化的展示是造成文化的核心行为之一，也是被称作“文化的环程”（the circuit of culture）的关键点。[①] 然而，“展示”和“文化”之间的关系是什么呢？我们说文化具有“被分享的意义”（shared meanings），而语言是我们使事物“有意义”（make sense）的一个有特权的和意义被交换的媒介（medium），那么意义只能通过我们彼此都能懂的语言而

① Hall S. Representation，Cultural Representations and Signifying Practice. London：SAGE Publications，1997.

被分享。因此，语言是意义和文化的中心，也一直被认为是文化价值和意义的知识库。

可是语言是怎样组织意义的呢？它是怎样维持语言共享者之间促进共同理解文化的对话和使用大致相同的方法解释世界的呢？语言之所以能够做到这一点，是因为它起着一个表述/展示体系的作用。在语言中，我们使用符号和象征——不论它们是声音、书面文字还是电子图像、音乐软件，甚至物体——向其他族群表达我们的概念、思想和感情。语言是思想（thought）、主意（idea）和感情在一个文化中借以表述的“媒体”之一。因此，语言表述成为意义产生过程的中心。在不同的社会实践领域，意义是通过语言产生循环的。

说两个人属于同一个文化，是说他们可以用大致相同的方法解释世界，可以用彼此都能理解的方式表达他们自己对世界的思想和感情。因此，文化依赖于共享者用极为相似的方法解释他们周围所发生的事务，并赋予他们周围的世界以意义。文化不但包括概念和思想，而且包括知觉和情感。我们脸上的表情可以被同一文化的人分享、领会和理解，所以文化的意义还组织和控制着社会惯例，影响着我们的行为，从而具有真正实际的作用。

图 19-1 已经表明意义产生于几个不同的场域，并且通过几个不同的过程或行为循环。意义赋予我们是谁以及我们与哪些人“属于”同类认同的某种判断力，因此它与文化如何被用来区别和维持群体内外差异的问题联系在一起。意义在我们所参与的社会相互作用中不断地产生和交流，它也产生于多种不同的媒体中。特别是在目前的现代大众媒体中，全球的通信工具以前所未有的速度传播不同的文化。意义也产生于我们表达自己及利用、消费或挪用文化“事项”的任何时候。意义还控制和组织我们的活动和习俗，它有助于建立限制和支配社会生活的规则、标准和社会惯例。因此，意义问题发生于涉及我们的“文化的环程”内所有不同的时刻和行为中，发生于认同和区别、生产和消费之中，也发生于社会行为的规则中。然而，在所有这些例子和所有这些不同的场域，意义能够借以产生和传播的“媒体”之一就是语言。

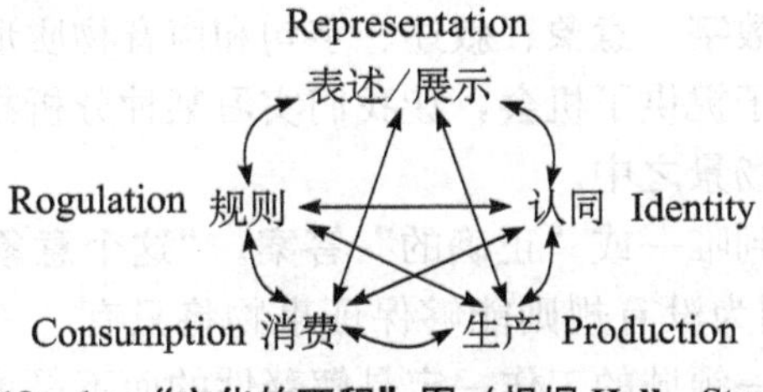

图 19-1　“文化的环程”图（根据 Hall，Stuart）

让我们对“文化的环程”中的第一个因素继续深入讨论，我们从意义、语言和表述问题入手。同一文化的成员一定能共享一系列使他们用大致相似的方式思考、感知和解释世界的概念、意象和思想。概言之，他们一定分享同一文化的“代码”，把这些意义传递给其他的人们。任何有丰富意义的交流都必须能够使用相同的语言代码。在更广泛的意义上，他们必须“讲同一种语言”。这并不是指他们必须都能够逐字逐句地讲德语、法语或汉语，也不是指完全理解讲同一种语言的人所说的语言。我们这里所说的“语言”是指更广泛的意义。我们的伙伴必须能够用同一种语言把“你”所说的翻译为“我”所能理解的，反之亦然。他们必须能用大致相似的方法理解影像、音乐，解释形体语言和面部表情。而且他们必须知道如何将他们的情感和思想翻译为何种语言。说到底，意义是一个对话，它总是被片面地理解，它又总是一种不平等的交换。

语言本身没有明显的意义。然而，它们是载有意义的工具和媒体，因为它们起着像符号一样的作用，象征或表述我们希望传递的意义。为了使用另一隐语，它们发挥记号（signs）的功能。记号象征或表述我们的概念、思想和感情的方法，正如能使其他人运用大概与我们相同的方法阅读、破译或解释它们的意义一样。因此，语言是有重要意义的活动。推而广之，任何用这种方法发挥作用的表述体系都可以被认为是按照语言表述规则运作，因而摄影也是一个表述体系，运用感光纸上的图像传递有关特别人物、事件和场面的意义。在博物馆或画廊中的展览或展示也可以认为是“准语言”，因为它运用展示的物体产生有关展览主题的意义。音乐使用音符传递情感和思想语言，它也是“准语言”，即使这些音符是抽象的，不是用显而易见的方式表达“现实世界”。在足球赛场出现的旗子和标语，观众脸上和身上涂的某种颜色或符号也被认为是一种“准语言”，是赋予属于族群文化的意义和情感的，或地方社区认同的象征活动。假如没有这些“意义”体系，我们就不能建立或维持我们称之为一种文化的“生命世界”。

因此，正是由于这种意义上的文化和语言，意义才得以生成和传播。传统的观点过去常常认为“事物”存在于物质和自然世界，它们的物质和自然属性决定了它们本身，它们有一个完整明确的意义处于如何表述它们之外。从这种观点来看，表述是一个次要的过程，它只有在事物完全形成和意义构成后才进入这一领域。但是由于人文社会学科的“文化变迁”，表述被引进了事物的构成；因而，文化被概念化为首要的是“构建性的”过程，像经济“基础”或物质“基础”在塑造社会主题和历史事件中的地位一样重要，而不仅仅是事件之后社会的反映。

在视觉语言方面，从今日世界上遍布的、大多与旅游业相关的少数民族生活展览园区到艺术及博物展览，乃至电视收视率极高的“肥皂剧”，都是非常具体的象征、展演、“阅读”和解释活动。它们是可以被用来分析涉及意义消费的真正具体的形式。这就要求我们分析实际的记号、符号、数字、意象、叙述、字句和声音物质形式等象征意义在它们之中的传播。这些视觉语言例子提供了机会，让我们实习某种分析技巧，并把它们恰当地运用到我们日常生活中的许多场景之中。

上述讨论似乎难以找到唯一或“正确的”答案。“这个意象意味着什么呢?”或：“这个广告在推销什么呢?”因为没有规则能够保证事物将只有“一个真正的意义”或意义不会随着时间而变化。在这一领域的工作一定是解释性的而不是谁是谁非的讨论，是似是而非的事物之间的讨论，虽然这些似是而非的事物的意义和解释之间有时是竞争和对立的关系。对待难以确定的这些“读物”的最佳方法是仔细审视那些具体的例子，并寻找和判断同“读物”密切关联的意义被运用的实际活动与形式，以及它们将会被赋予的可能的意义。意义是一个狡猾的家伙，它随着场景、用法和历史背景的不同而变化和转移。因此它没有最终的、确定的形态，总是与绝对真理分庭抗礼，总是被商榷和改变，以与新的场景产生共鸣。它经常引起争论，有时还遭到强烈的反弹。在任何文化中总会同时有不同的意义传播路线，其交叠散漫的构成使我们可以演绎出创新的意义或表达和展示方式。

我们所讨论的意义必须涉入某些实际的领域，只要它在一个文化中有效地传播，直到它在“文化的环程”上的某一点被“译解”或接受时，它才被认为完成了它在这一“环程”中的一段“使命”。因此，语言既不是意义输送者的财产，也不是意义接受者的财产。它是意义通过语言产生的共享文化的“空间”，表述/展示便由此而生。我们说，说者和听者、作者和读者都是在同一“文化的环程”中的积极参与者。由于他们经常转换角色，这一过程总是双向的、互动的。表述过程更像对话或是问答。能维持这种“对话”的，是存在着的共享文化代码，而这些代码不能保证意义永远稳定不变。我们似乎应学会更少地按照“准确”和“真理”的模式，而更多地按照有效的转换来思考一个翻译过程，承认在“文化的环程”中存在不同说者之间的差异，以及因权力的存在而促进了文化交流。

参考书目

格尔茨．文化的解释．上海：上海人民出版社，1999.

克利福德，马库斯．写文化：民族志的诗学与政治学．北京：商务印书馆，2006.

马尔库斯，等．作为文化批判的人类学．北京：三联书店，1998.

Clifford J，Marcus G E. Writing Culture：The Poetics and Politics of Ethnography. Berkeley：University of California Press，1986.

Geertz C. Works and Lives：The Anthropologist as Author. Palo Alto：Stanford University Press，1988.

Hall S. Representation，Cultural Representations and Signifying Practice. London：SAGE Publications，Inc.，1997.

James A，Hockey J，Dawson A. After Writing Culture：Epistemology and Praxis in Contemporary Anthropology. London and New York：Routledge，1997.

Moore H. The Future of Anthropological Knowledge. London：Routledge，1996.

附：请阅读对比以下作品（中英文混合排列）的多种写作与表现形式，其内容涉及的时空与思维的跨度、理论融入的技巧和章法等。

费孝通．江村经济．南京：江苏人民出版社，1986.

费孝通．乡土中国．北京：三联书店，1985.

黄树民．林村的故事：1949 年后的中国农村变革．台北：张老师出版社，1994.

卡斯塔尼达．巫士唐望的教诲．台北：张老师出版社，1998.

拉比诺．摩洛哥田野作业反思．北京：商务印书馆，2008.

李亦园．人类的视野．上海：上海文艺出版社，1996.

林耀华．金翼．北京：三联书店，1989.

米德．萨摩亚人的成年．杭州：浙江人民出版社，1988.

摩尔根．古代社会．北京：商务印书馆，1977.

庄孔韶．银翅．北京：三联书店，2000.（配有光盘《端午节》）

Edwards E. Anthropology & Photography（1860－1920）. New Haven：Yale University Press，1992.

Frazer J G. The Golden Bough：The Roots of Religion and Folldore. London：Macmillan，1911.

Heider K G. Seeing Anthropology，Cultural Anthropology through Film. Boston：Ally and Bacon，1997.

Jing J. The Temple of Memories: History, Power, and Morality in a Chinese Village. Palo Alto: Stanford University Press, 1996.

Malinowski B. Argonauts of the Western Pacific. London: G. Routledge & Sons, 1932.

Mintz S. Sweetness and Power: The Place of Sugar in Modern History. New York: Penguin, 1985.

Siu H. Agents and Victims in South China: Accomplices in Rural Revolution. New Haven: Yale University Press, 1989.

Yan Y. Flow of Gifts: Reciprocity and Social Networks in a Chinese Village. Palo Alto: Stanford University Press, 1996.

第二十章

人类学的诗学与艺术

第一节 人类学的诗学

诗学不仅包含诗论，也涉及一般的文艺理论乃至美学原理。20 世纪后半叶，对科学主义的质疑和把民族志文本（texts）当作“文化制品”的认识，使诗学逐渐成为人类学理论和实践对话的重要组成部分。人们越来越意识到，人类学是“文学的”，因为它主要通过写作传达信息。这一文本基础使人类学在作品的构建、作品的权威性、话语中符号的应用和意义的创造等方面与传统的诗学研究有着共同的旨趣。

迄今为止，人类学并没有形成可被称为“诗学”的运动、流派或制度化活动，人类学诗学的理论基础也尚处于成型阶段。20 世纪六七十年代，由语言学者索绪尔、乔姆斯基，心理学家皮亚杰，尤其是人类学家列维-斯特劳斯所发展的结构主义对文学研究产生了深远影响，它极大地改变了诗学的概念及其研究内容。在这一过程中，对人类学诗学的界定也被复杂化了。① 但我们仍可通过考察人类学者在诗学领域的活动，并标明它与其他领域内的诗学活动之交叉点，更恰当地为人类学的诗学定位。

人类学的诗学研究与其他学科的不同之处在于它从部落社会开始一直扩展到现代戏剧的话语展演，包括仪式和世界观及它们与语言和文化的关系在内的行为探讨。民族诗人——文化人类学者、诗言学者和研究其他文化诗学的诗人——尤为关注以口头或书面形式构建并推进了话语的语言。这是人类学诗学的主旨何以自然地倾向于社会语言学和一般语言学（它本身有热衷于科学与倾向于艺术实践之别）的部分原因。②

在文化中对语言中心地位的强调也是结构主义诗学最早吸引语言学的动因之一，同时也是较早对民族志中逻辑实证主义产生不满的学者的一个支柱。历史上，逻辑实证主义试图使其修辞基础和创作活动作为一种不偏不倚的佐证而“可见”。对于田野工作的合作性质不断提高的认识和对更能“反映的视角”及文学的多声位解释的需要，也促使了对语言学和人类学整体而言至关重要的对话体的发展。③ 对话体诗学首先必须识别并安排观点间

---

① Brady I. Anthropological Poetics. Savage, Md.: Rowman & Littlefield Publishers, 1991.

② Brady I. Poetics// Levinson D, Ember M. Encyclopedia of Cultural Anthropology: Vol. 3. New York: Henry Holt Company, 1995: 952.

③ Brady I. Harmony and argument: Bringing Forth the Artful Science//Brady I. Anthropological Poetics. Savage, Md.: Rowman & Littlefield Publishers, 1991.

的关系，并有助于作者安排他对作品与人物、人物与作者及人物相互之间的看法。人类学者被这种论点吸引恰恰在于它解释了跨文化研究与写作的关系，以及研究与写作中自我意识的压抑。

由此看来，人类学诗学的范围极为广泛。首先，它包括诗人丽塔·达夫（Rita Dove）称为“使个体内在生命让他人亦能得以体验的艺术”[①] 的诗中的自我意识表达旨趣，即人类学者的诗创作；其次，它包括一种具有包容性的分析旨趣，在这种分析旨趣中，诗学被认为是有关作品创作或构成方面的一切，而语言既是其本体，又是其工具。

一、民族诗学

民族诗学是指“对世界范围内语言和文化中口头艺术的研究”。它侧重于对说-听交流途径的研究，“在这种交流中，说话、歌颂或唱歌声赋予格言、谜语、悼词、咒语、赞词、祈祷、预言、公告和叙述等以外部表现”[②]。也就是说，民族诗学注重口头文学的口传性、过程性和展演性，它还包括由西方诗人所催生、翻译、诠释、朗读、歌唱和赞美过的土著诗（the emics of native poetries）。[③] 民族诗学研究的目的在于分析和解释口头展演（oral performance），并通过录制、翻译把它们展现为可直接被理解的艺术作品。20 世纪 60 年代后期，美国诗人、人类学者杰罗姆·罗森堡（Jerome Rothenberg）将民族诗学界定为一种特殊调查类型。此后，民族诗学不断发展，并成为诗学领域最受关注的人类学活动。

自 20 世纪 70 年代早期以来，从事民族诗学研究的学者们为该学术领域的发展做了大量的基础性工作。其中，语言学家兼人类学家海姆斯、邓肯（Robert Duncan），人类学家、诗人斯坦利·戴蒙德等在诗人作品的学术史上占据了重要地位。诸多社会科学家、民族志学者和包括亨利·索罗（Henry David Thoreau）、兹拉·庞德（Ezra Pound）等在内的诗人对民族诗学的研究是功不可没的。而对民族诗学的发展真正具有指导意义的无疑是杰罗姆·罗森堡的创作。

罗森堡的部分作品深入地研究了长久以来一直存在的萨满教口头诗及其相关传统产生的根源。[④] 他的研究始终贯穿着一种消除现代思想强加于“我们”和“他们”之间的距离的尝试，这些强加既是历史的，也是现实的。罗森堡不仅出版了诸多诗集，而且与特德洛克（Dennis Tedlock）一起创立和编辑了激进的《民族诗学》杂志，该杂志热切关注民族诗学的发展与研究。

同类的研究在中国人类学、民俗学和文学界实际上一直存在着。比如在汉族和少数民族中经常发现的大致押韵的民间唱本有哪些人类学的意义呢？中国东南部诸省古今流传的陈靖姑唱本从福建到浙南乃至台湾都有随时空地理变化的不同版本（民间说唱者的适应性与即兴修改更不可胜数），这便为学者提供了文本、类型、情境与关联性的比较的基础。第一，其同一性在于读者（听众）和信众对口传文学（唱本亦经文）的全心关注，及他们

① Dove R. What does Poetry do News for Us? . Virginia University Alumni，1994.

② Tedlock D. Ethnopoetics//Bauman R. Folklore，Cultural Performances，and Popular Entertainments. Oxford：Oxford University Press，1992.

③ Rose D. In Search of Experience：The Anthropological Poetics of Stanley Diamond//Brady I. Anthropological Poetics. Savage，Md.：Rowman & Littlefield Publishers，1991：220.

④ Rothenberg J. Prefaces and Other Writings. New York：New Directions.

相信自身永远处于陈靖姑女神的照察之下。第二，从唱本中“历史”的痕迹和地理的传布，我们可以找到历史附会的意义和信仰圈的意义。历史是昔日的历史，还是当下的历史？信仰圈的本质是文化景观吗？是社区认同还是家族认同，抑或完全是个人化行为所致？人类学的研究有助于发现各类族群意识的限定及其本质。第三，女神诵经内容围绕妇女人生过程的诸多重要环节。例如陈靖姑女神人生忌年（18 岁和 24 岁）便影响了地方少女的嫁期选择，这种社会现象影响的地理区域极广，也牵制了那里男人的选择。而且无疑地，可以直接引申到对该信仰圈内年度人口出生率的影响的研究。第四，这些押韵的唱本无一不涉及信仰问题。当代农民接受宗教信仰与农业科技是两件并存的事，即宗教信仰与科学两种思维在农民头脑中共同运作。农民的解释、宗教师的解释、地方干部的解释、无神论者的解释等，都是从唱本中引出的课题。然而，这里绝不仅仅是关于是非的简单解释。宗教的主要方面是不受科学证明或反驳的各种非经验命题。科学涉及的是经验因果关系问题，而宗教涉及的是意义问题。[①] 第五，与口传唱本相关的演出者的角色意义何在呢？即便是当今的说唱者，也是带着职业性敏感，以传说之魅力、方言之亲切、俚语之娴熟，结合社会文化的当下情境，例如和平与战事、盛朝与乱世、风习与奇闻等，在如仪式般的说唱情境中，完成他们一轮又一轮“新”本说唱。第六，发现语言的修辞、隐喻，以及多元声音在传播与诠释中的作用。应该说，说唱者杂糅唱本的过程，在本质上是文本的再造，民俗的再造，而听众则成了文化再造的重要载体。我们总是发现唱本在变化，就像民间服饰那样在变化，像思想那样在变化。那是因为时空情境在变化，演出者需要巧妙地转述、变化和沟通才能赢得听众。第七，如果我们认为我们的研究已经带着人类学的原则，那么我们应始终如一地摈弃各类族群中心主义，相信地方人民的信仰之真诚，以参与观察的平和的态度平视采纳的眼光，从而挖掘民间唱本的人性与文化的人类学含义并进人写作。[②]

此外，民族诗学的存在显然面对着西方学术的霸权话语，这是指某种一直存在的以语言和学术方式描述跨文化体验的偏见或轻视态度。在进行深刻反思的过程中，人类学学者越来越认识到，美国印第安人的口头文学经常被不准确地描绘、错误地阐述以及不适当地翻译。他们关注把各种诗从西方文学的压抑中解放出来，并热衷于探讨翻译部落社会中诗的新技巧。调查还表明：“美国土著中讲述故事者常以诗歌的韵律叙说，这种情况在当今一些印第安人社区继续存在。”[③] 民族诗学的任务是揭示这些诗歌形式的种类，并回答围绕文化和历史“定位”的各种相关问题，因为我们无法设计一种不受文化影响的或纯客观的观点，无法回避学者的作品实际是文化的构建，它取决于修辞、比喻被赋予一种看法，然而是有缺陷的和不完全的看法这一论点。事实上，一位学者创作的一切作品从各种意义上讲都是“textual”（文本的）。在人类学的诗学研究中，带有主张性的研究与纯学术的研究，例如探讨交叉学科关系的研究，是并行不悖的。今日“文学”人类学面对着的诸多新的情境应如何发展，的确是一个很吸引人的问题。

---

① Weber M. Essays in Sociology. New York：Oxford University Press，1946：350－351.

② 庄孔韶．银翅．台北：桂冠书局，1996. 庄孔韶．银翅．北京：三联书店，2000：第 13 章．

③ Basso K. A Review of Native American Discourse：Poetics and Rhetoric//Sherzer J，Woodbury A C. American Ethnologist，1988（15）.

二、文学人类学

人类学自产生之日起，就是以建立关于人性与文化研究的“科学”为理想的。人类学学者像自然科学家一样，强调其研究的科学性、客观性和精确性，并以此确立其不可辩驳的权威性。人类学学者在田野工作和文化表述中不仅避免自己情感的涉入，也尽量避免挖掘被调查者的情感、直觉、无意识等非科学、非理性、非逻辑的主体意识。然而，这并没有使人类学真正成为一门科学。20 世纪后半叶，伴随着哲学领域对科学主义和理性主义的质疑，人文社会科学的各分支学科对自身的学科性质进行了深刻反思。在人类学界，这种反思过程增强了人类学者对民族志的文学性的认识，也使人类学的文化表述向更为文学化的方向发展。

海登·怀特（Hayden White）是当今美国最重要的历史理论家之一。他著名的喻说理论（tropology）提出“历史的内在‘文学性’”的论点，意味深长地预示了此后部分理论家和历史学家解读人类学的方法，即把它作为文本（text）和有必要限定在话语规范内的写作进行解读。20 世纪 70—80 年代，格尔茨以一系列富有创建性的作品开启了人类学和文学理论的关系的研究。[①] 格尔茨声称，民族志权威是一个“写作的”行为，它源于一个创作的、利己的、文化的和历史的情景，在此情景中，作者不可避免地是在一个共同建立的交流中，他（她）是自己的经历和别人的经历之间的对话者。[②] 因此，人类学是文学的，而非传统上以为的科学。1984 年，10 名来自不同知识背景的学者（主要是人类学学者）以“民族志文本的写作”为中心议题，在新墨西哥圣菲亚美洲研究所召开了一个高级研讨会（advanced seminars）。学者们通过对不同时期经典民族志作品的分析，系统而深刻地揭示了民族志的虚构性质和对文学修辞的应用。1986 年，提交给研讨会的论文由克利福德和马尔库斯合作编辑后，以《写文化》为题正式出版。

马尔库斯认为，在艺术地写作时，民族志的描述采用了可信的文化过程叙述方式。[③] 民族志诗学的特征是讽喻的，它创作了一种分层的作品，负荷着可变的文化配置和对立的政治关注，它们都被语境化在文学的现实之中。[④] 在这些原则基础上，马尔库斯和另一些人充分发展了格尔茨关于人类学可作为一种文化评论而起作用的思路，“解释人类学”观点即源于这一关注，并在此后得到创造性和批评性的扩展。然而，在这一过程中日益增长的文学性变得越来越成疑问，其中心点是作为一个人类学者应如何写作的问题。

跨学科调适这些矛盾的企图导致一些人类学者采用了更为明显的文学形式表达自己的人类学观念，这些形式增进了在现实主义传统中民族志体验的交流。对文本的创造性建构的强调和人类学不可避免的文本牵涉也造成了一些认识论的混乱。它不仅以实证主义与后来解构的所有“拆解”（undoings）相抗衡，还意味着作为现实主义传统的组成部分，隐蔽性在写作中的丧失。此外，文学或诗在强调信息所采用的形式时，以科学所摈弃的诗学

---

① Geertz C. The Interpretation of Culture. New York：Basic Books，1973. Geertz C. Local Knowledge，Further Essays on Interpretive Anthropology. New York：Basic Books，1983. Geertz C. Works and Lives：The Anthropologist as Author. Palo Alto：Stanford University Press，1988.

② Geertz C. Works and Lives：The Anthropologist as Author. Palo Alto：Stanford University Press，1988.

③ Marcus G E. Parody and the Parricide in Polynesian Cultural History. Cultural Anthropology，1988 (3).

④ Clifford J. The Predicament of Culture：Twentieth-Century Ethnography，Literature，and Art. Cambridge：Harvard University Press，1988.

作为它的首要目的，这使文学人类学的解析领域充满诗意和哲学魅力。它还表明在民族志小说中，对写作建构、人类学原则之运用，描述的侧重点，以及"真实性"和主客位观察与沟通进行学术审视是不可缺失的。

例如，林耀华在20世纪40年代以小说形式写作的人类学名著《金翼》，近些年来再次成为当代文化撰写实践与讨论热潮的先行与抢眼之作。① 林耀华以福建闽江流域两个农人之家的兴衰为线索，描写了19世纪末到20世纪30年代，地方农业、商业、船运、政治、法律、教育、宗教、宗族与民俗等多方面的社会文化生活。1944年版几乎是纯粹的小说形式，而1948年英文正式刊本则在小说结尾加上了一章学术总结，向读者直接解说人类学、社会学如何发现书中主人公生活变迁的原因。几十年来，在英文学术圈中用小说形式撰写民族志的现象几乎没有中断，在中文学术圈中，林耀华的人类学小说实践也一直影响到今天。那么文学小说和人类学小说究竟有何异同呢？我们可以在教师指导下，以本章提供的知识为基础，从两类小说作者所依据的理论、他们的田野体验、撰写的原则，以及关注文学与人类学学科交流四个方面进行课堂讨论并寻求答案。

近年来，比较文学界也出现了运用人类学的理论和方法研究文学的趋势，并且蔚为大观，显示了人文社会科学界文化研究的跨学科、跨文化的交流趋势。② 1997年11月，首届中国文学人类学学术研讨会在厦门召开，与会者均是文学和人类学界对相互学科充满兴趣的文学人类学的热忱实践者。会上，人类学者和文学研究者从各自的学科基地出发，阐述各自的"文学人类学"理论与实践构想。他们尝试"用文学的形式表达人类学观念"，例如"不浪费的人类学"就是利用包括文学形式在内的多种手段，以实现人类学的更好的文化表现。③ 总之，这一新的学科之产生有赖于"文学与人类学之间的互补与互动"，现在已经有了一个非常好的开端。④

三、人类学诗

为了抒发情感，并有效地传达用论文、论著无法涵盖的主体性感觉、想象等田野工作体验，不同时代都有人类学家进行诗歌创作。人类学诗与一般诗作的不同之处在于：人类学诗更善于汲取他人的经验，或将自己的文化与他文化并置，以达到跨文化展示、沟通的目的。人类学诗的主旨即是以诗的形式展示跨文化主题或人类学信息，其最高理想是用人类共通的诗的语言反映经过提炼的、源于实地经历的体验。尽管诗不是科学，也不渴求成为科学⑤，但人类学诗人通过以诗叙述田野工作及其体验，借助一种主观形式侵入了民族志创作的部分论著，如《写文化》和伊凡·布雷迪的《和谐和争论：创造艺术的科学》（*Harmony and Argument*：*Bringing Forth the Artful Science*）等。

---

① 林耀华．金翼．北京：三联书店，1989.

② 叶舒宪．西方文学人类学研究述评：上．文艺研究，1995（3）．叶舒宪．西方文学人类学研究述评：下．文艺研究，1995（4）．陈淳，等．比较文学．北京：高等教育出版社，1997.

③ 椎桐．"不浪费"的人类学思想与实践．云南民院学报，2001（4）．

④ 徐新建．首届中国文学人类学学术研讨会在厦门举行．中国比较文学通讯，1997（3）．李亦园．文学人类学的形成//中外文化与文论：5. 成都：四川大学出版社，1998. 乐黛云．文化转型与中国文学人类学//叶舒宪．文化与文本．北京：中央编译出版社，1998. 庄孔韶．今日人类学的思路与表现实践．民族艺术，1999（2）．

⑤ Diamond S. A Special issue On Poetry and Anthropology//Diamond S. Dialectical Anthology. 1986：132.

两千多年前，亚里士多德就发现，诗人的一般是在大量的特殊中体现的，而科学家则通过大量经得起检验的特殊以达到他们的一般。尽管采取了完全不同的途径，但结果是相似的。然而，由于诗在一些特定经验和社会事件的可说明性方面，只给人以强烈的真实感，而非“事实”，加之它以独立于时间之外的一种“第五向度”（fifth dimension）起作用，因此，启蒙运动以来的公认的哲人都拒绝把诗作为一种方法。相应地，早期人类学学者也未能自觉地发掘出人类学经验对诗歌创作的潜在影响力，这使他们的诗作与文学领域中诗人的诗歌没有大的差异。主流人类学一向认为，诗只是一种旁白、一种消遣，或是田野工作中的一种意外收获，它属于文学范畴。在早期，不存在迎合诗创作兴趣的人类学杂志，人类学家萨丕尔、劳伦·艾斯利（Loren Eiseley）和本尼迪克特等人的诗作多在非人类学刊物上发表。

20世纪六七十年代，随着语言学学者加深了对结构主义的重视，一种有望产生出包括诗在内的更特殊的人类学写作类型的思想体系开始酝酿。与此同时，不少人类学者尝试诗创作，借以传达他们在异文化中的体验。一些专业刊物也开辟专栏，为这些诗作提供舞台。80年代初，《美国人类学家》杂志率先对戴蒙德和保罗·弗里德里克（Paul Friedrich）的诗作进行了专题评论；1982年12月，在美国人类学会年会上，戴蒙德主持了首届人类学诗朗读会；次年5月，戴蒙德又主持召开首届人类学诗人公开研讨/朗读会，会上朗读的诗作和相关评论随后以《辩证的人类学》（*Dialectical Anthropology*）为题出版。

随着人类学诗作的兴起，与之相应的评论和研究也逐渐展开。在1986年美国人类学会年会上，普拉提斯主持了以“人类学诗学”为主题的讨论。1991年，由伊凡·布雷迪编选的《人类学诗学》出版，该论文集共收录了14位人类学者撰写的诗论。这一研究成果标志着人类学从强调对世界不同文化的认识，转向关注如何去认识的问题。关注诗学的人类学家认为，认识他者（others）与永远无法成为他者的矛盾更适合通过一种艺术与科学紧密结合的方式，即人类学诗的形式予以解释。① 在人类学界，促成诗容纳人类学视角的，首推戴蒙德的诗作。

作为一名具有人类学和诗学双重背景的作家，戴蒙德是以宇宙的观察者的身份进行田野工作和诗歌创作的。他采取了将两个意象群并列的方式，将人类的感受注入其诗中。在一个意象群中，他反映隐含的叙述者的观点，而在下一个意象群中，他又表述主人公的观点。这里修辞手法的运用具有重大的方法论意义，它使戴蒙德在观察艺术中取得了一个完全不同于“客观性”的特许地位，但这地位并不是一种异化，而是一种接纳。观察者向被观察者靠拢，相互融合；反之，被观察者也接近观察者，双方停留在一个不完全是“这里”，也不完全是“那里”的新的空间，“主位”和“客位”不再是二元对立的，而是处于交融状态，这种观察视角在艺术与科学领域都是开创性的。②

罗伊·瓦格纳（Roy Wagner）的《诗学和人类学的重心重拟》一文以个体的想象、梦幻、内在体验等作为文化研究的对象，尝试按照诗学特性对人类学进行重心重拟。该文从对“痛苦”的分析入手，对自笛卡儿提出“条理清晰而确定无误的观念”后，西方思想

① Brady I. Prelude to Chapter Ten//Brady I. Anthropological Poetics. Savage，Md.：Rowman & Littlefield Publishers，1991：215.

② Rose D. In Search of Experience：The Anthropological Poetics of Stanley Diamond//Brady I. Anthropological Poetics. Savage，Md.：Rowman & Littlefield Publishers，1991：231.

界对主观事物的否弃进行质疑，进而将话题引向了诗学与文化的问题："我们用医学清楚而确定的语言避开了痛苦的主观性，又用语言学无疑清楚而确定的医疗避免了意义的主观性，二者都是处理文化诗学的制度化尝试，是个人内心深刻感触到的事物的引诱物。一般而言的人类文化，特殊而言的诗歌艺术，是主体间获得创造性整合之所在。用萨丕尔的话说，是'文化只能在个体内部构成'之所在。"[①] 这样，诗学和人类学因面对主体性感知问题而获得了沟通的契机。其最终目的是使人类学更多关注主体性自我和内在感觉等课题，并向一种艺术的学科方向靠拢。

为此，人类学诗有必要发展出一种新的写作和叙述类型，以汲取诗的品质，使之既具有审美功能，又能够作为一种具有隐喻性实用价值的发掘工具，同时不牺牲民族志可说明的性质。人类学诗人已在以下几方面做出了努力：不采取传统上以田野汇报表述经历的方式；强化经历的思想感情表达；说出以其他任何方式都无法表述的事件；借助读者的经历，以文本唤起一种可比较的体验或系列体验等。[②] 以这些形式，人类学诗人引导读者经历他人的体验和引起共鸣，并借助隐喻的效力，以达到更深层地认识人类自身的目的。

第二节　艺术的文化表现

人类学家对于艺术的研究在人类学学科建立之初就已经开始了。然而，在人类学的研究中，过去艺术往往被视为文化多样性的表现途径，而并没有从根本上得到特别的重视。在将原始族群作为人类学主要研究对象的时代背景下，艺术人类学被认为是研究非西方和小规模社会之艺术的学科。[③] 艺术人类学重点考察以往被称为"原始艺术"的遍及世界各地的小规模社会中的艺术，一方面试图从中发现艺术表现的一般原则，另一方面关注的是体现这些原则的各种各样的风格。[④] 关注"原始艺术"的人类学研究，注重发现不同族群在艺术上丰富多彩的表现，从个案归纳出欧美文明艺术研究所关心的共同问题。

按照哈赛尔伯格（Herta Haselberger）的意见，艺术的人类学研究，包括以下四个方面的任务：（1）特定艺术对象的微观系统的研究。这种研究应当描述艺术对象的发生与结构，建立对作品的空间与时间的分类，并分析它们在整个文化体系中的地位。（2）艺术家传记。这种传记应当包括艺术家一生中所有主要时间编年上的说明，也应该追溯其艺术风格的发展，解释其创造力的特征，说明其作品的影响。（3）整个文化结构中的艺术研究。探讨什么东西能够被确定为艺术作品，艺术和艺术家的作用和影响是什么，艺术、经济、社会组织和精神生活怎样相互联系。（4）艺术史。即使艺术考察者的工作涉及民族文化，他最终也要转入时间和空间问题。他为艺术对象确定至少是相对的年代，确定它们特定的

---

① Wagner R. Poetics and the Recentering of Anthropology//Brady I. Anthropological Poetics. Savage, Md.: Rowman & Littlefield Publishers, 1991: 37－38.

② Brady I. Poetics//Levinson D, Ember M. Encyclopedia of Cultural Anthropology: Vol. 3. New York: Henry Holt Company, 1995: 956.

③ Hoebel E A. Introduction//Hatcher E P. Art as Culture: An Introduction to the Anthropology of Art. Lanham: University Press of America, 1985: vii.

④ 莱顿．艺术人类学．桂林：广西师范大学出版社，2009：4.

发生地点，追溯有关的综合体，描述其原因和动态的内在联系，进而筛选出开创性的有历史意义的艺术家和艺术作品，并试图辨别一些阶段和贯穿在实践中的特殊趋势。[①]

20世纪最后十几年，反思和批评的艺术人类学研究者宣称，他们的研究与先前的艺术人类学不同，也与其他学科的研究不同。他们承认人类学本身被作为研究对象的艺术世界所影响，人类学的"文化"和"差异"概念也受到博物馆、收藏家及市场活动的颇多影响。跨文化研究艺术和美学的传统艺术人类学一直是在西方艺术世界的范畴和实践中发展的，基本上只是西方艺术制度的补充，在为西方前卫派艺术家提供刺激的过程中发挥着重要作用。在当代文化生活中，艺术正在成为重要的文化产品，带来话语的转换，使得行动和思想更有意义。人类学一直在文化知识生产中扮演着重要的角色，现在应当注意到除了"美学"认识之外，艺术也是与民族主义、商业拓展、性别政治有复杂联系的某种类型的权势。[②]

一、艺术、政治与权力

艺术常常被人们认为是一种格调和风格，在西方中心主义艺术观的影响之下，"艺术"一向被视为一个具有相当神秘感的清高领域，甚至有人会认为艺术和政治无关。然而，人类学家很早就注意到，除了满足审美需要之外，人体装饰或装饰品还可以用来描述社会内部的社会地位、阶层、性别、职业或宗教。据中国古代文献记载，明代时云南一些地方，男子在身体上刺文身，是为了区别贵贱。一般百姓自足部刺至腿，目把（小头领）刺至腰，土官刺至乳部，由下至上，刺的位置越高越显尊贵，低则表示低贱。

人们已经认识到，在现代社会中，艺术所起到的作用并不是辅助的，或者说它并不是单纯地反映社会现实，而是创造政治行为的活动的主要构成部分。[③] 尽管在现代社会里，人们可能会认为艺术家是标新立异的，一些人颇有叛逆精神，但是在许多地方，艺术家在政治上却是维护统治者的。艺术反映和加强了在社会中被认为是恰当的关系，艺术象征是一种集体表现，通过对被社会分享的艺术形式和内容加以表现，帮助形成社会秩序。金字塔的巨大体积使得人们惊恐不安，宗教活动长长的行列、作为众生的祈祷者、典礼盛况以及祭司所在之令人激动的场合——金祭坛、设有柱廊的庙宇、高大的拱形屋顶、巨大的弯曲坡道和楼梯、只有天光才能射入的窗户——的献祭，这一切都使老百姓神魂颠倒、不知所措。近代以前，教会和国家在历史上一直是艺术的最大监护者。总体来看，在中国历史上，艺术也是由国家控制的，或者说是为国家服务的。[④] 至今在许多国家，国家依然不同程度地利用艺术来加强民众对国家的认同、宣传政府的政策、建立政府的形象。艺术在我国的作用也如是。

贝宁在被英国人统治之前，其国王（欧巴）被奉为神人，据说他具有超自然的力量，并通过烦琐的仪式来保持他们的这种力量。贝宁王室所有的艺术品的功能主要就是表达这

---

① Haselberger H. Methods of Studying Ethnographic Art. Current Anthropology，1961，2（4）. Cohen R，Haselberger H. On the Method of Studying Ethnological Art. Current Anthropology，1963，4（2）.

② Marcus G E，Myers F R. The Traffic in Culture：A Introduction// Marcus G E，Myers F R. The Traffic in Culture：Refiguring Art and Anthropology. Berkeley：University of California Press，1995：1-51.

③ Edelman M. From Art to Politics：How Artistic Creations Shape Political Conceptions. Chicago：University of Chicago Press，1995：2.

④ 哈里斯．文化人类学．北京：东方出版社，1988：362-364.

些仪式的象征意义，并被在公开举行的仪式中展示。贝宁城里的手工业者为王室生产工具、武器、灯具和个人装饰品。只有国王才拥有象牙雕制品。国王使用许多象牙饰品，如挂在腰带上的牙雕面具、牙雕手环、牙雕铃和敲铃用的象牙棍等。王室也拥有对铜制品的绝对拥有权。这些东西曾经被陈列在王室的一个庭院之中。这些艺术品从造型、祭祀、仪式等不同方面表现了王室的权威，从而试图维系人们对王室的服从。①

格尔茨在对印度尼西亚巴厘人的仪式进行研究后指出："巴厘人，不仅在王室仪式中，而且在普遍意义上，将他们对万物之终极存在方式的综合性理解，及人们因此应该采取的行动方式，投射到最易于直接把握的感官符号中去——投射到由雕刻、花朵、舞蹈、乐器、手势、神歌、饰物、庙宇、姿势和面具的复合体之中——而非投射到一组以推理方式把握、组建起来的确然的'信念'之中。"在巴厘人的君王葬礼中，"在混乱不堪的一整天之内，伴随着数以百计的仪式行动和数以千计的供品，几乎没有哪一个行动和供品没有确然的、精心设计的地位意义。火葬堆场景……祭司用花箭'射杀'巨蛇；将尸体搬运下来放在烈火炎炎的平台的棺椁上；仿佛在梦游之中爬上平台往尸体上倾倒大量圣水的祭司，将遗体放进棺椁里面，并深埋在成堆的丝织品、画像、中国钱币和尽可能塞进的花样繁多的供品之中；祭司用取火钻钻出火苗以点燃庆典之火；此时祭司已完全陷入迷狂状态，他操演的是最后一道礼仪，即用头、躯干、臂和手表演的一种坐舞，弥散四周的则是漫天的烟雾和无处不在的喧嚣；棺腿散架、跌入火中并在将已经半焦的尸体抛到外面时轰然坍塌；寡妇们静默无声地跳入火焰之中；祭司将国王的骨灰收集起来带到海边并撒在那碧浪之间……整个庆典通过数以千计的意象和数以千计的方式不断重复，乃是对无可摧毁的等级制的一种宏壮展示"②。

自第二次世界大战之前到当代，法西斯主义与反法西斯主义一直在西欧艺术创作和展示中对峙。一些建筑艺术家曾经为希特勒和墨索里尼设计了规模宏大且富有象征意义的建筑。而一些反战的艺术家，如毕加索则勇敢地拿起画笔反对法西斯主义，创作了《格尔尼卡》《和平鸽》等不朽的作品，这些人道主义的、正直的艺术作品获得了真正的名声。③

艺术在表现政治权势和意念的同时，也受到政治等方面权势的影响，这突出地表现在艺术家、博物馆（美术馆）及政府机构之间复杂的关系及其对这些关系的处理过程中。"博物馆在文化上必须有崇高的信誉，必须受人尊重才能争取赞助人。画家也一样。这里有一系列的依附关系……画家必须在博物馆展出作品才能进入市场，才能得到国家津贴。博物馆必须被政府机构承认才能得到赞助人，而这一切形成了错综交叉的压力与依附关系……"④

在资本主义制度建立之后，资本家代替教会与国家成为艺术的保护人和赞助人。个人资助使得艺术似乎有了更大的自由和灵活性。艺术家将很多注意力和精力用在创造新奇的、特异的作品上。艺术的资助人将资助艺术活动看成是提高声望的商业投入，同时通过艺术方面的投资，资本家得以获取高额利润，减少税收支出，避免通货膨胀的影响。布迪厄分析了西方艺术家与传媒及其他外界的关系。他认为，研究者们没有集体策略，常常被

① 莱顿．艺术人类学．桂林：广西师范大学出版社，2009.
② 格尔茨．尼加拉：十九世纪巴黎剧场国家．上海：上海人民出版社，1999：116-144.
③ 休斯．新艺术的震撼．上海：上海人民美术出版社，1992：47-95.
④ 布迪厄，哈克．自由交谈．上海：三联书店，1996：10.

迫接受股东们所规定的研究目的、问题和方法。文艺与科学资助会逐渐使艺术家和学者在物质上与精神上依附于经济力量和市场制约。知识分子的批判力受到摧毁，知识界本身的独立性、自主性不断地受到形形色色的外力的威胁，其中最可怕的外力，在今天，要算新闻业了，而新闻业也受制于（政治、经济等）其他权力。他还发现："文化生产者在它的特定领域里越是没有作为，越是没有名气，他就越加需要外界的权力，也就越热衷于寻求外界的权力，以抬高自己在本领域内的身价。"①

二、艺术的文化表现

艺术是认识文化实践者社会意识和文化观念不可或缺的途径。音乐、舞蹈、绘画至少和语言一样古老，本身就有其特定的表述规则、有其自身的结构要素与结构关系，具有一套相关的概念，通过艺术语言和结构表达其特定的意义。

在现代社会中，随着人们利用包括艺术在内的各种特殊象征物，重建或创造他们的文化意识，艺术在反对殖民主义、反对种族主义等方面的潜在作用正在被人们重新认识。美国黑人社区用他们的音乐、舞蹈以及公共住宅墙面上的彩色喷涂展现了他们的族群性，表现了对黑人文化的眷恋、对文化独特性的强调或者重新创造，以及对白人政治的不满。在美国，新奥尔良的黑人和印第安人住在一起，他们借用印第安人的文化因素，在节日期间，穿着印第安服装，戴上印第安人的饰物，以表现他们与白人相异的文化认同。在许多少数民族社区中，人们用具象化的形式，着意恢复和重新创造富有特点的民族文化，阐释文化遗产，并进而以此作为谋求更重要的社会地位的象征性手段。艺术正在作为表达政治意愿、展现族群性的手段，被越来越多的族群更娴熟地加以运用。

在某些苗族和拉祜族支系的服装上，有些为外人难以辨认的看似抽象的几何图案或色彩组合，按照本族群的解释，代表着他们的祖先在历史上的迁徙路线。苗族妇女对此做出解释，其中的方框是炮台，小方块是房子，回形是京城，斜条是深山老箐。过去苗族的祖先住在京城的房子里，后来别人来进攻，祖先用大炮抵抗，打不赢，于是就搬到深山老箐里了。这里表现出了人们对族群起源的理解和记忆。在现代社会中，尽管人们平时可能并不穿着如此华丽的服装，但是在节日和其他重大场合，妇女们却忘不了穿这种服装，因为服饰成了集体与社会记忆、文化习俗与族群意识的重要载体。②

澳大利亚中部荒漠的传统艺术颇为复杂和感人。这些图画刻画在诸如石壁、地面、厚石板等大的、不规则的表面上，或者用来装饰身体及其盔甲、神像和仪式柱。在一些从事民间艺术研究的教师的影响下，原来就擅长绘画的老民间艺人开始用丙烯酸颜料在木板、油布和帆布上绘制代表当地艺术特点的"蜜蜂梦幻"作品，成为现代澳大利亚艺术最令人激动的发展成果之一。虽然材料是从欧洲传入的，但绘画的内容和技巧却深深地扎根于土著艺术的框架之中。绘画是这些土著人世代相传的观点和理念的神奇表现，传统的雕刻、绘画、舞蹈和歌唱都与梦幻相关，复述着祖先的梦幻，使得世界充满了生机。以梦幻为主

① 休斯．新艺术的震撼．上海：上海人民美术出版社，1992.

② 章建刚，杨志明．艺术的起源．昆明：云南大学出版社，1996．杨正文．苗族服饰文化．贵阳：贵州民族出版社，1998.

要内容的作品给了某些族群以神奇的力量，祖先、土地和人的关系构成了土著艺术的核心。① 这种新的表现形式是在外界作用下，少数民族族群扩展文化影响、确立土著文化地位的努力的结果。

少数民族形象在各种传媒中的表现也反映出各民族间的关系、被表现族群的社会政治和经济地位，以及人们对该族群的认识。在许多国家中，人们用不同的方式表现生活在其国家中的少数民族。表现内容往往是歌舞、音乐，少数民族妇女形象所占的比重显然要比男性大得多，反映了国家主体民族对少数民族的认识，对少数民族的异域化的想象。

注意到艺术形式、身体感受，关注与艺术活动伴随的情绪和情感、感觉、体验等方面的田野民族志材料，加以人类学的理论阐释和批评，有可能成为人类学的重要组成部分，在未来的人类学研究中取得更为显著的地位。

三、绘画人类学

人类学家进行田野调研，往往有不能进行照相、摄影的时候，如宗教仪式、相片不能展现的视角等，这时绘画的运用是人类学家视觉文化表现的重要手段。

米歇尔·欧匹茨（Michael Oppitz）与画家罗伯特·鲍威尔（Robert Powell）进行过长期的合作。欧匹茨分析了鲍威尔的玛噶人绘画、木斯唐绘画等民族志图像，认为其画作“能生成描绘对象的一种物质性在场感；它们能辐射出可塑性和生理感官性。……绘画可以让被描绘的对象脱离与这一母题绑定的自然条件，可以将对象孤立、突出、去背景化；它们可以将主题搬运到不同环境当中；它们可以采取意想的视角”②。在欧匹茨这里，绘画是民族志记录的一种重要方式。

中国也早有人类学家与画家的合作实践。庄孔韶与林建寿在1999—2019年的二十年间，已经合作创作了多幅人类学绘画作品。作为人类学表现方法的绘画人类学的实践过程，也是人类学家与画家互惠的过程。人类学家通过画家的画笔，呈现调研对象的文化意涵；画家通过人类学的调研，深入绘画创作对象的生活细部，从而得以更具体、更深刻地把握绘画对象的文化和情感。

在庄孔韶的创意下，人类学绘画《祈男》（1.4m×1.15m）由林建寿创作于2004年。该作品的创意来自“闽东农民思维中的儒家生育观和道教信仰”③。画面中，红头师公在为一位没生男孩的村姑做科仪，祈求她能顺利生育儿子。这种由闾山道士提供的家庭仪式不总对外公开，人类学家在田野调研中，不能通过拍摄照片来记录场景，因而借助了画家的“绘画默写”能力。画家在画面中运用的黑白两个大色块形似太极的阴阳，蕴含道教文化信仰，体现了普通人对道教的一般认知。当人类学家追问闾山派科仪是基于道家信仰还是儒家孝道时，画家通过写实的画笔将之并置呈现。在这个意义上，人类学绘画不仅是人类学学术研究的一种表现方式或民族志记录方式，也成为人类学回馈调研对象的一种文化制作。

对著名人类学影片《虎日》的田野点进行回访，形成了以文字文本创作、绘画、照

---

① Caruana W. Aboriginal Art. New York：W. W. Norton & Co.，Inc.，2003.

② 欧匹茨．沿着喜马拉雅：罗伯特·鲍威尔绘画．北京：中国藏学出版社，2016：161.

③ 庄孔韶．绘画人类学的学理、解读与实践：一个研究团队的行动实验（1999—2017）．思想战线，2017（3）.

片、纪录片、音乐、仪式展演、新媒体等多学科、多专业和多方法并置的团队主旨研究，配合跨学科策展来观赏和解读人类学绘画，对于其文化意义的理解将会更为立体。面对相同的研究对象，不同表现方法的并置，能使文化的流动和多元理解从更多层面被展现出来，以实现触类旁通之综观。①

参考书目

方李莉，李修建．艺术人类学．北京：三联书店，2013.

格罗塞．艺术的起源．北京：商务印书馆，1996.

莱顿．艺术人类学．桂林：广西师范大学出版社，2009.

李修建．国外艺术人类学读本．北京：中国文联出版社，2016.

马尔库斯，迈尔斯．文化交流：重塑艺术和人类学．桂林：广西师范大学出版社，2010.

马利坦．艺术与诗中的创造性直觉．北京：三联书店，1991.

欧匹茨．沿着喜马拉雅：罗伯特·鲍威尔绘画．北京：中国藏学出版社，2016.

王建民．艺术人类学新论．北京：民族出版社，2008.

叶维廉．中国诗学．北京：三联书店，1994.

Bakke G，Peterson M. Anthropology of the Arts：A Reader. Bloomsbury Academic，2017.

Brady I. Poetics//Levinson D，Ember M. Encyclopedia of Cultural Anthropology：Vol. 3. New York：Henry Holt Company，1995.

Clifford J. The Predicament of Culture：Twentieth-Century Ethnography，Literature，and Art. Cambridge：Harvard University Press，1988.

Edelman M. From Art to Politics：How Artistic Creations Shape Political Conceptions. Chicago：University of Chicago Press，1995.

Geertz C. Works and Lives：The Anthropologist as Author. Palo Alto：Stanford University Press，1988.

Lomax A. Folk Song Style and Culture. Washington，D. C.：American Association for The Advancement of Science，1968.

MacClancy J. Contesting Art：Art，Politics and Identity in the Modern World. Oxford：Berg（Oxford International Publisher，Ltd.），1997.

Otten C M. Anthropology and Art：Readings in Cross-Cultural Aesthetics. New York：Natural History Press，1971.

① 庄孔韶．流动的人类学诗学：金翼山谷的歌谣与诗作．开放时代，2019（2）．庄孔韶．金翼山谷冬至的传说、戏剧与电影合璧生成研究：一个跨学科实验的人类学诗学．民族文学研究，2019（7）．

第二十一章 影视人类学

第一节 人类学的影视表现

在人类学诞生的早期阶段，人类学家就已经开始使用文字和照相两种手段做记录和研究工作。文字与书写符号为早期人类所创造，照片的出现则晚到1839年发明可制作静态影像的光学仪器——照相机之后，而活动影像——电影的制作更迟至19世纪末。除利用文字与书写符号撰写民族志和专论以外，人类学的影视表现与文化研究一直随科学技术的进步而得到发展。迄今为止，人类学的文字作品仍是学术成果展示的主流，尽管影视作品尚不是人类学家必需的作品形式，但影视和影像手段在人类学田野调查与后期分析工作中使用得越来越普遍。这固然是由于今日影视工具非常普及，然而其本质更在于文字撰写与影视表现之不可替代性，人们注意到人类学的这两种表现方法的独立性、互补性，以及由此建构对不同的文化理解的价值。

影视人类学是以影像与影视手段表现人类学原理，记录、展示和诠释一个族群的文化或尝试建立比较文化的学问。最常见的影像与影视作品载体是黑白或彩色照片、电影胶片、录像带，以及新一代高清数字摄像及各种多媒体表现系统。在人类学的教学与研究领域，以照片摄制、分析和民族志电影（录像）制作最为常见，如今，动漫制作、联网即时传输系统也开始进入实际影视创作。

人类学家一般的田野工作程序是，来到某一个地区的族群居地住下来，差不多需要一年的时间卷入当地人的生活。社区与家庭、衣食住行、仪式与节日都是人类学家所关注的。他们提问、做笔记，辅以摄影（现在也有摄像），通过使用自己熟悉的人类学理论和分析方法，把参与观察和调研的过程转换成自圆其说的文字的文化理解形式，论文和论著就是这样产生的。我们看到，在以文字作品为主流的学术界，影像影视制作大多还是研究者的辅助手段。

在电影和录像制作十分普及的今天，影视人类学的作品仍毫无疑问地以专业田野调研为基础，这和走马看花式的族群地区观光拍摄完全不同。有别于文字撰写，影视方法是旨在通过镜头所建构的图像寻求对文化的另一种理解形式。文字与影像作品的最大区别是，文字对场景的陈述是对其进行抽象与概括，而图像记录则是场景直接和具体的表现。然而，文字撰写以及照片与电影，其真实性均不是绝对的，它们仅仅是一种对真实状态的陈述。何况，人们总是发现，一张胶片上的影像一千一万句话也解说不尽，同样，一段文字的寓意可能超过一千一万幅画面，亦即文字和影像是以不同的符号系统传达与交换信息的，其内涵、主客体交流，以及表达手法都是我们比较研究的兴趣所在。

第二节　照片的利用

在影视人类学关心的范围，以静态照片的利用为最早。起初，摄影术只是欧洲工业革命进程中光学技术的一项副产品。人们惊讶地看到显影后的纸基照片能重现生活的影像。特别是随着新闻业的兴起，由照片传达的政治、经济、社会与文化的信息可以使各地的人们受益；而且作为工业化过程的组成部分，照片被用作分类和解释的工具，显然也被用于控制和歧视少数族群的殖民努力上。19 世纪晚期，摄影以其为人类学家提供直观场景和族群文化的资料而进入学术研究之中。

从 20 世纪 30 年代起，贝特森（Gregory Bateson）和米德在巴厘的田野工作中把照相机当作民族志的重要工具使用，他们在对儿童发展及与其他文化的关系的调查中，总共拍摄了 25 000 张照片，并合作发表了《巴厘人的性格：一个照片的分析》（*Balinese Character: A Photographic Analysis*，1942）。不仅如此，他们还拍摄了 6.7 公里长的 16 毫米电影胶片，集中表现小孩之间的互动行为，以及小孩和成年人之间的互动行为。贝特森和米德做人类学研究的特点是，专业田野调研始终是学术工作的基础，在这一基础上，他们准备了翔实的文字资料和分析性作品，并最终进入人类比较文化的重要主旨之中。然而，与其他人类学家不同的是，米德在比较文化的深入研讨中，还有计划地进行现场拍摄与制作电影。贝特森和米德较早运用了文字撰写和照片相结合的方法出版人类学作品，让可视性图像和关于人格的抽象化文字分析互为补充，使文化的表现两相得益。

照片的民族志用途何在呢？张展鸿[①]强调了考利[②]的观点，并概括为：（1）根据人们的部落、身份、亲属和社会关系，提供他们的图例；（2）关于政治的、民族的和部落的疆界的影像证明；（3）可记录的工艺与礼仪；（4）识别历史事件中的人们。这表明人们重视摄影民族志的用途，但人类发明这一文化的表现技术亦有欠缺之处。中国的一句古老的成语“百闻不如一见”，是说亲临现场、眼见为实的重要性。然而在现场拍摄的照片是完全真实的吗？一些人把照片看成纯主观的事物，认为对不同的观察者有不同的意义，因此，他们否认照片中被赋予的意义。而比较中肯的看法是，照片的确可以传达意义，但照片只能提供不完全的信息，而信息中的意义有赖于场景。因此，由这一欠缺性导致的对民族志照片的理解尚需依赖于对其族群习俗、文字志以及对拍摄现场的调研。单张照片或许只引起某些片段化的解释，但相关的和场景化的众多照片仍有可能被重新构建为一个对文化进行理解的有意义的整体。场景化的照片本身成为可进行研究和分析的证据，以表明生活方式，提供文化资料。在这个意义上说，我们可以把拍照过程看作人们相互影响的影像流通与影像象征的符号。

---

① Cheung S. Change of Ainu Image in Japan: A Reflexive Study of Prewar and Postwar Photo-images of Ainu. Visual Anthropology，1996（9）.

② Collier J C，Jr. Visual Anthropology: Photography as a Research Method. New York: Holt，Rinehart and Winston，Inc.，1967.

人类学家已明确认识到他人可以对一位观察者所拍的照片进行持续的再分析，进一步说："我们在一静态摄影中，信息存在于多种层次，然而，经练习和拥有对照片信息进行系统相关的一套认真的分析技能可使各层次分离，使信息得到利用。"① 就人类学家的需求而言，他们一定希望从所收集到的照片中识别出社会历史的背景，以及照片中所展示的文化的诸种象征符号，为其学术所用。依人类学家的一般经验，如果本人并未到过照片现场，就很难利用这些照片。然而，当今世界各地档案馆、图书馆和个人储存的大量照片藏品，无论是否为人类学家所摄，保护、解释和评价这些照片，特别是对一个多世纪以来收集的民族志照片的研究，已显得十分重要。即使对那些一生只能有有限调研经历的人类学家来说，获得不同时期与不同地点的相关的民族志照片，亦会有重要的对比意义。因此，必须寻找相应的方法来有效地利用人类日益积累的大量照片，特别是那些历史性与区域性的民族志照片。

照片收集是十分重要的。照片研究首先考虑的是人类学家的收藏。因为人类学家一生中的研究领域会有变换，常常有旧日未来得及利用的照片、田野日记和各种民族志素材，这些材料未能发挥作用，十分可惜。因此，将这些资料优先开放给后来的兴趣者和自己的学生，可能事半功倍。重新对照片编目，很容易获得现场摄制者的追述性解说，新的研究者会获益匪浅。此外，到历史、民族、民俗类博物馆、图书馆查阅摄影档案，也是人类学调查前或研究过程中的必要工作，当比较一个族群的时空差别时，这种照片的收集方式常常可以奏效。然而由于图书馆、博物馆的收藏主题类型有很大差别，人类学学者需要了解和评估照片藏品对自身研究的意义与局限性。

在获得了照片资料以后，最重要的是了解族群环境及其年代；同时，拍摄对象、拍摄者、拍摄的目的、场景的空间关系，以及现场的物质文化与工艺水准均需考虑。此外，摄影者、被摄者和旁观者的关系是怎样的，以及谁控制着拍摄的过程，都要了解清楚。例如，在照片的场景中，主体——被摄者有时喜欢选择服装、姿势和时间地点而影响拍摄结构；旁观者因进行现场评论而经常影响照片的拍摄进程。实际上，人类学家——摄影者除了拍摄田野工作的自然与人文环境以外，体现当时研究主题的选择性影像最为重要。照片分析有利于评价研究者的学术思路及影像取舍的根据，配合阅读作者的笔记和著述，查阅当时的相关报刊、地方文献和同类学术刊物，就可以评论其人类学影像表现的风格与水平。

"照片可以作为第一手资料或人类学文献使用，但不是作为现实本身的复制品，而是作为需要批判地理解和阐释的艺术作品使用。"② 作为人造物的照片本身、观者对照片主题的解释，以及对摄影师意向的认识，这三者都不能单独给予整体的意义。只有把三者都作为整体或相关影像完整过程的组成部分看，我们才能从有关的历史照片中获得准确的社会文化内涵。因此，一旦掌握了摄影师、主体和观者这三个方面组成的统一体的相互关系，

① Byers P. Still Photographs in the Systematic Recording and Analysis of Behavioral Data. Human Organization, 1964, 23 (1).

② Gidley M. North American Indian Photographs/Images: Review Essay. American Indian Culture and Research Journal, 1985, 9 (3).

一个整体系列的照片就成为可以进行分析和诠释的可靠证据。[①] 例如，19 世纪后期，西方专业人员、业余爱好者、旅游探险家和传教士在世界各地拍摄的土著村落和人体照片已被利用为人类学研究，从这种意义上说，构成人类学分析性照片的东西，起初不一定完全带有现代人类学家拍摄的眼光与目的，其今日影像分析的工作不过是人们如何从这些照片中提取民族志的信息。例如，我们从近年来《老照片》杂志（山东画报社编）和其他杂志的怀旧照片中就可以找寻各种人类学的信息。而对于同样早年的民族志照片，我们又如何“阅读”和理解呢？伊丽莎白·爱德华编辑了1860—1920 年拍摄的大量这类照片并分别由专家做了人类学诠释，使读者从中知道这些照片的历史、人类学的历史、殖民支配的历史以及西方人如何看待那些部落文化的历史。[②]

张展鸿以考察历史文献与有关阿伊努人的照片影像差别来认识日本社会。住在日本边远地区的阿伊努人一直被看作在文化、语言、体质上都有别于主体日本人的少数族群。明治政府的同化政策曾使阿伊努人丧失了基于渔猎的生计方式、语言和风俗。张展鸿根据战前和战后制成照片明信片的阿伊努人祭熊仪式影像变化的分析，表明这种分析不只涉及被看体的重要性，也告诉我们来自其他文化的看体的重要性。日本人在不同时期看待他族——阿伊努人的照片的方式展现了一种复杂性，这种复杂性既不表示同化的重要性，也不表示多样化，而是对于文化内涵概念化的程度不同的认识，尽管同化不再是对阿伊努人的主要影响。张展鸿认为，照片的人类学分析可透视日本民族特性的建构是如何在对阿伊努人特性的建构中反映出来的。[③]

张展鸿研究的提示是，对照片影像中自-他关系的复杂性应给予足够的认识。同样的研究如索·沃斯通过用教美国学生的方法教纳瓦荷印第安人拍片，拓宽了影视交流的范围，并在研究中展示了主位和客位观察的差异。因此，人类学学者不止在历史照片的分析上下功夫，他们实际上同样关注今日田野拍摄的不断反思。在世界上绝大多数族群都接受和乐于被拍照的情况下，人类摄影的机械发明并没有能够吞没诸种文化的个性，反而为人类学提供了一个自省与反省文化的场景。“反省并非仅仅是自我意识到的，而是充分地自我意识自己的哪些方面有必要展示给观众，使他们了解摄制过程和最终作品，要懂得展示本身是有目的、有意识的，而不只是自我陶醉或偶然地展示。”[④] 因此，照片摄制、利用和分析中的自省与反省法显然会打破对传统文献唯一诠释的权威性的神话。通过对摄影者和被摄者之间复杂关系之探索，族群文化、人性的特征与象征意义将凸显出来，从对社会结构的认识到发现影像传播意图的隐含性，将很好地揭示族群文化变迁的过程，显然这将扩大现代摄影研究的前景。

对上述照片的历史/人类学分析和对今日人类学家本人摄制照片的分析在本质上是一致的，其主要区别在于对他人的历史——民族志照片做背景考证比做人类学的学术研究更为困难，而当下人类学家本人在田野工作中则是有充分准备的。这种准备包括不少学者已

---

① Scherer J C. Historical Photographs as Anthropological Documents：A Retrospect. Visual Anthropology，1990（3）.

② Edwards E. Anthropology & Photography（1860 - 1920）. New Haven：Yale University Press，1992.

③ Cheung S. Change of Ainn Images in Japan：A Reflexive Study of Prewar Photo-images of Ainu. Visual Anthropology，1996（9）.

④ Ruby J. Exposing Yourself：Reflexivity，Anthropology and Film. Semiotica，1980，30（1/2）.

经认识到照片和文字撰写的不可替代性与互补性，于是访谈、做文字笔记的同时，摄影也被纳入了文化诠释的表现手段之中。现在几乎人人都会拍照片，照片实际上也反映了拍照片者的文化；而人类学家拍的是带有人类学视角的照片，实际上我们最终是想把照相本身变成照片的人类学和影像的人类学。照片的人类学本质上是以拍照展示心理的、社会的、意识形态的和文化的意义，而照片本身则是对人类沟通过程的理解与关注。既然拍照可以与访谈结合起来，文章便可以和照片并行刊载。照片可以为弱势群体说话，在博物馆中扮演教育的角色，也可以在不同文化中作比较的展示。因此照片再造与影像解读都携带着文化理解的基础。

这种同步存在的摄影手段还有民族志电影或录像，影像（照片）的静态片段和电影、录像的动态过程，同是被人类学家控制的不同的图像组合与思维组合，后者的摄制过程和作品形式更容易让人理解主客位的互动，以及影视语言的寓意和文化变迁的本质。

第三节 民族志电影

民族志电影摄制是影视人类学的主要实践活动与兴趣所在。从静态的照片胶片发展到动态的民族志电影（ethnographic film）形式，要追溯到19世纪末和20世纪初。早期的盘装胶片所记录和储藏人类行为的一些无声的片段，尚难以进行编排。1895年，雷格纳特（Felix Louis Regnault）和他的同事合作拍摄了塞内加尔妇女手工制陶的“慢镜头”，关注身体动作的特征。他们的拍摄已带有早期电影理论宗旨，即研究各民族的行为差异与个体生理学。[①] 1900年以后，他多次建议博物馆收集人类活动方式资料，用电影和照片告诉观众每件展品的整个制作程序，并作专业影片存档，成为以电影提供研究与布展之需的最早的非专业人类学家。[②] 当时的探险家、殖民地行政官员和学者以不同的思想拍片、存档和办展览会，可以看到一些影片的主旨强调了那个时代欧洲文明同殖民地“简单”与“野蛮”状态的巨大反差，一些影片立意不明，一些则表现了当时摄影技法的陈旧。

然而早期拍摄观念已包含了记录正在消亡的人类活动的模式，认识到影视资料可以提供未知信息的伟大意义。而且，在今日世界同一性增强而文化大量消失的情况下，影视作品的意义还在于可以纠正人类对自身文化遗产的漫不经心与短视行为。

早期人类学家的影片虽以素材片为主，但已作为影视人类学发展孕育阶段而载入史册。[③] 如1898年，哈登（Alfred Cort Haddon）在托雷斯海峡拍摄了当地土著社会生活；1901年，斯宾塞在澳大利亚记录了袋鼠舞和祭雨仪式；汉堡南海考察队于1908—1910年

① 霍金斯．影视人类学今昔//杜荣坤，肖锋．影视人类学的国际学术讨论会论文集．成都：四川民族出版社，1998：59.

② 基奥齐．民族志电影的起源//中国社会科学院民族研究所影视人类学研究室．影视人类学论文译文和资料选编．1995（未出版）：225.

③ Heider K G. Ethnographic Film. Austin and London：University of Texas Press，1976：Chapter 2. 海德．影视民族学．北京：中央民族学院出版社，1989：第2章．

在密克罗尼西亚和美拉尼西亚拍摄了土风舞等多方面的内容；伯奇（Rudolf Poch）在1904年和1907年在新几内亚和西南非制片；1912年格斯顿·梅里斯（Gaston Melies）在塔西提和新西兰纳、1918年马丁和奥萨·詹森（Martin and Osa Johnson）在西太平洋所罗门岛和新赫布里底群岛上完成了影视短片。

1922年6月1日，弗来贺提（Robert Flaherty）关于爱斯基摩人的《北极的那努克》（*Nanook of the North*）在纽约首映，获得了成功。他从起初对自然的勘察兴趣转向了当地居民，并在因纽特人区域住了11年之久。可惜他在1914年拍摄的第一批素材毁于一场大火，后来他重返哈得逊湾，并于1921—1922年拍摄了《北极的那努克》。随后他制作了关于萨摩亚群岛的《莫亚那——黄金时代的浪漫曲》（*Moana A Romance of the Golden Age*，1926年）和关于爱尔兰西海岸线外阿兰群岛的《阿兰的男子汉》（*Man of Aran*，1934年）等。他的作品《北极的那努克》后来一直被奉为民族志电影的早期经典。他在长期的田野拍摄中，擅长以叙述地方族群人们的行为与情感、人与险恶自然的抗争以及文化冲突为特征。《北极的那努克》以最早的影视民族志作品形式出现，成为文字作品外的另一种文化表述的杰作。弗来贺提及时冲洗胶片，尽快放给被摄居民观看，从而得到他们的看法和建议，他与被摄对象沟通的初期实践，后来成了民族志电影的理论精髓之一。[①]

以田野调查为基本方式的人类学研究到20世纪20年代才真正得到普及。1922年，拉德克利夫-布朗的《安德曼岛人》（*Andaman Islanders*）和马林诺夫斯基的《西太平洋的探险者》（*Argonauts of the Western Pacific*）相继发表，这些作品提供了民族学调查与撰述的一种常规模式，他们两人实际上在30—40年代一直支配着英国的学术界。而且，他们的思想更广泛流传于人类学界之外，包括刚刚兴起的影视制作。

20世纪30年代，贝特森和米德为民族志电影开了新路。[②] 他们两人先前在新几内亚和萨摩亚等地有过田野工作经验，米德在专著之外还曾因发表人类学通俗读物而大有名气。1936—1939年他们联手在巴厘岛做文化与性格的研究。他们同时使用照相机和摄影机，一方面发表文字与照片相结合的学术作品，另一方面把6.7公里长的胶片剪成了六部片子。米德和贝特森试图肯定这样的事实，即电影可以实现文字调查报告不能表现的东西，因此电影的运用成了人类学的一个组成部分。他们拍摄的《三种文化的育儿方式》（1941年），是为其他学者利用他们的成果而设计，显然发展了格雷纳特的早期思想。米德精于观察土著儿童与儿童、儿童与成人之间的互动细节，从而展示其族群性格发生的缘由。他们还注意在几年内纵向观察儿童的成长，并做族群对比研究。他们说："在做田野工作时，我们只是将摄影机作为纪实的一种工具，而不只是用以图解我们的主题。"[③] 肯定了民族志电影拥有不可替代的文化表现地位。

20世纪60年代人们开始使用便携式16毫米电影摄影机和同期音设备，新的技术有力地融入了学者的社会文化表现思路之中。1960年，法国民族志电影作者让·鲁什（Jean Rouch）和一位社会学家埃德加·莫林（Edgar Morin）拍摄了《夏日纪事》（*Chronicle of*

① Heider K G. Seeing Anthropology，Cultural Anthropology through Film. Boston：Ally and Bacon，1997.

② 同①.

③ Bateson G，Mead M. Balinese Character：A Photographic Analysis//Special Publication of the New York Academy of Sciences：Vol. 2. New York：Academy of Sciences，1942：49.

a Summer，1961 年），着力发现法国人在阿尔及利亚战争期间的生活与思想状态。摄制者走到摄影机前并使用同期音，提问或参加别人的讨论。在素材片初步剪接后，便放映给参与拍摄者看，他们自己及其参加拍摄者看完素材片的反应与评估过程也被拍摄下来，剪成全部影片的第二部分。最后部分是表现两位摄制者在人类博物馆大厅来回走动，面向观众评价自己的影片。《夏日纪事》不仅将巴黎人在那个不寻常夏天的生活表现得淋漓尽致，而且告诉人们民族志电影是怎样拍摄、反馈、讨论和评价的。[①] 以往，民族志电影制作的科学及实证主义同审美需求的矛盾，大大影响了拍摄方法之导向。让·鲁什跨越了单纯科学地制片的思想藩篱，容纳了人的主观思维、影片相关者的互动过程、艺术表现。上述作品以其分享的人类学思想对法国电影和纪录片制作产生了很大影响，然而由于缺少交流，当时对北美的影视制作圈影响不大。

20 世纪 50—60 年代，美国许多研究机构组织和制作民族志电影，主要面向大学生和作为资料片存储与展播。马歇尔（John Marshall）的《猎人》（*The Hunters*，1958 年）是关于卡拉哈里沙漠采集狩猎者的故事，它继续了《北极的那努克》中人与大自然的生存斗争的主题。他关于狩猎本身的描述是无可置疑的，并且努力深入反映布须曼人的思想。这是一部有影响的民族志片，尽管它没有从根本上超过弗来贺提或者米德和贝特森。1968 年他拍摄的《死鸟》（*Dead Birds*）反映了西伊里安达尼人的社会变迁。该片以一位成年人和一位少年的故事为线索，提供了大河谷发生的战争与宗教仪式场面。影片中的宗教仪式是达尼人的象征性活动，他们把人当作鸟来隐喻其死去。该片在拍摄之前即有美国自然史博物馆考察团报告过，而此次参与拍摄的实际上是包括三位人类学家与自然史学家、植物学家、心理学家和摄影师的一个多学科小组。他们在制片以外，还编辑了详细的人类学调查报告，以及与影片相关的学术论题、分镜头解说和述评。显然，这一次影视人类学考察带有多元成果，其重要性在于摄制者继续了贝特森和米德关于影片必须与人类学研究紧密结合的思想，因此在该调查点上的人类学工作产生了长久之影响。《死鸟》还是在电影同期音技术运用前最后一部重要的民族志影片，显然在影视人类学发展史上，这部影片代表着一个阶段的结束。[②]

希拉里·哈里斯（Hilary Harris）等非人类学家用同期音拍摄的《努尔人》（*The Nuer*）有相当多的美学考虑，削弱了影片的连贯性，而且也不符合人类学的要求。他们甚至起初没有参考埃文思-普里查德关于努尔人社会组织的出名著作，但该片毕竟直观地向学生提供了关于努尔人的畜群、游牧营帐和居住环境的总体感受，也有了努尔人的同期音效果，因此在人类学教学上仍被广泛采用。加德纳（Rohert Gardner）的《沙的河流》（*Rivers of Sand*，1974 年）的同期音技术又进了一步。它试图反映埃塞俄比亚哈马尔人的非形象化的主题，如妇女的社会地位、人们的文化规范、情绪与态度。这显然比以往一些偏重于物质生活和直接行为描述的影片深入了一步。

人类的沟通方式中最重要的是语言，萨丕尔-沃尔夫假说强调语言结构能够影响讲这种语言的人的世界观。对体态及人际互动空间关系的“身体语言”的研究也说明各族群有并不一致的内涵。根据已有的理论，沃斯和阿代尔（Sol Worth and John Adair）相信如果

---

① Heider K G. Seeing Anthropology，Cultural Anthropology through Film. Boston：Ally and Bacon，1997.

② 同①.

让纳瓦荷印第安人自行拍摄自己族群的电影，一定包含他们自己的意识。影视作为一种思想表达也会在某些方面与语言有类似的功能。[①] 在已完成的系列影片中，沃斯和阿代尔认为可以从神话中的行走主题和身体习惯中解释“纳瓦荷”影片中的行走特点与眼神交流。无论这两位教授是否真的发现了代表纳瓦荷人文化沟通的影视现象，这种拍摄构想的价值在于提出了影片特定的自然本质的问题，以及尝试运用影视手段发现不同族群的文化沟通意识与行为异同。[②]

影视人类学秉承人类学的基本原则，不仅关心人类多样性及其适应性历程，还关注知识的社会应用，特别是以其对地方人民与文化的细致理解，以其整体观与整合观之长，协助地方发展计划与提出有利变革的主张。例如，罗宾森（Scott S. Robinson）教授和学生用人类学影片记录墨西哥城南部一个大型水利枢纽建造的过程，并结合分组田野调查撰写民族志，了解政府和工程部门的计划与实施，对没有当地居民参与的搬迁计划之合法性提出质疑，以及做人类学整合性区域发展的道德监督，所以影视工具和人类学调查结合的行动本身成为工程计划者与移民的协商中介，旨在使决策部门在计划实施之前对地方性的来龙去脉有深入的认识，以及提出合理的主张。他们在墨西哥的影视人类学研究中发现，“在没有任何当地人参与、缺乏舆论共识、没有人负责的情形下，任何安置计划都将招致反弹，并且对任何一个负责的政党而言都会增加其政治成本”[③]。毫无疑问，现代社区发展的焦点应放在整个社会与文化认可的前提之下，这是不可或缺的。他们的田野工作以参与观察结合影视记录并最终达成社区与人事权益之主张，同是应用人类学的原则。

第四节 中国民族志电影

20 世纪 50 年代，中国境内进行了大规模的少数民族社会历史调查，尝试从中国各民族历史与现状中为马克思主义社会发展阶段论找到例证，并进一步为地方少数民族分别过渡到社会主义提供不同的发展途径。当时在云南做田野工作的学者看到“独龙族、怒族、佤族、景颇族、傈僳族、拉祜族等民族中保留和遗存的种种原始社会文化现象”[④]，于是呼吁用影视的手段及时记录，遂得到文化部的批准以及政府在财力、设备和人员上的支持。到 1965 年以前，仅以云南民族为题，共拍摄专题纪录片二十余部。当时并无国外民族志电影理论的信息，然而我国学者和电影工作者进行了良好的合作摸索，确定了“如实记录”的基本拍摄原则，并将这类影片称作“少数民族社会历史科学纪录片”[⑤]。实际上，由于有民族学家参与，其学术上的基本要点仍能反映在这些影片的编辑之中，一些民族志片段中反映的民族生活方式因现已消失而弥足珍贵。

① Heider K G. Ethnographic Film. Austin and London：University of Texas Press，1976：43.

② Navajos Film Themselves Series 1966. Worth Sol & John Adair，1972.

③ Howard M C. 文化人类学．台北：弘智文化事业有限公司，1997：663.

④ 李德君．中国影视人类学的发展历程及前景展望//中国社会科学院民族研究所影视人类学研究室．影视人类学论文译文和资料选编．1995（未出版）：91.

⑤ 同④.

例如，《苦聪人》（黄苦聪支系）是我国学者用三个多月时间参与其间边体验边拍摄的。影片记录了苦聪人的搬迁、擦竹取火、无言交换等游耕生活。并在听取著名人类学家林耀华教授关于强调学术性，以及弄清和补充苦聪人的社会组织镜头的重要意见后再次返回苦聪人中进行补拍①，增加了节日与欢宴过程以表现社会与人际关系，补拍了恋爱与结婚过程以表现族外婚的内涵，补拍了集体协作与饮食风俗以表现家族公社的生计方式，终使民族志不可或缺的主要内容都得到了展示。《佤族》中详述拉木鼓、祭祀和“砍牛尾巴”的盛大活动，这是 20 世纪 50 年代制片工作中所见不多的宗教信仰生活细节。尤其难得的是，整个宗教活动拍摄能以场地平行拍摄和高点俯拍的双机变换进行，在技术上实属难能可贵。《佤族》记录了地方人民的生存环境、社会状况，表现了山地游耕生计的时空变化，以及在闭塞条件下对仪式、民俗活动与信仰的依托和族群认同。而且在摄制前后，学者、摄制人员和佤族人有融洽的沟通，使“砍牛尾巴”这一热烈场面的抓拍得以自然而然地显现。在拍摄期间，编辑与制片人员经常促膝讨论，使整个影片的脉络亦较清楚。

中国学者在四十多年前的社会政治与学术环境条件下，撰写了大量少数民族社会历史调查报告，同时配合纪录影片，十分重要。就总体情况而言，其作品共同的不足之处是，详生计方式、社会组织，略精神文化。那时一致的阶段论理论构架、宣传工作色彩，以及集体定稿方式，使文字作品和影视作品多缺少个性。然而这毕竟是我国民族志电影发展的重要开端。现在应做的一项工作是，通过国际学术合作对 20 世纪 50—60 年代拍摄的上述大量影片做人类学的影视理论再研究。这涉及保存历史影视资料，分析影片的内容、方法及历史起源，并对纪录电影工作和摄制理论进行分析。② 这种学术工作的意义在于适应现代人类学影视理论进展的重新观察。对旧有影片的研究与重新诠释等同于上述对老照片的分析工作，这类工作同是影视人类学学术实践的重要组成部分。

围绕中国少数民族各类主题的纪录片和民族志影片制作以及各种组合形式延续至今，其相关作品累积应不少于 500 部。它们分别由大学、研究所和电视台摄制，近年来也有不少民间的影视公司和独立制片人参与其间。由于专业摄影机使用昂贵胶片拍摄，相当多的民族志影片已由高质量的摄像机完成。大型专业机方便的租赁方式和小型专业机的商业开发促进了纪录片事业的新发展。但由于摄制原则不一，学术性的、宣传性的、商业性的、文学性的目的混合在一起。近年来民族志式的拍摄常为影视圈所接受，一些纪录片明显带着人类学知识的影响。而由大学、研究所潜心制作的民族志影片由于经费短缺而数量不多。多年来由于扩大了国际学术交流，视听与摄制技术不断改进，影片质量有了提高，而且考虑了配合人类学理论诠释与展示的国内和国际性教学活动。1995 年 4 月在北京召开的影视人类学国际学术讨论会是我国人类学影视摄制实践的一个新的里程碑。

如今民族志电影已从拍摄遥远的部落社会与少数民族的单一性民族志影片，扩展到社会文化的每一个角落。和上述影片相关的做法是，以民族志电影方式保存那些正在消失的人类文化遗产，然而已摈弃了早期“文化动物园哲学”或保存“活化石”式的拍摄动机，而是带着“为了明天而记录今天”的新思维。今天，民族志电影还是人类促进文化理解的

---

① 杨光海．《苦聪人》影片摄制回顾与思考//中国社会科学院民族研究所影视人类学研究室．影视人类学论文译文和资料选编．1995（未出版）：186－188．

② 克吕格尔．中国的历史民族志影片系列：一项尚在进行的工作//影视人类学国际学术讨论会（北京）论文集．成都：四川民族出版社，1998：99－104．

重要手段，它提醒人类学家避免文字撰写或影像记录的偏向，而二者结合显然带着有益的信息互补性质。此外，民族志电影摄制的人类学原则不应仅仅在教学与科研中体现，而应当作为一种教育的形式进入现代媒体之中，以促进文化理解与世界的和谐。

第五节　人类学原则与摄制

那些短小的叙述式的纪录片，诸如政论的、宣传的、新闻的、游记的、史诗的、传记的，以及文学的纪录片是我们所见的最经常的类型，它们有时也涉及人性与文化的事项，但不是由人类学的人性与文化的理论所限定的。本书诸章节提供的关于文化的概念、田野参与方式、分享的与主-客交流的本质等多种理论，都作为人类学的重要原则起着学术规定性的作用。以人类学的原则拍片意味着接受这种学术的规则（尽管影视人类学的理论仍然在发展之中），特别是"民族志"一词就是人类学家发明的，其形式从文字的到影视的都遵循这种原则，民族志电影也不例外。

人类学者推崇的拍摄构想、行动及其成果紧紧联系着下面一些重要因素，包括：（1）用于学术研究的目的是首要的；（2）影片由人类学者拍摄或由人类学者主持的摄制组拍摄，其摄制思想不受制片人的非学术的条件，如商业的或娱乐的条件等所限；（3）遵循人类学的原则；（4）在参与观察与深入研究的基础上再拍摄；（5）文字作品与影视作品并重，二者成为互补与相辅相成的关系，从而提供对文化理解的两种不同的表现形式。依照这一模式，第一部真正的人类学影片范例应首推前述巴特森和米德关于巴厘人的文字/照片/电影系列作品，他们第一次把电影的作品作为人类学研究报告的一个有机组成部分。

在人类学论文中，"用文字来描述紧要关头和关键性活动是比较容易的，因为我们早已习惯于这样做。同样，用文字来叙述一个小孩的成长过程（贝特森和米德曾研究了一名叫卡贝的小男孩，关注了他从7个月到3岁的成长过程——编者注），将某一特定文化行为纳入交叉文化的内容中去叙述，也都是不难做到的。贝特森和米德在其文字性研究成果中即是这样做的。他们也用电影来实现这一目的，当然不是重复同一内容。他们有意识地用电影来表现形象化的运动，并从整体上表现复杂的场景间的各种相互关系，这种运动和关系在电影中比在纯文字中要好表现得多。这样，他们对电影的运用就成了人类学的组成部分，并弥补了文字材料的不足"①。

因此，文字与影像的双向作品的理想过程是：由一位（或几位）受过正规人类学训练的学者先行完成田野工作，待分析整理出文字材料和选题后，再和摄影师重返调查点进行拍摄。影视人类学作品是建立在理解族群文化的基础上的，能表现出潜藏在文献性资料中的一些人类学的知识与意义。电影图像虽然拥有文化展示的独有优点，但尚不能代替人类学的全部研究要求。一个中肯的说法是，拍摄的题材一定是在人类学家例行田野工作与深思熟虑之后诞生的，民族志电影的摄制无疑是传统人类学研究的一个不可替代的新手段。

---

① Heider K G. Ethnographic Film. Austin and London：University of Texas Press，1976：Chapter 2. 海德．影视民族学．北京：中央民族学院出版社，1989：第2章．

遵循和实践这一工作过程的片子除了贝特森和米德的系列作品外，还有海德和加德纳关于新几内亚达尼人的《死鸟》影片与文字系列，它首先由以三名人类学家为主的一个多学科调查组开展田野工作，在编写了一本较厚的人类学参考资料后，完成了 83 分钟的重要民族志影片；法国艾利亚·德·拉杜尔（Eliane de Latour）出版了关于尼日利亚的人类学著作和影视系列；在林耀华的研究著作《金翼》英文版出版半个世纪后，庄孔韶进行追踪性调研，出版了专著《银翅》和在同一地点拍摄的人类学纪录片《端午节》（1989 年）和《金翼山谷的冬至》(2018 年)。

民族志电影的摄制具有紧紧围绕着人类学的理论进程及依赖于影视展示的独有特点。起初人们谈论书写与拍照文化的“客观”和“真实”，但后来发现简单地断定局外者的拍摄不会影响被拍摄者的实证观是有问题的。法国影视人类学者让·鲁什把摄制的本质表现放入他的“分享的人类学”（shared anthropology）的思想之中并引进影视界。这种反馈式的人类学电影寻求被研究者的积极参与，其重要意义在于：（1）排除了认定“真实”的单向把握和认定主-客位的简单沟通思想；（2）承认人类学家通过影视手段在文化建构中的作用；（3）表现了人类学家、摄影师对人性、伦理、价值、政治、权力的共同关注。

在 20 世纪 80—90 年代对文化展示的讨论中，上述“分享的”思想在从人类学家田野工作的表现，到言语转述与文字撰述，以及视觉、价值与权力的分配过程中都得到了进一步的讨论。那么，要讨论这些分享的、流动的程序，单凭人类学田野个案的经验是不够的，其理论的提升需要借助哲学、主观与情感等的良好把握，这就是运用人类学原则在拍摄过程中寻求达到深入的和互动的“性灵”“真”“趣”的境界的努力。[①]“性灵”产生于某种主观性同视觉中的现实间的互动，就是自我与外界之间的类似瞬间灵感之类的东西，是直觉与深入的特质和结果之一。“真”则不是“客观”和“真实”。“真”实际上是一种心态，其第一条原则就是“相信其他人的信仰”，而捕捉到了“性灵”才有“真”。“趣”则不只是情趣，而是如同演奏者在乐器演奏过程中表现的尽心、忘我和融会贯通，或如同影片摄制者与摄影机运作之间的上述类似状态。其作品最终所携带的风格、理解与感知力、品位与力度的差别都取决于“趣”。所以从本质上说，趣是人文作品的一个重要标准。这也许是目前国际人类学界涉及“分享的人类学”思想的最深入和最有吸引力的阐述之一，而且其思想来自中国本土的著名古代文论。显然，对“性灵”“真”“趣”的重新诠释深化了“分享的人类学”的思想内涵。

在文化人类学发展百年后的今天，多数人类学家仍恪守在田野工作中记笔记、转述，然后经过分析转换成人类学著作的规则。然而，这种传统的文化理解方式仍有缺陷，即人们一直过分依赖文字而导致怀疑和低估自身形象地传达抽象观念的能力；而实际上，人类学还可以用其他的转化方式来理解文化，这就是影视人类学家通过镜头来建构、展示和深化对文化的另一种理解。如今，我们已经进入数字媒体世界，不得不重新思考如何展示新型的社会与人际立体互动的生活方式。

参考书目

鲍威尔．电影意义的追寻．台北：远流出版公司，1994.

① 章培恒，骆玉明．中国文学史．上海：复旦大学出版社，1996. 庄孔韶，范华．现代人类学的理论寻觅：由明代“公安派”的文论引起．民族艺术，2000 (4)．

海德．影视民族学．北京：中央民族学院出版社，1989.
霍金斯，等．影视人类学原理．昆明：云南大学出版社，2007.
马杜格．迈向跨文化电影．台北：麦田出版社，2006.
张江华，李德君，等．影视人类学概论．北京：社会科学文献出版社，2000.
Banks M. Which Film are the Ethnographic Films//Crawford P I，Turton D. Film as Ethnography. Manchester and New York：Manchester University Press，1992.

Bateson G，Mead M. Balinese Character，A Photographic Analysis//Special Publication of the New York Academy of Sciences：Vol. 2. New York：Academy of Sciences，1942.

Cheung S. Change of Ainn Images in Japan：A Reflexive Study of Prewar and Postwar Photo-images of Ainu. Visual Anthropology，1996（9）.

Collier J C，Jr. Visual Anthropology：Photography as a Research Method. New York：Holt，Rinehart and Winston，Inc.，1967.

Collier J C. Visual Anthropology：Photography as a Research Method. New York：Holt，Rinehart and Winston，Inc.，1967.

Edwards E. Anthropology & Photography（1860－1920）. New Haven：Yale University Press，1992.

Geertz C. Works and Lives：The Anthropologist as Author. Palo Alto：Stanford University Press，1988.

Gidley M. North American Indian Photographs/Images：Review Essay. American Indian Culture and Research Journal，1985，9（3）.

Heider K G. Seeing Anthropology，Cultural Anthropology through Film. Boston：Ally and Bacon，1997.

Marks D. Ethnography and Ethnographic Film：From Flaherty to Asch and After. American Anthropologist，1995，97（2）.

Mead M. Coming of Age in Samoa. New York：William Morrow and Company，Inc.，1928.

Rollwagon J R. Anthropological Filmmaking. Chur，Switzerland：Harwood Academic Publishers，1988.

Rouch J. Challenging Documentation Realism：Three Early Experiments//Loizos P. Innovation in Ethnographic Film：From Innocence to Self Consciousness，1955－1985. Chicago：University of Chicago Press，1993.

Scherer J C. Historical Photographs as Anthropological Documents：A Retrospect. 1990.

Weinberger E. The Camera People//Taylor L. Visualising Theory：Selected Essays from V. A. R. 1990－1994. New York and London：Routledge，1994.

Zhuang K，Seaman G，Song Z. Perspectives on Visual Culture from China：Methodology，Analysis and Filmic Representations. 北京：知识产权出版社，2012.

第二十二章

都市人类学

都市人类学试图探讨都市的起源和发展、都市的文化系统及其内外关联以及都市化过程中产生的诸问题。虽然在人类学的众多的分支学科中，都市人类学是较晚建立的，但面对着全球性的都市化浪潮，都市人类学成为发展最快的分支学科之一。

第一节 都市人类学的确立

一、早期都市研究

在都市人类学产生之前，人类学家已对都市的研究有所涉及，除了雷德菲尔德对乡村和都市的研究之外①，还有许多早期研究城市的例子。包括考古学家对城市起源和古代城市的研究工作，人类学家对前工业社会城市的研究、对美国早期城市社区的研究，等等。此外，一些区域研究专家（拉丁美洲学家、非洲学家等）的目光也向都市转移。所有这些因素都影响着都市人类学的形成。

（一）社区研究

20世纪30年代，人类学与社会学的联系颇为紧密。通常称为“社区研究”的成果，涉及城镇问题，利用了参与观察和其他研究技术，以图了解单一的社区的成立。

与这一研究领域相联系的首先是林德夫妇在30年代对美国中部城市的探索，他们合著的《中镇》（*Middletown*）一书，广泛地运用民族志调查方法（长期居住、参与观察、访问交谈等），把都市社会的正式和非正式结构、经济状况、社会角色、人们的身份地位、权力、价值观念等结合在一起做整体研究。

第二位先驱人物是华纳（W. Lloyd Waner）。他在对澳大利亚默宁（*Murngin*）部族进行了三年研究以后，决定将这种人类研究技术转向研究美国城镇，出版了《杨基城》系列丛书。华纳采取的方法是招募助手对选定的社区展开民族志式的研究，并辅以统计资料和问卷资料。他强调这种方法仅适用于较小的社区（少于2万人）。②

怀特（William Foote Whyte）是受华纳影响较大的学者。他出版的《街角社会》

---

① Redfield R. Peasant Society and Culture. Chicago：University of Chicago Press，1956.

② Warner W L. Yankee City. New Haven：Yale University Press，1963.

（*Street Conner Society*）就是把华纳的一套方法照搬到都市中心的里弄研究中。其作品通过对波士顿的一个意大利人贫民区的实地调查，对“街角帮”的生活状况、非正式组织的内部结构和活动方式，以及他们与周围社会的关系都进行了调查和分析。[①] 20年后，甘斯（H. Gans）作的《都市村民》一书，就是在怀特的工作基础之上，就族群性和非都市社会组织及其关系模式进行的研究，也比较了郊外社区与都市生活方式的异同。[②] 列保（Liebow）也亲身参与到首都华盛顿一个街区的群体中，对下层的黑人男性生活方式进行了深入的观察。[③]

人类学家维迪奇（A. Vidich）和社会学家本斯曼（Joseph Bensman）合作对纽约州城市社区的研究，被视为人类学社区研究的典范，出版了《大众社会中的小镇》（*Small Town in Mass Society*）一书。研究中特别强调了人类学的方法和理论，把小镇视为大系统中的一分子，强调社区与州、国家的关联。

由华纳等人发起的美国社区研究，后来由社会学家及人类学家合作扩展，并运用到第三世界都市研究中去。美国有关都市邻里的都市人类学研究，可以说是从华纳、怀特、甘斯到列保一脉相承。

（二）考古学的研究

考古学家较早关注都市的研究，他们通过考古发掘了解到小规模聚落模式到城市发展是人类历史重要的变迁之一。柴尔德（Childe V. Gordon）强调都市聚落是考古学家不断追寻的文明之源。他认为都市革命与经济生产的转变相关联。

考古学对都市人类学的贡献有两点：一是认为城市产生于不同条件之下，而且是一个历史发展的过程，这方面研究的典范是布雷伍德（Robert Braidwood）编写的《通向都市生活之路》[④]；二是考古学注重物质生产和生活各方面的重拟。按照狭义的概念，考古主要强调诸如建筑模式、住宅规模、街道设计、中心与边界等物质因素。

（三）传统城市的研究

一些人类学家最初是研究农民社会中的传统城市，他们运用民族志技术分析传统城市的特点，得出与考古学家不尽相同的结论。如斯捷伯格（Sjoberg）在他的代表作《前工业城市》中，将历史资料与民族志方法结合起来。[⑤] 他们的所有研究都是试图为跨文化都市比较建立基础，通过对世界各地城市的研究，在更广泛的构架中认识人类都市生活。

（四）区域研究

许多英美人类学家研究墨西哥和其他拉丁美洲、非洲村落，从最初对美洲印第安人，或其他族群的兴趣扩展到对农民社会的兴趣。伴随着工业化和现代化，大批乡村向都市移

---

① 怀特．街角社会：一个意大利人贫民区的社会结构．北京：商务印书馆，1994.

② Gans H. The Urban Villagers. New York：Free Press，1962.

③ Liebow E. Tally's Comer：A Study of Negro Street Corner Man. Boston：Litter Brown，1967.

④ Breidwood R. Route toward Urban Life. Viking Fund Publication in Anthropology，1962.

⑤ Ajoberg G. The Preindustrial City：Past and Present. New York：The Macmillan Company，1960.

民，人类学家从村落社区向都市转向了。一些拉丁美洲学者们开始讨论都市现象以及都市居民的经历。当奥斯卡·刘易斯（Oscar Lewis）从村庄进入墨西哥城时，他便成为第一批都市人类学家。当时有些人类学家曾著文（最初是致前美国人类学学会主席的信），极力主张研究城市和复杂社会，以便改变美国人类学过分强调心理学的倾向。[①] 今天，人类学一方面仍与社会学相分离，另一方面则走向了比尔所主张的方向。

当美国人类学家进入拉丁美洲和非洲的城市研究时，他们注重对部落生活传统方面的研究，第二次世界大战以后开始对社会变迁感兴趣，在20世纪60年代出版了一部重要著作《非洲社会变迁》。在这本书里，许多文章都体现了非洲研究的转折，即部落社会向都市中心的运动。在拉丁美洲，城市移民同样占有重要地位。这种兴趣导致后来都市特征、都市社会体系及部落社会体系的都市性的研究。

二、都市人类学的确立

虽然人类学在都市研究中有自己独特的方法和概念，但其他学科的学者也可能采用相似的方法与概念。当然人类学的确与别的学科存在着较大的差异，然而研究城市的学科之间的界限是模糊的，我们似乎难以寻找到精确的工作分工。

都市及都市社会集人类文明之精华，因此研究都市的学者涉及各种学科领域，目前，有生物学、建筑工程及设计、城市规划、政治学、经济学、心理学、历史学、公共行政学、系统工程学等，当然社会学家和人类学家也包括在都市研究者内。现在研究都市及都市社会已形成了专门领域，一些大学设立了都市研究学院或研究中心。如此整合相关学科所长来研究都市问题，足见都市研究不是某单一学科的专利。

都市人类学的真正确立经历了相当长的一段时间。究其原因有二：一是人类学的都市研究被视为是对传统人类学的背离；二是为了保持人类学的独特性，并与其他社会科学尤其是社会学区别开来，似乎人类学进入都市社会将与社会学很难相处，这延缓了对都市人类学的确认。

但下列三方面的原因，对都市人类学的确立起了促进作用。

其一是时代发展的需要。第二次世界大战以后，随着经济的发展、产业结构的改变、交通的发达以及信息传递手段的进步，人口迅速增长，世界性的都市化进程促使人类学研究的对象发生了变化。一方面，亚非拉不发达国家都市迅猛扩大且动乱日趋频繁，因此人类学家转而研究这类城市。另一方面，欧美都市中的社会问题日趋严重，也促使人类学家对自身都市社会展开研究。

其二，都市人类学的发展是学术潮流所趋。当代学术潮流一方面是课题的专门化和区域化，一方面是多学科的互渗与合作研究。都市人类学的兴起也就成为必然。

其三，都市人类学的形成也是学科本身发展的结果。人类学自产生以来，一直强调学科的应用，也促使人类学随时代的发展而发展。自第二次世界大战以来，人类学的领域越来越宽，而研究的专题越来越细，产生了许多分支学科，如教育人类学、心理人类学、医学人类学等。随着都市化的加速，城市的作用越来越重要，以都市为主题的人类学分支学

---

① Basham R. Urban Anthropology：The Cross-Cultural Study of Complex Societies. Brown：Mayfield Publishing Company，1978.

科的产生也就成为必然。

一般认为，任何一个学科的确立，都要有三个要素：系统的教材和专门的著作，专门的研究机构和专门的杂志，系统设置的课程。都市人类学的确立是以专门著作的出现为标志的。1968 年以来，有多部都市人类学的教材及阅读本问世；在美国人类学学会之下设立了都市人类学学会；专业杂志《都市人类学》《城市与社会》定期出版；在英美大学中普遍开设了“都市人类学”的课程。

20 世纪 80 年代，都市人类学进入了中国。1986 年，美国太平洋路德大学的顾定国曾在中山大学率领研究生进行都市人类学调查。1990 年年初，首届国际都市人类学会议在北京召开。1992 年，在北京成立了中国都市人类学学会。1992—1993 年，顾定国还与周大鸣主持了“华南乡村都市化比较研究”项目，在福建、广东、云南、西藏、湖南等地进行了田野调查，并用中英文出版了研究的成果。[①] 中国都市人类学学会出版了《都市人类学通讯》，一些大学开设了“都市人类学”的课程。这些表明，都市人类学已成为中国人类学研究的一个重要组成部分。

三、城市与都市化

（一）城市

什么是城市？城市的定义可以从不同的角度来看，首先可以分为法律的和自然的城市。所谓法律的城市，即是一类行政单位，是国家和政府从法律上认可的聚落。但人们更多地从自然和社会的角度来定义，而不重视法律的、权力的因素。自然城市具备如下共同特征。

第一，具有经济的特定功能。城市具有非农业的经济功能、职业的专业化分工，以及由于宗教和政治的原因而形成的一些特定的功能。

第二，人口规模较大、密度较高，同时还有其他的人口特征：（1）人口的流动性大；（2）城市为居民提供各种服务设施，如住宅、商店、学校、教堂、街道、交通工具等；（3）人口的异质性，即性别、年龄、族群和阶级呈现出多元性，这种异质性满足了城市的基本需要。

第三，社会关系的特征。都市人口的大规模、高密度、高流动性极大地影响着居民的社会关系。尽管家庭与友好团体在本质上与乡村一致，但在一些关系上存在着功能上的差异：（1）非人际性，即城市中许多非人际关系取代了人际关系；（2）城市职业的多样性和社会群体的多元性，使其组织更为复杂化；（3）城市中的成年人大多在不同的群体中扮演不同的角色。

第四，跨区组织。这可以从空间和社会两个角度来看。从空间上看，一个城市包括更多的次级地区，如不同地区的商业中心、重轻工业区、居住区等，每个次级区通过交通和通信设施联结起来，相互作用，相互影响，每个区都对别的区的地位产生作用，形成一个整合的空间联合体。从社会的角度看，一个城市存在着各种各样的、不同层次的群体、组织，它们相互作用整合在一起。

---

① 周大鸣，郭正林，等．中国乡村都市化．广州：广东人民出版社，1996.

从都市人类学的角度看，城市最重要的特征是城市文化和城市环境的多样性。城市不但比村庄、乡镇更为复杂，也与这些地区相互联系。城市社会的复杂性是基于城市本身以及城市和乡村的关系之上的。

(二) 都市化

关于都市化（urbanization）的概念，不同的学科有不同的定义。地理学家强调农村向都市转化过程中的空间结构和城市体系。经济学家强调从农业向非农业经济结构的变化。人口学家则强调乡村人口向城市集聚的程度。在我国往往强调人口的因素，比较有影响的定义是：城市化是居住在城镇地区的人口比例增长的过程，更确切地讲，是农业人口向非农业人口转化而在城市集中的过程。[①]《失衡的中国》一书中的作者是这样界定都市化的：城市化通常是指，人口向城市或城市地带集中，即农业人口向非农业人口、乡村人口向城镇人口的集中。这种集中过程表现为城镇数目的增加，也表现为城镇人口规模的不断扩充。城市化的标志是城镇人口占总人口的比重。[②]

一般人往往把都市化看作反乡村化的过程，因此城市是没有绿色（森林、草地）的，而且高楼大厦林立。正如一幅年画所表现的：背景是上海南京路的高楼和立交桥，路上的行人，男人都是西装革履、系着领带，女人都穿着裙子。

今天，随着都市化内容的变化，都市化的概念亦发生了变化。美国新版的《世界城市》一书就把都市化定义为："都市化是一个过程，包括两个方面的变化。其一是人口从乡村向城市运动，并在都市中从事非农业的工作。其二是乡村生活方式向都市生活方式转变，这包括价值观、态度和行为等方面。第一方面是强调人口的密度和经济职能，第二方面是强调社会、心理和行为的因素。实质上这两方面是互动的。"[③] 人类学家认为："都市化并非简单地指越来越多的人居住在城市和城镇，而应该是指社会中城市与非城市地区之间的来往和相互联系日益增多这种过程。"城市与乡村相互影响、乡村文化与城市文化互相接触融合后，产生了一种整合的社会理想，既含有乡村文明成分，又含有城市文明成分，这种现象即为"乡村城市化"。[④] 随着乡村城市化而来的是城乡差别的缩小，农村的生产力结构、生产经营方式、收入水平及结构、生活方式、思维观念等发生变化，并与城市逐渐接近、趋向同一。

第二节 都市人类学的研究领域

都市人类学的研究领域和研究课题是多种多样的，以下介绍其中的几类，如城市的起源与发展、城市的职能、城市的基本组织、族群与族群关系、城市中的乡村移民以及都市问题等。

---

① 刘铮．人口学辞典．北京：人民出版社，1986：367.

② 郭书田，刘纯宾．失衡的中国．石家庄：河北人民出版社，1990.

③ Brumn D，Williams J F. Cities of The World. New York：Harper Collins College Publishers，1992.

④ Guldin G E. Urbanizing China. Westport：Greenwood Press，1992.

一、城市的起源与发展研究

欲了解城市的起源和发展，首先要回答两个基本问题。其一，是什么因素引发城市起源？其二，在现代都市以前，城市经历了什么样的发展阶段？回答这两个问题与三个主要的人类组织水平相关，即技术的、经济的和社会的模式，这是城市产生的前提条件。在人类的早期阶段，人们采用的是狩猎采集技术来获取自然的食物。这种获食技术需要依季节变化和在较大的空间内移动，人们过的是游移不定的生活。在这样的社会内，人口规模小，没有劳动力专业分工，没有阶级的分化。显然，这种生存技术是无法适应规模大、密度高的城市聚落生活的。

一些狩猎采集的群体至今在地球上仍有零星发现，然而，类似的群体大约在1万年前就开始缓慢地进入更为复杂的社会，进入村落居住并运用较先进的技术和组织结构。人们选择了新的生产技术——耕种粮食和家养动物，这样的生产方式，使单位产量高、生物能量高的食物供应更为稳定。而食物供应稳定使得劳动分工和阶级分化成为可能。大部分社会经历了人力耕种、犁耕、畜耕的过程。新的农业工具的发明意味着农业生产和分配制度更为复杂。

城市的产生除了先进技术因素外还有两个因素。第一，由于农业食品生产由收集、储存和分配等技术构成，意味着社会组织的专门化，需要组织劳动力为大规模的建筑、水利灌溉系统服务。这样的社会组织需要各种全脱产的专业人员，如管理精英等。后者尽管只有少量人员，但具有政治权力，通过意识形态（通常是宗教）来保证权力的实现，以便农产品能提供给城市居民。第二个因素是一个适宜的环境，它不仅能提供肥沃的土地，而且能为农业及城市居民提供用水。

尽管有关城市的定义很多，但很多人认为真正的城市生活应该具有文字体系。这是因为一旦某个社区有了文字，社会的秩序就会有显著的转变；那些有文字的社会比那些口传社会能创造更为复杂的行政与法律制度以及更为系统化的思想体系。文字还能记录历史事件、法律、文字和宗教信仰，文字的发展亦会带动数学、天文及其他科学的发展。它们由专门的人来掌握。

世界六大文明古国均发生在农业起源或相近的地区，六大文明古国也先后进入城市生活。如最早出现城市的西亚，城市的起源几乎与农业的产生同时。在距今10 000年左右的新石器文化耶利哥遗址，就出现了城堡。耶利哥城面积大于10英亩，有城墙、城堡和壕沟。约8 500年前的沙特尔·沐于遗址，已经有用晒干的土砖砌成的房屋，城镇占地32英亩，城中发现12座神庙，还包括许多艺术品、衣服、饰物、壁画等。① 我国目前发现最早的郑州西山古城遗址，距今4 800～5 000年左右。② 在黄河流域和长江流域发现的距今四五千年的古城遗址已有20多处。③ 在4 000多年前的龙山时代或稍晚的年代，农业、饲养业有了发展，聚落和城池已发现很多，主要有山东章丘城子崖、河南淮阳平粮台和登封告成王城岗等。上述城市形制一般为用泥土逐层夯筑的方形“筑城”。城内建筑布局中已有城门、门卫房、街道（包括石甬路）和排水管道。城内还有宫殿、房舍、街区、墓区，

---

① 北京大学、东北师范大学历史系世界古代史教研室．世界古代史论丛：第一集．北京：三联书店，1982：42－52.

② 中国文物报，1995－09－10，1995－11－12.

③ 中国考古学会．中国考古学年鉴1995．北京：文物出版社，1997.

相当数量的窖穴、窑址、陶瓷等出土，表明手工业在城市中的重要地位。[①]

人类学习惯把城市发展划成三个阶段，即前工业城市、工业城市和后工业城市。虽然在城市史上，前工业城市占据的历史最长，但人们认为真正的都市化应该发生在工业城市产生以后。

案例

唐长安城由郭城、皇城和宫城组成，经考古实测，周长有36.7公里。其规模之大、气势之雄不仅在中国史无前例，在当时世界上也是绝无仅有的。朱雀大街宽达150～155米，形成全城的中轴线，其余主要街道宽100米以上。全城由街道划成方格，在这方格中便有东、西两市和108坊，每一坊又划成16格。“百千家似围棋局，十二街似种菜畦”，正是长安城布局的真实写照。这种布局不仅影响了国内其他的城市规划，而且日本7—8世纪建造的藤原、难波、平城、长冈、平安五座京城全都模仿隋唐两京城。但是隋唐两京城仅仅是宏大规模与布局整肃而已，工商业的活动场所仅仅占据一小块固定空间，里坊仍是一个个封闭的堡垒，并没有发达的城市经济和丰富多彩的城市生活。

中唐以后，农村人口向城市集聚、城市人口的规模超过了前代。长安城人口约一百万。人口向城市集聚，而城市能够容纳流入人口，说明城市经济的发展已能够为这些人提供就业机会。农村人口流入城市，与城市工商业的发展是同步进行的。[②]随着城市工商业人口的增加，各行各业的经营活动也日益活跃起来。在交换经济发展的同时，商人的社会地位也有了明显提高，并且纷纷参加科举考试，入仕做官，至此商人不得入仕做官的律令已成空文。抑商思想的减轻以及商业的繁荣，相伴而来的是整个社会的开放。唐代全国统一、社会安定、中外交通发达，于是“胡商”云集，既带来了异国的商品，也带来了不同的风俗文化。中唐以后，市场形式发生了变化。一是交易活动冲出指定市区，市外商业活动日益活跃。二是伴随着商业活动的发展，在繁华的街坊、桥头、寺院附近形成了新的市集和市场。三是设在市区内的市司机关，随同市制的瓦解而逐渐丧失了对市场的管理机能。

里坊的瓦解与市场的发展是同步的。先是居民房屋开始冲破坊墙，直接向街开门，甚至将屋宇建在街边，唐代政府曾对此明令禁止。到唐后期，居民向街开门，侵占街巷已是普遍现象。城市宵禁制度的废弛和城市夜生活的兴起，是城市走向开放的重要标志之一。唐前期夜鼓之后，市、坊闭门，平时夜晚是静寂一片，只有正月十五特许夜行。唐中宗以后允许正月灯影会间市场之门敞开三夜。唐中叶以后，随着城墙的废弃，宵禁更形同虚设。有些地方城市，如扬州更是不夜之城。伴随着夜生活的发展，商业活动也开始在晚间举行，各地夜市也相继诞生。这样城市生活受时间限制的历史也就一去不复返了。[③]

---

① 雷从云．中国古代城市起源问题的再探索//田昌五．华夏文明：I．北京：北京大学出版社，1987：262－265．

② 陶夏．建筑考古三十年综述（1949—1979）//建筑历史与理论：第三、四辑．南京：江苏人民出版社，1984．

③ 林立平．封闭结构的终结．南宁：广西人民出版社，1989：157－160．

二、城市的文化职能

（一）文化整合

在人类历史发展过程中，无论什么城市，总是趋向既是政治、经济活动的中心，同时也可以是其他活动的中心。由于城市既是认同的象征，又是崇拜和仪式活动的场所，因而汇集了社会各方面不同的人群，城市具有文化整合的机制。城市的文化角色既能通过传递（正规教育和交流）保存文化体系，又是意识形态变迁的源泉。都市人类学从一开始就将城市视为一种文化，并作为学科研究的主题。我们可以从城市的各种活动来看其社会文化整合的职能。

1. *神圣的宗教活动*

前工业时代的城市常常是宗教和官方仪式的中心。从考古发掘考察，古代城市的中心都有许多礼仪建筑。在欧洲的天主教城市、美洲玛雅遗址和亚洲的寺庙城市，都可看到宏伟建筑和艺术标记，这些是整个社会中神圣意义的物质体现。在许多社会中，城市是现世（世俗的）与他世（神圣和超灵的）的相聚和沟通之处。中世纪欧洲的天主教会，为了象征性地达到上天，就用当时有限的建筑技术将教堂建得尽可能高些。

拉萨是藏民的神圣中心，三大寺庙和布达拉宫更是城市的象征。

仪式和崇拜活动、教学和庙宇实际整合稳定了整个城市和地区的人口。这类仪式常常运用一系列的方法，如大量的人拿着神祇的偶像，在音乐和舞蹈陪伴下进行游行，通过城市中心。这样的例子很多，仪式是高度组织化的，人们来自不同的邻里、不同的职业、不同的族群，担当着不同的角色，但都是为了一个共同的目标。城市周围的乡村也常常参与仪式，有时既是观众又是参与者。

2. *世俗活动*

城市常常成为某一地区认同的象征，许多地区的名字与城市的名字是相同的。现代城市中新形成的仪式活动具有世俗的性质，但与神圣的宗教性活动具有同样的整合功能。这些世俗的活动其来源大致有：一是由宗教节日转变而来，如傣族的泼水节，本来是佛教的节日（一种仪式），现在成为吸引游客、全民参与的节日。圣诞节也有世俗化的趋向，从基督教的节日变为全民的节日。二是文化传统的节日，如中国的春节、中秋节等。三是纪念历史事件的节日，如端午节、三八国际妇女节等。四是纪念国家独立或民族独立的节日，如国庆节、独立节等。五是地方特产和风物的节日，像牡丹花节、风筝节等。在巴西里约热内卢的狂欢节，歌舞者、乐师们和来自各阶层、族群的人汇集在一起“狂欢”，这实际上是一种城市整合的体现。

体育活动是能吸引周围群众进入城市的一种世俗活动。古罗马竞技的角斗士表演、古代墨西哥城大球场的体育竞赛，这些活动培养了市民的自豪感，也吸引了更多的民众。现代城市中，体育场（馆）多，各种体育活动连绵不断。在美国，橄榄球、棒球、篮球、冰球以及其他可以吸引大量观众的运动都是城市活动的重要内容，而球队也就成为当地城市和地区认同的对象。

（二）文化持续与文化传递的中心

除了象征符号和重大事件（节庆、运动）可以整合文化之外，城市也是维持与传递文化系统和世界观的中心，因为从古到今，城市都集中了主要的文化设施和文化精英。雷德菲尔德所说的大传统是以都市中心为主导的。大传统是由各种正规、精致、规整和有意识的文化传承所构成的“高雅文化”（high culture），我们可以用同样的方法来分析现代社会中的“大众文化”（mass culture）。

在前工业城市中，教堂和庙宇本身吸引了文化创造者和神圣传统的传承者（包括世界观和价值观），以都市为基础的宗教更是经典艺术创造的源泉（包括戏剧、音乐、艺术、舞蹈和文学）。正规教育是由精英们及他们的后代掌握的，因为传统要求精英们必须有文化和受过高层的教育。几乎所有的高级教育机构都设在城市。

在现代社会，城市继续具有“高雅”文化的功能。博物馆、交响乐团、画廊、动植物园、出版社、剧院和大学仍坐落在主要的城市中，这些设施吸引了乡村和城市的人。这样的城市仍被认为是保存、维护和传播高雅文化的中心。

大众传播既是现代社会的特征，也是现代社会文化传播与文化建设的重要载体和执行者。在现代社会，因亲属关系、共同居住及社会阶层等所形成的网络，均不足以提供人们所需要的大规模文化与社会整合，取而代之的是大众传播。而在与大众传播紧密相连的社会，人们生活在一个有限的范围内，对大众传播具有很大的依赖性。人们对于社会以及世界的印象大多是从传播媒介中获得的，甚至人们的行为准则、判断是非的准则、喜爱什么、厌恶什么都无形中受着大众传播的左右。

三、城市的基本组织研究

城市研究的重要性引导人类学进入城市领域。根据人类学的研究特色，人类学家往往选择一些传统的主题和规模较小的城市基本组织来研究。这既可检验过去在乡村社会研究的成果，也可以发现有关城市的新理论和概念。

首先是亲属制度的研究，一些人研究都市农民的亲属制，一些人研究亲属制度在维持都市社会结构中的作用。对都市社会关系的分析，导致了社会网络概念的发展。其次是邻里研究。邻里（里弄、胡同）是都市最基本的组织，因其人口规模小、空间范围小而适合人类学家发挥其特长。如棚户区、贫民区、高收入居住区等，都是都市人类学最典型的研究单位。最后是职业群体研究。都市社会依据劳动分工划分成不同的职业，而职业的不同会导致阶级、身份、地位和生活方式的差异。

此外，在城市研究中，同传统人类学相关的有政治、经济、宗教等问题。如研究都市邻里中的领导模型、权力关系、失业问题、边境贸易、民俗药物和治疗、神话以及民俗风情的持续性等。

四、都市族群及其关联研究

现代都市聚集了不同的族群，族群与其他各种组织交织在一起，构成了复杂而多元的文化。然而多族群聚集在一起常常因为文化的误解，造成矛盾与冲突，引发了各种社会问题，因此许多人类学家做这方面的研究。近几十年来，族群关系一直是都市人类学的主题之一。

都市中心的一个特征就是文化的异质性，亦造成了都市的复杂性。众所周知，事实上巴斯曾做过非都市区的民族性研究。经过长期的交往，文化各异的群体之间能够建立起良好的关系，但通常不会多过两三个群体。而在都市地区，由于人口的流动，难以建立起稳定的关系，因而都市族群和非都市族群是不同的。①

大多数都市人类学家研究族群在都市中心的关联因素，这里可以从一些个案研究看到一些普遍的模式。一个群体构成的主因可能是文化的、经济的、政治的，也可能是人口、历史过程和地理位置的综合作用。

纳高塔（Nagata）就马来西亚两个城市中马来族群与城市的关系进行了比较，认为某些历史的原因决定了两个城市中马来族群的模式。K 城是由欧洲统治集团建立的城市，华人从事企业活动，由于华人在经济上占有统治的地位，导致殖民时期后成为政治的靶心。而 B 城是由地方统治者创立的，华人的企业商业活动得不到鼓励，因而马来人仍然保持政治统治地位。②

普拉尼科夫（Plotnicow）提到城市的“拥有”与其某一族群在城市中地理分布的历史联系。在许多尼日利亚城市里，一个主体部落明显地被认为是城市中文化、政治和人口上的主力，这一部落在殖民时期之前可能已是城市的基础，或因为部落居住的地区就是前殖民城市坐落的位置。③

维系族群的纽带显然与经济机会相关。当一个主导群体能够限制少数群体的各种机会时，必然会影响后者在都市经济和制度结构中的地位。即使没有单一的主导群体时，族群之间仍然存在竞争。

群体凝聚和经济是经常相关的，一个群体获得了某种行业和职位的垄断地位，将促进这一群体成员间的联系以便维持这种垄断。有很多同样的情形，一个强大的群体有很大的可能性获得垄断控制。在中国深圳蛇口，也有这方面的倾向。潮汕人控制了这一区域的水果、蔬菜零售及批发市场，上海人（江浙人）是企业的技术管理人员，北京人则占据了重要的行政职位。④

城市中的政治操纵，常常取决于动员族群的能力，于是，政治成为一种促进族群认同和稳定的技术。许多族群的目的是在城市中获得较“优势”的地位，在一些个案中，族群团体组织起来帮助流动性群体。

尽管族群常被用作政治组织的基础，但是并不总是如此，也有的政治团体，如许多欧洲城市（如汉堡）群体即是如此，但并不影响其政治过程。大多数都市人类学家的出版物在论及民族性时，都集中在来自文化渊源因素的保存问题上。这些因素之所以重要，是因为常导致提高交往的频率和作为维持群体间界限的符号出现。在对新移民的研究中，也涉及如何保持原生文化的生活方式的保持，只不过保持的时间长短不一。

对于都市族群发展的成功与否常常用群体的文化价值观来解释，文化价值观也用来解

① Barth F. Ethnic Groups and Boundaries. Boston：Little Brown & Co.，1961.

② Nagata J. A Tale of Two Cities：Life in Two Malaysian Town. Urban Anthropology，1974（3）.

③ Plotnicow L. Who Owns Jobs? Ethnic Ideology in Nigerian Politics. Urban Anthropology，1972（13）.

④ 周大鸣．现代都市人类学．广州：中山大学出版社，1997：146.

释群体稳定性和凝聚力的差异。群体的差异往往归结为不同的文化追求、动机、价值观以及教育。如在美国的日本人和墨西哥人的发展差异就是值得研究的课题。

当代都市人类学的一个重要课题就是研究族群、社会阶级的关系，以及二者的相互影响和作用。

族群是有边界的单位。它们在都市社会中形成边界，实际上已成为次文化单位。然而，原文化对这一群体生活方式的影响仍然是毫无疑问的。生活方式差异的根源在哪儿呢？为什么是组织化的冲突，而不是阶级基础？族群的特征除了受其文化源的影响外，事实上还受其他结构特征的影响，尤其是群体的经济条件。

甘斯在对意大利的研究中指出，意大利族群的行为主因是社会经济地位。如工人阶级行为，这些行为包括家庭和两性关系、男人在群体中的重要性、对待孩子的态度和方法——这些并非从原文化而来。①

作为一个族群的成员和运用民族性作为认同的尺度，两者并不相同。感觉族群认同和稳定性是一回事，而作为团体的一部分成为城市结构重要的要素是另一回事。人们的族群认同感随时有涨有落。个人为了其自身的目的，常常会使用和隐藏自己的族群认同，然而在所有城市中，在有族群卷入的政治经济结构中，相关的文化研究是必不可少的。

案例

周大鸣在岭南区域文化的研究中，把岭南按行政区划分为四个区域，即广东、广西（西北部）、香港和澳门。这几个地方在古代同属“岭南”之地域范围，因此从文化和族群的角度看有着共同的渊源，本节仅讨论广东省内的族群及相互关系。

如果把岭南视为一个独立的文化区，从更大的范围看，它既是大陆文化圈的亚太文化区，又受西方文化圈的影响。岭南是两大文化圈的汇合地、交流的中转站。

岭南虽然长期远离政治中心，但自汉武帝统一岭南以来，就一直在中央王朝的管辖之下，中原的政治、经济、文化对岭南的影响日益扩大。但是，独特的自然条件，又使得岭南的文化特色保存下来。长期以来，广东被称为“岭南”“岭表”“岭外”，是中央王朝设立的流放地。事实上，广东作为一个省的行政建制，是在明洪武年间才正式设立的。

岭南的原住居民是南越族（属于百越的一支），而现有的居民主要是中原的移民。也许有人会奇怪，既然主要是中原的移民，其文化自然与中原一致，为什么又称岭南文化呢？岭南文化的发展除了受中原政治文化的影响外，更主要的是与移民相关。在历史上，岭南曾有多次来自中原的大规模移民，这些移民不仅带来了中原的文化习俗、生产方式，而且由于迁入时间、地域的差别，在岭南形成了不同的族群。这些移民进入岭南也就进入了一个相对封闭的环境，与岭南原有文化的接触，使得移民本身的文化发生涵化；同时中原的文化亦在不断地变迁，与迁入岭南的移民文化差异也就越来越大。

① Gans H. The Urban Villagers. New York: Free Press, 1962.

广东省内，目前主要有四大族群，即客家、潮汕、广府和粤北的少数民族。这四大族群的形成与外来移民息息相关。同时这四个族群也形成了各自的语言、习俗。在当代，这四个族群文化逐渐趋于融合。

广府族群是最早形成的岭南居民体系。潮汕族群主要分布在韩江三角洲。客家先民是最后进入岭南的一部分中原移民。岭南除汉族以外，还有黎族、苗族、瑶族、壮族、回族、满族和畲族等7个少数民族，一般认为是古南越族的后裔，因而在文化上保持着古地越族的特征。但是，在长期的历史发展过程中，这些民族逐渐被其他民族（主要是汉族）同化，从主体民族变为少数民族。这些少数民族虽有共同的祖先，但已发展出各具特色的民族风貌和文化特征。

这四大族群具有文化多元的性质。尽管各族群（除少数民族外）无论是族谱还是方志都可以追溯到中原，但实际上并不那么单一。即使是自认为中原望族的客家人，实际上也是中原移民与当地土著相结合的产物。近年来一些客家人要求改报少数民族就是其中一例。有些人原为客家人，经民族识别被定为瑶族和畲族等。不仅在族群的形成上显示出文化多元，在地理分布上也可以分辨出不同的支系。如广府族群之内的四邑、湛江地区与广府其他地区迥然有别，潮汕地区海陆丰一带与汕头地区差别明显。分布地广泛的客家人，在一些地方与“正宗客家”的梅县差异很大。更进一步分析各支系。仍可细分下去，如四邑地区的台山、新会、开平、恩平，各自的次方言难以沟通。真所谓“十里不同语，百里不同俗”。

“外省人”是指近15年以来广东以外的移民，这些人常被称为“外来民工”“外来人口”等。外省人规模不小，约计超过300万。他们绝大多数没有广东省的户口。一些来自不同省份的人集中在一起，形成了所谓“四川村”“湖南村”“浙江村”。这部分人大都从事广东人不愿干的粗、重、脏的工作。由于他们各有自己的文化特征，实际已成为广东境内新的族群。

随着当代族群交往的增加，其原有的地理分布早已打破，在城镇更是各族群混居在一起。广东的四大族群集团除心理因素外，其他的文化特征已不大明显。这种相互借用和促进，共同创造了岭南文化，实际上已形成了一个更高层次的族群，这个族群亦可以称为“广东人”或“岭南人”，而原有的仍保持土著特征的族群成为次级族群（见图22-1）。

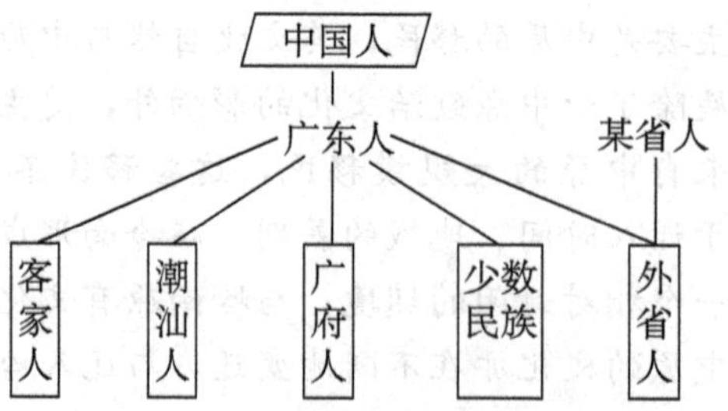

图22-1　广东各族群认同层次

五、城市农民与都市问题

都市人类学工作中有很大一部分像是传统人类学的延伸。例如，观察乡村-都市的移民群体。这是乡村社会研究的扩展，即研究同一群体在乡村进而在都市中不同的活动，主要探寻其移民的原因、模式和对城市的适应，形成了“城市中的农民”这一研究主题。

这一主题的基本假设是城市对于新来者而言是一种新的社会环境。而一个新来者面临新的环境、新的制度和新的行为，须在一个极不相同的社会中寻找工作和住处。他们必须学会新的理财习惯和改变时间观念，以适应都市的节奏，必须适应城市的法规、医疗、公共及教育等方面的制度。

移民适应研究包括：(1) 寻求适应策略，移民主要通过亲属关系、姻亲关系以及原部落族属地方和联谊团体来扩大社会联系；(2) 描述移民在城市新社区组织和结构模式的转变；(3) 描述移民在异质性都市所形成的新的认同的问题。

农民的城市适应还要从城市以外来考察。乡村移民很少完全割断与乡下的联系。他们可能由于财产的管理、钱物的交换，或者小孩的抚育而经常往来城乡；也可能由于假期、宗教仪式、家庭危机和生命周期中的事件（结婚、死亡等）而返回乡下。此外，在乡下保留的土地和财产使得移民与村里保持联系。城市与其周边农村的关系取决于交换和互动的模式，并成为城市和乡村变迁的动因。

近年，我国大量的农民工流向城镇。这些农民工在城镇中是怎样适应的？生活是怎样的？他们如何保持原有文化？他们与当地人的关系如何？不同来源地的民工如何相处？他们是如何影响城乡文化变迁的？这些是我国都市人类学值得注重的问题。

“城市中的农民”研究，与人类学长期对乡村感兴趣直接相关。相比之下，城市问题研究原来不是文化人类学的传统。从多方面看，以问题为取向的都市人类学家是追随早期都市社会学传统的。早期都市社会学注重研究社会的越轨行为和少数群体。而人类学研究则注重执政者和生态环境对一般性问题的作用。所以，都市人类学有时被认为是研究都市少数民族、都市退化和大众不满等问题。

在采纳问题取向的都市人类学中，关于政治对不同阶层的作用的研究是普遍的。如对被压迫民族的研究，试图帮助他们建立发展策略以迅速地改变旧有体系。另一些研究者试图在一种制度性的框架中研究，以便改善现状。这两种做法都涉及他们的行为和政策的作用。这些人类学家都感受到对其报道人的责任，并为所研究对象充当辩护人的角色。

有关贫困的研究是在城市问题取向研究中颇为重要的。在 1960 年，许多研究都试图纠正、修改社会科学对于贫困发展的价值观和行为的描述。奥斯卡·刘易斯的著作最早讨论贫困现象。他创立了一个引起广泛争议的“匮乏文化”（the culture of poverty）的概念，和一种大众文学式的写作方式。[①]

对少数群体的研究，已成为都市人类学的核心之一，如对都市中非洲裔美国人和波多黎各人的研究。学校、医院、康复中心、监狱等制度都被作为研究的对象，以了解这些制度的故障以及造成这些故障的原因。此外就是对各类病态的、反社会的群体生活方式，以及越轨群体进行研究。这些人类学研究并不注重群体机能的失调，而注重群体中的内部结

① Lewis O. La Vida. New York：Random Horse，1965.

构、标准模式和认知世界，把吸毒者、贫民区居民、妓女、仿异性癖、同性恋者都视为一种次文化。这些研究深入地了解了群体的生活方式。一些研究则重点关注如何改进这些群体的专门政策，并对有关的法律提出批评。

案例

在广州城北城乡接合部有个村中村称为“四川村”，以四川人为主。大部分人是“泥水佬”，从事建筑维修、材料搬运等工作。他们白天出去，在街头、码头、仓库门口等待雇主，中午就吃一个盒饭，到天黑才回来。他们住在河边的临时棚户，居住面积不会超过10平方米。室内就像一个笼子，留下的空地不足1平方米。“笼子”有三层，每层有六格，每格大概有火车卧铺那么大，但没有那么高。一般都留两格放行李，每室住12～16人。笼子是用砖头砌的，人睡觉只能从一头爬进去，然后用一块布挡住，就不用挂蚊帐。室内仅有一个小窗，闷热是可想而知的。每个人还得每月交20元。

要拥有一个固定的地方工作也不那么容易。首先是相互之间要协调，经常为争地皮、抢生意发生打斗。其次，要与城管人员搞好关系，有些地段的保安人员按月抽钱，最少5元以上。如果不交钱，则轻者把人赶走，重者送盲流遣返所。进盲流遣返所至少要罚款300元，没钱就要被遣送回乡。最后要受非法社会组织的欺负，他们定期向外来移民收取“保护费”，一些从广东其他地方来广州受雇的保安人员不敢欺负本地人，只有拿外省移民开刀了。

村里人对外来人都比较同情，认为他们出门在外赚钱不容易，一些个体老板也反复强调不欺负外来工，按时付钱，还要付医疗保险、住宿费。外来人对本地人很好，按他们的说法不友好也不行，因为“强龙不压地头蛇”。相反外来人之间比较难处，不同省的人、不同地区的人经常发生矛盾。笔者曾亲眼看见一些四川移民之间争斗，主要是竞争生意和地盘。

村里办了不少工厂，有本地人办的，也有外来人办的。因为是民房做厂房，所以工作环境较差，房子空间太小。在厂里工作的人都是外来的女工。有家服装厂，室内摆了几十台衣车，几张裁衣台，空余的地方堆放布料、成品，人经过都困难，室内只有几个小窗，近50个女工就在这里工作。村里沿河的地皮已租出去，主要是做建筑材料仓库，这些老板在空地上盖了不少房子，除了自用外就出租。前面说的民工住房，大都属于这类。此外也有许多房客身份不明。①

第三节　今日都市人类学

一、今日都市人类学

20世纪80年代的都市人类学有如下几个特点：一是在理论上提出“城市不是一个孤

① 周大鸣．论都市边缘农村社区的都市化．社会学研究，1993（6）．

岛”，对过去把城市作为孤立的、僵化的研究对象提出了批评。新的理论认为，城市是社会或社会结构中的一部分；都市关系是一个连续体，与国家或国家制度中的教育、传播、运输、生产、商业、福利、工作、市民、住房、土地使用密切相关。二是在研究内容上有较大的变化，很少对“城市”“都市性”等定义进行讨论，而是把研究的视野扩大到历史、地理、政治经济学、生态学、考古学等方面，强调对都市进行全方位的考察。三是研究主题集中在对都市族群的研究上，研究其人口密度、权力关系、族群结构以及族群之间的关系。四是研究的地域从英语国家扩展到世界各地，都市人类学被各国广泛接受。

美国学者肯珀（Robert V. Kemper）对 1972—1991 年间的《都市人类学》杂志进行了分析[①]，分析结果与上述特点不谋而合（见表 22-1）。

表 22-1　都市人类学研究的地域分布

卷	北美	拉丁美洲	非洲	欧洲	大洋洲	中东	亚洲	合计
1～10	56	54	21	10	10	1	9	161
11～20	72	44	11	15	0	7	11	160
合计	128	98	32	25	10	8	20	321
所占比重（%）	39.9	30.5	10.0	7.8	3.1	2.5	6.2	100

资料来源：Kemper R V. Trends in Urban Anthropological Research：An Analysis of the Journal Urban Anthropology，1972-1991. Urban Anthropology，1991，20（4）.

从上表看，都市人类学的研究比较多地集中在北美、拉丁美洲，非洲次之。研究的主题见表 22-2。

表 22-2　都市人类学的研究主题

主 题	1～10 卷	11～20 卷	合计
经济	61	121	182
族群	66	74	140
家庭、教宗、亲属	58	50	108
性	15	62	77
移民	25	18	43
社会结构	24	16	40
贫穷和下层阶级	23	16	39
保健	7	13	20
政治	9	9	18
宗教	7	6	13
中产阶级和精英	7	1	8
合计	302	386	688

资料来源：Kemper R V. Trends in Urban Anthropological Research：An Analysis of the Journal Urban Anthropology，1972-1991. Urban Anthropology，1991，20（4）.

从上表看，经济是最重要的研究主题（182），其次是族群研究（140）以及家庭、教宗与亲属研究（108）；后 10 卷与前 10 卷比较，可以看出 20 世纪 80 年代有关经济、族群、性的研究比重较大；其次是有关家庭、教宗与亲属问题，而移民、社会结构、贫穷下层阶级、中产阶级和精英的研究呈减少趋势。

---

① Kemper R V. Trends in Urban Anthropological Research：An Analysis of the Journal Urban Anthropology，1972-1991. Urban Anthropology，1991，20（4）.

这种研究主题和研究地域的变化与世界的发展密切相关。近几十年来，各个国家都把经济发展视为最重要的目标。在发展过程中，民族矛盾、族群矛盾、性别差异引发的问题较多。因此以应用为特色的都市人类学也自然把经济和族群作为最重要的主题了。而研究地域的扩大正是城市全球化发展的结果。随着世界城市体系的建立，未来都市人类学研究的方向也以此为景观。

二、中国都市人类学的方向

我国都市人类学所面临的重要课题，第一是中国都市文化的多元性问题。中国是一个多民族的、统一的国家，有56个民族。这种民族与文化的多元特点在都市中尤为突出。因此，研究都市中的民族关系和地方关系，敦促和维护民族间的团结与平等，是都市人类学的一个重要方向。

第二是都市化带来的文化适应问题。变迁与适应是紧密联系在一起的。我国的都市化进程很快，它表现为城镇数量增长和规模扩大，少数民族地区城市化速度高于全国平均水平，乡村生活方式都市化，等等。这种急剧的文化变迁，使得城市中的人都面临着调适问题。但是个人经历不同，所需要调节的范围不同，如从农村到城市、从小城市到大城市。都市人类学应该探讨都市化冲击文化变迁的进程与不同环境下的适应策略，提供变迁方向的预测或引导性研究方案。

第三是都市中庞大的外来人口问题。自1978年以来，中国农村劳动人口大量涌向城市从事交通、建筑、服务等行业的工作。外来人口一方面给城市建设做出了重要的贡献，另一方面也给城市带来了一系列难以承受的负担。这些问题包括治安、管理、住房、计划生育、教育、文化适应、本地人与外来人的冲突等等。怎样管理外来人口、制定公平合理的政策是都市化过程中亟待解决的问题。

第四是突出城乡关系的研究。将城市与乡村联系在一起研究是人类学的传统。过去，我国实行的是城乡分隔的政策，因此在城乡关系间发生的问题也较多。如市与县、镇、乡、村的矛盾就较多，企业事业单位与周围乡村地区常常构成紧张关系，城乡接合部往往成为犯罪和各种越轨行为的多发地区。都市人类学应该针对上述社会症结进行剖析并提出治理建议。同时重视对政治的、经济的、文化的交互影响及协调城乡关系等课题的研究。

第五是注重对城市基层组织的研究。中国的城市具有许多不同于其他国家和地区城市的特色，如单位、居民委员会、胡同里巷、机关大院等，在此，社会网络的调查和分析、亲属和家属的分析以及职业群体的分析，这些既是城市研究的基础，亦可反映城市的本质。

伴随中国都市化的发展，我们所面临的问题会越来越多，这将使都市人类学扮演的角色更为重要。

参考书目

怀特．街角社会：一个意大利人贫民区的社会结构．北京：商务印书馆，1994.

李德洙．走向世界的中国都市人类学．北京：中国物资出版社，1994.

罗威廉．汉口：一个中国城市的商业和社会（1796—1889）．北京：中国人民大学出版社，2016.

周大鸣，郭正林，等．中国乡村都市化．广州：广东人民出版社，1996.

周大鸣．现代都市人类学．广州：中山大学出版社，1997.

Basham R. Urban Anthropology：The Cross Cultural Study of Complex Societies. Brown：Mayfield Publishing Company，1978.

Brum S D，Williams J F. Cities of The World. New York：Harper Collins College Publishers，1992.

George G，Zenner W P. Urban Life：Readings in Urban Anthropology. New York：St. Martin's Press，1980.

Guldin G E，Southall A. Urban Anthropology in China//Brill E J. Leiden. New York：Koln，1993.

Guldin G E. Farewell to Peasant China：Rural Urbanization and Social Change in Late Twentieth Century. Armonk：M. E. Sharpe，1997.

第二十三章

应用人类学的途径

应用人类学（applied anthropology）是把人类学家对人、文化、社会的知识和理论，应用于改善和改进人类社会生活不尽如人意的地方，以促进人类社会生活往更好的方向发展和增进人类福祉的学科；同时，应用人类学也从事与变迁相关的理论研究。① 在人类学领域中，应用人类学是发展最快的分支学科之一。目前人类学已认识到“如果人类学要获得（社会）的承认，就必须更重视实务工作”②。在这样的认识基础上，从事应用人类学研究的人类学家越来越多，他们参与社会规划和决策，处理与解决现实社会中出现的种种问题，改善当代的经济、科技、教育、卫生、政治和社会状况，促成有计划变迁，从而使人类学的理论付诸行动与实践。

第一节 应用人类学发展概述

一、应用人类学形成期（？—1914）

现代意义上的人类学学科体系是在19世纪中叶以后逐步形成的。③ 在这一过程中，由于殖民统治和处理殖民者与土著之间矛盾冲突的需要，人类学的应用实践也相应地开展起来。

1864年，荷兰把民族学的课程列入殖民地公务员的训练计划中。④ 1905年，南非联邦也开始在要求殖民地官员的训练计划中有民族学的课程。⑤ 1908年，英属的埃及也实行了类似的计划。⑥ 这类训练工作主要是教导殖民地官员如何在非西方文化背景下从事行政管理工作，以避免因为对当地情况的无知而造成无益的冲突。有一些人类学家则受雇于政府，从事对土著的政策研究。如1881年成立的美国民族学事务局（the Bureau of American Ethnology）主要的职能就是从事有关印第安人政策和行政管理等的研究，其在年度报

---

① 石奕龙．应用人类学．厦门：厦门大学出版社，1996：8.

② Peacock J L. The Future of Anthropology. American Anthropologist，1997，99（1）.

③ 石奕龙．试论西方人类学学科体系的形成．世界民族，1998（1）.

④ Held G J. Applied Anthropology in Government：The Netherlands//Kroeber A L. Anthropology Today. Chicago：University of Chicago Press，1953：866.

⑤ Forde D. Applied Anthropology in Government：British Africa//Kroeber A L. Anthropology Today. Chicago：University of Chicago Press，1953：846.

⑥ Myres J L. The Science of Man in the Service of the State. Journal of the Royal Anthropological Institute of Great Britain and Ireland，1928（59）.

告中提出："要产生在印第安人事务之行政上具有实用价值的成果。"① 有的人类学家则为殖民统治者提供有关殖民地土著风俗、习惯的知识。1852—1857 年，美国民族学学会的创始人斯库卡夫特（Henry Rowe Schoolcraft）收集了大量的印第安人资料，汇编成 6 大册，根据这些资料，美国政府拟定了对印第安人的政策。② 此外，也有一些人类学家在从事为土著民族权益的辩护工作，促进人们对土著的关心。1838 年，英国成立了土著保护学会（Aboriginal Protection Society）。③ 1885 年，美国成立了妇女人类学会。④ 他们都努力为殖民地土著社会谋求利益。有的人甚至为土著做了不少好事，如摩尔根曾为塞纳卡印第安人（Seneca Indian）的利益，向白人地产公司提起诉讼，使塞纳卡人的利益得到保障。⑤ 又如邓肯（W. Duncan）在北美印第安人中的传教和辩护工作，对当地土著的文化变迁产生了作用，为这一地区的社会改革做出了有益的贡献。⑥

在参与社会变迁的实践基础上，有的人类学家开始明确提出使该学科付诸应用的思想。19 世纪 80 年代，人类学家爱德华·泰勒就认为人类学是革新者的学科，也是一门决策的科学，应该把它的知识运用于治理殖民地和改善人类生活条件上。1901 年，伦敦成立了非洲协会（African Society），提出"了解非洲人而治理非洲人"的口号和行动宗旨。⑦ 法国社会学年刊派的大师马歇尔·莫斯也于 1913 年在《巴黎评论》上发表《民族学在法国与国外》的文章，呼吁成立人类学研究机构，重视人类学应用研究，以便为法国的殖民地政策提供学科依据。

由于有了人类学应用的大量实践，归纳概括这种人类学实践的名称也应运而生。1896 年，美国人类学家丹尼尔·布林顿（Daniel Garrison Brinton）就任美国科学促进会主席，发表"人类学的目标"（The Aims of Anthropology）的演讲⑧，首次使用"应用人类学"（applied anthropology）的术语，来指称人类学的应用实践。后来虽出现不少其他的指称，如"实用人类学"（practical anthropology）、"行动人类学"（action anthropology）、"人类工程学"（anthropological engineering）、"发展人类学"（development anthropology）、"辩护人类学"（advocacy anthropology）、"决策人类学"（policy anthropology）、"公共人类学"（public anthropology）等，但由于应用人类学这一名称具有较宽的涵盖面和总括性，故被人类学界广泛接受，而成为当下限定与指称人类学应用实践普遍使用的名称。

二、应用人类学发轫期（1915—1938）

这一时代是所谓殖民地间接统治的时代，人们比以往更多地注意到殖民地人民权利和

① Powell J W. First Annual Report of the Bureau of American Ethnology. Washington, D. C.: Government Printing Office, 1981.

② Willigen J V. Applied Anthropology: An Introduction. Westport: Bergin & Garvey, 1986: 19.

③ Reining C C. A Lost Period of Applied Anthropology. American Anthropologist, 1962 (64).

④ Schensul L S, Schensul J J. Advocacy and Applied Anthropologist//Webber G H, McCall G J. Social Scientists as Advocates. London: SAGE Publications, Inc., 1978.

⑤ 黄淑娉，庄孔韶．原始社会史学的奠基人摩尔根．北京：商务印书馆，1981.

⑥ Bernett H. Applied Anthropology in 1860. Human Organization, 1942.

⑦ 李亦园．人类学的应用//李亦园．文化人类学选读．台北：食货出版社，1980：446.

⑧ Brinton D G. The Aims of Anthropology. American Folklore Society, 1895, 8 (30).

福祉的问题，应用人类学进入了它的发展初期。当时，有的人类学家从事培训殖民地官员和土著领袖人物的工作，努力斡旋其间，力图使双方能在没有严重冲突的情况下沟通和共事。如拉德克利夫-布朗于1916—1918年在汤加任皇家学院院长时，曾从事过土著的教育改造工作，努力使土著适应当时的西方文化和政策，以减少因文化冲突（cultural conflict）所带来的困扰。1920年，他在南非好望角大学任教时，曾为殖民地官员和传教士开设人类学补习班，给他们灌输人类学的知识。1926—1931年，他在澳大利亚悉尼大学任教期间，也在那里创办"人类学学校"（the school of anthropology）和一些培训班，为澳大利亚和新几内亚委任统治区的官员开设比较社会学和殖民地行政等课程，使他们了解当地的文化和习惯法，以便减少因文化矛盾而造成的冲突。① 有的人类学家被殖民地当局聘用做专题研究；有的编撰当地的民族概况，以作为殖民统治者行政管理的参考；有的调查当地土著的政治制度，了解他们权威势力的运作方式，以便为利用当地权力人物从事间接统治服务。1934年，美国印第安人事务局（Bureau of Indian Affairs）甚至成立应用人类学组（Applied Anthropology Unit），改革对印第安人的行政管理，协助解决有关印第安人自治的问题，并于1937年帮助制定了《印第安人重组法案》（the Indian Reorganization Act）。② 有的人类学家则充当政府的顾问，既从事行政管理工作，也从事研究工作，如福蒂斯曾应当地殖民政府的要求，制定了泰伦西婚姻法。1928年，威廉斯研究巴布亚人的"排外主义"运动，解释了引起"动乱"的原因，并向当局提出一些旨在缓和矛盾的补救措施。③

这一时期，人类学家开始关注殖民地即将出现的社会文化变迁。1926年成立的非洲语言与文化协会（International Institute of African Languages and Cultures）在1932年着手研究传统非洲社会组织和外来统治制度之间的关系、教育与宗教的联系、学校教育对传统价值观的影响，评估实行雇佣劳动制的社会后果，处理舶来品和传统习惯与心理的冲突等研究，以避免不必要的社会失调与离析，旨在"促进一个健康的、进步的和有组织的社会向前发展"④。

一些私营机构也在这一时期开始雇用人类学家去解决他们的实际问题，1927—1932年，芝加哥西方电气公司霍桑工厂（Hawthorne Works in Chicago，Western Electric Company）聘请了人类学家、心理学家使用参与观察方法研究工厂中的人群互动关系，了解工厂中人与人的关系模式，寻求解决工厂中的人际症结，以便提高劳动生产率等。由此也促成了工业人类学（industrial anthropology）的形成与发展。⑤

三、应用人类学扩展期（1939—1970）

第二次世界大战爆发以后，许多人类学家被迫卷入与战事有关的应用工作。美国著名

---

① 吴文藻．布朗教授的思想背景与其在学术上的贡献．社会学界，1936（9）．吴文藻．吴文藻人类学社会学研究文集．北京：民族出版社，1990.

② Willigen J V. Applied Anthropology：An Introduction. Westport：Bergin & Garvey，1986：23 - 24.

③ 迈尔．应用人类学．世界民族，1985（3）．

④ 同③.

⑤ Chapple E D. Applied Anthropology in industry//Kroeber A L. Anthropology Today. Chicago：University of Chicago Press，1953：819 - 831.

的人类学家玛格丽特·米德估计，在第二次世界大战期间，超过95%的美国人类学家被卷入战争，从事与战争有关的工作。① 有的美国人类学家在战时再安置局（War Relocation Authority）服务，负责监管“重新安置营”中的日裔美国人，并研究如何在战后重新安置这些被拘留者的问题；有的美国人类学家则当政府的顾问，帮助训练赴国外作战的军人和情报人员，以及战后驻各国的外交人员；有的人类学家为军事、外交人员编写“各国情况指南”，以及从事旨在了解敌国军心士气的“国民性”（national character）研究，并参与制定占领区治理政策；有的人类学家则从事美国战时食品供应情况的研究，探讨在食品缺乏时，如何改变公众饮食习惯，以及对美国向欧洲国家提供食品援助的态度进行评估等，从而使应用人类学的研究范围相应扩大，应用人类学家的数量也日益增多。1941年5月，美国的应用人类学学会（The Society for Applied Anthropology）在哈佛大学应运而生，并定期出版会刊《人类组织》（*Human Organization*）。第二次世界大战结束后，由于新独立的原殖民地国家把人类学视为殖民主义的“帮凶”，曾一度禁止人类学家到第三世界国家做田野研究，于是，许多人类学家只好在本国研究。人类学家开始更多地注重对本国的各种社会问题，如经济发展与文化变迁、开发对今后的社会冲击、环境影响、民族特性、主流社会与少数民族的关系、都市病态、贫穷文化、福利政策等问题的研究。

战后美国也加强了对托管地的应用研究。1951年，美国聘用人类学家在其托管地从事行政管理工作和研究工作。对托管地人民宣传、解释政府有关健康、劳动、教育、法律、司法程序的规划与政策，并寻求贯彻这些政策的方法等。② 另外，人类学家也对美国和国际组织对于第三世界国家的经济与技术援助、推广西方科学及开发计划的效果做研究，试图发现上述援助与推广计划不能良好实施和贯彻的症结，以利于各项计划能够因地制宜地实施。

战后，新兴的独立国家也有它们自己的问题。例如，要用什么样的现代手段管理国家，经济如何起飞，卫生、教育事业如何发展，如何克服贫穷，乡民社会如何都市化，现代化过程中的诸多社会问题如何克服，等等，都需要妥善地加以解决。因此，战后不仅西方的人类学家又开始到第三世界研究各种社会问题，旨在改良生产技术，提高生活水准，改变社区状况，促成有计划变迁的项目，如维柯斯计划（见第二节）；而且第三世界国家自己的人类学家也较多地介入社会变革中，从事各种各样的应用人类学研究计划，包括21世纪60年代墨西哥的防治盘尾丝虫病运动、促使马萨瓦人（Mazahua）与主流文化同一的梅基特尔计划、在普韦布洛州实施乡村发展的技术培训计划、协助安置因修水电工程而失掉土地的20万农民的帕帕卢瓦潘山谷计划等，都是由墨西哥本国的人类学家主持和参加的。

综上所述，在这个时期，应用人类学的研究范围迅速扩展，应用人类学的作用也日益引起人们的注意。

---

① Willigen J V. Applied Anthropology：An Introduction. 3rd Edition. Westport：Bergin and Garvey，2002：8.

② Barnett H G. Anthropology in Administration. New York：Harper and Row，1956.

四、应用人类学决策期（1971— ）

进入20世纪70年代以后，应用人类学的研究范围进一步扩展，就目前的情况看，可以说应用人类学家的研究涉及了几乎人类社会的所有方面。1993年国际人类学与民族学大会讨论的论题中就有许多是应用人类学的，如全球性变迁与和平展望，在文化和生物方面全球性变迁的幅度、范围及其对散居在国外的非洲妇女的冲击，作为文化变迁决定因素之一的旅游观光业，当地人与热带地区森林砍伐，人口增长、规定食物量摄取以及其他环境因素的影响，最易受到伤害的族群的饥饿与生存问题——食物、贫困和后发展问题，发展规划与人群的空间移动，墨西哥农业改革，乡民文化与全球化经济，政策、政治和牧民财产的危机，干旱和半干旱地区资源控制和土地占有权最近变化的影响，人类学和世界商务，在界定和解决健康问题方面应用社会科学研究的地区性合作，决策科学，管理人类学的兴起，在控制社会腐败堕落现象的过程中社会科学的地位和作用，正规与非正规学校教育，基督教对土著民族的冲击等，都属于应用人类学范围的重要问题。[①]

20世纪70年代后，由于人类学学术机构人满为患，所以有许多人类学家成为职业的应用人类学家。70年代，美国有2/3的人类学博士毕业后直接在大学之外寻找工作，受雇于政府、公司、基金会、旅游机构等。[②] 而在80年代，虽然学习人类学的人数锐减，但几乎每年都有大约1/3的博士在毕业后到学术界之外的各种机构中工作，而成了职业应用人类学家。其百分比从1981—1982年的29%、1983—1984年的34%，升至1986年的42%。[③] 美国人类学学会对人类学的博士毕业生做过一个调查，从事应用研究工作的博士毕业生在1986年达到高峰，其人数占这类人的51%。到20世纪90年代初，1/3的博士毕业生从事非学校的工作，而且这一趋势还在继续发展。[④] 因此，随着这类人员的增加，相应的组织也先后成立。1973年，在亚利桑那州成立了美国第一个职业人类学家协会(Society of Professional Anthropologists)。没过多久，华盛顿也成立了华盛顿职业人类学家协会（Washington Association of Professional Anthropologists）。而后，在1983年成立了实践人类学全国协会（National Association for the Practice of Anthropology）。美国应用人类学学会也在1978年出版《实践人类学》（*Practical Anthropology*）杂志，以反映这些职业应用人类学家的工作情况和成果。2000年2月，美国还成立了实践和应用人类学项目联合会（The Consortium of Practicing and Applied Anthropology Programs）。同时，在大学中也开始出现为今后从事职业应用人类学工作服务的专门课程。[⑤] 2008年，美国人类学学会也成立了实践、应用与公共利益委员会（The Committee on Practicing，Applied and Public Interest Anthropology），为那些越来越多的在学术界之外从事实践、应用与公

---

① 第十三届国际人类学民族学科学大会预计讨论的部分专题．中国人类学学会通讯，1992（12）．

② D'Andrade R G，et al. Academic Opportunity in Anthropology. American Anthropologist，1975，77（4）．

③ American Anthropological Association. Anthropology Newsletter，1983（XXIV）．

④ Fiske S J，Chambers E. Status and Trends：Practice and Anthropology in the United States//Baba M L，Hills C E. The Global Practice of Anthropology，Studies in Third World Societies：No. 58. Williamsburg：College of William and Mary Press，1997：283-309.

⑤ Chambers E. Applied Anthropology：A Practical Guide. New Jersey：Prentice Hall，Inc.，1985：214-215.

共利益相关工作的人类学家服务。[①] 有的应用人类学著作中也开始讨论职业应用人类学家所需要掌握的技能。如亚历山大·埃文（Alexander Ervin）在其《应用人类学：当代实践的方法和理论》中就认为，职业的应用人类学家应具备灵活性、适应性、合作能力、社交能力、认识自身偏见的能力、侧面思维和创新思维的能力以及广泛的社会科学理论和第二专业领域的技术知识等，以便成为关注政策的通用性、创造新的研究领域的应用社会科学家。[②]

这个时期最大的变化是"新应用人类学"（new applied anthropology）的出现，它注重学术圈外不同层次、不同场合的政策研究（policy research），包括为政策的制定进行咨询、收集与提供资料、分析资料、设计政策方案、实施与执行政策、评估政策的效益等。同时，应用人类学家也认识到，为了避免决策者扭曲应用人类学的研究，介入决策层或关注和参与整个决策过程是非常必要的。而且参与决策或政策制定过程，就可以把可能出现的问题在政策制定时就予以控制。因此，积极参与决策过程，是近来应用人类学家实现自己的主张、计划和行动、实践的新方式。

另外，近年来人类学家发现与作为研究对象的人群的关系越发难以处理了。对此，基础的人类学的回应是改变观念。他们把民族志视为研究自己文化的一种机制，民族志不再仅代表"被研究者"，而成为看待自己文化的一种方法，是对自己文化的一种"文化批评"。[③] 与此相反，应用人类学家则以积极合作或参与的方式和被研究者一起工作，与被研究者分享有关的知识，把社区的目标与人类学的目标紧密地融合在一起。当然，在实践中，应用人类学家的角色也有些许区别，在行动研究与合作方法的应用模式中，应用人类学家充当的是指导一个社区的辅助角色；而在文化经纪人的应用模式中，人类学家则扮演文化媒介的角色。尽管如此，他们都强调与被研究者的平等关系，并创用了"合文化"（co-cultures）这一术语来强调这种平等关系。基础人类学和应用人类学所使用的方式虽然不同，但对解决"土著"无法忍受被人作为"关注"目标的问题却有着相同的效果。[④]

第二节 应用人类学家的工作模式

一、应用人类学的范围、职能

应用人类学所涉及的范围极广，根据美国肯塔基大学"应用人类学文献计划"（Applied Anthropology Documentation Project）所列举的情况看，大致有：经济开发、能源开发、水资源开发、农业问题、农村发展、都市发展、渔业研究、环境问题、技术转移、

① Bennett L，Fiske S. New Committee on Practicing：Applied and Public Interest Anthropology. Anthropology News，2008，49（4）.

② Ervin A M. Applied Anthropology：Tools and Perspectives for Contemporary Practice. 2nd Edition. Boston：Pearson，2005：243－256.

③ Marcus G E，Fischer M M J. Anthropology as Cultural Critique：An Experimental Moment in the Human Sciences. Chicago：University of Chicago Press，1986.

④ Willigen J V. Applied Anthropology//Levinson D，Ember M. Encyclopedia of Cultural Anthropology：Vol. 1. New York：Henry Holt and Company，1996：73.

交通运输、人口调查、人口控制、营养食品、企业管理、劳工与就业、公共教育、教育问题、新闻传播、政府及公共行政、刑事司法与裁判、国防事务、居地卫生、医药保健、住房问题、人际关系培训、老年医学问题、酗酒与吸毒问题等。但这还不是全部，其他诸如青少年犯罪、代沟、城市化、城市贫民窟、移民、难民、婚姻与家庭、母主家庭、独生子女、试管婴儿、安乐死、现代化疾病、流行病学、灾祸研究、性关系、同性恋、女性主义、老年化、少数民族与少数族群、旅游观光、水资源和野生动物的管理与保护、土地使用、宗教表述、娱乐、培训等问题也都是应用人类学家们所关注的范围。近些年来，应用人类学对暴力、战争与和平问题、气候变化问题、自然、工业和发展引发的灾害恢复问题、艾滋病问题、人权问题、治理与正义问题等特别关注。当然，我们也许还可以列举出更多。换言之，在人类社会生活的任何一方面，应用人类学家都可以发挥他们的作用。

不仅应用人类学研究的范围是广泛的，应用人类学家的角色与职能也是广泛的。他们有的充任政策研究人员，运用定性或定量的调查技术收集资料，为决策机构提供正确、可靠的信息。有的担任需求评估人员，收集公众对社会、经济、教育、卫生等的意见或建议，并加以评估，为某些项目或规划、政策的设计或完善服务。有的充当影响评估人员，对设计中的计划、方案等可能带来的后果或冲击进行评价，如有许多应用人类学家曾参与大坝或高速公路等大型建设项目的规划过程，通过评估其正面和负面的人文与文化冲击来判定不同方案的优劣，以避免这些计划或方案在实施后造成灾难性的后果。有的扮演分析员的角色，以他们实事求是的评估、阐释能力分析已制定出来的方案等，为决策者服务。除了这些与规划相关的各种工作外，应用人类学家有的也充当文化经纪人或倡议者，卷入到一个特定社区或族群的直接政治行动中，去促成某一社区或族群的实际变迁。有的像摩尔根当年所做的那样，通过法律事务和准备直接的证词为当事人或法院的利益服务。有的则站在很少有权利的族群如失业者、贫民窟居民、少数民族群体等的立场上，去评价公共政策，向制定政策的机构反映他们所代表的人们或阶层的意见，或为其辩护。还有的则担任训练者，通过培训将人类学的技能和知识传授给与他们合作工作的族群。最近几十年来，应用人类学家也开始认识到不能仅停留在提供信息、评估及分析、设计计划的阶段，为了不使人类学的资料、成果被人误解与滥用，进入规划的实施层次甚至决策层次也许是一种较好的解决办法，所以，近来也有一些应用人类学家谋求的是行政管理的角色或向决策层冲刺，而不仅仅是充当研究指导者或顾问的角色。

应用人类学工作者的职业与角色是多样的，但作为一位职业的应用人类学工作者，他往往只与某一特定领域的工作或应用范围相联系。这种特定的领域可能是医学，也可能是教育、发展、法律、旅游或其他方面。因此，在这些领域中耕耘的应用人类学工作者会被人们称为医药人类学家、教育人类学家、发展人类学家、法律人类学家或其他什么人类学家。而在任何一个特定的应用人类学研究领域中，应用人类学家都需要具备一些这一领域的必要知识，至少应该了解该领域人类学的各种文献与理论，该工作环境的法律、法规背景，相关的专业组织与工作地点，人们的社会网络、结构，以及工作地点的地方知识或地方风俗习惯等，这样他才可以得心应手，游刃有余。

要熟悉某一领域的基本知识、理论与技能，应用人类学工作者需要经过一些特殊的职业训练与经验准备。这种训练大致有：包括人类学在内的社会科学研究方法、理论方面的训练，人类学传统的定性研究技术的训练，以及定量研究技术的训练。由于应用人类学家通常都以小组为单位进行工作，需要能够在复杂的多学科合作环境中处理各种事务，所以，作为一位准应用人类学工作者，他也必须有跨学科课程的学习与实习，以提高他对其他学科的理解能力，促进跨学科的交流。20 世纪 70 年代后，许多大学中已开始有专门为职业应用人类学工作者开设的特殊课程，这些课程强调实践和多学科的合作，而与过去纯理论研究的人类学训练不同。如马里兰大学人类学系成立于 1974 年，1984 年开始招收应用人类学硕士研究生，2007 年开始招收应用人类学博士研究生，是全美公认的最优秀的应用人类学专业之一。其研究生项目明确指出本系的重点是应用人类学，立志于开发和应用人类学知识、理论和方法来为解决人类各种问题、决策制定和在不同职业环境中实践人类学服务。该系师生重点研究领域为环境人类学、健康人类学和遗产人类学，但学生也可选择研究农业发展、自然资源管理、旅游和遗产开发、社区发展、文化和环境保护、发展与文化和性别问题等课题。该系应用人类学硕士研究生必须完成 42 学分的课程（其中 18 个学分为核心基础课）和 12 学分的实习课。实习计划必须得到学术指导委员会的批准，必须在系学术讨论会上陈述实习结果，才能毕业。该系指定的核心基础课是应用人类学、应用人类学定性研究方法、社会/文化理论的发展、最新应用体质人类学理论和实践、应用人类学量化和统计、有关人类过去的人类学理论等。实习课分为实习准备（3 个学分）、实习实践（6 个学分）和实习分析（3 个学分）。该系还设有田野学校和文化资源管理夏季学院，供学生选择实习。在完成基础课和实习课后，该系鼓励学生到其他系选修与自己专长相关的课程。

总之，应用人类学的研究范围很广，应用人类学家角色与职位也是多样的，他们有的受雇于政府或私营机构，处理着现实生活中各种各样的问题，有的则在大学工作，兼从事应用人类学的研究。一般而言，人类学家的应用研究有两种最基本的工作模式。

二、行政管理模式

在西方应用人类学的应用研究中，人类学家多数受政府或国际机构或私营机构的聘用与委托，或从事行政管理，或帮助制订变迁计划，或执行变迁计划，或去处理变迁计划遇到的不切实际的麻烦，使之能顺利地实施或适应受益者的需要等。这种工作模式被称为行政管理模式（administration model）。

以行政管理模式从事应用研究，主要是为委托人如政府或某些公私机构效力。如第二次世界大战结束后不久，美国就在其托管地上聘用人类学家从事该地的行政管理工作和应用研究，这些人类学家的任务是：提供贯彻政府政策和执行发展规划的方法，对托管地人民宣传、解释政府的政策、规划等，并对政府推行的有关健康、劳动、教育、法律等规划的实施情况进行评价。而政府对这些人类学家的要求是，对上述各方面做基础研究，然后在此基础上提出适当的建议。①

在这种模式中，人类学家主要是提供信息与咨询，处于一种比较被动的地位。由于政策或规划项目都是由决策层制定的。人类学家所做的工作，只是结合实际，提出一些规划项目如何实施得好的建议，或对政策或规划项目实施后将产生什么样的正反面后果等进行评估，以帮助政策或规划能因地制宜地实施。

---

① Barnett H G. Anthropology in Administration. New York：Harper and Row，1956.

有些人类学家认为，以这种模式从事应用研究，存在着一些不良后果。人类学家对他们所提供的信息究竟能起什么作用无法预测与控制，因为决定权在委托人手中，特别是当委托人或决策者误解或误用人类学家的信息时，人类学家更是束手无策。此外，即使人类学家有正确的评价与建议，也可能遇上这些评价及建议不被委托人接受的问题，这就可能导致政策或规划的症结得不到改善，而对于这种后果，运用这一模式工作的人类学家是无能为力的。

问题的关键在于，在这种模式中，人类学家只是像"侍者"（the gofer）一样受人差遣，只做些提供信息和咨询的工作。由于人类学家远离决策层，无法对社会稀有资源的分配表达其实事求是的立场，有时还会受到决策层的抵制，因此，在从事这种模式的应用研究时，人类学家往往只能把政策或项目视为是已存在的、有着良好意愿的、目标是改进人们生活质量的事物，在应用研究中，也只能尽力去解除实现此目标的不利因素，使之能因地制宜地实施下去，在最大限度上达成改进人们生活质量的目标，尽可能最大限度地符合受益者——人民的需要。换言之，以这种模式从事工作，主要是为委托人工作，其有种种束缚与限制，人类学家只能在这些限制中工作，并尽最大可能使决策者的意愿和受益者的意愿结合起来。正因为这种模式的工作有着种种限制，所以有的人就采用另一种工作模式来进行应用人类学的研究。

三、辩护-行动模式

以辩护-行动模式（the advocacy action model）进行应用人类学研究，是因为西方人类学家看到，政府或私人机构的政策或规划项目，往往是由中产阶级出身的人设计与制定的，在很大程度上，这些人会误解和低估政策或规划项目对那些即将发生变迁的人们的影响。也就是说，现代社会中那些被视为"有问题"的人们才是问题的关键所在，例如，贫民区的贫民、移民、少数民族、失业者、盲流者、未婚母亲、吸毒者等。他们虽是公共政策或计划所关心的对象，但他们却很少有机会对这些将涉及他们的政策或计划表达他们自己的意见。为此，应用人类学产生了辩护-行动的工作模式，人类学家作为弱势者的代言人，以及作为独立人格的行动与实践者去研究和解决社会问题。

在少数民族和下层人民的权利为社会上层忽视和压制的时代里，应用人类学家作为其代言人所起的辩护作用相应大些。20 世纪 50 年代以后，当民族觉醒和公众参与逐渐成为政治生活中不可忽视的一部分时，人类学家所起的辩护作用也相应有所减弱，与此相适应的是，行动与实践的做法相应地增多。以辩护-行动模式从事研究的最著名例子也许是康奈尔大学艾伦·霍姆伯格（Alan Holmberg）主持的维柯斯计划（Vicos Project）。

维柯斯计划是拉丁美洲农村发展的变迁项目。维柯斯是秘鲁的一个庄园，原隶属于一慈善机构。该机构每十年以招标的方式把庄园租给承租人，租金用于公共事业，如维持地方医院的运作等。承租人可以对维柯斯庄园所属的印第安人实行类似领主对农奴的特权，可驱使印第安佃农种植为承租人获利。1949 年，当一次招租期即将结束时，一位在当地从事维柯斯人现代化研究的康奈尔大学博士生、秘鲁人瓦斯库斯（M. C. Vasques），建议康奈尔大学租下这庄园进行变迁研究。康奈尔大学同意后，通过美国政府与秘鲁政府交涉，克服了秘鲁地主阶级和权势阶层的反对和干扰，租下维柯斯庄园。在承租期间，人类学家积极参与，一方面充当印第安人的保护人（patron），另一方面指导着维柯斯人的社会变迁。人类学家取消无偿劳动，把庄园经营所挣的钱用于改善社区的各方面条件。他们引进新的农业技术，印第安人的经济结构随之发生变化，农民收入迅速增长。而后，又引导印第安人组织一个由选举产生的委员会，独立自主地处理庄园的内外事务，取消了封建领主式的统治，使传统的庄园权威结构逆转，成为一个公社式的社区。租期快结束时，人类学家又鼓励维柯斯的佃农向慈善机构买下庄园。在美国和秘鲁知识分子的政治压力下，经过一段时间的艰苦斗争，到 1962 年，维柯斯的印第安佃农终于买下庄园，用赎买的手段获得人身自由与社区的解放，成为自由的农民。因此，维柯斯计划成为人类学家促进一个社区向预期方向发生社会变迁的成功例子，也是辩护-行动模式的典型实例。[①] 以辩护-行动模式行事的应用人类学研究者往往认为，那些将发生变迁的人们，对什么是自己必需的，比那些决策者们更清楚。同时，从事辩护-行动工作模式的人类学家的确也比较能理解面临文化变迁的人们的心情。那些人类学家认为，那些将发生变迁的被研究对象有权主动参与决定他们自己命运的安排，这样，他们才不会沦为他人"善意"之举的受害者。

应用人类学的行政管理模式与辩护-行动模式虽然反映了为谁工作的问题。但在人类学的实践中，这种界限有时是很模糊的。因为，人类学的本质是比较接近下层人民的，即便是以行政管理模式从事工作的人类学家，也几乎都是竭尽全力地为老百姓出力。近几十年来，由于法律要求人民介入公共事务决策的情形日益增多，决策层与下层之间的对立也日渐缩小。从事行政管理模式的人类学家，已比过去更多地表达人民的意愿，而且也越来越多地进入政策设计的领域，以便使政策在设计时就已考虑符合人民的意愿和实际情况。而从事辩护-行动模式的人类学家也越来越多地在政府的倡议与政策的指导下工作，两者的差距也越来越不明显了，也许目前余下的差别仅仅是，从事行政管理模式的人类学家多在公私机构中工作，而从事辩护-行动模式的人类学家则多不在公私机构中工作。

第三节　行动策略与实践策略

当代的应用人类学注重于决定、选择以及评估文化变迁过程中可资利用的知识，并将其转化为行动，其间逐渐形成了价值中立的行动策略与价值介入的实践策略。

一、价值中立的行动策略

价值中立的行动策略是在芝加哥大学所从事的福克斯印第安人计划的基础上形成的。1948—1959 年，芝加哥大学的索尔·塔克斯（Sol Tax）率领一些人类学家在美国艾奥瓦州塔马地区福克斯印第安人（Fox Indian）中进行应用人类学研究。他们认为人类学家既要了解他们所研究的社区，探索事实和真理，也应该影响社区内社会文化变迁的速度和方向，帮助社区发展和解决某一特定文化限定下的种种问题。后者被称为行动人类学（action anthropology）。但是，在这样的行动中，人类学家采取的是价值中立的态度。塔克斯强调社区自决（self determination）的概念，指出行动人类学者（action anthropolo-

① Dobyns H F, et al. Peasants, Power and Applied Social Change: Vicos as a Model. London: SAGE Publications, Inc., 1971.

gist）的角色应是协助社区或社会群体进行自由选择下的改变，而避免任何强迫赋予的价值。[①] 也就是说，在从事福克斯计划时，他们以社区或社会群体的自我决定作为行动的原则，所谓的行动就是促进社区或社会群体的自决。塔克斯说：

> 我们的行动计划将尽其可能为（印第安）人们提供各种变通方法，他们可以自由选择所有可能性。我们必须努力排除所有他者加诸印第安人对自我选择的一切限制，让他们有充分的自由去面对这些选择。我们不会将我们自己的价值强加于印第安人身上，也不会留下真空让其他人来填塞。我们的计划是正面的，不是负面的；它是一个行动的计划，不是一个非行动的计划；同时，它也是一个探索、倾听、学习和给予的计划。[②]

换言之，行动人类学注重将发生变迁的社区或社会群体的自决，重在说服教育，而不是指导。在应用研究过程中，他们主要是根据基础研究的实际，提出一些可供选择的变迁方案，让变迁的当事人自我决定、从事选择并付诸实施。在这样的选择过程中，人类学家绝不介入他们的价值判断和进行干预，而是以自我追随的方式来进行。

因此，他们主要采取“互动式的作业方式”做出行动。也就是说，他们提供多种变迁方案，让印第安人自我选择。由于原本提供的各种方案有着各自的目标，自决只会选择其中之一。因此，当该社区选定一种方案后，与方案相关的问题又会显现出来。据此，人类学家需再做一些相应方案让当地人选择，这样互动式地连锁反应下去。换言之，行动人类学的做法是滚动式地发现问题，发现什么是可能改变的，并尽量提出解决问题的方案。而对这些方案，人类学家不做主观判断，这种判断与选择的工作留给要变迁的社区去做。

由此可见，行动人类学的研究是以目标导向的、渐进的、自我指导和建立在说服教育基础上的自我制约的过程。也就是说，行动人类学依据社区的文化变迁经验，逐步增加介入的速度与行动。这种行动是通过不断地反馈，使人类学家与研究对象互动，并在这个过程中，尽量不介入研究者自己的价值判断，以充分发挥变迁社区价值体系的自我决定、自我指导、自我制约的作用。因此，整个的过程是由许多具体的行动构成的，各种具体的行动通过反馈、互动而联系起来，但又和该社区的价值体系一致。

由福克斯计划发展出来的这种行动策略，现已成为美国应用人类学应用研究的一种常用策略。也有人开始把这种行动策略归纳、总结和系统化，并形成一些社区行动计划的指导原则，以便以行动策略从事应用研究的人类学家在工作中加以注意。根据巴格（W. K. Barger）和雷策尔（E. Rezal）的归纳，这种以行动策略为原则行事的社区行动计划的指导原则如下：

（1）在辨识目标时，应明确地界定出要达成的结果；应把伦理与责任明确地表达出来。

（2）在评估环境时，应充分了解社会文化变迁在一个文化体系中进行的重要意义；应把将直接受影响的子系统放在整个文化体系中去评价其得失。

（3）在规划项目方案时，目标应该明确；应用研究者应具有妥协态度；应妥善组织好执行计划项目的各种人力和物质资源；应充分利用该文化体系本身的自我决定去刺激变

---

① Tax S. Action Anthropology//Gearing F O，Netting R M，Peattie L R. Documentary History of the Fox Project，1948－1959. Chicago：University of Chicago Press，1960：416.

② Tax S. The Fox Project. Human Organization，1958，17（1）.

迁；在实施时要有明确的行动；应能增进变迁；应统合好所有的应用性的活动；应明确各自的责任承担；计划项目或方案应能经受田野经验的考验。

（4）在执行计划时，应使用网络的方法把握好社区内的各种关系；应该尊重变迁社区的异己观点；应维持有错必纠的弹性态度。

（5）在评价计划项目时，要评价成果，评价成本-效益，评价概念以及方法的效率，从中辨认出可使应用研究工作持续下去的潜在可能性。

（6）在具备胜任应用研究工作的能力方面，对自己及自己所订立的目标应有充分的信心；务必使行动的过程透明与清晰；选择自己能做好的部分先做好它；应利用已经存在的优点累积应用工作的能力；应把已存在的能力及行动灵活地组织起来使用；要有责任感；应妥善地维护人与人之间的信赖感和研究的合法性；应具有务实的态度；应铭记事无大小，都要以人的行动而不是以其意图来判断行事。

巴格和雷策尔认为，上述这些指导原则是在以行动策略从事应用研究中应该注意的。这些指导原则主要是为了能使社区行动计划成功而归纳总结的，但它仅是一种指导方针；计划能否真正获得成功，重要的是行动，也就是说，重要的是要以经验的过程来检验其得失。[①] 然而，不管怎么说，行动策略是以能否刺激将发生变迁的族群出现自愿性变迁为最高原则的。

二、价值介入的实践策略

如果说价值中立的行动策略是在福克斯计划的基础上发展出来的，那么，应用人类学的价值介入的实践策略就可以认为是在维柯斯计划的基础上获得的。在维柯斯计划中，康奈尔大学的人类学家采取的是一种积极参与和介入的态度。他们认为，维柯斯的应用研究应该具备研究社会文化变迁和促进社区发展的双重目标，通过积极参与和介入将要发生变迁的社区的事务，指导变迁，就能把人类学的知识转化为行动，就能推广、普及某些社会人文价值观，对将要发生变迁的社区产生影响，促进其变迁。在这一积极参与的过程中，人类学家可以在科学研究特别是社会文化变迁的理论研究方面获得很大的成功。

以这种价值介入策略，康奈尔大学的人类学家在维柯斯庄园从事了总目标为提高印第安人生活水平和政治能力的应用性研究。通过积极的介入，人类学家参与维柯斯社区变化的全过程。他们既是变迁方案的设计者、执行者、行政管理者，也是印第安人的代理人、庇护者、指导者、对话者、仲裁人和方案的评估者。他们通过基础研究产生变迁方案，并通过不断地与印第安人对话获得反馈并修正变迁方案，连锁反应滚雪球似的形成一系列小规模的行动，同时也通过引进新技术与新的价值观，逐步引导与指导维柯斯印第安人，朝人类学家与当事人共同预设的变迁方向发展，在权力转让、提高生产力水平、共享财富、改善卫生与福利条件、增强该社区自我组织的政治机能、加强社区中民主决策能力等方面都取得了迅速的进展。

维柯斯计划积极参与介入的策略，也导致了应用人类学中另一种策略取向的形成。最初人们把这种带有价值介入的应用人类学研究称为“发展人类学”（development anthro-

---

① Barger W K，Rezal E. Process in Applied Sociocultural Change and the Farmworker Movement in the Midwest. Human Organization，1985（44）.

pology）。20 世纪 70 年代晚期以后，在布迪厄等的“实践理论”（theory of practice）和哈贝马斯（Jurgen Habermas ）的“新政治学”（new politics）的影响下，这种积极参与的价值介入的策略也转而形成注重人类学实践的实践策略。[①]

以实践策略作为原则的应用人类学家认为，只有让理论指导实践活动，并且让知识返回到它起源的原点上进行运用，研究主题的重大意义才能发生。因此，他们认为，在应用人类学研究中，应该竭尽主客观的可能性把人类学知识转化为实践行动，去解决社会生活中的种种实际问题。同时，他们也认为，重要的是如何在应用工作中充分发挥人类学的特色与特长，唯有这样，才能使应用人类学和其他学科的应用知识与方法区别开来，以获得更加切合实际和更有成效的结果，从而使应用人类学在激烈的应用知识市场的竞争中更好地推销自己，并使人们乐于接受。

正因为此，以实践策略为原则从事应用人类学工作的人类学家，往往比较注重应用研究的人类学特征。他们明确地提出，应该尽量完整地描述整个运用人类学知识解决问题的过程以及与当事人对话交流的过程，并要求人类学家把他们在这个过程中所扮演的角色及其作用点明，以显示与其他学科的区别。

20 世纪 80 年代以后，实践策略的应用人类学蓬勃发展，这一派别的人类学家不仅提供解决社会问题所急需的知识，而且通过积极参与、介入，把这些知识送回它产生的原点，转化为解决问题的行动，并通过对话式的交流，以克服与实际不符的观念和行动，使社区能合理地变迁与发展。在这样的发展中，这一派别的应用人类学为了便于应用研究和规范应用研究，使各种类型和层次问题的解决都遵循相同的阶段进行，也逐步理出了一套基本的程序与步骤来。根据沃尔夫（R. M. Wulff）与菲斯克（S. J. Fiske）的归纳与总结，实践策略的应用人类学研究的基本步骤大致如下：

（1）通过信息的调查去界定需求与问题，提供选择的方案。确定是什么样的问题和确定需求的特性是什么，确定是哪些人的问题与需求，确定问题的大小幅度、问题出在何处、有哪些人卷入其中。

（2）从众多可行性方案中选择其一以确定政策方向。分析与确定可以做什么；对与问题相关的系列因素加以分析后，对可行性方案进行再分析：各种供选择的变迁方案的预期效益及结果如何？不同群体的成本-效率如何？与问题相关的外在条件的限制如何？方案的危害性效应是否最小？方案是否公平？解决问题的方法行得通吗？方案应如何付诸实施？仔细考虑过实施过程中遇到的逻辑、法律、宗教、政治或其他方面的障碍吗？

（3）决定做什么及如何做，确定实践方式的规划及执行。为了使选定的目标顺利达成，哪些程序及行动过程可以设计出来？目标应该针对哪些群体？执行计划方案时有哪些优先的顺序？采取哪些行动更符合选定的目标？是训练计划，还是采取服务交付的方式，或是其他方式？

（4）评价所发生的结果。变迁过程生效了吗？有效率吗？人类学家价值介入的行动产生了哪些效果？是否有非预期的结果出现？计划方案是否达到目的？在什么样的层次上是成功的？在什么样的层次上是失败的或无效的？人们全力以赴所产生的成果都具有合法性

① 沃里．实践的应用人类学．中国人类学学会通讯，1993（5）．

吗？等等。[①]

以上为以实践策略为原则从事应用人类学研究的基本程序或步骤。当然，这些步骤或程序也不是固定不变和没有弹性的。上述的程序或步骤可以自由地组合。换言之，只要应用研究的不同组合能充分体现人类学的特长，能够体现实践策略的价值介入、理论指导实践的解决问题方式，就可以被认为是符合以实践策略为原则的研究。

参考书目

陈刚．应用人类学最新发展和在中国的实践文集．北京：民族出版社，2009.

石奕龙．应用人类学．厦门：厦门大学出版社，1996.

辛格尔顿．应用人类学．武汉：湖北人民出版社，1984.

庄孔韶．人类学经典导读．北京：中国人民大学出版社，2008.

Chambers E. Applied Anthropology. New Jersey：Prentice Hall，Inc.，1985.

Dobyns H F，et al. Peasants，Power and Applied Social Change：Vicos as a Model. London：SAGE Publications，Inc.，1971.

Eddy E M，Partridge W L. Applied Anthropology in American. 2nd Edition. New York：Columbia University Press，1987.

Ervin A M. Applied Anthropology：Tools and Perspectives for Contemporary Practice. 2nd Edition. Boston：Pearson，2005.

Foster G M，et al. Long Term Field Research in Social Anthropology. New York：Academic Press，1979.

Foster G M. Applied Anthropology. Boston：Little Town，1969.

Gearing F O，et al. Documentary History of the Fox Project，1948－1959. Chicago：University of Chicago Press，1960.

Willigen J V. Applied Anthropology：An Introduction. 3rd Edition. Westport：Bergin and Garvey，2002.

① Wulff R M，Fiske S J. Anthropological Praxis：Translating Knowledge into action. Boulder：Westview Press，1987：3－10.

第二十四章

全球化背景下的文化研究

第一节　全球化背景下的文化研究

一、人类学者的全球化解说

对于人类学来说，“全球化”不是文化同一化，而是商品、钱、人、图像、技术、知识和思想等各种客体和主体在全球范围内，以前所未有的广度和速度流动。“本土化”则是对应于上述“全球化”的另一个社会事实。同样，传统的复兴往往也是全球化过程中的一个内容。

一般来说，人类不同文化、不同社会群体、不同宗教信仰、不同思想的接触和冲撞有着与人类本身同样久远的历史。“全球化”（globalization）则是近年来媒体、学者、政治家等常常使用的。但与“全球化”有着密切关联的“西化”和“本土化”则是国内社会人文学界不衰的话题。对于外来学科理论、方法和范式的本土化问题则是长期以来国内学者的热门话题。其中有不少学者将本土化提到民族自觉或政治自觉的高度来讨论。我们认为，这种现象本身就是全球化过程的一种表现。从大量历史和民族志资料来看，本土性只有放到历史过程中才具有意义。当我们将某种社会或文化现象说成是“本土的”时，不但赋予了它空间的限制，而且也赋予它时间的限制。提倡学科本土化，实际上是作为社会文化能动者的倡导者本身对自身认同的文化的参与建构，它是全球化的一个具体内容。

虽然人类学界对“全球化”没有统一的定义，有些学者甚至对它提出质疑，但使用“全球化”的学者则越来越多。福斯特（Robert J. Foster）认为：

> 马克思和恩格斯在《共产党宣言》中认为，时间-空间的压缩是资本主义生产方式的特点，全球化描述了这一特点的过渡趋势。这也就是说，全球化意指图像、人民、货币、技术等各种主体与客体在全球表面上流动的急剧加速。这些流动在不断加速的同时，其传播距离也愈加遥远。其流动的网并不是固定不变的，也不是均衡的，并非每个事物都向所有方向的各个地方流动。正如拉斯（Lash）和乌尔利（Urry）所指的：实际上，这种流动是在非常明确的特定时间，向着非常明确的特定空间进行的。并且，这些劳力、资本和符号流动的具体时间和具体空间是由多个非常具体系列的制度决定的。

而这些起初是经济规则的各种制度，同时也表现为空间规则的各种制度。①

从以上定义可以知道，人类学者所指的全球化是全球范围内的社会、经济、文化或者“图像、人民、货币、技术等各种主体和客体”的流动。它们在世界范围的流动构成了新的、萨林斯所指的“多文化之文化”（a culture of cultures）②，或汉尼尔兹（U. Hannerz）所称的“多网之网”（a network of networks）③ 的全球社会文化体系。如果说上引学者的定义强调的是事物流动的广泛性和速度的快急，那么萨林斯所指的“多文化之文化”和汉尼尔兹所指的“多网之网”则强调的是文化的互动和交流。虽然人类文化接触古已有之，但至少直到发展到资本主义时代，并且是在打破了地区界限、国家界限乃至洲际界限之后，这种文化接触过程才被一些学者们视为具有“全球化”的意义。

社会学者费德斯通（Mike Featherstone）认为全球化过程是指全球文化相互联系的扩展。它同时又可以被理解为导致形成一个戈比托夫（I. Kopytoff）和汉尼尔兹所说的全球人寰（a global ecumene）的过程。而这里所谓的“全球人寰”指的是一个“持久的文化互动和交流的地域”。但他们都不认为全球文化正在或即将变得同一化。萨林斯指出：“在某种程度上，全球同质化和地方变异是同时出现的，后者是在本土文化自治（native cultural autonomy）的名义下对前者的回应。”④

人类学者看到的全球化是“克里奥化”（creolization）的、本土化（indigenization）的，或是“中体西用”的，而不是“可口可乐化”、“麦当劳化”或“美国化”的。所谓“克里奥化”强调的是在面对图像、物品、人民和货币的全球流动中，地方主体所表现的发明能力和创造力。

福斯特则认为全球化不是简单地意味着一种世界经济体系。它是关于已经进行着的上述各种主体和客体的流动的超加速过程的结果。在这些结果中，很重要的一点是前所未有的一种自觉的相对化。“换言之，全球化是关于想象，是关于与面对的人们和多个地方相联系的不同认同。”“全球化是一种反省过程。所谓反省是指面对由于根本的非地域化导致修正个人和集体认同的新可能性，从而使得对这些新可能性的自我检视和批判鉴别成为必须。”⑤ 对于这一点，近来社会学者和人类学者似乎有着共识。

阿帕杜莱（A. Appadurai）认为：“当今全球经济的复杂性与经济、文化和政治之间的某种根本的分离有关系，而对这种分离我们才刚开始进行理论探索。”为探索上述分离现象，他建议将全球文化流动的五个方面作为研究的基本框架。它们分别是：（1）族群图景（ethnoscapes）；（2）媒体图景（mediascapes）；（3）技术图景（technoscapes）；（4）金融图景（finanscapes）；（5）思想图景（ideoscape）。⑥

---

① Foster R J. Melanesians Anthropology in the Era of Globalization. The contemporary Pacific：A Journal of Island Affairs，1999，11（1）.

② Sahlins M. What is Anthropological Enlightenment?：Some Lessons of the Twentieth Century//北京大学社会学人类学研究所. 21世纪：文化自觉和跨文化对话. 1998.

③ Hannerz U. The Global Compact as a Network of Networks//Kuper A. Conceptualizing Society. London：Routledge，1992：34－56.

④ 同①.

⑤ 同①.

⑥ Appadurai A. Disjuncture and Difference in the Global Cultural Economy//Featherstone M. Global Culture. London：SAGE Publications，1990.

二、全球化背景下的文化研究

二战以后尤其是20世纪60年代以来，越来越多的人类学者关注各种全球性文化交流和互动的研究。

拉美学者萨维里亚诺（M. Savigliano）探讨了探戈舞的跨国变化过程。探戈舞起初是流行于阿根廷工人阶级的舞蹈，后来它被输出到欧洲，在那里被改编精炼成上流阶级的舞蹈。而后这一上流社会的舞蹈被引进日本，同时，它又被引回到阿根廷并在新殖民背景下变成了既适于工人阶级又适于精英阶层的阿根廷民族象征。[①]

1997年，詹姆斯·华生编著了《金双拱东进：麦当劳在东亚》（*Golden Arches East：McDonald's in East Asia*）的论文集。在该书序言的开头，华生就谈到了他和论文集的其他作者为何研究在大多数人看来并非人类学合适研究的题目的麦当劳"快餐"，并为他们的研究的学术道德合法性进行了辩护。与此同时，他还谈到这一研究的学术意义和价值。他引述了他常常对研究生说的行规信条（a mantra）："在田野工作中，你住在人们住的地方，你做人们做的事，你去人们去的地方。"因此他认为当世界上越来越多人去麦当劳、购物中心（shopping malls）、超级市场，以及录像带商店等地方时，如果人类学者不跟着他们去那些地方，那么人类学者就将失去其存在的意义。[②] 该书搜集了五篇关于麦当劳在北京、香港、台北、汉城（今首尔）和日本的"地方化"（localization）论文。

书中的第一章是由阎云翔撰写的《麦当劳在北京：美国文化的地方化》一文。说起麦当劳，人们通常会很容易想当然地认为它是"美国文化"的代表。在这篇文章中，阎云翔通过在北京麦当劳的田野调查，给读者讲述了麦当劳地方化的过程，并分析了中国消费者和麦当劳的经营管理者及其员工，是如何在互动中给这一原本"地道"的美国饮食文化赋予中国文化意义的。北京的麦当劳成为被地方化了的、中国版的美国文化的一个代表。

在美国，以快捷、价廉取胜，并被大众广泛接受的麦当劳，在北京也受到了热烈的欢迎，但其被赋予的意义与其美国祖源地却有很大的不同。麦当劳的"快捷"慢了下来。光顾北京麦当劳的中国顾客平均就餐的时间远远长于美国麦当劳顾客平均就餐的时间。作为美国便捷快餐店象征的麦当劳，在其北京的许多顾客眼里是悠闲消遣的好场所。麦当劳店堂里宜人的温控环境和悦耳的轻音乐，使不少中国顾客把麦当劳作为闲聊、会友、亲朋团聚、举行个人或家庭庆典仪式的好地方。被美国大众视为价廉的麦当劳餐食，在北京则成为正在形成的中产阶级群体常常可以就餐的地方，而对收入不高的大多数中国人来说只是偶尔可以光顾的地方。对北京的中国老百姓来说，麦当劳作为美国文化的符号意义比它作为快餐的符号意义更为重要。光顾麦当劳体验他们想象中的"美国文化"，要比去那里吃汉堡包填饱肚子更有意义。有些顾客把光顾麦当劳当作重要活动，不仅专门打的而去，还要留影纪念。为了吸引更多的家庭来聚餐，北京麦当劳把"欢聚麦当劳，共享家庭乐"作为他们主要的广告词之一。总之，在中国消费者、麦当劳的经营管理者和店员的互动中，北京麦当劳成了具有中国文化特色的"美国文化"。

---

① Kearney M. The Local and the Global：The Anthropology of Globalization and Transnationalism. Annual Review of Anthropology，1995（24）.

② Watson J. Golden Arches East：McDonald's in East Asia. Palo Alto：Stanford University Press，1997.

随着人类学研究日益被放到诸如世界资本主义体系的更大社会秩序的宏观结构背景下加以实践，人类学研究的方法也日益适应其研究对象的更加复杂化的趋势。人类学调查报告从传统基于单点（single-sited）参与观察研究向现今基于多点（multi-sited）参与观察研究转变。后者通常是横穿诸如“地方”和“全球”、“现实世界”（lifeworld）和“体系”（system）等二元关系的研究。① 近年来出现的多点人类学研究报告（multi-sited ethnography）往往和各种新的跨学科研究相联系，其中包括对传媒、科技和广义文化的各种研究。如对电视和电影产品以及大众对它们的接受情况的研究，对新生育技术和基因工程等生物技术的研究，对诸如互联网的新电子通信方式的研究，关于环保和中毒灾难的研究，等等。在多点研究实践过程中，人类学者采用或创造了相应的研究方法。马尔库斯将这些相应的研究方法归纳为如下几种：追踪人群的方法，追踪物的方法，追踪隐喻的方法，追踪情节、故事或寓言的方法，追踪生平经历或传记的方法，追踪冲突的方法，等等。②

传统文化的复兴是当今与“全球化”过程同样值得人们关注的社会文化实践。两种实践是共存的、互动的。其实，许多传统的复兴是对“全球化”的抗争。有些弱势文化或地方文化的激烈复兴运动，正是强势文化和多种外来文化的咄咄逼人造成的。在某种意义上，前一种“实践”是后一种“实践”的回应，反之也是如此。具体到近些年来国内出现的各种“传统”的“复兴”，无疑还有国内本身的政治和历史的原因。在许许多多的后一种“实践”中，与其说是传统的复兴，不如说是传统的再创造。当认真观察某种民间信仰的复兴时，往往可以在其中发现新的现代话语。如风水重新被“复兴”时，往往被加上某种非传统的，或与传统相去甚远的，诸如“生态保护”的科学话语。就是在近年来知识精英所复兴的儒学中，也免不了有西方二元论和人文主义思想的一些影子。因此这些“传统”已经不是原来意义上的传统。在外来文化被地方化的同时，地方文化往往也受到外来文化的影响而被非地方化（deindigenization）。从这个意义上说，在研究或探讨某个地方“传统”的复兴之时，在空间上不能不将其放到更大的社会文化体系或全球体系中去思考，而在时间上要关注其再生产的过程。

众所周知，宗教历来是人类学研究的一个重要内容。但在以往的研究中，人类学主要关注的是诸如部落的、祖先崇拜的或其他地方性的宗教传统，而对诸如基督教、伊斯兰教和佛教等跨地方的世界性宗教并没有给予很多的关注。近年来人类学者越来越多地关注这些世界性宗教在传播过程中如何与地方文化互动，并被赋予地方文化的意义。这些研究也充分表现了全球化背景下人类学文化研究的新动向。

三、小结

综上所述，世界资本主义经济体系的全球化使全球各种文化及其能动主体的流动达到了空前的规模和深度，而它又并没有使全球文化同一化。从某种意义上说，“本土化”和传统的复兴是“全球化”的重要内容。在“全球化”的背景下，世界上各个国家或各个地

① Marcus G E. Ethnology in/of the World System, The Emergency of Multi-sited Ethnology. Annual Review of Anthropology, 1995 (24).

② 同①.

区的各种文化构成了一个相互冲撞、交流和互动的全球多维网络的图景。在这个全球网络中，每一种文化都不再固定于一个地理位置上，而是在网络中做着不规则、不均衡以及不等速的运动。文化在空间上是流动的，在时间上不仅是被继承的，更是被创造的。因此，研究文化的过程，即文化的继承、文化的冲撞、文化的变迁。总之，文化的再生产和再创造，与研究文化的结构或文化的语法以及文化的“传统”有着同样重要的意义。在“全球化”背景下，人类学者不仅需要把自己研究的对象或问题放到多元文化背景下去探讨和分析，也要充分意识到被研究的文化是由在多元文化背景下生活的社会文化能动主体再生产和创造的。基于上述新的认识和新的理解，许多人类学者感到原有的各种研究方法和理论存在很多不足和缺陷，受到了极为严峻的挑战。因此，探索新的研究方法和理论，开拓新的研究领域，成为近几年来许多人类学者主要的学术实践和精力倾注的方向。在这些方面，中国人类学者也应该做出努力，并可以大有作为。

第二节　情感人类学

在20世纪七八十年代，西方人类学界被称为“后现代主义”或“后结构主义”的思想潮流。这些观念以及诸多所形成文字的作品在很大程度上改变了人们对田野调查、民族志书写、批判方式等人类学核心理论和方法论的认识，产生了对传统人类学知识生产即经验研究的怀疑。

可是在西方人类学界，受“后现代主义”影响最为明显的领域除了“新民族志”、文化研究，还有情感人类学。这是基于西方的学科知识在积累到一定程度之后所关注和思考的问题，在欧美近年来虽处方兴未艾之中，可也未能独树一帜，故而学者们未将其作为独立的分支学科和系统的知识体系进行引介。

情感或情绪自人出生之日起便伴随着人的一生，只要生命存在，情感就存在。可人类对于这些与生俱来的情感却并不了解与关注。主要原因是自启蒙以降的理性观，使得人们认为科学研究的主要手段是实证研究，是研究确定性的东西，而不是感性的和非确定性的。人类的情感自然不在“理性-进化论”时期研究范畴之内。

可是从某种意义上讲，作为一门关于情感的“新人类学”，在西方人类学思想史中的历史可谓并不短暂，与我们后来所称的“古典人类学”有着不解之缘。其萌芽最早可以追溯到1898年哈登率领的那次对托雷斯海峡著名大冒险。但在这个团队中有几位具有心理学知识背景的人类学家，如威廉·哈勒姆·里弗斯、塞利格曼（Charles Seligman）。

一、“心理-情感”研究

在这一团队中，对“心理-情感”模式建树最大的要数里弗斯。有着病理学和心理学背景的他在1892年时曾只身前往德国，向当时的心理学领军人物耶拿（Jena）学习，返回英国后在伦敦教授实验心理学课程并在一年之后在剑桥大学教授感官心理学理论，这些课程与讲演稿后来被整理成感官与视觉的主体论文得以面世，其中包括了以“精神主体”

为研究框架的托达人（The Todas）。①

里弗斯在人类学领域对于“心理-情感”模式的热情是想把人类学引入一个新兴领域的研究路径，以便更好地与国际学术圈接轨。为此，他加入了“英国心理理学协会”的诸多活动中，并致力于人体的情感系统研究。② 在民族学与情感研究的交叉领域内，里弗斯将注意力放在了美拉尼西亚社会。③ 他发现在英国的亲属称谓中，姑母（父亲的姊妹）在美拉尼西亚虽然与她的血亲集团存在着自然、客观的联系，但在情感上却遭到了格外的排斥，因此无法与英国存在的社会事实那样具有可比性。所以并不能仅凭血亲关系去寻找家族的历史与社会关系（包括汤加）。④ 里弗斯在某种程度上影响了之后关于情感在亲属关系中的实际运作，情感研究在“古典时代”的英国人类学界初露端倪。

在第一次世界大战期间，包括里弗斯在内的许多人类学家加入了英军在利物浦和爱丁堡的精神病医疗机构服务。⑤ 他们分析在战争中英军官兵如何能从身体机理和情感创伤中恢复过来。⑥ 一战及其以后的很长一段时间，由于英国人类学家的努力以及受到弗洛伊德主义的影响，“心理-情感”研究路径在人类学中影响日甚，在 1922 年就任英国皇家人类学协会主席并发表演讲时，里弗斯表明了他关于建立一个类似于后来美国人所强调的“大人类学”的全局性和整体性的考虑。⑦ 根据他本人和许多受到德国心理学影响的英国人类学家们的学术兴趣和个人经验，“心理-情感”模式占据着“大人类学”学科设想的相当比重，可惜，这一理想并未实现。

在“实证-结构论”时期的英国人类学被意识形态上的理性主义和田野工作中的经验主义套牢，在理性与感性的天平中逐渐地倒向了前者，但还是残留了一些情感研究的只言片语，比如拉德克利夫-布朗笔下的安达曼岛人所进行的死亡仪式中的情感流露：仪式激发出人们的情感，同时情感又将仪式推向高潮。⑧ 但是，此时的人类学情感研究比起里弗斯所设想的“大人类学”理念已经大大缩水，成了一种可有可无的方法点缀。

二战后的英国人类学与美国人类学有所不同，在一段时间之内还是受功能论的影响为主。关注的仍然是理性主义，以及社会变迁、社会冲突和“新结构主义”等。这些以英国本土特色为主的研究范式在后现代思潮形成之前一直占据着学术的主旋律。

与英国相比，大西洋彼岸的美国具有自身独特的学术土壤。美国现代人类学之父博厄斯一方面在德国专攻心理学，另一方面是地地道道的反种族主义者。所以，在人类学和心理学中，他均认同人类不分肤色、不分种族的心智一致说。美国人类学在博厄斯及其后发

---

① Rivers W H. Instinct and Unconsciousness. British Medical Journal，1921，1（3139）. Rivers W H. The Todas. London：Macmilan，1906.

② 在参加“英国皇家心理学协会”的活动期间，他与英国著名心理学家亨利结成了友好的工作关系，并将兴趣转向了人体感官与情感系统，致力于研究与开发人体抗疲劳药物。

③ Kuper A. Among the Anthropologists. London and New Brunswick：The London Press，1999：84.

④ Rivers W H. The Father's sister in Oceania. Folklore，1910，21（1）.

⑤ 还有迈尔斯和赛格利曼等。在二战时，心理学和心理人类学应用得更加广泛，逐渐发展出了军事心理学等分支学科和研究领域。Germany Army Psychologists Make Effective Use of Science. Science New Letter，1941.

⑥ Rivers W H. Psychiatry and The War. Science，1919，49（1268）.

⑦ Rivers W H. Presidential Address：A Unity of Anthropology. The Journal of Royal Anthropology Institute of Great Britain and Ireland，1922（52）.

⑧ 拉德克利夫-布朗．安达曼岛人．桂林：广西师范大学出版社，2005：77－80.

展的这一脉络强调不同社会文化的特殊性与真实性。① 可博厄斯不仅是一个经验论者，也是一名十足的宇宙论者，这使他在研究物质文化的同时也强调物质背后的情感因素和精神世界，比如他对原始艺术的研究。②

在学术研究中，博厄斯有意提升“心理-情感”模式在人类学中的位置是为了对抗“理性-进化”研究模式，因此在经验研究上他必须基于特殊历史、特殊社会的理解，而在研究逻辑上为了抗衡西方哲学主客二分法，又必须在现象与思维主体之间寻找出路。所以，美国当时的人类学作品与欧陆进化论那种使用比较法所展开的“全球通史”研究形成了鲜明对比。

为了将“心理-情感”模式与人类学概念和方法相结合，博厄斯和他的学生们使用了一些巧妙的策略。博厄斯开始对心理学进行批判③，后转向与心理学进行合作。在《原始人的心智》一文中，博厄斯反向提出了“原始人”与“文明人”有着相同的逻辑语言能力和对感知的感悟能力，人类具有不同的精神特质是由于他们所处的地理和社会环境，是后天文化造成的。④ 在经验研究方面，博厄斯和他的一些弟子们显然更加倾向于语言方面，他认为文化与语言的起源两者是平行关系，知晓一方也必然会知晓另一方，而在语言研究的刺激下，他开始更加肯定“心理-情感”研究模式在人类学研究中的理论与方法论地位，因为根据当地语言的使用可以对文化和集体的情绪做出分类。⑤ 也就是说，此时的研究特点是，情感、情绪主要是通过宗教和仪式表现出来的。

如果说上面的概述是表述美国人类学自生的情感人类学研究基因的话，那么还有一个因素促使它的发展是来自外部的，那就是当时在欧洲兴起的“功能-结构论”，特别是拉德克利夫-布朗在美国的讲学，刺激了北美的本土学者。而这一人类学研究范式多与社会学相结合，倡导将文化功能化，这一点也促使了美国人类学走向与历史学、心理学的结合之路。在博厄斯的影响下，他的学生们也对“心理-情感”模式产生了更深和更广泛的兴趣，在理论和方法的道路上，人类学不仅可以提炼出“文化模式”这一极具影响力的概念，而且可以总结出像“行为模式”这样带有浓厚心理学和交叉学科色彩的概念类型。⑥ 在这一时期，美国人类学出现了些许将“心理-情感”模式融入传统人类学的分析研究路径的努力，如《文化模式》（1934 年）、《菊与刀》（1946 年）、《写作与儿童》（1953 年）以及华裔美国人类学许烺光先生的一些作品等。这些作品的问世逐渐开启了人们通过“心理-情感”来理解文化、社会的视角。

美国人类学的“大人类学”在西方世界中算是较为成功的案例了，这与美国本土没有受到战争影响和综合国力的迅速上升很有关系。二战后的发展“心理-情感”模式虽然占据着一定的位置，但也并非学术的主流。学界的代表人物如莱斯利 · A. 怀特、朱利安 · 斯图尔德、马歇尔 · 萨林斯等人信奉的均是“新进化论”，以及后来出现的“政治经济学

---

① 罗维．初民社会．南京：凤凰出版传媒集团，江苏人民出版社，2006：253.

② 博厄斯．原始艺术．贵阳：贵州人民出版社，2004：59－68.

③ Boas F. The Limitation of Comparative Method of Anthropology. Science，1896，4（103）.

④ Boas F. The Mind of Primitive Man. Science，1901，13（321）.

⑤ Boas F. The Origin of Death. The Journal of American Folklore，1917，30（118）.

⑥ Sapir. The Emergence of The Concept of Personality in a Study of Cultures. Journal of Social Psychology，1934（5）.

派”。理性主义在战后相当长的一段时间内仍然是学科追求的精神气质。

二、情感研究与结构人类学

在“实证-结构论”时期，将人类学的情感研究推向另一个高度的当数世界著名人类学家列维-斯特劳斯。在《神话学：生食与熟食》“五官的赋格曲”一章中，作者使用了“神话-逻辑”的研究方法解释了美洲印第安人关于短暂人生和长生不死的神话。[①] 与其他神话研究所不同的是，列维-斯特劳斯使用了感觉代码（味觉、触觉、视觉）的相互对立与转换，沿着螺旋式的轴展开来体现不同民族、动物的情感特征和亲属关系，以及这些情感特征与文化背后所体现的生死观和宇宙观，由此来推测神话的隐秘统一性。

由于丰富的个人阅历，列维-斯特劳斯早就注意到了职业活动和情感体系之间存在着同根共源的关系。在 1978 年出版的妙趣横生的《嫉妒的制陶女》中，作者从具有嫉妒、自私、吝啬、贪婪等性格情绪特征的美洲夜莺以及与其对立的鸣禽、树懒等这些动物表现出来的口欲和肛门欲的情感和脾性出发，通过描述陶器的制造、夫妻间的嫉妒与不和、夜莺这三者之间的经验范畴和象征价值，阐述美洲大陆的人种分布、神话结构与思维逻辑的关系。[②]

这些在 20 世纪 60 年代之后兴起的有关神话、结构与情感的讨论和争议为文化的描述和阐述提供了一种民族志的表述方式。[③] 但这样的研究范式只是列维-斯特劳斯在研究视野上吸收了一些西方传统“心理-情感”研究的模式，以及某些哲学的分支学科的方法，对这些情感信息进行编码，通过对不同知识和面向的信息码进行关系的转化，使得神话研究更加丰富、逻辑上更加完美，却并非针对情感本身的经验实践与理论探索。

三、情感人类学的研究旨趣

在后现代理论开始兴起之前，这些关于情感的人类学研究虽然已经开始发展，但是却并没有把情感上升到理论与方法论的高度，对于情感的概念更是莫衷一是。他们所关注的问题并不是在研究的本体论上承认过去的经验研究的缺陷和对人类学的限制，理性主义始终要高于非理性因素。在研究对象上，人们仍然普遍认为社会文化的研究对象是“社会事实”而不是“情感事实”。

情感人类学逐渐摆脱以上的困境与三位思想家有关，他们是：保罗·利科（Paul Ricoeur）、福柯、埃利亚斯（Norbert Elias）。这三者在很大程度上都与弗洛伊德的理论有关，而且彼此也有相关性。利科的许多作品（如《历史与真理》[④]）谈及了研究人的方向与方法，即重视对情感、情欲的意义探究，使得人的意义、价值观、情感世界成为研究人的新领域，使研究人的知识论体系在单一的实证主义上增加了现象学与解释学的维度。福柯反对弗洛伊德和拉康的精神分析理论，认为情感特质与权力有着极大的关系。例如：欧洲

---

① 列维-斯特劳斯．神话学：生食与熟食．北京：中国人民大学出版社，2007：197－218.

② 列维-斯特劳斯．嫉妒的制陶女．北京：中国人民大学出版社，2006.

③ Needham R. Structure and Sentiment：A Test Case in Social Anthropology. Chicago：The University of Chicago Press，1960.

④ 利科．历史与真理．上海：上海译文出版社，2006.

近代化以来的性不是像以前认为的那样是被压抑的，而是通过权力部门在不断地被激活；基督徒“苦行”不是出于“原罪”，而是出于“自我的教化”。[①] 而埃利亚斯认为，欧洲文明化的过程就是对人类肢体暴利的控制，他相信人类情感的变化与生活方式的变化类似，如攻击欲、战斗欲。[②] 埃利亚斯综合心理学、历史学、社会学、人类学、文学批评的视角，不仅搭建了一种情感研究框架，而且完成了体系最庞大、最具有启发性的相关研究作品。

情感人类学也经历了一个“建构论”时期，因为在后现代的初期，“建构论”似乎成了那个时代的主流，但问题在于“建构论”适用于所有的问题研究，从而无法彰显情感的特殊性，更没有直接面对情感本身。20 世纪 80 年代末，情感人类学的研究旨趣开始发生了一些显著的变化，还是归功于埃利亚斯对西方近代化过程中观念与情感的变迁给予的独到的历史社会学解释，以及一些人类学家对宗教和仪式的深入研究。

对于莫斯关于礼物中“豪”的概念，情感人类学的研究逐渐认识到礼物的流动并不是完全因为物品中有精灵或者是神秘力量，而是由神圣之物所激发的情感，既不神秘，也不是附生现象。[③] 面对收礼者未能如期回报礼物，施礼者会产生失望、羞愧、悲伤、愤怒等情绪，从而有可能导致他们诉诸巫术和暴力，对收礼者进行处罚，从而恢复自己的名誉和修复情感。这样的视角有利于我们更好地审视“民族-情感”与“社会-文化”之间的关系，这些关系既是社会的，又是理性和情感的。[④] 更进一步地阐述这一主题的是马斯奇欧（T. Maschio）关于饶图人（Rauto）的情感人类学研究，强调了文化的整体性，认为情感更能充分表明现象和经验。[⑤] 林德洪（Lindholm）从巴特在 20 世纪中期观察到的斯瓦特人的社会政治组织研究中发现，虽然因为此处海拔较高、土地资源稀缺、人们需要精耕细作[⑥]，人们会产生内部的差异、不平等、对抗/竞争、独立、攻击性等[⑦]，但是另一方面，人与人之间也表现出不同寻常的友情，以及对陌生人的亲切和庇护，因此在社会结构之外似乎还存在着一个与之相匹配的情感结构[⑧]。

在仪式过程中，人类最能表达其情感结构（emotion structure），从亚马孙雨林到菲律宾及其广大的中间地带均是近年来情感人类学的研究重镇。罗萨尔多对菲律宾伊朗哥人（Ilongot）的猎头史进行研究。在猎头行动中，年长者指导年轻人，让后者释放自己的暴力与激情，前者则强化自己的权威。[⑨]

而美拉尼西亚社会是一个在物品交换机制上建立起来的“阶序”社会。康奈尔（F. Connell）对菲律宾比科尔（Bicol）的研究表明，在被西班牙和美国殖民之后，当地人虽然信

---

① 福柯．性经验史．增订本．上海：上海世纪出版集团，2009：增订版序言 2-3.

② 埃利亚斯．文明的进程．上海：上海译文出版社，2010：201-216.

③ 古德利尔．礼物之谜．上海：上海人民出版社，2007：159.

④ 同③.

⑤ Maschio T. The Narrative and Counter-Narrative of the Gift：Emotional Dimensions of Ceremonial Exchange in Southwestern New Britain. Journal of the Royal Anthropological Institute，1998（4）.

⑥ 巴特．斯瓦特巴坦人的政治过程：一个社会人类学研究范例．上海：上海人民出版社，2005：7-11.

⑦ 同⑥60-91.

⑧ Lindholm C. Generosity and Jealousy：The Swat Pukhtun of North Pakistan. New York：Columbia University Press，1984.

⑨ Rosaldo M Z. Knowledge and Passion：Ilongot Nations of Self & Social Life. Cambridge：Cambridge University Press，1980.

奉天主教，实际上传统的巫师、精灵等在生活中仍然具有信仰基础的地位。如何对各种文化进行协调？只有根据当地人的情感结构深处中的怜悯与爱才能理解这一历史文化过程。[①]

除了情感是人类学所强调的“整体性”的一部分之外，如何对身体、情感、文化进行感知也是当下人类学所研讨的一个十分新颖的话题。一群加拿大学者对这一领域有着明显的研究优势，特别是康斯坦斯·克拉森（Constance Classen）发挥了重要的作用。[②]

牛津大学的艾瓦特（E. Ewart）从 20 世纪 90 年代中期开始对亚马孙雨林中的帕那拉人（Panara）的研究所采取的策略是将视觉、听觉和语言表达看成是一个双向和多项的情感表达系统，只有部落中有地位的人才能进行演说，他们占据着部落的中心，妇女则散落在边缘，听众只能带着耳朵来聆听，不可随意打断。这表明人们具有普遍的相互信任、依赖、爱，一个好的演说者可以通过演讲巩固自己的地位。而女人在重要的仪式中跳出优美的舞蹈，情感的体验表现为美学与道德的一致性，他们是一群深情的、感性的民族。[③]

另一项十分有趣的研究是关于“后苏联时期”俄罗斯市场经济转型、消费实践中味觉、情感与民族主义之间的关系。对于多数俄罗斯人来说，拥有和想用外国商品表现了自己拥有正式的、其他的经济活动能力，除此之外，这些商品也向他们提供了表述国家和国家社会主义的机会。人们在对国家不满的时候，往往会消费更多的外国商品。而排斥追求和模仿欧美商品的行为，则体现了人们强烈的爱国情怀、民族主义、地方观念，商家利用消费者对国家的自豪感来占据更多的市场份额。[④] 不同的消费方式代表了在苏联解体影响之下社会不同群体的反应和成长过程，显然，人们存在着一个“情感惯习”（emotion habit）来维持社会的传统与秩序。

从中国传统感官概念做进一步探索的情感人类学论文也不少，如牛津大学的许小丽（E. Hsu）。她强调了感知之所以得不到人们的重视与研究，是因为在科学上总是模棱两可、难以界定。她的论文以传统中国文化为理论资源，对中国人所说的“窍”（openings）、“热”（hot）等进行阐述。她发现从人们的“神态”中可以感知出不同的情感。[⑤] 诚然，从宗教史角度来看，自然的人与超自然的神之间的联系在很大程度上正是凭借着“超感官”力量来实现的。

台湾地区跟进这一研究旨趣的是由余德舜主编的《体物入微：物与身体感的研究》。这是一部集合了人类学、历史学、建筑学、传播学等学科的研究著作，围绕的主题是通过物质文化与身体感如何认知世界。其中部分文章涉及情感问题的研究，如对“烦”的研究。[⑥] 该研究除了能产生学理上的共鸣之外，还能让研究者进入到研究对象的内心深处，由小见大。

---

① Connell F. Power and Intimacy in the Christian Philippines. Cambridge：Cambridge University Press，1999.

② Classen C. Worlds of Sense：Exploring the Senses in History and Across Cultures. London and New York：Routledge，1993. Classen C. The Color of Angels：Cosmology，Gender and the Aesthetic Imagination. London and New York：Routledge，1998.

③ Ewart E. Seeing，Hearing and Speaking：Morality and Sense among the Panara in Central Brazil. Ethnos，2009，73（4）.

④ Melissa C. The Taste of Nationalism：Food Politics in Post-Socialist in Moscow. Ethnos，2002，67（3）.

⑤ Hsu E. The Sense and the Social：An Introduction. Ethnos，2008（73）.

⑥ 廖经庭．“科际整合”的新典范：读《体物入微：物与身体感的研究》．全国新书资讯月刊，2001.

在“感官-情感”的研究模式中，学者们注意到如何通过重新界定感官及其概念，研究个体、群体与外部世界的沟通渠道来进行双向与多向度之探索，通过把握感官来分享经验世界，通过对感知世界的研究来打造一个知性的世界。

四、中国人类学与情感人类学

中国人类学对情感人类学这一问题的关注大致始自世纪之交。台湾地区“中央研究院”近代史研究所所出版的《礼教与情欲：前近代中国文化中的后/现代性》主要讨论了17世纪以降“情欲觉醒”和“礼教复兴”是中国社会文化的两大发展特征，这两股力量看似对立，却又不断地在对话，凸显了那个时期社会文化的情感分化以及文化功能化。①

此外还有“中央研究院”民族学研究所举办的学术研讨会“述说、记忆与历史：以‘情与文化’为核心的论述”“情感、情绪与文化”等。最为重要的是该所出版的《人观、意义与社会》这部论文集，涉及14篇主题论文，有多篇涉及情感研究的问题，以潘英海先生的《面相与一个中国“人”的观念》为例，他从面相对于人的生物体、社会体、象征体、意义体、实践体的建构的路径入手对中国的人观进行分析和讨论。文章受到福柯等关于情感研究的理论启发，讨论了面相中的人观，探索了人的自我观照、实践与情感之间的理论可行性。②

历史、语言学家杨联陞先生从历史学和社会学的角度出发，研究了中国文化中的“报”文化。他上从中国传统的儒家道家经典、江湖文化，下到社会关系，分析了“报”在维系中国人社会关系中的价值，探讨了中国人的情感价值（善恶、期许、报偿）和儒道之道德伦理（德、怨）与宗族主义的关系，认为“报”可以贯穿中国各个社会阶层，是中国社会关系的一个基础。③

著名人类学家许烺光先生认为，中国家庭传统关系“父子轴”中包含着“仁”的儒家理念，体现了中国人的父子之间以爱、孝为特点的情感与文化特质。中国人的自然情感与文化所形塑的社会道德、亲属集团及其继嗣均有十分紧密的关系④，并且这一关系在处理人与人、人与物、人与文化互动的场域当中体现了心理与社会的动态平衡。

张慧把西方情感研究中重要的“嫉妒”情绪，与本土的“眼红”“红眼病”等“仇富”心理相联系，以此阐释当代中国财富不平等、暴富等现象，讨论了中国乡土社会嫉妒的发生、控制、消解机制。⑤

庄孔韶在爬梳先秦儒家经典时发现并强调了“过化”的概念及儒学实践者对这一概念的使用。所谓的“过化”通俗来说就是古代儒家圣贤用仁义、孝悌、亲慈等自然情感和文

① 熊秉真，吕妙芳．礼教与情欲：前近代中国文化中的后/现代性．台北：“中央研究院”近代史研究所，1999.

② 潘英海．面相与一个中国“人”的观念//黄应贵．人观、意义与社会．台北：“中央研究院”民族学研究所，1993：163－202.

③ 杨联陞．报：中国社会关系的一个基础//刘梦溪．洪业·杨联陞卷．石家庄：河北教育出版社，1996：681－881.

④ Hus L K. Under the Ancestors' Shadow：Kinship，Personality，and Social Mobility in China. Palo Alto：Stanford University Press，1975.

⑤ 张慧．羡慕嫉妒恨：一个关于财富观的人类学研究．北京：社会科学文献出版社，2016.

化道德来感化民众。圣贤们除了自己身体力行之外，还要使用语言和文字对它们进行播化。它在方法论上强调本土人类学的“直觉主义”，不仅基于中国人的情感相通，而且也是中国哲学、哲人之思维方式和民众生活方式的重要组成部分。① 通过对儒家经典的再思与“过化”的传播方式，我们不仅可以了解中国人的某些“现在理念”之来源、检视早期儒学过程、诠释文化哲学之实践所创造的亲属制度，还可以洞察中国人性当中的似墨渍弥散般的非强力推进之“自我教化”的理念与实践。②

五、结语

在后现代之前，人类学的情感研究在英美走过了不同的道路，前者更偏向于弗洛伊德主义、心理病理学、生活史等，在研究范围上较为集中于非洲、南太平洋、澳洲地区；而美国人类学则更偏向于语言学、社会心理学、人格论等，北美和太平洋地区是他们关注的地区。

“情感人类学”这一术语产生于20世纪80年代。③ 它的理论来源十分复杂。之所以受到热捧，也正是因为其交叉学科理论与研究方法的魅力，在理论的发展上存在着较大空间，同时也存在着受其启发的相关性研究，如吉登斯对现代性的探讨。④

情感人类学的跨学科性较强，要对其进行理论突破，对传统概念——话语、规训、实践、能动——进行整合或者替代，保卫政治上的自由。⑤ 同时，这样的特点也导致了有时难以分清楚研究客体的具体边界。加之它的发展在很大程度上还得依赖于其他学科的研究进展，特别是在生物学和心理学领域，以及对人性与文化多样性的研究、对理性主义的进一步反思，可这并不意味着它向玄学、天意论和宗教激进主义的靠拢。

以上原因都困扰着“情感人类学”是否可以作为一门人类学的分支学科。当下海内外学者对此也是莫衷一是。但从学科史发展的长时段来看，人类学对于人的研究大致处在主观与客观、理性与感性的两极之间摇摆。理性主义好比“文”的一端，象征着人类被社会与文化规训；而对于情感的研究则好比“质”的一端，代表着人类的自然、本真与质朴。孔子说：“质胜文则野，文胜质则史。”如何在这两端之间寻找一条平稳、平衡的研究之路，做到“文质彬彬”，或许将来的人类学理论发展会带来答案。

从当今中国人类学对情感问题的重视和总体研究情状来看，尚未有专门的学术团队、学术机构加以关注。在引进西方情感人类学的一些研究向度之时，对中国古典文献中丰富的情感人类学资源加以利用，并在古今关联的线索上做理论提升，是国内学者在学术交流中独抒己见的可能的途径之一。

参考书目

埃利亚斯．文明的进程．上海：上海译文出版社，2010.

---

① 庄孔韶．银翅．台北：桂冠书局，1996：484－511.

② 庄孔韶．早期儒学过程检视：古今跨学科诸问题之人类学探讨//庄孔韶．人类学研究：第1卷．北京：知识产权出版社，2012：1－43.

③ 鲁特茨（C. Lutz）和怀特（G. M. White）合力撰写了情感人类学理论回顾，并试图使其成为人类学的一个分支学科。

④ 吉登斯．现代性的后果．南京：凤凰出版传媒集团，译林出版社，2011：80－87.

⑤ Reddy W. Emotional Liberty：Politics and History in the Anthropology of Emotion. Cultural Anthropology，1999，14（2）.

巴特．斯瓦特巴坦人的政治过程：一个社会人类学研究范例．上海：上海人民出版社，2005.

博厄斯．原始艺术．贵阳：贵州人民出版社，2004.

福柯．性经验史．增订本．上海：上海世纪出版集团，2009.

古德利尔．礼物之谜．上海：上海人民出版社，2007.

吉登斯．现代性的后果．南京：凤凰出版传媒集团，译林出版社，2011.

拉德克利夫-布朗．安达曼岛人．桂林：广西师范大学出版社，2005.

利科．历史与真理．上海：上海译文出版社，2006.

廖经庭．“科际整合”的新典范：读《体物入微：物与身体感的研究》．全国新书资讯月刊，2001.

列维-斯特劳斯．嫉妒的制陶女．北京：中国人民大学出版社，2006.

列维-斯特劳斯．神话学：生食与熟食．北京：中国人民大学出版社，2007.

罗维．初民社会．南京：凤凰出版传媒集团，江苏人民出版社，2006.

潘英海．面相与一个中国“人”的观念//黄应贵．人观、意义与社会．台北：“中央研究院”民族学研究所，1993.

熊秉真，吕妙芳．礼教与情欲：前近代中国文化中的后/现代性．台北：“中央研究院”近代史研究所，1999.

徐鲁亚．后现代民族志的宣言//庄孔韶．人类学经典导读．北京：中国人民大学出版社，2008.

杨联陞．报：中国社会关系的一个基础//刘梦溪．洪业·杨联陞卷．石家庄：河北教育出版社，1996.

张慧．羡慕嫉妒恨：一个关于财富观的人类学研究．北京：社会科学文献出版社，2016.

庄孔韶．银翅．台北：桂冠书局，1996.

庄孔韶．早期儒学过程检视：古今跨学科诸问题之人类学探讨//庄孔韶．人类学研究：第1卷．北京：知识产权出版社，2012.

Boas F. The Limitation of Comparative Method of Anthropology. Science，1896，4（103）.

Boas F. The Mind of Primitive Man. Science，1901，13（321）.

Boas F. The Origin of Death. The Journal of American Folklore，1917，30（118）.

Classen C. Worlds of Sense：Exploring the Senses in History and Across Cultures. London and New York：Routledge，1993.

Classen C. The Color of Angels：Cosmology，Gender and the Aesthetic Imagination. London and New York：Routledge，1998.

Connell F. Power and Intimacy in the Christian Philippines. Cambridge：Cambridge University Press，1999.

Ewart E. Seeing，Hearing and Speaking：Morality and Sense among the Panara in Central Brazil. Ethnos，2009，73（4）.

Hus L K. Under the Ancestors' Shadow：Kinship，Personality，and Social Mobility in China. Palo Alto：Stanford University Press，1975.

Hsu E. The Sense and the Social：An Introduction. Ethnos，2008（73）.

Kuper A. Among the Anthropologists. London and New Brunswick：The London Press，1999.

Lindholm C. Generosity and Jealousy：The Swat Pukhtun of North Pakistan. New York：Columbia University Press，1984.

Reddy W. Emotional Liberty：Politics and History in the Anthropology of Emotion. Cultural Anthropology，1999，14（2）.

Melissa C. The Taste of Nationalism：Food Politics in Post-Socialist in Moscow. Ethnos，2002，67（3）.

Maschio T. The Narrative and Counter-Narrative of the Gift：Emotional Dimensions of Ceremonial Exchange in Southwestern New Britain. Journal of the Royal Anthropological Institute，1998（4）.

Needham R. Structure and Sentiment：A Test Case in Social Anthropology. Chicago：The University of Chicago Press，1960.

Rosaldo M Z. Knowledge and Passion：Ilongot Nations of Self & Social Life. Cambridge：Cambridge University Press，1980.

Rivers W H. Instinct and Unconsciousness. British Medical Journal，1921，1（3139）.

Rivers W H. The Todas. London：Macmilan，1906.

Rivers W H. The Father's sister in Oceania. Folklore，1910，21（1）.

Rivers W H. Psychiatry and The War. Science，1919，49（1268）.

Rivers W H. Presidential Address：A Unity of Anthropology. The Journal of Royal Anthropology Institute of Great Britain and Ireland，1922（52）.

Sapir. The Emergence of The Concept of Personality in a Study of Cultures. Journal of Social Psychology，1934（5）.

第二编

影视作品

本编影视资源请
扫描二维码观看

第一部 《陶灯》(*Diya*)

影片制作：朱迪斯·麦克杜格尔（Judith MacDougall）

影片长度：54 分钟

出品时间：2001 年

影片提要

"Diya"是一种赤陶油灯，是印度传统节日排灯节（Diwali）所不可或缺的物品。民族志电影《陶灯》讲述的就是关于这种油灯的故事，故事发生在印度北部一个叫作德拉敦（Dehra Dun）的小镇上，影片内容分为三个部分。

第一部分，最先进入镜头的是陶土。此时，距排灯节还有 5 天，这也是陶匠一年中唯一一次可以通过自己的手艺获得丰厚利润的时节。因此，Lal 一家异常忙碌。女主人负责准备陶土，这些陶土随后在男主人灵巧的手下变成一个个小碗状的灯盏。在风干之后，经过简单的仪式，灯盏被送入新起的窑里，烧制几天之后陶灯才最终制作完成。

第二部分，场景从 Lal 家的院子切换到了巴扎（Bazaar）。在这里，陶灯与其他节日用品如神像、花灯、花瓶、焰火等被作为商品出售。在讨价还价声中，陶灯以约 4 卢比 25 个的价格被人们买走。

第三部分，场景从集市再度转回家庭，Gaur 一家正在为排灯节做准备：精心装饰神龛，绘制地画，摆上点燃的陶灯……从她们的歌声中，可以了解到这样做的意图："今夜拉希米（Lakshmi）将来到我们门前……所以我们要点亮房子……"拉希米是象征财富的女神，点亮油灯可以吸引女神到来，从而得到她的祝福和眷顾。在烟花爆竹声中，陶灯被带到街上，并被留在那里，逐渐回归于土。

至此，陶灯完成了其从陶土（earth）到集市上被交易的商品（commodities），再到仪式中使用的圣物（scared objects）的完整的社会生命过程，但与陶灯相关的人们的生活仍在继续。节后，场景又转回到陶匠 Lal 家，可以看到祖父的房子已经破土动工，烧制陶灯的窑已经被拆了。虽然孩子们对于陶灯制作的各个环节都跃跃欲试，如费力地拨动制陶的转盘，做出一个不太像样的陶灯等，但男主人却希望儿子以后不再像自己一样继续做陶匠，而希望良好的教育可以给他们更好的生活。

人类学家阿帕杜莱于 20 世纪 80 年代提出"物的人类学"研究，主张将"物"作为独立的研究对象进行讨论，并且认为通过对物的轨迹的分析，能够解释人的行为。① 影片制作者朱迪斯·麦克杜格尔所在的澳大利亚国立大学跨文化研究中心曾提出一个关于物的社会生命史的研究项目，致力于对物尤其是那些跨越社会文化边界的物的制造、消费和被弃

① Appadurai A. The Social Life of Things：Commodities in Cultural Perspective. Cambridge：Cambridge University Press，1986.

置的过程进行影视角度的分析。[1] 电影《陶灯》就是该项目的成果之一，它为物质文化研究提供了一种新途径。同时，对人类学“物的生命史”的研究而言，该片无疑是一种丰富和创新，因为它提供了一个影视视角。当然，研究物，最终还是与人有关，所以片中还展示了围绕着陶灯的人的生活，以及他们与陶灯之间的互动。

本片曾于 2001 年在纽约的玛格丽特·米德电影节（Margaret Mead Film Festival）和德国的弗莱堡电影节（Freiburg Film Festival）上展映。

（撰写人：方静文）

请进一步阅读下列作品

1. 庄孔韶．人类学概论．2 版．北京：中国人民大学出版社，2015：第 5 章．
2. 潘守永．物质文化研究：基本概念与研究方法．中国历史博物馆馆刊，2000（2）．
3. Appadurai A. The Social Life of Things：Commodities in Cultural Perspective. Cambridge：Cambridge University Press，1986.

第二部　《端午节》（*The Dragon Boat Festival*）

编导兼制片人：庄孔韶

拍摄：杨树

拍摄时间：1989 年

新版制作时间：2012 年

1989 年人类学调研摄制小组：庄孔韶、杨树、张小军、王燕平、林忠诗

2012 年新版编辑制作：庄孔韶、刘湘晨、曲珍、顾吉锋、加拿提别克·木哈买提汗、吐尔逊江·雪和来提

影片长度：25 分钟

影片提要

1987 年至 1989 年期间，庄孔韶教授来到林耀华先生知名人类学著作《金翼》的故事发生地——福建省闽江流域做田野回访调查，写成学术续本《银翅》（繁体字版，台北，桂冠书局，1996；北京，三联书店，2000）。

1987 年，得知华东水口电站将改变水位，《金翼》和《银翅》描述中的谷口、水口、莪洋等乡镇农村将全部或部分受淹，作者萌生了拍摄反转片和电影的念头，遂付诸实施。这无疑是移民搬迁前的最后一次端午节。《端午节》展示了“金翼”黄村、谷口、莪洋镇农民从容参与的各种民俗事项，家庭邻里的日子有条不紊，赛龙舟体现向上精神与村寨情谊，此外还有游神活动。在美国华盛顿大学博士后研究期间，郝瑞教授和他的研究生配音完成《端午

---

① 参见 Celia Bridgewater、Ursula Frederick 和 Julie Gorrell 汇编的澳大利亚国立大学跨文化研究中心（The Centre for Cross-Cultural Research，The Australian National University）《2001 年年度报告》（*Annual Report 2001*）。

节》英文版参展并入围1992年玛格丽特·米德电影节，同年交由华盛顿大学出版社正式出版。2000年三联书店推出《银翅》简体字版时，首次以文字专著和影片《端午节》合璧的形式出版人类学学术作品。围绕《金翼》《银翅》《端午节》等作品，1994年，庄孔韶还在华盛顿州举办了摄影个展，在国内先后出版了散文、诗集随笔等。1995年，庄孔韶首次提出“不浪费的人类学”田野实践理念。庄孔韶将影视人类学作品看作人类学家田野工作的组成部分之一，意在运用多种手段，更好地展示、诠释和理解地方文化的意义与内涵。《端午节》可以被看作在同一调查点上的多元研究成果之一。

以下是著名人类学家林耀华教授、夏威夷大学东西研究中心人类学教授吴燕和先生、日本岐阜大学长谷川教授，以及法国远东学院影视人类学专家和道教研究专家范华教授在20世纪90年代的评论，搜集如下，仅供参考：

庄博士和他的一个摄制小组在福建闽江边拍摄了《端午节》，记录了地方农家生活、龙舟竞渡和游神场景。（我再次看到了童稚时熟悉的小镇风貌，那就是《金翼》里描述过的!）我想，无论是该片的普及版还是学术版，都适于配合《金翼》《银翅》成为一个系列作品，使读者方便了解中国地方社会百年变迁的多重领域。

——林耀华：《银翅》序（1995年1月27日）

这部短片的真正贡献在于它捕捉到了闽南（应为闽东——笔者注）地区民俗和宗教实践的丰富而罕见的视觉材料，该地区正是17至19世纪许多东南亚华人移民的故土。若辅以充分的介绍和背景阅读，本片将成为人类学、亚洲研究或者比较宗教等大学课程上有益的视觉呈现。

——吴燕和：《亚洲研究》，Vol. 53，No. 1（1994年2月）

本片记录了1989年6月在莪洋——福建省东南部闽江上的一个汉族社区——举办的龙舟赛的仪式。一段时间以来，在中国，无论是对汉族还是对少数民族的宗教信仰和仪式进行田野研究都是极度困难的，对龙舟赛的人类学研究也不例外。本片之所以吸引人，首先在于它记录的不仅有传统的仪式，也有中国地方社会的现状，后者受到近年来巨大变迁的影响；另一个有趣之处在于这个影视民族志出自一位近期在国内外都非常活跃的中国学者之手。

——长谷川：《亚洲民族学》，Vol. 55（1996年）

我可以举中国的一个例证，这就是人类学家庄孔韶有关端午节的电影，其中每个镜头都具有这种本真的、自然的素质。相反，很多有关人类学内容的电影，如关于云南摩梭人、贵州傩戏的电影，就未能击中要害，其原因在于民族中心论、浅薄的异国情调，或者是对一个民族真实传统内容的一窍不通。

——范华：《为公安派辩护》（1998年10月）

在《端午节》课堂放映的同时，可以引申思考的是：大自然、节气和农民生活方式的相关性；“物”的文化内涵，如“粽子”“豆娘”等；龙舟赛组织的过去与现在，以及“屈原祭”的考证；对“游神”的乡土社会意义，以及地方“临水陈太后”（陈靖姑）和不同道士身份（“黑头”“红头”）的展开研讨；搬迁、科技、交通、市场、通信进步对农业社群的影响等。均可结合林耀华《金翼》（1944年版）和庄孔韶的《银翅》相关章节内容进一步讨论。当然，电影拍摄如何与文字撰写相配合的问题，涉及的仅仅是局部的思考，还是整体性的思考，受到多重因素影响，因此文字/电影表现手法和文化诠释的意义之间的关系也是课堂讨论的要点之一。关于拍摄福建端午节的调研随笔，请见庄孔韶《五月的心声》。

（撰写人：张猷猷、宋雷鸣）

请进一步阅读下列作品

1. 闻一多．端午考//闻一多．闻一多全集：第1卷．北京：三联书店，1982.
2. 闻一多．端午的历史教育//闻一多．闻一多全集：第1卷．北京：三联书店，1982.
3. 庄孔韶．五月的心声//庄孔韶．远山与近土：田野纪行．武汉：湖北教育出版社，2001.
4. 萧放．端午节俗的传统要素与当代意义．民俗研究，2009（4）.

第三部　《家族》（又名《双凤辞典》）

导演：贾丁
影片长度：56分钟
出品时间：2006年

影片提要

纪录片《家族》讲述的是发生在湖南湘西一个土家族村落里的故事。

双凤村是湖南湘西的一个土家族寨子，寨子里的村民几乎全部姓彭，彭氏家族已经在这里繁衍了26代，分成大房、二房、三房三个分支，其中大房人少，二房和三房便成了村里的主要势力。

按照土家族的传统，家族要定期举办祭祖的活动，二房长者和三房长者都希望自己能够主持这项活动。恰逢此时，村里开始了两年一度的村民民主选举，两房的年轻人都对村主任的职位跃跃欲试。就这样，寨子里的老人们为了祭祖发生了矛盾，年轻人则为了能当上村干部开始了竞争。

祭祖之争。二房长者彭武韬和三房长者彭英威各有优势。彭英威年长，对祭祖的传统习俗更为了解。而彭武韬虽然年纪小，辈分却比彭英威高，而且有文化。此外，他的父亲曾经是很有能力的族长，族人之间"打架扯皮都是他解决的"。这一历史在彭武韬看来，无疑构成了其合法性的根源。此时，重孙的出世使得彭英威在村里第一个当上了祖爷爷。根据习俗，祖爷爷要在孩子降生的第十天大摆筵席，款待乡亲，谓之"打十早"。在鞭炮声和亲朋好友的祝福声中，彭英威喜笑颜开，香火延续、后继有人为他增加了声望和"资本"。但是彭武韬自始至终没有来贺喜，以此表达自己的不认可。影片呈现了两组祭祖之争的镜头，两位老人的第一次交锋在一位中间人的见证下进行，但双方互不相让。彭英威说"反正我要搞"，彭武韬则说"反正我也要搞"，最后不欢而散。在第二次交锋之前，两人各自与自己一房的人商议，争取支持。但增加了各自支持者的第二次交锋依然未能动摇两位固执的老人，争论无果而终。

换届选举。宗族势力对于选举的影响在双凤村长期存在。为此，从乡镇到村里的干部在选举之前一再强调：反对宗族势力、山头意识、拉帮结派。村支书的一番话颇有代表性："你们族间的事……与我们村支部、村委会是两码事……作对……就凌驾于党纪国法之上了。"

影片的结尾颇具喜剧性：村里的换届选举因为候选人得票没有过半而宣告失败；祭祖活动如期举行，但却是由村民自发组织的，彭武韬和彭英威都未能如愿当上主持人，摆手堂前的篝火映照出两人落寞的神情。

回顾整部片子，祭祖和选举两条线索，沿着各自的轨迹推进，但又不时交叉。摆手堂-村委会、族长-村主任、族法-国法，一系列相对的意象和概念凸显出传统乡村宗族势力与现代村落政治的交集和博弈。作为组织双凤人社会生活的两种不可或缺、截然不同又无法相互取代的方式，如何实现二者的相融共生、互补互促是乡村治理和发展所面临的核心问题，值得所有人深思。

（撰写人：方静文）

请进一步阅读下列作品

1. 庄孔韶．人类学概论．2 版．北京：中国人民大学出版社，2015：第 14 章．

2. 肖唐镖．宗族、乡村权力与选举：对江西省十二个村委会选举的观察研究．西安：西北大学出版社，2002.

3. 王习明，贺雪峰，陈涛．遭遇选举的乡村社会：荆门市第四届村委会选举观察．西安：西北大学出版社，2002.

4. 杨善华．家族政治与农村基层政治精英的选拔、角色定位和精英更替：一个分析框架．社会学研究，2000（3）．

5. 金太军，王军洋．村民选举过程的家族博弈：集体行动的视角．社会科学战线，2011（2）．

第四部　《最后的山神》（*The Passing of the Mountain God*）

导演：孙曾田

影片长度：40 分钟

出品时间：1992 年

影片提要

20 世纪 50 年代，政府曾经帮助鄂伦春人走出深山，来到山下定居。然而，近半个世纪过去了，孟金福却依然对生于斯长于斯的山林念念不忘。于是，他和妻子丁桂琴选择继续在山林中生活。影片《最后的山神》就记录了他们在大兴安岭山林中一年多的生活，呈现出一种正在离我们远去的生活场景——以仙人柱为居所，以游猎为生，以山、月亮等万物为神灵，以桦树皮制船……

鄂伦春人信奉的萨满教是一种多神信仰，从影片中可以看到孟金福打猎前祭山神、正月十五拜月神等镜头。在所有这些神灵中，山神与鄂伦春人的生活最为息息相关。在影片开头，孟金福这位鄂伦春人最后的萨满虔诚地在大树树干上描画出山神的形象，虔诚地跪拜，祈求山神的庇佑。对山神的这份敬畏让他一直恪守着心中的“山林法则”：他只用老猎枪而不愿使用套索和夹子去狩猎，既是出于一个猎人的尊严，也害怕不分老幼的猎杀，会惹怒山神；在剥桦树皮制作新船时，他会小心翼翼控制刀刃，以便来年可以长出新的树皮……孟金福就是这样利用鄂伦春人世代相传的工具和知识，有效且节制地利用自然资源，人与自然彼此默契、适应，处在和谐的状态中。

然而，随着大兴安岭的山林越来越稀，野兽越来越少，游猎的生计方式似乎越来越难以为继。而伴随着生态和生计方式的变化，与之相存共生的鄂伦春文化也似乎渐行渐远，而定居则加速了这一进程。当孟金福看到一棵刻有山神像的大树被砍伐时，他觉得就好像自己被砍伐了一样。他感到山神正在离他远去，感到一种“无可依托的孤独”！然而，与此形成鲜明对比的是，在山下的定居点，在年青一代的鄂伦春人眼中，山林只是山林，再无其他的意义。他们过起了与祖辈截然不同的生活：定居、接受学校教育、从事有薪酬的工作、没有萨满……正如片中的解说词所说：“定居像一道线，划开了鄂伦春人的过去和现在。”

对主人公孟金福内心世界的刻画是本片的一大亮点，它使得我们在面对主人公陌生和遥远的生活时，似乎能够感同身受，也因此，镜头毫无猎奇之感。从人类学的角度，孟金福的这种内心世界引出的是一个更大的生态和文化适应问题。鄂伦春人的生活是一个由生态（山林）-生计方式（游猎）-文化（萨满信仰）构成的整体，环环相扣，任何一环的断裂和改变，都可能导致其他因素的不复存在。随着定居的实现，鄂伦春人的生活为新的与定居相适应的生活方式所替代。然而，这一替换过程往往并不是一帆风顺的。从对世界上许多民族的考察中，人类学家发现在那些因为外来文化价值观与政策干预而出现的急速的生计方式转变的过程中，许多人都表现出类似孟金福的文化不适应，焦虑、孤独、无所适从。更有甚者，酗酒、自杀等社会问题时有发生，因文化中断导致的民族文化生存危机也并非危言耸听。为此，面对人为干预造成的急剧的生计方式和社会文化变迁，如何帮助文化中的成员避免文化中断而尽早达成新的社会文化适应是一个有待思考的议题。

宗教信仰、生态、文化中断与文化适应，这部纪录片涉及了多个人类学的核心议题，非常适合人类学教学用。

（撰写人：张锐）

请进一步阅读下列作品

1. 庄孔韶．人类学概论．2 版．北京：中国人民大学出版社，2015：第 9，15 章．

2. 泰勒．原始文化：神话、哲学、宗教、语言、艺术和习俗发展之研究．桂林：广西师范大学出版社，2005.

3. 何群．环境与小民族生存：鄂伦春文化的变迁．北京：社会科学文献出版社，2006.

第五部　《埃塞俄比亚旅馆 11 号房间》(*Room 11, Ethiopia Hotel*)

影片制作：Itsushi Kawase
影片长度：23 分钟
出品时间：2007 年

影片提要

在影片《埃塞俄比亚旅馆 11 号房间》中，导演 Itsushi Kawase 将镜头对准了在街头流浪的两位少年 Shiferow 和 Yohanis，他们是当地 300 多名流浪儿的代表。两个孩子衣衫褴褛地躺在 11 号房间的床上，对着摄像机他们毫无顾忌地表达着他们对生活的渴望与天真无邪的面孔。

影片制作者 Itsushi Kawase 并不是从人类学客位的描述出发，而是在旅馆房间内参与了与 Shiferow 和 Yohanis 的互动。Itsushi Kawase 询问他们的家庭情况和生活情况，为他们提供一些钱，好让这两个孩子们在街头做一点小买卖，两个孩子接过钱出去买了香烟、打火机、饼干、口香糖、餐巾纸等商品，打燃打火机高兴地告诉作者："我们开始了自己的生意。"

他们就站在街道中央一小块绿化地带那儿，把绳子挂在脖子上，"摊位"就靠在胸前，招呼着来往的客人眷顾他们那"小得可怜"的生意，就像中国人时常在电影电视中观看到的民国时期旧上海街头上那些小商小贩一样。

街头就是他们的"乐园"，也是最后可以接纳他们的地方。Shiferow 和 Yohanis 看起来生意不错，满脸天真的笑容表示他们十分满意自己的生意，他们对着旅馆的房间，热情地看着窗口里的 Itsushi Kawase，谈笑风生，说他们今天的生意非常的好。Shiferow 和 Yohanis 一直形影不离地挨得很近，可能他们是唯一可以互相信任与帮助的伙伴了，失去了对方，就会像天塌下来一般。这是两个孩子的本性，更是人的本性所告诉我们的生活的哲学与实践精神。

过了几天，Shiferow 再次出现在 11 号房间，这次他的眼睛显得疲惫和迷茫，Itsushi Kawase 问他为什么盒子变得小了，Shiferow 手里拿着三包餐巾纸和两盒饼干对 Itsushi Kawase 说道，他要去一个大一点的商店工作，可以卖更多的东西，比如皮带、拖鞋之类的，他要成为一个医生和科学家，将来还要成为一个有钱人去日本，和 Itsushi Kawase 生活在一起。"将来我也会死的，会上天堂。"

几天之后，Shiferow 脖子上戴着一条金项链，Itsushi Kawase 问他项链是从哪儿来的，他回答说："是上帝给我的。当我走在街上的时候我遇见了他。"

Shiferow 和 Yohanis 与许多其他孩子们一样，以街为家或四海为家，生活和现实给了他们太多的苦难和压力，但他们那瘦小的臂膀却没有被这一切压垮。生活苦难时常跟随着他们，但希望与上帝也和他们如影随形。在影片拍摄的过程中，他们始终表达了对美好生活的诉求。

人类学的特长在于从异文化中洞察自己文化的观念与价值，从"街头浪子"这部影评中我们也仿佛看到了身在城市中的自己。如今我们所面对着信息和全球化时代的挑战，马不停蹄地在城市的森林中忙碌着，不敢稍有懈怠，生活的重担压得我们喘不过气来。我们和 Shiferow、Yohanis 一样，充满着对过去苦难的回忆以及对未来难以把握的忧郁。

可在瘦小和天真的他们身上，我们仿佛也看见了自己对美妙生活的憧憬，对家庭、亲人、朋友美好生活的祝福，这或许是本片中的小主人公最值得我们思考与学习的。11号房间的面积狭小，这正好使得镜头可以聚焦到研究对象上，也使得影片制作者更好地与他们展开交流。同时，这部影片也是研究影视人类学如何探索新的拍摄路径以及解释镜头内外人物关系的优秀教学片。

（撰写人：王剑利）

请进一步阅读下列作品

1. 怀特．街角社会：一个意大利人贫民区的社会结构．北京：商务印书馆，1994.
2. 平克．影视人类学的未来：运用感觉．北京：中国人民大学出版社，2015.
3. 科萨罗．童年社会学．上海：上海社会科学院出版社，2014.
4. 庄孔韶，等．来自中国的影视文化视角：方法论、分析与电影呈现．北京：知识产权出版社，2012.

第六部　《神圣的治疗者》

编导：雷亮中
摄像：庞涛、雷亮中
录音/编辑：雷亮中
拍摄时间：2013—2014年
影片长度：49分钟
本片属于喜马拉雅山地民族影像民族志研究项目成果之一
课题组成员：庞涛、邓卫荣、雷亮中
中国社会科学院民族学与人类学研究所摄制

影片提要

影片是关于僜人的信仰与医疗的专题民族志影片。影片从当地仅有的巫师达卜纽·色毕为僜人妇女达卜罗纽·邓红羊的治疗仪式出发，展现僜人传统的治病仪式过程和当地人的信仰与疾病观念、医疗选择及其实践。同时，影片也力图表明当地人日常医疗实践深受传统信仰观念和现代医疗资源分布这一结构关系的双重影响。

僜人信仰为万物有灵。信仰分几个层次："德亚""打洛"等。其中，"德亚"是僜人规模较大送鬼活动，送所有的大鬼，也有庆祝丰收和祈求平安之意，举办时间不固定。该活动耗费巨大（杀牛，牛也是财富的象征），能为举办者赢得社会声望；"打洛"则是指为去世的人举行的送鬼活动，杀猪杀鸡，目的是将死者的灵魂顺利送走。有时，同姓家族也集中为本家族死者举办此仪式。此外，还有为病人、产妇、搬迁等举行的送鬼活动。

在僜人的观念里，鬼导致人生病，"送鬼"是十分重要的治病方法。同时，现代医疗在僜人现实生活中也有重要的影响。片中僜人妇女邓红羊腰腿疼痛，有时甚至无法行走。她去当地县医院做了检查和治疗，但却没有任何疗效。县医院医生建议她去内地（如成都）去治疗，否则有瘫痪风险。然而，这意味着巨额的医疗、长途交通、食宿等费用，还有语言、文化等方面的阻碍。巫师色毕则认为她得了“教麻努”病，需要“送鬼治疗”，否则也会瘫痪。邓红羊是从夏尼村的达卜罗妞家族嫁到新村的德勒·美友夏家的。她的娘家达卜罗纽家族曾经举行过大规模的杀牛（猪）送鬼活动（如“德亚”“打洛”仪式）。随着当地大巫师（“瓜”）的消失，后人因经济原因和缺乏仪式主持者而中断了这些祭祀和供奉的“送鬼”活动。仪式的中断导致了大鬼（“教麻努”）影响后人主要是家族女性得病。这种家族维度的传统信仰（杀猪送鬼的传统义务中断或者破坏祭祀场所而惊扰鬼神）是关于疾病的本土文化解释。因此，在送鬼治病仪式过程中，邓红羊本家族（达卜罗纽家）需要提供部分仪式物品（如鸡爪谷酒、钱）为病人“送鬼”，病人才能康复。同时，从仪式中祭品的文化象征意义（从小到大递进、鬼/病人/巫师共享猪的八个部位、家族性、责任与义务、食物的分享等）可以看到当地信仰和社会的关系以及巫师传承的中断对家庭以及个体的重要影响。

经济压力和家庭耳濡目染的影响，使邓红羊选择了传统的送鬼治病方式。与此同时，邓红羊的儿子德勒·美东亮却选择了位于四川成都的华西医院，花 40 000 多元的手术费治疗腹疼。可见，疾病治疗选择和实践牵涉到家庭经济状况、疾病观念以及当地医疗资源的可及性。

（撰写人：雷亮中）

请进一步阅读下列作品

1. 中国社会科学院民族研究所．僜人社会历史调查．昆明：云南人民出版社，1990.

2. 张江华．僜人的原始宗教及其社会影响．西藏民族学院学报（社会科学版），1989（2）.

3. 陈景源．僜人的原始宗教．中央民族大学学报，1994（4）.

4. 梁其姿．面对疾病：传统中国社会的医疗观念与组织．北京：中国人民大学出版社，2012.

后 记

《人类学通论》是改革开放后最早出版的人类学专业本科教科书，各章撰稿人为中国各大学第一批人类学博士和教授，他们正值个人的书斋与田野研究成果收获之时，在每一章里都将他们的教学和科研体会结合起来，这是本书的特点。当时中国还很少有人类学专业的本科生，因此，我们的通论主要是写给研究生阅读的（后来我们有了《人类学概论》，是专门为本科生写的，通论和概论可以说是姊妹篇）。这本教科书从山西教育出版社转到中国人民大学出版社出版以后，做过一些修订，今年应读者的需求，我们在各章增补了一些新的学术信息与成果，补充了中外文阅读书目，希望广大师生多提宝贵意见。这一版的修订工作得到了云南大学李永祥教授的协助，并由范晓君博士最后完成统稿。专此致谢！

《人类学通论》（第四版）主编
庄孔韶
于昆明云南大学民族学与社会学学院
2019 年 9 月 1 日

图书在版编目（CIP）数据

人类学通论/庄孔韶主编．--4 版．-- 北京：中国人民大学出版社，2020.1
新编 21 世纪社会学系列教材
ISBN 978-7-300-27737-0

Ⅰ.①人…　Ⅱ.①庄…　Ⅲ.①人类学－高等学校－教材　Ⅳ.①Q98

中国版本图书馆 CIP 数据核字（2019）第 268731 号

新编 21 世纪社会学系列教材
人类学通论（第四版）
主　编　庄孔韶
Renleixue Tonglun

出版发行	中国人民大学出版社		
社　　址	北京中关村大街 31 号	**邮政编码**	100080
电　　话	010－62511242（总编室）		010－62511770（质管部）
	010－82501766（邮购部）		010－62514148（门市部）
	010－62511173（发行公司）		010－62515275（盗版举报）
网　　址	http://www.crup.com.cn		
经　　销	新华书店		
印　　刷	固安县铭成印刷有限公司	**版　　次**	2015 年 10 月第 1 版
开　　本	787 mm×1092 mm　1/16		2020 年 1 月第 2 版
印　　张	27	**印　　次**	2025 年 6 月第 4 次印刷
字　　数	630 000	**定　　价**	65.00 元

关联课程教材推荐

书号	书名	作者	定价
978-7-300-20920-3	人类学概论（第二版）	庄孔韶	49.00 元
978-7-300-07878-6	人类学经典导读	庄孔韶	78.00 元
978-7-300-13316-4	医学人类学	张有春	49.00 元
978-7-300-17154-8	人类学研究方法	王积超	40.00 元
978-7-300-18650-4	人类学理论史	黄剑波	20.00 元

配套教学资源支持

尊敬的老师：

衷心感谢您选择使用人大版教材！

相关的配套教学资源，请到中国人民大学出版社网站（www. crup. com. cn）下载，或是直接与我们联系，我们将向您免费提供。

欢迎您随时反馈教材使用过程中的疑问、修订建议以及提供您个人制作的课件。您的课件一经采用，我们将署名并付费使用。让我们与教材共成长！

联系人信息：

地址：北京市海淀区中关村大街 31 号　龚洪训　　邮编：100080

电子邮件：gonghx@crup. com. cn　　电话：010-62515637　　QQ：6130616

如有相关教材的选题计划，也欢迎您与我们联系，我们将竭诚为您服务！

选题联系人：	电子邮件：	电话：
潘　宇	pany@crup. com. cn	010-62515634
盛　杰	shengj@crup. com. cn	010-62513897

俯仰天地　心系人文

中国人民大学出版社网站 www. crup. com. cn

专业教师 QQ 群：

195761402（全国社会学教师 QQ 群）

欢迎您登录浏览人大社网站，了解图书信息，共享教学资源

期待您加入专业教师 QQ 群，开展学术讨论，交流教学心得